河南省"十四五"普通高等教育规划教材

河南科技大学教材出版基金资助

现代食品营养学

郭金英 ｜
康怀彬 ｜ 主编

陈秀金 ｜
吴　影 ｜
王　芳 ｜
张　军 ｜ 副主编

U0178146

化学工业出版社
·北京·

内容简介

本书将营养学理论和应用相结合,介绍了糖类、蛋白质、脂类、维生素、矿物质、水、植物活性物质及能量的营养性质、结构和功能;结合现代营养理论,系统阐述了营养与健康的关系、特定人群的营养;综合营养学最新研究成果,论述了食品新资源开发与利用。本书知识全面,内容逻辑性强,结构合理,反映了现代食品营养的最新研究成果。

本书可作为本科院校食品类专业学生的教学用书,也可供食品生产与开发人员以及食品管理部门人员参考学习。

图书在版编目(CIP)数据

现代食品营养学 / 郭金英,康怀彬主编. -- 北京:化学工业出版社,2023.11

ISBN 978-7-122-44955-9

Ⅰ. ①现… Ⅱ. ①郭… ②康… Ⅲ. ①食品营养—营养学 Ⅳ. ①TS201.4

中国国家版本馆 CIP 数据核字(2023)第 238089 号

责任编辑:廉 静　　　　　　　　文字编辑:白华霞
责任校对:刘 一　　　　　　　　装帧设计:王晓宇

出版发行:化学工业出版社
　　　　　(北京市东城区青年湖南街 13 号　邮政编码 100011)
印　　装:北京科印技术咨询服务有限公司数码印刷分部
787mm×1092mm　1/16　印张 24¼　字数 613 千字
2024 年 9 月北京第 1 版第 1 次印刷

购书咨询:010-64518888　　　　　售后服务:010-64518899
网　　址:http://www.cip.com.cn
凡购买本书,如有缺损质量问题,本社销售中心负责调换。

定　　价:79.80 元　　　　　　　版权所有　违者必究

编　委　会

主　编　郭金英　康怀彬
副主编　陈秀金　吴　影　王　芳　张　军
编　者　郭金英　康怀彬　陈秀金　吴　影
　　　　王　芳　张　军　王　萍　曹　力

前言

食品是人们赖以生存的基础，随着现代科技的发展，人们对食品、食品营养、营养与健康的认识不断发生着变化。食品摄入与人类健康密切相关，食品与健康关系的新理论、新技术不断涌现，越来越多的食品新资源获得了人们的认可，对人类的健康起着很大的促进作用。

本书基于人们对营养与健康需要全面认识的需求，以"营养素—营养与健康—食品新资源"为主线，结合目前最新的研究成果，系统阐述了营养素的基础理论与实际应用，重点介绍了营养与健康的关系，论述了当前食品新资源的最新发展。本书目的明确，内容全面系统、条理分明、逻辑性强，科学实用。

本书内容主要分三部分。第一部分主要介绍营养素营养，主要包括糖类、蛋白质、脂类、维生素、矿物质、水、植物活性物质及能量。第二部分主要介绍能量、营养与健康、特定人群的营养。第三部分主要介绍食品新资源开发与利用。

本书由郭金英（河南科技大学，编写第四、九章）、康怀彬（河南科技大学，编写第一、二章）、陈秀金（河南科技大学，编写第四、十一章）、吴影（河南科技大学，编写第四、五、八章）、王萍（河南科技大学，编写第七、八、十章）、王芳（郑州工程技术学院，编写第二、三章）、张军（郑州工程技术学院，编写第六章）、曹力（河南科技大学，编写第九、十二章）编写，郭金英、康怀彬担任主编，陈秀金、吴影、王芳、张军担任副主编。

本书为河南省"十四五"普通高等教育规划教材，获得河南科技大学教材出版基金资助。在本书的编写过程中，化学工业出版社给予了热情帮助，提出了许多宝贵的意见和建议，在此一并表示感谢！

尽管做了大量工作，本书不足之处在所难免，敬请广大读者提出宝贵意见！

编者
2023 年 8 月

目录

第一章

绪 论

食品是人类生存的基本条件。它不仅为人体生长发育和维持健康提供所需的能量和营养物质，而且在预防许多疾病方面起着重要的作用，甚至会对人的思想方式和行为举止产生一定的影响。食品的重要功能是营养。所以，食品营养与国计民生关系密切，它对于改善营养、预防疾病、增强体质、提高健康水平等具有重要意义。

一、营养学基本概念

（一）食品

食品是指各种供人食用或者饮用的成品和原料以及按照传统既是食品又是药品的物品，但是不包括以治疗为目的的物品。人类需要的基本食物可以分为五大类：谷薯类、蔬果类、动物性食物、大豆坚果类和油脂类。

一般来说，食品的作用有：一是为人体提供必需的营养素，满足人体的营养需求，这是主要的作用；二是满足人们的不同嗜好和要求，如色、香、味、形态等。此外，某些食品还可以有第三种作用，即使人体产生不同的生理反应，如兴奋、过敏等。

（二）营养

营养是人体摄取食物后，在体内消化、吸收和利用其中的营养素，以满足自身生理需要的过程，简单地说就是获得物质和能量的过程。

（三）营养素

营养素是指食物中可给人体提供能量的成分、机体构成的成分和具有组织修复以及生理调节功能的化学成分。凡是能维持人体健康以及提供生长、发育和劳动所需要各种营养的物质均称为营养素。现代医学研究表明，人体需要的营养素不下百种，其中一些可由自身合成、制造的，称为非必需营养素；而无法自身合成、制造的，称为必需营养素，有 40 余种。人体所必需的营养素有糖类、蛋白质、脂类、矿物质、维生素、水等六类。

（四）营养学

营养学是研究食物与机体的相互作用，以及食品营养成分在机体中的分布、运输、消化、代谢等的一门学科，包括基础营养学、食品营养学、公共营养学和临床营养学。

营养学以满足人体各种生理需要为基础。人体正常生理过程的营养必须能满足能量供应、组织构建与更新及生理调节三方面的基本需要。

（五）食品营养学

食品营养学主要研究食物、营养与人体生长发育和健康的关系，以及提高食品营养价值的措施。研究者在全面理解各类食品营养价值和不同人群的营养要求的基础上，应掌握食品营养学的理论和实践技能，掌握食品营养价值的综合评定方法以及评定结果在营养食品生产、食品资源开发等方面的应用，为发展我国食品工业不断地提供具有营养价值的食品，从而为调整我国人民的膳食结构、改善人民的营养状况和提高人民的健康水平服务。

二、营养学研究发展简史

营养学是一门古老的学科。早在两千多年前，我国《黄帝内经·素问》中就有"五谷为养，五果为助，五畜为益，五菜为充"等膳食与养生的记载，精辟地、纲领性地向人们提示了饮食的要义，是世界上最早最全面的饮食指南，迄今仍为西方学者所注意，对人们的饮食营养仍有指导意义。南朝齐梁时期陶弘景提出了以肝补血、补肝明目的见解。东晋葛洪在《肘后备急方》中记载了用海藻酒治疗瘿病。我国古代还有"医食同源"的重要思想，滋补和食疗历史悠久，先后有几十部关于食物本草与食疗本草类的食物药理学著作。明代李时珍《本草纲目》在人体大量观察和实践取得珍贵经验的基础上，记载了350多种药食两用的动植物，并区分为寒、凉、温、热、有毒和无毒等性质，对指导人们营养与食疗有重要价值。明代姚可成编成的《食物本草》一书，列出1017种食物，并以中医的观点逐一加以描述，分别加以归类，这在世界历史上处于前列地位。

东西方营养学的发展都可分为古典营养学和现代营养学两个主要历史阶段。中国古典营养学提出阴阳五行的说法，西方古典营养学理论是以地、水、风、火为基础的四大要素营养学说。

现代营养学起源于18世纪，整个19世纪到20世纪初是发展和研究各种营养素的鼎盛时期。我国约在20世纪建立现代营养学，并于1913年前后首次报告了我国的食物营养成分分析和一些人群营养状况调查结果。1939年中华医学会参照国际联盟建议提出我国历史上第一个营养素供给量建议。

现代营养学发展分为三个阶段。

第一阶段主要特点是化学、物理学等基础学科的发展为近代营养学打下了实验技术科学的理论基础。能量守恒定律、元素周期表和关于呼吸是氧化燃烧的理论为近代营养学的发展奠定了坚实的理论基础。

第二阶段是在上述的基础上，大量的营养学实验研究充实了营养学本身的理论体系。氮平衡的学说，生热系数的测定，分析技术的提高，使人们对营养素的认识从三大营养素发展到20多种。

第三个阶段是在第二次世界大战结束之后，营养科学的发展进入鼎盛时期，分子生物学的理论与实验方法的发展使营养科学的认识进入了分子水平、亚细胞水平。随着分子生物学理论与实验技术在生命科学领域各个学科的渗透及应用，产生了许多新兴学科，分子营养学就是营养学和现代分子生物学原理与技术有机结合而产生的一门新兴边缘学科。1985年在西雅图举行的"海洋食物与健康"的学术会议上，首次提出并使用分子营养学这个名词术语。同时营养工作的社会性得到不断加强，营养学研究更明显地重视如何将营养学的研究成果应用于提高广大群众的健康水平。

由此可见，一个多世纪以来，营养学的发展大体是从宏观到微观，然后在社会需要的促进下又重新开始重视宏观调控的过程；在这一过程中，营养学的研究也出现了许多分支，使其研究更加完善。例如，基础营养学的研究着重从生命科学和基础医学的角度揭示营养与人体的一般的规律，并向营养与免疫、营养与优生、营养与抗衰老等方面发展；公共营养学的研究对象是整个国家、省或地区的各种人群的营养问题，其目的是阐述人群基础膳食及营养问题，并解释这些问题的程度、影响因素、结果及如何制定政策、采取措施予以解决，其所涉及的范围十分广泛，人群的营养调查与监测、膳食结构的调整、营养素供给量标准的制定、营养性疾病的预防等都属于它的研究范围；临床营养学反映了新的营养治疗技术、营养监护等方面的最新研究成果。

三、食品营养对人类健康的作用

现代健康的含义并不仅是传统所指的身体没病，根据世界卫生组织（WHO）的解释：健康不仅指一个人没有疾病或虚弱现象，还指一个人生理上、心理上和社会上的完好状态，这即是现代关于健康的较为完整的科学概念。现代健康的含义是多元的、广泛的，包括生理、心理和社会适应性三个方面，其中社会适应性归根结底取决于生理和心理的素质状况。心理健康是身体健康的精神支柱，身体健康又是心理健康的物质基础。良好的情绪状态可以使生理功能处于最佳状态，反之则会降低或破坏某种功能而引起疾病。身体状况的改变可能会带来相应的心理问题，生理上的缺陷、疾病，特别是痼疾，往往会使人产生烦恼、焦躁、忧虑、抑郁等不良情绪，从而导致各种不正常的心理状态。作为身心统一的人，身体和心理是紧密存在的两个方面。

2022年，世界卫生组织对影响人类健康的众多因素进行评估的结果表明，遗传因素对健康的影响居首位，为15%；而膳食影响对健康的作用仅次于遗传，为13%，远大于医疗因素的作用（8%）。《维多利亚宣言》提出了人体健康四大基石：平衡饮食、适量运动、戒烟限酒、心理健康。不难看出，合理营养和平衡膳食对健康有着不可替代的作用。

（一）促进生长发育

生长是指细胞的繁殖、增大和细胞间质的增加，表现为全身各部分、各器官、各组织的大小、长短和质量的增加，发育是指身体各系统、各器官、各组织功能的完善。影响生长发育的主要因素有营养、运动、疾病、气候、社会环境和遗传因素等，其中营养因素占重要地位。人体细胞的主要成分是蛋白质，新的细胞组织的构成、繁殖、增大都离不开蛋白质，故蛋白质是生长发育的重要物质基础。此外，糖类、脂类、维生素、水、纤维素等营养素也是影响生长发育的重要物质基础。人体的身高与饮食营养有关，现在我国儿童的身高大都超过父母的身高，就与食品营养质量的提高有关。

（二）提高智力

营养状况对人类的智力水平影响极大，儿童时期和幼儿时期是大脑发育最快的时期，需要足够的营养物质，如果摄入不足，就会影响大脑的发育，阻碍智力的开发。研究证明，儿童时期蛋白质-能量营养不良，可使智商降低15分，导致成年后收入及劳动产率降低10%。

缺碘可使儿童智商降低 10%，成年后劳动能力下降 10%。

（三）促进优生

影响优生的因素有遗传方面的，但营养也是不容忽视的重要因素。孕妇的饮食缺乏营养，就会导致胎儿畸形、流产、早产等。

（四）增强免疫功能，减少疾病的发生

免疫是机体的一种保护反应，如免疫力低下，则易受各种病菌的侵害。营养不良患者的吞噬细胞对细菌攻击的反击能力降低，从而易导致疾病的发生。而食物中的一些营养物质具有提高免疫能力的作用。

（五）促进健康长寿

人体的衰老是自然界的必然过程，虽不可能长生不老，但注意摄取均衡营养，则完全可以延缓衰老，达到健康长寿的目的。影响衰老的因素有遗传因素、环境因素、心理因素和锻炼因素等，环境因素中饮食因素对衰老有重要的影响，老年机体开始衰老，生理机能发生衰退时，有针对性地补充营养，多吃蔬菜、水果等清淡食物，避免高热量和动物脂肪的过量摄入，可以防止高血压、心脑血管疾病的产生，以达到延年益寿的目的。

而营养的失衡则会给健康带来不小的危害。营养失衡往往会带来一些想象不到的疾病，而与营养有关的人类疾病集中在两个方面，一方面是营养素摄入不足或利用不良所致的营养缺乏，其中主要是微量营养素（包括微量矿物质元素和维生素）缺乏。目前，全世界约有20亿人处于微量元素缺乏状态，约占全世界人口的1/3。另一方面是与营养素摄入过剩和不平衡有关的各种慢性非传染性疾病。世界卫生组织指出：约1/3的癌症的发生与膳食有关，心脑血管疾病、糖尿病等慢性病与膳食营养的关系更为密切。营养过剩、不良生活方式造成的疾病已成为威胁人类健康的首要因素。

四、中国居民膳食营养状况

国民营养与健康状况是反映一个国家或地区经济与社会发展、卫生保健水平和人口素质的重要指标。良好的营养和健康状况既是社会经济发展的基础，也是社会经济发展的重要目标。目前，我国的营养保障和供给能力显著增强，人民健康水平持续提升，《"健康中国2030"规划纲要》指出，到2030年，"人民身体素质明显增强，2030年人均预期寿命达到79.0岁，人均健康预期寿命显著提高"。我国居民营养状况和体格明显改善，主要表现在居民消费结构变化，膳食质量普遍提高，居民膳食能量和宏量营养素摄入充足，优质蛋白摄入不断增加，居民平均身高持续增长，居民营养不足状况得到根本改善，农村5岁以下儿童生长迟缓率显著降低。

受社会经济发展水平不平衡、人口老龄化和不健康饮食生活方式等因素的影响，我国仍存在一些亟待解决的营养健康问题。一是膳食不平衡的问题突出，是慢性病发生的主要危险因素。高油高盐摄入在我国仍普遍存在，青少年含糖饮料消费逐年上升，全谷物、深色蔬菜、水果、奶类、鱼虾类和大豆类摄入普遍不足，饮酒行为较为普遍，一半以上的男性饮酒者过量饮酒。二是居民生活方式明显改变，身体活动总量下降，能量摄入和消耗控制失衡，超重肥胖成为重要公共卫生问题，膳食相关慢性病问题日趋严重。三是城乡发展不平衡，农村食物结构有待改善。农村居民奶类、水果、水产品等食物的摄入量仍明显低于城市居民，油盐摄入、食物多样化等营养科普教育亟须下沉基层。四是婴幼儿、孕妇、老年人等重点人群的营养问题应得到特殊的关注。五是食物浪费问题严重，居民营养素养有待提高。

《中国居民膳食指南（2022）》强调以平衡膳食为核心，并指出了我国居民膳食的营养指导措施，具体如下。

1.强调植物性食物为主的膳食结构

增加全谷物的消费，减少精白米面的摄入；在保证充足蔬菜摄入的前提下，强调增加深色蔬菜的消费比例；增加新鲜水果的摄入；增加富含优质蛋白的豆类及其制品的摄入。

2.优化动物性食物消费结构

改变较为单一的以猪肉为主的消费结构，增加富含多不饱和脂肪酸的水产品类、低脂奶类及其制品的摄入。适量摄入蛋类及其制品。

3.保证膳食能量来源和营养素充足

综合考虑生理阶段、营养需要、身体活动水平、基础代谢率等因素，将膳食糖、蛋白质与脂肪比例，以及能量和微量营养素摄入保持在合理的水平（能量平衡或能量负平衡），从而维持健康体重，预防相关膳食慢性病。

4.进一步控制油盐摄入

我国居民食用盐的摄入量已经呈现下降的趋势，但食盐和烹调油的摄入量过高仍严重影响我国居民的健康。在中国成年人所有膳食因素与估计的心血管代谢性疾病死亡数量有关的归因中居第一位的是高钠盐摄入，因此应继续把减盐控油作为优化膳食结构的重要部分。

5.控制糖摄入，减少含糖饮料消费

国际上对糖摄入及其与健康关系的关注日益提升，很多国家发布的膳食指南中"限制糖摄入"都跃居前位。虽然我国居民添加糖摄入水平不高，但作为添加糖的主要来源，含糖饮料消费人群比例及其消费量均呈快速上升趋势，高糖摄入已成为青少年肥胖、糖尿病高发的主要危险因素，控制青少年糖的摄入是促进青少年健康成长的关键。

6.杜绝食物浪费，促进可持续发展

应充分利用营养学和食品加工学依据，减少食物生产、储存、运输、加工等环节的损耗现象。倡导全民减少餐饮环节的浪费，提倡饮食文明，将保持食物的可持续发展作为引导居民合理膳食的重要方针和实施策略。

第二章
糖　类

 **主要内容**

糖类的分类、生理功能、消化和吸收；糖类的适宜摄入量及食物来源。膳食纤维的分类、化学组成和理化特性；膳食纤维的生理功能、消化和吸收；膳食纤维的来源、摄入量评估、膳食指导和推荐摄入量。

 学习要求

1. 掌握糖类和膳食纤维的生理功能、消化和吸收、摄入量。
2. 熟悉糖类和膳食纤维的分类。
3. 了解糖类和膳食纤维的食物来源。

糖类又称碳水化合物，是一类多羟基醛或羟基酮及其缩聚物和衍生物，是自然界最丰富的有机物，由碳、氢、氧三种元素组成，组成中每两个氢原子对应一个氧原子，如葡萄糖（$C_6H_{12}O_6$），其氢、氧原子个数比值与水相同，故又命名为碳水化合物。但后来又发现，不属于糖类的物质也有同样的比例，如甲醛（CH_2O）、乙酸（$C_2H_4O_2$），而有些糖类又不符合这一比例，如脱氧核糖（$C_5H_{10}O_4$），因此说，用"碳水化合物"定义糖类不确切。

第一节　概　述

一、糖类的分类

糖类根据其聚合度不同分为单糖、寡糖和多糖。

（一）单糖

单糖是不能继续分解的简单糖，含有碳原子数在 3～7 之间，根据碳原子数目的多少，依次称为丙糖、丁糖、戊糖、己糖、庚糖，其中丙糖和丁糖以中间代谢物的形式存在，在生命和营养过程中比较重要的单糖是戊糖和己糖。单糖具有醛基或酮基，有醛基的称为醛糖，有酮基的称为酮糖。

1. 己糖

葡萄糖（化学式 $C_6H_{12}O_6$）是一种多羟基醛（右旋糖），是人体空腹时唯一游离存在的六碳糖，主要存在于各种植物性食品中。人体利用的葡萄糖主要由淀粉水解而来，也可能来自蔗糖、乳糖等的水解。葡萄糖能够被人体小肠壁100％地吸收，为人体组织提供能量；其摄入量对于保持血液中的葡萄糖浓度恒定具有重要的生理意义。

果糖是最甜的一种糖，主要存在于蜂蜜和水果中。食物中的果糖在体内吸收后可转化为葡萄糖，不会刺激胰岛素的分泌，其代谢也不受胰岛素的制约，不引起饭后明显的高血糖症。果糖是食品工业中重要的甜味物质。

此外，己糖还有天然存在或人工加工的衍生物，如由葡萄糖氢化而成的山梨糖醇，甘露糖氢化而成的甘露糖醇，以及天然存在于食物中的肌醇。

2. 戊糖

戊糖中的 D-核糖和 D-2-脱氧核糖作为核酸的基本组成部分，存在于所有动、植物细胞中，由于人体可以合成，故它们不是必需的营养物质。此外，人类食物中可能存在的戊糖有阿拉伯糖、木糖等。

（二）寡糖

寡糖（oligosaccharide）又称低聚糖，是由 2～10 个单糖通过糖苷键连接而成的。寡糖与稀酸共煮可水解成各种单糖。分子量为 300～2000。寡糖根据单糖数量不同可分为双糖（又称二糖）、三糖等。

双糖是由两个相同或不相同的单糖分子上的羟基脱水缩合而成的糖苷。在营养学上重要的双糖有以下 3 种。

1. 蔗糖

蔗糖是一分子葡萄糖的半缩醛羟基与一分子果糖的半缩醛羟基缩合脱水形成的非还原性二糖，是自然界广泛分布且应用最多的一种糖，是食品工业、饮食业和烹调中最重要的含热能的甜味剂。日常食用的绵白糖、砂糖、红糖都是从甘蔗或甜菜中提取的蔗糖。蔗糖由人体肠道中的蔗糖酶水解成两个单糖后，才能直接参与人体的化学反应，产生能量。蔗糖易于发酵，并可以产生溶解牙釉质（又称珐琅质）和矿物质的物质，它被牙垢中发现的某些细菌和酵母作用后，在牙齿上形成一层黏着力很强的不溶性葡聚糖，同时产生作用于牙齿的酸，引起龋齿。

2. 乳糖

乳糖主要存在于动物乳汁中，如在人乳中含量约7％，在牛乳中含量约5％，甜度只有蔗糖的1/6。乳糖在小肠乳糖酶的作用下水解成一分子葡萄糖和一分子半乳糖，被人体吸收利用。乳糖是婴儿食用的主要糖，因水溶性差，故在消化道中吸收较慢，有利于保持肠道中最适合的肠菌丛数，并能促进钙的吸收，故对婴儿具有重要的营养作用。

有些成人及一部分有色人种体内缺乏乳糖酶，则不能将乳糖在小肠内水解为单糖，因此当摄入牛奶或其他乳制品时，乳糖因不能被消化吸收而滞留在肠腔，使肠道内容物渗透压增高，体积增大，肠排空加快，使乳糖很快排到大肠并在大肠吸收水分，引起渗透性腹泻。另外，乳糖受细菌作用发酵产气，可导致人体出现腹胀、肠鸣、腹痛等症状。这是婴幼儿和不习惯饮奶者肠胃功能失调的重要原因，称为乳糖不耐受症。

造成乳糖不耐受症的原因主要有：①先天性缺少或不能分泌乳糖酶；②某些药物（如抗癌药物）或肠道感染使乳糖酶分解或减少；③更多的人是由于年龄增加，乳糖酶水平不断降低，这种症状可通过乳糖的经常摄入，使乳糖酶在肠道内逐渐形成而加以改善。

3.麦芽糖

麦芽糖是两分子葡萄糖由 α-1,4-糖苷键连接而成的二糖，在谷类种子发出的芽中含量较多，因而得名麦芽糖。淀粉在淀粉酶的作用下，可降解生成大量的麦芽糖，为淀粉的基本组成单位。人们在吃米饭、馒头时，细细咀嚼时感到的甜味就是由淀粉水解产生的麦芽糖产生的。因饴糖、高粱饴和玉米糖浆中含有大量的麦芽糖，故成为食品工业的重要糖质原料。

此外，寡糖还被分为普通低聚糖和功能性低聚糖两大类。普通寡糖包括蔗糖、乳糖、海藻糖和麦芽三糖等，可被机体消化吸收。功能性寡糖包括水苏糖、棉籽糖、低聚果糖、低聚木糖、低聚半乳糖、低聚乳果糖、低聚异麦芽糖，不能被人体肠道消化吸收，对人体具有特别的生理功能，主要存在于人乳、大豆、棉籽、桉树、甜菜、龙胆属植物根及淀粉的酶水解物中。

（三）多糖

多糖是由数量众多的同种单糖或异种单糖以直链或支链形式缩合而成的，是单糖聚合度大于 10 的复合糖。多糖按能否被人体消化利用可分为两类，即可利用多糖和不可利用多糖。

1.可利用多糖

可利用多糖指可以被人体消化吸收的多糖，包括淀粉、糊精和糖原。

（1）淀粉 食物中绝大部分糖以淀粉形式存在，其基本构成单位是麦芽糖，在体内最终水解为葡萄糖。淀粉的结构有两种：由葡萄糖分子缩合组成的直链多糖，称为直链淀粉，在碘试剂作用下呈蓝色反应；由葡萄糖分子缩合而成的具有树枝状分支结构的多糖，称为支链淀粉，在碘试剂作用下呈棕紫色反应。

（2）糊精 糊精是淀粉水解的产物，为几个至数十个葡萄糖单位的寡糖和聚糖的混合物。

（3）糖原 糖原存在于动物体内，实际上是动物淀粉，由 3000～60000 个葡萄糖分子组成，并且有侧链，每个侧链含 12～18 个葡萄糖基，在酶的作用下分解为葡萄糖。

2.不可利用多糖

不可利用多糖是一类具有糖结构但很难或不能为人体利用的多糖，包括纤维素、半纤维素和果胶等。

（1）纤维素 多数纤维素是由 D-葡萄糖以 β-1,4-糖苷键连接而成的直链聚合物，分子量在 50000～2500000 之间，相当于 300～15000 个葡萄糖基。同淀粉和糖原一样，纤维素由葡萄糖构成，但连接方式不同。在植物纤维素分子束中纤维素分子呈平行紧密排列，其间存在很多羟基，分子之间和分子内部存在着大量结合力强的氢键，纤维素分子依靠这些氢键相互连接形成牢固的纤维素胶束，这些胶束再定向排列形成网状结构。这种网状结构能使纤维素保持比较稳定的理化性质，不溶于水和有机溶剂，仅能吸水而膨胀，亦不溶于稀酸、稀碱；在强酸作用下会发生水解生成葡萄糖。另外，纤维素是植物细胞壁的主要成分。

（2）半纤维素 （hemicellulose） 半纤维素是由几种不同类型的单糖构成的异质多聚体，

构成半纤维素的单糖包括 D-木糖、D-甘露糖、D-葡糖、D-半乳糖、L-阿拉伯糖、4-氧甲基-D-葡糖醛酸及少量 L-鼠李糖、L-岩藻糖等。半纤维素在植物细胞壁中与纤维素共生,与纤维素化学结构的差别主要表现在以下几方面:①由不同的糖单元组成;②含有短而多的分子链;③分子中的糖基常以支链形式连接到主链上;④其主链可由一种糖单元组成均一的聚糖(如木聚糖),也可由两种或两种以上糖单元构成非均一的聚糖。

半纤维素的化学性质不如纤维素稳定,耐酸碱的能力较纤维素差,在稀酸作用下会发生水解产生戊糖和己糖;可溶于稀碱,用 5% 的稀碱溶液溶解半纤维素可提取木聚糖,用乙醇可沉淀木聚糖提取液中的木糖,因此可以把半纤维素看成一种碱溶性的物质。半纤维素是植物细胞壁的主要构成成分之一,它与木质素紧密联系,大量存在于植物的木质化部分。半纤维素主要包括聚木糖类、葡甘露聚糖和半乳甘露聚糖。

聚木糖是以 1,4-β-D-吡喃型木糖为主链,以 4-甲氧基吡喃型葡糖醛酸为支链构成的多糖。阔叶材与禾本科草类的半纤维素主要是聚木糖类,在禾本科半纤维素的多糖中,往往还含有 L-呋喃型阿拉伯糖基,其作为支链连接在聚木糖主链上。支链的多少因植物种类不同而异。

葡甘露聚糖(glucomannan)由 D-吡喃型葡萄糖基和吡喃型甘露糖基以 1,4-β 型连接成主链。葡甘露聚糖为裸子植物次生细胞壁的主要成分,含量很低,其主链上葡萄糖基与甘露糖基的分子比因木材种类不同在 1:1 到 1:2 之间变动。

半乳甘露聚糖(galactomannan)的主链为 β-1,4-糖苷键连接的甘露聚糖,侧链为 α-1,6-糖苷键连接的半乳糖。半乳甘露聚糖存在于种子胚乳细胞壁中,有很强的吸涨和保持水分的作用,但含量很低。

(3)果胶(pectin) 果胶作为一种无定形物质,主要存在于植物细胞壁的间隙中,其次在细胞壁组成中亦含有一些果胶。果胶主要由半乳糖醛酸、半乳糖和阿拉伯糖组成。果胶分子的主链是 α-1,4-糖苷键相连的聚单位,也有以 α-1,2-糖苷键相连的鼠李糖残基所形成的聚单位,部分半乳糖醛酸残基经常被甲基化,部分羧基可与 Ca、Mg 等结合。

果胶及果胶类物质包括鼠李半乳糖醛酸聚糖 I 和 II、同型半乳糖醛酸聚糖、阿拉伯聚糖、半乳聚糖和阿拉伯半乳聚糖 I 等,均能溶于水,在酸、碱条件下,果胶、原果胶都会发生水解。高温强酸条件下,其中的糖醛酸会发生脱羧作用。果胶在谷物纤维中的含量较少,但在豆类及果蔬纤维中含量较高。它可被热水或冷水浸出而成胶状物,对维持纤维结构有重要作用。果胶的糖苷键为 α 型,故人体消化道分泌的酶不能使其水解,但在微生物作用下可被消化。此外还可用于防治幼龄动物的腹泻。

(4)糖胺聚糖 糖胺聚糖广泛分布于动物的结缔组织中,黏性极强,易形成冻胶。它主要是由 D-氨基葡萄糖和 D-氨基半乳糖与糖醛酸结合而成的。它所具有的理化性质可使动物组织呈现一定的韧性。

(5)抗性淀粉 抗性淀粉包括改性淀粉和经过加热后又冷却的淀粉,它们在小肠内不被吸收。自 1990 年开始,"可利用和不可利用"的概念发生了改变。"可利用"已不再仅指通过小肠吸收的方式提供机体代谢需要的物质。通过"结肠发酵"后再吸收,实际上也提供了"可利用"的物质,所以 1998 年 FAO/WHO 专家委员会已建议不再使用这个术语。糖类的所有性质均来源于它的两大特性——小肠消化和结肠发酵。用现代的观点来解释,"可利用和不可利用"表示为"血糖生成和非血糖生成"可能更为科学。

表 2-1 所列为主要糖类的特性。

表 2-1　主要糖类的特性

糖		主要特性
血糖生成糖类	葡萄糖	机体的基本糖，亦称血糖
	果糖	果糖代谢不受胰岛素控制，甜度比葡萄糖高
	蔗糖	食用量最多的双糖，与血脂有一定的关系
	乳糖	存在于乳汁中，其主要功能为提高婴儿肠道抵抗力和钙的吸收率
	淀粉	自然界中最多的糖之一，不溶于冷水，加热成胶状，易于消化
	糖原	易溶于水，在酶的作用下迅速分解为葡萄糖，动物肝、肌肉等组织中含量高
非血糖生成糖类	纤维素	由葡萄糖以 β-1,4-糖苷键合成，人类无酶分解它，纤维素具有维持机体正常消化作用的功能
	果胶类	以葡糖醛酸为主链构成的一种无定形物质，主要存在于果蔬等软组织中，易与食物中无机盐结合，影响无机盐的吸收

二、糖类的生理功能

（一）糖类是机体能量的主要来源

在日常膳食中，糖类来源广泛，价格低廉。它在体内消化、吸收和利用较其他产热营养素迅速且完全。人体每日膳食中热能供给量的 $60\%\sim70\%$ 来自糖类，因此，糖类是人类从膳食中获得热能的主要来源。每克葡萄糖可以产生 16.7kJ（4kcal）的热能。糖类在供能时有很多优点：比脂肪和蛋白质易消化吸收，且产热快，耗氧少，在体内氧化的最终产物为二氧化碳和水，生理无毒无害。中枢神经系统只能靠糖供能，故糖对维持神经系统的正常功能、增强耐力和提高工作效率有着极为重要的意义。另外，糖在缺氧条件下仍能通过糖酵解为机体提供部分能量，这有利于在高强度的运动和某些缺氧的病理状态下产能。

（二）糖是机体的重要组成物质

细胞中糖含量约占细胞总重的 $2\%\sim10\%$，主要以糖脂、糖蛋白、蛋白多糖的形式参与细胞构成。如体内构成细胞膜的糖脂，构成结缔组织（广泛存在于器官组织之间，起联络固定作用，如韧带、软骨、肌腱、眼球膜等）的黏蛋白，以及构成具有重要生理功能的物质（如抗体、某些酶和激素）的糖蛋白等。另外，核糖和脱氧核糖参与核酸的构成。

（三）节省蛋白质作用

糖类对蛋白质在体内的代谢过程极为重要。当蛋白质与糖类一起被摄入时，可避免过多消耗蛋白质为机体提供热能，从而有利于氮在体内的储留、氨基酸的活化以及合成组织蛋白质，发挥其特有的生理功能。这种因摄入充足的糖类可以节省部分蛋白质的消耗，使氮在体内储留量增加的作用，称为糖对蛋白质的节约作用（protein sparing action）（或庇护作用）。膳食蛋白以氨基酸的形式被吸收，并在体内合成组织蛋白或其他代谢物，这些过程需要能量，若摄入蛋白质并同时摄入糖类，可增加 ATP 的形成，有利于氨基酸的活化以及合成机体蛋白质。

（四）抗生酮作用

酮体是人体以脂肪作燃料时形成的必然产物，对机体有一定的毒性。机体在正常情况时生成的酮体很少，可以被迅速处理掉。但当某些特殊情况或病理情况（饥饿或疾病）造成体内缺糖时，脂肪就会分解代谢产能，同时产生大量的酮体（丙酮、β-羟丁酸和乙酸乙酯），当机体无力处理时，酮体就会在体内堆积，在血中达到一定浓度时就会发生酮症酸中毒。而糖类的分解代谢有助于维持脂肪代谢的正常进行，这是因为糖类分解代谢产生的草酰乙酸，往往与脂肪代谢所产生的乙酰基结合，并通过三羧酸循环被彻底氧化同时放出能量。反之，当体内缺乏糖类时，草酰乙酸生成减少，导致脂肪代谢产生的乙酰基生成过量酮体。因此，糖类具有一定的抗生酮作用。

（五）解毒保肝作用

摄入足够的糖类可增加肝糖原的储存，当肝糖原储备较充足时，可产生葡糖醛酸，此物对某些化学毒物（如四氯化碳、乙醇、砷等）以及各种致病微生物感染引起的毒血症有较强解毒能力。因此，保证糖类的供给，就可以保证肝脏中充足的糖原，从而可保持肝脏正常的解毒功能，使肝脏少受化学物质的毒害。

（六）增加肠胃的充盈感，维持消化道的正常功能

摄入含糖类丰富的食物，容易增加胃部和腹部的充盈感，特别是缓慢吸收和抗消化的膳食纤维，虽不能在小肠中消化吸收，但能刺激肠蠕动，增加其在结肠中的发酵率，而且其发酵产生的短链脂肪酸，可促进肠道菌群增殖，有助于维持消化道的正常功能。

三、糖类的消化与吸收

除单糖外，膳食中的二糖和多糖均需经消化后转变成单糖才能被机体吸收。人体口腔内有唾液淀粉酶，可以把淀粉水解为麦芽糖。但食物在口腔内的停留时间极短，因此唾液淀粉酶对淀粉的消化作用不是主要的。淀粉水解主要发生在十二指肠。胰腺分泌的胰淀粉酶大部分集中在十二指肠内，可以把淀粉全部水解为麦芽糖。麦芽糖、蔗糖、乳糖等双糖在小肠内被直接吸收或被特异的酶水解为单糖后再被吸收，具体过程见图2-1。

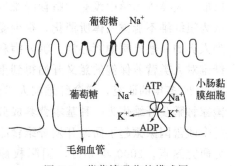

图 2-1　葡萄糖吸收的模式图

单糖在小肠内的吸收，必须依赖于钠离子的存在，这是一个主动吸收的过程。小肠黏膜细胞膜上有一种钠驱动的载体蛋白，能同时与葡萄糖和钠离子相结合形成复合体，当肠道中钠离子浓度高于黏膜细胞内钠离子浓度时，载体蛋白能促进复合体向细胞内转移，继而释放出葡萄糖和钠离子。进入细胞的葡萄糖直接扩散进入血液，而钠离子则通过"钠泵"与细胞外的钾离子交换，以维持细胞内的低钠离子浓度，使糖吸收继续进行。

四、糖类的供给及食物来源

（一）糖类的供给

糖类的供给量没有严格的规定，一般认为占食物总热能的 55%～65%，其中精制糖类占总能量的 10% 以下。也可根据饮食习惯、生活水平、劳动性质等进行适当的调整。也有人主张膳食中糖、蛋白质与脂肪的质量比为 4∶1∶1。但每天应摄入 300～400g 糖类，至少为 275g。研究表明，糖类供能比大于 80% 和小于 40% 都是不利于健康的。

（二）糖类的食物来源

糖类主要由植物性食物来供给，谷类中含量为 70%～75%，薯类中含量为 20%～25%，根茎类中含量为 10%～15%，新鲜蔬菜中一般含量为 5%～15%，新鲜水果中含量为 10%～20%，坚果、种子类中含量为 20%～50%。动物性食品的肝脏中含有糖原，乳中含有乳糖，其他则含量甚微。另外有食糖，主要成分是蔗糖，其食物来源为白糖、红糖及其制成的糖果、糕点、甜饮料等。食糖摄入后能迅速被吸收，且容易以脂肪形式贮存，但它除提供热能外，不含其他营养素，在食物中所占体积小而产能高，在体内代谢过程中容易转化为脂肪，有增加龋齿的风险，因此食糖摄入量不宜过多。

第二节　膳食纤维

膳食纤维（dietary fiber，DF）作为一个有营养价值的食物成分已得到广泛认可。1970 以前，人类营养学中没有"膳食纤维"一词，只有"粗纤维"（crude fiber）的概念。过去认为粗纤维不能被人体所消化，很少受到重视。20 世纪 70 年代，Trowell 和 Burkitt 等观察到人类的一些疾病如冠心病、糖尿病和肠癌等与膳食中的纤维类物质缺乏有关。此后，膳食纤维对人类营养保健的意义开始得到重视，"粗纤维"的提法也逐渐被"膳食纤维"所取代。经过 30 多年的研究，膳食纤维在人类营养和疾病预防中的重要作用已得到充分肯定。很多国家将膳食纤维作为一种基本营养成分在食品标签中列出。20 世纪 90 年代初期，美国乃至整个欧盟国家掀起了研制开发纤维食品的热潮，以往不被重视的食物纤维，像维生素一样成为研究热点。2000 年 5 月，国际权威组织美国临床化学协会（American Association for Clinical Chemistry，AACC）、国际商会（International Chamber of Commerce，ICC）和美国官方分析化学师协会（Association of Analytical Communities，AOAC）在爱尔兰首都都柏林（Dublin）就当前膳食纤维的热点问题举行了系列专题研讨会。有些营养学家把膳食纤维看作是继蛋白质、脂类、糖类、维生素、矿物质、水六大营养素之后的第七种营养素；还有些营养专家将其列为不提供能量，不提供营养辅助因素，而是调节胃肠消化功能的第三类营养素。膳食纤维能调节糖类代谢、脂类代谢及消化道功能，对预防肥胖症、结直肠癌及糖尿病、高脂血症起重要作用，因而世界上许多国家和组织制定了纤维摄取的膳食指导，并提出了相应膳食纤维的推荐摄入量。除了建议多摄取膳食纤维含量高的食物外，还将膳食纤维或纯纤维素加工成食品添加剂加入到食品中，这类食品在国外已经大量商品化。因此，膳食纤维功能和机理的研究以及产品开发，将是 21 世纪人类营养和健康的重要课题。

一、膳食纤维的定义、分类和性质

（一）膳食纤维的定义

膳食纤维的定义经历了一个充满争议的演变过程，目前仍持有不同的看法，Hipsley（1953）首次使用"膳食纤维"来指代植物细胞壁中非消化性的成分。在 1972～1976 年期间，Trowell 等采纳了"膳食纤维"这一术语，并提出了"膳食纤维假说"（dietary fiber hypotheses），指出膳食纤维的性质和组成与粗纤维明显不同。Trowell 等将膳食纤维定义为不被人体内源消化酶作用的植物性成分（plant substance），主要包括纤维素、半纤维素、木质素以及与之相关的少量组成成分（如蜡质、角质、软木质）。

经过广泛的讨论和协商之后，美国 AACC 提出膳食纤维的定义为：在人类小肠内，未被消化的植物可食部分和相关多糖的残留物，包括多糖、寡聚糖、木质素和相关植物成分，这些残留物在人的结肠可被完全或部分发酵，具有轻泻、降低血胆固醇、降血糖等作用。以上的定义具有生理学意义，主要考虑的是"抗消化"。目前，在人类营养学中，把一切不被人体消化酶分解的木质素和非淀粉多糖（nonstarch polysaccharides，NSP）统称为膳食纤维，非淀粉多糖是膳食纤维的主要成分，它包括纤维素、半纤维素、果胶及亲水性物质（如树胶及海藻多糖）等组分，还包括植物细胞壁中所含有的木质素。

（二）膳食纤维的分类

膳食纤维是一种不被人体的消化酶所消化、也不被小肠吸收的以多糖为主体的高分子物质的总称，可根据其物理特性、生理功能、分析方法、应用范围、产品来源等进行分类，最常用的 4 种分类方式为：

1.根据与水的反应状况分类

根据其与水的反应状况，可分为可溶性膳食纤维（soluble dietary fiber，SDF）和不溶性膳食纤维（insoluble dietary fiber，IDF）。其中，可溶性膳食纤维主要是植物细胞壁内的非结构性成分，包括果胶、树胶、黏胶、藻类多糖和部分半纤维素，果胶多含于水果中，树胶和黏胶则是植物创伤处的分泌物，藻类多糖来源于藻类。SDF 主要在上消化道发挥作用，如减缓胃排空和延缓食物通过消化道的时间，阻止一些营养素（如葡萄糖）的消化和吸收，降低血糖和血胆固醇水平等，这对控制血糖、血脂和体重有益处。不溶性膳食纤维是构成植物细胞壁的结构成分，主要是纤维素、半纤维素和非多糖聚合物（木质素），主要来源于植物的茎、叶以及豆类植物的外皮。不溶性膳食纤维更多的是在下段消化道发挥作用，可缩短食糜通过小肠的时间，增加粪便重量和体积，减少淀粉水解和葡萄糖的吸收。

IDF 和 SDF 虽然各有不同特性和生理作用，但两者也有许多共同的生理作用，如均能够结合水和矿物质离子，可被用作结肠中微生物的发酵底物而被分解为机体能够利用的成分，可降低糖类（如淀粉）的分解，减缓葡萄糖被吸收的速度。

2.根据纤维来源分类

根据纤维来源的不同可以将其分为五种：

（1）谷物类纤维　主要包括小麦纤维、燕麦纤维、玉米纤维和米糠纤维等，其中燕麦膳食纤维是被公认的优质膳食纤维，能显著降低血液中胆固醇含量，从而降低心脏病和中风的发病率。

（2）豆类纤维　比较常见的有大豆纤维、豌豆纤维以及瓜尔豆胶、刺槐豆胶等。

（3）水果纤维　主要包括果渣纤维、果皮纤维、全果纤维和果胶等。一般用于高纤维果汁、果冻以及其他果味饮料中。

（4）蔬菜纤维　该类膳食纤维功能突出、性能优越、成分明确、纯度高，是膳食纤维类产品中最受欢迎和应用最广泛的品种之一。研究最多的是甜菜纤维、胡萝卜纤维、竹笋纤维、茭白纤维，包括生化合成或转化类纤维。

（5）其他类纤维　主要指真菌类纤维、海藻类纤维以及一些黏质、树胶等。

3.根据纤维的结构特点分类

根据纤维的结构特点不同可将其分为结构性纤维和非结构性纤维。结构性纤维主要作为细胞壁的结构物质，起支持作用，使植物具有足够的结构强度，是植物抵御外界侵袭的屏障，主要有纤维素、半纤维素和木质素，在洗涤纤维分析体系中被测定为中性洗涤纤维（neutral detergent fiber，NDF）。非结构性纤维在植物体中主要起黏合包被作用，有果胶、蜡质、角质等，主要由不同程度羟化和完全酯化的醇和酸的长链构成。果胶主要存在于植物的中间层，含量从植物初级细胞壁到次级细胞壁逐渐减少，为细胞间和细胞壁其他成分间的黏合剂。

植物中还有一种化合物——植酸，虽然没有被划分为纤维，但在食物中常与纤维一起存在，大多来自禾谷类种子，植酸可以结合矿物质，使其排出体外。

4.根据纤维的化学组成分类

膳食纤维是一类复杂的植物性多糖，主要属于细胞壁类物质，多为结构性糖。膳食纤维的化学组成分类如图 2-2 所示。

图 2-2　膳食纤维的化学组成分类

由于纤维素（cellulose）、半纤维素（hemicellulose）、果胶和糖胺聚糖内容在多糖部分已经介绍，所以在此不再赘述。

（1）木质素（lignin）　木质素是由聚合的芳香醇构成的一类物质，它并非糖，但与糖类物质紧密结合在一起。木质素常常与半纤维素或纤维素伴随存在，共同作为植物细胞壁的结构物质。木质素是由三类苯基丙烷衍生物［香豆醇（coumaryl alcohol）、松柏醇（coniferyl alcohol）和芥子醇（sinapyl alcohol）］构成的复杂高分子聚合物，其分子结构式随植物种类不同而变化，至今还不完全清楚。已知其基础结构是碳链和醚键或酯键，木质素分子结构式见图 2-3。

　　酸碱均不能使其降解，它主要存在于植物的木质化部分，如种子荚壳、玉米芯及根、茎、叶的纤维化部分。木质素给细胞壁提供化学和生物学的抵抗力，并赋予植物一定的机械强度。

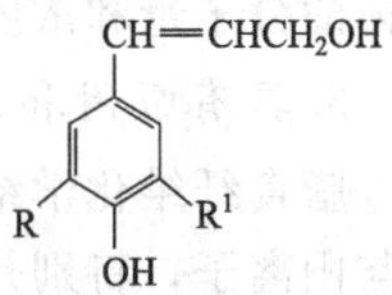

(1) 香豆醇，R=R¹=H；
(2) 松柏醇，R=H，R¹=OCH₃；
(3) 芥子醇，R=R¹=OCH₃

图 2-3　木质素分子结构及其三种组成单体

　　木质素在营养上有着特殊的意义，木质素与许多植物多糖和细胞壁蛋白质之间形成牢固的化学键，对化学降解具有强抵抗力，故需要特定的化学处理（如碱处理），才能打破木质素与其他糖之间的化学键，如破坏纤维素和半纤维素与木质素的联系，从而可以改善微生物对纤维素和半纤维素的利用率。只有需氧菌和真菌可裂解木质素的化学键。此外，木质素形成的化学键也不能被动物消化道分泌的酶分解。

　　（2）植物胶与树胶　许多植物种子贮有淀粉（如谷物种子），而另有一些植物种子则贮有非淀粉多糖。不同植物种子所含非淀粉多糖的种类、含量及性质往往不同。例如瓜尔豆中所含瓜尔豆胶是由半乳糖和甘露糖按大约 1∶2 组成的多糖，其主链由甘露糖以 1,4-糖苷键相连，支链由单个半乳糖以 1,6-糖苷键与甘露糖连接，分子量 200000～300000。而刺槐豆种子所含槐豆胶是由半乳糖与甘露糖以大约 1∶4 的比例构成的多糖，其主链上的半乳糖支链相对较少，分子量约 300000，属于这类的植物胶还有田菁胶、亚麻籽胶等。

　　许多树木在树皮受到创伤时，可分泌出一定的胶体物质用以保护和愈合伤口，它们分泌的这些亲水胶体物质同样会因树木种类不同而变化。阿拉伯胶由高分子多糖及其钙、镁和钾盐构成，组成这种多糖的糖基主要包括阿拉伯糖、鼠李糖、半乳糖以及葡糖醛酸等。

　　（3）海藻胶　海藻胶是从天然海藻中提取的一类亲水多糖胶。不同种类的海藻胶，其化学组成和理化特性等亦不相同。来自红藻的琼脂（亦称琼胶）由琼脂糖和琼脂胶两部分组成，其中琼脂糖由两个半乳糖组成，而琼脂胶是由含有硫酸酯的葡糖醛酸和丙酮酸构成的复杂多糖。来自褐藻的多糖胶、海藻胶和海藻酸盐则是由 D-甘露糖醛酸和 L-古罗糖醛酸以 1,4-糖苷键相连形成的直链糖醛酸聚合物，两种糖醛酸在分子中的比例变化以及其所在位置的不同都会影响海藻酸的性质，如黏度、胶凝性和离子选择性等。来自红藻的卡拉胶则是一种硫酸化的半乳聚糖。依其半乳糖基上硫酸酯基团的不同，分成不同的类型。上述这些海藻胶均因其所具有的增稠、稳定作用而广泛应用于食品加工。

（三）膳食纤维的理化性质

　　膳食纤维的化学组成决定了其独特的理化性质，主要表现在以下三个方面。

1.水合作用

　　膳食纤维的化学结构中有很多亲水基团，具有很强的水合作用。水合作用表现为膨胀能力、持水能力和结合水能力。具体的持水能力视纤维的来源不同以及分析方法的不同而不同，变化范围大致在自身质量的 1.5～25 倍之间。多糖聚合物吸附水分的能力超过非多糖聚合物，而多糖聚合物中的半纤维素与果胶又超过纤维素，富含戊糖的多糖聚合物吸水能力最强。

　　通常可溶性膳食纤维的持水能力高于不可溶性膳食纤维的持水能力，而谷类纤维比含果胶纤维的持水能力低。

2.溶解性和黏性

　　大多数膳食纤维溶解在水中会形成不同黏性的溶液，其黏性大小主要取决于膳食纤维聚合体的分子量和浓度。大分子的膳食纤维占有的体积大，形成的溶液黏度也大。

3.具有吸附和结合离子及有机物的能力

膳食纤维化学结构中含有羧基和羟基类侧链基团，呈现弱酸性阳离子交换树脂的作用，可与阳离子，特别是有机阳离子进行可逆交换。膳食纤维对阳离子的作用是可逆性交换，它只是改变离子的瞬间浓度，一般是起稀释作用并延长它们的转换时间，从而对消化道的pH、渗透压以及氧化还原电位产生影响。另外，它会影响矿物质的吸收，因为谷物纤维结合的植酸在体外试验中能够结合金属离子并排出体外。

膳食纤维表面带有很多活性基团，可以螯合吸附胆固醇和胆汁酸等有机分子，从而可抑制它们的吸收，这是纤维影响胆固醇代谢，降低胆固醇的重要原因。体内试验表明，一些纤维能够增加粪便中胆汁酸和胆固醇的排出，增大食糜的黏性和吸附胆汁酸的能力，但机理还不完全了解。同时，膳食纤维还能吸附肠道内的有毒物质（内源性有毒物）、摄入的有毒药品（外源性有毒物）等，并促使它们排出体外。

二、膳食纤维的生理与保健作用

（一）膳食纤维的生理作用

1.能够减少食物进入消化道的数量，延长食物通过消化道的时间，促进粪便排出

膳食纤维吸水后能使食物的体积增大和能量密度减小，可减慢咀嚼和进食，减少食物进入消化道的数量。另外，膳食纤维能延长胃排空和糖输送到小肠的时间，使食物在胃内停留的时间比正常时间长。在小肠段，膳食纤维能够延缓营养物质在小肠的消化和吸收。在大肠段，膳食纤维能够软化粪便并增大粪便的体积，缩短粪便在大肠停留的时间，如麦麸使食糜在胃肠道的滞留时间从约70h减少到约45h。因此，可使排便的频率由一天1次增加到一天1.5次。

2.改变肠道系统中微生物群落组成

膳食纤维可被大肠中的有益细菌部分发酵或全部发酵，产生大量的短链脂肪酸，如乙酸、丙酸、丁酸和乳酸等，调节肠道pH，改善有益细菌的繁殖环境，使得双歧杆菌等有益菌群能迅速增殖，这对抑制腐生菌生长，防止肠道黏膜萎缩和维持肠黏膜的屏障功能，维持维生素的供应，保护肝脏等都是十分重要的。膳食纤维的多孔结构增加了其中空气的含量，会诱导出大量菌群来代替原来存在的厌气菌群，改变胃肠道系统中的微生物群落组成。

3.进入肠道的膳食纤维可被大肠中的微生物发酵分解，维护胃肠道的健康

据研究，大约50%的膳食纤维可以被分解为水、短链脂肪酸等产物。微生物发酵可溶性纤维产生的丁酸，可被结肠壁细胞摄取供能，加速细胞的修复过程来维护肠壁细胞的完整性，可通过肠细胞的增殖来调节肠细胞的生长。此外，膳食纤维，特别是不溶性纤维，是一类比较粗糙的物质，可以刺激胃肠壁，增加消化液和消化酶的分泌，维护胃肠道的健康。若膳食中缺乏膳食纤维，结肠中的细菌以肠黏液为养料，这样作为防御有害细菌的天然屏障肠黏液将被消耗殆尽。

（二）膳食纤维的保健作用

人群研究表明，高纤维膳食有预防心血管疾病、直肠癌和糖尿病等作用，这种保健作用

体现在高纤维膳食中，而不是某一种特殊的食物成分。通过流行病学调查和周密设计的实验，获得了膳食纤维的保健和预防疾病的结果。总体来讲，膳食纤维具有以下几方面的作用：

1.膳食纤维的正面作用

（1）有利于排便，具体见膳食纤维的生理作用。

（2）有利于减肥。

不溶性膳食纤维能够促进人体胃肠吸收水分，延缓葡萄糖的吸收，延缓胃排空的速率，延缓淀粉在小肠内的消化速度。同时可使人产生饱腹感，有助于控制能量摄入，有助于控制体重。膳食纤维有助于控制体重的机理涉及以下几方面：

① 高纤维食物的体积大，能量密度小，脂肪和糖的含量低，进食困难，因此可使总能量的摄入受到限制。吃高纤维谷物早餐的人比吃低纤维早餐的人午餐摄入的能量少。

② 膳食纤维延缓了胃排空的时间，膨大了胃部体积。膳食纤维体积膨大对能量密度和适口性的影响可以诱导头部、胃部产生早期饱腹信号，并可增强和延长这种饱腹的信号。某些纤维的黏性作用能增强肠部的饱腹感，减缓小肠能量和营养物质（如脂肪和糖类）的吸收效率，使能量和营养物质比较多地进入结肠，而结肠部的吸收效率低于小肠，如 1g 葡萄糖在小肠吸收后提供的能量为 4kcal（1kcal＝4.1840kJ），而在结肠为 1.5kcal。高纤维的膳食使能量在粪便中的损失增多，高纤维膳食比低纤维膳食每天粪中损失的能量多 100kcal，一周就多损失 700kcal 的能量，相当于 100g 的体组织，一年相当于多损失了 5kg 的体组织，这当然有助于减轻体重。

③ 增加脂肪的排出。用麦麸、瓜尔豆胶、果胶等补充到膳食中，增加了粪便中脂肪的排出量。

大部分纤维减少体重的有效性是通过减肥膳食获得的，这种减肥膳食中纤维是重要的组成成分，可以减少人的饥饿感，是一种低能量膳食。目前市场上的减肥产品含有膨大体积的纤维，如甲基纤维素。鼓励减肥的人选择新鲜水果、蔬菜、豆类和全谷物食品来发挥纤维在控制体重方面的作用，而不是选择纤维补充品。

（3）降低血糖水平，改善糖尿病患者的症状。

膳食纤维能改善神经末梢对胰岛素的感受性，降低对胰岛素的要求，改善耐糖量，调节糖尿病患者的血糖水平，改善糖尿病患者的症状。20 世纪 70 年代初，根据流行病学调查结果，把糖尿病列入膳食纤维摄入不足导致的疾病之一。许多研究表明，可溶性纤维的黏度可以减缓胃排空的速率，延缓糖类（如淀粉）在小肠内的消化或减慢葡萄糖的吸收，使餐后血葡萄糖水平和胰岛素水平曲线变平，很明显这对糖尿病有辅助治疗作用。李飞研究了膳食纤维对 2 型糖尿病的干预作用，结果表明，脱脂豆渣、豆渣总膳食纤维、豆渣不溶性膳食纤维、豆渣可溶性膳食纤维均具有降血糖、干预 2 型糖尿病病情发展的作用。灌胃脱脂豆渣、豆渣总膳食纤维、豆渣不溶性膳食纤维、豆渣可溶性膳食纤维后，2 型糖尿病小鼠的糖耐受能力及胰岛素耐受能力得到改善。另外，还研究了膳食纤维对 2 型糖尿病的干预作用的机制。结果表明，膳食纤维可以从糖代谢、脂代谢、抗氧化能力等方面对 2 型糖尿病进行干预。

（4）降低血液胆固醇，降低冠心病的发病率。

膳食纤维能促进胆汁酸的排泄，抑制或延缓胆固醇和甘油三酯的吸收，降低人的血浆胆固醇水平，可预防动脉粥样硬化和冠心病等心血管疾病的发生；还能减少胆汁酸的重吸收，预防胆结石的形成。通过缩短食糜在小肠内滞留，吸附胆汁酸，可降低小肠对脂类的乳化和消化速度，阻止脂类分子向小肠壁的移动。因此，只要注意膳食结构中配合适量的膳食纤维，就可减少甘油三酯、胆固醇的吸收。可溶性膳食纤维抑制脂类代谢，降低血总胆固醇、低密度脂蛋白胆固醇的机理还不清楚，可能与淋巴管形成乳糜微粒的过程中可溶性纤维结合胆汁酸和胆固醇有关，也可能和短链脂肪酸抑制脂肪酸的合成有关。摄取黏性可溶性纤维可延缓脂肪和糖类吸收的速率，这种延缓作用可导致餐后血脂水平比正常状态低，餐后高血脂与患动脉粥样硬化心脏病的高风险有关。瓜尔豆胶、洋槐豆胶、果胶、羟甲基纤维素及富含可溶性纤维的食物，如燕麦、大麦、荚豆和蔬菜，可以降低血浆胆固醇5％～10％，甚至可达25％，几乎都是减少低密度脂蛋白胆固醇，而高密度脂蛋白胆固醇降得很少。相反，分离的纤维素或不溶性纤维很少能改变血浆胆固醇的水平。中国农科院与22家医院和科研单位协作，经动物实验和临床观察，燕麦的降脂作用总有效率为87％。同时对防治动脉粥样硬化、脂肪肝和糖尿病等均有良好的食疗效果。另根据吉林中医药科学院和吉林化工学院的报道，海藻多糖胶囊能明显降低血清中胆固醇、甘油三酯等，表明其降血脂作用显著。灌胃银耳多糖，可以显著降低胆固醇、甘油三酯、低密度脂蛋白胆固醇，能够发挥降脂保肝作用。

通过膳食和药物降低血总胆固醇和低密度脂蛋白胆固醇，可以降低冠心病的发病率。冠心病在西方国家是造成人类死亡的主要病因，血胆固醇高是冠心病的主要风险因子，膳食纤维，特别是可溶性膳食纤维能够显著地降低血胆固醇的水平，进而降低冠心病的风险和死亡率。研究发现血清胆固醇下降1％，可减少心血管疾病发生的危险性达2％。每天摄入3g可溶性膳食纤维便能起到降血脂的作用。

（5）改善肠道菌群，防止肠道病变。

脂肪和过精膳食可以使肠道厌氧菌大量繁殖，使中性和酸性粪固醇，特别是胆酸、胆固醇及其代谢产物降解产生致癌物质。在有充分膳食纤维存在的情况下，可以促进微生物的生长，维护肠壁细胞的健康；发酵产物短链脂肪酸能降低肠道内的 pH，其中丁酸可加速直肠肿瘤细胞的分化和凋亡。

2.膳食纤维的副作用

许多研究只关注膳食纤维缺乏对健康的影响，但过量摄入膳食纤维也有负面作用，其副作用体现在以下几个方面：

（1）体积大　一个人如果饭量有限，而常常吃高纤维食物，就不能够摄取足够的食物来获得充足的能量和营养物质。吃全植物膳食的老年人或儿童特别容易面临膳食纤维造成的能量不足或营养不良的问题。

（2）腹部不适　有些人过快地增加高纤维食物的摄入量，会感到肠道不适并产气。要避免此类问题，就要逐渐增加膳食纤维的摄入量，并保证液体的摄入是充分的。豆类含有膳食纤维，常常使人产生胀气不舒适感。

（3）降低营养物质的利用率　膳食纤维会加速食物通过胃肠道，因而过量的膳食纤维限制了一些营养物质的吸收。同时，不溶性膳食纤维能结合矿物质，干扰它们的吸收。虽然矿物质的摄入是充分的，可是，高纤维食物的合理摄入似乎难以使体内矿物质达到平衡。不过根据报道，没有发现纯膳食纤维的饮食会影响人体对维生素和矿物质的吸收率，因为这种食物本身的矿物质含量就高。纤维素对矿物质有吸附和离子交换作用，食用含纤维素过多的食物，会影响人体对钙、镁、铁、锌等的吸收和利用，造成这些元素的缺乏，而不利于健康。

体外实验的研究结果表明，各种膳食纤维均能抑制胰酶的活性，因而可影响糖类、蛋白质和脂肪的吸收和营养素的水解，降低维生素的吸收率。但总的看来，膳食纤维对维生素的吸收影响很小，对矿物质元素的吸收有一定的影响。有些实验结果表明，天然食物如谷类、水果中的纤维能够抑制钙、铁、锌和铜等元素的吸收，这可能是因为食物中的植酸干扰造成的。

三、人体对膳食纤维的消化和吸收

过去认为膳食纤维仅仅是一种食品的填充料，在消化道内通过时既不能被消化，也不能被人体利用，最终形成渣滓排出体外。但研究结果证明，膳食纤维是膳食的重要组成成分，在肠道内能被分解，与人体营养和某些疾病有着密切关系。人的胃和小肠不分泌纤维素酶和半纤维素酶，故膳食纤维中的纤维素和半纤维素不能在其中酶解。膳食纤维一般在上消化道不被消化和吸收，基本上以完整的形态到达结肠段，人体对膳食纤维的消化主要依赖于盲肠和结肠中微生物的发酵作用。膳食纤维在结肠内被微生物分解的第一步反应，相当于糖的无氧酵解，反应的终产物丙酮酸被立即转化为醋酸盐、丙酸盐、丁酸盐、二氧化碳和水等，其中醋酸盐、丙酸盐与丁酸盐（摩尔比为 57∶22∶21）是人体肠道中最重要的短链脂肪酸（short-chain fatty acids，SCFA），占人体结肠中 SCFA 的 85%～95%。在微生物酶解作用下，纤维素基本上能全被分解，半纤维素大部分能被分解，木质素的分子不能被分解，但其结构可以发生一些变化，容易失去羟基、甲氧基等，果胶在肠道菌群的作用下可迅速分解，部分果胶可用于合成微生物体内多糖。

进入大肠 70%～80% 的多糖被分解，这些多糖包括非淀粉多糖和抗性淀粉。发酵产生的挥发性脂肪酸可在结肠吸收，在肠黏膜和肝脏代谢，被肠道细胞作为能量利用，也可被吸收入血液，参与体内三羧酸循环和能量物质代谢。短链脂肪酸作为能量被利用后在肠腔内产生 CO_2 并使酸度增加，氢和甲烷一部分由呼吸排出，大部分由肠道细菌再利用，剩余部分由肛门排出。部分未被分解的膳食纤维成为粪便的一部分。各类膳食纤维在人类大肠中的酵解比例见表 2-2。

表 2-2　各类膳食纤维在人类大肠中的酵解比例

膳食纤维组分	酵解比例/%
纤维素	20～80
半纤维素	60～90
果胶	100
瓜尔豆胶	100
麦麸	50
抗性淀粉	100
菊粉低聚糖	100（如果摄入不过量）

人类具有一定消化膳食纤维的能力，主要是大肠段菌群的作用，但由于研究方法未能统一，因此结果差异很大。膳食纤维的消化受很多因素的影响，包括食物通过肠道的时间、膳食纤维的种类、肠道微生物种类和数量以及加工方式。例如谷胚纤维素的消化率远低于果蔬类的纤维素，磨得较细的麦胚纤维比成粒的麦胚纤维消化率高。纤维素在人体的消化率见表2-3。

表 2-3　纤维素在人体的消化率

受试者	来源		摄取量/(g/d)	消化率/% （变动范围）
3 名青年人（男）	小麦麸皮		6.9	29（24～33）
	胡萝卜		8.7	67（62～72）
	豌豆		9.6	45（40～49）
	卷心菜		9.1	55（43～61）
	纤维素粉		10.1	7（0～11）
18 名小孩	混合食物（纤维素＋半纤维素）		4～6	71（54～85）
16 名青年人（男）	麸皮		10～19	（0～6）
	莴苣		5.6	29
	卷心菜		4.1	42
	芹菜		8.0	29
	橘子		7.5	24
	苹果		10.4	57
12 名青年人（男）	混合食物		8	15（-7～29）
14 名青年人（女）	混合食物		5.2	26（6～40）
11 名老年人（男）	混合食物		7.9	44（21～59）
12 名老年人（女）	混合食物		5.9	26（-9～51）
16 名成年人（男）	混合食物		8.5	43（15～87）
8 名青年人（男）	小麦麸皮	粗糙的	2.7	6
		精细的	2.7	23
24 名青年人（男）	纤维素粉		—	20
	卷心菜		—	81
14 名成年人（男）	混合食物＋麸皮		10.5	74
			18.7	63
4 名成年人（男）	混合食物		6.1	82
4 名成年人（男）	混合食物		4.9	73（62～81）

　　从表 2-3 可以看出，纤维素在人体内有较大程度的降解，平均约 50%，数据变化范围较大，除测量方法影响数据外，纤维素的来源对消化率也有明显影响，如麦麸纤维素的消化率比蔬菜、水果低得多，可能是麦麸中含有较多的木质素抑制了纤维素的分解。纯纤维素（如纤维素粉）比麦麸消化率更低，是由于其结晶度高，不易被厌氧酶分解。同时也表明，纤维素消化率的个体差异较大，多数是由于食物在肠道中通过时间的差异，在正常情况下食物残渣在人结肠中通过的时间为 18～66h 不等。实验证明，植物细胞壁多糖在肠道内通过的时间长于 48h，其消化率可达 80%～90%，继续延长时间并不能增加其分解度。

四、膳食纤维的来源及其在食物中的分布

（一）膳食纤维的来源

膳食纤维主要作为植物细胞壁的成分存在。用电子显微镜观察，新生的植物细胞并没有固定的形态，在形成细长成熟的纤维细胞时，才具有过渡形态。成熟的植物细胞壁为多层结构，主要分为间隔层、初生细胞壁和次生细胞壁三层。间隔层系邻近细胞的间隔空隙，主要由果胶组成，并含有半纤维素。初生壁是细胞的外壁，它使细胞具有一定的形状，并随植物的生长而延伸，由渗入的果胶、纤维素和半纤维素结合构成。随着植物的生长发育，在初生细胞壁的内侧逐渐形成次生细胞壁，其中半纤维素占优势。当植物生长接近完成时，在其内形成木质素，它与半纤维素和纤维素结合，使细胞具有最终的硬度。木质化完成时植物细胞即死亡。因而植物枝叶随着生长成熟会变得粗硬，细胞内容物所占比例降低，从而导致植物的营养价值降低。在植物细胞壁内，除含有纤维素、半纤维素、木质素和果胶以外，还含有少量蛋白质（含羟脯氨酸高的蛋白质）。植物细胞壁的分层及其组成成分含量见图 2-4。

不同谷物细胞壁中纤维素的结构组成变化不大，但其中半纤维素和果胶的组成和含量变化很大。如阿拉伯木糖主要存在于小麦、黑麦的初生细胞壁中；葡甘露聚糖为裸子植物次生细胞壁的主要半纤维成分，但含量很低；半乳甘露聚糖存在于种子胚乳细胞中；果胶主要存在于豆类植物的间隔层和初生细胞壁中。

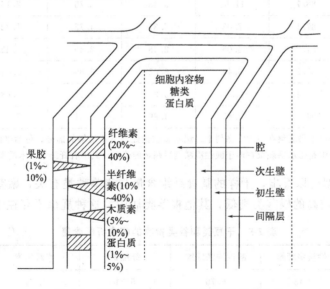

图 2-4 植物细胞壁的分层及其组成成分含量

（二）膳食纤维在食物中的分布

各类食物中膳食纤维的含量因品种不同而有所不同，籽实、块根块茎类的膳食纤维含量较低，叶菜和瓜果类则含量较高，而植物茎秆、谷物秕壳等含量最高。植物中膳食纤维的含量因植物生长阶段不同而变化，一般老熟植物要高于幼嫩植物。植物成熟度越高其纤维含量也就越多。谷类加工越精细，所含纤维就越少。植物不同部位的膳食纤维含量也有所不同，

其中以茎的含量最高，叶的含量次之，籽实和块根块茎中的含量最少。赵忠林等人用洗涤剂法测定了北京市34种常见食物中纤维素、半纤维素和木质素的含量，表2-4和表2-5分别列出了蔬菜、水果、豆类、谷类的测定结果。

表 2-4　蔬菜、水果膳食纤维含量（以干样计）　单位：g/100g 可食部

名称	可食部/%	中性洗涤纤维	酸性洗涤纤维	纤维素	半纤维素	木质素
菠菜	67.8	21.38	15.18	12.22	6.20	1.97
白菜（油菜）	87.1	18.21	14.70	12.62	3.51	1.34
芹菜（茎）	70.7	18.20	15.23	13.80	2.97	1.27
青蒜	77.0	17.40	13.92	11.97	3.48	1.78
小葱	69.1	15.73	12.11	10.12	3.62	1.17
洋白菜	82.4	15.55	13.31	12.61	2.24	0.72
大白菜	73.4	14.53	11.71	10.55	2.82	1.02
蒜苗	87.7	14.38	12.82	10.84	1.56	1.97
韭菜	89.7	14.30	11.03	9.25	3.27	1.84
红萝卜	86.0	13.64	10.78	10.25	2.86	0.45
水萝卜	76.2	12.26	10.17	9.45	2.09	0.73
胡萝卜	88.7	11.66	9.48	8.75	2.18	0.56
藕	87.1	7.03	5.31	4.72	1.72	0.33
山药	81.7	4.05	2.63	2.49	1.42	0.08
马铃薯	85.9	3.46	3.02	2.86	0.44	0.05
鸭梨	85.4	11.05	5.37	4.11	5.68	1.25
苹果	84.1	7.45	4.89	4.51	2.56	0.43

注：中性洗涤纤维是指水果蔬菜在中性洗涤剂十二烷基硫酸钠处理下不溶解的部分，包括半纤维素、纤维素、木质素、矿物质。酸性洗涤纤维是指水果蔬菜在溶于酸性洗涤剂后剩余的残渣，其中有纤维素、木质素和硅酸盐。

从表2-4中数据可以看出，干样的膳食纤维含量与蔬菜种类有关，嫩茎、叶、薹、花类中含量高，含淀粉较高的根茎类则低，其他根茎类居中。这种规律不存在于鲜样中。

表 2-5　干豆类和谷类食物的膳食纤维含量　单位：g/100g 可食部

名称	中性洗涤纤维	酸性洗涤纤维	纤维素	半纤维素	木质素
青豆	10.43	6.76	5.71	3.67	0.77
黄豆	10.03	6.82	5.57	3.21	1.17
花芸豆	8.94	7	6.39	1.94	0.52
赤小豆	8.41	7.34	6.81	1.07	0.18
白芸豆	7.81	5.16	5.04	2.65	0.08
绿豆	7.16	5.4	5.11	1.76	0.36
全麦粉	9.7	3.41	2.32	6.65	0.75

续表

名称	中性洗涤纤维	酸性洗涤纤维	纤维素	半纤维素	木质素
玉米	8.43	3.74	2.98	4.69	0.68
玉米面	4.5	2.05	1.53	2.45	0.52
标准面	2.64	0.83	0.59	1.81	0.18
糙米	2.37	10.4	0.68	1.33	0.34
小米	1.54	0.7	0.19	0.84	0.18
高粱米	1.19	0.57	0.5	0.62	0.07
籼米	0.7	0.34	0.25	0.36	<0.05
糯米	0.49	0.21	0.2	0.28	<0.05
富强米	0.46	0.32	0.22	0.14	0.06
粳米	0.24	0.19	0.19	0.05	<0.05

由表 2-4、表 2-5 可以看出，各类食物中纤维素、半纤维素含量是不同的，其中蔬菜、干豆类以纤维素为主，谷类绝大部分以半纤维素为主，除蒜苗外，所有样品中木质素含量最低。

我国 2021 年进行了农村膳食调查，分析了在 75 个县的农村中采集的谷类、豆类及蔬菜样品的各种膳食纤维的含量及可溶性和不可溶性膳食纤维的比例，结果见表 2-6。

表 2-6　各类食物中膳食纤维的分类和含量　　　　　单位：g/100g 可食部

名称		谷类	淀粉类	干豆类	鲜豆类	瓜果类	叶菜类
不可溶性膳食纤维	均值	2.57	0.65	6.22	1.82	1.2	0.83
	SD	1.07	0.36	2.96	0.37	0.34	0.22
可溶性膳食纤维	均值	3.4	1.1	11.2	2.8	1.8	1.5
	SD	3.22	0.52	2.3	0.54	0.66	0.30
可溶性/不可溶性膳食纤维	均值	1.32	1.69	1.80	1.54	1.50	1.80

注：SD 为标准差（standard deviation）。

不同种类、不同生长阶段的植物，其膳食纤维的组成种类相同，但含量变化大。一般纤维素含量约占 20%～40%，甚至可高达 60%；半纤维素含量约占 10%～40%；果胶约占 1%～10%。表 2-7 列举了常见食物中多糖和木质素的典型数值，可以看出，二者在所有谷物和谷物副产品中的含量变化很大，这是由多糖和木质素在细胞组织中的分布不同造成的。外壳、果皮和种皮主要由不可溶性的非淀粉多糖和木质素组成。胚乳中的多糖主要是淀粉、可溶性 β-葡聚糖和阿拉伯木聚糖等。外壳、果皮、种皮与胚乳的相对比例极大地影响着总淀粉和纤维含量以及可溶性和不可溶性纤维的比例。蛋白质含量丰富的植物，它的多糖和木质素的组成与禾谷类不同，纤维素是细胞壁的主要组成成分，同时也含有高水平的果胶类多糖，如甘蔗浆。

表 2-7　几种常见食物中多糖和木质素的含量　　　　　单位：g/kg 干样

谷物	淀粉	非纤维素多糖		纤维素	非淀粉多糖	木质素	膳食纤维
		可溶	不可溶				
玉米	732	9	66	31.2	93.2	11	104.2
小麦	651	25	74	20	119	19	138
黑麦	630	42	94	16	152	21	173
大麦（带壳）	587	56	88	43	187	35	222
大麦（无壳）	645	50	64	10	124	9	133
燕麦（带壳）	468	40	110	82	232	66	298
燕麦（无壳）	557	54	49	14	116	32	148
小麦麸	208.5	29	273	64.8	374	75	449
燕麦壳粉	213	13	295	196	505	148	653
大豆粉	27	63	92	62	217	16	233
油菜籽粉	18	55	123	52	220	134	354
豌豆	500	52	76	53	180	12	192

五、膳食纤维的摄入评估、膳食指导和推荐摄入量

（一）国际膳食纤维推荐摄取量和膳食指导

虽然膳食纤维的分析和分离是研究的热点领域，但膳食纤维的流行病学和摄入量的研究却非常缺乏。纤维的测定方法和膳食纤维本身的定义并未完全达成共识，膳食纤维在消化道内的代谢路径还不完全确定。由于膳食纤维对人体营养保健的重要性，因此，世界卫生组织（World Health Organization，WHO）、联合国粮农组织（Food and Agriculture Organization of the United Nations，FAO）以及美国、加拿大、日本等国先后颁布了《膳食纤维指导大纲》。FAO 建议个人食物多样化，以便获得健康所需的所有必需营养物质。糖类是推荐的七类之一，谷物是其中的选择。WHO 研究小组倡导复杂糖占膳食的主要部分，提供消耗能量的 50%～70%，建议 NSP 的主要来源为水果和蔬菜 [（不少于 400g/（人·d）]，以及豆类、坚果和籽实 [不少于 39g/（人·d）]。WHO 进一步限定自由糖的摄入应不超过 10%。有关国家膳食纤维指导概述见表 2-8。

在制定膳食纤维（DF）的推荐摄入量时，既要考虑到膳食纤维的有益作用，也要考虑到它的负面作用，还要考虑目标人群的情况，如当前膳食纤维的摄入水平和如何摄取膳食纤维（通过食物还是通过纤维补品）。许多摄取典型西方膳食的人常常面临缺乏纤维的问题，吃白面粉、白米和喝果汁（而不是全果实）容易造成纤维缺乏。其推荐量一般是根据健康的成人来制定的，并不适合于儿童和老年人。食物中纤维的膳食评估和化学分析方法影响摄入量的估计。另外，膳食纤维推荐摄入量是针对食物而不是纤维补品的，使用 DF 补充品会影响健康膳食中的营养素平衡。目前有关分离纤维的研究资料有限，它可能与食物中的天然

纤维有区别。WHO推荐每人每天非淀粉多糖（NSP）的摄入量为16～24g，总膳食纤维（TDF）为27～40g。美国建议膳食纤维的摄入量为20～35g，高于目前美国人DF摄入量（12g）2～3倍。世界各国膳食纤维推荐每日摄入量见表2-8。

表2-8 世界各国膳食纤维推荐每日摄入量

推荐摄入量/g	基本成分	资料来源
16～24	NSP	报告：饮食、营养和慢性病的预防（Report：diet，nutrition and the prevention of chronic diseases）
27～40	TDF	
30	DF	澳大利亚公共服务和健康部门（Australian Government Department of Community Services and Health）
26～38（男）	DF	美国国家营养委员会（非官方） ［National Council for Nutrition (unofficial)］
19～28（女）		
25～35	DF	1985年的专家小组（非官方）［Expert panel in 1985 (unofficial)］
18～24	DF	中美洲和巴拿马营养研究所（Institute of Nutrition of Central America and Panama，INCAP）
15～20	DF	卫生部（1992）
25～30	DF	中国营养学会（2017）
25～30	TDF	美国国家食品署/营养委员会
25～30	DF	美国国家食品署/营养委员会
25～30	DF	法国著名的胃肠病学家（未发表）［Well known French gastroenterologist-unpublished］
30	DF	德国营养学会（German Society on Nutrition）
40	DF	印度医学研究理事会（Indian Council of Medical Research）
20～35	DF	美国国家营养研究所，卫生部食品咨询委员会（National Institute of Nutrition，The Food Advisory Committee of the Department of Health）（1987年）
19	TDF	美国国家营养研究所（National Nutrition Institute）
20～25	TDF	卫生福利部（Ministry of Health and Welfare）
25～30	DF	美国国家营养研究所
24～30	DF	1989年荷兰营养价值：营养委员会（Dutch Nutritional Values 1989：Nutritional Council）
25	DF	美国国家食品署/营养委员会
25/2000cal	DF	食品与药物管理局（Food and Drug Administration，FDA）
30～40	TDF	心脏基金会，癌症协会，营养学协会（Heart Foundation，Cancer Association，Association of Dietetics）
30	TDF	卫生部（非官方）［Department of Health (unofficial)］
25～30	DF	一般的参考文献，没有官方的数字
18	NSP	美国国家食品署/营养委员会、卫生部（National Food Agency/Nutrition Council，Department of Health）

续表

推荐摄入量/g	基本成分	资料来源
25～30	DF	食品政策委员会，卫生部膳食参考报告（Committee on Aspects of Food Policy，Department of Health Dietary Reference Values Report）
25g/2000cal（成人），年龄 5～18 年龄＋10g	DF	食品与药物管理局
（3～20 岁）0.5g/kg	DF	美国卫生基金会（American Health Foundation）
（青少年）≤25g/d	DF	美国儿科学会（American Academy of Pediatrics）
8～10g/1000cal	DF	美国国家营养研究所（National Nutrition Institute）（1993 年）

DF 的来源随地区而不同。德国人的 DF 主要来源于谷物（44％～52％）、土豆及其他蔬菜（25％～32％）。日本、英国和意大利的 DF 主要来源于蔬菜。亚洲人主要来源于稻米，稻米占谷物产品的大部分，降低谷物和谷物产品的消费极大地影响 DF 摄入量。世界范围内膳食纤维的摄入水平在不断下降，达不到推荐的摄入水平。膳食纤维的摄入水平随性别、种族和生活方式的不同而不同，妇女的摄入量一般低于男性，部分原因是女性的能量摄入低。非洲裔美国人的 DF 摄入低于白种人。同一种族内，DF 的摄入也有地区和时间的差别，一般有健康生活方式的人，或者关心营养素充分摄入的人，DF 的摄入水平较高。

（二）中国人群的膳食纤维摄入量评估

夏海鸣等人（2019）以杭州市拱墅区小学生早餐为研究对象，对杭州市拱墅区内 12 类食品共 434 份样品进行测定，结果发现，各种类早餐中膳食纤维含量范围为 0.31～2.17g/100g，不同类别食物间膳食纤维含量的差异具有统计学意义，以面制食品和豆浆含量较高，小学生的早餐膳食纤维摄入量在 1.82～ 3.14g/100g 之间，摄入量普遍偏少。

（三）中国人群的膳食纤维推荐摄入量

中国营养学会根据 2021 年推出的《中国居民膳食指南及平衡膳食宝塔》中不同能量摄入者的各类食物参考摄入量、谷类食物推荐摄入量及其提供的膳食纤维含量，计算了中国居民可以摄入的膳食纤维的量及范围，具体数据见表 2-9。

表 2-9　不同能量摄入者食物及膳食纤维的推荐摄入量

项目		谷类/(g/d)	蔬菜/(g/d)	水果/(g/d)	豆类及豆制品/(g/d)	总计/(g/d)	平均摄入量/(g/100kg)
低能量	食物量	300	400	100	50		
	IDF	6.6	4.56	1.14	2.51	14.81	8.23
	TDF	10.17	8.08	1.66	4.22	24.13	13.4
中能量	食物量	400	450	150	50		
	IDF	8.8	5.13	1.71	2.51	18.15	7.56
	TDF	13.56	9.09	2.49	4.22	29.36	12.23

续表

项目		谷类 /(g/d)	蔬菜 /(g/d)	水果 /(g/d)	豆类及豆制品 /(g/d)	总计 /(g/d)	平均摄入量 /(g/100kg)
高能量	食物量	500	500	200	50		
	IDF	11	5.7	2.28	2.51	21.49	7.6
	TDF	16.95	10.1	3.32	4.22	34.59	12.3

我国中等能量摄入 10MJ 的成年人膳食纤维推荐的适宜摄入量为：总膳食纤维 30.2g/d，如以 4.2MJ（1000kcal）计则为 12.6g/d。美国国家研究所提出的每人每天摄入总膳食纤维 20~35g 或以每 4.2MJ（1000kcal）能量计为 10~15g/d；国家顾问委员会建议的总膳食纤维摄入量为 25~30g/d，亚洲营养工作者提出的总膳食纤维摄入量以 24g/d 为宜。我国现在所提出的总膳食纤维摄入量与美国、英国及亚洲学者提出的建议值 20~35g/d 或 10~13g/1000kcal（4.2MJ）比较，处于推荐量的高限范围。

中国人素以谷类为主食，兼有以薯类为部分主食的习惯，副食则以蔬菜为主，兼食豆类及鱼、肉等食品，水果则因季节和地区不同而摄入量不同，乳类食品则摄入较少。膳食纤维主要含在谷物、薯类及蔬菜、水果等植物性食品中，植物成熟度越高，纤维含量越多，谷类加工越精，所含膳食纤维就越少。西方国家国民认识到膳食纤维对健康的重要性，为提高膳食纤维摄入量，不但提倡吃黑面包，而且提倡购买纤维补充品添加到膳食中。而发展中国家，随着工业化和城市化的发展，膳食结构出现了向低纤维膳食的转化，膳食中含有的精制食物越来越多，而膳食纤维的摄入越来越少，与低纤维摄入相关的疾病发病率呈上升趋势。食品安全干预项目应该鼓励传统食品的继续生产和消费。我国人民随着生活水平的提高，食物越来越精，蔬菜和豆类的摄入量在减少，应强调多吃谷类为主的主食，多吃富含膳食纤维的食物，以预防一些慢性疾病的发生。

尽管在世界范围内，人们通过增加谷物产品、水果和蔬菜消费比例来提高膳食纤维摄取水平的意识在不断增长，而且也有官方的建议和指导，但一般公众并不遵循这样的建议。膳食和相关观念是影响膳食模式的关键因素，要加强有关膳食纤维重要性的教育，来改变食品选择的观念，养成良好的习惯，以预防与低膳食纤维摄入相关的慢性疾病，儿童、青少年是重要的目标人群。膳食纤维的研究和应用，将是 21 世纪人类营养学的新课题。

 思考题

1. 糖类一般包括哪几类？有何生理功能？
2. 根据中国营养学会推荐，糖类的一般摄入量占所需总热能的多少为宜？
3. 何为糖类对蛋白质的节约效应？
4. 列出下列几种食品胶质的来源：阿拉伯胶、琼胶、卡拉胶、褐藻胶、黄原胶、壳聚糖和魔芋葡甘聚糖。
5. 何为膳食纤维？按照溶解性可分为几种？有何保健功能和副作用？
6. 某厂生产的澄清果汁在贮存过程中产生浑浊现象，影响品质外观。请分析原因，并提出解决办法。

第三章

蛋白质

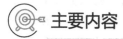 **主要内容**

蛋白质的分类、组成及其理化特征；蛋白质和氨基酸的功能；蛋白质和氨基酸的代谢（消化、吸收及合成）；氮平衡的概念；蛋白质的营养评价；蛋白质和氨基酸的主要食物来源；蛋白质和氨基酸在加工、贮藏中的变化及其对健康的影响；常见的蛋白质种类。

 学习要求

1. 理解蛋白质和氨基酸的概念，熟悉蛋白质的摄取与食物来源、组成及特征。
2. 掌握蛋白质及必需氨基酸的功能、蛋白质互补作用及其在加工过程中的变化。
3. 了解蛋白质的营养评价方法。

蛋白质是生物体内一种极其重要的高分子有机物，是组成人体一切细胞、组织的重要成分，机体所有重要的组成部分都需要有蛋白质参与。一般来说，蛋白质约占人体全部质量的18%，占人体干重的54%，即一个重60kg的成年人其体内约有蛋白质9.6~12kg。机体内的蛋白质始终处于不断分解和合成的动态平衡中，人体每天约有3%的蛋白质被更新。蛋白质主要由氨基酸组成，氨基酸的组合排列不同组成的蛋白质也不同，人体中估计有10万种以上的蛋白质，人体的生长、发育、运动、遗传、繁殖等一切生命活动都离不开蛋白质。

第一节　蛋白质的组成和分类

一、蛋白质的组成

蛋白质是一种化学结构非常复杂的化合物，主要由C、H、O、N四种元素组成，有的蛋白质还含有P、S元素，少量蛋白质中还含有Fe、Zn、Cu、B、Mn、I等微量元素。这些元素在蛋白质中的组成百分比约为：碳50%，氢7%，氧23%，氮16%，硫0~3%，其他元素微量。其中氮元素在各种蛋白质中含量比较稳定，故常以测定出的食物含氮量乘以6.25（蛋白质换算系数），计算食物中蛋白质的含量。实际上各种蛋白质的换算系数是不同的，准确计算时，应按各种食物的含氮量分别采用不同的蛋白质换算系数。

二、蛋白质的分类

蛋白质种类繁多，功能各异，在食品营养学中，根据蛋白质营养价值的高低，可将其分为以下几种：

1.完全蛋白质

完全蛋白质含有人体生长所必需的各种氨基酸，且氨基酸比例接近人体需求，当这类蛋白质为机体唯一的蛋白质来源时，能够满足机体健康生长的需要。动物来源的蛋白质多为完全蛋白质，如奶类中的酪蛋白、乳白蛋白，蛋类中的卵白蛋白和卵黄磷蛋白，肉类中的白蛋白、肌蛋白，以及大豆中的大豆蛋白等。

2.不完全蛋白质

此类蛋白质缺少一种或几种人体必需氨基酸。以其作为机体蛋白质唯一来源时，不能促进机体生长，甚至不能维持生命。大多数植物蛋白为不完全蛋白质。如玉米中的玉米胶蛋白，豌豆中的球蛋白，动物结缔组织、蹄筋胶质及由动物皮等制得的白明胶等。

3.半完全蛋白质

介于上述两种蛋白质之间，含有人体所必需的各种氨基酸，但氨基酸组成比例不平衡，有的氨基酸数量过少。以它作为人体唯一蛋白质来源时，能维持机体生命，但不能满足促进机体正常生长发育的需要。如小麦、大麦中的麦胶蛋白。

第二节　蛋白质的功能

蛋白质是构成人体组织器官的支架和主要物质，是生命的物质基础，也是生命的存在形式，在人体生命活动中起着重要作用，可以说没有蛋白质就没有生命活动。蛋白质具有许多重要的生理作用。

一、构成机体和生命的重要物质基础

1.催化作用

生命的基本特征之一是不断地进行新陈代谢。这种新陈代谢中的化学变化绝大多数都是借助于酶的催化作用迅速进行的。酶催化机体内成千上万种不同的化学反应，大部分酶就是蛋白质。酶的催化效率极高，如每分子过氧化氢酶在 0℃时，每分钟可催化 2640000 个 H_2O_2 分子分解而不致使机体发生 H_2O_2 蓄积中毒。

2.调节生理机能

激素是机体内分泌细胞制造的一类化学物质。这些物质随血液循环流遍全身，调节机体的正常活动，对机体的繁殖、生长、发育和适应内外环境的变化具有重要作用（若某一激素的分泌失去平衡就会引发疾病，如甲状腺素分泌过多或不足都会引发疾病）。这些激素中有许多分子结构就是蛋白质或肽。胰岛素就是由 51 个氨基酸分子组成的相对分子质量较小的蛋白质。胃肠道能分泌 10 余种肽类激素，用以调节胃、肠、肝、胆管和胰脏的生理活动。

此外，蛋白质对维护神经系统的功能和智力发育也有重要作用。

3. 氧的运输

生物从不需氧转变成需氧以获得能量是进化的一大飞跃。从环境中摄取氧，在细胞内氧化能源物质（糖类、脂类和蛋白质），产生二氧化碳和水，这种供能代谢使生物能够更多地获取贮存于能源物质中的能量。例如，葡萄糖有氧氧化所获得的能量为无氧酵解的 18 倍。这种由外界摄取氧并且将其输送到全身组织细胞的作用是由血红蛋白完成的。

4. 肌肉收缩

肌肉是占人体百分比最大的组织，通常为体重的 40%～45%。承担着机体的一切机械运动及各种脏器的重要生理功能，例如，肢体的运动、心脏的搏动、血管的舒缩、胃肠的蠕动、肺的呼吸，以及泌尿、生殖过程都是通过肌肉的收缩与舒张来实现的，这种肌肉的收缩活动是由肌动球蛋白来完成的。

5. 支架作用

结缔组织分布广泛，组成各器官包膜及组织间隔，散布于细胞之间。正是它们维持着各器官的一定形态，并将机体各部分联成一个统一的整体，这种作用主要是由胶原蛋白来实现的。

6. 免疫作用

机体对外界某些有害因素具有一定的抵抗力。例如，机体对流行性感冒、麻疹、传染性肝炎、伤寒、白喉、百日咳等细菌、病毒的侵入（抗原），可产生一定的抗体，从而阻断抗原对人体的有害作用，此即机体的免疫作用。这种免疫作用则是由免疫球蛋白（一种由血液浆细胞产生的具有免疫作用的球状蛋白质）来完成的。免疫球蛋白（亦称抗体），能特异性地与刺激它产生的抗原相结合而形成抗原-抗体复合物（又称免疫复合物）。此复合物本身并不杀伤入侵病原，只是在抗原表面做上"标记"，即抗体只完成对抗原的"识别"，而由血浆中的另一类蛋白质——补体来完成对外来细菌等抗原的杀伤作用。

7. 遗传调控

遗传是生物的重要生理功能。核蛋白及其相应的核酸是基因的物质基础，蛋白质是基因表达的重要调控者。

此外，体内酸碱平衡的维持、水分的正常分布，以及许多重要物质的转运等都与蛋白质有关。由此可见，蛋白质是生命的物质基础。

二、建造新组织和修补更新组织

食物蛋白质最重要的作用是供给人体合成蛋白质所需要的氨基酸。由于糖类和脂类中只含有碳、氢和氧，不含氮，因此，蛋白质是人体中唯一的氮的来源，这是糖类和脂类不能代替的作用。

食物蛋白质必须经过消化、分解成氨基酸后方能被吸收、利用。体内蛋白质的合成与分解之间也存在着动态平衡。通常，成年人体内蛋白质含量稳定不变。尽管体内蛋白质在不断地分解与合成，组织细胞在不断更新，但是，蛋白质的总量却维持动态平衡。一般认为成人体内全部蛋白质每天约有 3% 更新。这些体内蛋白质分子分解成氨基酸后，大部分又重新合成蛋白质，此即蛋白质的周转率，只有一小部分分解成为尿素及其他代谢产物排出体外。因此，成人的食物只需要补充被分解并排出的那部分蛋白质即可。机体蛋白质的周转率很高，通常，它比氨基酸的摄取大 7 倍。

儿童和青少年正处在生长、发育时期，对蛋白质的需要量较大，蛋白质的周转率也相对较高。这种蛋白质的周转量与基础代谢密切相关。机体由蛋白质分解的氨基酸再合成新蛋白质的数量可随环境条件而异。例如，饲养良好的大鼠，其肝脏所需氨基酸的 50% 为再利用部分，禁食大鼠的再利用部分为 90%。不同蛋白质的周转率极不相同。例如，色氨酸吡咯酶和酪氨酸转氨酶的半衰期为 2～3h，而肌纤维和肌胶原蛋白的半衰期为 50～60d，肌腱胶原蛋白的半衰期则更长。

三、供能

尽管蛋白质在体内的主要功能并非供给能量，但它也是一种能源物质。特别在糖类和脂类供给量不足时，每克蛋白质在体内氧化供能约 17kJ（4kcal），它与糖类和脂类所供给的能量一样，都可用以促进机体的生物合成，维持体温和生理活动。因此，蛋白质的供能作用可以由糖类或脂类代替，即供能是蛋白质的次要作用，糖类和脂类具有节约蛋白质的作用。

通常，蛋白质的供能是由体内旧的或已经破损的组织细胞中的蛋白质分解，以及由食物中一些不符合机体需要或者摄入量过多的蛋白质燃烧时所放出的。人体每天所需的能量约有 14% 来自蛋白质。

四、赋予食品重要的功能特性

蛋白质感官功能特性是指食物在烹调加工中，蛋白质所能满足人们希望的某种感官特性，如蛋白质的持水性、乳化特性、胶体特性及起泡特性等。蛋白质感官功能特性对食品的色、香、味、形起极其重要的作用。例如，肉类成熟后持水性增加（持水性一般是指肉在冻结、冷藏、解冻、腌制、绞碎、斩拌和加热等过程中，肉中的水分以及添加到肉中的水分的保持能力）。这与肌肉蛋白的变化密切相关，而肌原纤维蛋白的变化，特别是肌动球蛋白的变化又与肉的嫩度密切相关。正是由于肉的持水性和嫩度的增加，大大提高了肉的可口性。蛋白质有起泡性，鸡蛋清蛋白就具有良好的起泡能力，在食品加工中常被用于糕点（蛋糕）和冰淇淋等的生产，并使之松软可口。

蛋白质是高分子物质，溶于水成亲水溶胶，有一定的稳定性。蛋白质分子中有许多亲水基团又有许多疏水基团，可分别与水和脂类相吸引，从而达到乳化的目的。不同蛋白质的乳化力不同。由乳酪蛋白制成的酪蛋白酸钠具有很好的乳化、增稠性能，尤其是热稳定性强。例如，大多数球蛋白和肌原纤维蛋白在 65℃ 时即凝结；乳清蛋白在 77℃ 加热 2s 实际上已变性，大豆蛋白在同样条件下则开始分散成较小的组成成分；乳酪蛋白则很稳定，并且一直到 94℃ 加热 10s 或 121℃ 加热 5s 仍很稳定；至于酪蛋白酸钠制成乳化液或应用于午餐肉罐头等食品，虽经 120℃ 高温杀菌 1h 也无不良影响。小麦中的面筋性蛋白质（包括麦胶蛋白和谷蛋白）胀润后在面团中形成坚实的面筋网，并具有特殊的黏性和延伸性等，它们在食品加工时可使面包和饼干具有各种重要、独特的性质。

第三节 蛋白质在体内的消化吸收

蛋白质未经消化不易吸收，食物蛋白质只有被胃、肠中多种蛋白酶水解成氨基酸及小肽后方能在小肠被吸收。

一、蛋白质的消化

（一）胃的消化

蛋白质的消化过程起始于胃部，主要的蛋白质水解酶是胃蛋白酶，该酶的专一性比较低，但是具有优先作用于芳香族氨基酸、蛋氨酸和亮氨酸等残基组成的肽键的特点，经过胃蛋白酶作用后的产物，主要是肽类以及少部分氨基酸成分。此外，胃蛋白酶对乳中的酪蛋白还具有凝乳作用。

（二）小肠的消化

进一步的消化是在小肠进行的，食糜内容物混入胰液后，经过胰蛋白酶、糜蛋白酶、弹性蛋白酶以及肽酶等水解酶的水解作用后，消化产物主要为游离氨基酸和小分子肽化合物。其中，小分子肽化合物将在小肠黏膜分泌的蛋白酶作用下，进一步完全水解生成氨基酸。

1.胰液对蛋白质消化的作用

胰液由胰腺分泌进入十二指肠，是无色、无臭的碱性液体。胰液中的蛋白酶分为内肽酶与外肽酶两大类。胰蛋白酶和糜蛋白酶（胰凝乳蛋白酶）属于内肽酶，一般情况下，均以非活性的酶原形式存在于胰液中。小肠液中的肠激酶可将无活性的胰蛋白酶原激活成具有活性的胰蛋白酶。酸、胰蛋白酶本身和组织液也具有活化胰蛋白酶原的作用。具有活性的胰蛋白酶可以将糜蛋白酶原活化成糜蛋白酶。

胰蛋白酶、糜蛋白酶以及弹性蛋白酶都可使蛋白质肽链内的某些肽键水解，但具有各自不同的肽键专一性。例如，胰蛋白酶主要水解由赖氨酸、精氨酸等碱性氨基酸残基的羧基组成的肽键，产生羧基端为碱性氨基酸的肽；糜蛋白酶主要作用于芳香族氨基酸，如由苯丙氨酸、酪氨酸等残基的羧基组成的肽键，产生羧基端为芳香族氨基酸的肽，有时也作用于由亮氨酸、谷氨酰胺及蛋氨酸残基的羧基组成的肽键；弹性蛋白酶则可以水解各种脂肪族氨基酸残基（如缬氨酸、亮氨酸、丝氨酸等残基）参与组成的肽键。

外肽酶主要是羧肽酶 A 和羧肽酶 B。前者可水解羧基末端为各种中性氨基酸残基组成的肽键，后者则主要水解羧基末端为赖氨酸、精氨酸等碱性氨基酸残基组成的肽键。因此，经糜蛋白酶及弹性蛋白酶水解而产生的肽，可被羧肽酶 A 进一步水解；而经胰蛋白酶水解产生的肽，则可被羧肽酶 B 进一步水解。

大豆、棉籽、花生、油菜籽、菜豆等，特别是豆类中含有能抑制胰蛋白酶、糜蛋白酶等多种蛋白酶的物质，统称为蛋白酶抑制剂。普遍存在并有代表性的是胰蛋白酶抑制剂，或称抗胰蛋白酶因子，除去蛋白酶抑制剂的有效方法是常压蒸汽加热 30min，或于 98kPa 压力下蒸汽加热 15～30min，所以，这类食物需经适当加热处理后方可食用。

2.肠黏膜细胞的作用

胰蛋白酶水解蛋白质所得的产物中仅 1/3 为氨基酸，其余为寡肽。肠内消化液中水解寡肽的酶较少，但在肠黏膜细胞的刷状缘及胞液中均含有寡肽酶。它们能从肽链的氨基末端或羧基末端逐步水解肽键，分别称为氨基肽酶和羧基肽酶。刷状缘含多种寡肽酶，能水解各种由 2～6 个氨基酸残基组成的寡肽。胞液寡肽酶主要水解二肽与三肽。

蛋白质消化过程中的酶及其作用见表 3-1。

表 3-1　蛋白质消化过程中的酶及其作用

名称		作用对象	水解产物
内肽酶	胃蛋白酶	水解由苯丙氨酸或酪氨酸组成的肽键及亮氨酸或谷氨酸组成的肽键	胨、多肽和氨基酸
	胰蛋白酶	水解由赖氨酸及精氨酸等碱性氨基酸残基的羧基组成的肽键	产生羧基端为碱性氨基酸的肽
	糜蛋白酶	水解苯丙氨酸、酪氨酸等芳香族氨基酸的羧基组成的肽键	产生羧基端为芳香族氨基酸的肽
	弹性蛋白酶	水解缬氨酸、亮氨酸、丝氨酸等脂肪族氨基酸残基组成的肽键	产生羧基端为脂肪族氨基酸的肽
外肽酶	羧肽酶 A	水解羧基末端为各种中性氨基酸残基组成的肽键	氨基酸和寡肽
	羧肽酶 B	水解羧基末端为赖氨酸、精氨酸等碱性氨基酸残基组成的肽键	氨基酸和寡肽
寡肽酶	氨基肽酶	水解各种由 2～6 个氨基酸残基组成的寡肽，作用于肽链的氨基末端	二肽、氨基酸
	羧肽酶	作用于肽链的羧基末端	二肽、氨基酸
	胞液寡肽酶	二肽与三肽	氨基酸

肠道中被消化的蛋白质不仅来自食物，参与消化过程的消化酶本身也是一种内源性蛋白质，肠黏膜上皮更新废弃的组织蛋白也被消化。据估计，如果一个成人每日食入 90～100g 蛋白质时，另有约 70g 内源性蛋白质也参与消化过程，其中除约有 10g 在粪便中损失外，每天实际上有 160g 的蛋白质被吸收。被分解的蛋白质所形成的各种氨基酸，在以下三个方面被机体所利用：①这些游离氨基酸的一部分被合成为组织蛋白质，以补充分解了的同类蛋白质；②一部分氨基酸进入分解代谢过程，例如分解为甘氨酸或脂肪酸，其含氮部分转变为尿素；③一部分氨基酸被合成为蛋白质以外的含氮化合物，如嘌呤、肌酸等。

二、氨基酸的吸收

天然蛋白质被蛋白酶水解后，其水解产物大约 1/3 为氨基酸，2/3 为寡肽。寡肽在肠道的吸收远比单纯游离氨基酸快，而且吸收后绝大部分以氨基酸形式进入门静脉。肠黏膜细胞的刷状缘含有多种寡肽酶，能水解各种由2～6个氨基酸组成的寡肽。水解释放出的氨基酸可被迅速转运，透过细胞膜进入肠黏膜细胞再进入血液循环。肠黏膜细胞的胞液中也含有寡肽酶，可以水解二肽与三肽。一般认为，寡肽首先被刷状缘中的寡肽酶水解成二肽或三肽，吸收进入肠黏膜细胞后，再被细胞液中的寡肽酶进一步水解成氨基酸。有些二肽，如含有脯氨酸或羟脯氨酸的二肽，必须在胞液中才能分解成氨基酸，甚至其中少部分则以肽的形式直接进入血液。蛋白质水解释放出潜在的生物活性肽，能够发挥生理调节作用，影响机体的免疫、血脂、胆固醇、血压以及血糖等，蛋白质的生物活性肽在蛋白质营养中具有重要意义。

各种氨基酸都是通过主动转运方式吸收的，吸收速度快，它在肠内容物中的含量从不超过7%。吸收过程所需要的能量由肠黏膜细胞的氧化代谢过程提供。实验证明，肠黏膜细胞上有氨基酸转运载体，能与氨基酸及钠离子先形成三联复合体，再转入细胞膜内。三联复合体上的Na^+在转运过程中则借助钠泵主动排出细胞，使细胞内Na^+浓度保持稳定，并有利于氨基酸的不断吸收。

肠黏膜细胞上的氨基酸主动转运载体有四类，分别介绍如下：

1. 无电荷R基氨基酸载体

这一载体转运氨基酸的速度最快，可转运的完整氨基酸的种类也最多，包括芳香族氨基酸、脂肪族氨基酸、含硫氨基酸、组氨酸、谷氨酰胺和天冬酰胺等。

2. 带正电荷R基氨基酸载体

可以转运赖氨酸和精氨酸，转运速度比较慢。

3. 带负电荷R基氨基酸载体

可以转运天冬氨酸和谷氨酸。

4. 脯氨酸及甘氨酸载体

可以转运脯氨酸和甘氨酸等，转运速度很慢。

在吸收过程中，氨基酸主要积聚于黏膜细胞中。这是因为从肠内容物中吸收氨基酸进入肠黏膜细胞的速度，比它们从细胞中释放的速度要快。吸收的氨基酸主要通过毛细血管经门静脉进入肝脏，少量通过乳腺管，经淋巴系统进入血液循环。绝大多数的氨基酸在黏膜细胞中将不发生重要变化，但是谷氨酸和天冬氨酸例外，它们将发生转氨基作用。

小肽与游离氨基酸具有不同的转运系统：小肽转运系统是一非依钠系统，吸收速度快，耗能低，不易饱和，吸收能力大。

三、氨基酸的分解代谢

（一）氨基酸的脱氨基作用

氨基酸分解代谢最主要的反应是脱氨基作用。氨基酸的脱氨基作用在体内大多数组织中均可进行。脱氨基的方式有氧化脱氨基、转氨基、联合脱氨基和非氧化脱氨基等，以联合脱氨基最为重要。

氨基酸脱氨基后生成的α-酮酸可进一步代谢，α-酮酸的代谢有三种途径。

1. 经氨基化合成非必需氨基酸

由合适的α-酮酸经氨基化作用转变为非必需氨基酸，例如，丙酮酸、草酰乙酸、α-酮戊二酸经氨基化后分别转变成丙氨酸、天冬氨酸和谷氨酸。

2. α-酮酸的氧化途径

经脱氨基作用所生成的 α-酮酸，一般都可以进入三羧酸循环而进一步进行氧化分解。大体上可将进入三羧酸循环的方式分为两类，一类是形成乙酰辅酶 A；另一类是形成三羧酸循环的中间产物，如 α-酮戊二酸、草酰乙酸、琥珀酰辅酶 A、延胡索酸等。

3. α-酮酸转变为脂肪及糖途径

一些 α-酮酸可以在机体内转变为脂肪或糖贮存起来，具有这种能力的 α-酮酸所对应的氨基酸分别被称为生酮氨基酸和生糖氨基酸。其中，生酮氨基酸有亮氨酸；生糖氨基酸有丙氨酸、精氨酸、天冬氨酸、半胱氨酸、谷氨酸、甘氨酸、组氨酸、脯氨酸、蛋氨酸、丝氨酸、苏氨酸、缬氨酸。另外，还有一些氨基酸所产生的 α-酮酸既可产生酮体也可产生葡萄糖，被称为生酮兼生糖氨基酸，包括异亮氨酸、赖氨酸、苯丙氨酸、色氨酸和酪氨酸。

（二）氨基酸的脱羧基作用

在体内，某些氨基酸可进行脱羧基作用形成相应的胺类，这些胺类在体内的含量不高，但具有重要的生理作用。例如，谷氨酸脱羧基生成的 γ-氨基丁酸是抑制性神经递质，对中枢神经系统有抑制作用，在脑组织中含量较多；半胱氨酸氧化再脱羧生成的牛磺酸，是结合胆汁酸的组成成分，对脑发育和脑功能有重要作用；组氨酸脱羧基生成的组胺在体内分布广泛，是一种强烈的血管扩张剂，并能增加毛细血管通透性，参与炎症反应和过敏反应等；色氨酸脱羧基生成的 5-羟色胺广泛分布于体内各组织，脑中的 5-羟色胺作为神经递质具有抑制作用，而在外周组织则有血管收缩的作用。

（三）氨的代谢

氨基酸脱氨基产生的氨具有毒性，脑组织对其尤为敏感，一般其在血液中的含量小于 0.1mg/100g，如果血液中的氨浓度过高，将会导致机体氨中毒。

在机体内，有毒的无机氨进行代谢的途径有两种，一是通过尿素循环在肝脏中生成尿素进行排泄，二是形成谷氨酰胺和天冬酰胺进行氮源贮存与转化。由于在人体内氮源容易得到，所以机体内的氨代谢，主要是通过形成尿素后被排泄掉。一般，成人每日大约可生成 25g 尿素（含氮量为 47%），约相当于 75g 蛋白质（含氮量约为 16%）。

四、蛋白质的合成

机体蛋白质的合成是一个十分复杂的过程，与核酸含量也具有密切的关系。对于处于生长发育状态的组织和分泌蛋白质的细胞来讲，核糖核酸的含量十分丰富，其蛋白质的合成速度也非常快。机体内存在有两种蛋白质的合成途径，即翻译途径和非翻译途径。绝大多数的蛋白质都是由以 RNA 为直接模板合成的翻译途径合成出来的，只有极少数的多肽（如谷胱甘肽、催产素等）是在蛋白质合成酶的催化下，由氨基酸一个一个连接起来的非翻译途径合成出来的。

蛋白质的生物合成过程，就是将 DNA 传递给 mRNA 的遗传信息，再具体地解译为蛋白质中氨基酸排列顺序的过程，这一过程也被称为翻译。

DNA 中的遗传信息通过转录成为携带遗传信息的 mRNA，mRNA 作为合成各种多肽链的模板，指导合成特定氨基酸排列顺序（即一级结构）的蛋白质；tRNA 是运载各种氨基酸的工具；rRNA 和多种蛋白质构成核蛋白体，作为蛋白质合成的场所。以细菌为代表的原核生物蛋白质合成和以哺乳动物为代表的真核生物蛋白质合成有共同点，但也有很多差别。真核生物蛋白质合成机制比原核生物更复杂。

五、蛋白质在体内的动态变化

食物蛋白质在消化道中被多种蛋白酶及肠肽酶水解为氨基酸，被小肠黏膜细胞吸收。进入体内的氨基酸由门静脉进入肝脏，再送至各组织的细胞内进行利用。进食后血液中氨基酸浓度很快升高，实际上氨基酸从消化道进入血液后，5～10min 内就能被全身细胞所吸收，血液中氨基酸的浓度相对恒定。进入人体细胞后的氨基酸，快速转化为细胞蛋白质，因此细胞内氨基酸的浓度总是比较低，即氨基酸并非以游离形式贮存于人体细胞内，而主要以蛋白质的形式贮存于细胞内。许多细胞内的蛋白质在细胞内溶酶体消化酶类的作用下可很快分解为氨基酸，并再次运输出细胞回到血液中。

正常情况下氨基酸进入血液与其输送到组织细胞的速度几乎是相等的，处于一个动态平衡状态，组织以及新吸收的氨基酸与体内原有氨基酸共同组成氨基酸代谢库。肝脏是血液氨基酸的重要调节者，一部分氨基酸可在肝脏进行脱氨基作用后进行代谢或氧化产生能量，或转化成脂肪贮存起来。

蛋白质在体内的动态变化见图 3-1。

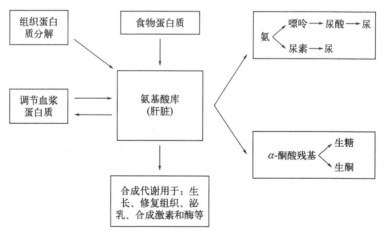

图 3-1　蛋白质在体内的动态变化示意图

第四节　氨基酸

氨基酸分子中具有氨基和羧基，由于它是羧酸分子中 α 碳原子的氢被一个氨基取代，故又称 α-氨基酸。氨基酸是构成蛋白质的基本单位，目前分离到的氨基酸已达 175 种以上，而构成人体蛋白质的氨基酸只有 20 种。从人体营养角度，可将构成人体蛋白质的 20 种氨基酸分为必需氨基酸、非必需氨基酸和条件必需氨基酸 3 类（表 3-2）。

表 3-2 氨基酸的分类

必需氨基酸	非必需氨基酸	条件必需氨基酸
亮氨酸（Leu）	甘氨酸（Gly）	半胱氨酸（Cys）
异亮氨酸（Ile）	丙氨酸（Ala）	酪氨酸（Tyr）
缬氨酸（Val）	丝氨酸（Ser）	
赖氨酸（Lys）	胱氨酸（Cys-Cys）	
苏氨酸（Thr）	天冬氨酸（Asp）	
甲硫氨酸（Met）	天冬酰胺（Asn）	
苯丙氨酸（Phe）	谷氨酸（Glu）	
色氨酸（Trp）	谷氨酰胺（Gln）	
组氨酸（His）（婴幼儿）	酪氨酸（Tyr）	
	精氨酸（Arg）	
	脯氨酸（Pro）	
	羟脯氨酸（Hyp）	

一、必需氨基酸

必需氨基酸是指人体需要，但自身不能合成，或者合成的速度不能满足机体需要的氨基酸，必须由食物蛋白质供给，否则就不能维持机体的氮平衡。人体的必需氨基酸通常为 8 种，即亮氨酸、异亮氨酸、缬氨酸、赖氨酸、苏氨酸、苯丙氨酸、甲硫氨酸、色氨酸。组氨酸在婴幼儿（4 岁以下）体内的合成不能满足需要，所以对于婴幼儿来说，所需的必需氨基酸有 9 种。

二、非必需氨基酸

非必需氨基酸并非机体不需要，只是因为体内能自行合成，或者可由其他氨基酸转变而来，可以不必由食物供给。非必需氨基酸通常有 13 种：甘氨酸、丙氨酸、丝氨酸、胱氨酸、天冬氨酸、天冬酰胺、谷氨酸、谷氨酰胺、酪氨酸、精氨酸、脯氨酸和羟脯氨酸。人类幼年时，在体内合成氨基酸能力有限的情况下，机体对精氨酸的需要相对来说也是必需的。

三、条件必需氨基酸

氨基酸除了必需氨基酸和非必需氨基酸之外还存在着第三类氨基酸，称为条件必需氨基酸。这类氨基酸有两个特点：第一，它们在合成中用其他氨基酸作为碳的前体，并且只限于某些特定的器官，这是与非必需氨基酸在代谢上的重要差别；第二，它们合成的最大速度可能是有限的，并可能受发育和生理病理因素所限制。

如半胱氨酸在体内可代替甲硫氨酸，因为机体就是利用甲硫氨酸来合成半胱氨酸的。同样，由于苯丙氨酸在代谢中参与合成酪氨酸，故酪氨酸亦可代替部分苯丙氨酸。因此，当膳食中半胱氨酸及酪氨酸的含量丰富时，体内即不必耗用甲硫氨酸和苯丙氨酸来合成这两种氨基酸，则人体对甲硫氨酸和苯丙氨酸的需要量可分别减少 30％和 50％。正因为如此，人们将半胱氨酸和酪氨酸称为条件必需氨基酸或半必需氨基酸。在计算食物必需氨基酸组成时，常将甲硫氨酸和半胱氨酸、苯丙氨酸和酪氨酸合并计算。

四、必需氨基酸模式

机体在蛋白质的代谢过程中，对每种必需氨基酸的需要和利用都处在一定的范围之内。某种氨基酸过多或过少都会影响另一些氨基酸的利用。所以，为了满足蛋白质合成的要求，各种必需氨基酸之间应有一个适宜的比例。这种必需氨基酸之间相互搭配的比例关系称为必需氨基酸模式或氨基酸计分模式。显然，膳食蛋白质中必需氨基酸的模式越接近人体蛋白质的组成就越容易被人体消化、吸收和利用，其营养价值就越高。其计算方法是将该种蛋白质中的色氨酸含量定为 1，再分别计算出其他必需氨基酸的相应比值，这一系列的比值就是该种蛋白质的氨基酸模式。

人体不同阶段每日必需氨基酸的需要量估计如表 3-3 所示。

表 3-3　人体不同阶段每日必需氨基酸的需要量　　　　　　单位：mg/kg

必需氨基酸名称	不同年龄段			
	婴儿（3～4 月）	儿童（2 岁）	学龄儿童（10～12 岁）	成人
组氨酸	28	—	—	—	(8～12)
异亮氨酸	70	(31)	30	(28)	10
亮氨酸	161	(73)	45	(44)	14
赖氨酸	103	(64)	60	(44)	12
甲硫氨酸＋半胱氨酸	58	(27)	27	(22)	13
苯丙氨酸＋酪氨酸	125	(69)	27	(22)	14
苏氨酸	87	(37)	35	(28)	7
色氨酸	17	(12.5)	4	(3.3)	3.5
缬氨酸	93	(38)	33	(25)	10
总计	714	(352)	261	(216)	84

注：1. 此表所示婴儿必需氨基酸需要量与人乳的模式稍有不同，它富含含硫氨酸和色氨酸。总必需氨基酸中未包括组氨酸。

2. 表中未加括号的数字来自 WHO；括号内数字为后来的文献值。

由表 3-3 可见人体对必需氨基酸的需要量随着年龄的增加而下降，成人比婴儿显著下降。婴儿和儿童对蛋白质和氨基酸的需要量比成人高，主要是用以满足其生长、发育的需要。

五、限制氨基酸

某种食物蛋白质中，其必需氨基酸含量与人体氨基酸需要模式中相应必需氨基酸需要量之比，比例关系相对不足的氨基酸称为限制氨基酸。缺乏最多的限制氨基酸称第一限制氨基酸，余者类推。这些氨基酸严重影响机体对蛋白质的利用，并且决定蛋白质的质量。这是因为只要有任何一种必需氨基酸含量不足，转运核糖核酸（tRNA）就不可能及时将所需的各种氨基酸全部转移给核糖体 RNA（rRNA），则无论其他氨基酸有多么丰富也不能被充分利用。食物中最主要的限制氨基酸为赖氨酸和蛋氨酸。前者在谷物植物蛋白质和其他某些植物蛋白质中含量甚少；后者在大豆、花生、牛奶和肉类蛋白质中相对不足。通常，赖氨酸是谷类蛋白质的第一限制氨基酸。而蛋氨酸（甲硫氨酸）则是大多数非谷类植物蛋白质的第一限制氨基酸。正因为如此，在一些焙烤制品，特别是在以谷类为基础的婴幼儿食品中常添加适量的赖氨酸予以强化。此外，小麦、大麦、燕麦和大米还缺乏苏氨酸，玉米中缺乏色氨酸，并且分别是它们的第二限制氨基酸。有的还有第三限制氨基酸。

几种食物蛋白质中的限制氨基酸如表 3-4 所列。

表 3-4　几种食物蛋白质中的限制氨基酸

食物名称	第一限制氨基酸	第二限制氨基酸	第三限制氨基酸
小麦	赖氨酸	苏氨酸	缬氨酸
大麦	赖氨酸	苏氨酸	蛋氨酸
燕麦	赖氨酸	苏氨酸	蛋氨酸
大米	赖氨酸	苏氨酸	蛋氨酸
玉米	赖氨酸	色氨酸	苏氨酸
花生	蛋氨酸	—	—
大豆	蛋氨酸	—	—
棉籽	赖氨酸	—	—

第五节　氮平衡

人体每天必须从食物中摄取一定数量的蛋白质，用以维持正常的生命活动。如果蛋白质摄取量不足，就会使婴幼儿生长发育迟缓，智力水平发育不良；成人缺乏蛋白质会出现体重减轻、肌肉萎缩、抵抗力下降等症状，严重缺乏时还会导致水肿性营养不良。

由于氨基酸是组成蛋白质的基本单位，所以蛋白质在机体首先被分解成氨基酸，然后大部分氨基酸又重新合成蛋白质，只有其中的一小部分分解成尿素以及其代谢产物排出体外。这种氮排出是机体不可避免的消耗损失，称为必要的氮损失。因此，为维持成年人的正常生命活动，每天必须从膳食中补充蛋白质，才能维持机体内蛋白质总量的动态平衡。如果机体摄入氮和排出氮的量相等，就称为氮平衡。氮平衡状态可用下式来表示：

氮平衡(g/d)＝摄入氮－(尿氮＋粪氮＋皮肤氮损失)

氮平衡反映的是机体摄入氮和排出氮的关系，可以用凯氏定氮的方法测定。因为食物中的含氮物质主要是蛋白质，所以氮平衡是考察机体组织蛋白质分解与摄入蛋白质之间关系的重要指标，也是研究蛋白质营养价值和需要量以及判断机体组织生长情况的重要参数之一。

一、总氮平衡

总氮平衡即摄入的氮量与排出的氮量相等时的氮平衡状态。总氮平衡说明组织蛋白质的分解与合成处于动态平衡状态。摄入机体的蛋白质除了用于补充分解了的组织蛋白以外，余下的部分在体内氧化分解，提供能量。

二、正氮平衡

正氮平衡即摄入的氮量多于排出的氮量时的氮平衡状态。这说明摄入的蛋白质除用以补充分解了的组织蛋白质外，还有新的合成组织蛋白质出现，并被保留在机体中。

一般对于儿童、少年、孕妇、乳母以及恢复期的患者，因机体内大量组织蛋白质的新生成，所以往往会出现正氮平衡状态。

三、负氮平衡

负氮平衡即摄入的氮量少于排出的氮量时的氮平衡状态。即机体内蛋白质的分解量多于合成量。一般在慢性消耗性病变、组织损伤以及蛋白质摄入量过少时，往往会出现这种负氮平衡状态。蛋白质长期摄入不足、热能供给不足、活动量过大以及神经紧张等都可以促使氮平衡趋向负氮平衡，可使机体出现生长发育迟缓、体重减轻、贫血、免疫功能低下、易感染、智力发育障碍等，严重时可引起营养性水肿。

在机体正常生长发育的情况下，保持总氮平衡或正氮平衡，防止负氮平衡状态出现的最有效的办法，就是摄食足够量的营养价值良好的蛋白质。

第六节　蛋白质营养价值的评价

评价一种食物蛋白质的营养价值，一方面要从"量"的角度来考虑，即食物中含量的多少，另一方面则要从"质"的角度来考虑，即根据其必需氨基酸的含量及模式来考虑。此外，还应考虑机体对该食物蛋白质的消化、吸收、利用的程度。尽管食物蛋白质的营养价值可通过人体代谢来观察，但是为了慎重和方便，往往采用动物实验的方法进行估计。任何一种方法都是以某一种现象作为观察评价指标的，往往具有一定的局限性，其所表示的营养价值也是相对的。

一、蛋白质的质与量

蛋白质的质量决定蛋白质的营养价值，食物中蛋白质含量的高低，固然不能决定一种食物蛋白质营养价值的高低，但评定一种食物蛋白质营养时，应以含量为基础，不能脱离含量单纯考虑营养价值。因为即使营养价值很高，但含量太低，不能满足机体需要，也无法发挥优质蛋白应有的作用。故食物中蛋白质含量的高低对蛋白质的营养评价很重要。通常，食物中蛋白质的含量多用凯氏定氮法测定，由于一般蛋白质的平均含氮量为16%（其倒数为6.25），故可以此计算其粗蛋白质含量。食物蛋白质含量常用凯氏定氮法测定总氮量来测算。

$$食物粗蛋白质含量 = 食物含氮量（\%）\times 6.25$$

对不同的样品可以用不同的系数（表3-5）来计算其蛋白质含量。

表3-5　常见食物蛋白质的换算系数

食物	蛋白质换算系数	食物	蛋白质换算系数
稻米	5.95	燕麦	5.83
全小麦	5.83	奶	6.38
玉米	6.25	芝麻、葵花籽	5.30
大豆	5.71	蛋	6.25
花生	5.46	肉	6.25

食物中蛋白质种类繁多，且质和量各不相同。人们通常将肉、禽、鱼、蛋、乳等动物来源的蛋白质称为优质蛋白。因为它们含有人体所需各种必需氨基酸，并符合必需氨基酸需要量模式，有完全蛋白质之称。对于大多数植物性蛋白质，因其缺乏赖氨酸、蛋氨酸、苏氨酸和色氨酸中的一种或多种，不如动物蛋白质好。然而，在动物蛋白质中，如白明胶缺乏色氨酸，此类蛋白质常被称为不完全蛋白质。大豆蛋白质是植物蛋白质中最好的，除蛋氨酸不足外，可满足人体对蛋白质的需要。

二、蛋白质的消化率

蛋白质的消化率是指一种食物蛋白质可被消化酶分解的程度。蛋白质消化率越高，则被机体吸收利用的可能性越大，营养价值也越高。食物中蛋白质的消化率可由人体或动物实验测得，以蛋白质中能被消化吸收的氮的数量与该种蛋白质含氮总量的比值来表示。蛋白质的消化率有表观消化率与真实消化率之分。

$$表观消化率 = \frac{摄入氮 - 粪氮}{摄入氮}$$

$$真实消化率 = \frac{摄入氮 - （粪氮 - 粪代谢氮）}{摄入氮}$$

粪代谢氮是指受试者在完全不吃含蛋白质食物时粪中的含氮量。由上式可见，表观消化率要比真实消化率低。具体测定时，WHO提出，若膳食中仅含少量纤维则不必测定粪代谢氮，对成年男女可采用每日每千克体重12mg计算。

蛋白质的消化率受人体和食物等多种因素的影响，前者与身体状态、消化功能、精神情绪、饮食习惯和对该食物感官状态是否适应等有关；后者受蛋白质在食物中的存在形式和结构、食物纤维素含量、烹调加工方式、共同进食的其他食物的影响。

通常，动物性蛋白质的消化率比植物性的高，如鸡蛋、牛乳蛋白质的消化率分别为97%和95%，而玉米和大米蛋白质的消化率分别为85%和88%。这是因为植物蛋白质被纤维素包围不易被消化酶作用。经过加工烹调后，包裹植物蛋白质的纤维素可被破坏或软化，从而可提高其蛋白质的消化率。例如，食用整粒大豆时，其蛋白质消化率仅约 60%，若将其加工成豆腐可提高到 90%。几种食物蛋白质的消化率见表 3-6。

表 3-6 常见食物蛋白质的消化率

食物	真实消化率/%	食物	真实消化率/%
鸡蛋	97±3	燕麦	86±7
牛乳	95±3	小米	79±3
肉、鱼	94±3	大豆粉	87±7
玉米	85±6	菜豆	78±4
大米	88±4	花生酱	88±5
面粉（精）	96±4	中国混合膳食	96±2

三、蛋白质的利用率

（一）蛋白质的生理价值

蛋白质的生理价值又称蛋白质的生物价（biological value，BV），以食物蛋白质在体内被吸收的氮与吸收后贮留于体内真正被利用氮的数量比来表示，即蛋白质被吸收后在体内被利用的程度。

$$BV = \frac{氮贮留量}{氮吸收量} = \frac{摄入氮-（粪氮-粪代谢氮）-（尿氮-尿内源氮）}{摄入氮-（粪氮-粪代谢氮）}$$

尿内源氮是机体在无氮膳食条件下尿中所含有的氮，主要来自组织蛋白质的分解。尿氮和尿内源氮的检测原理和方法与粪氮和粪代谢氮一样。在测定 BV 时多用初断乳的大鼠，给予不能完全满足需要的、含量较低的待测蛋白质（约为 10%）。

常见食物蛋白质的生物价见表 3-7。

表 3-7 常见食物蛋白质的生物价

食物	生物价	食物	生物价
鸡蛋蛋白质	94	玉米	60
鸡蛋白	83	生大豆	57
鸡蛋黄	96	熟大豆	64
脱脂牛乳	85	扁豆	72
鱼	83	蚕豆	58
牛肉	76	白面粉	52
猪肉	74	白菜	76
大米	77	红薯	72
小麦	67	马铃薯	67
小米	57	花生	59

生物价对指导蛋白质互补以及肝、肾患者的膳食很有意义。对肝、肾患者来讲，生物价高，表明食物蛋白质中氨基酸主要用来合成人体蛋白质，极少有过多的氨基酸经肝、肾代谢而释放能量或由尿排出多余的氮，从而可大大减轻肝、肾的负担，有利其恢复。

（二）净蛋白质利用率（NPU）

净蛋白质利用率是机体贮留的氮量与所摄食的氮量之比。由于 NPU 考虑了蛋白质的消化率，故比用蛋白质的生理价值表示更为合理，它相当于蛋白质的生理价值和消化率的乘积。

$$NPU = \frac{氮贮留量}{氮摄入量} = 蛋白质的生理价值 \times 消化率$$

（三）蛋白质功效比值（PER）

蛋白质功效比值是指幼小动物体重的增加量与所摄食蛋白质之比，即摄入单位质量蛋白质时动物体重的增长数。出于所测蛋白质主要被用来提供生长的需要，所以该指标被广泛用于婴儿食品中蛋白质的评价。

$$PER = \frac{动物体重增加量(g)}{摄入食物蛋白质量(g)}$$

由于同一种食物蛋白质，在不同的实验室所测得的 PER 值重复性不佳，故通常设酪蛋白对照组，并将酪蛋白对照组的 PER 值换算为 2.5，然后进行校正。几种常见食物蛋白质的 PER 值为：全鸡蛋 3.92，牛乳 3.00，鱼 4.55，牛肉 2.30，大豆 2.32，精制面粉 0.60，大米 2.16。

$$被测蛋白质 PER = \frac{实验组蛋白质 PER}{对照组蛋白质 PER} \times 2.5$$

（四）相对蛋白质价值（RPV）

相对蛋白质价值是摄食受试蛋白质动物的剂量-反应曲线斜率，与摄食标准蛋白质动物的剂量-反应曲线斜率的比值。

$$RPV = \frac{受试物的斜率}{标准乳清蛋白的斜率} \times 100\%$$

将受试食物的蛋白质按 3~4 种不同剂量喂养刚断乳大鼠（6 只/组），将大鼠体重增加量（g）对待评蛋白质的进食量（g）求得回归方程，如方程为 $Y = 2.35X_1 - 0.36$，则斜率为 2.35。同时用同样方法以乳清蛋白（参考蛋白质）喂养动物，求得参考蛋白质回归方程，假定是 $Y = 4.12X_2 - 0.28$。则待评蛋白质的相对蛋白质值：RPV = 2.35÷4.12×100=57。

由待评食物蛋白质测得的回归方程，斜率越大，蛋白质利用率越高。几种食物蛋白质的相对价值见表 3-8。

表 3-8 几种食物蛋白质的相对价值

项目	乳清蛋白	酪蛋白	大豆蛋白	麸蛋白
动物数	26	36	26	42
截距	−24.1	−29.7	−17.5	−20.0
斜率	13.09	9.08	5.68	2.17
相对价值	100	69.4	43.4	16.6
相关系数	0.955	0.980	0.988	0.960

（五）氨基酸评分法

氨基酸评分（amino acid score，AAS）也可称为蛋白质化学评分。氨基酸评分法是将被测食物蛋白质的必需氨基酸组成与参考的理想蛋白质（鸡蛋蛋白质或人体氨基酸需要模式）进行比较。食物蛋白质氨基酸模式与人体蛋白质构成模式越接近，其营养价值越高。氨基酸评分则能评价其接近程度，是一种广为采用的食物蛋白质营养价值评价方法。氨基酸评分不仅适用于单一食物蛋白质的评价，还可用于混合食物蛋白质的评价。

$$氨基酸评分 = \frac{每克受试蛋白质中氨基酸的量（mg）}{需要量模式中氨基酸的量（mg）}$$

氨基酸评分通常是指受试蛋白质中第一限制氨基酸的得分，若此限制氨基酸是需要量模式的80%，则其氨基酸评分为80，显然，由于婴儿、儿童和成人的必需氨基酸需要量模式不同，同一蛋白质对于他们的氨基酸评分也可不同。此即某种受试蛋白质对婴儿和儿童氨基酸评分低，但对成人可以不低。

氨基酸评分法比较简单，但对食物蛋白质的消化率没有考虑。因此，1990年由FAO/WHO蛋白质评价联合专家委员会提出了一种新的方法——蛋白质消化率修正的氨基酸评分（protein digestibility corrected amino acid score，PDCAAS）。这种方法可替代蛋白质功效比值（PER）对除孕妇和1岁以下婴儿以外的所有人群的食物蛋白质进行评价，并认为是简单、科学、合理的常规评价食物蛋白质质量的方法。表3-9是几种食物蛋白质经消化率修正的氨基酸评分，其计算公式为：

$$PDCAAS = 氨基酸评分 \times 蛋白质真实消化率$$

表 3-9　常见食物蛋白质的 PDCAAS

食物蛋白质	PDCAAS	食物蛋白质	PDCAAS
酪蛋白	1.00	斑豆	0.63
鸡蛋	1.00	燕麦粉	0.57
大豆分离蛋白	0.99	花生粉	0.52
牛肉	0.92	小扁豆	0.52
豌豆	0.69	全麦	0.40
菜豆	0.68	面筋	0.25

从氨基酸评分可以说明鸡蛋、牛肉的蛋白质构成最接近人体蛋白质的需要量模式，故其蛋白质的营养价值较高。而植物性的食物往往缺少赖氨酸、蛋氨酸、苏氨酸和色氨酸，其营养价值相对较低。值得注意的是，采用PDCAAS对大豆分离蛋白的评价可和酪蛋白和鸡蛋相媲美。从经济和营养价值方面考虑，使用大豆分离蛋白或大豆浓缩蛋白来替代或补充动物蛋白质，或者将其与其他植物蛋白质混合使用，可有效提高蛋白质的质量。

四、蛋白质的互补作用

不同食物蛋白质中氨基酸的含量和比例不同，其营养价值也不同，若将两种或两种以上的食物适当混合食用，可使它们之间相对不足的氨基酸互相补偿，从而接近人体所需的氨基酸模式，提高蛋白质的营养价值，称为蛋白质的互补作用。例如豆腐和面筋蛋白质在单独进食时，其生物价分别为 65 和 67，而当两者以 42 : 58 的比例混合进食时，其 BV 可提高至77。这是因为面筋蛋白质缺乏赖氨酸，蛋氨酸却较多，而大豆蛋白质赖氨酸含量较多，蛋氨酸不足。两种蛋白质混合食用则互相补充，从而可提高其营养价值。这种提高食物营养价值的方法实际上早已被人们在生活中采用，且在后来实验中得到验证。

第七节　蛋白质的推荐摄入量及食物来源

一、蛋白质的推荐摄入量

蛋白质摄入量问题是营养学研究的焦点之一，蛋白质人体需要量的衡量方法与年龄有关，婴儿阶段采用以母乳为基础的测量方法，成人阶段则主要用加算法和氮平衡法测量。依照我国饮食习惯和膳食构成，以及各年龄段人群的蛋白质代谢特点，我国营养学会于 2023年提出的中国居民膳食蛋白质参考摄入量见表 3-10，按此参考量摄入蛋白质较为安全和可靠。

表 3-10　膳食蛋白质参考摄入量

年龄/阶段	EAR/(g/d)		RNI/(g/d)		AMDR/%E
	男性	女性	男性	女性	
0 岁～	—	—	9(AI)	9(AI)	—
0.5 岁～	—	—	17(AI)	17(AI)	—
1 岁～	20	20	25	25	—
2 岁～	20	20	25	25	—
3 岁～	25	25	30	30	—
4 岁～	25	25	30	30	8～20
5 岁～	30	30	30	30	8～20
6 岁～	30	30	35	35	10～20
7 岁～	35	35	40	40	10～20
8 岁～	40	40	40	40	10～20
9 岁～	40	40	45	45	10～20
10 岁～	45	45	50	50	10～20
11 岁～	55	50	55	55	10～20
12 岁～	60	50	70	60	10～20
15 岁～	60	50	75	60	10～20
18 岁～	60	50	65	55	10～20
30 岁～	60	50	65	55	10～20
50 岁～	60	50	65	55	10～20

续表

年龄/阶段	EAR/(g/d)		RNI/(g/d)		AMDR/%E
	男性	女性	男性	女性	
65 岁~	60	50	72	62	15~20
75 岁~	60	50	72	62	15~20
孕早期	—	+0	—	+0	10~20
孕中期	—	+10	—	+15	10~20
孕晚期	—	+25	—	+30	10~20
乳母	—	+20	—	+25	10~20

注："—"表示未制定或未涉及；"+"表示在相应年龄阶段的成年女性需要量基础上增加的需要量。

从能量角度，蛋白质供给体内的能量占总能量的 11%～14% 为好，其中成人为 11%～12%，儿童和青少年因处于生长发育时期应适当高，为 13%～14%，老年人为 15% 可防止负氮平衡出现。不过，蛋白质的需要量与能量不同，满足蛋白质的需要和大量摄食蛋白质引起有害作用的量相差甚大。一般情况下，一个健康人摄取比推荐的摄入量高 2～3 倍的蛋白质均无不利影响。

二、蛋白质的食物来源

（一）动物性食物及其制品

动物性食物如各种肉类（猪肉、牛肉、羊肉以及家禽、鱼类等）的蛋白质组成接近人体所需各种氨基酸的含量。贝类蛋白质也可与肉、禽、鱼类相媲美。畜禽肉和鱼类蛋白质含量为 16%～20%，蛋类为 11%～14%，鲜奶为 2.7%～3.8%，它们都是人类膳食蛋白质的良好来源。乳类和蛋类的蛋白质含量较低，但它们的营养价值很高，其必需氨基酸的含量类似人体必需氨基酸需要量模式。人乳化配方奶粉则更进一步按照母乳的成分进行调配，用以满足婴幼儿的需要，具有更高的营养价值。

（二）植物性食物及其制品

植物性食物所含蛋白质尽管一般不如动物性蛋白质好，但仍是人类膳食蛋白质的重要来源。谷类一般含蛋白质 6%～10%，不过其必需氨基酸中有一种或多种含量低（限制氨基酸）。薯类含蛋白质 2%～3%。某些坚果类，如花生、核桃、杏仁和莲子等则含有较高的蛋白质（15%～30%）。豆科植物如某些干豆类的蛋白质含量可高达 40% 左右，特别是大豆在豆类中更为突出，是人类食物蛋白质的良好来源。其蛋白质在食品加工中常作为肉的替代物。

组织化植物蛋白制品（vegetable protein product）是用棉籽、花生、芝麻、大豆等，将其所含蛋白质抽提出来，再经过一系列的处理后所制成的食品。它可模仿鸡肉、鱼、海味、干酪以及碎牛肉、火腿、培根等的外观、风味和质地，并且可做成片、块、丁等，作为肉的代用品。显然，其中除有一定的维生素、矿物质以及必要的食品添加剂外，必须包含一定数量和质量的蛋白质。

（三）关于非传统食物蛋白质来源

人类在大量食用上述传统的动、植物性食物及其制品外，现在还积极开发非传统的新食物蛋白质资源。单细胞蛋白质多由微生物培养制成，其产量高，蛋白质含量也高，一般蛋白质含量可在 50% 以上，作为人类食物的开发利用尚在进一步研究之中。

此外，人类采食蕈类由来已久，许多食用菌如蘑菇、木耳等的蛋白质含量颇高，将其作为蛋白质食物来源已引起人们的重视，其产量不断增长。至于人们对昆虫和昆虫蛋白质的食用，并不够普遍。在墨西哥，蝇卵、蚂蚁、蝗虫、蟋蟀等都可以做成可口的盘中餐。我国云南有名的"跳跳菜"就是由蝗虫制成的。研究表明，昆虫的蛋白质含量丰富，通常比牛肉、猪肉、鱼类等的蛋白质含量都高，其干制品中蛋白质含量多在 50% 以上，且富含人体所需各种氨基酸。一些昆虫蛋白质的含量如下：蝗虫 58.4%，蝉 72%，胡蜂 81%，蟋蟀 65%，蚕 52%。更引人注意的是，昆虫蛋白质含量高，但脂肪和胆固醇含量低，有的昆虫蛋白质还具有有利于人体营养保健的功能成分。

因此，为提高日常膳食中蛋白质的营养价值，应当注意食物多样化，粗细杂粮兼用，防止偏食，使动物蛋白质、豆类蛋白质、谷类蛋白质合理分布于各餐中，以充分发挥蛋白质互补作用，提高蛋白质的利用率。

三、蛋白质缺乏

蛋白质供给量是在热能充分满足需要的基础上提出的，如热能供给不足，就不可能有效地利用食物蛋白质，将引起氮的丢失，不能维持氮平衡。所以，在营养治疗时，不顾热量和其他营养素，单独增加蛋白质并不合理。当然，蛋白质缺乏的基本原因是体内蛋白质合成的速度不足以补偿其损失或分解的速度，产生负氮平衡，长期持续下去会发展成为蛋白质缺乏症。蛋白质缺乏程度不同会有不同的临床表现，最常见的症状和体征为疲乏、体重减轻、机体抵抗力下降，伴有血浆蛋白质含量下降，血浆白蛋白与球蛋白比值下降。血浆白蛋白含量低于 3.5g/100mL 是蛋白质缺乏明显的表现症状，体表常表现为干瘦型或水肿型。干瘦型患者体重减轻，皮下脂肪消失，全身肌肉严重损耗；水肿型多表现为全身水肿、肌肉消瘦、皮炎、肝大、毛发干枯脱落，等等。

蛋白质缺乏的原因，大致分为四种。

（一）膳食中蛋白质和热能供给不足

机体合成蛋白质需要的各种必需氨基酸和非必需氨基酸数量不足或比例不当，且所摄入能量不足，均可造成蛋白质的缺乏。饮食蛋白质缺乏，常伴有总能量不足，用高糖食物不合理地喂养婴儿，易造成营养不良，蛋白质缺乏。

（二）蛋白质消化吸收不良

由于肠道疾病，影响食物的摄入及蛋白质的消化吸收，可造成蛋白质缺乏。如慢性痢疾、肠结核、溃疡性结肠炎等肠道疾病患者，不但食欲减退，消化不良，而且肠蠕动加速，阻碍养料吸收，极易造成蛋白质缺乏。

（三）蛋白质合成障碍

肝脏是合成蛋白质的重要器官，肝脏发生病变，如肝硬化、肝癌、肝炎等，会使肝脏合成蛋白质的能力降低，导致出现负氮平衡及低蛋白血症，成为腹水和浮肿的原因之一。

（四）蛋白质损失过多

蛋白质分解过甚，如肾炎患者可从尿中失去大量蛋白质，每日可达 10～20g，体内合成的难以补偿，导致形成腹水，可造成蛋白质严重损失。创伤、手术、甲状腺功能亢进等能加速组织蛋白质的分解、破坏，造成负氮平衡。

蛋白质缺乏症的营养治疗原则：在找出病因基础上，全面加强营养，尽快提高患者的营养水平；供给足够能量和优质蛋白，补充维生素和矿物质；消化机能减退者用流食，少食多餐，提高蛋白质营养水平。

四、蛋白质过量

蛋白质尤其是动物性蛋白质摄入过多，对人体同样有害。首先，过多动物蛋白质的摄入，就必然摄入较多的动物脂肪和胆固醇。其次，蛋白质过多本身也会产生有害影响，例如摄入蛋白质过多与一些癌症相关，尤其是结肠癌、乳腺癌、肾癌、胰腺癌和前列腺癌。正常情况下，人体不贮存蛋白质，所以必须将过多的蛋白质脱氨分解，氮则由尿液排出体外，这一过程需要大量水分，从而加重肾脏的负荷，若肾功能本来就不好，则危害更大。过多的动物蛋白质摄入，也会造成含硫氨基酸摄入过多，加速骨骼中钙质的流失，易造成骨质疏松。

许多研究指出，动物也像人类一样，随着年龄增长会有肾小球硬化发生。大鼠自由进食含蛋白质 20%～25% 的饲料，在 2 岁龄时肾小球出现硬化。如果限食到 1/2～2/3，或者自由进食低蛋白质含量的饲料，则可推迟肾小球硬化。人类吃高蛋白质膳食还会增加肾血流量和肾小球滤过率，但高蛋白质膳食与人类慢性肾病的关系还有待于进一步研究。

吃高蛋白质膳食会增加尿钙的排出量。以年轻男性大学生为受试者，观察高蛋白质膳食对钙代谢的影响。在每日平均摄入 67g 蛋白质的实验膳食基础上，添加 40g 鸡蛋蛋白质，尿钙排出量显著增加。世界范围内，动物性蛋白质摄入高的地区，髋部骨折的发生率也高，但由于骨折的发生与多种原因有关，尚不能肯定这是由于摄入高蛋白质膳食所引起的。因此，提高蛋白质摄入量是否会引起骨骼中钙的流失，值得关注。

虽然目前尚没有确凿的证据证明蛋白质摄入量显著高于需要量是有害的，但美国科学院出版的《膳食与健康》一书中建议人体每日摄入的蛋白质以不超过推荐供给量的 2 倍为宜。

五、蛋白质摄入量与膳食指南

依据蛋白质的营养状况评价，一般来说，动物性和豆类蛋白质最好能占全蛋白质的 2/3。我国膳食中蛋白质的主要来源是谷类，因此合理搭配，提高谷类食物中蛋白质的生理价值是不可忽视的。如果调配得当，可以通过蛋白质中氨基酸的互补作用来提高膳食中蛋白质的生理价值。

一般认为，当热量供应充足时蛋白质摄入量在供给量的 80％ 以上，大多数成年人不致产生缺乏病。长期低于这个水平可能使一部分儿童出现缺乏症状。如果蛋白质的供应仅为标准供给量的 70％，热量供应又不能满足机体需求，儿童可能出现严重的不足。进一步评价膳食蛋白质的质量可使用计算氨基酸评分的方法，计算食物或膳食蛋白质中每种必需氨基酸和某一种参考蛋白质中同一种氨基酸的含量比值，比值最低的一种氨基酸即为其限制氨基酸。

《中国居民膳食指南（2022）》推荐：鱼、禽、蛋类和瘦肉摄入要适量，平均每天 120～200g；每周最好吃鱼 2 次或 300～500g，蛋类 300～350g，畜禽肉 300～500g；少吃深加工肉制品；鸡蛋营养丰富，吃鸡蛋不弃蛋黄；优先选择鱼，少吃肥肉、烟熏和腌制肉制品。

第八节　蛋白质和氨基酸在食品加工中的变化

食品加工通常是为了杀灭微生物或钝化酶以保护和保存食品，破坏某些营养抑制剂和毒性物质，提高消化率和营养价值，增加方便性，以及维持或改善感官性状等。但在追求食品加工的这些作用时，常常也会带来一些加工损害的不良影响。由于蛋白质，特别是必需氨基酸在营养上的重要作用，人们对其在食品加工中的变化十分关注。现在的食品大都需要经过不同方式的加工，对于如何保持它们良好的营养价值，使之不受损害引起人们的关注。蛋白质和氨基酸在食品加工中常出现以下变化。

一、热加工的有益作用

（一）杀菌和灭酶

热加工是食品保藏最普通和有效的方法。加热可使蛋白质变性，因而可杀灭微生物和钝化引起食品败坏的酶，相对地可保存食品中的营养素。

（二）提高蛋白质的消化率

加热使蛋白质变性可提高蛋白质的消化率。这是由于蛋白质变性后，其原来被包裹的有序结构显露出来，便于蛋白酶作用。生鸡蛋、胶原蛋白以及某些来自豆类和油料种子的植物蛋白等，若不先经加热使蛋白质变性则难以消化。例如生鸡蛋蛋白质的消化率仅 50％，而熟鸡蛋的消化率几乎是 100％。实际上，体内蛋白质的消化首先就是在胃的酸性条件下发生变性。蔬菜和谷类的热加工，除软化纤维性多糖、改善口感外，也提高了蛋白质的消化率。

据报道，热处理过的大豆，其营养价值大大超过生大豆。例如生大豆粉的蛋白质功效比值（PER）为 1.40，而加压蒸煮后的大豆粉的 PER 为 2.63。当添加一定量的甲硫氨酸后其 PER 值更高。实验证明，大豆的加热处理以 100℃ 1h 或 121℃ 30min，其营养价值最好。若将豆乳进行喷雾干燥，则以进风温度 227℃ 较为合适。

（三）破坏某些嫌忌成分

加热可破坏食品中的某些毒性物质、酶抑制剂和抗生素等，从而使其营养价值大为提高。上述物质大多来自植物并严重影响食品的营养价值。例如，大豆的胰蛋白酶抑制剂使未消化的大豆球蛋白在肠中结合胰蛋白酶，导致胰蛋白酶和其他胰酶过量分泌，并且和未消化的大豆蛋白一起从粪中排出，从而引起含硫氨基酸的严重缺乏。植物细胞凝集素（可凝集红细胞）等都是蛋白质性质的物质，它们都对热不稳定，易因加热变性、钝化而失去作用。许多谷类食物如小麦、黑麦、荞麦、燕麦、大米和玉米等也都含有一定量的胰蛋白酶抑制剂和天然毒物，并可因加热而破坏。据报道，当以生豆喂动物时，因其中胰蛋白酶抑制剂和植物细胞凝集素的毒性作用，会导致动物死亡。将该豆加压蒸煮后，由于上述嫌忌物质被破坏，蛋白质消化率增加，蛋白质功效比值显著上升。但是，若过度加热，则其营养价值下降。

此外，热加工还可破坏大米、小麦和燕麦中的抗代谢物，将花生仁加热可使其脱脂粉的蛋白质功效比值增加，并降低被污染的黄曲霉毒素含量。但是，热处理温度过高或时间过长均可降低 PER 和可利用赖氨酸的含量。同样，向日葵籽蛋白质的营养价值，当用中等热处理时可有增加，而高温处理时则有下降。

（四）改善食品的感官性状

对含有蛋白质和糖类的食品进行热加工时，可因热加工中进行的美拉德反应（又称羰氨反应）致使制品发生颜色褐变或呈现良好的风味特征而改善食品的感官性状，如烤面包的颜色、香气，和糖炒栗子的色、香、味等。

总之，适当的热加工可提高食品蛋白质的营养价值，这主要是使蛋白质变性、易于消化和钝化毒性蛋白质等的结果。此外，也可改善食品的感官性状。但是，过热可引起不耐热的氨基酸（如胱氨酸）含量下降，和最活泼的赖氨酸可利用性降低等，从而降低蛋白质的营养价值。

二、破坏氨基酸

（一）加热

加热对蛋白质和氨基酸的营养价值可有一定损害，氨基酸的破坏即为其中之一。这可通过蛋白质加热前后由酸水解 12h 回收的氨基酸来确定。研究者将鳕鱼在空气中于炉灶上 130℃加热 18h，发现赖氨酸和含硫氨基酸有明显损失。牛乳在巴氏消毒（110℃ 2min 或 150℃ 2.4s）时不影响氨基酸的利用率。但是，传统的杀菌方法可使其生物价下降约 6%；与此同时，赖氨酸和胱氨酸的含量分别下降 10%和 13%。用传统加热杀菌的方法生产淡炼乳时对乳蛋白质的影响更大，其可利用赖氨酸的损失可达 15%～25%。对奶粉进行喷雾干燥几乎没有什么不良影响，但用滚筒干燥时则依滚筒和操作条件奶粉营养价值可有不同程度的损失。滚筒干燥烧焦了的奶粉，其赖氨酸的有效性大约可降低到原来的 30%水平。肉类罐头在加热杀菌时由于热传递比乳更困难，其损害也比乳严重。据报道，肉罐头杀菌后胱氨酸损失 44%，猪肉在 110℃加热 24h 也有同样损失，其他氨基酸破坏较少。

加热对烤制品的蛋白质、氨基酸也有不良影响，特别是面包皮的损失尤为严重。饼干糕点的损失则取决于其厚度、加热温度和持续时间，糖的存在是影响饼干热损害的另一因素，因为它可增加赖氨酸的损失。

胱氨酸不耐热，在温度稍高于100℃时就开始受到破坏，在温度较高（115～145℃）时可形成硫化氢和其他挥发性含硫化合物，如甲硫醇、二甲基硫化物和二甲基二硫化物等。因此，胱氨酸可作为低加热温度商品的指示物。甲硫氨酸因不易形成这些挥发性含硫化合物，在150℃以下通常比较稳定，在150℃以上则不稳定。以不同温度（100～300℃）和时间加热纯蛋白质制剂，其氨基酸含量表明：色氨酸、甲硫氨酸、胱氨酸、碱性氨基酸和β-羟基氨基酸比纯酪蛋白和溶菌酶制剂中的酸性和中性氨基酸更易被破坏，并在150～180℃时发生大量分解。

尽管由于加热破坏，食品的粗蛋白质含量可有降低，但是在一般情况下并不认为有太大实际意义。不过，如果受影响的氨基酸是该蛋白质的限制氨基酸，而且此种蛋白质又是唯一的膳食蛋白质时则应予注意。

（二）氧化

蛋白质和氨基酸的破坏还可由氧化引起。食品由于酶促或非酶促反应的结果，如不饱和脂类的氧化等，在食品中可能有一定的过氧化物存在。此外，某些物理加工，如大气中的辐射或光辐射作用，热空气干燥，甚至长期贮存，都可能使食品的成分氧化，其中包括蛋白质中氨基酸残基的氧化。据报道，当蛋白质和脂类过氧化物在一起时，蛋白质的氨基酸有重大损失，其中甲硫氨酸、胱氨酸等最易被破坏。在有敏化色素如核黄素存在时，色氨酸、组氨酸、酪氨酸以及含硫氨基酸残基可能发生光氧化作用。

食品在大气中进行辐射，通过水的裂解作用会产生过氧化氢，从而对蛋白质、氨基酸产生破坏作用。已知食物蛋白质的γ射线辐射可引起某些含硫氨基酸和芳香族氨基酸的裂解。其所形成的挥发性含硫化合物可能在被辐射的乳、肉和蔬菜等中产生异味。这些反应在缺氧或冰冻状态下辐射时速率降低。鱼和其他蛋白质食品的辐射在30Gy剂量以下时，不降低蛋白质的营养价值。

（三）脱硫

含低糖的湿润食物剧烈加热时常引起胱氨酸、半胱氨酸显著破坏，与此同时许多氨基酸的利用率下降。据报道，罐头肉杀菌后胱氨酸损失44％，猪肉在110℃加热24h胱氨酸也有同样损失。鳕鱼在116℃加热27h也引起胱氨酸破坏。大豆蛋白质过热（如在旧式榨油机中那样）胱氨酸也受破坏，甚至可达到限制大鼠生长的程度。现已证明，在加热的乳和肉中可形成硫化氢和其他挥发性含硫化合物，如甲硫醇等。

（四）异构化

用碱处理蛋白质时可使许多氨基酸残基（甲硫氨酸、赖氨酸、半胱氨酸、丙氨酸、苯丙氨酸、酪氨酸、谷氨酸和天冬氨酸）发生异构化。蛋白质用强酸处理也有氨基酸残基发生异构化，但是这只有在浓溶液和高温时才发生，没有在碱液中那样容易。烘烤食品时蛋白质也可发生氨基酸的异构化。酪蛋白和溶菌酶等在空气或氮气下于180～300℃加热20min到干燥，其天冬氨酸、谷氨酸、丙氨酸和赖氨酸残基发生异构化，其他的氨基酸除脯氨酸外，在更高的温度时也有相当程度的异构化。

氨基酸残基的异构化可以部分抑制蛋白质的水解消化作用。据报道,游离的 D-赖氨酸和许多其他 D-氨基酸几乎都没有营养价值。某些 D-氨基酸如 D-甲硫氨酸、D-色氨酸和 D-精氨酸可被大鼠代谢,并且可以部分取代相应的 L-氨基酸,这可能是由于在其机体内有 D-氨基酸氧化酶,但是,动物的生长通常受阻。DL-甲硫氨酸常用作动物饲料,而 D-甲硫氨酸对人似乎很少或没有营养价值。

三、蛋白质与蛋白质的相互作用(交联键的形成)

(一)加热

加热可影响天然蛋白质分子的空间排列。蛋白质由于分子的热振动破坏了束缚力而使得分子展开,随后二硫键破裂,此过程可称为热变性。热变性可认为是原来天然结构(四级、三级和二级)的改变,而无氨基酸顺序(一级结构)的变化,并且是可逆的。但是,当进一步加热时会很快达到不可逆状态,而且蛋白质的热变性似乎常常是不可逆的。

变性一词在生物化学和食品化学上用于表示蛋白质分子的空间排列(包括二硫键在内)的变化,而不涉及氨基酸侧链(一级结构)的不可逆的化学改变。对于这种氨基酸侧链的不可逆的化学变化可称之为变质。

含低糖的蛋白质食品,如鱼和肉,在湿润或干燥状态下强烈加热可引起胱氨酸显著破坏,赖氨酸也可有所损失,而其他氨基酸则无改变。但是,氮的消化率、许多氨基酸的利用率,以及总的营养价值往往严重下降。造成这种现象的原因是:这种处理在多肽链内部和肽链之间产生了许多对抗蛋白酶作用的交联键,由于它们掩蔽了蛋白酶的作用位置,从而降低了酶水解的程度,间接影响了蛋白质的营养价值。

研究证明,当牛血浆清蛋白在含水分 14% 时,于 110～145℃加热 27h,由赖氨酸和谷氨酰胺残基可形成 ε-N-(γ-谷氨酰)赖氨酰胺交联键,并释放出氨。

上述蛋白质的加热大多超过通常食品热加工时间的几倍(10～27h),所用温度范围为100～145℃。长时间加热的目的是使结果明显。实验表明,未加热的蛋白质在进行酶促水解、消化时,主要产生游离氨基酸,仅有少量小肽;加热后蛋白质水解时产生的游离氨基酸很少。无疑在食品加工时延长热处理时间可降低消化性,改变氨基酸的释放和利用,因而可降低蛋白质的营养价值。

(二)碱处理

蛋白质用碱处理可使许多氨基酸发生异构化从而降低营养价值,如前所述。此外,在碱处理期间蛋白质还可发生某些其他的结构变化,如在蛋白质分子间或分子内形成交联键,生成某些新氨基酸,如赖丙氨酸等。

赖丙氨酸既可以在用碱处理含蛋白质食品期间大量生成,也能在加热的食品中出现。有报道显示,在传统装罐杀菌、高温瞬时杀菌和超高温杀菌后进行无菌装罐的乳中,其每千克蛋白质中赖丙氨酸的含量分别为 710mg、540mg 和 300mg。喷雾干燥的蛋白质则不含赖丙氨酸。赖丙氨酸的形成妨碍蛋白质的消化作用,降低赖氨酸的利用率,与此同时降低蛋白质的营养价值,甚至可能有毒。

（三）加热和碱处理对营养价值的影响

在实验研究中，加热和碱处理都可降低蛋白质的营养价值。这可由胱氨酸、赖氨酸以及其他氨基酸的损失说明，如前所述。赖丙氨酸的形成可认为是蛋白质分子间或分子内的交联键妨碍蛋白酶对蛋白质的水解作用所致。而赖氨酸的取代和异构化可能抑制胰蛋白酶作用。

据报道，用 NaOH 处理的向日葵籽蛋白质，其离体的消化性明显降低。用 0.2mol 和 0.5mol NaOH 分别在 80℃ 处理酪蛋白 1h 后，以大鼠测定其消化率分别为 71% 和 47%，未处理的酪蛋白则为 90%；在大鼠肾和肝中可测得赖丙氨酸，而血中没有，大部分赖丙氨酸存在于粪中。中等程度 NaOH 处理的大豆蛋白质对活体蛋白质的消化性影响很小。

用强碱处理的鲱鱼粉喂鸡不能使其正常生长，并且在高剂量时有一定的毒害作用。当用 NaOH 处理的大豆浓缩蛋白喂羊时也有一定的阻碍生长的作用。花生粉用氨气在 200～300kPa 处理 15～30min，可分解大部分所污染的黄曲霉毒素，但同时可降低胱氨酸/半胱氨酸的含量 10%～40%。

以上多是实验室研究的结果。据报道，一般热加工对蛋白质的营养价值损失很小，其消化率和营养价值的下降常小于 10%，甲硫氨酸和赖氨酸的可利用性下降也很小。在相当于家庭烹调的中等热处理时，肉和鱼的营养价值都无显著下降。

四、蛋白质与非蛋白质分子的反应

（一）蛋白质与糖类的反应

蛋白质与糖类的反应是蛋白质或氨基酸分子中的氨基与还原糖的羰基之间的反应（羰氨反应或美拉德反应）。由于赖氨酸的氨基非常活泼，这种反应即使是食品在普通的温度下贮藏时也可发生。羰氨反应有较高的活化能，当含还原糖的蛋白质食品受热（如牛奶的干燥）时，由羰氨反应导致的对蛋白质的损害可先于其他类型的蛋白质损害出现。当含少量还原糖和蛋白质的食品（如炒面、面包皮、饼干、油籽粉）或葡萄糖-蛋白质模拟体系在剧烈加热时，其蛋白质除可受到羰氨反应的损害外，还可受到其他损害。这些食品除赖氨酸的可利用性降低外，还伴有蛋白质总氮消化性的降低，因而也是大多数氨基酸利用率的降低。

食品的水分活度或食品周围的相对湿度可影响羰氨反应的进行。反应速率在水分活度为 6～0.8 时最大。水分再多（如在液态乳中）反应速率下降。但是水分活度低达 0.2 时（相当于含水 5%～10%）反应还相当可观。因此，这类反应在各种蛋白质食品的浓缩和脱水期间（如牛奶的浓缩、滚筒干燥、鸡蛋或蛋白的脱水、油籽粉的干燥等）增强。它也可在室温贮存某些脱水或中等水分的蛋白质食品时发生。此外，在许多蛋白质-葡萄糖模拟体系的研究中，尽管将该体系保持在 37℃ 时，对蛋白质的消化性影响也很小，但其营养价值大大下降，而向其中添加一定量的赖氨酸后，则可完全恢复其营养价值。

奶粉的滚筒干燥是食品加工中由于羰氨反应致使蛋白质营养价值下降的经典例子。它可使赖氨酸的利用率下降 10%～40%（取决于加工条件和设备），对奶粉的营养价值极为不利。适当的喷雾干燥可以不降低赖氨酸的利用率。至于消毒奶，若不是巴氏消毒，其赖氨酸的利用率下降 10%～20%，胱氨酸也可有少量破坏。富含奶粉的饼干等也有赖氨酸利用率下降的现象。

（二）蛋白质与脂类的反应

蛋白质与脂类构成脂蛋白广泛存在于各种生物组织中，它们可大大影响各种食品（如肉、鱼、面包、乳制品以及乳化剂等）的物理性质和口感等。通常，脂类可用溶剂完全抽提，脂蛋白的蛋白质营养价值一般不受脂类所影响。但是，当脂类氧化后，蛋白质与脂类氧化产物相互作用，可影响蛋白质的营养价值。

（三）蛋白质与醌类的反应

醌能与游离氨基酸的氨基反应并引起氧化脱氨。苯醌可以与甲硫氨酸的硫酯基反应，导致形成蛋白质聚合物。醌也能与蛋白质的氨基和巯基反应。酪蛋白能与多酚类物质反应。在酪蛋白和咖啡酸模拟体系的研究中，将它们在碱性条件下或在多酚氧化酶的存在下一起保温，结果发现该体系酸水解后赖氨酸的含量比对照少。动物实验表明，此模拟体系的蛋白质营养价值下降，氨基酸利用率下降，赖氨酸下降最大，甲硫氨酸下降中等，色氨酸下降最小。

（四）蛋白质与亚硝酸盐的反应

在肉类食品的加工时，常将亚硝酸盐用于腌制肉类。其作用有三：①使肉呈现鲜亮稳定的红色；②抑制肉毒梭状芽孢杆菌的生长，这可能是由于形成了亚硝酸盐-氨基酸-金属离子衍生物之故；③形成特有的风味。

腌肉时，肌红蛋白和亚硝酸盐形成亚硝基肌红蛋白，形成亚硝基肌红蛋白所需的亚硝酸盐量约为 15mg/kg，相当于添加亚硝酸盐量的 $10\%\sim20\%$，NO、N_2 和 N_2O 约占所加亚硝酸盐量的 5%。

在腌肉时，亚硝酸盐可与肉中的仲胺或叔胺反应，形成亚硝胺等对人体具有一定危害的物质。仲胺、叔胺等胺类物质可由肉中蛋白质自动分解、细菌作用或烹调形成。某些游离氨基酸如脯氨酸、色氨酸、精氨酸、组氨酸以及这些相应的氨基酸残基有可能取代这种活泼胺。这些胺类物质与亚硝酸盐的反应可以在食品烹调期间发生，也可以在胃中低 pH 的消化期间发生。所产生的亚硝胺或亚硝酸铵，特别是二甲基亚硝胺是强致癌物。例如，在培根中有 N-亚硝基吡咯烷，它有可能来自游离脯氨酸的亚硝化，随后由亚硝基脯氨酸脱羧所致。亚硝酸盐通常在肉中的含量很低，但可引起可利用赖氨酸、色氨酸和/或半胱氨酸的含量大大下降，从而影响其营养价值。

（五）蛋白质与亚硫酸盐的反应

亚硫酸盐在高浓度和低 pH 时，呈未离解的亚硫酸状态，发挥防腐作用；在低浓度和广范围 pH 内亚硫酸盐离子抑制酶促褐变、非酶褐变和许多氧化反应。它广泛应用于脱水蔬菜、蜜饯、糖类等起漂白、稳定作用。高剂量的亚硫酸盐对胃肠道具有害作用，并且可部分抑制蛋白质消化作用。含亚硫酸盐的各种食品长期贮存时对大鼠生长有害，但作用性质尚不清楚。

总之，从营养的角度考虑，食品加工对蛋白质的影响既有有益作用，又有不利的一面。在这些不良反应中有少数还可形成有毒物质，更多的则是引起营养价值下降，而其中很多是通过在多肽链之间形成共价交联键造成的，充分了解这方面的知识显然有助于更好地进行食品加工。我们应当在食品加工时将食品的安全、营养、风味、方便性、贮存期等统筹考虑，并将食品加工时的损害减到最小。

第九节 多肽、氨基酸的特殊营养作用

一、多肽的特殊营养

（一）谷胱甘肽

谷胱甘肽（glutathione，GSH）是由谷氨酸、半胱氨酸及甘氨酸通过肽键连接而成的三肽，化学名称为 γ-L-谷氨酸-L-半胱氨酸-甘氨酸。谷胱甘肽广泛存在于动植物中，在生物体内有着重要的作用。机体新陈代谢产生的过多自由基会损伤生物膜，侵袭生命大分子，加快机体衰老，并诱发肿瘤或动脉粥样硬化等。谷胱甘肽在人体内的生化防御体系中起重要作用，具有多方面的生理功能。它的主要生理作用是能够清除掉人体内的自由基，作为体内一种重要的抗氧化剂，可保护许多蛋白质和酶等分子中的巯基。谷胱甘肽的结构中含有一个活泼的巯基（—SH），易被氧化脱氢，这一特异结构使其成为体内主要的自由基清除剂。例如，当细胞内生成少量 H_2O_2 时，GSH 在谷胱甘肽过氧化物酶的作用下，把 H_2O_2 还原成 H_2O，其自身被氧化为氧化性谷胱甘肽（GSSG），GSSG 在存在于肝脏和红细胞中的谷胱甘肽还原酶作用下，接受 H 还原成 GSH，使体内自由基的清除反应能够持续进行。

谷胱甘肽对于放射线、放射性药物所引起的白细胞减少等症状，有强有力的保护作用。谷胱甘肽能与进入人体的有毒化合物、重金属离子或致癌物质等相结合，并促进其排出体外，起到中和解毒作用。谷胱甘肽还能保护含巯基的酶分子活性的发挥，并能恢复已被破坏的酶分子巯基的活性功能，使酶恢复活性。

（二）血管紧张素转化酶（ACE）抑制剂

血浆中的血管紧张素是一种作用很强的血管收缩物质，其升压效力比等摩尔浓度的去甲肾上腺素强 40～50 倍。肝脏分泌的血管紧张素原为一种糖蛋白，经肾小球旁细胞分泌的肾素作用后，由 453 个氨基酸组成的血管紧张素原裂解释放出 10 个氨基酸的多肽血管紧张素，其是一个无活性的多肽，但经血管紧张素转化酶（ACE）酶解，得八肽，其除具有强烈的收缩外周小动脉作用外，还具有促进肾上腺皮质激素合成和分泌醛固酮作用，可引发进一步重吸收钠离子和水，增加血容量，结果从两个方面导致血压的上升。

若 ACE 受到抑制，则血管紧张素合成受阻，内源性血管紧张素减少，导致血管舒张、血压下降，血管紧张素可以视为血管紧张素受体的配体；而血管紧张素受体阻滞剂则可阻滞血管紧张素的生理作用，同样可使血管扩张、血压下降。故血管紧张素转化酶抑制剂（ACEI）和血管紧张素受体拮抗剂均能有效地降低血压。

二、一些氨基酸的特殊营养

氨基酸除合成蛋白质，构建各种组织外，还有一些特殊的生理功能。在疾病或特殊情况时，有的非必需氨基酸合成不足或不能满足需要，仍需以食物供给，这些氨基酸称条件性必需氨基酸。

（一）谷氨酰胺

谷氨酰胺是体内含量最丰富的游离氨基酸之一，约占氨基酸池的一半。它参与很多生化反应：是可利用氮（氨基氮与酰胺氮）的运载体，以合成其他含氮化合物，如嘌呤、吡啶、氨基糖等；在肌肉中可调节蛋白质的合成与分解；在肾脏中是形成氨的底物，以维持酸碱平衡；在小肠黏膜细胞及其他增生迅速的细胞中是重要的燃料底物。

在高分解代谢与高代谢状态，如手术、烧伤、大创伤、感染时，肌肉细胞内谷氨酰胺浓度较正常时低50%，血液浓度也降低，以致各器官摄取谷氨酰胺减少，损害其形态与功能，导致细菌移位而引发肠原性脓毒症及肠原性高代谢。肠内营养制品补充谷氨酰胺，可增加小肠黏膜厚度，增加DNA与蛋白质含量及降低细菌移位等。此外，谷氨酰胺还可防止胰脏萎缩与脂肪肝的发生等。

（二）精氨酸

早期研究认为，精氨酸是非必需氨基酸。有研究指出，当膳食中没有精氨酸时，可维持人体处于氮平衡状态。但其后他们观察到男性吃缺少精氨酸的膳食后精子减少。20世纪70年代，Schacter等也报道，精子减少的患者补充精氨酸可增加精子数及其活力。

精氨酸是尿素循环中的几种氨基酸之一，氨基酸降解所产生的大量氨要经过尿素循环生成尿素后排出体外。有证据表明，当摄入大量氨基酸时若缺少精氨酸有可能会出现氨中毒。有研究指出，给人体输入大量氨基酸溶液时，若输液中缺少精氨酸会使患者出现氨浓度升高，甚至昏迷。有报道显示，给两名急性肾衰竭患儿输入大量必需氨基酸溶液后，出现血浆中与尿素循环有关的几种氨基酸浓度下降和血氨浓度升高，当其中一名患儿的输入溶液中加入非必需氨基酸后，情况立即得到改善。因此，机体大量摄入氨基酸时，精氨酸有可能成为必需氨基酸。

20世纪80年代后期证实，NO是内皮细胞舒张因子，而精氨酸是NO生物合成的前体。NO也是支气管扩张剂，它能清除自由基，具有抗氧化和抗炎症反应功能。

近年来研究发现，精氨酸能增强免疫功能，如增加淋巴因子的生成与释放，降低或阻止损伤后大鼠胸腺退化，刺激患者外周血单核细胞向促细胞分裂剂的胚胎细胞样转变。精氨酸对内分泌腺还有较强的促分泌作用，如促垂体分泌生长激素与催乳激素，而生长激素可增加术后蛋白质的合成代谢与伤口胶原蛋白的合成。

（三）牛磺酸

牛磺酸是一种氨基磺酸，以游离的形式普遍存在于动物的各种组织内，但并未结合进蛋白质中。植物中牛磺酸含量很低。

在哺乳动物的组织中，甲硫氨酸和半胱氨酸代谢的中间产物半胱亚磺酸经半胱亚磺酸脱羧酶脱羧成亚牛磺酸，再氧化成牛磺酸。半胱亚磺酸脱羧酶活力在不同动物种属间有很大差异，在同一种动物的不同组织也有差异。大鼠和犬的肝脏中此酶的活力高，而猫和灵长类肝中半胱亚磺酸脱羧酶的活力低，牛磺酸合成能力较差。

牛磺酸在出生前后中枢神经系统和视觉系统发育中起关键作用。通过对 8 名长期接受不含牛磺酸的胃肠道外营养 12～24 个月的儿童进行视网膜电图检查，发现他们出现了与缺乏牛磺酸的幼猫类似的异常情况，视椎体和视杆细胞 b 波时间延长。在 4 名儿童的输液中加牛磺酸后，其中 3 名视网膜电图恢复正常。长期接受胃肠道外营养的成年人也可发生视功能障碍。一般情况下，成人很少发生牛磺酸缺乏，但在某些特殊疾病情况下，例如，当胆汁大量丢失或有异常细菌在肠中过度繁殖时，能分解人体内牛磺酸，造成牛磺酸缺乏。因此，牛磺酸是人的条件必需营养素。

食品中牛磺酸含量最高的为甲壳类及软体类海产品，每 100g 可食部含牛磺酸 300～800mg，每 100g 畜肉中含量在 30～160mg，蛋类及植物食物中未检出牛磺酸。

人的胚胎在孕期的最后 4 个月可每日积累 6～8mg 牛磺酸，因此早产儿缺少牛磺酸的储备，加上婴儿体内合成牛磺酸以及肾小管细胞重吸收牛磺酸的功能均较差，如没有外源供应则很有可能发生牛磺酸缺乏。鉴于牛磺酸在新生儿大脑发育中的重要性，许多儿科学家建议向奶粉或婴儿配方食品中添加牛磺酸。

（四）胱氨酸

正常人群所需的胱氨酸可由甲硫氨酸转变而来。早期研究发现，用不含胱氨酸的膳食可使成人维持正氮平衡至少 8d。因此认为，胱氨酸对正常成人不是必需氨基酸。然而，患同型半胱氨酸尿症的患者因为缺少胱硫醚合成酶就不能将甲硫氨酸转变成胱氨酸，这种患者需要从膳食中得到胱氨酸；早产儿或新生儿的肝脏中胱硫醚合成酶的活力很低，这些婴儿也需要从膳食中摄取胱氨酸，否则，因其血浆中胱氨酸含量降低可使生长受阻。

（五）酪氨酸

人体内酪氨酸可完全来自苯丙氨酸。当膳食中有酪氨酸时，可以减少苯丙氨酸的摄入量。苯丙酮尿症患者苯丙氨酸羟化酶的活力降低，必须从膳食中获取酪氨酸。研究发现，从早产婴儿食物中撤去酪氨酸后血浆中酪氨酸水平下降，氮存留不能维持，体重增加受限，对大多数早产儿，甚至对某些足月婴儿需要以膳食提供酪氨酸。在患某些疾病时酪氨酸也可能成为必需氨基酸。例如，酒精性肝硬化的营养不良患者可能也必须外源供给酪氨酸。

（六）肉碱

肉碱是一种季铵化合物，化学名称为 β-羟基-γ-N,N,N-三甲基氨基丁酸，在体内由赖氨酸和甲硫氨酸合成，在食物中主要来自肉类，其次是乳类，植物性食物中含量极低。肉碱是脂肪 β-氧化过程不可缺少的促进因子。长链脂肪酸和 CoA 结合的长链脂酰 CoA 转移到肉碱上形成酰化肉碱，才能进入线粒体，参与脂肪酸 β-氧化。因遗传缺陷而发生的肉碱缺乏症的主要表现为进行性心脏病、骨骼肌无力和阶段性的空腹低血糖。新生儿合成肉碱的能力不足，只有成人的 1/4；极低体重儿（1000g）更低，只有成人的 1/10；一般至 6 个月后才能逐渐达到成人水平。故婴儿需要通过外源性肉碱以维持组织肉碱的水平。严格素食者因植物性食物含肉碱很少，故也有可能会发生肉碱缺乏症。

思考题

1. 蛋白质的消化吸收过程及功能是什么？
2. 常用食物蛋白质的氨基酸组成特征有哪些？
3. 蛋白质、氨基酸在食品加工过程中的变化有哪些？
4. 什么是蛋白质的互补作用？影响蛋白质氨基酸吸收效果的因素有哪些？
5. 常见的蛋白质营养价值评价方法有哪些？

第四章

脂 类

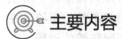 **主要内容**

　　脂类分类、组成及其结构；脂类的功能；脂类的代谢（消化、吸收及转运）；脂类的主要食物来源；不同脂类的摄入与健康的关系（营养功能与营养障碍）；脂类在加工、贮藏中的变化对健康的影响；脂类的检测方法；脂类摄入的健康新理念。

 学习要求

　　1.了解和掌握脂类中脂肪、必需脂肪酸、多不饱和脂肪酸、磷脂、胆固醇的生理功能及脂类营养价值的评价方法。

　　2.熟悉脂类的摄取与食物来源、组成及特征，掌握脂类、必需脂肪酸的功能及其在精炼加工过程中的变化，了解脂类在食品加工和保藏中的营养问题。

　　3.认识脂类在人体营养和膳食中的作用、地位和适宜的摄入量。

　　脂类是人体重要的组成部分，它以多种形式存在于各种组织中，皮下脂肪是机体的贮存组织，一个体重65kg的成人含脂肪约9kg，绝大部分以甘油三酯形式存在。类脂包括磷脂、固醇和糖脂，也包括脂溶性维生素和脂蛋白，是多种组织和细胞的组成成分，如细胞膜是由磷脂、糖脂和胆固醇等组成的类脂层。脑髓和神经组织含有磷脂和糖脂，固醇还是机体合成胆汁酸和固醇类激素的必需物质。它们在体内相对稳定，即使长期能量不足机体也不会动用。

第一节　脂类的分类及分布

一、脂类的定义

　　脂类也称脂质，是一类不溶于水而易溶于脂肪（醇、醚、氯仿、苯）等非极性有机溶剂的物质，是机体的重要有机化合物。

二、脂类的分类

（一）甘油三酯

甘油三酯（又称三酰甘油）是由一分子甘油和三分子脂肪酸组成的三酰甘油酯。日常食用的动、植物油脂，如猪油、豆油、花生油、菜籽油等，均属此类。一般不溶于水，但能微溶于水，易溶于有机溶剂；相对密度小于水，故漂于水的表面。中性脂肪按其在室温下所呈现的状态不同而分别称为油和脂肪，并可将二者统称为油脂。含有不饱和脂肪酸的脂肪，在室温下呈液态，如多种植物油类，因熔点较低，通常称之为油；而含饱和脂肪酸的脂肪，在室温下呈固态，如动物油类，因这类脂肪的熔点比较高，通常称之为脂。但来源于马的油脂在室温下是液态的，故称之为马油。

（二）类脂

类脂是指那些性质类似脂肪的物质，包括磷脂、糖脂、胆固醇及其酯三大类。类脂具有很重要的生物学意义。

磷脂是分子中含有磷酸的脂类，包括由甘油构成的甘油磷脂和由鞘氨醇构成的鞘磷脂。糖脂是分子中含有糖基的脂类。这三大类类脂是生物膜的主要组成成分，构成疏水性的"屏障"，分隔细胞水溶性成分和细胞器，维持细胞正常结构与功能。此外，胆固醇还是脂肪酸盐和维生素 D_3 以及类固醇激素合成的原料，对于调节机体脂类物质的吸收，尤其是脂溶性维生素（维生素 A、维生素 D、维生素 E、维生素 K）的吸收以及钙磷代谢等均起着重要作用。

三、脂类的特点

脂类是一大类难溶于水的化合物。它们有两个特性：一是这一类化合物均溶于有机溶剂；二是这类物质在活细胞结构中有极其重要的作用。

脂类分子主要含 C、H、O 三种元素，但 H∶O 远大于 2，有些脂类还含有 P、N 和 S，各种脂类分子的结构差异很大。大多数脂类的化学本质是脂肪酸和醇类形成的酯类及其衍生物。脂类分子中没有极性基团的称为非极性脂；有极性基团的称为极性脂。极性脂的主体是脂溶性的，其中的部分结构是水溶性的。

四、人体内脂类的分布

按生理功能不同，机体中的脂类可分为两大类。一类是作为基本组织结构的类脂，如磷脂、胆固醇、脑苷脂等，是组成细胞特定结构并赋予细胞特定生理功能的必不可少的物质，约占总脂类的 5％。类脂比较稳定，受营养和机体活动的影响不大。类脂的组成因组织不同而有所差异，含量相对稳定，故称定脂。另一类为储存脂类，正常人体按照体重计算，所含的脂类占 14％～19％，胖人约占 32％，过胖人可高达 60％。储存脂类绝大部分是以甘油三酯的形式储存于脂肪组织内。这一部分脂肪常被称为储脂，是机体过剩能量的一种储存形式，摄入能量若长期超过需要，即可使人发胖，饥饿则会使人消瘦，因其可受营养状况和机体活动的影响而增减，故又称之为可变脂或动脂。脂肪组织含脂肪细胞，多分布于腹腔、皮下和肌纤维间。一般储脂在正常体温下多为液态或半液态。皮下脂肪因含不饱和脂肪酸较多，故熔点低而流动度大，在较冷的体表温度下仍能保持液态，从而可进行各种代谢变化。机体深处储脂的熔点较高，常处于半固体状态，有利于保护内脏器官，防止体温散失。

第二节 脂类的营养作用

一、脂类的主要功能

脂类的营养价值很高，是人体必不可少的营养素之一。对人体具有供给热能、调节体温等作用。脂类主要分布在人体上皮组织、大网膜、肠系膜和肾脏周围等处。体内脂类的含量常随营养状况、能量消耗等因素而变动。其主要生理功能和营养学作用介绍如下。

（一）储存能量和供给热能

脂肪富含能量，脂肪供能可高达 38kJ/g，比糖类和蛋白质高约 1 倍。只要机体需要，可随时用于机体代谢。若机体摄食能量过多，体内储存的脂肪增多，人就会发胖。若机体 3d 不进食，则能量的 80％来自脂肪；若长期摄食能量不足则储脂可耗竭，使人消瘦。但是，机体不能利用脂肪酸分解生成的二碳化合物合成葡萄糖以供给脑和神经细胞等的能量需要，故人在饥饿、供能不足时就必须消耗肌肉组织中的糖原和蛋白质，这也正是"节食减肥"的危害之一。

当机体摄入过多能量时，会以脂肪的形式储存起来，如皮下脂肪等。这类脂肪因受营养状况和机体活动的影响而增减，当机体需要时，脂肪细胞中的酯酶立即分解甘油三酯释放出甘油和脂肪酸进入血液循环，和食物中被吸收的脂肪一起被分解释放出能量，以满足机体的需要。人体在休息状态时，60％的能量来源于体内脂肪，而在运动或长时间饥饿时，体脂提供的能量更多。体内脂肪细胞的特点是可以不断地储存脂肪，且未发现其吸收脂肪的上限，所以人体可因摄入过多的热能而不断地积累脂肪，过多脂肪组织堆积在体内可导致肥胖症。

（二）调节体温和保护内脏器官

脂肪是电与热的绝缘体，可隔热、保温。脂肪大部分储存在皮下，可防止热能散失，也可阻止外界热能传导到体内，从而可用于调节体温，保护对温度敏感的组织。脂肪分布填充在各内脏器官的间隙中形成脂肪垫，可使内脏器官免受震动和机械压力损伤，并可维持皮肤的生长发育。植物的蜡质可以防止水分的蒸发。

（三）构成人体组织，是生物膜的骨架

脂类中的磷脂和胆固醇是人体细胞的主要成分，在脑细胞和神经细胞中含量最多。磷

脂、糖脂、胆固醇等极性脂是构成人体生物膜的主要成分，它们构成生物膜的水不溶性液态基质，规定了生物膜的基本特性。膜的屏障、融合、绝缘、脂溶性分子的通透性等功能都是膜脂特性的表现，膜脂还给各种膜蛋白提供功能所必需的微环境。脂类作为细胞表面物质，与细胞的识别、种特异性和组织免疫等有密切关系。

（四）供给必需的脂肪酸

人体所需的必需脂肪酸是靠食物脂肪提供的。它主要用于磷脂的合成，是所有细胞结构的重要组成部分。保持皮肤微血管正常的通透性，以及对精子的形成、前列腺素的合成等方面的作用，都是必需脂肪酸的重要功能。

（五）调节生理功能

一些脂类物质担负着重要的生理调节功能：肾上腺皮质激素和性激素的本质是类固醇，在体内由胆固醇衍生而来；胆固醇又是合成胆汁酸、维生素 D 的原料；介导激素调节作用的第二信使有的也是脂类，如甘油二酯（又称二酰甘油）、肌醇磷脂等；前列腺素、血栓素、白三烯等具有广泛调节活性的分子是 20 碳酸衍生物；酶的激活剂（卵磷脂激活 β-羟丁酸脱氢酶）；糖基载体（合成糖蛋白时，磷酸多萜醇作为羰基的载体）；参与信号识别和免疫（糖脂、磷脂酰肌醇）。脂肪组织所分泌的因子有瘦素、肿瘤坏死因子、白细胞介素-6、白细胞介素-8、纤维蛋白溶酶原激活因子抑制物、血管紧张素原、雌激素胰岛素样生长因子、IGF 结合蛋白 3、脂联素及抵抗素等。这些脂肪组织来源的因子参与机体的代谢、免疫、生长发育等生理过程。脂肪组织内分泌功能的发现是近年内分泌学领域的重大进展之一，也为人们进一步认识脂肪组织的作用开辟了新的起点。

（六）作为生物表面活性剂

磷脂、胆汁酸等双溶性分子（或离子），能定向排列在水-脂或水-空气两相界面，有降低水的表面张力的功能，是良好的生物表面活性剂。例如：肺泡细胞分泌的磷脂覆盖在肺泡壁表面，能通过降低肺泡壁表面水膜的表面张力，防止肺泡在呼吸中萎陷。缺少这些磷脂时，可造成呼吸窘迫综合征，患儿在呼吸后必须用力扩胸增大胸内负压，使肺泡重新充气。胆汁酸作为表面活性剂，可乳化食物中脂类，促进脂类的消化吸收。

（七）提供脂溶性维生素

食物脂肪中同时含有各类脂溶性维生素，如维生素 A、维生素 D、维生素 E、维生素 K 等。

（八）增加饱腹感

食物脂肪由胃进入十二指肠时，可刺激产生肠抑胃素，使肠蠕动受到抑制，造成食物由胃进入十二指肠的速度相对缓慢。食物中脂肪含量越多，胃排空的时间越长，可增加饱腹感，使人不易感到饥饿。

二、脂类在食物加工中的作用和用途

油脂不仅能增加菜肴的色泽、口味，促进食欲，而且由于食用油脂的沸点很高，加热后容易得到高温，所以能加快烹调的速度，缩短食物的成熟时间，使原料保持鲜嫩。

食用油脂还用于食品工业、生产糕点等。作为起酥油，可通过润滑作用和某种能力（改变其他组分间的相互作用）的结合赋予焙烤食品以疏松柔软的品质。作为色拉油，它是风味物质的载体，赋予食物以口感，当与其他组分一起乳化时形成黏性可倒出的调味品或多脂半固态的蛋黄酱或色拉调味品。糖果中常用专门挑选或制作的油脂，特别是作为涂层、涂膜剂使用，这类专用脂肪必须在温度为体温附近时有狭窄融化区，可可脂是糖果制造业上比较适用的脂肪。但可可脂常常供不应求，而且价格昂贵，因此人们研究出了食用油脂加工成代可可脂以降低成本。

其他脂类物质，如甘油单酸酯和甘油二酸酯以及某些磷脂（如卵磷脂），用作乳化剂有很好的效果。甘油单酸酯和甘油二酸酯在焙烤制品中赋予制品以松脆的性能，并起着抗老化剂的作用。卵磷脂可以用作糖果的脱模剂，可用来控制巧克力涂衣糖果的表面出油反霜，也可作为人造奶油加热时的防溅剂使用。

不同的加工可以获得多种形式的油脂。奶油、烹饪油、人造奶油、色拉油和起酥油基本上是全脂的形式，色拉调味品和蛋黄酱是由高比例的油脂构成的。

色拉油和烹饪油由棉籽油、大豆油、玉米油、花生油、红花油、橄榄油或葵花籽油制成。这些油通常要经精炼、脱色、脱臭处理。有些油经轻度氢化处理可获得特殊的性质，并且可增强风味的稳定性。

奶油是将全脂鲜牛奶离心分离后得到的上层脂肪经搅制而成，是一种含80%～81%乳脂（以可塑状态出现）的油包水型乳胶。奶油中其他成分的含量都较少，包括酪蛋白、乳糖、磷脂、胆固醇和钙盐，通常还含有1%～3%的氯化钠。奶油中含有量少而不定的维生素 A、维生素 E 和维生素 D，此外还含有由丁二酮、内酯、丁酸和乳酸组成的风味物质。奶油比鲜牛奶含的脂肪高出许多倍。市售的鲜奶油一般有两种，一种是淡奶油，含脂肪比鲜牛奶的脂肪多5倍，常用它加在咖啡、红茶等饮料以及西餐红菜汤里，也用于制作巧克力糖、西式糕点及冰激凌等食品。另外还有一种更浓的奶油，用打蛋器将它打松，可以在蛋糕上挤成奶油花。

人造奶油主要用作餐用涂抹油，也有一定数量用作烹饪油。人造奶油由精制的油脂和其他配料（如乳固体、盐、香料和维生素 A、维生素 D 等）经适当调配而制成，其脂肪含量至少要有80%。制造人造奶油主要是用植物油，不过也用一点动物脂肪。制造人造奶油的油脂可以是单一的氢化脂或氢化脂的混合物，也可以是氢化脂和未氢化油的混合物。增加多不饱和脂肪的用量可制成专用的人造奶油。这类专用的人造奶油已经根据医学研究的要求生产出来了。医学研究表明，这种特殊形式的人造奶油可能有好处，尤其对有动脉粥样硬化病倾向的人更有益。

商品起酥油是半固体的可塑性脂肪，制造时可加乳化剂或不加乳化剂。可塑性（即经受压炼的性能）是商品起酥油区别于其他油脂的主要特征。早先起酥油的成分是猪油或牛羊脂，而现在则用各种植物油和各种混合油脂，以形成烘烤所要求的特殊性质。棉籽油、大豆油、猪油、牛羊脂是用作起酥油的主要油脂。可是，没有哪种天然的油脂具备制作所有食物所要求的特性，通过再加工（如氢化处理等）则可以获得特定的满足人们需要的油脂特性。

第三节 脂类的消化、吸收与转运

一、脂蛋白的特点

血液中的胆固醇及中性脂肪等和蛋白质结合而成的物质，称为脂蛋白。

将脂蛋白放在离心机上，会因相对密度的不同而分成乳糜微粒（CM）、极低密度脂蛋白（VLDL）、低密度脂蛋白（LDL）、高密度脂蛋白（HDL）等。

（一）乳糜微粒（CM）

从小肠转运甘油三酯、胆固醇及其他脂类到血浆和其他组织。乳糜微粒是转运外源性脂类（主要是 TG）的脂蛋白。

（二）极低密度脂蛋白（VLDL）

从肝脏运载内源性（肝所需之外的多余部分）甘油三酯和胆固醇至全身各靶组织，此时 VLDL 也会转变为 LDL。

（三）低密度脂蛋白（LDL）

血液中胆固醇的主要载体，可转运胆固醇至外围组织并调节其合成。过多将对人体不利，是造成血管阻塞、硬化的元凶。

（四）高密度脂蛋白（HDL）

可将粘在血管内壁上多余的 LDL 运送回肝脏排除，有保护血管的功能。

临床医学研究证明，脂蛋白代谢不正常是造成动脉粥样硬化的主要原因。血浆中 LDL 水平高而 HDL 水平低的个体容易患心血管疾病。

二、脂肪的消化、吸收及转运

（一）消化

食物中脂肪，在口腔内不起化学变化，在胃内基本上也不起化学变化。脂肪的主要消化场所是小肠，在小肠内，脂肪受胆汁、胆盐的作用，乳化变成细小的脂肪微粒，这样就增加了脂肪与酶的接触面积，从而有利于脂肪水解。脂类进入小肠，刺激十二指肠细胞分泌肠促胰酶肽（cholecystokinin，CCK）和肠促胰液素（secretin）。肠促胰酶肽给胆囊发出信号，使胆囊收缩分泌出胆汁。肠促胰液素使胰腺分泌出胰液，胰液中含有胰脂肪酶，脂肪微粒经胰脂肪酶的水解作用，生成游离脂肪酸和甘油单酯。脂肪消化后形成甘油、游离脂肪酸、甘油单酯（又称单酰甘油）以及少量甘油二酯和未消化的甘油三酯。

（二）吸收

胆汁盐包裹着脂肪的消化产物形成乳糜微粒——以脂肪酸为核心的水溶性球体。微粒将其包裹的脂类消化产物运载到小肠黏膜刷状边缘细胞，脂类的吸收便开始了。脂类的吸收主要发生在十二指肠的下部和空肠上部。微粒载着甘油单酯和长链脂肪酸到小肠刷状边缘的绒毛表面，甘油单酯和长链脂肪酸能扩散进入小肠上皮细胞。未吸收的胆汁盐又重新回到小肠内部运载其他的甘油单酯和脂肪酸。胆汁盐在回肠被吸收，通过血液运输到肝脏，然后又被分泌成胆汁。胆汁循环路径：从肝脏到小肠，再从小肠到肝脏，这个路径被称为肝肠循环（hepato-enteral circulation）。

如图 4-1 所示为食物中的脂肪在体内的消化吸收过程。

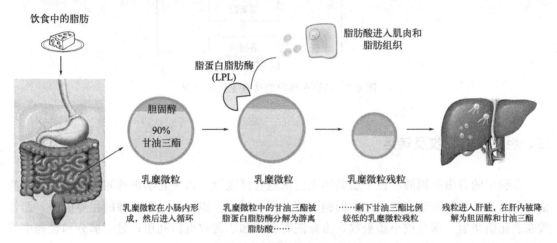

图 4-1　食物中脂肪在体内的消化吸收过程

各种脂肪酸的极性和水溶性均不同，其吸收速率也不相同。吸收率的大小依次为：短链脂肪酸＞中链脂肪酸＞不饱和长链脂肪酸＞饱和长链脂肪酸。一般脂肪的消化率为 95%，奶油、椰子油、豆油、玉米油与猪油等都能全部被人体在 6~8h 内消化，并在摄入后的 2h 可吸收 24%~41%，4h 可吸收 53%~71%，6h 达 68%~86%。婴儿与老年人对脂肪的吸收速率较慢。脂肪乳化剂不足可降低吸收率。若摄入过量的钙，会影响高熔点脂肪的吸收，但不影响多不饱和脂肪酸的吸收，这可能是钙离子与饱和脂肪酸形成难溶的钙盐所致的。如果大量摄入消化、吸收慢的脂肪，很容易使人产生饱腹感，而且其中的一部分尚未被消化吸收就会随粪便排出。

（三）转运

甘油、短链脂肪酸和中链脂肪酸由小肠细胞吸收直接入血，脂溶性维生素也随脂肪酸一起被吸收。甘油单酯和长链脂肪酸吸收后在小肠细胞中重新合成甘油三酯，并和磷脂、胆固醇和蛋白质形成乳糜微粒，由淋巴系统进入血循环。血中的乳糜微粒是食物脂肪的主要运输形式，最终被肝脏吸收。肝脏将来自食物中的脂肪和内源性脂肪及蛋白质等合成极低密度脂蛋白，并随血流供应机体对甘油三酯的需要。

随着血中甘油三酯的减少，又不断地积聚血中胆固醇，最终形成了 LDL。血流中的 LDL 一方面满足机体对各种脂类的需要，另一方面可被细胞中的 LDL 受体结合进入细胞，适当调节血中胆固醇的浓度。体内还可合成 HDL，可将体内的胆固醇、磷脂运回肝脏进行代谢，起到有益的保护作用。

如图 4-2 所示为脂肪在体内的动态变化示意图。

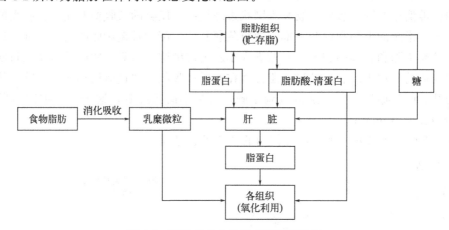

图 4-2　脂肪在体内的动态变化示意图

三、胆固醇的吸收及转运

食物中的自由胆固醇可被小肠黏膜上皮细胞直接吸收。如果食物中的胆固醇和其他脂类呈结合状态，则先被酶水解成游离的胆固醇，再被吸收。胆固醇是胆汁酸的主要成分，胆汁酸在乳化脂肪后一部分被小肠吸收，由血液到肝脏和胆囊被重新利用；另一部分和食物中未被吸收的胆固醇一道被膳食纤维吸附，由粪便排出体外。

胆固醇并不是百分之百重吸收，游离胆固醇的吸收率比胆固醇酯高；禽卵中的胆固醇大多数是非酯化的，较易吸收；植物固醇如 β-谷固醇，不但不易被吸收，而且还能抑制胆固醇的吸收。肠吸收胆固醇的能力有限，成年人胆固醇的吸收速率约为每天 10mg/kg。大量进食胆固醇时吸收量可加倍，但最多每天吸收 2g（上限）。内源性胆固醇（由肝脏合成并随胆汁进入肠腔的胆固醇，2~3g/d）约占胆固醇总吸收量的一半。通常食物中的胆固醇（外源性胆固醇）约有 1/3 能够被吸收。

第四节　重要脂类的结构特点与营养价值

一、甘油三酯

甘油三酯由甘油和三分子脂肪酸组成，又称三酰甘油。自然界中绝大多数的脂肪酸都是偶数碳原子的直链脂肪酸，奇数碳原子的脂肪酸为数很少，只有微生物产生的脂肪酸含有奇数碳原子。此外，还有少数带侧链的脂肪酸和含环的脂肪酸。

二、脂肪酸

人体维持各种组织的正常功能，必须保证有充足的各种脂肪酸，如果缺乏则可引发一系列症状，包括生长发育迟缓、皮肤异常鳞屑、智力障碍等。自然界中的脂肪酸组成复杂、种类繁多，至今为止从动物、植物和微生物中分离出的脂肪酸有近百种。根据不同的化学结构特征可以将脂肪酸进行不同的分类。

（一）按碳链的长短分类

（1）长链脂肪酸（14 碳以上） 是脂类中主要的脂肪酸，如软脂酸、硬脂酸、亚油酸、亚麻酸等。

（2）中链脂肪酸（含 8~12 碳） 主要存在于某些种子，如椰子油中。

（3）短链脂肪酸（6 碳以下） 主要存在于乳脂和棕榈油中。

（二）按碳链中双键数的多少（饱和程度）分类

（1）饱和脂肪酸（saturated fatty acid） 分子中不含双键。

饱和脂肪酸中碳原子数小于 10 者在常温下为液态，称为低级脂肪酸或挥发性脂肪酸。碳原子数大于 10 者在常温下为固态，称为固体脂肪酸，其随着脂肪酸碳链的加长，熔点增高，而熔点高者不易被消化、吸收，如动物脂。目前认为，饱和脂肪酸摄食过多与心血管等慢性疾病的发病有关，因而应控制或降低饱和脂肪酸的摄食量。

（2）单不饱和脂肪酸（monounsaturated fatty acid） 分子中含一个双键，如油酸。

（3）多不饱和脂肪酸（polyunsaturated fatty acid，PUFA） 分子中含两个或两个以上双键。鱼油和植物油中含量较多，如亚油酸、二十碳五烯酸（EPA）、二十二碳六烯酸（DHA）。尤其是 n-3 和 n-6 系列多不饱和脂肪酸对人体具有很重要的生物学意义，其中亚油酸和亚麻酸（α-亚麻酸）是机体的必需脂肪酸。在过去 20 年中，人们越来越多地意识到脂肪酸的缺乏与某些疾病有关，自从 20 世纪 80 年代中期 Bang 和 Dyerberg 提出，因纽特人较低的心血管病死亡率可能与他们食用含高浓度的多不饱和脂肪酸海生食物有关。随后的研究表明，PUFA 具有预防和减少动脉粥样硬化形成等生化和生理作用，对 PUFA 的研究重新成为热点。

营养学上最具价值的脂肪酸有两类：

n-3（或 ω-3）系列不饱和脂肪酸，即从甲基端数，第一个不饱和键在第三和第四碳原子之间的各种不饱和脂肪酸；

n-6（或 ω-6）系列不饱和脂肪酸，即从甲基端数，第一个双键在第六和第七碳之间的各种不饱和脂肪酸。多不饱和脂肪酸的通用分子式如下：

$$CH_3-(CH_2)_4-CH=CH-(CH_2)_n-COOH$$

（三）按空间结构不同分类

可分为顺式脂肪酸（cis fatty acid）和反式脂肪酸（trans fatty acid）。

（四）常见的脂肪酸表示方法及名称

见表 4-1。

表 4-1 常见脂肪酸及名称

代号	名称
C 4：0	丁酸（butyric acid）
C 6：0	己酸（caproic acid）
C 8：0	辛酸（caprylic acid）
C10：0	癸酸（capric acid）
C12：0	月桂酸（lauric acid）
C14：0	肉豆蔻酸（myristic acid）
C16：0	棕榈酸（palmitic acid）
C16：1，n-7 cis	棕榈油酸（palmitoleic acid）
C18：0	硬脂酸（stearic acid）
C18：1，n-9 cis	油酸（oleic acid）
C18：1，n-9 trans	反油酸（elaidic acid）
C18：2，n-6，9，all cis	亚油酸（linoleic acid）
C18：3，n-3，6，9，all cis	α-亚麻酸（α-linolenic acid）
C18：3，n-6，9，12 all cis	γ-亚麻酸（γ-linolenic acid）
C20：0	花生酸（arachidic acid）
C20：4，n-6，9，12，15 all cis	花生四烯酸（arachidonic acid）
C20：5，n-3，6，9，12，15 all cis	二十碳五烯酸（timnodonic acid，EPA）
C22：1，n-9 cis	芥子酸（erucic acid）
C22：5，n-3，6，9，12，15 all cis	二十二碳五烯酸（鳕鱼酸）（clupanodonic acid）
C22：6，n-3，6，9，12，15，18 all cis	二十二碳六烯酸（docosahexenoic acid，DHA）
C24：1，n-9 cis	二十四碳单烯酸（神经酸）（nervonic acid）

三、必需脂肪酸

（一）定义及分类

凡是体内不能合成，必须由食物供给，或能通过体内特定前体物形成，对机体正常机能和健康具有重要保护作用的脂肪酸均称为必需脂肪酸（EFA）。

必需脂肪酸主要包括两种，一种是 ω-3 系列的 α-亚麻酸（18：3），一种是 ω-6 系列的亚油酸（18：2）。只要食物中 α-亚麻酸供给充足，人体内就可用其合成所需的 ω-3 系列的脂肪酸，如 EPA、DHA（深海鱼油的主要成分）。即 α-亚麻酸是 ω-3 系列脂肪酸的前体。

花生四烯酸由亚油酸衍生而来，当合成不足或发生亚油酸缺乏症时，必须由食物供给，因此在某种意义上也可将其列入必需脂肪酸。

（二）生理功能

① 是磷脂的重要组成成分；
② 与精子形成有关；
③ 是合成前列腺素的前体；

④ 与胆固醇的代谢有关；

⑤ 有利于组织修复；

⑥ 可维持正常的视觉功能。

必需脂肪酸缺乏会造成生长迟缓、生殖障碍、皮肤损伤（出现皮疹等）以及肾脏、肝脏、神经和视觉方面的多种疾病，此外对心血管疾病、炎症、肿瘤等多方面也有不良影响。如亚油酸缺乏，则动物生长延缓，皮肤病变，肝脏退化。人类中婴儿易产生缺乏并可出现生长缓慢和皮肤症状，如皮肤湿疹或皮肤干燥、脱屑等。上述症状可通过及时给予亚油酸而得以改善或消失。此外，亚油酸缺乏对维持膜的正常功能和氧化磷酸化的正常偶联也有一定影响。

（三）供给量与食物来源

关于人体必需脂肪酸的需要量，有研究表明，亚油酸摄入量占总能量的 2.4%，α-亚麻酸占 0.5%～1%时，可预防必需脂肪酸缺乏症。

世界卫生组织（WHO）和联合国粮农组织（FAO）于 1993 年联合发表声明，鉴于 α-亚麻酸的重要性和人类普遍缺乏的现状，决定在世界范围内专项推广 α-亚麻酸。世界许多国家如美国、英国、法国、德国、日本等国都立法规定，在指定的食品中必须添加 α-亚麻酸及其代谢物，方可销售。我国人群膳食普遍缺乏 α-亚麻酸，日摄入量不足世界卫生组织的推荐量每人每日 1g 的一半。

在通常的食物中，α-亚麻酸的含量是极少的。只有亚麻子、紫苏子、火麻仁、核桃、蚕蛹、深海鱼等极少数的食物中含有丰富的 α-亚麻酸及其衍生物。其中，紫苏油中 α-亚麻酸含量≥55%，亚麻子油中 ω-3 系列脂肪酸含量≥46%。

亚油酸为以甘油酯形态构成的亚麻子油、棉籽油之类的干性油、半干性油的主要成分。因为在空气中易氧化变硬，所以也称为干性酸，含干性酸多的油亦称为干性油。亚油酸占核桃油、棉籽油、向日葵籽油、芝麻油的总脂肪酸的 40%～60%，占花生油、橄榄油的总脂肪酸的 25%左右。必需脂肪酸在植物油中含量较多，而动物脂肪中含量较少。一些常用食物油脂中的亚油酸和 α-亚麻酸含量如表 4-2 所示。中国营养学会新近提出，膳食亚油酸占膳食能量的 3%～5%，α-亚麻酸占 0.5%～1%时可使组织中 DHA 达最高水平和避免产生任何明显的缺乏症。

表 4-2 常见食物油脂中必需脂肪酸的含量

名称	必需脂肪酸		名称	必需脂肪酸	
	亚油酸	α-亚麻酸		亚油酸	α-亚麻酸
可可油	1	—	豆油	52	7
椰子油	6	2	棉籽油	44	0.4
橄榄油	7	9	大麻油	45	0.5
菜籽油	16	0.4	芝麻油	46	0.3
花生油	38	1	玉米油	56	0.6
茶油	10	5	棕榈油	12	—
葵花籽油	63	—	米糠油	33	3
文冠果油	48	—	羊油	3	2
猪油	9	—	黄油	4	—
牛油	2	1			

注：1.以食物中脂肪总量的质量百分比表示。

2.引自中国营养学会编《中国居民膳食指南（2012）》。

四、其他多不饱和脂肪酸

除亚油酸、亚麻酸外，还有二十碳五烯酸（EPA）、二十二碳六烯酸（DHA）、花生四烯酸三者也是人体不可缺少的脂肪酸，但它们可由亚油酸、亚麻酸在体内合成，只是速度较慢。

（一）EPA 和 DHA

EPA 是含有二十个碳原子、五个不饱和双键的脂肪酸；DHA 为二十二碳六烯酸，俗称"脑黄金"。EPA 和 DHA 对人体健康有很大益处。

EPA 和 DHA 的生理功能介绍如下：

（1）EPA 具有抗炎、抗心律失常、调节血脂和血液中胆固醇及甘油三酯含量、软化血管的作用，可预防由动脉硬化引起的心脑血管疾病。炎症中最主要的生化过程是细胞膜中花生四烯酸（AA）代谢产生前列腺素、白三烯等致炎因子。鱼油中的 EPA 和 DHA 可竞争性地抑制 AA 通过环氧化酶途径转化为各种前列腺素，并可抑制 AA 通过脂氧化酶途径转化为白三烯，从而可减少致炎活性物质生成，可减少炎性损伤。

（2）DHA 能改善记忆，具有健脑作用，可提高记忆力、判断力，可促进胎儿大脑视神经系统发育，增强脑和感光细胞活力。胎儿生长期和胎儿出生后大脑、视网膜发育期是获得 ω-3 PUFA 的两个重要时期。ω-3 PUFA 中的 DHA 是膜磷脂的重要组成成分，对神经系统和智力发育有一定影响，具有健脑益智的作用，因为它是中枢神经系统中重要的结构物质。

（3）EPA 和 DHA 进入细胞膜时，可防止血小板凝集、降低血脂，进而可降低血液黏度，改善血液流动性，改善细胞膜通透性，改变细胞信号，调节心肌细胞中 Na^+ 和 Ca^{2+} 转化器及 Ca^{2+} 通道的动态平衡等。EPA 和 DHA 还可预防心肌梗死，保护血管壁不破裂，减少血栓的危险性。

（4）EPA 和 DHA 能降低血液胆固醇含量，抑制肝脏极低密度脂蛋白（VLDL）和 apoB（载脂蛋白 B）的合成，显著降低血清甘油三酯和总胆固醇含量，调节血压，预防冠心病。

（5）EPA 和 DHA 能预防和抑制癌症。其机制可能是肿瘤细胞膜流动性的增加，可导致细胞毒性药物向细胞内的扩散增加，由此引起细胞内药物的聚集。

（6）免疫调节作用：动物及临床研究都表明，膳食鱼油或静脉营养中添加 EPA 和 DHA 可避免免疫功能的损伤，增加机体抗应激和抗感染能力。其机制可能主要是 EPA 和 DHA 影响花生四烯酸（AA）代谢及改变细胞膜磷脂结构，进而影响细胞功能。

α-亚麻酸、EPA 和 DHA 统称为 ω-3 系列（或 n-3 系列）脂肪酸，α-亚麻酸是前体或母体，而 EPA 和 DHA 是 α-亚麻酸的后体或衍生物。α-亚麻酸在体内可生成 DHA，但先要生成 EPA，再由 EPA 生成 DHA，EPA 在体内更容易变成 DHA。

最近，科学家又发现了一种人乳中含有而食物中少见的多不饱和脂肪酸，即二十二碳五烯酸（DPA），它能增强人体免疫能力。综上 3 种多不饱和脂肪酸，均具有增进智力、改善视力、降低血脂、提高免疫的功能。

EPA、DHA、DPA 在鳝鱼、鳗鱼、金枪鱼、沙丁鱼、墨鱼、小黄鱼、鲫鱼以及鱼卵中含量较高，尤其是深海冷水区域鱼的鱼油中含量较高。目前，国内外不少单位研制出了含有这三种多不饱和脂肪酸的鱼油胶丸，对人体具有较好的营养保健作用。

（二）花生四烯酸

花生四烯酸的化学名称是全顺式-5,8,11,14-二十碳四烯酸，为高级不饱和脂肪酸。其主要功能如下：

（1）花生四烯酸是人体大脑和视神经发育的重要物质，对提高智力和增强视敏度具有重要作用。

（2）花生四烯酸具有酯化胆固醇、增加血管弹性、降低血液黏度、调节血细胞功能等一系列生理活性。

（3）花生四烯酸对预防心血管疾病、糖尿病和肿瘤等具有重要功效。

（4）高纯度的花生四烯酸是合成前列腺素、血栓烷和白三烯等二十碳衍生物的直接前体，这些生物活性物质对人体心血管系统及免疫系统具有十分重要的作用。

（三）缺乏与过量

1. 不饱和脂肪酸缺乏

膳食中不饱和脂肪酸不足时，易产生下列病症：

（1）血中低密度脂蛋白和低密度胆固醇增加，产生动脉粥样硬化，诱发心脑血管病。

（2）ω-3 不饱和脂肪酸是大脑和脑神经的重要营养成分，摄入不足将影响记忆力和思维力，对婴幼儿将影响智力发育，对老年人将导致阿尔茨海默病。

2. 不饱和脂肪酸过量

多不饱和脂肪酸摄入过多，会使体内有害的氧化物、过氧化物等增加，从而导致多种慢性危害。

（1）膳食中不饱和脂肪酸过多时，干扰人体对生长因子、细胞质、脂蛋白的合成，特别是 ω-6 系列不饱和脂肪酸过多将干扰人体对 ω-3 不饱和脂肪酸的利用，易诱发肿瘤。

（2）多不饱和脂肪酸结构中的不饱和双键易发生过氧化反应，产生过氧化脂类，产生自由基，是促进衰老和诱发癌症的危险因素之一，并与动脉粥样硬化的形成有关。

（3）肥胖患者摄入过多的不饱和脂肪酸易引起胆石症。

（四）食物来源

经过科学家的不断研究表明，DHA 只存在于鱼类及少数贝类中，其他食物如谷物、大豆、薯类、奶油、植物油、猪油及蔬菜、水果中几乎不含 DHA。因此从营养和健脑的角度来说，人们要想获得足够的 DHA，最简便有效的理想途径就是吃鱼。而鱼体内含量最多的则是眼窝部分，其次是鱼油。

吃鱼时，不同的烹调方法会影响对鱼体内不饱和脂肪酸的利用率。鱼体内的 DHA 和 EPA 不会因加热而减少或变质，也不会因冷冻、切段或剖开晾干等保存方法而发生变化。蒸鱼的时候，在加热过程中，鱼的脂肪会少量溶解入汤中，但蒸鱼时汤水较少，所以不饱和脂肪酸的损失较少，DHA 和 EPA 含量会剩余 90％以上。但烤鱼的时候，随着温度的升高，鱼的脂肪会熔化并流失；炖鱼的时候，鱼的脂肪也会有少量溶解，鱼汤中会出现浮油。因此，烤鱼或炖鱼中的 DHA 和 EPA 与烹饪前相比，会减少 20％左右。炸鱼时的 DHA 和

EPA 的损失会更大些，只能剩下 50%～60%。这是由于在炸鱼的过程中，鱼中的脂肪会逐渐溶出到油中，而油的成分又逐渐渗入鱼体内。若炸鱼时选用的食用油中含有较多的亚油酸（如玉米油、葵花籽油等），则会妨碍 DHA 和 EPA 的吸收。100% 地摄取 DHA 和 EPA 的方法首选是生食，其次是蒸、炖、烤。鱼类的干制品通常是将鱼剖开在太阳下晒干，虽然长时间与空气和紫外线接触，但损失的 DHA 和 EPA 可以忽略不计。鱼类罐头产品，根据其加工方法，其营养物质的损失有所不同，烤、炖的做法可保留 DHA 和 EPA 的 80%。但是 DHA 和 EPA 在体内非常容易被吸收，摄入量的 60%～80% 都可在肠道内被吸收，损失一部分对人体不会造成影响。

α-亚麻酸在人体内可以衍生为 DHA，各种食用油中，以橄榄油、核桃油、亚麻油中含有必需脂肪酸 α-亚麻酸最多。食用油成为普通消费者获取 DHA 的主要来源，因此建议可以通过合理选择食用油来补充 DHA。

专家指出，直接从海洋鱼类身上获取 DHA 是很困难的，现代科学已经能够提取纯度极高的 DHA，普通消费者完全可以通过食用 DHA 类产品达到补充目的。

孕妇应选用 DHA 含量高而 EPA 含量低的鱼油产品。由于中国海域的鱼油中 DHA 含量比大西洋及其他海域的高，所以国产的 DHA 营养品含 DHA 多而 EPA 低。此外，叶黄素是 DHA 的"保护神"，叶黄素可以促进婴幼儿大脑视网膜的发育，并促进大脑对 DHA 的吸收，起到互相促进吸收的作用。因此在给孕妇或是婴幼儿选择 DHA 补充剂时，可以考虑同时含有叶黄素和 DHA 的营养补充剂。

α-亚麻酸营养品也是补充 DHA 的良好来源，而且安全无任何副作用。建议同卵磷脂、牛磺酸、维生素 E 配合使用，效果最佳。

花生四烯酸广泛分布于动物界，少量存在于某个种的甘油酯中，也能在甘油磷脂类中找到。

但是，DHA、EPA 等通常都不是必需营养素，人体一般可以自身合成满足需要。适量补充是可以的，特别是儿童、老年人和孕妇，摄入过多反而有副作用。

五、反式脂肪酸

（一）反式脂肪酸的定义及性质

反式脂肪酸（trans fatty acids，TFA）全称是反式不饱和脂肪酸。不饱和脂肪酸因含有不饱和双键，所以有顺式（氢原子在双键同侧）和反式（氢原子在双键异侧）构型。顺式键形成的不饱和脂肪酸室温下是液态的，如植物油；反式键形成的不饱和脂肪酸室温下是固态的。自然界存在的不饱和脂肪酸大都是顺式构型。

由于它们的立体结构不同，首先，二者的物理性质也有所不同，例如顺式脂肪酸多为液态，熔点较低；而 TFA 多为固态或半固态，熔点较高。其次，二者的生物学作用也相差甚远，主要表现在 TFA 对机体多不饱和脂肪酸代谢的干扰、对血脂和脂蛋白的影响及对胎儿生长发育的抑制作用。

（二）反式脂肪酸的来源

反式脂肪酸有天然存在和人工制造两种。人乳和牛乳中都存在天然的反式脂肪酸，牛奶中反式脂肪酸占脂肪酸总量的 4％～9％，人乳中的占 2％～6％。绝大部分（80％～90％）反式脂肪酸产生在油脂加工和使用过程中，如对天然不饱和脂肪酸的氢化处理会产生大量的 TFA。

　　植物油中的脂肪酸主要是不饱和脂肪酸，分子结构中有一些双键。双键的存在使得植物油的熔点比饱和脂肪酸（动物油的主要成分）要低，因而在常温下呈液态。因为通常的植物油比动物油要便宜，人们倾向于使用植物油炸食品。但是，双键的存在使得植物油稳定性较差，在高温过程中易发生各种变化，如氧化分解等。工业上就出现了对植物油进行加氢的处理，加氢使得双键变成单键，稳定性增加。这样，就有了四种类型的食用油：天然饱和的动物油，加氢饱和的植物油，部分加氢的植物油，还有不加氢的天然植物油。

　　在氢化过程中，油脂中不饱和双键转变为单键的同时，产生大量异构化的 TFA。氢化后的油脂呈固态或半固态。反式脂肪酸的含量随氢化条件、氢化深度和原料中不饱和脂肪酸含量的不同而有较大的波动。氢化油脂中的反式脂肪酸一般以反式 18∶1 为主。市售用人造黄油、起酥油、煎炸油等部分氢化油脂制作的食品，如各种糕点、冰淇淋、炸鸡、薯条等，虽然口感很好，却含有不同程度的 TFA，容易增加人体对反式脂肪酸的摄入量。

　　饱和的油不管是天然的动物油还是加氢饱和的植物油，都能够承受更高的温度，对于油炸食品有利。但饱和油对人体健康有不利影响，医学统计结果表明，大量食用饱和油会升高冠心病等疾病发生风险。也就是说，只要是油炸食品，对于人体健康都有着不利的影响。

（三）反式脂肪酸的危害及供给量

　　反式脂肪酸的摄入除可氧化供能外，也有升高血浆胆固醇的作用。摄入过多反式脂肪酸对人体健康的不良影响表现在以下几个方面。

　　1. 形成血栓

　　反式脂肪酸会增加人体血液的黏稠度和凝聚力，容易导致血栓的形成，对于血管壁脆弱的老年人来说，危害尤为严重。有实验证明，摄食占能量 6％反式脂肪酸人群比摄食占能量 2％反式脂肪酸人群的全血凝集程度显著增加，容易产生血栓。

　　2. 影响发育

　　怀孕期或哺乳期的妇女，过多摄入含有反式脂肪酸的食物会影响胎儿的健康。当反式脂肪酸结合于脑脂类中时，将会对婴幼儿的大脑发育和神经系统发育产生不利影响。研究发现，胎儿或婴儿可以通过胎盘或乳汁被动摄入反式脂肪酸，比成人更容易患上必需脂肪酸缺乏症，使得生长发育被影响。除此之外，TFA 还会影响生长发育期的青少年对必需脂肪酸的吸收，还会对青少年中枢神经系统的生长发育造成不良影响。

　　3. 影响生育

　　反式脂肪酸会减少男性激素的分泌，对精子的活跃性产生负面影响。

　　4. 降低记忆力

　　研究认为，青壮年时期饮食习惯不好的人，老年时患阿尔茨海默病的比例更大。反式脂肪酸对可以促进人类记忆力的一种胆固醇具有抵制作用。

　　5. 容易发胖

　　反式脂肪酸不容易被人体消化，容易在腹部积累，导致肥胖。喜欢吃薯条等零食的人应提高警惕，油炸食品中的反式脂肪酸会造成明显的脂肪堆积。

6. 引发冠心病

反式脂肪酸可增加血液中总胆固醇和低密度脂蛋白含量，减少高密度脂蛋白含量，从而可增加患冠心病等心血管疾病的风险。法国国家健康与医学研究所的一项最新研究成果表明，反式脂肪酸能使有效防止心脏病及其他心血管疾病的高密度脂蛋白（HDL）的含量下降。反式脂肪酸增加了血清中胆固醇脂酰转移酶的活性，加速了 HDL 中胆固醇向 LDL 的转移。有些研究证明膳食反式脂肪酸具有明显降低血浆载脂蛋白 A1（apoA1）水平、升高载脂蛋白 B（apoB）水平的作用。而血浆总胆固醇和甘油三酯水平及 apoB 水平的升高是动脉硬化、冠心病和血栓形成的重要危险因素。此外，反式脂肪酸有增加血液黏稠度和凝聚力的作用。研究还表明，增加 2% 的反式脂肪酸，冠心病的发生率将增加 25%；等摩尔反式脂肪酸对心脏健康的危害超过饱和脂肪酸。

7. 反式脂肪酸对其他疾病的影响

反式脂肪酸摄入过多会增加妇女患 2 型糖尿病的概率。脂肪总量、饱和脂肪或单不饱和脂肪均和患糖尿病无关，但摄入的反式脂肪却能显著增加患糖尿病的危险。实验表明，反式脂肪酸能使脂肪细胞对胰岛素的敏感性降低，从而增加机体对胰岛素的需要量，增大胰腺的负荷，容易引起 2 型糖尿病。

世界卫生组织、美国 FDA 等没有推荐一个反式脂肪酸的食用量，而是要求越低越好。FDA 等机构推荐每天消耗的热量中来自反式脂肪酸的部分不超过 1%，这个量大致相当于不得食用超过 2g 的反式脂肪酸。而且，自从反式脂肪酸对于人体健康的负面影响被广泛接受之后，FDA 要求美国食品中必须标明反式脂肪酸的含量。

虽然摄入过多的反式脂肪酸对人体健康不利，但并不是所有的反式脂肪酸对人体的健康都有害，共轭亚油酸就是一种有益的反式脂肪酸，它具有一定的抗肿瘤、减肥、调节免疫、防止动脉硬化等作用。

（四）食物来源

氢化植物油与普通植物油相比更加稳定，呈固体状态，可使食品外观更好看，口感松软；与动物油相比价格更低廉，而且在 20 世纪早期，人们认为植物油比动物油更健康。在氢化植物油发明前，食品加工中用来使口感松软的"起酥油"是猪油，后来被氢化植物油取代。

植物油加氢将顺式不饱和脂肪酸转变成室温下更稳定的固态反式脂肪酸。制造商利用这个过程生产人造黄油，也利用这个过程延长产品货架期和稳定食品风味。不饱和脂肪酸氢化时产生的反式脂肪酸占 8%～70%。

在快餐类食品中，常选择氢化油作为食物煎炸用油。所以反式脂肪酸并非快餐食品的必然产物，而只是一种选择。另外，氢化不仅可以提高植物油的稳定性，防止油脂变质，还可使植物油的状态和口感发生变化。氢化之后，大豆油等植物油的流动性变差，成为类似黄油的半固态。氢化大豆油可以产生类似奶油或黄油的口感，用于制造"人造奶油"或"人造黄油"。同时，氢化油作为起酥油的主要成分，被广泛用于饼干等烘焙食物、咖啡、沙拉酱等食品的制作中。

为延长货架期和增加产品稳定性而添加氢化油的产品中都可以发现反式脂肪酸，包括焙烤食品（如布丁蛋糕、谷类食品、面包、印度抛饼等），快餐（如炸薯条、炸薯片、炸鱼、爆米花、沙拉酱、洋葱圈），人造黄油（特别是黏性人造黄油），巧克力派、蛋黄派、糖果、冰淇淋等。一般来说，凡是松软香甜，口感很香、脆、滑的多油食物或口味独特的含油（植物奶油、人造黄油等）食品都含有反式脂肪酸，因为它"乳化""滑润"的状态特性需要氢化植物油。

另外，经高温加热处理的植物油也含有反式脂肪酸。因植物油在精炼脱臭工艺中通常需要 250℃以上高温和 2h 的加热时间。由于高温及长时间加热，会产生一定量的反式脂肪酸。

自然界也存在反式脂肪酸，当不饱和脂肪酸被反刍动物（如牛）消化时，在动物瘤胃中可被细菌部分氢化。牛奶、乳制品、牛肉和羊肉的脂肪中都能发现反式脂肪酸，占 2%～9%。鸡和猪也会通过饲料吸收反式脂肪酸，反式脂肪酸因此可进入猪肉和家禽产品中。

表 4-3 是一些食物中反式脂肪酸的含量。

表 4-3 反式脂肪酸的含量占总脂肪酸的比例

食品种类	反式脂肪酸含量/%	食品种类	反式脂肪酸含量/%
牛奶、羊奶	3～5	面包和丹麦糕点	37
反刍动物体脂	4～11	炸鸡	36
氢化植物油	14.2～34.3	法式油炸土豆	36
起酥油	7.3～38.4	炸薯条	35
硬质黄油	1.6～23.1	糖果类脂肪	27

六、磷脂

（一）磷脂的定义、组成和分布

磷脂指甘油三酯中一个或两个脂肪酸被含磷酸的其他基团所取代的一类脂类物质。磷脂作为构成细胞膜的成分以及代谢过程中的活性参与物质，对生命活动起着非常重要的作用。磷脂在动植物体内，大都与糖或蛋白质以结合状态存在。

其中，最重要的是卵磷脂和脑磷脂。卵磷脂又称磷脂酰胆碱，是由一个含磷酸胆碱的基团取代甘油三酯中一个脂肪酸而形成的。脑磷脂又称磷脂酰乙醇胺（乙醇胺也称胆胺），是由一个含磷酸胆胺的基团取代甘油三酯中一个脂肪酸而形成的。磷脂多存在于动物脑组织、神经组织、骨髓、心、肝、肾中。

（二）磷脂的生理功能

1.调节人体代谢，增强体能，提供能量

卵磷脂具有较高的营养价值，它不仅能供给人体以甘油、脂肪酸、磷酸、胆碱和氨基醇等成分，而且其发热量接近脂肪。卵磷脂是构成细胞不可缺少的重要成分之一，卵磷脂能有效地增强细胞功能，提高细胞的代谢能力，增强细胞消除过氧化脂类的能力，及时供给人体所需能量。人体在高强度体力活动及运动量较大时，肌肉细胞以来自卵磷脂的信息传递物质传递机体所需的营养和能量并排出体内代谢物，在此生理循环过程中，卵磷脂会被大量分

解和消耗，此时只有及时补充足够的卵磷脂，人体肌肉才能持续获得能量和营养。

2. 人体重要组织的构成成分

人脑组织干物质约 40％是由磷脂组成的；在人体的细胞组成中，卵磷脂又是生物细胞膜的主要成分。

3. 促进细胞内外的物质交流

磷脂中的不饱和脂肪酸含有双键，使得生物膜具有良好的流动性和特殊的通透性。

4. 促进神经传导，提高大脑活力

大脑中磷脂类物质所占比重高达 40％左右，在人类智力活动中承担着信息传递的重要功能。卵磷脂可提高大脑中乙酰胆碱浓度，乙酰胆碱起着兴奋大脑神经细胞的作用，所以大脑内乙酰胆碱的数量越多，记忆、思维的形成也越快，从而可使人保持充沛的精力和良好的记忆力。

5. 降低人体血液胆固醇，调节血脂，促进脂肪代谢，防治动脉粥样硬化和脂肪肝

磷脂在胆汁中与胆盐、胆固醇一起形成胶粒，有利于胆固醇的溶解和排泄。卵磷脂的分子结构中含有亲水的磷酸酯基团和亲油的脂肪酸基团，是一种高效的乳化剂，因此卵磷脂在脂肪吸收和转运过程中起重要的乳化作用。卵磷脂这种优良的油水亲和性能，能溶解血液中和血管壁上的脂溶性物质甘油三酯及胆固醇硬块，使之变成细小微粒，由此可增加血液的流动性和渗透性，降低血液黏度，使其顺利通过细胞的新陈代谢并排出体外，从而可防止脂肪沉积在血管壁上造成动脉粥样硬化。卵磷脂富含的多不饱和脂肪酸可以阻断小肠对胆固醇的吸收，促进胆固醇排泄。同时卵磷脂也是高密度脂蛋白的主要成分，在胆固醇的运送、分解、排泄过程中起着"清道夫"作用。大量医学研究证明，增加人体中卵磷脂的含量，可用来降低血液中的胆固醇和甘油三酯，有效地防止动脉粥样硬化及高血脂引起的心脑血管疾病。

磷脂中的胆碱对人体的脂肪代谢有着重要的作用，若人体内胆碱不足，就会影响脂肪代谢，造成脂肪在肝脏内积聚，逐渐形成脂肪肝。大量的脂肪堆积，除了会影响肝脏正常生理功能的发挥以外，还会引起肝细胞破裂，结缔组织增强，进而引起肝脏硬化。卵磷脂食品中含有较多的胆碱成分，人体食用足量的卵磷脂不但可以防治脂肪肝，而且还能促进肝细胞再生。卵磷脂可降低血清胆固醇含量，有助于肝功能的恢复，对于防治肝硬化有着较好的辅助治疗作用。卵磷脂的这种调节血脂功能，对防治脂肪肝、保护肝脏以及防治因过量饮酒造成的慢性肝脏病变有良好的效果。

6. 防治胆结石

胆囊中胆汁的主要成分是胆酸、胆固醇和磷脂。当人体胆汁中磷脂含量过低时，会造成胆囊内胆固醇沉淀，而逐渐形成结石。所以人们经常食用足量的富含磷脂的食品，不但能防止胆结石的形成，而且还能使已经形成的结石部分溶解，使胆囊恢复正常生理功能。

7. 改善和防治老年骨质疏松症

卵磷脂在人体内释放的一种成分是磷酸，磷酸与人体内的钙结合可以形成磷酸钙，有利于人体骨质的生长，所以老年人经常食用足量的富含磷脂的食品，可以促进钙质的吸收和利用，有利于改善和防治老年骨质疏松症。

8. 辅助防治克山病

克山病是一种发生在我国东北、西南贫困山区，以心脏坏死、心肌线粒体受损害为主要特征的地方性心肌病。我国在对克山病的研究中发现，患者膳食中磷脂摄入水平较低，也是发病的主要原因之一，患者常年过着严重的偏食生活，尤其长期偏食玉米，必需的膜源性物质的来源极其缺乏，患者的红细胞总磷脂含量减少，并以磷脂酰胆碱降低为主，其血浆低密度脂蛋白含量增高，低密度脂蛋白与心血管的损害、组织老化、胆固醇的沉积有密切关系。经医学专家和著名磷脂专家在克山病区考察论证，证明磷脂对克山病的防治具有辅助疗效作用。

9.人体的健美、健体功能

卵磷脂在人体内可生成脂肪降解因子，有助于将人体内的多余脂肪溶解、氧化、分解并排出体外，可避免剩余脂肪堆积于皮下，从而可调节体重。

卵磷脂是一种"天然解毒剂"，也是人体细胞与外界进行物质交换的一种途径，体内有足量的卵磷脂能促使体内毒素经肝脏、肾脏排出，又能增加血色素，使皮肤有充分的水分和氧气供应，使肌体细胞能够获取充足的营养，有助于皮肤细胞的发育和再生，因此可达到健美、健体的目的。

（三）推荐摄入量及主要食物来源

食品和营养组织规定了卵磷脂的摄入标准。成年人的摄入标准如下（充足的摄入量）：19岁及以上的男子所需的摄入量为550mg/d；19岁及以上的女子所需的摄入量为425mg/d；孕妇所需的摄入量为450mg/d；哺乳期妇女所需的摄入量为550mg/d。

磷脂含量较多的食物为蛋黄、肝脏、大豆、麦胚和花生等。富含脑磷脂的食物是动物脑，如猪脑、羊脑、鸡脑等；而卵磷脂在蛋黄、大豆及其制品中特别丰富。

七、固醇

（一）定义和分类

固醇为环上带有羟基的环戊多氢菲化合物。可依其来源把固醇分为动物固醇和植物固醇。动物固醇主要是胆固醇，植物固醇主要是谷固醇、豆固醇等。

植物固醇与胆固醇结构相近，广泛存在于各种植物油、坚果和植物种子中，也存在于其他植物性食物，如蔬菜、水果中。大量研究表明，植物固醇在一定程度上可以降低胆固醇，从而可预防动脉粥样硬化、冠状动脉硬化性心脏病等心血管疾病，此外还可防治前列腺疾病，具有抗炎和降低乳腺癌、结肠癌、胃癌、肺腺癌的发病危险等作用。值得注意的是，植物固醇可降低胡萝卜素的吸收，影响维生素A的体内合成，可能不利于儿童、孕妇和哺乳期妇女的健康。

最重要的固醇是胆固醇，是细胞膜的重要成分，人体内90%的胆固醇存在于细胞中。胆固醇还是人体内许多重要活性物质的合成材料，如胆汁、性激素（如睾酮）、肾上腺素（如皮质醇和维生素D等）。胆固醇广泛存在于动物性食品之中，人体自身也可以利用内源性胆固醇，所以一般不存在胆固醇缺乏。

（二）胆固醇的功能

（1）胆固醇是动物细胞膜的重要构成成分，其两亲特征使胆固醇对膜中脂类的物理状态具有调节作用。

（2）胆固醇是血浆脂蛋白的组成成分，可携带大量甘油三酯和胆固醇酯在血浆中运输，在血管的强化和维持上起重要作用。

（3）胆固醇是体内合成维生素D和胆汁酸的原料。

（4）胆固醇在体内可转变成各种肾上腺皮质激素（如皮质醇、醛固酮）和性激素（如孕酮、睾酮）。

（5）胆固醇是动脉壁上形成的粥样硬化斑块成分之一，与动脉粥样硬化发病有关。

（6）血液中正常的胆固醇含量有一定的抗癌功能。

（三）胆固醇过量对健康的影响

现代人的营养过剩，加上运动不足，情绪紧张，就会扰乱身体的调节作用，产生高胆固醇血症。长期高胆固醇将引发心血管及脑病变等疾病：

（1）动脉硬化　体内的胆固醇含量过高，再加上中性脂肪含量超常，将导致动脉硬化，使血流不顺，血液易凝结，血管受阻，进而引起局部细胞死亡。

（2）狭心症　心脏周围的冠状动脉也硬化时，心脏将无法获得足够的氧及养分，患者胸部将产生剧痛和强烈的压迫感。

（3）心肌梗死　比狭心症危险的病症，也是冠状动脉硬化所致。

（4）中风

（5）糖尿病并发症　胆固醇与胰岛素有密切关系，因此糖尿病患者通常合并高胆固醇血症。

（6）中枢性眩晕　因椎基底动脉硬化而导致颈部僵硬、紧绷、酸痛及耳鸣、呕吐、头晕等。

高胆固醇血症的发生与下列因素有关：

（1）遗传　双亲中一人带病，其发病率比一般人高2～3倍，且多在60岁以前就引发血管硬化、心脏病。双亲皆带病，则更为严重。

（2）饮食习惯偏差　长期嗜油脂与热量摄取过高的人及抽烟的人，其胆固醇含量易过高。

（3）运动不足　现代人的活动机会相对少，加上生活在都市形态的狭小空间，休闲与运动的机会更加不足，易使热量的摄取与消耗无法平衡，从而使得胆固醇的总量升高。

（4）情绪失常　紧张的生活、不安的情绪，会使得内分泌紊乱，进而使人体内的胆固醇含量产生异常。

（5）疾病与药物　有些药物会影响代谢，引发血中高胆固醇。而患有某些疾病，如肾脏病变、肝脏病变、甲状腺功能异常、高血压、胆道阻塞或肥胖症等，也较容易引发高胆固醇血症。

高胆固醇血症的预防要从以下几个方面做起：

定期做胆固醇检查；饮食清淡，选择低胆固醇饮食，控制每日摄取量在300g以下，并注意热量的均衡摄取；戒烟，可以少量饮酒，但勿过量；适度运动，放松身心，保持心情愉快。

（四）推荐摄入量及主要食物来源

一个健康成年人的血液中，约含有100～120g的胆固醇，其中约2/3由肝脏和小肠壁制造而成，另外约1/3则由食物中获取。

成人每日膳食胆固醇摄入量不应超过 300mg。

胆固醇是一种动物固醇，在脑、肝、肾和蛋黄中含量很高，蛋类和鱼子含量也高，瘦肉、鱼和乳类含量较低。常见食物中胆固醇的含量如表 4-4 所示。

表 4-4 常见食物中胆固醇的含量　　　　　　　　　　单位：mg/100g

名称	含量	名称	含量	名称	含量
火腿肠	57	猪肉（肥瘦）	80	鸡蛋黄	1510
腊肠	88	猪肉（肥）	109	鸭蛋（咸）	647
香肠	59	猪肉（瘦）	81	鳊鱼	94
方腿	45	猪舌	158	鲳鱼	77
火腿	98	猪小排	146	鲳鱼籽	1070
酱驴肉	116	猪耳	92	鳝鱼	126
酱牛肉	76	鸡（均值）	106	带鱼	76
酱羊肉	92	鸡翅	133	鲤鱼	84
牛肝	298	鸡肝	356	青鱼	108
腊肉（培根）	46	鸡腿	162	墨鱼	226
牛肉（瘦）	58	炸鸡	198	鲜贝	116
牛肉（肥）	133	鸭（均值）	94	对虾	193
牛肉松	169	烤鸭	91	河蟹	125
午餐肉	56	鸭肝	341	蟹黄（鲜）	466
羊肝	349	牛乳	9	甲鱼	101
羊脑	2004	牛乳粉（全脂）	71	蛇肉	80
羊肉（瘦）	60	牛乳粉（脱脂）	28	田鸡	40
羊肉（肥瘦）	92	酸奶	15	蚕蛹	155
羊肉串（电烤）	109	豆奶粉	90	蝎子	207
猪肝	288	鹌鹑蛋	515	乌贼	268
猪脑	2571	鸡蛋	585		

引自：《中国居民膳食指南（2022）》。

植物固醇和动物固醇都在小肠同一部位吸收，并且植物固醇的竞争性抑制作用可干扰胆固醇的吸收，这对动脉粥样硬化、冠心病患者选择食物可能具有一定意义。

第五节　脂类在加工、保藏中的化学变化与安全问题

食用脂类的组成和化学性质复杂，包括了多种类型的化合物，这些化合物与食物中其他成分存在多种相互作用。如金属会影响脂类的氧化作用。食物的非脂成分也可能与脂类互相作用，导致食品品质的变化。

一、食用油脂在精炼加工中的变化与安全的关系

人们在从动、植物原料抽提出粗脂肪时，这些脂肪往往含有使制品品质低劣的着色、呈味等物质。因而有必要对其进行精炼加工，使之脱色、脱臭，并具有高度的化学稳定性，甚至在正常的食品加工时也很稳定。它们涉及脂肪的物理性质和化学组成的改变，也可具有一定的营养学意义。

在油脂精炼加工过程中，会有诸多因素影响油脂的品质，仅靠产品终端检验把关等传统方式，已无法保障油脂产品的安全性。现有加工中有加热、酸碱处理等工序，使用的化学助剂、工业辅料（如酸、碱、活性白土、助滤剂等），特别是各个厂家的助剂、辅料质量参差不齐，都可能带来不安全因素。

（一）精炼

油脂精炼的主要目的是去除影响油脂贮存、食用和加工的杂质。精炼的主要工序为：脱胶→脱酸→脱色→脱臭→脱蜡。这些工序中因需要用到一些加工助剂或加工中的必要条件而产生了几类危害食品安全的物质。

1.油脂精炼中带入的重金属危害

油脂精炼中使用的各种加工助剂含有微量的重金属，一般要求使用食品级，但由于用量较大，如没有针对性的严格的质量控制，对食用油的质量安全将会有一定危害。若使用工业级的加工助剂，则危害更大。

在脱胶工艺中常用的脱胶剂有磷酸、柠檬酸等，其可能将重金属等带入油脂中而危害食用安全。在油脂工业中应用最广泛的脱酸方法是碱炼法，在碱炼时加入的氢氧化钠可能带来铅、砷、汞等重金属造成对油脂食用安全的危害。脱色剂主要是活性白土、活性炭等，也可能带来重金属等。在油脂脱蜡过程中加入的助滤剂硅藻土也有可能带来铅、砷等重金属，造成对油脂食用安全的危害。

此外，在脱臭工艺中由于设备的老化锈损和填充材料的长期使用，也会造成油脂重金属污染。因此，应规范油脂精炼工艺中辅料的使用，采用食品级辅料，并根据实际研究确定辅料科学合理的使用级别，尽量提高辅料的安全级别，及时更换填料和防止设备老化，避免重金属的危害，以保障油脂食用安全。

2.脱臭工艺中产生的反式脂肪酸危害

在油脂脱臭时，由于多不饱和脂肪酸暴露于高温环境中，一些不饱和脂肪酸的顺式双键会转化为反式形式。异构化随着温度、加热时间的不同而不同，并且反应程度会随脂肪酸多不饱和程度变化，不饱和度越高，顺式脂肪酸转化成反式脂肪酸的倾向性就越大。

3.油脂精炼中的微量成分变化

精炼可以除去棉酚、游离脂肪酸等有害成分，也可除去一些对油脂贮存和感官品质不利的营养成分，如磷脂、固醇、叶绿素、类胡萝卜素、生育酚等，同时在加工工序中也会产生一些有害成分，如脱臭工序中产生了聚合甘油酯和反式脂肪酸。

（二）脂肪改良

脂肪改良主要是改变脂肪的熔点范围和结晶性质，以及增加其在食品加工中的稳定性。

脂肪改良有以下几种方式：

1. 分馏

分馏是将甘油三酯分成高熔点部分和低熔点部分的物理性分离，而无化学改变。但是，由于分馏可使高熔点部分的油脂中多不饱和脂肪酸含量降低，故可有一定的营养学意义。

2. 脂交换

脂交换是使所有甘油三酯的脂肪酸随机化的化学过程。脂肪的脂交换可改变食用油对动脉粥样硬化的影响。

3. 氢化

氢化主要是脂肪酸组成成分的变化，这包括脂肪酸饱和程度的增加（双键加氢）和不饱和脂肪酸的异构化。普通的液体植物油在一定温度和压力下加氢催化后，硬度增加，可保持固体的形状，其可塑性、融合性、乳化性都得到增强，可使食物更加酥脆，同时可延长食品的保质期，因此被广泛地应用于食品加工，如人造奶油、代可可脂、植脂末、奶精等的加工。加氢处理的改变可由加工者用不同的催化剂和氢化条件来控制。

作为一种保鲜剂、提味剂、起酥油和塑形剂，氢化植物油常代替黄油和脂肪用于沙拉酱、人造黄油和焙烤食物的加工。植物油氢化时，某些未能完全氢化的氢化植物油的化学结构呈反式的键结，成为反式脂肪酸，它不具有纯天然奶油的营养，而且对人体健康不利。研究表明，反式脂肪酸对人体的危害比饱和脂肪酸更大。

二、油脂在食品加工中的变化及与安全的关系

（一）酸败

1. 水解酸败

水解酸败是脂肪在高温加工或在酸碱或酶的作用下水解所致的。

水解对食品脂肪的营养价值无明显影响，唯一的变化是将甘油和脂肪酸分子裂开，重要的是所产生的游离脂肪酸可产生不良气味，以致影响食品的感官质量。

水解酸败在产生游离脂肪酸的同时，还伴随产生甘油二酯和甘油单酯，这些伴随产物是乳化剂，有很强的乳化性，对食品的性质有一定影响。

2. 氧化酸败

氧化酸败是影响食品感官质量、降低食品营养价值的重要原因。氧化通常以自动氧化的方式进行，即以一种包括引发、传播和终止三个阶段的连锁反应的方式进行，氧化时可形成氢过氧化物。

通常，油脂暴露在空气中时会自发地进行氧化，发生性质与风味的改变。油脂氧化分解的产物有令人讨厌的"哈喇味"或者"回生味"气味。

（二）脂类氧化对食品营养价值的影响

脂类氧化对食品营养价值的影响主要是由于氧对营养素的作用所致的。食品中的脂类发生的任何明显的自动氧化或催化氧化，都将降低必需脂肪酸的含量，与此同时还可破坏其他脂类营养素，从而降低食品的营养价值。

（三）脂类在高温时的氧化与聚合作用

油脂加热时间过长以及过热可产生降解物（包括聚合甘油三酯）。油脂加热时，发生许多化学反应，产生高分子和极性化合物。油脂中的二烯酸酯、三烯酸酯发生热聚合反应，产生直链二聚物、环状二聚物以及三聚物等，使油脂黏度和过氧化值增高，游离脂肪酸（FFA）含量增加。甘油三酯的不饱和酯酰基部分发生氧化和热分解，使油脂的营养特性发生变化。油脂精炼加工中的聚合甘油酯含量增加主要发生在高温加热的脱臭工序中。

（四）煎炸中存在的安全隐患

油脂在油炸过程中经过长时间加热，会发生许多一系列化学变化，同时还会产生某些对人体有害的毒性物质。

1. 产生油脂聚合物

煎炸时油的温度较高（150～250℃），会发生聚合反应，使油脂浑浊并生成多种聚合物。其中的二聚体可被人体吸收一部分，它的毒性较强，可使动物生长停滞、肝脏肿大、生育功能和肝功能障碍，甚至可能有致癌作用。油炸食品在高温下形成的杂环化合物，可能与结肠癌、乳腺癌、前列腺癌等有关。不过在一般烹调过程中，油脂加热的温度不高，时间亦短，对营养价值的影响和聚合物的形成不是很明显。但在食品工业中油炸食物时，油脂长期反复使用，加热温度又高，就会降低营养价值和生成聚合物。一定量的油脂反复煎炸的次数越多，其中的聚合物也越多。因此，应尽量避免温度过高，减少反复使用的次数，或加入较多的新油，以防止聚合物的形成。

2. 油脂的热氧化反应

煎炸时油脂不但与空气中的氧发生热氧化反应，还会与水蒸气、食品中溶出的成分及食品碎屑接触。高温使食品中的维生素A、维生素E、胡萝卜素等营养物质遭受破坏，还会使必需脂肪酸氧化，使食品的营养价值明显降低。热氧化反应产生的过氧化物逐渐分解为低级的醛、酮、羟基酸、醇和酯等各种有害物质，导致油脂颜色变深，折射率、黏度增大，碘值下降，酸价升高及产生刺激性气味。而且热氧化聚合物能与蛋白质形成复合物，从而妨碍机体对蛋白质的吸收并使氨基酸破坏，降低蛋白质的营养价值。

3. 生成丙烯醛

煎炸油在高温中与汽化水分主要发生非酶水解反应，产生脂肪酸和甘油，甘油在高温下可失水生成丙烯醛。丙烯醛具有强烈的辛辣气味，对鼻、眼黏膜有较强的刺激性。油在达到发烟点的温度时会冒出油烟，油烟中的主要成分是丙烯醛。使用质差、烟点低的油煎炸食品，较多的丙烯醛会随同油烟一起冒出。研究表明，将油加热到180℃时产生的气体，经稀释后让家兔吸入，兔的呼吸受到抑制，心搏减少，血压升高。

三、油脂在食物保藏中的变化及与安全的关系

油脂在储藏中遇到的主要问题是油脂的氧化酸败。酸败的油脂不仅滋味和气味发酸、发苦，而且色泽和透明度也有一些改变。氧化酸败的实质就是油脂中不饱和脂肪酸与氧气作用，形成过氧化物或环氧化物中间产物，再进一步氧化成低分子的醛类或酮类化合物，再氧

化成低分子脂肪酸的过程。

研究表明，影响及促进油脂酸败的因素主要有空气、光照、温度、水分、杂质、重金属离子及微生物等。因此，油脂储藏研究主要也从这几个方面进行。

改善储藏条件主要包括降低储温、隔绝空气、避光、与金属隔离，加入抗氧化剂，对油脂进行精炼处理降低油脂中的水分和杂质含量，减少油脂中微生物的含量并破坏微生物生长繁殖的必要条件等。

四、油脂原料及加工中的其他安全问题

（一）油料中的天然有害物质

在油料作物种子中常存在一些对人体健康有害的物质，在制油过程中，有的保留在饼粕中，有的被破坏或逸出，有的则转入油脂中。

1. 油菜籽中的芥子酸、硫代葡萄糖苷

菜籽油中的芥子酸是一种长链脂肪酸，在普通菜籽油中含 20%～50%。医学研究证明，芥子酸在人体内聚集过多会造成心脏和肝脏的病变。硫代葡萄糖苷是一种气味辛辣的硫化物，属抗营养因子，大量摄入时会造成人体甲状腺肿大和肝硬化。

目前我国大力推广双低油菜籽，与普通油菜籽相比，其饱和脂肪酸含量较低，不饱和脂肪酸含量高（主要是油酸、亚油酸和亚麻酸），芥子酸含量仅在 1% 以下，硫苷含量低，约在 $15\mu mol/g$。

加拿大科学家近期培育出超级"卡诺拉"，油中的饱和脂肪酸含量可达 6%，单不饱和脂肪酸含量为 78%。Stellar 品种的饱和脂肪酸含量甚至降到 3% 以下。超级"卡诺拉"是目前市场出售的食用油中含饱和脂肪酸最低的一种品种，是很有保健作用的植物油。超级"卡诺拉"的优点是色泽淡黄、无异味、氧化慢、不会酸败、货架期长、高温下不会裂解、不产生有害于健康的反式双键结构、稳定性好、可用于深层油炸和炒菜。

目前国内市场已有低芥子酸菜籽油品牌，已有的低芥子酸菜籽油产品芥子酸含量≤5%，但仍然高于国外菜籽油芥子酸含量≤0.1%的水平。专家建议，各类心脏病患者，尤其是冠心病患者、高血压心脏病患者应尽量不吃高芥子酸菜籽油。

2. 棉籽中的棉酚

棉酚的毒性表现为食欲减退、体重减轻、不能利用蛋白质，并能导致不育，对青少年危害极大。经过严格精炼后的棉清油清除了棉酚等有毒物质，可供人食用。

（二）原料污染

1. 霉菌毒素的带入

黄曲霉毒素主要是黄曲霉产生的代谢产物，这种毒素是自然界中最烈性的天然致癌物之一，可引起肝癌。晾晒不及时及贮存不当的油料特别是花生易产生此种毒素。

花生感染霉菌后，在压榨花生油时，虽经多种方法处理以除去这种毒素，但仍可能有极微量黄曲霉毒素残留存在。在工艺上，黄曲霉毒素不会在纯压榨过程中被除掉。欧美国家对花生油要求极为严格，规定花生油的黄曲霉毒素含量在 $2\mu g/L$ 以下为合格，而中国规定花生油中黄曲霉毒素 b_1 含量在 $20\mu g/L$ 以下均为合格。达标的花生油中虽只含有极微量的毒

素，但如果人体大量摄入黄曲霉毒素，则易形成急性中毒导致肝功能被破坏，出现肝昏迷并致人死亡。

2. 致癌芳烃超标

多环芳烃（polycyclic aromatic hydrocarbons，PAH），是人们熟知的持久性有机污染物之一，并因它们在环境中的持久毒性而受到关注。大多数具有致癌、致畸、致突变的"三致"毒性，其中致癌性最强的为苯并芘，因而毫无疑问其有着潜在健康危害。多环芳烃由于其亲油性而在原料收集和加工过程中积聚于油中，虽导致污染程度不高，通常在万亿分之一至十亿分之一（$10^{-9} \sim 10^{-12}$）数量级，但对油的营养品质却可带来不容忽视的损害。

PAH 可在涉及油籽干燥过程中同燃烧不完全或热解燃气直接接触而产生。油籽也可能在机械收获、运输、加工等过程中因接触机油等污染物而受到 PAH 污染。在椰子油中曾发现 PAH 含量高达 $2000\mu g/L$ 以上，而在其他植物油中很少超过 $100\mu g/L$。但在某些农村地区，由于缺少烘干机，在收获季节，常可看到农民将大豆等粮油原料晾晒在铺有沥青的路面上，在这种情况下，以这些原料生产的产品中，必然含有很高的 PAH。

（三）食用油添加剂的潜在危险

脂类氧化常使食品组织变差、香味丧失、营养价值降低，同时危害食用安全，在食品中添加抗氧化剂是可行且有效的方法之一。目前，美国食品及药物管理局（FDA）批准使用的合成酚类抗氧化剂有丁基羟基茴香醚（BHA）、丁基羟基甲苯（BHT）、特丁基对苯二酚（TBHQ）和没食子酸丙酯（PG）等。其中，TBHQ 是当前食用植物油脂产品使用的主要抗氧化剂。

近年来研究证实 BHT 能抑制人体呼吸酶活性，使肝脏微粒体酶活性增加，在希腊、土耳其、印度尼西亚、奥地利等国被禁用，FAO/WHO 于 1995 年规定其每日允许摄入量（ADI）为 $0 \sim 0.125mg/kg$，美国 FDA 曾一度对其禁用，但后来发现在允许使用剂量范围内其安全性有保证，可继续使用。FAO/WHO 食品添加剂专家委员会认为 TBHQ 作为抗氧化剂使用，在体内不具有遗传毒性作用，也无须再进行进一步遗传毒性研究。长期研究证明 PG 不是致癌物，也不会引起前胃肿瘤，在允许使用剂量范围内，作为食品抗氧化剂，不会引起对人体健康的损害。

为了充分保证不因食品添加抗氧化剂而对消费者健康造成危害，GB 2760—2014 对食品中合成抗氧化剂的使用有明确规定，在食用油脂、油炸食品、干鱼制品、饼干、方便面、速煮米、果仁罐头、腌腊肉制品中：BHA 和 BHT 混合使用时，总量不得超过 $0.2g/kg$；BHA、BHT 和 PG 混合使用时，BHA 和 BHT 总量不得超过 $0.1g/kg$，PG 不得超过 $0.05g/kg$；使用 TBHQ 时不得超过 $0.2g/kg$。以上最大使用量均以油脂中的含量计。

（四）转基因油料面临的问题

转基因大豆，简称 GM 大豆，是指利用转基因技术，通过基因工程方法导入外源基因所培育的具有特定性状的大豆品种。国际上对待转基因食品的态度分为两派，以美国、加拿大和澳大利亚为主的国家都认为转基因食品是安全的，乐于接受这种新兴食品；而欧盟国家则怀疑转基因食品的安全性，抵制此类食品在其国上市。日本强调该食品应贴上特殊标签；东欧的部分国家持既不反对也不赞成的态度。由于公众对转基因食品的认识不同，为了尊重消费者的权利，世界许多国家强制规定：为了使消费者有知情权和选择权，必须在转基因原料生产的食品上标明有转基因成分的标志。但是有标志并不意味着不安全。目前也并不能排除转基因食品具有潜在危害的可能性。

第六节　脂类的一般供给量与食物来源

脂肪的摄入受民族、地区、饮食习惯，以及季节、气候条件等影响，变动范围很大。至于脂肪的摄入量各国大都以脂肪供能所占总能摄取量的百分比计算，并多限制在30％以下。

一、脂类的供给量

（一）人体脂肪的需要量

在摄入多少脂肪的问题上，我国的营养专家提出每天摄入的脂肪产热量应占总产热量的20％～25％。也就是说，每个人每天应该摄入的脂肪和他一天摄入的总热量有关。如果一个人每天应摄入8.4MJ（约2000kcal）热量，因每克脂肪产热是38kJ（约9kcal），那么这个人一天应摄入的脂肪量是$8400×25\%÷38=55g$。实际上一般正常人根据摄入热量的多少，应摄入的脂肪在50～80g之间。婴幼儿和儿童摄入脂肪的比例高于成年人，6个月以内婴儿摄入的脂肪产热量占45％，6～12个月婴儿摄入的脂肪产热量占40％，1～17岁儿童以及青少年摄入的脂肪产热量占25％～30％，成年人摄入的脂肪产热量占20％～25％。

中国营养学会推荐，我国居民膳食脂肪的适宜摄入量（AI）为：婴儿脂肪提供的能量应占总能量的35％～50％；儿童和青少年为25％～30％；成年人和老年人为20％～30％。

（二）脂肪在膳食能量中的比例

在人类合理膳食中，成人所需热量的20％～25％由脂肪供给，儿童、青少年所需热量的25％～30％由脂肪提供。其中，必需脂肪酸不少于总热量的3％；饱和脂肪酸低于总能量的10％。脂肪摄入量过高会引起心血管疾病。

（三）摄入脂肪的组成比例

不同脂肪酸的组成比例包括两个方面：一方面是饱和脂肪酸、单不饱和脂肪酸与多不饱和脂肪酸之间的比例；另一方面是多不饱和脂肪酸中，n-6和n-3多不饱和脂肪酸之间的比例。关于饱和脂肪酸（s）、单不饱和脂肪酸（m）和多不饱和脂肪酸（p）之间的比例，大多认为以$s:m:p=1:1:1$为好；而对n-6和n-3多不饱和脂肪酸之间的比例认识不一。中国营养学会根据我国实际情况，2023年提出了不同年龄阶段建议膳食脂肪适宜摄入量，如表4-5所示。

表 4-5　膳食脂肪及脂肪酸参考摄入量

年龄/阶段	总脂肪	饱和脂肪酸	n-6 多不饱和脂肪酸	n-3 多不饱和脂肪酸	亚油酸	亚麻酸	EPA+DHA
	AMDR /%E	AMDR /%E	AMDR /%E	AMDR /%E	AI /%E	AI /%E	AMDR/AI/ (g/d)
0 岁~	48（AI）	—	—	—	8.0(0.15g[①])	0.90	0.1[②]
0.5 岁~	40（AI）	—	—	—	6.0	0.67	0.1[②]
1 岁~	35（AI）	—	—	—	4.0	0.60	0.1[②]
3 岁~	35（AI）	—	—	—	4.0	0.60	0.2
4 岁~	20~30	<8	—	—	4.0	0.60	0.2
6 岁~	20~30	<8	—	—	4.0	0.60	0.2
7 岁~	20~30	<8	—	—	4.0	0.60	0.2
9 岁~	20~30	<8	—	—	4.0	0.60	0.2
11 岁~	20~30	<8	—	—	4.0	0.60	0.2
12 岁~	20~30	<8	—	—	4.0	0.60	0.25
15 岁~	20~30	<8	—	—	4.0	0.60	0.25
18 岁~	20~30	<10	2.5~9.0	0.5~2.0	4.0	0.60	0.25~2.00（AMDR）
30 岁~	20~30	<10	2.5~9.0	0.5~2.0	4.0	0.60	0.25~2.00（AMDR）
50 岁~	20~30	<10	2.5~9.0	0.5~2.0	4.0	0.60	0.25~2.00（AMDR）
65 岁~	20~30	<10	2.5~9.0	0.5~2.0	4.0	0.60	0.25~2.00（AMDR）
75 岁~	20~30	<10	2.5~9.0	0.5~2.0	4.0	0.60	0.25~2.00（AMDR）
孕早期	20~30	<10	2.5~9.0	0.5~2.0	+0	+0	0.25（0.2[②]）
孕中期	20~30	<10	2.5~9.0	0.5~2.0	+0	+0	0.25（0.2[②]）
孕晚期	20~30	<10	2.5~9.0	0.5~2.0	+0	+0	0.25（0.2[②]）
乳母	20~30	<10	2.5~9.0	0.5~2.0	+0	+0	0.25（0.2[②]）

①花生四烯酸；

②DHA。

注：1.“—”表示未制定；“+”表示在相应年龄阶段的成年女性需要量基础上增加的需要量。

2.引自：《中国居民膳食营养素参考摄入量（2023 版）》。

二、脂类的食物来源

（一）按原料分类

脂肪的主要来源是烹调用油脂和食物本身所含的油脂。各种食物，无论是动物性还是植物性的食物都含有脂肪，只是含量有多有少。人们日常摄入的油脂不仅包括明显的油脂资源，也包括那些不显眼的油脂资源，如谷类、干酪、蛋黄、鱼类、水果类、豆类、肉类、乳类、坚果类、蔬菜类等，约占摄入油脂质量的 60%。各类食物中，果仁油脂含量最高，各种肉类居中，米、面、蔬菜、水果中含量很少。含油脂丰富的食物见表 4-6。

表 4-6　富含油脂的食物

食物名称	脂肪含量/%
纯油脂：牛油、羊油、猪油、花生油、芝麻油、豆油	90～100
各种肉类：牛肉、羊肉、猪肉	10～50
蛋类	6～30
乳类及其制品	2～90
坚果类：榛子、核桃、花生、葵花籽	30～60
黄豆类	12～20
腐竹	24

各类谷物中脂肪含量比较少，含 0.3%～3.2%，但玉米和小米可达 4%，而且绝大部分的脂肪集中在谷胚中。例如，小麦粒的脂肪含量约为 1.5%，而小麦的谷胚中则含 14%。在稻谷加工成大米时，可得到占稻谷总质量 5%～6.5% 的米糠。米糠含有较多的脂肪，其含量与大豆相当。米糠油是优质食用油，不饱和脂肪酸占 80% 左右，还含有维生素 B_1、维生素 B_2、维生素 E 及磷脂等。米糠油不仅营养丰富，人体的吸收率也较高，一般可达 92%～94%。经研究表明，米糠油具有降低人体血清胆固醇的作用。玉米提胚制粉时，一般可得到占玉米质量 4%～8% 的玉米胚，玉米胚的特点是富含脂肪。玉米胚油含不饱和脂肪酸 85%以上，亚油酸占 47.8%，人体吸收率可达 97% 以上，是优质食用油。实验证实食用玉米胚油可降低人体血液胆固醇的含量，对冠心病有一定预防效果。玉米胚油中还含有较丰富的维生素 E，每 100g 油中约含 10mg，因此，玉米胚油不易氧化，性质稳定，耐储存。以上两种油都是近年来开辟的食用油新资源。

常用的蔬菜类脂肪含量则更少，绝大部分都在 1% 以下。但是一些油料植物种子、坚果及黄豆中的脂肪量却很丰富（见表 4-7）。因此，人们常利用其中一些油作为烹调用油，如豆油、花生油、菜籽油、芝麻油等。

表 4-7　植物种子和坚果中的脂肪含量

食物名称	脂肪含量/%	食物名称	脂肪含量/%
黄豆	18	花生仁	44
芥末	28～37	香榧子	44
大麻	31～38	油菜籽	37～46
亚麻	29～45	榛子	49
芝麻	47	杏仁	47～52
葵花籽	44～54	松子	63
可可	55	核桃仁	63～69

动物性食物中含脂肪最多的是肥肉和骨髓，高达 90%，其次是肾脏和心脏周围的脂肪组织、肠系膜等。这些动物性脂肪，如猪油、牛油、羊油、禽油等亦常被用作烹调或加工食物用。动物内脏的脂肪含量并不很高，大部分都在 10% 以下。在各种乳中，脂肪含量随动物的种类、栖居地的气候以及营养情况而定。鱼类含的脂肪量差别较大，低的像大黄鱼只有 0.8%，高的像鲥鱼达 17%。一些海产鱼油中含有高量的二十碳五烯酸（EPA）和二十二碳六烯酸（DHA）。这两种脂肪酸具有扩张血管、降低血脂、抑制血小板聚集、降血压等作用，可以防止脑血栓、心肌梗死、高血压等老年病。

亚油酸的最好食物来源是植物油类（见表4-8），但常吃的植物油中，菜籽油和茶油中的亚油酸含量比其他植物油少。小麦胚芽油中含量很高，1g油中含亚油酸502mg，同时还含亚麻酸57mg，已列入健康食品的行列。动物脂肪中亚油酸含量一般比植物油低，但相对说来，猪油的含量比牛、羊油多，而禽类油的含量又比猪油高。鸡蛋内的含量亦不少，达13%。动物内脏含量高于肌肉，而肉类中亦以禽肉比猪、牛、羊肉的含量丰富。瘦猪肉却比肥肉含量高。

表 4-8　食物中亚油酸含量（占脂肪总量的比例）

食物名称	含量/%	食物名称	含量/%	食物名称	含量/%
棉籽油	55.6	牛油	3.9	鸡肉	24.2
豆油	52.2	羊油	2.0	鸭肉	22.8
小麦胚芽油	50.2	鸡油	24.7	猪心	24.4
玉米胚油	47.8	鸭油	19.5	猪肝	15.0
芝麻油	43.7	黄油	3.6	猪肾	16.8
花生油	37.6	瘦猪肉	13.6	猪肠	14.9
米糠油	34.0	肥猪肉	8.1	羊心	13.4
菜籽油	14.2	牛肉	5.8	鸡蛋粉	13.0
茶油	7.4	羊肉	9.2	鲤鱼	16.4
猪油	6.3	兔肉	20.9	鲫鱼	6.9

植物性食物不含胆固醇，而含植物固醇。胆固醇只存在于动物性食物中。一些常用食物中胆固醇的含量列于表4-9。

表 4-9　常用食物中胆固醇含量　　　　　　　　单位：mg/100g

食物名称	含量	食物名称	含量	食物名称	含量
猪肉（瘦）	77	脱脂奶粉	28	凤尾鱼（罐头）	330
猪肉（肥）	107	全脂奶粉	104	墨斗鱼	275
猪心	158	鸭蛋	634	小白虾	54
猪肚	159	松花蛋	649	对虾	150
猪肝	368	鸡蛋	680	青虾	158
猪肾	405	鲳鱼	68	虾皮	608
猪脑	3100	大黄鱼	79	小虾米	738
牛肉（瘦）	63	草鱼	83	海参	0
牛肉（肥）	194	鲤鱼	83	海蜇头	5
羊肉（瘦）	65	大马哈鱼	86	海蜇皮	16
羊肉（肥）	173	鲫鱼	93	猪油	85
鸭肉	101	带鱼	97	牛油	89
鸡肉	117	梭鱼	128	奶油	168
牛奶	13	鳗鲡	186	黄油	295

从表4-9的数值来看，几种瘦肉中胆固醇的含量大致相近，而肥肉则比瘦肉含量高，内脏则更高，猪脑中的含量特别多，竟达3100mg。蛋类的含量亦超过300mg。鱼类除少数

外，一般和瘦肉的含量相近，不过罐头凤尾鱼的含量不低。小白虾的胆固醇含量虽不高，但虾米、虾皮的含量却高出 10 倍多。脱脂奶粉比全脂奶粉低 4 倍。海蜇的含量很少，而海参则根本没有。

所有的动物均含有卵磷脂，但富含于脑、心、肾、骨髓、肝、卵黄、大豆中。脑磷脂和卵磷脂并存于各组织中，而神经组织内含量比较高。脑和神经组织含神经磷脂特别多。

（二）按油脂所在的属分类

油脂也可以根据它们所在的属来分类。五个公认的油脂族为：乳脂属、月桂酸属、油酸-亚油酸属、亚麻酸属、动物储藏脂肪属。

乳脂属主要由反刍动物乳汁中的油脂构成，尤以乳牛乳为多，不过在某些地区，可能以水牛乳、绵羊乳和山羊乳为多。乳脂的特征是含有 30%～40% 的油酸、25%～32% 的棕榈酸和 10%～15% 的硬脂酸。一般还含有相当多的 C_4～C_{12} 酸，而且是唯一含有丁酸的常用油脂，丁酸含量因油脂来源不同而异，范围在 3%～15% 之间。乳脂组成特别容易因动物食料所引起的变化而受到影响。

月桂酸属油脂的特征是含有高比例（40%～50%）的月桂酸（C_{12}）和 C_8、C_{10}、C_{14}、C_{16} 和 C_{18} 酸。它的不饱和酸的含量非常低，这是它储藏期限很长的原因。由于这类油脂的碳链短，所以其熔点往往较低。应用最广泛的这一类油脂来源于椰子、油棕子和巴巴苏棕榈果。

油酸-亚油酸属油脂是数量丰富、品种最多、仅来源植物的油脂。这些油脂含饱和脂肪酸通常低于 20%，且以油酸和亚油酸为主。这类油脂一般从棉籽、玉米胚芽、芝麻、花生米、葵花籽、红花籽以及橄榄和油棕的种皮（即果肉）中取得。

亚麻酸属油脂中含有大量亚麻酸，不过也可能含有较多的油酸和亚油酸。此属中最主要的食用油是大豆油，其他还有麦胚油、大麻籽油、紫苏子油、亚麻子油等。亚麻酸含量高是产生干性油特性的原因，尤其是亚麻酸含量高达 50% 的亚麻子油。

动物脂肪属主要由猪油、牛脂和羊脂组成。它们以含 30%～40% 的 C_{16} 和 C_{18} 饱和脂肪酸和高达 60% 的油脂、亚油酸为特征。动物脂肪的熔点比较高，部分原因是其饱和脂肪酸含量和甘油酯类型所致。就后一点而论，饱和脂肪酸含量高达 60% 的植物种子油脂中通常几乎不含三饱和脂肪酸甘油酯，而饱和脂肪酸含量为 55% 的牛羊脂，却含有高达 26% 的甘油饱和三酸酯。

三、脂肪摄入量与膳食指南

合理膳食中一般规定脂肪的发热量最好占总热量的 20%～30%。膳食饱和脂肪酸的热量与多不饱和脂肪酸的热量比值越小，表明膳食含脂肪的质量好。植物性脂肪含不饱和脂肪酸丰富，不饱和脂肪酸有降低血胆固醇的作用。动物性脂肪的饱和脂肪酸含量较多。因此，以进食植物性脂肪为佳。

通过膳食摄入的脂肪中，约一半来自食物本身所含的脂肪，另一半则来自食用油脂。前者常见食物包括肉类、奶蛋类及坚果类，指南推荐平均每周应摄入 50～70g（平均每天 10g 左右），相当于每天带壳葵花籽 20～25g（约一把半）或花生 15～20g，或核桃 2～3 个。

第七节 脂类营养价值的评价

一、脂类的营养价值评价标准

脂类营养价值的评价主要以下列四点为标准。

（一）食物脂肪的消化率

食物脂肪的消化率主要取决于其熔点，而熔点又与其低级脂肪酸及不饱和脂肪酸的含量有关。这些脂肪酸含量越高，熔点越低，越易消化，机体利用率越高，营养价值越高，故比较起来植物油和奶油更易消化。脂肪的熔点和消化率的关系见表4-10。熔点低于体温的脂肪消化率可高达97%～98%，高于体温的脂肪消化率约为90%。婴儿膳食中的乳脂吸收最为迅速。食草动物的体脂，含硬脂酸多，较难消化。植物油的消化率相当高。中碳链脂肪酸容易水解、吸收和运输，所以，临床上常用于某些肠道吸收不良的患者。

表 4-10　脂肪的熔点和消化率的关系

脂肪种类	熔点/℃	常温下状态	消化率
羊脂	44～55	固态	81%
猪脂	36～50	固态	94%
花生油	5	液态	98%
豆油	−18	液态	91%
菜籽油	−9	液态	98%
棉籽油	10～15.6	液态	98%

（二）脂肪酸的组成及含量

（1）必需脂肪酸　必需脂肪酸含量与组成是衡量食物油脂营养价值的重要指标，植物油中含较多的必需脂肪酸，其营养价值高。动物油脂不含双键，必需脂肪酸含量少，营养价值低。

（2）单不饱和脂肪酸　可降低胆固醇、甘油三酯含量，但不会降低高密度脂蛋白的量，典型代表为油酸（橄榄油）。

（3）多不饱和脂肪酸　多不饱和脂肪酸含量是评价食用油营养水平的重要依据。豆油、玉米油、葵花籽油中，ω-6系列不饱和脂肪酸含量较高；而亚麻子油、紫苏子油中，ω-3系列不饱和脂肪酸含量较高。亚油酸在人体内能转变为亚麻酸和花生四烯酸。故不饱和脂肪酸中最为重要的是亚油酸及其含量。亚油酸能明显降低血胆固醇。

（三）脂溶性维生素的含量

一般脂溶性维生素含量高的脂肪营养价值较高。脂溶性维生素为维生素 A、维生素 D、维生素 E、维生素 K。动物的贮存脂肪几乎不含脂溶性维生素，而器官脂肪含量多，其中肝脏含维生素 A、维生素 D 很丰富，特别是某些海产鱼的肝脏脂肪维生素含量更多。维生素 A 和维生素 D 存在于多数食物的脂肪中，以鲨鱼肝油的含量为最多，奶油次之，奶和蛋类脂肪含维生素 A、维生素 D 亦较丰富。猪油内不含维生素 A 和维生素 D，所以营养价值较低。植物油不含维生素 A 和维生素 D。维生素 E 广泛分布于动植物组织内，其中以植物油类含量最高，特别是谷类种子的胚油含维生素 E 更为突出，每克麦胚油中高达 $1194\mu g$，而鸡蛋内仅含 $11\mu g$。

（四）脂类的稳定性

脂类稳定性的大小与其不饱和脂肪酸的多少和维生素 E 含量有关。不饱和脂肪酸是不稳定的，容易氧化酸败。维生素 E 有抗氧化作用，可防止脂类酸败。

奶油的营养价值很高，就是因为它含有维生素 A 和维生素 D。同时，它所含的脂肪酸种类亦完全，而且多是低级脂肪酸，消化率很高。猪油的消化率虽与奶油相等，但它不含有维生素，且其脂肪酸主要为油酸，故其营养价值与奶油相比相差很多。牛、羊脂肪则更差。植物油多为液体，其消化率均相当高，所含脂肪酸亦相当完全，而且不含胆固醇，亚油酸的含量却很多，可以防止高脂血症和冠心病，虽然多不饱和脂肪酸易在体内形成过氧化脂类，但维生素 E 对其有保护作用。而植物油中维生素 E 含量很丰富，例如，每克花生油含维生素 E $189\mu g$，菜籽油 $236\mu g$，麦胚油高达 $1194\mu g$，而猪油中仅有 $12\mu g$。因此，植物油有其独特的营养价值，宜于中老年人食用。同时，植物油稳定性强，不易酸败。

二、动物油与植物油的利弊

动物油与植物油的营养构成（见表 4-11）。

表 4-11　动物油与植物油的营养构成及功能比较

动物油	植物油
主要含饱和脂肪酸	主要含不饱和脂肪酸
主要含维生素 A、维生素 D，与人的生长发育有密切关系	主要含维生素 E、维生素 K，与血液、生殖系统功能关系密切
含较多胆固醇，有重要的生理功能；在中老年血液中含量过高，易导致动脉硬化、高血压等疾病	不含胆固醇，含植物固醇，它不能被人体吸收；可阻止人体吸收胆固醇

饱和脂肪酸含量高的油耐高温，烹调时不易起油烟，但易促成动脉硬化。牛油含五成饱和脂肪酸，奶油有七成，猪油有四成，鸡油也有三成。牛油、奶油和肥肉的好处是味美，其坏处是含大量胆固醇和饱和脂肪酸，容易促成动脉硬化，引起全身器官的缺血性疾病，例如冠动脉硬化，冠心病（心绞痛、心肌梗死），缺血性脑卒中（眩晕、言语不清、半身不遂、失明等）。

根据以上两种油的特点，对于中老年人以及有心血管病的人来说，要以植物油为主，少吃动物油，更有利于身体健康；对于正在生长发育的青少年来说，则不必过分限制动物油。但总的来说，食用植物油也要限量。植物油是不饱和脂肪，如果吃得过多，很容易在人体内被氧化成过氧化脂，而过氧化脂在体内积存能引起脑血栓和心肌梗死等病症。据科学研究，每人每日摄入 7～8g 植物油即可满足身体所需，另外适当吸收一点动物脂肪，对人体健康有益。

在动物性食物的结构中，应增加含脂肪酸较低、蛋白质较高的动物性食物，如鱼、禽、瘦肉等，减少陆生动物脂肪，最终使动物性蛋白质的摄入量占每日蛋白质总摄入量的 20％，每日总脂肪供热量不超过总热量的 30％。

三、脂肪酸的检测方法

1. 近红外光谱法（NIRS）

近红外光谱技术是利用有机质在近红外光谱区 800～2500nm 的振动吸收从而快速测定样品中多种化学成分含量的一项新技术。目前，在不同作物上利用 NIRS 技术测定脂肪酸组成国外已有部分研究报道。

2. 气相色谱法（GC）

原理：脂肪酸碳链长度、不饱和度和双键几何构型等结构上的差异，使脂肪酸在气相色谱柱上保留时间不同而被分离和鉴定出来。

该方法被广泛应用于脂肪酸成分分析。

四、反式脂肪酸的检测方法

目前，测定食品中 TFA 的方法主要有：气相色谱法（GC）、红外光谱法（IR）、薄层色谱法（TLC）、高效液相色谱法（HPLC）、气质联用法（GC-MS）和毛细管电泳法（CE）等。其中，气相色谱法可有效分离各种 TFA 并准确测定其含量，灵敏度较高，目前该法应用较多。

五、磷脂的检测方法

测定总磷脂含量的方法主要有质量法、钼蓝比色法、紫外分光光度法和傅里叶变换红外光谱法（FTIR）。测定磷脂中各组成成分及其含量的方法主要有：薄层色谱法（TLC）、高效液相色谱法（HPLC）、^{31}P 核磁共振法（^{31}PNMR）。

六、胆固醇的检测方法

胆固醇的定量分析方法主要有比色法、薄层色谱法、酶法、气相色谱法和高效液相色谱法。

美国公职分析化学家协会公定分析方法（AOAC）推荐用气相色谱法，但该法操作步骤复杂，对试剂和仪器的要求较高。国内大多采用常规比色法，但前处理复杂、特异性差、干扰较大，而用酶催化比色法测定食品中的胆固醇特异性强。与气相色谱法相比，酶催化比色法简便易行，并同样可以消除干扰。

第八节　脂类摄入新理念及最新研究进展

一、膳食脂肪酸的平衡摄入

人体的生理需要和食物营养供给之间建立的平衡关系就是营养平衡（或营养均衡），即热量营养素平衡（糖类、脂类、蛋白质均能给人体提供热量，故称为热量营养素），氨基酸平衡，酸碱平衡及各种营养素摄入量之间的平衡，只有保持营养平衡才有利于营养素的吸收和利用。如果平衡关系失调，也就是食物营养不适应人体的生理需要，就会对人体健康造成不良的影响，甚至导致某些营养性疾病或慢性病。在人们物质生活得到提高的今天，营养平衡中脂肪酸的平衡就显得极为重要。

在保证摄取食物品种多样化的前提下，还应注意脂类营养的膳食平衡，既要防止动物脂肪过剩，又要防止植物油脂摄取过多，以防出现新的营养失调。联合国世界卫生组织提出的"膳食目标"中脂肪所占总摄入能量的比例为30％。美国心脏学会、食品和营养委员会以及美国医学会进一步推荐，膳食中饱和脂肪酸、单不饱和脂肪酸和多不饱和脂肪酸应各占10％。日本研究人员进一步提出：每天平均摄取 $200\sim500$ mg 的 $n\text{-}3$ 系列不饱和脂肪酸，冠状动脉性心脏病死亡率可减少30％～50％，相当于每天摄取30g鱼。

世界卫生组织（WHO）与联合国粮农组织（FAO）就食用油脂中三种脂肪酸的组成比例推荐如下：饱和脂肪酸：单不饱和脂肪酸：多不饱和脂肪酸为1：1：1。其中多不饱和脂肪酸中包括亚油酸和α-亚麻酸，亚油酸虽然也是一种必需脂肪酸，但是人体的摄入量已经过剩了。比如人们经常吃的大豆油，其中亚油酸含量约为60％。亚油酸和α-亚麻酸在人体内的吸收存在竞争机制。亚油酸吃得太多，α-亚麻酸就得不到足够的酶进行转化，自然无法被吸收。所以，必须要控制亚油酸和α-亚麻酸摄入量的比值。世界卫生组织推荐标准：$\omega\text{-}6$：$\omega\text{-}3$ 应小于 6：1。中国营养学会2000年所制定的推荐标准具体划分为：$0\sim6$ 个月的婴儿为 $\omega\text{-}6$（亚油酸）：$\omega\text{-}3$（α-亚麻酸）$=4$：1，其余（小学生、青少年、成人、老年人）均为 $\omega\text{-}6$：$\omega\text{-}3=(4\sim6)$：1。哈佛大学医学院专家甚至认为人体内 $\omega\text{-}6$ 与 $\omega\text{-}3$ 的最佳比例为1：1，但在我国，因为生活常用的食用油，如花生油、菜籽油、葵花籽油里面，包含大量的 $\omega\text{-}6$，而 $\omega\text{-}3$ 却很少。中国人群平均每天 $\omega\text{-}3$ 摄入量仅为0.4g，还不到推荐量的一半。我国居民 $\omega\text{-}6/\omega\text{-}3$ 摄入比例多为10：1，严重不均衡，这也成为了我国居民心脑血管疾病高发的原因之一。如今各种含有α-亚麻酸的食用调和油不断地投放市场，将成为预防心脑血管疾病的首选食疗油。

二、反式脂肪酸研究

目前，反式脂肪酸得到了世界各国较普遍的关注。从营养学角度来看，过量摄入反式脂肪酸是不利于人体健康的。FDA规定自2006年1月1日起，食品营养标签中必须标注产品的饱和脂肪酸含量及 TFA 的含量。欧洲各国、加拿大、巴西等国也出台了类似规定。欧美等国就如何减少人造黄油以及起酥油中反式脂肪酸进行了大量的研究，各国都竞相研究低反式脂肪酸或零反式脂肪酸制造技术。欧洲联合利华和美国及加拿大一些食品厂家已开发推出零反式不饱和脂肪酸人造奶油产品。检测食品中反式脂肪酸含量的常规分析方法也在建立中。

反式脂肪酸的控制可以考虑从两个方面进行：

(1) 改进加工工艺。

① 采用超临界催化氢化技术可以明显降低油脂中反式脂肪酸含量；

② 在油脂精炼脱臭工艺中，引进和开发低温、短时、少汽的新工艺和新设备，可以抑制和减少油脂中 TFA 的产生；

③ 用酶法脂交换生产零 TFA 油脂。

(2) 开发健康油脂替代品。

三、油脂替代品的研究

油脂在食品加工中赋予食品以良好的风味和口感，但过多摄入油脂，特别是过多摄入饱和脂肪酸却又被认为对身体健康有害。人们为了既保留油脂在食品中所赋予的良好感官性状而又不致有过多摄入，现已有许多不同的油脂替代品 (oil and fat substitute) 被应用。一类是以脂肪酸为基础的油脂替代品；另一类则是以糖类或蛋白质为基础的油脂模拟品 (oil and fat mimics)。

植物固醇酯是由植物固醇与植物油通过酯化作用制得的。其中植物固醇是 β-谷固醇、菜角固醇和豆角固醇的混合物，来源于大豆油、菜籽油等植物油的脱臭馏出物。植物固醇酯的物理特性和结晶特性与硬脂相似，可成为氢化油的健康替代品，1999 年美国 FDA 就将其批准可用于人造奶油生产。该产品是一种天然的多功能生理活性物质，安全性高，是一种理想的降低胆固醇的功能性食品配料，可用于人造奶油、蛋黄酱、烹饪油、奶酪、奶油和起酥油中。近年来棕榈油新产品的研究已开发了一些基于棕榈油的无 TFA 的人造奶油和其他油脂新产品，如基于棕榈油的易流动或压模的人造奶油和无 TFA 的精炼氢化油。后者在室温下有类似于氢化油的物理特性，是起酥油的代用品或仿制品。

蔗糖聚酯 (sucrose polyester，商品名 olestera) 是由蔗糖与脂肪酸合成的酯化产品，其酯键不被脂肪酶水解，因而不被吸收，不提供能量。但它却具有类似脂肪的性状，依脂肪酸组成可有不同。蔗糖聚酯经长期动物和人体试验观察证明安全性高，并已被美国 FDA 于 1996 年批准许可用于马铃薯片、饼干等食品的生产。但必须在标签上注明"本品含蔗糖聚酯，可能引起胃痉挛和腹泻，并可抑制某些维生素和其他营养素的吸收，故本品已添加了维生素 A、维生素 D、维生素 E 和维生素 K"。燕麦素是从燕麦中提取，以糖类为基础的油脂模拟品，主要用于冷冻食品（如冰淇淋）、沙拉调味料和汤料中。因该产品含大量纤维素，不仅可作为油脂替代品，还可有一定的降胆固醇作用。

油脂替代品并非脂肪的食物来源，它以降低食品脂肪含量而不致影响食品的口感、风味等为目的。这对当前低能量食品，尤其是低脂肪食品的发展有一定意义。

四、胆固醇摄入量研究

控制饮食中的脂肪、胆固醇被认为是预防肥胖、高血压、心血管疾病最基本的原则。为此，各个国家的膳食指南中均对每日胆固醇的摄入量进行了限制，就是大家熟知的每天不超过 300mg。但美国发布的 2015 版的膳食指南中取消了每日胆固醇摄入的限量，为什么科学家们对膳食胆固醇的认识发生了如此之大的变化呢？

首先，人体自身是可以合成胆固醇的。对于每个人而言，食物中的胆固醇对血液胆固醇含量的影响仅仅占到 25%～30%，人体自身的调节才是影响血胆固醇含量的主要因素。近些年来，各种各样的研究均发现膳食胆固醇的摄入量和血胆固醇的含量并没有直接的关联，这些研究更加印证了膳食胆固醇对人体的危害没有想象中的那么大。

其次，由于脂肪和胆固醇的健康危害被过大地宣传，食品企业在不牺牲口味的同时又要兼顾消费者对低脂肪食品的健康需求，只能用大量的精制糖替代食品中的脂肪。糖不仅含有大量的能量，过量摄入后会对血糖和血胆固醇的稳定产生极大的冲击，这一点比脂肪的危害更加严重，反而导致了大量肥胖、糖尿病、心血管疾病患者的产生。因此最新的研究认为，对于正常人而言，膳食胆固醇不再有明确的限量，而更应该注意精制糖的摄入。

膳食胆固醇"解禁"，并不是意味着高胆固醇的肉类、蛋类、黄油等可以随意吃，科学家们解释说，取消膳食胆固醇的限量并不是提倡食用高胆固醇的食物，而是因为目前没有确凿的证据能够帮助科学家给出一个明确的限量值。

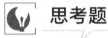 **思考题**

1. 脂类的消化吸收过程及功能是什么？
2. 常用的脂类的食物来源与组成特征有哪些？
3. 脂类在精炼加工过程中的变化有哪些？
4. 影响脂类健康营养的因素及在食品加工及保藏过程中的注意事项有哪些？
5. 试述不饱和脂肪酸的命名方法与营养价值。

第五章
维生素

 主要内容

维生素的概念、分类、功能及其吸收和排泄；水溶性维生素和脂溶性维生素的结构、性质与功能及其缺乏与过量；水溶性维生素和脂溶性维生素的加工稳定性、推荐摄入量及主要食物来源。

 学习要求

1. 理解维生素的概念，熟悉维生素的代谢、摄取及主要食物来源。
2. 掌握维生素的分类、功能及其在加工过程中的变化。
3. 了解维生素的缺乏与过量。

维生素是生物体正常生命过程中所必需的一类低分子化合物，需要量很少，但对维持人体健康却十分重要。人体一般不能合成维生素，必须从食物中摄取。维生素包括水溶性和脂溶性维生素两大类。

第一节　维生素概述

一、相关概念

维生素是参与生物生长发育和代谢所必需的一类微量有机物质。
维生素原是指能在人和动物体内转化为维生素的物质。
同效维生素是指化学结构与维生素相似，并具有维生素生物活性的物质。

二、维生素的功能

维生素及其前体广泛存在于天然食物中，但是没有一种天然食物含有人体所需的全部维生素。维生素在生物体内的作用不同于糖类、脂类和蛋白质，不是碳源、氮源或能源物质，不用来供能或构成生物体的组成部分，需要量极少，但却是代谢过程中所必需的。绝大多数维生素是酶的组成成分，如果长期缺乏某种维生素，就会引起生理机能障碍而发生相应的维生素缺乏病。维生素不能在体内合成，或合成量少，不能满足机体需要，必须由外界供给，一般从食物中获得；而有些维生素如维生素 B_6、维生素 K 等能由动物肠道内的细菌合成，通常合成量可满足动物的需要；动物细胞可将色氨酸转变成烟酸（一种 B 族维生素），但生成量不能满足需要；维生素 C 除灵长类（包括人类）及豚鼠以外，其他动物都可以自身合成。

维生素的具体功能根据不同维生素的种类而异。

三、维生素的命名

维生素由"vitamin"一词翻译而来，其名称一般是按发现的先后，在"维生素"之后加上 A、B、C、D 等字母来命名。最初发现，以为是一种，后来证明是多种维生素混合存在，便又在字母右下方加注 1、2、3 等数字以示区别，例如 B_1、B_2、B_6 及 B_{12} 等；此外，按其生理功能命名，如抗坏血酸、抗干眼病维生素和抗凝血维生素等；还可按其化学结构命名，如视黄醇、硫胺素和核黄素等。

常见维生素的命名见表 5-1。

表 5-1　维生素的命名

推荐名称	化学名称	别称
维生素 A	视黄醇	维生素 A 棕榈酸酯
维生素 B_1	硫胺素	盐酸硫胺素
维生素 B_2	核黄素	
维生素 B_3 或维生素 PP、吡啶-3 羧酸	烟酸	尼克酸或抗癞皮病因子
维生素 B_5	泛酸	遍多酸、尼古丁酸
维生素 B_6	吡哆醛或吡哆醇	
维生素 B_9	叶酸	维生素 M、蝶酰谷氨酸、叶精
维生素 B_{12}	钴胺素	羟钴胺素或氰钴维生素
维生素 C	L-抗坏血酸	
维生素 D	维生素 D_3 或骨化三醇	钙化醇
维生素 E	α-生育酚	α-醋酸生育酚
维生素 K	凝血维生素	甲萘氢醌

四、维生素的分类

通常根据维生素的溶解性质将其分为两大类，即水溶性维生素（B 族维生素和维生素 C）和脂溶性维生素（如维生素 A、维生素 D、维生素 E 和维生素 K）。另外也可根据人体的需要情况和供给方式，将其中一些维生素称为必需维生素，或称必要维生素。

维生素满足四个特点才可以称为必需维生素：

（1）外源性　人体自身不可合成（维生素 D 人体可以少量合成，但由于较重要，仍被作为必需维生素），需要通过食物补充。

（2）微量性　人体所需量很少，但是可以发挥巨大作用。

（3）调节性　维生素必须能够调节人体新陈代谢或能量转变。

（4）特异性　缺乏某种维生素后，人体将呈现特有的病态。

根据这四个特点，人体一共需要 13 种维生素，即维生素 A、维生素 B_1、维生素 B_2、维生素 B_5、维生素 B_6、维生素 B_{12}、维生素 C、维生素 D、维生素 E、维生素 K、维生素 H、维生素 B_3、叶酸。

五、维生素的吸收和排泄

水溶性维生素在小肠内不经消化而直接被吸收，一般是以简单扩散方式吸收，特别是相对分子质量小的维生素更容易被吸收。脂溶性维生素因溶于脂类物质，它们的吸收与脂类相似，脂肪可促进脂溶性维生素的吸收。

水溶性维生素从肠道吸收后，通过循环到机体需要的组织中，多余的部分大多由尿排出，在体内储存甚少。脂溶性维生素大部分由胆盐帮助吸收，通过淋巴系统到体内各器官。体内可储存大量脂溶性维生素，维生素 A 和维生素 D 主要储存于肝脏，维生素 E 主要储存于体内脂肪组织，维生素 K 储存较少。

六、维生素缺乏的原因

（1）食物中匮乏，食物运输、储藏、加工不当而导致食物中的维生素丢失，结果造成维生素摄入不足。

（2）当人们消化吸收功能降低，如咀嚼不足、胃肠功能降低、膳食中脂肪过少、纤维素过多等会造成维生素消化吸收率下降。

（3）不同生理期的人群，如妊娠哺乳期的妇女，生长发育期的儿童，疾病、手术期的人群对维生素的需要量相对较高。

（4）特殊环境下生活、工作的人群，由于精神压力或环境污染的缘故，对维生素的需要量相对较高。

七、维生素的活性单位

通常维生素的发现过程是由于某种维生素的缺乏症引起了人们的注意，接着发现补充某种食物后，症状就消失了，而从食物中分离出有效的活性物质后，每克物质的活性单位便可以计算出来了。因此，早期的研究者在试验中通常依据活性单位来描述维生素。表 5-2 列出了各种维生素的质量与国际单位，而维生素 B_2、维生素 B_6、维生素 B_{12}、维生素 K、叶酸和烟酸还没有确定活性单位。

表 5-2　国际单位与维生素质量之间的关系

维生素类型	换算关系
维生素 A	1IU＝0.344μg 维生素 A 醋酸酯或 0.300μg 结晶视黄醇
β-胡萝卜素	1IU＝0.60μg β-胡萝卜素

续表

维生素类型	换算关系
维生素 B_1	1IU＝3μg 维生素 B_1
维生素 C	1IU＝0.05mg L-抗坏血酸
维生素 D	1IU＝0.025μg 胆钙化醇
维生素 E	1IU＝1.0mg DL-α-生育酚醋酸

第二节　水溶性维生素

水溶性维生素指溶于水而不溶于非极性有机溶剂，吸收后在体内储存很少的一类维生素。水溶性维生素包括 B 族维生素和维生素 C。属于 B 族维生素的主要有维生素 B_1、维生素 B_2、维生素 B_3、维生素 B_6、泛酸、生物素、叶酸及维生素 B_{12} 等。

B 族维生素在生物体内通过构成辅酶而影响物质代谢。这类辅酶在肝内含量最丰富。与脂溶性维生素不同，进入体内的多余水溶性维生素及其代谢产物均自尿中排出，体内不能多储存。当机体中足量后，摄入的维生素越多，尿中的排出量也越大。

一、硫胺素

硫胺素是人类发现最早的维生素之一，在生物体内通常以硫胺素焦磷酸（TPP）的形式存在。

（一）结构与性质

硫胺素（thiamine；分子式 $C_{12}H_{17}N_4OS^+$）又称维生素 B_1 或者抗神经炎素（aneurine），是由一个嘧啶结构，通过一个亚甲基连接在一个噻唑环上所组成的（见图 5-1）。1936 年维生素 B_1 的结构被确定，随后被人工合成，目前所用的维生素 B_1 都是化学合成品。

维生素 B_1 盐酸盐为无色结晶，溶于水，对石蕊试纸呈酸性反应。其在酸性溶液中很稳定，在中性及碱性溶液中易被氧化，在碱性溶液中易受热破坏。有特殊香气，微苦。维生素 B_1 溶液在紫外线 233nm 和 267nm 波长处有两个吸收光带。

硫胺素在氧化剂存在时易被氧化产生脱氢硫胺素（硫色素），后者在紫外线照射下呈现蓝色荧光，利用这一特性可进行维生素 B_1 的定性定量分析。此外，硫胺素与重氮化氨基苯磺酸和甲醛作用可产生品红色，与重氮化对氨基乙苯酮作用可产生红紫色，这两种反应也可用于维生素 B_1 的测定。

（二）生理作用

维生素 B_1 的生理功能包括两部分：辅酶功能和非辅酶功能。

1. 辅酶功能

（1）硫胺素焦磷酸（TPP）是糖代谢中氧化脱羧酶的辅酶，参与三大营养素的分解代谢和产生能量。

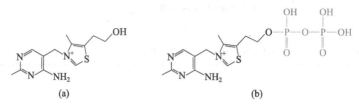

图 5-1　硫胺素结构式（a）与 TPP（硫胺素焦磷酸）结构式（b）

（2）作为转酮醇酶的辅酶参与转酮醇作用，在核酸合成和脂肪酸合成中起重要作用。

2. 非辅酶功能

（1）促进肠道蠕动，增加消化液的分泌，提高食欲。

（2）参与某些神经递质的合成和代谢。

（3）调控某些离子通道功能。

（4）维持神经组织、肌肉、心脏活动的正常。硫胺素严重缺乏时可影响心肌和脑组织的结构和功能，补充后可改善精神状况。

（5）可减轻晕机、晕船的不适感。

（6）可缓解有关牙科手术后的痛苦。

（7）对带状疱疹有辅助治疗作用。

（三）缺乏与过量

1. 硫胺素的缺乏

成人缺乏硫胺素会造成食欲降低、恶心、体重减轻和消瘦，同时引起多发性神经炎，患者的周围神经末梢有发炎和退化现象，并伴有四肢麻木、肌肉萎缩、麻痹、心力衰竭、下肢水肿等症状。幼年期缺乏硫胺素还会造成生长发育停止并加速死亡。

维生素 B_1 缺乏一般是由摄入不足、需要量增加和吸收利用障碍引起的，肝损害、饮酒也可引起。此外，长期透析的肾病者、完全胃肠外营养的患者以及长期慢性发热患者也会出现维生素 B_1 缺乏。

正常人群中，也会出现轻度的维生素 B_1 缺乏，但容易被忽略。初期症状有疲乏、淡漠、食欲差、恶心、忧郁、急躁、沮丧、腿麻木和心电图异常。通过仔细研究患者的饮食情况及测定红细胞转酮醇酶的活性便可明确诊断。

防止硫胺素缺乏的简单方法就是在日常饮食中少食精米和精粉，多补充糙米和全麦粉。

2. 硫胺素过量

摄入过量的硫胺素（维生素 B_1）很容易通过尿液排出。长期口服硫胺素无引起任何毒副反应发生的实验证明，它的毒性是非常低的。已知每日摄入 $50\sim500mg$ 的情况下，未见不良反应。硫胺素无可见不良作用水平及最低可见不良作用水平未被确定。大剂量静脉注射时，可能发生过敏性休克。大剂量用药时，可干扰测定血清茶碱浓度，测定的尿酸浓度可呈假性增高，尿胆原会产生假阳性。

（四）稳定性（储藏条件）

硫胺素在酸性溶液（pH 值 5 以下）中很稳定，pH 值 3.5 时可耐 100℃ 高温，但在中性或碱性溶液中易氧化而失去其生物活性。另外，在碱性溶液中不耐高热，普通烹调过程的温度对它的破坏很大。遇光和热效价下降，紫外线可使维生素 B_1 分解，故应置于遮光、阴凉处保存，不宜久储。

（五）加工的影响

维生素 B_1 极易溶于水，所以在水果、蔬菜的清洗、整理、烫漂和沥滤及烹饪期间很容易流失，在谷类（外壳和胚富含维生素 B_1）碾磨时损失更大。

（六）推荐摄入量及主要食物来源

硫胺素的日需求量与糖类摄入有关，例如成人摄入含 2500kcal 能量的糖类一般需要补充 1.5～2.0mg 的硫胺素。另外，酒精会引起对硫胺素需求的增加，同时还会造成肠膜损伤而降低对硫胺素的吸收。

维生素 B_1 在体内主要以 TPP 的形式存在，广泛分布于骨骼肌、心肌、肝脏、肾脏和脑组织中，半衰期为 9～10d。人体不能自行合成维生素 B_1，且体内储存的维生素 B_1 的量很少（如营养正常的成人体内仅存有 25～30mg），因此经常摄入是很必要的。表 5-3 列出了不同年龄段的人所需摄入维生素 B_1 的量（RNI）。

表 5-3　符合要求的人体维生素 B_1 日摄入量

年龄/岁	推荐摄入量（RNI）/（mg/d）	
0～0.5	0.1（AI）	
0.5～1	0.3（AI）	
1～4	0.6	
4～7	0.9	
7～9	男：1.0	女：0.9
9～12	男：1.1	女：1.0
12～15	男：1.4	女：1.2
15～18	男：1.6	女：1.3
18 岁以上	男：1.4	女：1.2
孕早期	+0	
孕中期	+0.2	
孕晚期	+0.3	
乳母	+0.3	

注：RNI—膳食营养推荐摄入量；AI—适宜摄入量。

维生素 B_1 含量丰富的食物有粮谷类、豆类、干果、酵母、硬壳果类，尤其在粮谷类的表皮部分含量更高，故碾磨不宜过度。所有未加工过的食物都含有维生素 B_1，但在加工过程中会损失部分或全部维生素 B_1。例如，小麦和稻谷在碾磨过程中由于外壳和胚（富含维

生素 B_1）的去除而导致维生素 B_1 的大量损失。动物内脏（肾脏、心脏）、猪肉、蛋类及绿叶菜中含量也较高，芹菜叶、莴笋叶中含量也较丰富，应当充分利用。土豆中虽含量不高，但以土豆为主食的地区，其也是维生素 B_1 的主要来源。某些鱼类及软体动物体内，含有硫胺素酶，生吃可以造成其他食物中维生素 B_1 的损失，故"生吃鱼、活吃虾"的说法，既不卫生也不科学。硫胺素在体内参与糖类的中间代谢，所以，如果饮食中缺乏硫胺素，补充脂肪类食物要比糖类安全。表 5-4 给出了满足人体需求量的维生素 B_1 的食物来源。

表 5-4   食物中维生素 B_1 的含量

维生素 B_1 含量	食物来源
高（超过 0.5mg/100g 可食用部分）	巴西坚果、火腿、心脏、猪肉、大豆、胡桃、小麦（全麦）、燕麦等
中等（0.25～0.5mg/100g 可食用部分）	杏仁、面包、鸡蛋黄、肝脏、肾脏、花生、豌豆、榛子仁等
低（低于 0.25mg/100g 可食用部分）	大麦、胡萝卜、花椰菜、鸡肉、鸡蛋清、水果、玉米、土豆、鲑鱼等

二、核黄素

1879 年英国著名化学家布鲁斯发现牛奶的上层乳清中存在一种黄绿色的荧光色素，具有预防皮肤炎的作用，但用各种方法提取，试图发现其化学本质，都没有成功。几十年中，尽管世界许多科学家从不同来源的动植物中都发现这种黄色物质，但都无法识别。1933 年，美国科学家哥尔倍格等从 1000 多千克牛奶中得到 18mg 这种物质，后来人们因为其分子式上有一个核糖醇，将其命名为核黄素。

核黄素属于水溶性维生素，易被消化和吸收，被排出的量随体内的需要以及蛋白质的流失程度而有所增减。核黄素（维生素 B_2）和其他的 B 族维生素一样不会在体内蓄积，所以要时常通过食物或营养补品来补充。维生素 B_2 也称为维生素 G，计算单位为毫克（mg）。

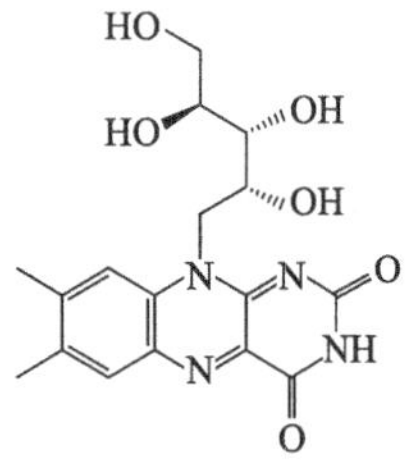

图 5-2   核黄素结构式

（一）结构与性质

核黄素（riboflavin；分子式 $C_{17}H_{20}N_4O_6$）又称维生素 B_2，由 7,8-二甲基异咯嗪与核糖醇组成，分子结构如图 5-2 所示。

核黄素为橘黄色针状晶体，味苦，微溶于水，极易溶于碱性溶液，水溶液呈黄绿色荧光，在波长 565nm、pH 值 4～8 之间荧光最大，可作定量依据。对光和碱都不稳定，对酸相当稳定。

（二）生理作用

核黄素存在于机体内的所有细胞中，主要功能是作为氧化还原酶的辅基或辅酶促进代谢。核黄素经 ATP 磷酸化产生的 FMN 与 FAD 是许多脱氢酶的辅酶，是重要的递氢体，可促进生物氧化作用，对糖类、脂类和氨基酸的代谢都很重要。此外，它还是许多动物和微生物生长的必需因素。

核黄素在生命活动中起着如下重要作用：

（1）参与组织生长发育与细胞增殖；

（2）参与体内的抗氧化防御系统和药物代谢；

（3）帮助预防和消除口腔内、唇、舌及皮肤的炎症反应；

（4）促进皮肤、指甲、毛发的正常生长；

（5）改善视力，减轻眼睛的疲劳；

（6）影响人体对铁的吸收；

（7）与其他物质一起，可影响生物氧化和能量代谢（如与维生素 B_6 一起参与体内色氨酸向维生素烟酸的转换，参与糖类、脂类、蛋白质的代谢等）。

（三）缺乏与过量

1. 核黄素缺乏

核黄素的每人每天需要量见表 5-5，按此量摄入即可不致发生缺乏症。膳食中长期缺乏维生素 B_2 会导致细胞代谢失调。首先受影响的为眼、皮肤、舌、口角和神经组织。缺乏症状有眼角膜和口角血管增生，以及白内障、口角炎、眼角膜炎等，还可导致舌炎和阴囊炎。儿童长期缺乏核黄素还可导致生长迟缓及轻中度缺铁性贫血。

膳食调查发现，维生素 B_2 缺乏较为普遍。小儿由于生长发育快，代谢旺盛，若不注意，小儿更易缺乏维生素 B_2。需要补充核黄素的人群有以下几类：

（1）妊娠期、哺乳期及服用避孕药的妇女需要更加多的维生素 B_2。妊娠期间需要量：早期为 $1.2mg/d$，中期为 $1.3mg/d$，晚期为 $1.4mg/d$；哺乳期为 $1.7mg/d$。

（2）不常吃瘦肉和奶制品的人应当增加维生素 B_2 的摄取量。

（3）长期处于精神紧张状态的人需要补充维生素 B_2。

（4）因溃疡或糖尿病而长期进行饮食控制的人较易产生维生素 B_2 不足的现象，日常应补充。

（5）摄取高热量食物时，必须配合摄取更多的维生素 B_2。

2. 核黄素过量

一般来说，核黄素过量不会引起中毒，因为过量的核黄素可以通过粪便和尿液排出。摄取过多，可能引起瘙痒、麻痹、流鼻血、灼热感、刺痛等。此外，过量的维生素 B_2 还会减弱抗癌剂（如氨甲蝶呤）的效用。

（四）稳定性（储藏条件）

维生素 B_2 在碱性溶液中容易溶解，在强酸溶液中稳定，在光照及紫外线照射下则发生不可逆的分解。在中性或酸性溶液中加热是稳定的，耐氧化，在碱性溶液中易被热分解。故应避光、冷藏。

（五）加工的影响

核黄素在食品中常用作营养增补剂，加于小麦粉、乳制品、酱油、米、面包、饼干、巧克力、调味酱等中；有时还用作色素。

除在食品加工过程添加苏打碱外，大多数食品加工条件下核黄素都很稳定。

由于紫外线的破坏作用，作为核黄素来源的牛奶不应置于透明的玻璃瓶中及光照下。另外需避免的是水，维生素 B_2 可随水流失，如捞饭中维生素 B_2 仅能保留 50%。为防止核黄素缺乏症，应注意保护食物中的核黄素（如吃面条的时候，$1/3 \sim 1/2$ 的核黄素进入了面汤中）。

（六）核黄素机体营养状况的评价

1. 全血谷胱甘肽还原酶活力系数

全血谷胱甘肽还原酶属于典型的黄素酶。在还原型辅酶Ⅱ饱和的溶血试样中，加入一定量的谷胱甘肽（GSSH），测定加 FAD 与不加 FAD 时还原性谷胱甘肽（GSH）的生成量，二者的比值即 GR-AC。GR-AC<1.2 为充裕，1.2~1.5 为正常，1.5~1.8 为不足，>1.8 为缺乏。

2. 尿核黄素排出量

任意一次尿核黄素与肌酐之比值，80~269 为正常，27~79 为不足，<27 为缺乏。

3. 尿负荷试验

4h 尿液核黄素排出量≤400μg 为核黄素缺乏，400~799μg 为不足，800~1300μg 为正常。

（七）推荐摄入量及主要食物来源

人体对维生素 B_2 的需求随着代谢的升高而有所增加，因此摄取高热量食物时，必须配合摄取更多的维生素 B_2。另外，维生素 B_2 与维生素 B_6、维生素 C 等协同作用，效果最好。满足人体需求的维生素 B_2 的摄入量见表 5-5。

表 5-5   满足人体需求需摄入的维生素 B_2 量

年龄段/岁	RNI/（mg/d）	
0~0.5	0.4（AI）	
0.5~1	0.6（AI）	
1~4	男：0.7	女：0.6
4~7	男：0.9	女：0.8
7~9	男：1.0	女：0.9
9~12	男：1.1	女：1.0
12~15	男：1.4	女：1.2
15~18	男：1.6	女：1.2
18 岁以上	男：1.4	女：1.2
孕早期	+0	
孕中期	+0.1	
孕晚期	+0.2	
乳母	+0.5	

注：RNI—膳食营养参考摄入量；AI—适宜摄入量。

核黄素广泛存在于各种食物中，如酵母、肝、肾、蛋、奶、大豆等，特别是肝脏和肾脏含量丰富（见表 5-6）。

表 5-6　食物中维生素 B_2 的含量

维生素 B_2 含量	食物来源
高（超过 2mg/100g 可食用部分）	肝脏、肾脏等
中等（0.2～2mg/100g 可食用部分）	杏仁、奶酪、禽肉、鲱鱼、豆类、蘑菇、牡蛎、猪肉、菠菜、牛肉等
低（低于 0.2mg/100g 可食用部分）	花椰菜、牛奶、水果、谷类（非加工）、鳕鱼等

注：成年人每日吃 50g 动物肝/约 100g 黄豆/3～4 只香菇均可满足需要。

三、烟酸

烟酸也称作维生素 B_3，或维生素 PP，分子式 $C_6H_5NO_2$，又名尼克酸、抗癞皮病因子。烟酸在体内以其衍生物烟酰胺（曾称尼克酰胺）的形式存在，它是人体必需的 13 种维生素之一。

（一）结构及性质

烟酸（niacin）是具有烟酸生物活性的吡啶-3-羧酸衍生物的总称。烟酸的基本结构为吡啶-3-羧酸，其氨基化合物为烟酰胺（niacinamide），它们的结构式见图 5-3。烟酸、烟酰胺皆为无色晶体，前者熔点为 235.5～236℃，后者的熔点为 129～131℃，是维生素中较稳定的，不被光、空气及热破坏，对碱也很稳定。溶于水及酒精。与溴化氢作用产生黄绿色化合物，可作为定量基础。

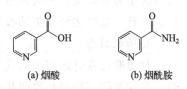

(a) 烟酸　　(b) 烟酰胺

图 5-3　烟酸及烟酰胺的结构式

（二）生理作用

烟酸及烟酰胺具有下列几种生理功能：

（1）作为辅酶成分参加代谢。烟酰胺是 NAD（辅酶Ⅰ）及 NADP（和辅酶Ⅱ）的主要成分，而 NAD 和 NADP 为脱氢酶的辅酶，是生物氧化过程中不可缺少的递氢体。

（2）维持神经组织的健康。烟酰胺对中枢神经及交感神经系统有维护作用，缺乏烟酸或烟酰胺的人和动物，常产生神经损害和精神紊乱，注射含烟酰胺的辅酶（如 NAD）无疗效，但注射烟酸或烟酰胺则有效，这提示烟酸和烟酰胺的生理功能，不仅是作为辅酶参加代谢，还可能有其他作用。

（3）烟酸和烟酰胺可促进微生物（如乳酸菌、白喉杆菌、痢疾杆菌等）的生长。

（4）烟酸可使血管扩张，使皮肤发赤、发痒，烟酰胺无此作用。较大剂量烟酸可以降低血浆胆固醇和脂肪含量，这是因为烟酸能降低环-3′,5′-腺苷酸（cAMP）的水平，从而可抑制体内脂肪组织的分解作用，减少胆固醇、甘油三酯、游离脂肪酸进入血浆。临床用烟酸肌醇酯防治血脂和血胆固醇过高症就是利用烟酸和肌醇防止胆固醇在血液中积累。

（5）其是葡萄糖耐量因子（GTF）的重要组成成分，具有提高胰岛素活性的作用。

（6）参与蛋白质、脂肪以及 DNA、RNA 合成。

（三）吸收与排泄

烟酸主要是以辅酶的形式存在于食物中，经消化后于胃及小肠吸收，吸收后以烟酸的形式经门静脉进入肝脏，过量的烟酸大部分经甲基化随尿液排出。机体自身也可将必需氨基酸色氨酸转换为烟酸，每60mg色氨酸可以生成1mg烟酰胺。因此，机体烟酸的总量以烟酸当量（niacin equivalent，NE）表示，代表烟酸加上色氨酸转换之量。如果饮食中缺乏足够数量的色氨酸，饮食中补充烟酸就显得很必要了。

$$烟酸当量(mg)=烟酸(mg)+1/60色氨酸(mg)$$

（四）缺乏与过量

1.烟酸缺乏

膳食中长期缺少烟酸所引起的疾病为对称性皮炎，又叫癞皮病（pellagra），前期症状有体重减轻、疲劳乏力、记忆力差、失眠等，如不及时治疗，则出现主要典型症状皮炎（dermatitis）、腹泻（diarrhea）和痴呆（dementia），又称"三D"症状。癞皮病通常发生在食物缺乏以及以玉米为主食的地方。玉米是很差的烟酸食物来源，因为玉米中的烟酸不经预先处理就不会被人体吸收并且其色氨酸含量极低。合理膳食，增加烟酸摄入量为防治本病的主要措施。以玉米为主食的地区可在玉米粉中加入0.6%的碳酸氢钠，烹煮后结合型的烟酸可转化为游离型，易被人体吸收利用。另外，在食用玉米时加入10%黄豆可使其氨基酸比例改善，也可达到预防烟酸缺乏的目的。

2.烟酸过量

肾功能正常时服用烟酸几乎不会发生毒性反应。一般服用烟酸的不良反应有：感觉温热、皮肤发红（特别是脸面和颈部）、头痛等血管扩张反应；大剂量服用时可导致腹泻、头晕、乏力、皮肤干燥、瘙痒、眼干燥、恶心、呕吐、胃痛、高血糖、高尿酸、心律失常、肝毒性反应；糖尿病、青光眼、痛风、高尿酸血症、肝病等患者慎用烟酸药品，溃疡病患者禁用。

（五）稳定性（储藏条件）及加工的影响

烟酸对高温、光照、空气、酸、碱及弱氧化剂都很稳定，因此在食物储备、运输及加工过程中很少损失。

（六）烟酸机体营养状况的评价

1.尿负荷试验

口服一定量的烟酸，测4h尿中烟酸代谢产物N-甲基烟酰胺的量，排出量低于2.0mg为缺乏，2.0～2.9mg为不足，3.0～3.9mg为正常。尿中2-甲基吡啶酮/N-甲基烟酰胺比值在1.3～4.0之间为正常，低于1.3表示有潜在性缺乏。此法受蛋白质摄入量影响较大，应慎重应用。

2.红细胞NAD含量

红细胞NAD/NADP值小于1.0时表示有烟酸缺乏的危险。

（七）推荐摄入量及主要食物来源

体内烟酸的需求量不仅与热能需要量成正比，而且为维生素B_1及维生素B_2供给量的10倍。大约每1000kcal能量摄入6.6mg等量的烟酸是安全的。中国营养学会2023年发表的烟酸推荐摄入量见表5-7。

表 5-7 烟酸推荐摄入量

年龄段/岁	RNI/（mg NE/d）	
0～0.5	1（AI）	
0.5～1	2（AI）	
1～4	男：6	女：5
4～7	男：7	女：6
7～9	男：9	女：8
9～12	男：10	女：10
12～15	男：13	女：12
15 岁以上	男：15	女：12
孕早期	＋0	
孕中期	＋0	
孕晚期	＋0	
乳母	＋4	

烟酸和烟酰胺广泛存在于各种食物中，植物源性食物中存在的主要是烟酸，动物源性食物中则以烟酰胺为主，常见食物中烟酸含量见表 5-8。肝、肾、畜肉、鱼及坚果富含烟酸和烟酰胺，乳、蛋中含量虽然不高，但色氨酸较多，可转化为烟酸。谷类食物的烟酸主要存在于其外壳中，因此在其精加工中会损失大部分烟酸。玉米中烟酸含量并不低，但为结合型的，不能直接被人体吸收利用，加碱处理可使其游离释放。

表 5-8 常见食物烟酸的含量

食物	烟酸含量/（mg/100g）	食物	烟酸含量/（mg/100g）
猪肉	3.5	大白菜	0.8
猪肝	15.0	玉米面	2.3
牛肉	7.4	马铃薯	1.1
鸡蛋	0.2	绿茶	8.0
牛奶	0.1		

注：本表引自《中国食物成分表 2017》。

四、泛酸

维生素 B_5 在动植物中广泛分布，故名泛酸，亦称为遍多酸、尼古丁酸。泛酸由 R. J. Williams 于 1933 年发现，在 1940 年人工合成。泛酸是人体必需的 13 种维生素之一。

（一）结构及性质

泛酸是由 α,γ-二羟基-β-二甲基丁酸与 β-丙氨酸通过酰胺键连接而成的化合物，分子式为 $C_9H_{17}NO_5$。

泛酸的活性形式是辅酶 A（coenzyme A，CoA），含有腺苷 $3'$,$5'$-二磷酸，这个腺苷酸通过 $5'$-磷酸与泛酸-4-磷酸的磷酸基相连，泛酸部分又连接着巯基乙胺。CoA 是生物体内酰基的载体，参与丙酮酸和脂肪酸的氧化，其活性基是巯基乙胺部分的巯基（—SH），所以辅酶 A 有时写作 CoASH。图 5-4 所示为泛酸及其辅酶的结构式。

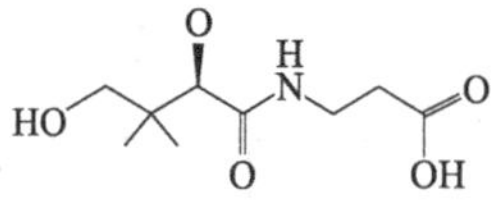

(a) 泛酸 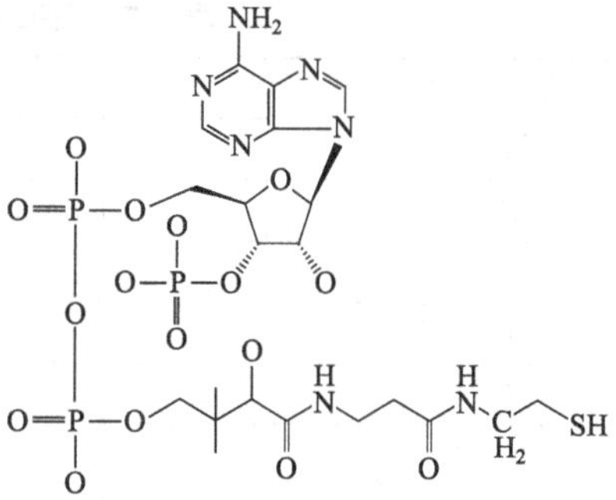　　　　　　　　　　　(b) 辅酶A

图 5-4　泛酸及其辅酶的结构式

泛酸是一种浅黄色黏稠油状物，能溶于水、醋酸乙酯、冰醋酸等，略溶于乙醚、戊醇，不溶于苯、氯仿；在中性溶液中对温热、氧化剂和还原剂都稳定。酸、碱、干热可使之分解为 β-丙氨酸及其他产物。

泛酸钙（分子式：$C_{18}H_{32}CaN_2O_{10}$）是泛酸的主要药物存在形式，为无色粉状晶体，无臭，味微苦，其水溶液在酸性或碱性条件下对热不稳定，在干燥的条件下对空气和光稳定，但具有吸湿性。

（二）生理功能

（1）泛酸的一个重要作用是以乙酰辅酶 A 的形式参加代谢过程，作为乙酰基和脂酰基的转移载体。

（2）帮助细胞的形成，维持正常发育和中枢神经系统的发育。

（3）具有制造抗体功能，可抵抗传染病，治疗手术后休克，防止疲劳，帮助抗压，缓解多种抗生素的毒副作用，并有助于减轻过敏症状。

（4）可以维护发质营养，保持皮肤、头发的健康。

（5）外用可以促进皮肤正常的角质化，改善皮肤对表面活性剂的耐受力，如减轻因对化妆品中成分敏感所产生的不适（如灼烧、刺痛和瘙痒等）。

（三）吸收与排泄

泛酸的吸收有两种形式：低浓度时，通过主动转运吸收；高浓度时，通过简单扩散吸收。泛酸通过尿液排出体外，排出形式为游离型泛酸和 4-磷酸泛酸盐，也有部分被完全氧化为二氧化碳后经肺由呼吸排出。泛酸广泛分布于体内各组织，以肝、肾上腺、肾、脑、心和睾丸中的浓度最高。

（四）缺乏及过量

1. 泛酸缺乏

动物缺乏泛酸时生长不良，发生皮炎、肾脏损伤、贫血等。几乎所有的食物都含有泛酸，人类未发现有典型的缺乏病例。

在实验中，缺乏泛酸时则容易引起血液及皮肤异常，产生低血糖症，有疲倦、眩晕、忧郁、失眠、紧张、头痛甚至晕倒等症状，还有食欲不振、消化不良、易患十二指肠溃疡等症状。缺乏泛酸时，因无法制造能将蛋白质转化为糖（及脂肪）的肾上腺激素，血糖持续偏低，将导致哮喘、急躁、胃溃疡等症状。那些饮食营养均衡，只缺乏泛酸的受试者，在6周之后，健康状况极度恶化，即使每日补充4000mg泛酸及可的松，仍然恢复得很慢。

2012年8月17日，中国国家质检总局公布了一批入境不合格食品、化妆品信息，由澳大利亚产的亨氏婴儿配方奶粉被检测出泛酸未达标。泛酸未达标可导致儿童出现烦躁不安、消化不良、抗体明显减少等症状。缺乏泛酸也是造成过敏的主要原因，喂食牛奶的婴儿之中，有60%都曾经有过敏的现象，母乳喂养的婴儿则无此现象，这是因为牛奶、罐装鲜乳及婴儿配方食品中所含的泛酸，在消毒的过程中大部分都已经流失。然而，只要营养充足，特别补充足够的泛酸及维生素C，症状很快就会消失。当头发缺乏光泽或变得较稀疏时，多补充泛酸可改善。缺乏泛酸时，肾上腺特别容易受损，肿大或出血，无法分泌皮质酮及其他激素。很多借助可的松治疗的疾病，例如关节炎、艾迪生病、红斑狼疮等，都是由于缺乏泛酸所引起的。体重过重又缺泛酸的人，容易罹患关节炎及痛风。因为可的松的毒性很强，不可过量使用，故患者需要补充足量的泛酸、维生素C、抗压维生素及其他必需的营养素，进而强化机体的肾上腺功能。

对泛酸有特殊需求的人群：被过敏症困扰者、手足常感刺痛者、关节炎患者、服用抗生素者和正服用避孕药的妇女。此外，服用泛酸可以对即将来临的紧张状态和现有的紧张状态提供抵抗能力。

2. 泛酸过量

泛酸为水溶性维生素，摄食过量的泛酸会经尿液排出，不易发生过量。但长期单独服用过量的泛酸时，需要增加服用维生素B_1，否则会导致神经炎。

（五）稳定性（储藏条件）及加工的影响

泛酸在中性溶液中比较稳定，但易被酸、碱和干热（2~6d）破坏。泛酸对普通的烹饪温度稳定，但由于其水溶性会导致在水煮过程中流失。常见泛酸为其钙盐，对光及空气稳定，但在pH值5~7的水溶液中遇热可被破坏。另外，干加热食物如烘烤会大大降低泛酸盐的活性，谷物精加工会造成泛酸损失过半。咖啡因、磺胺药剂、安眠药、雌激素、酒精等会影响泛酸的吸收。

（六）推荐摄入量及主要食物来源

由于泛酸食物来源广泛，人类极少出现缺乏，2023年，中国食品营养学会提出了泛酸适宜摄入量（AI）：0~0.5岁为1.7mg/d，0.5~1岁为1.9mg/d，1~4岁为2.1mg/d，4~7岁为2.5mg/d，7~9岁为3.1mg/d，9~12岁为3.8mg/d，12~15岁为4.9mg/d，15岁以上为5.0mg/d，孕期为同龄女性AI+1.0mg/d，乳母为同龄女性AI+2.0mg/d。几乎所有摄入的泛酸都会被吸收到血液中，仅有1/4的量通过尿液损失掉，其余的被身体其他器官利用。

人类对泛酸的需要量，随着每天所承受的压力大小不同而异。工作压力较大及闷闷不乐的成人可尝试多补充泛酸，可以每天摄取30~50mg；罹患关节炎、传染病及有过敏症状的人，在均衡膳食的三餐后，正餐之间及睡前各服用50~100mg的泛酸，能加速恢复健康。一旦症状减轻时，三餐饭后服用50mg即可。当压力减轻时，如果饮食中加上酵母粉、肝脏或是小麦胚芽，则每天最多服用100mg。

实际上，泛酸盐存在于所有细胞中，因此日常饮食提供了充足的泛酸。表5-9给出了泛酸的日常饮食来源及其含量。

表 5-9　食物中泛酸的含量

泛酸含量	食物来源
高（超过 5mg/100g 可食用部分）	肝脏、肾脏等
中等（1～5mg/100g 可食用部分）	鳄梨、花椰菜、鸡蛋、鲱鱼、蘑菇、燕麦、花生、大豆等
低（低于 1mg/100g 可食用部分）	苹果、香蕉、卷心菜、萝卜、柚子、葡萄、猪肉、橘子、番茄、核桃等

五、维生素 B_6

维生素 B_6 又称吡哆素，包括吡哆醇（pyridoxine，PN）、吡哆醛（pyridoxal，PL）和吡哆胺（pyridoxamine，PM）3 种化合物，由 Paul Gyorgy 于 1934 年发现。

（一）结构及性质

3 种吡哆素皆为吡啶的衍生物，其分子式分别为 $C_8H_{11}NO_3$（吡哆醇），$C_8H_9NO_3$（吡哆醛），$C_8H_{12}N_2O_2$（吡哆胺），在体内以磷酸酯形式存在，它们的结构式见图 5-5。

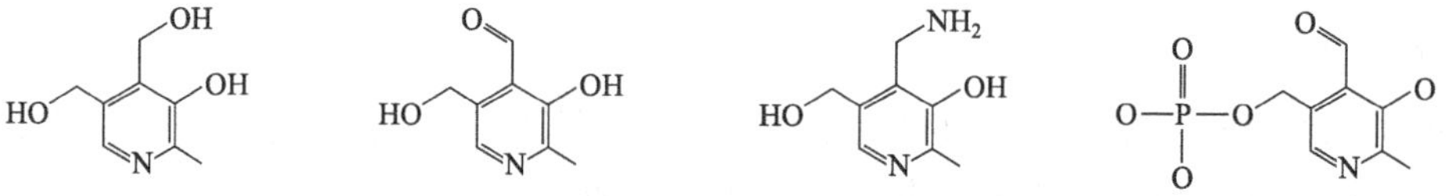

| (a) 吡哆醇 | (b) 吡哆醛 | (c) 吡哆胺 | (d) 磷酸吡哆醛 |

图 5-5　维生素 B_6 的结构式

维生素 B_6 为无色晶体，易溶于水及乙醇。在酸液中稳定，遇光或碱易被破坏。吡哆醇耐热，吡哆醛和吡哆胺不耐高温。

三种物质之间有密切关系和相互作用，吡哆醇在体内可转化为吡哆醛或吡哆胺，吡哆醇、吡哆醛与吡哆胺都可磷酸化成为各自的磷酸化合物。吡哆醛与吡哆胺、磷酸吡哆醛与磷酸吡哆胺都可以相互转变，最后以活性较强的磷酸吡哆醛与磷酸吡哆胺形式存在于组织中，参加转氨作用。

吡哆醇、吡哆醛或吡哆胺与 $FeCl_3$ 作用呈红色，与重氮化对氨基苯磺酸作用产生橘红色产物，与 2,6-二氯醌氯亚胺作用产生蓝色物质。这些呈色反应都可用于维生素 B_6 的定性和定量检验。

（二）生理作用

维生素 B_6 是多种酶的辅酶，参与机体代谢反应，尤其对氨基酸代谢十分重要。维生素 B_6 的生理作用主要表现在以下几方面：

（1）作为氨基酸转氨酶、氨基酸脱羧酶和氨基酸消旋酶的辅酶参与氨基酸的转氨、脱羧和内消旋反应，还参与色氨酸代谢、含硫氨基酸的脱硫、羟基氨基酸的代谢和氨基酸的脱水等反应。

（2）促进肌肉与肝脏中的糖原分解为葡萄糖，并参与葡萄糖的异生。

（3）调节脂类代谢，参与亚油酸合成花生四烯酸以及胆固醇的合成与转运。

（4）参与一碳单位代谢，可促进核酸的合成，防止组织器官的老化。

（5）磷酸吡哆醛还可加快氨基酸和钾进入细胞的速率。

（6）参与神经传导物质的合成，具有稳定脑细胞和改善睡眠的作用。

（7）临床上应用维生素 B_6 制剂防治妊娠呕吐和放射病呕吐。

（三）缺乏与过量

长期缺乏维生素 B_6 会导致皮肤、中枢神经系统和造血机构的损害，例如严重缺乏会产生抑郁、精神紊乱、血色素降低、白细胞类型反常、皮脂溢出、舌炎、口炎和鼻炎等。婴儿缺乏可能引起易惊、腹胀、呕吐、腹泻和抽搐等，但不常见。

小剂量无不良副作用，每天 300mg 可用来预防及治疗放射、服药及麻醉等引起的呕吐。若大剂量服用如 2～10g/d，则会引起神经紊乱。过量摄取维生素 B_6 可引起失眠，并能清晰地回想起梦中情景。

（四）稳定性（储藏条件）及加工的影响

维生素 B_6 易溶于水和乙醇，在酸性溶液中稳定，但对光敏感，易被碱分解，尤其易被紫外线分解，所以热加工、浓缩和脱水对其都有影响。

（五）维生素 B_6 机体营养状况的评价

（1）色氨酸负荷试验：被测对象口服负荷剂量的色氨酸 0.1g/kg 体重，收集 24h 尿液，测定其中的黄尿酸含量，计算黄尿酸指数（xanthurenic acid index，XI）。

$$XI = 24h 尿中黄尿酸排出量(mg)/色氨酸给予量(mg)$$

XI 为 0～1.5 表示维生素 B_6 的营养状况良好，XI 超过 12 为维生素 B_6 不足。

（2）尿中 4-吡哆酸的含量。

（3）血浆 PLP 含量在 14.6～72.9nmol/L（3.6～18ng/mL）为正常，若低于下限值可能是维生素 B_6 不足。

（4）其他的指标：红细胞转氨酶指数，如谷草转氨酶指数、谷丙转氨酶指数以及血浆同型半胱氨酸含量等。

（六）推荐摄入量及主要食物来源

一般而言，人与动物的肠道中微生物（细菌）可合成维生素 B_6，但其量甚微，还是要从食物或者是营养补品中摄取，这和其他的 B 族维生素一样。维生素 B_6 的需求量与蛋白质的摄入量有关，蛋白质的吸收越多则需要越多的维生素 B_6。如对于成人来说，每克蛋白质饮食需补充 0.02mg 的维生素 B_6。表 5-10 列出了满足日常需求的维生素 B_6 的推荐摄入量（RNI）。

表 5-10 满足日常需求的维生素 B_6 的推荐摄入量

年龄/岁	推荐摄入维生素 B_6 的量/(mg/d)
0～0.5	0.1（AI）
0.5～1	0.3（AI）
1～4	0.6
4～7	0.7
7～9	0.8

续表

年龄/岁	推荐摄入维生素 B_6 的量/(mg/d)
9～12	1.0
12～15	1.3
15～50	1.4
50 岁以上	1.6
孕妇	+0.8
乳母	+0.3

富含维生素 B_6 的食物主要有动物肝脏与肾脏、啤酒酵母、糙米、豆类、坚果（花生、核桃等）、肉、鱼、蛋类、乳制品等，水果和蔬菜中也较丰富，尤其是香蕉。食物中维生素 B_6 的含量见表 5-11。

表 5-11　食物中维生素 B_6 的含量

含量	来源
高（高于 0.5mg/100g 可食用部分）	酵母粉、脱脂米糠、香蕉、肝脏、大米（整粒）、核桃等
中（0.25～0.5mg/100g 可食用部分）	大麦、牛肉、鸡肉、鱼、蛋、肾脏、玉米等
低（0.1～0.25mg/100g 可食用部分）	面包（全麦粉）、胡萝卜、花椰菜、菠菜、甘薯等
极低（低于 0.1mg/100g 可食用部分）	面包（白面粉）、水果等

六、生物素

生物素（biotin）又称维生素 H、维生素 B_7、辅酶 R（coenzyme R），最初发现于 1916 年。1936 年，两位德国科学家 Kogl 和 Tonnis 首次从卵黄中分离出其结晶，因为是酵母生长所必需的，故称之为生物素。1942 年确定其分子结构，1943 年人工合成。

（一）结构及性质

生物素是一种含硫维生素，是由噻吩环和尿素分子结合而成的双环化合物，噻吩环上连有一个戊酸基侧链（见图 5-6）。

生物素为无色长针状结晶，在 232～233℃时即熔解并开始分解。耐热和酸碱，微溶于水（22mg/100mL 水，25℃）和乙醇（80mg/100mL，25℃），其钠盐溶于水。

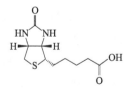

图 5-6　生物素的结构式

（二）生理作用

生物素是人体内多种羧化酶的辅酶，参与机体的代谢。

(1) 维持脂肪、肝糖和氨基酸在人体内进行正常的合成与代谢。

(2) 促进汗腺、神经组织、骨髓、男性性腺、皮肤及毛发的健康生长及功能正常运行，减轻湿疹、皮炎症状。

（3）促进尿素合成与排泄、嘌呤合成和油酸的生物合成。

（4）用于治疗动脉硬化、中风、脂类代谢失常、高血压、冠心病、糖尿病、血液循环障碍性疾病及肠内念珠菌感染。

（5）对忧郁、失眠也有一定助益，并能缓解肌肉疼痛和产前抑郁症。

（6）叶酸与生物素配伍可有效预防畸胎形成。

（7）生物素也可作为营养增补剂用于食品工业。

（8）生物素也是某些微生物的生长因子，极微量（0.005μg）即可使试验的细菌生长。例如，链孢霉生长时需要极微量的生物素。

（三）吸收与排泄

食物中的生物素主要以游离形式或与蛋白质结合的形式存在。口服生物素迅速从胃和肠道吸收，血液中生物素的80%以游离形式存在，分布于全身各组织，在肝、肾中含量较多，用药后大部分生物素以原型排出，仅小部分代谢为生物素硫氧化物和双降生物素。人体的肠道细菌可从二庚二酸取代壬酸合成生物素，但作为人体生物素直接来源是不够的。人体内生物素主要经尿液排出，也有少量生物素随乳汁排出。

（四）缺乏与过量

人体一般不易发生生物素缺乏，因为除了可从食物中摄取部分生物素外，肠道细菌还可合成一部分。但大量食用生鸡蛋清可导致生物素缺乏，因为新鲜鸡蛋白含有一种抗生物素蛋白（avidin），它能与生物素结合成无活性又不易被消化吸收的物质，鸡蛋加热后，这种蛋白质即被破坏。另外，长期服用抗生素治疗可抑制肠道正常菌群的生长，也可造成生物素缺乏。人体缺乏生物素可能导致皮炎、过敏、肌肉疼痛、忧郁、失眠、倦怠、厌食、轻度贫血、心电图改变、脱发及少年白发等。

生物素的毒性很低，用大剂量的生物素治疗脂溢性皮炎尚未发现代谢异常及遗传错误。动物实验也显示生物素毒性很小。

（五）稳定性及加工的影响

生物素对热、光、空气以及中等程度的酸碱都很稳定（最适 pH 值 5～8），过高或过低 pH 值都可导致生物素失活。高锰酸钾或过氧化氢可使生物素中的硫氧化产生亚砜或砜，亚硝酸能与生物素反应生成亚硝基衍生物，因而破坏其生物活性。研究发现，人乳中的生物素室温下可保存一周，5℃半年，−20℃时一年可保持浓度不变。现有资料表明，在食品加工、烹饪期间生物素不会遭到破坏。

（六）推荐摄入量及食物来源

人类生物素的每日最低需要量尚不了解，但每天可从食物中摄取 150～300μg 生物素，一般不会发生缺乏。2023 年，中国营养学会提出了生物素的适宜摄入量（AI）：0～0.5 岁为 5μg/d，0.5～1 岁为 10μg/d，1～4 岁为 17μg/d，4～7 岁为 20μg/d，7～9 岁为 25μg/d，9～12 岁为 30μg/d，12～15 岁为 35μg/d，15 岁以上为 40μg/d，孕妇及乳母为同龄女性 AI＋10μg/d。

七、叶酸

叶酸（folic acid）又称维生素 M、维生素 B_9。1926 年就被注意到叶酸是微生物和某些高等动物营养必需的因子，1941 年被米切尔（H. K. Mitchell）从菠菜叶中提取纯化并命名为叶酸，1948 年确定其分子结构并人工合成。

（一）结构及性质

叶酸也被称为蝶酰谷氨酸（pteroylglutamic acid，PGA）、蝶酸单麸胺酸或叶精，分子式为 $C_{19}H_{19}N_7O_6$，由 2-氨基-4-羟基-6-甲基蝶啶、对氨基苯甲酸和 L-谷氨酸连接而成，其结构式如图 5-7 所示。

叶酸呈鲜黄色结晶或薄片。溶于热的稀盐酸和硫黄，略溶于乙酸、酚、吡啶、氢氧化碱和碳酸碱溶液，微溶于甲醇，不溶于乙醇、丁醇、醚、丙酮、氯仿和苯。叶酸微溶于水，在 25℃ 水中溶解度仅 0.0016mg/mL，沸水中约溶 1%。

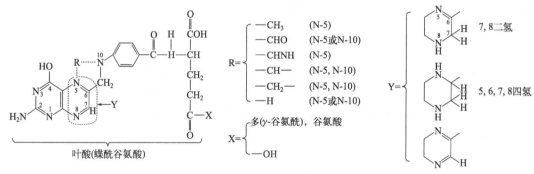

图 5-7　叶酸的结构式

（二）生理作用

叶酸的重要生理功能是作为一碳化合物的载体参加代谢，具体如下：

（1）叶酸的活性形式为其衍生物四氢叶酸，是一碳单位（包括甲酸基、甲醛和甲基）的载体，对甲基的转移和甲酸基及甲醛的利用都有重要功能；

（2）参与嘌呤和胸腺嘧啶的合成，进一步合成 DNA 和 RNA；

（3）参与氨基酸代谢，参与甘氨酸与丝氨酸、组氨酸和谷氨酸、同型半胱氨酸与蛋氨酸之间的相互转化；

（4）与维生素 B_{12} 共同促进红细胞的生成和成熟；

（5）参与血红蛋白及甲基化合物如肾上腺素、胆碱、肌酸等的合成。

（三）吸收与排泄

经口服给药，在胃肠道（主要是十二指肠上部）几乎完全被吸收，5~20min 后可出现在血中，1h 后可达最高血药浓度。叶酸大部分贮存在肝内，主要被分解为蝶呤和对氨基苯甲酰谷氨酸。血浆中的半衰期约为 40min。由胆汁排至肠道中的叶酸可再被吸收，形成肝肠循环。慢性酒精中毒时，食物中叶酸的摄取会大受限制，叶酸的肝肠循环也可能因酒精对肝实质细胞的毒性作用而发生障碍。大量的叶酸会使服食二苯乙内酰脲的癫痫症患者产生痉挛现象。另外，甲氨蝶呤、乙胺嘧啶等对二氢叶酸还原酶有较强的亲和力，能阻止叶酸转化为四氢叶酸，中止叶酸的治疗作用。叶酸在体内主要转化为其他物质（如四氢叶酸），从尿排泄的较少。

（四）缺乏与过量

1.叶酸缺乏

叶酸对人体的重要营养作用早在1948年即已得到证实，人类（或其他动物）如缺乏叶酸可引起巨幼红细胞贫血以及白细胞减少症，还会导致高同型半胱氨酸血症、身体无力、易怒、没胃口以及健忘、失眠等精神病症状。此外，研究发现，孕妇如果在怀孕前3个月内缺乏叶酸，可导致胎儿神经管发育缺陷，从而增加裂脑儿、无脑儿的发生率。如果孕妇经常补充叶酸，还可防止新生儿体重过轻、早产以及婴儿腭裂（兔唇）等先天性畸形。

此外，小肠疾病能干扰食物叶酸的吸收和经肝肠循环的再吸收过程，故叶酸缺乏是小肠疾病常见的一种并发症。

2.叶酸过量

叶酸是水溶性的维生素，一般超出成人最低需要量20倍也不会引起中毒。过量的叶酸均从尿中排出。但是，人体如果服用大剂量叶酸片也可能会产生毒性，如：

（1）干扰抗惊厥药物的作用，诱发患者惊厥发作；

（2）口服叶酸350mg可能影响锌的吸收，而导致锌缺乏，使胎儿发育迟缓，低出生体重儿增加；

（3）掩盖维生素B_{12}缺乏的早期表现，干扰维生素B_{12}缺乏的诊断与治疗，从而导致神经系统的损害；

（4）长期大量服用叶酸可导致厌食、恶心、腹胀等胃肠道症状，出现黄色尿。

叶酸口服可很快改善巨幼红细胞贫血，但不能阻止因维生素缺乏所致的神经损害的进展，且若仍大剂量服用叶酸，可进一步降低血清中维生素含量，反而使神经损害向不可逆转方向发展。

此外应注意：慎用合成叶酸。研究人员发现：绿叶蔬菜等含有的天然叶酸在人的肠道中被吸收，而合成叶酸是在肝脏内被吸收的。肝脏吸收合成叶酸的量有限，未被吸收的过量合成叶酸会进入血液，有可能引起白血病、关节炎等疾病。

（五）稳定性及加工的影响

叶酸微溶于水，在空气中稳定；对热、光、酸性溶液不稳定，可被阳光和高温分解，碱性溶液中容易被氧化，在无氧条件下对碱稳定。其在酸性溶液中对热不稳定，但在中性和碱性环境中对热十分稳定，100℃下受热1h也不会被破坏。

叶酸在室温条件下储存14d后稳定性都有下降，如蔬菜储藏2～3d后叶酸损失50％～70％；煲汤等烹饪方法会使食物中的叶酸损失50％～95％；盐水浸泡过的蔬菜，叶酸也会损失很大。

故叶酸应遮光、低温、干燥、密封保存。

（六）叶酸机体营养状况的评价

（1）血清和红细胞叶酸含量　血清叶酸含量测定可反映近期摄入情况；红细胞中叶酸含量测定可反映体内叶酸的储存状况。

评价标准：血清叶酸（$\mu g/mL$）＞6 为正常，3～6 为不足，＜3 为缺乏；红细胞叶酸（$\mu g/mL$）＞160 为正常，140～160 为不足，＜140 为缺乏。

（2）尿嘧啶脱氧核苷抑制试验　即通过测定叶酸在胸腺嘧啶脱氧核苷的合成过程的生物效应评价叶酸的营养状况。

（3）组氨酸负荷试验　口服负荷 2～5g 的组氨酸，测定 6h 尿中亚胺甲基谷氨酸排出量，正常排出量是 5～20mg，叶酸缺乏时是正常的 5～10 倍。

（七）推荐摄入量及主要食物来源

由动物实验推算出的需要量是 0.1～0.2mg/d。在医疗方面，使用达到 10～20mg，仍然没有毒性。美国提出（1998 年）叶酸的摄入量应以膳食叶酸当量（dietary folate equivalence，DFE）表示：

$$DFE(\mu g)＝膳食叶酸(\mu g)＋1.7×叶酸补充剂(\mu g)$$

中国营养学会最新提出了叶酸的推荐摄入量（RNI）：0～0.5 岁为 65μg DFE/d（AI），0.5～1 岁为 100μg DFE/d(AI)，1～4 岁为 160μg DFE/d，4～7 岁为 190μg DFE/d，7～9 岁为 240μg DFE/d，9～12 岁为 290μg DFE/d，12～15 岁为 370μg DFE/d，15 岁以上为 400μg DFE/d，孕妇为同龄女性 RNI＋200μg DFE/d，乳母为同龄女性 RNI＋150μg DFE/d。成人叶酸的 UL 为 1000μg DFE/d。

人体内叶酸总量为 5～6mg，但人体不能自己合成叶酸，只能从食物中摄取，加以消化吸收。叶酸天然广泛存在于动植物类食品中，如动物肝、肾、蛋类；豆类；新鲜水果；某些绿叶蔬菜，如菠菜、油菜、红苋菜、茴香等；坚果类等。尤以酵母、肝及绿叶蔬菜中含量比较多。

八、钴胺素

钴胺素又称氰钴胺、维生素 B_{12}、抗恶性贫血维生素、钴维生素，是一类对动物具有生物活性的类咕啉同功维生素的总称。维生素 B_{12} 是唯一含必需矿物质的维生素，因含钴而呈红色，故又称红色维生素，是少数的有色维生素之一。于 1948 年由 Karl Folkers 和 Alexander Todd 从肝脏中分离出来，并定名为维生素 B_{12}。1963 年确定其结构式，1973 年完成人工合成，是 B 族维生素中迄今为止发现最晚的一种。

（一）结构与性质

维生素 B_{12} 的分子式为 $C_{63}H_{88}CoN_{14}O_{14}P$，是一种含有 3 价钴的多环系化合物。4 个还原的吡咯环连在一起成为 1 个咕啉大环（与卟啉相似），是维生素 B_{12} 分子的核心，所以含这种环的化合物都被称为类咕啉。维生素 B_{12} 的分子结构是以钴离子为中心的咕啉环和 5,6-二甲基苯并咪唑为碱基组成的核苷酸，其结构式见图 5-8。

维生素 B_{12} 为深红色晶体，熔点很高，易溶于水、乙醇和丙酮，不溶于氯仿。维生素

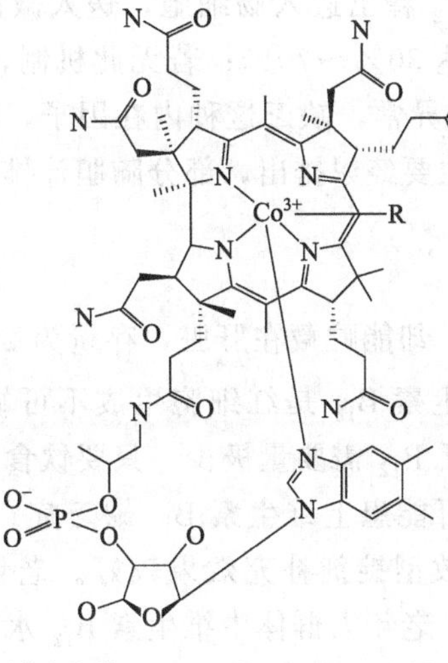

R的变化形式有多种，R=—CN、—OH、—CH₃、5′-脱氧腺苷

图 5-8 维生素 B_{12} 的结构式

B_{12} 晶体及其水溶液都相当稳定，但酸、碱、日光、氧化和还原都可将其破坏，有光活性。

（二）生理作用

维生素 B_{12} 及其类似物对维持正常生长和营养、上皮组织（包括胃肠上皮组织）细胞的正常新生、神经系统髓磷脂（myelin）的正常和红细胞的产生等都有极其重要的作用。机体中凡有核蛋白合成的地方都需要维生素 B_{12} 参加。

维生素 B_{12} 各种功能的作用机制是以辅酶方式参加各种代谢作用，主要有以下几种：

（1）参与制造骨髓红细胞，促进红细胞的发育和成熟，使肌体造血机能处于正常状态，预防恶性贫血；

（2）以辅酶的形式存在，可以增加叶酸的利用率，促进糖类、脂类和蛋白质的代谢；

（3）可活化氨基酸，促进核酸的生物合成，促进蛋白质的合成，它对婴幼儿的生长发育有重要作用；

（4）参与脂肪酸代谢，使脂类、糖类、蛋白质被身体适当运用；

（5）消除烦躁不安，提高注意力，增强记忆力及平衡感；

（6）是神经系统功能健全不可缺少的维生素，参与神经组织中一种脂蛋白的形成，维护神经系统健康，防止大脑神经受到破坏。

（三）吸收与排泄

自然界中的维生素 B_{12} 都是微生物合成的，高等动植物不能制造维生素 B_{12}，植物性食物中基本上没有维生素 B_{12}。维生素 B_{12} 是需要一种肠道分泌物（内源因子）帮助才能被吸收的唯一的一种维生素。它在肠道内停留时间长，大约需要 3h（大多数水溶性维生素只需要几秒钟）才能被吸收。维生素 B_{12} 的吸收需要消化道分泌的特殊蛋白质的协助。口腔可分泌蛋白质 R，胃可分泌蛋白质内在因子（Intrinsic factor，IF）。食物中的维生素 B_{12} 与蛋白质结合，在胃中经胃酸作用释出，并与蛋白质 R 结合。进入十二指肠后，蛋白质经蛋白酶消化分解，维生素 B_{12} 释出并与 IF 结合，移动到小肠末段，回肠部位肠细胞膜具有 IF 受体可辨识 IF 并与之结合，维生素 B_{12} 释出进入肠细胞，送入微血管由转钴胺素Ⅱ运送到全身利用。经此特殊机制，吸收率可达 $30\%\sim70\%$；若无此机制，则吸收率只有 $1\%\sim3\%$，可见 IF 的重要性。有的人由于肠胃异常，缺乏这种内在因子，即使膳食中维生素 B_{12} 来源充足也会患恶性贫血。维生素 B_{12} 主要经尿排出，部分随胆汁排出。

（四）缺乏与过量

维生素 B_{12} 虽属 B 族维生素，却能贮藏在肝脏，存量为 $2\sim5mg$，用尽贮藏量后，经过半年以上才会出现缺乏症状。维生素 B_{12} 是红细胞生成不可缺少的重要元素，如果严重缺乏，将导致恶性贫血。人体维生素 B_{12} 需要量极少，只要饮食正常，就不会缺乏。但有吸收障碍的患者以及长期素食者也有可能患上维生素 B_{12} 缺乏症。维生素 B_{12} 不易被胃吸收的，大部分是经由小肠吸收的，故长效型锭剂补充效果较好。老年人对维生素 B_{12} 的吸收较困难，可至医院通过注射方式补充。老年人群体中维生素 B_{12} 水平不足的现象极为普遍，应注意及时补充，否则会降低认知能力，加速阿尔茨海默病的发展。

维生素 B_{12} 是人体内每天需要量最少的一种维生素，过量的维生素 B_{12} 会产生毒副作用。据报道注射过量的维生素 B_{12} 可出现哮喘、荨麻疹、湿疹、面部浮肿、寒颤等过敏反应，甚至会导致过敏性休克，也可能引发神经兴奋、心前区疼痛和心悸。维生素 B_{12} 摄入过多还可导致叶酸的缺乏。

（五）稳定性及加工的影响

维生素 B_{12} 在 pH 值 $4.5\sim5.0$ 的弱酸条件下最稳定，在强酸（pH 值 <2）或碱性溶液中分解，遇热可有一定程度破坏，但短时间的高温消毒损失小，遇强光或紫外线易被破坏。在有氧化剂、还原剂以及二价铁存在时易分解破坏。据报道，还原剂如硫醇化合物在低浓度时对它有保护作用，而量大时才引起破坏。硫胺素和烟酸并用时对溶液中的维生素 B_{12} 有缓慢破坏作用，但单独一种并无危害。硫化氢可破坏此维生素，铁可与硫化氢结合，从而可保护维生素 B_{12} 免受破坏。

食品一般多在中性或偏酸性范围，故维生素 B_{12} 在普通烹调加工时破坏不多。添加于早餐谷物中的维生素 B_{12} 在加工中约损失 17%，常温贮存一年可再损失 17%。肝在 $100℃$ 煮 $5min$ 后维生素 B_{12} 仅损失约 8%。肉在 $170℃$ 烧 $45min$ 损失约 30%。当含有鱼、炸鸡、火鸡和牛肉的冷冻便餐食用前在普通炉灶上加热时，维生素 B_{12} 的保存范围是 $79\%\sim100\%$。若在中性 pH 条件下长时间加热，食品中维生素 B_{12} 的损失较为严重。

（六）维生素 B_{12} 机体营养状况的评价

（1）血清维生素 B_{12} 的测定是最直接的鉴定方法。血清维生素 B_{12} 的浓度低于 $100pg/mL$，即可诊断为维生素 B_{12} 缺乏（正常值为 $100\sim300pg/mL$）。

（2）尿中甲基丙二酸的测定是间接的方法，维生素 B_{12} 缺乏时，由于特殊的代谢障碍，尿中甲基丙二酸的排出量增多，但是叶酸缺乏时并不增加，故可用来区分维生素 B_{12} 缺乏和叶酸缺乏。

（3）维生素 B_{12} 吸收试验。以放射性钴标记的维生素 B_{12} $2.0\mu g$ 给受试者口服，同时肌内注射维生素 B_{12} $1000\mu g$，然后测定 $48h$ 内尿的放射性。维生素 B_{12} 吸收正常者，$48h$ 能排出口服放射性钴的 5%～40%；维生素 B_{12} 吸收有缺陷者（如恶性贫血、胃切除后、热带营养性巨幼红细胞贫血时）则只有 5% 以下。

（4）治疗性试验。是临床工作中最早采用、最简单方便的一种诊断手段，在不具备开展上述各种检查的条件时，可采用此法。用维生素 B_{12} 治疗后网织红细胞上升，同时骨髓中巨幼红细胞转变成正常形态的红细胞，即可判断为维生素 B_{12} 缺乏。

（七）推荐摄入量及主要食物来源

维生素 B_{12} 日推荐摄入量（RNI）为：0～0.5 岁为 $0.3\mu g/d$（AI），0.5～1 岁为 $0.6\mu g/d$（AI），1～4 岁为 $1.0\mu g/d$，4～7 岁为 $1.2\mu g/d$，7～9 岁为 $1.4\mu g/d$，9～12 岁为 $1.8\mu g/d$，12～15 岁为 $2.0\mu g/d$，15～18 岁为 $2.5\mu g/d$，18 岁以上为 $2.4\mu g/d$，孕妇为同龄女性 RNI+$0.5\mu g/d$，乳母为同龄女性 RNI+$0.8\mu g/d$。

维生素 B_{12} 不存在于植物中，其主要来源于微生物（细菌、霉菌等）及动物食品中。含维生素 B_{12} 丰富的食物有：动物肝脏、肾脏、牛肉、猪肉、鸡肉、鱼类、蛤类、蛋、牛奶、乳酪、乳制品、腐乳等。

九、胆碱

胆碱是一种强有机碱。1849 年，Streker 从猪胆汁中分离出一种化合物，1862 年命名为胆碱，Baeyer 和 Wurtz 确定了胆碱的化学结构并首次合成了胆碱。此后一直认为胆碱为磷脂的组分，但直到 1941 年才由 Devigneaud 首先弄清它的生物合成途径。1940 年 Sura 和 Gyorgy Goldblatt 根据他们各自的工作，报道了胆碱对大白鼠生长必不可少的特性，表明了它具有维生素特性。

胆碱是卵磷脂和鞘磷脂的重要组成部分。卵磷脂即是磷脂酰胆碱（phosphatidyl choline），广泛存在于动植物体内，在动物的脑、精液、肾上腺及细胞中含量尤多，以禽卵卵黄中的含量最为丰富，达干重的 8%～10%。鞘磷脂（sphingomyelin）是神经醇磷脂的典型代表，在高等动物组织中含量最丰富，它由神经氨基醇、脂肪酸、磷脂及胆碱组成。

胆碱现已成为人类食品中常用的添加剂。美国的《联邦法典》将胆碱列为"一般认为安全"（generally recognized as safe）的产品；欧盟 1991 年颁布的法规将胆碱列为允许添加于婴儿食品的产品。

（一）结构与性质

胆碱分子式 $C_5H_{14}NO$，其分子结构式为 $HOCH_2CH_2N^+(CH_3)_3$，在化学上为（β-羟乙基）三甲基氨的氢氧化物（如图 5-9 所示），是一种含氮的有机碱性化合物，在水溶液中可以完全电离，碱性强度与 NaOH 相似。

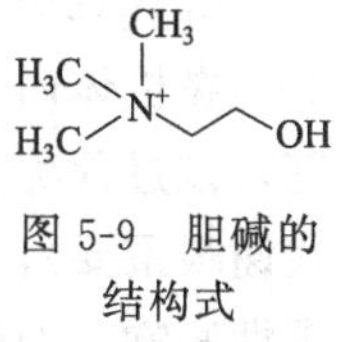

图 5-9 胆碱的结构式

胆碱是季铵碱，为无色结晶，吸湿性很强；易溶于水和乙醇，不溶于氯仿、乙醚等非极性溶剂。

（二）生理作用

胆碱和其他维生素不同，它不是作为酶或辅酶的一部分影响动物机体代谢的，而是直接作为细胞的组成部分来维护细胞基本结构和功能，因此，对维持和延续生命有着至关重要的作用。人们从生长发育、生理生化和解剖学的角度揭示了胆碱对认知、记忆、运动和运动障碍以及对肝、肾、心血管病、癌症等的实际影响。

胆碱的生理作用主要有：

1. 促进脑发育和提高记忆力

胆碱可通过胎盘向胎儿运输，羊水中胆碱浓度为母血中的 10 倍。新生儿阶段大脑从血液中汲取胆碱的能力是极强的。实验观察，新生鼠大脑中具有一种活性极强的磷脂酰乙醇胺-N-甲基转移酶（该酶不存在于成年鼠大脑），而且，S-腺苷甲硫氨酸浓度为 40～50nmol/g，这就使得新生鼠的磷脂酰乙醇胺-N-甲基转移酶维持高活性。此外，人类和大鼠乳汁也可为新生儿提供大量胆碱。

2. 保证信息传递

对胆碱磷脂介导信息传递的研究近年有很大进展。研究认为膜受体接受刺激可激活相应的磷脂酶而导致分解产物的形成。这些产物本身即是信号物分子，或者被特异酶作用而再转变成信号物分子。膜中的少量磷脂组成，包括磷脂酰基醇衍生物、胆碱磷脂，特别是磷脂酰胆碱和神经鞘磷脂，均为能够放大外部信号或通过产生抑制性第二信使而中止信号过程的生物活性分子。胆碱是合成乙酰胆碱的前体，乙酰胆碱是副交感神经终端释放的神经活动的化学传递物质。比如刺激迷走神经，释放乙酰胆碱，可导致心搏迟缓。另外，输卵管的收缩亦为乙酰胆碱的作用所制约。

3. 调控细胞凋亡

凋亡（apoptosis）是细胞的一种受调控形式的自毁过程，存在于多种生理条件下，如正常的细胞更替、激素诱导的组织萎缩和胚胎发生。处于凋亡过程的细胞出现染色体 DNA 破碎和形态特征的改变，如胞体骤减、胞核聚缩和破碎。凋亡过程的另一特征性变化来自核酸内切酶的作用，即具有转录活性的核 DNA（而非线粒体 DNA）被水解成 200bp（碱基对）的染色质碎片，从而在凝胶电泳中形成梯度变化。

DNA 链的断裂是胆碱缺乏的早期表现，DNA 损伤对凋亡细胞形态学变化有重要作用，鼠肝细胞置于缺乏胆碱的培养基中会凋亡，同时，胆碱缺乏对神经细胞也是一种潜在的凋亡诱导因素。

胆碱缺乏和甲基缺乏常被看作一回事，因为胆碱缺乏减少了甲基的供应。但是以甜菜碱、蛋氨酸、叶酸或维生素 B_{12} 提供甲基并不能避免肝细胞由于胆碱缺乏所诱导的凋亡，因此，胆碱对调控细胞凋亡具有其他甲基供体所不能替代的重要特异性功能。

4. 促进体内转甲基代谢

在机体内，能从一种化合物转移到另一种化合物上的甲基称为不稳定甲基，亦称活性甲基，该过程称为酯转化过程。体内酯转化过程有重要的作用，诸如参与肌酸的合成（对肌肉代谢很重要），参与肾上腺素之类激素的合成，甲酯化某些物质使之从尿中排出等。许多内源性底物，如组胺、氨基酸、蛋白质、糖和多胺的甲基化对细胞的正常调节有重要意义。胆碱是不稳定甲基的一个主要来源，蛋氨酸、叶酸和维生素 B_{12} 等也能提供不稳定甲基。因此，需在维生素 B_{12} 和叶酸作为辅酶因子帮助下，胆碱在体内才能由丝氨酸和蛋氨酸合成而得。不稳定甲基源之间的某一种可代替或可部分补充另一种的不足，如蛋氨酸和维生素 B_{12} 在某种情况下能替代机体中部分胆碱。

5.构成生物膜的重要组成成分

胆碱是卵磷脂和神经鞘磷脂的前体，两者是构成细胞膜的必要物质。卵磷脂是胆碱发挥重要生理功能的产物之一，是人体细胞膜的主要成分。

6.促进脂肪代谢

胆碱对脂肪有亲和力，可促进脂肪以磷脂形式由肝脏通过血液输送出去或改善脂肪酸本身在肝中的利用，并可防止脂肪在肝脏里的异常积聚。如果没有胆碱，脂肪积聚在肝中导致脂肪肝，使人体处于病态。临床上，应用胆碱治疗肝硬化、肝炎和其他肝疾病，效果良好。

7.降低血清胆固醇

随着年龄的增大，胆固醇在血管内沉积可引起动脉硬化，最终诱发心血管疾病。胆碱和磷脂具有良好的乳化特性，能阻止胆固醇在血管内壁的沉积并可清除部分沉积物，同时可改善脂肪的吸收与利用，因此具有预防心血管疾病的作用。

胆碱和肌醇（另一种B族维生素）共同作用有利于人体对脂肪与胆固醇进行利用。因为有促进肝脏机能的作用，胆碱可帮助人体组织排除毒素和药物。此外，胆碱还有镇定作用。胆碱是少数能穿过脑血管屏障的物质之一，这个"屏障"保护脑部不受日常饮食的改变的影响，但胆碱可通过此"屏障"进入脑细胞，制造帮助记忆的化学物质，所以胆碱有防止老年记忆力衰退的功效（每天服用1～5g），有助于治疗阿尔茨海默病。

（三）缺乏与过量

胆碱缺乏可引起肝硬化、肝脏脂肪的变性、动脉硬化，也可能是引起阿尔茨海默病的原因之一。婴幼儿合成能力低，常有进行营养强化的必要。

过量的胆碱会引起特殊的体臭，还会导致低血压（10g/d），但目前尚未有观察到通过膳食摄入过量胆碱对人产生毒副作用。中国营养学会提供的胆碱适宜摄入量（AI）见表5-12。胆碱的可耐受最高摄入量（UL）为：1～7岁1000mg/d，7～15岁2000mg/d，15～18岁2500mg/d，18岁以上3000mg/d，孕妇和乳母3000mg/d。

表 5-12　满足日常的胆碱适宜摄入量

年龄段/岁	AI/(mg/d)	
0～0.5	120	
0.5～1	140	
1～4	170	
4～7	200	
7～9	250	
9～12	300	
12～15	380	
15岁以上	男：450	女：380
孕妇	＋80	
乳母	＋120	

（四）稳定性及加工的影响

胆碱容易与酸反应生成更稳定的结晶盐（如氯化胆碱），在强碱条件下也不稳定，但对热和储存相当稳定。由于胆碱耐热，因此在加工和烹调过程中的损失很少，干燥环境下即使长时间储存，食物中胆碱含量也几乎没有变化。

（五）推荐摄入量及主要食物来源

人们一直认为许多食物都含有胆碱，肝脏又能合成部分胆碱，因此人体一般不会缺乏胆碱。Zeisel 等试验证明食用低胆碱食物，不能满足人体对胆碱的需求，促使美国将胆碱定为必需营养素。美国国家科学院食品营养会议规定的胆碱日摄入量为：男人 550mg/d，女人 425mg/d，孕妇 450mg/d。中国营养学会在《中国居民膳食营养素参考摄入量》中提出的胆碱适宜摄入量见表 5-12。

胆碱广泛存在于各种食物中，动物性食品（肉、蛋、奶、鱼）及其副产品含较高的胆碱，坚果、油料种子及其制品以及副产品含胆碱次之，一般谷物、蔬菜和水果含胆碱甚少。特别是肝脏、蛋黄、红肉、奶制品中含量较高。另外，大豆、花生、柑橘、土豆、菠菜等也是胆碱的良好来源。

十、肌醇

肌醇又称环己六醇、肌糖、纤维醇，是一种生物活性物质，是生物体中不可缺少的成分。广泛分布在动物和植物体内，是动物、微生物的生长因子。最早从心肌和肝脏中分离得到。肌醇是 B 族维生素中的一种。

（一）结构

肌醇分子式 $C_6H_{12}O_6$，是环己烷的多元羟基衍生物，在理论上有 9 种可能的异构体。环己六醇在自然界存在有多个顺、反异构体，天然存在的异构体为顺-1,2,3,5-反-4,6-环己六醇，见图 5-10。

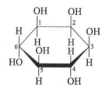

图 5-10　肌醇的结构式

通常在自然界中发现的肌醇有 4 种，分别称为 D-chiro-inositol、L-chiro-inositol、肌肉肌醇（myo-inositol）和鲨肌醇（scyllo-inositol）。肌醇最初在肌肉中发现，后来证明广泛存在于微生物和动物中，几乎所有生物都含有游离态或结合态的肌醇。游离态的肌醇主要存在于肌肉、心脏、肺脏、肝脏中，是磷脂酰肌醇的组成成分。

在 80℃以上从水或乙酸中得到的肌醇为白色晶体，熔点 253℃，密度 1.752g/cm³（15℃），味甜，溶于水和乙酸，无旋光性。

（二）生理作用

一般来说肌醇虽分布很广，但对它的代谢途径或生理机能还不十分清楚。目前已知肌醇在人体中的作用有：

（1）肌醇有亲脂性，与胆碱一同起着维持正常的脂类代谢、防止脂肪肝的作用；

（2）肌酸可用于生产肌醇片、烟酸肌醇脂、脉通、甘油三酯，用于治疗肝硬化、肝炎、脂肪肝、血中胆固醇过高等症；

（3）氟代肌醇是近年来才开发出来的新产品，具有抗癌、治癌和高效免疫功能；

（4）参与体内的新陈代谢活动，具有免疫、预防和治疗某些疾病等多种作用；

（5）促进健康毛发的生长，可防治脱发、湿疹；

（6）在发酵和食品工业中，可用于多种菌种的培养和促进酵母的增殖等；

（7）肌醇还是肠内某些微生物的生长因子，在其他维生素缺乏时，它能刺激所缺乏维生素的微生物合成。

（三）缺乏与过量

自然状态下陆生动物一般不会缺乏。水生动物易缺乏，主要表现为消化机能差，饲料利用率低，生长缓慢，鲤鱼背部表皮还出现糜烂；鳗鲡则出现灰白肠；鲑鳟有烂鳍、胃胀、贫血等症状。因此，水生动物日粮中，常需增补肌醇。高等动物若缺乏肌醇，将会出现生长停滞和毛发脱落等现象。人类缺乏肌醇的症状为：湿疹，头发易变白。

（四）稳定性及加工的影响

水、磺胺药剂、雌激素、乙醇、咖啡、安眠药、阿司匹林、食品加工、阳光、高温煮沸等可使肌醇失去活性，应避光密封保存。

（五）推荐摄入量及主要食物来源

还未确定每日必需的摄入量，健康成人每天大约应摄入 1g，许多保健饮料和儿童食品都加有微量肌醇。

肌醇含量丰富的食物有：动物肝脏、啤酒酵母、利马豆（lima bean）、牛脑和牛心、美国甜瓜、葡萄柚、葡萄干、麦芽、未精制的糖蜜、花生、甘蓝、全麦等谷物。

十一、维生素 C

维生素 C（vitamin C，ascorbic acid）又称 L-抗坏血酸，是一种水溶性维生素，于 1907 年由挪威化学家霍尔斯特从柠檬汁中发现，1934 年才获得纯品。

（一）结构

抗坏血酸（分子式：$C_6H_8O_6$）是一个含有六个碳原子的 α-酮基内酯的弱酸性多羟化合物，有还原型和氧化型两种形式（见图 5-11）。紫外线吸收最大值为 245nm。

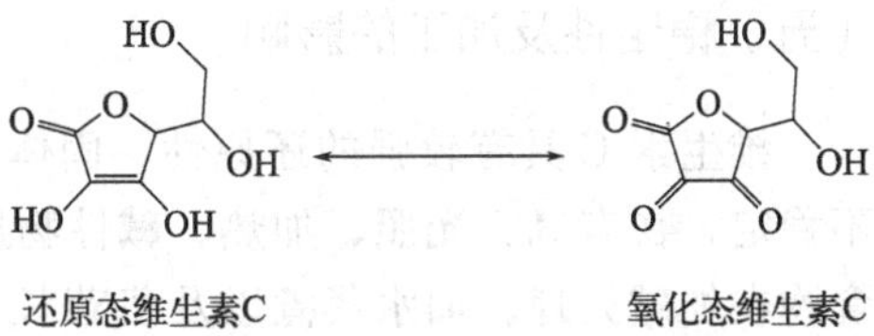

维生素 C 是无色晶体，熔点 190～192℃，味酸，溶于水和乙醇。不耐热，易被光和空气氧化，痕量金属离子可加速其氧化。在酸性溶液中较碱性溶液中稳定。

还原态维生素C　　氧化态维生素C

图 5-11　维生素 C 不同状态的结构式

（二）生理作用

维生素 C 能在大多数动物体内自行合成，其生理功能有以下几种：

（1）促进各种支持组织及细胞间黏合物的形成。例如，纤维组织的胶原蛋白、骨与软骨的基质、血管的内皮，以及其他非上皮性的黏合质等的形成均需要维生素 C 的帮助，故当维生素 C 缺乏后，毛细血管的脆性和透过性增大，身体多处容易出血和骨质脆弱，出现坏血病症状。

（2）对生物氧化也有重要作用。其在细胞呼吸链中作为细胞呼吸酶（如细胞色素氧化酶）的辅助物质，促进体内氧化作用。

（3）在某些代谢中的作用。维生素C对酪氨酸的代谢具有促进作用，还能促进叶酸转化为四氢叶酸、肝糖原转化为葡萄糖，对胆固醇代谢具有调节作用，有防止肾上腺素氧化及促进肾上腺皮质激素生物合成的作用。

（4）促进铁的吸收和运转，促进叶酸的吸收，用于防治和治疗缺铁性贫血。

（5）具有抗氧化、保护细胞和抗衰老作用。

（6）预防牙龈萎缩、出血，具有防癌、抗癌作用。

（7）促进胆固醇的排泄，防止胆固醇在动脉内壁沉积，甚至可以使沉积的粥样斑块溶解，从而可预防动脉硬化，防治心血管疾病。

（8）提高人体的免疫力。白细胞含有丰富的维生素C，当机体感染时白细胞内的维生素C急剧减少。维生素C可增强中性粒细胞的趋化性和变形能力，提高杀菌能力。

（三）吸收与排泄

由于大多数哺乳动物都能在肝脏合成维生素C，所以并不存在缺乏的问题；但是人类、灵长类、土拨鼠等少数动物却不能自身合成，必须通过食物、药物等摄取。食物中的维生素C被人体小肠上段吸收，分布到体内所有的水溶性结构中，正常成人体内的维生素C代谢活性池中约有1500mg，最高储存峰值为3000mg。正常情况下，维生素C绝大部分在体内经代谢分解成草酸或与硫酸结合生成抗坏血酸-2-硫酸由尿排出，少数可直接由尿排出体外。

（四）缺乏与过量

缺乏维生素C可患坏血病，早期表现为易疲劳、皮肤瘀点或瘀斑、毛囊角质化且周围轮状出血，严重者出现牙龈肿胀出血、球结膜出血、机体抵抗力下降、伤口愈合缓慢及多疑、抑郁等精神症状。

过量维生素C可诱导线粒体脂类过氧化和脂褐素的形成，降低线粒体膜的流动性，引起线粒体膨胀，导致维生素 B_{12} 缺乏，引起腹泻、牙龈出血、心脏循环系统问题等。

（五）稳定性及加工的影响

维生素C具有较强的还原性，固体的维生素C性质相对稳定，溶液中的维生素C性质不稳定，在有氧、光照、加热、碱性物质、氧化酶及微量铜、铁存在时易被氧化破坏。因此食物在加碱处理、加水蒸煮以及蔬菜长期在空气中放置等情况下维生素C损失较多，而在酸性环境中、冷藏及避免暴露于空气中时损失较少。食品添加剂对维生素C也有影响，如漂白剂能降低其损失，发色剂可破坏其活性。

（六）维生素C机体营养状况的评价

（1）血清抗坏血酸水平。血浆（或全血）维生素C浓度低于4mg/L时为缺乏，低于2mg/L时则出现坏血病症状。

（2）白细胞维生素C浓度。白细胞维生素C浓度低于 $10\mu g/10^8$ 为缺乏，$11\sim19\mu g/10^8$ 为不足，$20\sim30\mu g/10^8$ 为正常。

（3）负荷试验。一次性口服饱和性剂量 500mg 后，4h 尿中维生素 C＞10mg 为正常，＜3mg 为缺乏。

（4）空腹尿中抗坏血酸和肌酐含量测定。

（七）推荐摄入量及主要食物来源

为了预防坏血病，健康的成年人每日维生素 C 的需求量大约为 85mg，然而坏血病患者每日则需 100mg 的维生素 C。中国营养学会提出了维生素 C 的推荐摄入量（RNI）：0～1 岁为 40mg/d（AI），1～4 岁为 40mg/d，4～7 岁为 50mg/d，7～9 岁为 60mg/d，9～12 岁为 75mg/d，12～15 岁为 95mg/d，15 岁以上为 100mg/d，孕中晚期为同龄女性 RNI＋15mg/d，乳母为同龄女性 RNI＋50mg/d。维生素 C 可耐受最高摄入量（UL）：1～4 岁为 400mg/d，4～7 岁为 600mg/d，7～9 岁为 800mg/d，9～12 岁为 1100mg/d，12～15 岁为 1600mg/d，15～18 岁 1800mg/d，18 岁以上为 2000mg/d。

新鲜的蔬菜和水果富含维生素 C，如辣椒、柿子椒、番茄、花椰菜、豌豆苗、苦瓜、白菜及各种深色叶菜；鲜枣、猕猴桃、梨、苹果、葡萄、桃、山楂、柿子、草莓、刺梨、沙棘、番木瓜、柑橘类水果等。食物在烹饪过程中维生素 C 易遭破坏，故黄瓜、番茄、小水萝卜等洗净生食维生素 C 保留量高。

动物性食物和奶类中抗坏血酸含量很少；植物种子（粮谷、豆类）中不含抗坏血酸。

第三节 脂溶性维生素

维生素 A、维生素 D、维生素 E、维生素 K 等不溶于水，而溶于脂肪及脂溶剂（如苯、乙醚及氯仿等）中，故称为脂溶性维生素。在食物中，它们常和脂类共同存在，因此在肠道吸收时也与脂类的吸收密切相关。当脂类吸收不良时，脂溶性维生素的吸收大为减少，甚至会引起缺乏症。吸收后脂溶性维生素可以在体内，尤其是在肝内储存。

一、维生素 A

维生素 A 又称视黄醇（retinol），是一个具有脂环的不饱和一元醇，通常以视黄醇酯的形式存在，醛的形式称为视黄醛（retinal 或 retinaldehyde）。

另外，有些物质在化学结构上类似于某种维生素，经过简单的代谢反应即可转变成维生素，此类物质称为维生素原。例如 β-胡萝卜素能转变为维生素 A（见图 5-12）；7-脱氢胆固醇可转变为维生素 D_3。

（一）结构与性质

维生素 A 为含 β-白芷酮环的不饱和一元醇，其基本形式是全反式视黄醇，包括维生素 A_1、维生素 A_2 两种（维生素 A_1 和维生素 A_2 结构相似），如图 5-13 所示。

维生素 A_1 一般为黄色黏性油体，纯维生素 A_1 可结晶为黄色三棱晶体，熔点 62～

64℃。维生素 A_2 尚未制成晶体。维生素 A 不溶于水，而溶于油脂和乙醇，易氧化，在无氧存在时，相当耐热，即使加热到 $120\sim130℃$，破坏也不大。对碱也有耐力，但易被紫外线所破坏。与脂肪酸结合所成的酯相当稳定，不易为光及空气所破坏。维生素 A 与三氯化锑混合会产生深蓝色物质，可作为维生素 A 测定的依据。

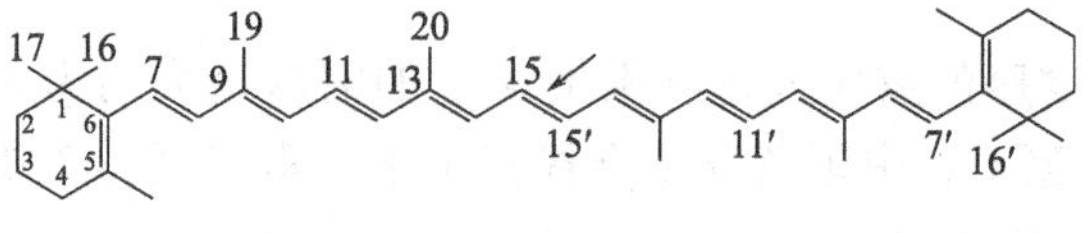

(a) β-胡萝卜素

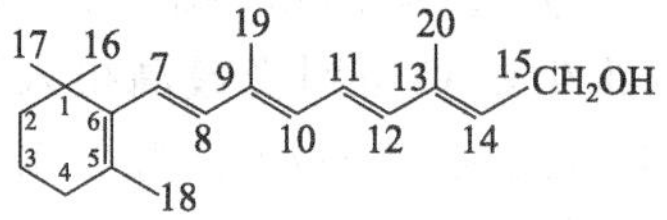

(b) 维生素A

图 5-12 β-胡萝卜素（a）和维生素 A（b）的结构式

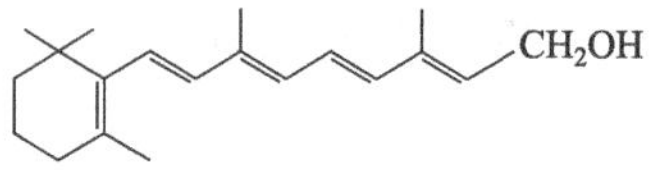

(a) 视黄醇(维生素A_1) (全反型)

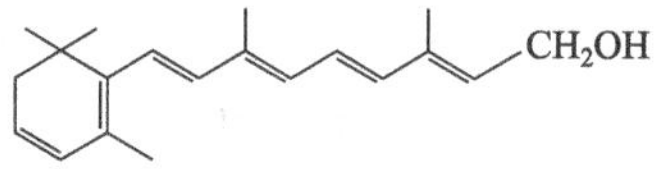

(b) 3-脱氢视黄醇(维生素A_2) (全反型)

图 5-13   维生素 A_1 和维生素 A_2 的结构式

（二）生理作用

1. 维持正常视觉功能

维生素 A 与正常视觉能力有密切关系。维生素 A 在体内参与眼球视网膜细胞内视紫红质的合成与再生，可维持正常视力。人从亮处进入暗处，因视紫红质消失，最初看不清楚任何物体，经过一段时间，当视紫红质再生成到一定水平时才逐渐恢复视觉，这一过程称为暗适应。如果维生素 A 摄入充足，视网膜细胞中视紫红质容易合成，暗适应能力强；如果维生素 A 缺乏，暗适应能力差，严重时可导致夜盲症，古称"雀蒙眼"。患夜盲症时，结膜干燥角化，形成眼干燥症（干眼病），进一步可致角膜软化、溃疡、穿孔而致失明。

2. 维护上皮组织细胞的健康和促进免疫球蛋白的合成

维生素 A 可参与糖蛋白的合成，这对于上皮的正常形成、发育与维持十分重要。当维生素 A 不足或缺乏时，可导致糖蛋白合成中间体的异常，低分子量的多糖-脂的堆积，引起上皮基底层增生变厚，细胞分裂加快，张力原纤维合成增多，表面层发生细胞变扁、不规则、干燥等变化。鼻、咽、喉和其他呼吸道、胃肠和泌尿生殖系统内膜角质化，削弱了细菌侵袭的天然屏障（结构），而易于感染。

免疫球蛋白是一种糖蛋白，所以维生素 A 能促进该蛋白质的合成，对于机体免疫功能有重要影响，缺乏时，细胞免疫呈现下降。

3. 维持骨骼正常生长发育

维生素 A 促进蛋白质的生物合成和骨细胞的分化。当其缺乏时，成骨细胞与破骨细胞间平衡被破坏，或由于成骨活动增强而使骨质过度增殖，或使已形成的骨质不吸收。孕妇如果缺乏维生素 A 时会直接影响胎儿发育，甚至发生死胎。

4. 促进生长与生殖

维生素 A 有助于细胞增殖与生长。动物缺乏维生素 A 时，明显出现生长停滞，可能与动物食欲降低及蛋白质利用率下降有关。维生素 A 缺乏时，影响雄性动物精索上皮产生精母细胞，以及雌性阴道上皮周期变化，也影响胎盘上皮，使胚胎形成受阻。维生素 A 缺乏还引起诸如催化黄体酮前体形成所需要的酶的活性降低，使肾上腺、生殖腺及胎盘中类固醇的产生减少，这可能是影响生殖功能的原因。

5. 抗氧化作用

维生素 A 也有一定的抗氧化作用，可以中和有害的游离基。

β-胡萝卜素具有抗氧化作用，近年来已有大量报道。β-胡萝卜素是机体一种有效的捕获活性氧的抗氧化剂，对于防止脂类过氧化，预防心血管疾病、肿瘤，以及延缓衰老均有重要意义。

6. 抑制肿瘤生长

近年发现，维生素 A 酸（视黄酸）类物质有延缓或阻止癌前病变，防止化学致癌剂致癌的作用，特别是对于上皮组织肿瘤，临床上作为辅助治疗剂已取得较好效果。

7. 营养增补剂

在化妆品中用作营养成分添加剂，能防止皮肤粗糙，促进正常生长发育，可用于膏霜乳液中。具有调节表皮及角质层新陈代谢的功效，可以抗衰老，去皱纹。能减少皮脂溢出而使皮肤有弹性，同时可淡化斑点，柔润肌肤。有助于保护表皮、黏膜不受细菌侵害，保持皮肤健康，预防皮肤癌。外用有助于对粉刺、脓包、疥疮、皮肤表面溃疡等症的治疗，有助于祛除老年斑。

8. 维护头发、牙齿和牙床的健康

维生素 A 有助于防治脱发，帮助牙齿生长、再生。

（三）吸收与排泄

维生素 A 进入消化道后，在胃内几乎不被吸收，在小肠与胆汁酸脂肪分解产物一起被乳化，由肠黏膜吸收。维生素 A 在人体储存量随着年龄递增，至老年期明显低于年轻人，不同性别储存量也不同。维生素 A 在体内的平均半衰期为 128～154d，在无维生素 A 摄入时，每日肝中损失（分解代谢）率约为 0.5%。

（四）缺乏与过量

正常成人每天的维生素 A 最低需要量为 5000IU；1 岁以内婴儿每天需 1500IU；儿童的最低需要量随年龄而异，1～10 岁的儿童，每天的最低维生素 A 需要量为 2000～3500IU。维生素 A 缺乏会引起一系列的症状：一是上皮组织结构改变，呈角质化，皮肤干燥，呈鳞状；呼吸道表皮组织改变，易受病菌侵袭。有的患者因胃肠黏膜表皮受损而引起腹泻。在儿童还偶有因缺乏维生素 A 引起眼角膜和结膜变质，牙釉和骨质发育不全的。成人、儿童长期缺乏维生素 A 都会导致泪腺分泌障碍产生眼干燥症。二是不能合成足够的视紫红质，对暗光适应力减弱，甚至发生夜盲症状。三是引起某些方面的代谢失调，如动物某些器官的 DNA 含量减少，糖胺聚糖（硫酸软骨素）的生物合成也受阻碍。

维生素 A 较易被正常肠道吸收，但不直接随尿排泄，摄取过量的维生素 A 是有害的。人体摄入过量的维生素 A 可引起中毒综合征，称为维生素 A 中毒症（vitamin A toxicity）。维生素 A 中毒症可分为急性型和慢性型。急性型患儿表现为食欲减退、烦躁或嗜睡、呕吐、前囟膨隆、头围增大、视乳头水肿等。颅内压增高在急性型常见。当停止摄入过量的维生素 A 后，人体很快会恢复过来。婴幼儿慢性中毒常见皮肤干粗或薄而发亮，有皮脂溢出样皮炎或全身散在性斑丘疹，斑片状脱皮和严重瘙痒；唇和口角常皲裂，易出血；毛发干枯、稀少、易脱发；骨痛，常发生在长骨和四肢骨，以前臂和小腿多见；局部软组织肿胀，有压痛感等体征；肝脾肿大、腹痛、肌痛、出血、肾脏病变，再生低下性贫血伴白细胞减少，血碱性磷酸酶多有增高等。

（五）稳定性及加工的影响

维生素 A 对空气、紫外线和氧化剂都很敏感，高温和金属离子的催化作用都可加速其分解，维生素 A 损失的速度受酶、水分活度、储存条件、大气和温度所影响。

添加抗氧化剂可增加维生素 A 和胡萝卜素的稳定性，供食品营养强化用的维生素 A 棕榈酸酯比维生素 A 乙酸酯更稳定。

（六）维生素 A 营养状况的评价

（1）测定血清维生素 A 含量　成人血清维生素 A 的正常值为 $0.70\sim1.75\mu mol/L$，当 $<0.35\mu mol/L$ 即可出现明显的维生素 A 缺乏症。

（2）暗适应功能测定　使用暗适应计，测定人体暗适应力，方法简便易行，但易受其他身体状况（如睡眠不足、眼部疾病）等因素影响。

（3）痕迹细胞学方法　该方法是从眼球结膜上获取眼睛上皮细胞，并通过镜检观察上皮球状细胞黏蛋白的形态和数量来评价维生素 A 水平。

（七）推荐摄入量及主要食物来源

由于植物类胡萝卜素的转换和吸收不同以及检测方法的不确定性，人体每天所需维生素 A 的数量目前并不确知。为了预防夜盲症的发生，每日需要大约 $450\mu g$ 的等量视黄醇。表 5-13 列出了不同年龄段人体每日所需的维生素 A 摄入量。中国营养学会提出了维生素 A 可耐受最高摄入量（UL）：$0\sim1$ 岁为 $600\mu g$ RAE/d，$1\sim4$ 岁为 $700\mu g$ RAE/d，$4\sim7$ 岁为 $1000\mu g$ RAE/d，$7\sim9$ 岁为 $1300\mu g$ RAE/d，$9\sim12$ 岁为 $1800\mu g$ RAE/d，$12\sim15$ 岁为 $2400\mu g$ RAE/d，$15\sim18$ 岁为 $2800\mu g$ RAE/d，18 岁以上（包括孕妇和乳母）为 $3000\mu g$ RAE/d。

表 5-13　中国居民维生素 A 推荐摄入量（RNI）

年龄段/岁	RNI/(μg RAE[①]/d)	
0～0.5	300（AI）	
0.5～1	350（AI）	
1～4	男：340	女：330
4～7	男：390	女：380

续表

年龄段/岁	RNI/(μg RAE[①]/d)	
7~9	男：430	女：390
9~12	男：560	女：540
12~15	男：780	女：730
15~18	男：810	女：670
18~50	男：770	女：660
50~65	男：750	女：660
65~75	男：730	女：640
75 岁以上	男：710	女：600
孕早期	+0	
孕中、晚期	+70	
乳母	+600	

①RAE 为视黄醇当量。

　　从食物分类来分维生素 A 有三类食物来源。一类是植物性食物，含维生素 A 原（即各种类胡萝卜素），如绿叶菜类、红黄色菜类以及水果类等，代表性食物有菠菜、苜蓿、豌豆苗、胡萝卜、红心红薯、青椒、南瓜、芒果、辣椒和柿子等。另一类是动物性食物，含能够直接被人体利用的维生素 A（视黄醇），主要存在于动物肝脏、鱼卵、奶及奶制品（未脱脂奶）及禽蛋中。此外，鱼肝油也是维生素 A 的良好来源，其中以北欧的野生鳕鱼肝油为最佳，因为它不仅富含维生素 A，还含有维生素 D 和 DHA。在北欧，每天调一勺野生鳕鱼肝油在牛奶或汤里服用已经成为大众生活的习惯。孕妇也将鳕鱼肝油作为补充 DHA、维生素 A 和维生素 D 的重要来源。还有一类是药食同源的食物，如车前子、防风、紫苏、藿香、枸杞子等。表 5-14 为常见食物中维生素 A 及胡萝卜素的含量。

表 5-14　食物中维生素 A 及胡萝卜素的含量

维生素 A 及胡萝卜素含量	食物来源
极高（每 100g 可食部分超过 2000μg 等量的视黄醇）	牛皮菜、羽衣甘蓝、肝脏（5000~30000μg）等
高（每 100g 可食部分含 500~2000μg 等量的视黄醇）	胡萝卜（2000μg）、干杏、芒果、黄油、人造黄油、鸡心、蛋黄粉、黑叶色蔬菜、菠菜、西蓝花等
中等（每 100g 可食部分含 100~500μg 等量的视黄醇）	鲜杏仁、奶酪、奶粉、鸡蛋、肉鸡、蜜露甜瓜、桃、柑橘、枇杷、红心红薯、番茄、莴苣、小白菜、苋菜、生菜、油菜、河蟹、蚌肉、鳟鱼等
低（每 100g 可食部分低于 100μg 等量的视黄醇）	香蕉、豆类、牛肉、谷物（未加工）、猪肾、鱼、牛奶、杏等

二、维生素 D

　　维生素 D 由 Edward Mellanby 于 1922 年发现，为一组固醇类化合物。维生素 D 均为不同的维生素 D 原经紫外线照射后的衍生物。植物不含维生素 D，但维生素 D 原在动、植物体内都存在。维生素 D 是一种脂溶性维生素，有五种化合物，与健康关系较密切的是维生素 D_2 和维生素 D_3。它们有以下特性：存在于部分天然食物中；受紫外线的照射后，人体内的胆固醇能转化为维生素 D。维生素 D 亦称为钙化醇、抗佝偻病维生素，主要活性形式是 $1\alpha,25$-二羟胆钙化醇。

（一）结构

维生素 D 是指含环戊氢烯菲环结构并具有钙化醇生物活性的一大类物质，可由维生素 D 原经紫外线 $270\sim300nm$ 激活形成，以维生素 D_2（ergocalciferol，麦角钙化醇）及维生素 D_3（cholecalciferol，胆钙化醇）最为常见。维生素 D_2 是由酵母菌或麦角中的麦角固醇（ergosterol）经日光或紫外线照射后的产物，并且能被人体吸收。维生素 D_3 是由储存于皮下的胆固醇的衍生物（7-脱氢胆固醇），在紫外线照射下转变而成的（图 5-14）。

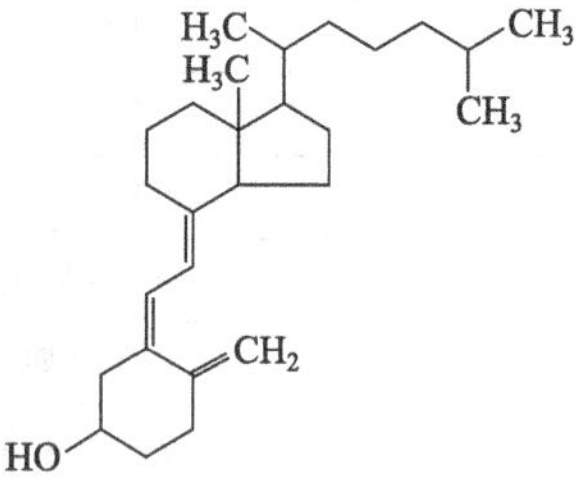

维生素 D 是一种无色晶体，不溶于水而溶于油脂及脂溶剂，相当稳定，不易被酸、碱或氧化剂破坏。

图 5-14　维生素 D_3 的结构式

（二）生理作用

（1）调节钙、磷代谢，维持血液钙、磷浓度正常，从而促进钙化，使牙齿、骨骼正常发育。维生素 D 增加血钙的作用与甲状旁腺激素的作用相似，而与降血钙素相反。维生素 D 之所以能促进钙化，主要是因其能促进磷、钙在肠内的吸收。患有骨质疏松症的人通过添加合适的维生素 D 和镁可以有效地促进钙离子的吸收。

（2）血浆中的钙离子还有促进血液凝固及维持神经肌肉正常敏感性的作用。缺乏钙的人和动物，血液不易凝固，神经易受刺激。维生素 D 能保持血钙的正常含量，间接有防止失血和保护神经肌肉系统的功用。

（3）$1\alpha,25$-二羟胆钙化醇与机体细胞内维生素 D 核内受体结合可以调节 40 多种不同蛋白质的转录，可通过基因转录的调节控制细胞的分化、增殖和生长。

（4）维生素 D 还具有降低患结肠癌、乳腺癌和前列腺癌的概率，增强免疫系统的作用。

（三）吸收与排泄

从食物中得来的维生素 D，在胆汁的辅助下与脂肪一起被吸收，吸收部位主要在空肠与回肠。当脂肪吸收受干扰时，如慢性胰腺炎、脂肪痢及胆道阻塞患者，其维生素 D 的吸收都会受到影响。维生素 D 的分解代谢主要在肝内进行，并将其代谢物排入到胆汁中，口服的维生素 D 比肌内注射的易于分解。正常人摄入维生素 D_2 或维生素 D_3 后，80％以上可在小肠吸收，其代谢物及部分维生素 D_2 或维生素 D_3 通过胆汁和粪便排泄，4％以下随尿排出。摄入或充分晒太阳后合成较多的维生素 D，可储于脂肪及肝内长达数月。

（四）缺乏与过量

由于缺乏日光照射或者饮食原因，亦或消化吸收障碍而造成维生素 D 的缺乏，常常导致体内钙、磷代谢障碍，致使骨失去正常的钙化能力。因此，维生素 D 缺乏可引起婴幼儿的佝偻病、成人骨质软化症、骨质疏松症及手足痉挛症等。症状包括骨头和关节疼痛，肌肉萎缩，失眠，紧张以及痢疾腹泻等。

无论口服或是注射，维生素 D 过量均可引起中毒。不同个体对维生素 D 的耐受量差异很大，但长期每天摄入 $125\mu g$ 维生素 D 则肯定会引起中毒，连续大剂量肌内注射最易导致中毒。中毒的主要表现为血清钙磷增高及肾、心血管、肺、脑等全身异位钙沉着，发展成动脉、心肌、肺、肾、气管等软组织转移性钙化和肾结石，严重者肾、脑等器官大片钙化并可致死亡，死因多为肾功能衰竭。

（五）稳定性及加工的影响

维生素 D 的化学性质很稳定，在中性及碱性溶液中能耐高温且不易氧化，但在酸性条件下会逐渐分解。因此，通常的储藏、加工或烹调不影响其生理活性。光与酸可促进其异构化作用，应储存在氮气、无光与无酸的冷环境中。

（六）维生素 D 营养状况的评价

（1）血清 $25\text{-}OH\text{-}D_3$ 水平　血中的 $25\text{-}OH\text{-}D_3$ 浓度可代表机体维生素 D 营养状况，可用竞争蛋白结合放射免疫法或高效液相色谱法测定。

人血清 $25\text{-}OH\text{-}D_3$ 的正常值为 $11\sim68\mu g/mL$，$11\mu g/mL$ 以下为缺乏，$68\mu g/mL$ 以上为过高。维生素 D 中毒时除血清 $25\text{-}OH\text{-}D_3$ 升高外，皆伴有血清钙升高及沿血管的异位钙沉着。

（2）血清碱性磷酸酶活性　体内缺乏维生素 D 会引起血清中无机磷酸盐含量下降，而血清碱性磷酸酶活性往往升高。儿童的正常值为 $5\sim15$ 布氏单位，佝偻症患儿则超过 20 布氏单位。

（七）推荐摄入量及主要食物来源

目前由于通过皮肤光照所吸收量的不确定性，维生素 D 的实际需求量无法确知。不过日常摄入 $10\mu g$ 的维生素 D 能预防儿童的佝偻病及成人的骨软化症，而且这是安全摄入量。另外，每日饮食摄入的维生素 D 不宜超过 $25\mu g$（$1\mu g=40IU$）。中国营养学会推荐量（RNI）为：在钙磷供给量充足时儿童、少年、青年、孕妇、乳母、65 岁以下老人为 $10\mu g/d$，65 岁以上老人为 $15\mu g/d$。65 岁以下的人每天应该摄入 400IU 的维生素 D，65 岁以上需要600IU。随着年龄的增长而增加需求量，这是因为皮肤随着年龄的老化，制造维生素 D 的能力越来越低。钙可耐受最高摄入量（UL）：$0\sim0.5$ 岁为 1000 IU，$0.5\sim4$ 岁为 1500 IU，4岁以上儿童、成人和孕妇最多吸收 2000IU，超过这个量就会起毒副作用。因为维生素 D 可溶于油脂，过量会影响健康。但是维生素 D 过低也就没法预防慢性疾病和骨质疏松。每天摄入 1000IU 的维生素 D 既有保健作用又不会起毒副作用。只要不过量吃肝油，一般就不会摄入过量维生素 D，通过晒太阳也不用担心会制造过量或不足量，因为人体自身会调节。

除了蛋黄及富含脂肪的海鱼（如沙丁鱼、鲱鱼）外，普通食物很少能含足量的维生素 D。在非强化谷物、水果、蔬菜中不含维生素 D，在小麦、禽肉和白鱼中的含量极低。不过，获得维生素 D 的最好且便宜的方法是使皮肤经常晒太阳。主要食物来源：海水鱼和鱼卵、肝、蛋黄、奶油、奶酪等。表 5-15 列出了几种食物中维生素 D 的含量。

表 5-15   普通食物中维生素 D 的含量 (引自 Gerald Wiseman)

食物来源	维生素 D 含量/(μg/100g 可食用部分)
鲱鱼	100～1200
大马哈鱼和红鳟鱼罐头	500
鲑鱼	200
金枪鱼罐头 (油浸)	232
炖鸡肝	67
烤羊肝	23
鸡蛋 (煎、煮、荷包)	49
奶油 (脂肪含量 31.3%)	50
干酪	0.25
牛奶	0.03

三、维生素 E

1922 年，美国科学家伊万发现，雄性白鼠生育能力下降和雌性白鼠易于流产与缺乏一种脂溶性物质有关。1938 年，瑞士化学家卡拉合成了这种物质，并命名为生育酚，即维生素 E。自然界存在的具有维生素 E 作用的物质，已知有 8 种，其中 4 种（α-生育酚、β-生育酚、γ-生育酚、δ-生育酚）较为重要，α-生育酚的效价最高，一般所称的维生素 E 即指 α-生育酚。

（一）结构及性质

维生素 E 属于酚类化合物，系 6-羟苯并二氢吡喃的衍生物，有一个相同的支链（$C_{16}H_{33}$）。各种生育酚都有相同的基本结构，图 5-15 为 α-生育酚的结构式。

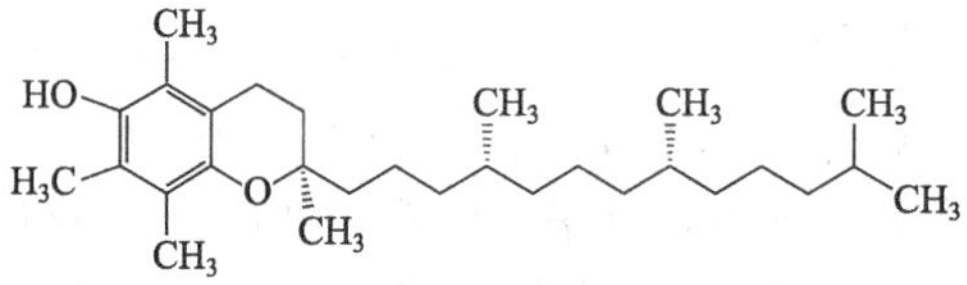

图 5-15   维生素 E（α-生育酚）的结构式

与生育酚相关的化合物生育三烯酚在取代基不同时活性是一定的，但生育酚的活性会明显降低。图 5-16、图 5-17 分别为二者的结构简式，表 5-16 为几种官能团取代后生育三烯酚与生育酚的活性比。

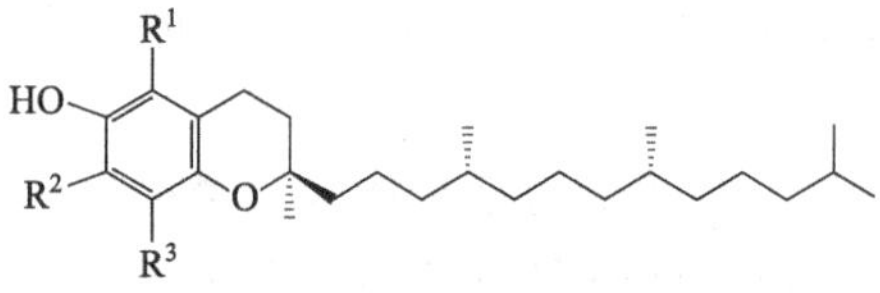

图 5-16   生育酚 (tocopherol)

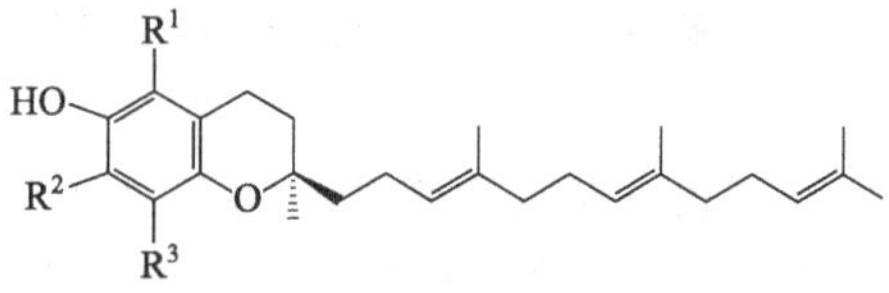

图 5-17   生育三烯酚 (tocotrienol)

表 5-16　用不同官能团取代后生育三烯酚与生育酚的活性比

衍生物	R^1	R^2	R^3	活性比
α	CH_3	CH_3	CH_3	100
β	CH_3	H	CH_3	40
γ	H	CH_3	CH_3	10
δ	H	H	CH_3	1

维生素 E 为淡黄色无臭无味的油状物，不溶于水而溶于油脂，但 α-生育酚磷酸酯二钠溶于水。不易被酸、碱及热破坏，无氧加热至 200℃ 也稳定，但极易被氧化。对白光相当稳定，但易被紫外线破坏。

（二）生理作用

维生素 E 和其他脂溶性维生素一样，随脂肪一道由肠吸收，经淋巴入血。吸收时也需胆汁存在，吸收后可贮存于肝脏，也可存留于脂肪、肌肉组织，当膳食中缺少时可供使用。维生素 E 主要有以下几种生理功能：

（1）动物缺乏维生素 E，生殖力受阻，性别不同，可产生不同的结果。

（2）对维持骨骼肌、心肌、平滑肌和周围血管的正常功能也很重要，可防止有关肌肉萎缩。

（3）维生素 E 有治疗营养性贫血的作用，主要是其抗氧化作用保护了红细胞细胞膜中的不饱和脂肪酸不被氧化破坏，从而防止红细胞被溶解。

（4）维生素 E 由于强氧化性质，能保护不饱和脂肪酸使其不被氧化成脂褐素及自由基，从而可维护细胞的完整和功能，故有一定的抗衰老作用。

（三）吸收与排泄

维生素 E 在胆酸、胰液和脂肪存在时，在脂酶的作用下以混合微粒，在小肠上部经非饱和的被动弥散方式被肠上皮细胞吸收。各种形式的维生素 E 被吸收后大多由乳糜微粒携带经淋巴系统到达肝脏。肝脏中的维生素 E 通过乳糜微粒和极低密度脂蛋白（VLDL）的载体作用进入血浆。乳糜微粒在血液循环的过程中，将吸收的维生素 E 转移进脂蛋白循环。α-生育酚的主要氧化产物是 α-生育醌，再脱去含氢的醛基生成葡糖醛酸。葡糖醛酸可通过胆汁排泄，或进一步在肾脏中被降解产生 α-生育酸从尿中排泄。

胆盐的存在有利于维生素 E 的吸收。动物摄取少量维生素 E 时，在肠内几乎全部被吸收，但随其摄入量的增大，则吸收率逐渐下降。血浆中维生素 E 含量与血中 p-脂蛋白含量密切相关，有人认为维生素 E 以乳糜微粒形式吸收后，在体内主要由 p-脂蛋白携带运输。红细胞膜中也含有维生素 E，并能与血浆脂蛋白中的维生素 E 进行交换。维生素 E 分布在动物的所有组织中，大部分贮存于脂肪组织内，其次是肌肉和肝脏，脑垂体及肾上腺中含量最高，在细胞内主要存在于线粒体及微粒体中，还有人发现染色质上含量也较多。

在健康人体内，半人造维生素 E 可主要在肝脏在几天内被脱酯化（de-esterified），但早产儿、年迈或不适的患者却不能把人造及半人造维生素 E 脱酯化。

（四）缺乏与过量

由于维生素 E 在食物中存在广泛，并且几乎贮存于体内各个器官组织，又不易被排出体外，所以人体在正常情况下很少出现维生素 E 缺乏，但低体重的早产儿和脂肪吸收障碍的患者可出现维生素 E 缺乏。维生素 E 供应不足会引起各种智能障碍或情绪障碍，严重缺乏维生素 E 可导致不孕不育、溶血性贫血、视网膜退变、肌无力、小脑共济失调等。若孕妇或乳母缺乏维生素 E，则会导致幼儿溶血性贫血，有时还会间接引发黄疸。

维生素 E 是脂溶性维生素，可在体内蓄积，但毒性相对较小。成人长期服用维生素 E（右旋-α-生育酚 $400\sim800mg/d$）无任何明显损害，若大剂量摄入维生素 E（每日摄入 $800mg\sim3.2g$）会出现中毒症状，主要表现为视觉模糊、恶心、腹泻、头痛和极度疲惫等。研究发现，维生素 $E>1000mg/d$ 时最明显的毒性作用是对维生素 K 作用的拮抗以及对口服香豆素抗凝剂作用的增强，这可导致明显的出血。婴幼儿大量摄入维生素 E 还易引起坏死性小肠结肠炎。

（五）稳定性及加工的影响

维生素 E 在无氧条件下对热稳定，即使加热至 200℃ 也不会被破坏。但易被氧化破坏，金属离子如 Fe^{2+} 等可促进其氧化。此外，其对碱和紫外线也较敏感。因此要避光、脱氧保存。维生素 E 在一般的烹饪温度下受到的破坏不大，但若长期高温油炸则其活性大量丧失。在食品加工过程中，凡是引起类脂部分分离、脱出的任何加工、精制或者脂肪氧化时都可能引起维生素 E 的损失，如谷物碾磨时可因机械作用脱去胚芽而受到损失。

（六）维生素 E 营养状况的评价

1.血清维生素 E 水平

血清维生素 E 的水平可反映维生素 E 的储备状况，为目前评价维生素 E 水平的主要生化指标。正常成人血浆 α-生育酚的浓度为 $11.5\sim46\mu mol/L$（$50\sim200mg/L$）。

2.红细胞溶血试验

红细胞（RBC）与 $2\%\sim2.4\%$ 的 H_2O_2 保温后出现溶血，检测血红蛋白（Hb_1）量占 RBC 与蒸馏水保温后所测得的血红蛋白（Hb_2）量的百分比。评价标准：$<10\%$ 为正常；$10\%\sim20\%$ 偏低；$>20\%$ 缺乏。

（七）推荐摄入量及主要食物来源

美国食品和药物管理局（FDA）对于维生素 E 每日摄取建议量（RDA）是 $20\sim30IU$。2023 年，中国营养学会提出了不同年龄阶段的维生素 E 适宜摄入量（AI）：$0\sim0.5$ 岁为 $3mg$ α-TE/d，$0.5\sim1$ 岁为 $4mg$ α-TE/d，$1\sim4$ 岁为 $6mg$ α-TE/d，$4\sim7$ 岁为 $7mg$ α-TE/d，$7\sim9$ 岁为 $9mg$ α-TE/d，$9\sim12$ 岁为 $11mg$ α-TE/d，$12\sim15$ 岁为 $13mg$ α-TE/d，15 岁以上为 $14mg$ α-TE/d，孕妇与同龄女性 AI 相同，乳母为同龄女性 AI$+3mg$ α-TE/d。维生素 E 可耐受最高摄入量（UL）为：$1\sim4$ 岁为 $150mg$ α-TE/d，$4\sim7$ 岁为 $200mg$ α-TE/d，$7\sim9$ 岁为 $300mg$ α-TE/d，$9\sim12$ 岁为 $400mg$ α-TE/d，$12\sim15$ 岁为 $500mg$ α-TE/d，$15\sim18$ 岁为 $600mg$ α-TE/d，18 岁以上（包括孕妇和乳母）$700mg$ α-TE/d。

维生素 E 广泛存在于肉类、果蔬、谷类、蛋品、油脂及坚果中，人体一般不会缺少。最初天然维生素 E 多从麦芽油提取，现在通常从菜籽油、大豆油中获得。

四、维生素 K

维生素 K 由丹麦化学家 Henrik Dam 于 1929 年从动物肝脏和麻子油中发现并提取，具有促进凝血的功能，故又被称为凝血维生素。天然维生素 K 有两种：维生素 K_1 和维生素 K_2。维生素 K_1 在绿色植物及动物肝中含量较丰富，维生素 K_2 是人体肠道细菌（如大肠埃希菌）的代谢产物，它们都是 2-甲基-1,4-萘醌的衍生物。目前临床上最常用的是人工合成的维生素 K_3 和维生素 K_4。

（一）结构及性质

维生素 K_1 和维生素 K_2 的化学结构极为相似，都是 2-甲基-1,4-萘醌的衍生物；维生素 K_3 和维生素 K_4 分别为 2-甲基-1,4-萘醌和 4-甲氨基-2-甲基萘醌。维生素 K_3 在体内可转变成维生素 K_2，其功效是维生素 K_1 和维生素 K_2 的 2～3 倍。维生素 K 的结构式见图 5-18。

维生素 K_1 为黄色油状物，维生素 K_2 为黄色晶体，溶于油脂及有机溶剂，如乙醚、石油醚和丙酮等，耐热，但易被光分解破坏。维生素 K_3 也溶于油脂，其亚硫酸氢钠盐及二磷酸四钠盐则溶于水。

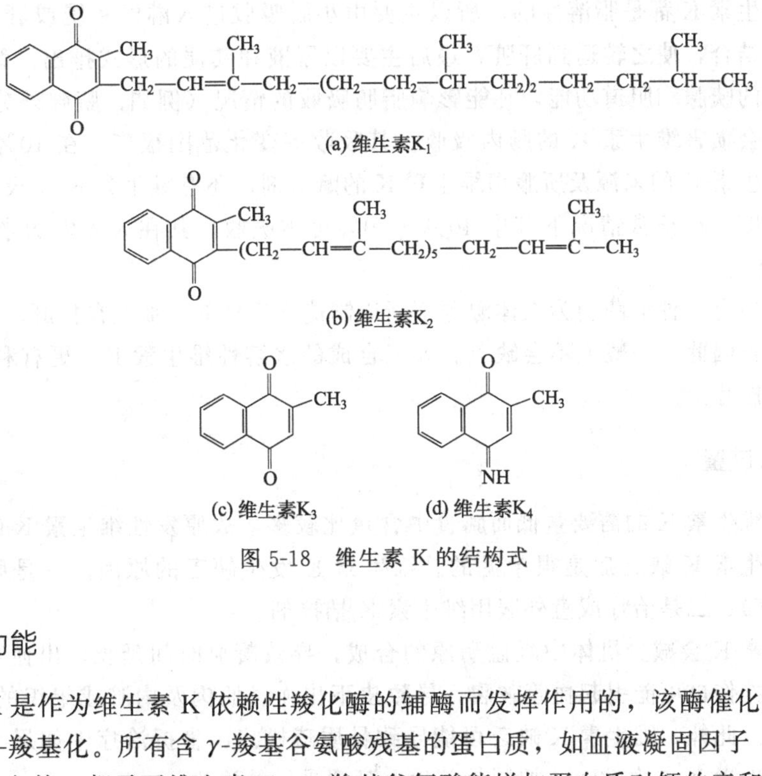

(a) 维生素K_1

(b) 维生素K_2

(c) 维生素K_3

(d) 维生素K_4

图 5-18 维生素 K 的结构式

（二）生理功能

维生素 K 是作为维生素 K 依赖性羧化酶的辅酶而发挥作用的，该酶催化蛋白质的谷氨酸残基发生 γ-羧基化。所有含 γ-羧基谷氨酸残基的蛋白质，如血液凝固因子（II、VII、IX、X）和骨钙蛋白等，都需要维生素 K。γ-羧基谷氨酸能增加蛋白质对钙的亲和力。具体功能如下：

（1）促进血液凝固　各种血液凝固因子的钙结合部位都集中在 N 端并存在 γ-羧基谷氨酸残基，如果缺乏维生素 K，则不能形成 γ-羧基谷氨酸，因此不能和钙结合而无法启动凝血机制。

(2) 调节骨代谢　骨钙蛋白也称骨钙素，由成骨细胞合成并分泌，大部分沉积于骨基质，大约 20% 释放入血，分子中含有 3 个 γ-羧基谷氨酸残基，在骨骼中的含量仅次于胶原蛋白，其功能与钙化作用密切相关。当缺乏维生素 K 时，骨钙蛋白羧化率降低，对钙的亲和力明显降低。流行病学研究表明，老年骨折发生率与血液维生素 K 水平呈负相关，骨矿物质密度与维生素 K 水平呈正相关，与血浆未羧化骨钙蛋白水平呈负相关。

(3) 其他作用　在钙化的动脉粥样硬化的组织中存在一种羧基谷氨酸蛋白，该蛋白仅见于动脉壁中而未见于静脉壁中，可能与动脉粥样硬化有关。1993 年发现生长停滞特异性基因 6 的表达产物 Gas6 是一种高分子蛋白质，含有 11~12 个 γ-羧基谷氨酸，具有广泛的作用。

人体需要量少、新生儿却极易缺乏的维生素 K，是促进血液正常凝固及骨骼生长的重要维生素。人体维生素 K 的需要量非常少，但它却能维护血液正常凝固功能，减少生理期大量出血，还可防止内出血及痔疮。维生素 K 是机体必需营养素之一，也是临床用于止血的药物之一。此外，它还可以对抗血管平滑肌痉挛，对抗组胺、肾上腺素及乙酰胆碱引起的血管舒缩功能紊乱，从而使得偏头痛症状改善，有效控制其发作。

(三) 吸收与排泄

膳食中维生素 K 都是脂溶性的，所以主要由小肠吸收进入淋巴系统或肝门循环，吸收后与乳糜微粒结合，使之转运到肝脏，最后主要以尿液和粪便的形式排出。维生素 K 的吸收取决于正常的胰腺和胆道功能，凡能影响脂肪吸收的情况（例如，胰腺外分泌功能失调，胆汁淤滞）都会损害维生素 K 的肠内吸收。其吸收率变化范围很广，在 10%~80% 之间，主要取决于维生素 K 的来源及所服用维生素 K 的赋形剂，还有维生素 K 在吸收后的载体和肝肠循环的速度。在正常情况下其中 40%~70% 可被吸收。其在人体内的半衰期比较短，约 17h。

人的肠道中有一种细菌会为人体源源不断地制造维生素 K，加上在猪肝、鸡蛋、绿色蔬菜中含量较丰，因此，一般人不会缺乏。人工合成的水溶性维生素 K，更有利于人体吸收，已广泛地用于医疗上。

(四) 缺乏与过量

健康人对维生素 K 的需要量低而膳食中含量比较多，故原发性维生素 K 缺乏即因营养缺乏导致的维生素 K 缺乏症是很罕见的。维生素 K 发生缺乏的原因，一是肠吸收被干扰（例如胆管阻塞）；二是治疗或意外服用维生素 K 拮抗剂。

缺乏维生素 K 会减少机体中凝血酶原的合成，导致凝血时间延长，出血不止，即便是轻微的创伤或挫伤也可能引起血管破裂，导致皮下出血、肌肉及内脏或组织的出血、尿血、贫血甚至死亡。此外，维生素 K 缺乏可能导致骨质疏松症。骨折治疗中如果大量使用抗生素也会发生维生素 K 二次缺乏，抑制骨新生，延缓骨折的治愈。

天然形式的维生素 K_1 和维生素 K_2 不产生毒性，食物来源的甲萘醌毒性很低，但由于其与巯基反应而具有毒性，能引起婴儿溶血性贫血、高胆红素血症和胆红素脑病（又称核黄疸）。

（五）稳定性及加工的影响

维生素 K 对热、空气和水都很稳定，但易被碱和光分解。因其非水溶性物质，故在一般的食品加工过程中很少损失。研究发现，某些还原剂可将维生素 K 的醌式结构还原为氢醌结构，但这并不影响其活性。

（六）维生素 K 营养状况的评价

（1）筛选试验：进行凝血检查。出现 PT（凝血酶原时间）延长、APTT（活化部分凝血活酶时间）延长则可能为维生素 K 缺乏。

（2）确诊试验：凝血因子 X、凝血因子 IX、凝血因子 VII 及凝血酶原抗原及活性降低。

（七）推荐摄入量及主要食物来源

婴儿因肠内尚无细菌可合成维生素 K，建议每天自食物中摄取量为 $2\mu g/kg$，成年人每天摄取量为 $1\sim2\mu g/kg$。表 5-17 为中国居民膳食营养素参考摄入量（2023 版）给出的维生素 K 的每日适宜摄入量（AI）。

表 5-17　维生素 K 的日适宜摄入量

年龄/岁	维生素 K/($\mu g/d$)	年龄/岁	维生素 K/($\mu g/d$)
0~0.5	2	9~12	60
0.5~1	10	12~15	70
1~4	30	15~18	75
4~7	40	18 岁以上	80
7~9	50	乳母	+5

人体维生素 K 的来源有两方面：

一方面是肠道细菌合成，主要是维生素 K_2，占 50%～60%。维生素 K 在回肠内吸收，故细菌必须在回肠内合成，才能为人体所利用。但有些抗生素会抑制消化道的细菌生长，因此会影响维生素 K 的摄入。

另一方面是膳食中摄取，主要是维生素 K_1，占 40%～50%。维生素 K 在天然食物中含量丰富，但一般的维生素制剂中不含维生素 K。绿叶蔬菜含量高，其次是奶及肉类，水果及谷类含量低。另外，牛肝、鱼肝油、蛋黄、乳酪、优酪乳、优格、海藻、紫花苜蓿、菠菜、甘蓝、莴苣、花椰菜、豌豆、香菜、大豆油、螺旋藻、藕中均含有。其中，深绿色蔬菜及优酪乳是日常饮食中维生素 K 的主要来源。表 5-18 列出了一般食物中维生素 K 的含量，表 5-19 为常见食物中维生素 K_1 的含量。

表 5-18　一般食物中维生素 K 含量

含量	食物来源
高（超过 $100\mu g/100g$ 可食用部分）	花椰菜、卷心菜、蛋、肝脏、莴苣、菠菜
中（$50\sim100\mu g/100g$ 可食用部分）	咸猪肉、燕麦、西洋菜
低（$25\sim50\mu g/100g$ 可食用部分）	黄油、奶酪、全麦
极低（低于 $25\mu g/100g$ 可食用部分）	胡萝卜、水果、玉米、奶、豌豆、土豆、番茄

表 5-19　常见食物中叶绿醌（维生素 K_1）的含量　　　　　单位：$\mu g/100g$

食物名称	叶绿醌（维生素 K_1）	食物名称	叶绿醌（维生素 K_1）	食物名称	叶绿醌（维生素 K_1）
菠菜	380	胡萝卜	10	鲜鱼	<1
生菜	315	番茄	6	全脂奶	<1
圆白菜	145	土豆	1	豆油	193
芦笋	60	干黄豆	47	棉籽油	60
豆角	33	干扁豆	22	橄榄油	55
豌豆	24	肝	5	玉米油	3
黄瓜	20	蛋	2	植物黄油	42
西蓝花	20	鲜肉	<1	奶油	7

第四节　维生素之间的关系及维生素与其他营养素之间的关系

目前人体内维生素相互作用的研究主要以动物实验为参考，维生素之间的互作存在协同和拮抗两种，有时既有协同也有拮抗。

维生素 E 有利于维生素 A 和胡萝卜素的吸收以及在肝内的贮存。研究表明，维生素 E 在肠道内可保护维生素 A 和胡萝卜素免遭氧化。维生素 E 对胡萝卜素转化为维生素 A 具有促进作用，但维生素 E 过量会抑制维生素 A 及维生素 K 的利用，饲粮中高水平的维生素 A 可降低血浆和体脂中维生素 E 的水平。

维生素 E 不足可影响体内维生素 C 的合成，维生素 C 和维生素 B_2 能强化维生素 E 的效用。而维生素 C 能减轻因维生素 A、维生素 E、硫胺素、核黄素、维生素 B_{12} 及泛酸不足所导致的症状，但维生素 C 过量将抑制维生素 B_{12} 及叶酸的吸收。

维生素 D 能促进维生素 A 的吸收。

大鼠缺乏硫胺素时，会影响体内核黄素的利用而增加其在尿中的排出量；而缺乏核黄素时，会引起机体组织中硫胺素含量减少，但不影响尿中的排出量。

缺乏核黄素时，色氨酸形成烟酸过程受阻，出现烟酸不足症。

维生素 B_{12} 能提高叶酸利用率，还能促进胆碱的合成。

种鸡饲粮中维生素 B_{12} 不足时，泛酸的需要量增加；而泛酸不足时，则可加重维生素 B_{12} 缺乏症。

维生素 B_6 不足，影响维生素 B_{12} 的吸收并增高维生素 B_{12} 在粪中的排出量。

此外，在维生素之间还存在生物素与维生素 C 以及其他维生素之间的相互作用。生物素是合成维生素 C 的必要物质；维生素 P 可增加维生素 C 的吸收率。

其他营养素和维生素之间也存在相互影响的关系。如蛋白质运送维生素 A 到身体各部位；维生素 B_6 帮助蛋白质代谢；叶酸帮助蛋白质合成；泛酸帮助糖类与脂肪的代谢，以及蛋白质的利用；B 族维生素帮助葡萄糖燃烧完全，转变为能量。

由此可见，不同的维生素之间，甚至与矿物质及其他营养素之间，均可能存在着协同或拮抗作用，只有完全研究清楚其间的相互关系，才能做到合理营养膳食。

思考题

1.试述维生素 A、维生素 D、维生素 E、维生素 K 的功能。
2.影响维生素 C 营养功能的因素及在加工及贮藏过程中的注意事项有哪些?
3.试比较脂溶性维生素和水溶性维生素的异同点。

第六章

矿 物 质

 **主要内容**

矿物质的概念、特点、分类、代谢平衡、食物来源及缺乏原因；矿物质的生理功能；常量元素和微量元素的分布、生理功能、代谢、缺乏与过量、摄入量及来源；矿物质间的互作及与维生素的相互作用。

 学习要求

1. 理解矿物质的概念，熟悉矿物质的代谢平衡、摄取及主要食物来源。
2. 掌握矿物质的分类与特点、生理功能、矿物质间的互作及与维生素的相互作用。
3. 了解矿物质的分布、缺乏与过量。

矿物质和维生素一样，虽然在人体内的含量极少（总量不及体重的5%），也不能提供能量，但为人体必需的元素。矿物质是机体无法自身产生和合成的，必须由外界环境供给，并且在机体的生长发育中发挥重要的作用。矿物质是构成机体组织的重要原料，如钙、磷、镁是构成骨骼、牙齿的主要原料。矿物质也是维持机体酸碱平衡和正常渗透压的必要条件。人体内一些特殊生理活性物质如血液中的血红蛋白、甲状腺素等，需要铁、碘的参与才能合成。每天矿物质的摄取量也是基本确定的，但随年龄、性别、身体状况、环境、工作状况等因素会有所不同。

第一节　矿物质概述

一、矿物质的概念

矿物质又称无机盐，是地壳中天然存在的化合物或天然元素，是构成人体组织和维持正常生理功能所必需的各种元素的总称，是人体必需的七大营养素之一。人体中几乎含有自然界存在的所有元素。其中，有 20 多种是构成人体组织、维持生理功能和生化代谢所必需的。这些元素在体内按严格的规律和方式，有条不紊地进行一系列互相联系的化学反应。除碳、氢、氧、氮主要以有机化合物（如蛋白质、脂类、糖类等）存在外，其余约 60 多种元素统称为矿物质或无机盐。

二、矿物质的特点

人体重量的 96％是有机物和水分，4％为无机元素。矿物质在人体内的总量不及体重的 5％，也不能提供能量，但在人体生命活动过程中发挥着重要的作用。矿物质具有以下特点：

（1）矿物质在体内不能合成，必须从食物和饮水中摄取。机体新陈代谢后，每天都有一定量的矿物质通过各种途径，如粪、尿、汗、头发、指甲及皮肤黏膜脱落等排出体外。因此，人体必须不断地从膳食中摄取矿物质。

（2）矿物质在体内分布极不均匀。各种矿物质在体内的分布不同，如铁主要在红细胞，碘主要在甲状腺，钴主要在红骨髓，锌主要在肌肉，钙、磷主要在骨骼和牙齿，钒主要在脂肪组织等。有些矿物质会随机体代谢产生相应的生物学效应，并且每天有一定量的矿物质排出体外。

（3）矿物质相互之间存在协同或拮抗作用。如膳食中的钙和磷比例不合适，可影响两种元素的吸收；过的镁可干扰钙的代谢；过量的锌会影响铜的代谢；过量的铜可抑制铁的吸收等。

（4）矿物质的摄入量有一定的要求。某些微量元素在体内虽需要量很少，但因其生理剂量及中毒剂量范围较窄，摄入过多易产生毒性作用。

三、矿物质的分类

矿物质与有机物不同，它们既不能在人体内合成，除排泄外也不能在体内代谢过程中消失，但却是构成人体组织、维持生理功能和生化代谢所必需的。

基于在体内及膳食中的需要量不同，可将其分为常量元素和微量元素两大类。其中，钙、磷、镁、钠、钾、氯、硫等，含量占体重的 0.01％以上，膳食需要量大于 100mg/d，约占矿物质总量的 60％～80％，称为常量元素或宏量元素。其他元素如铁、锌、铜、钴、钼、硒、碘、铬、锰、硅、镍、硼、钒、氟等，在机体内含量极少（低于 0.005％），称为微量元素或痕量元素。

根据功能和特点又可将微量元素分为以下几种：

（1）必需微量元素：铁、锌、铜、钴、钼、硒、碘、铬等，含量占人体 0.01％以下或膳食摄入量小于 100mg/d。

（2）可能必需微量元素：有锰、硅、镍、硼和钒等。

（3）有潜在毒性，一旦摄入过量可能对人体造成病变或损伤，但在低剂量下对人体可能有功能作用的微量元素：如氟、铅、汞、铝、砷、锡、锂和镉。

但无论哪种元素，与人体所需的糖类、脂类和蛋白质三大营养素相比，人体需要量都是非常少的。

四、矿物质的平衡

矿物质总是存在于机体的新陈代谢中，每日都有一定量的矿物质随各种途径排出体外。矿物质的代谢与年龄、摄入量、活动情况、需要量以及有无维生素等都有密切关系。

（一）矿物质的吸收

食物中矿物质的吸收与其化学性质及肠内环境等有关。同时，机体的需要量以及矿物质在肠内停留时间等因素对其吸收也都有影响。矿物质可以通过单纯扩散方式被动吸收，也可以通过特殊转运途径主动吸收。

通常，低化学价的可溶性元素，如钠、钾、氯在小肠直接吸收，吸收率达90％以上；多化学价元素不易吸收，多与肠液混合后排出。消化道的酸碱度可影响矿物质的溶解度及吸收率。如胃酸和某些有机酸可促进钙、磷的吸收；而草酸、植酸、脂肪酸等与钙结合形成不溶解的盐则使其难以吸收；缺乏胃酸会影响铁的吸收；维生素D是否存在以及钙、磷之间的比例都会影响钙磷的吸收等。

（二）矿物质的排泄

吸收后的矿物质，可随血液和淋巴液运送到身体各部，以补充消耗或贮存备用。体内的矿物质不断更新，但摄入量与排出量基本保持动态平衡。肾脏、肠腔及皮肤是其主要排出途径。

矿物质的代谢受激素调控，并受机体需要量及贮存条件的影响。需要多时，排出量减少；贮存能力强时，则排出量低。成年人排出量与其吸收量基本相等（总平衡）；儿童及青少年的排出量一般少于吸收量，体内有所积存，以满足其生长发育的需要。

五、矿物质的食物来源

不同食品中矿物质的含量差异很大，这主要取决于食品原料品种的遗传特性，以及农业生产的土壤、水分或动物饲料等。据报道，影响食品中铜含量的环境因素有：土壤中铜的含量、地理位置、季节、水源、化肥、农药、杀虫剂和杀菌剂等。经测定，我国不同食物每100g含铜量为：大米0.30mg，小米0.54mg，马铃薯0.12mg，黄豆1.35mg，油菜0.06mg，菠菜0.10mg，桃0.05mg，梨0.06mg，猪肉（肥瘦）0.06mg，鸡0.07mg，带鱼0.08mg。同一食物，不同品种的含铜量变化也很大，如一般苹果的铜含量为0.06mg/100g，而红香蕉苹果为0.22mg/100g，安徽砀山香玉苹果仅为0.01mg/100g，彼此相差数倍乃至数十倍。动物不同部位的铜含量亦不相同，如每100g猪肉铜含量为0.06mg，而猪舌为0.18mg，猪心为0.37mg，猪肝则为0.65mg，彼此相差也很大。

六、矿物质的缺乏原因

矿物质缺乏的主要因素：

（一）地球环境中各种元素的分布不平衡

人体如长期摄入在缺乏某种矿物质的土壤上生长的食物则可引起该种矿物质的缺乏。

（二）食物中含有天然存在的矿物质拮抗物

如草酸、植酸等与钙结合而影响钙的吸收等。

（三）食品加工过程中造成矿物质的损失

（1）食品加工前的修整可能直接带来矿物质的损失　如水果蔬菜在加工过程中往往要去皮处理，有些蔬菜还要进行去叶处理等，由于靠近皮的部分和叶片往往是植物矿物质含量最多的部位，这些处理可能会导致矿物质的损失。

（2）谷物的精制加工导致的损失　与维生素一样，矿物质主要存在于谷物的外层，研磨精制的过程中会造成很大损失。

（3）溶水损失　溶水损失是食品加工过程中矿物质损失的重要原因。动植物组织汁液的流失等都会导致矿物质的损失。清洗、泡发以及热烫等处理也会增加矿物质损失的概率。例如，海带是碘的丰富来源，但由于烹调前要进行长时间的浸泡，故会造成碘元素的大量损失。对蔬菜进行漂烫处理，会导致大量的钾溶解到水中造成浪费。

（4）食品的不当烹调会使矿物质的生物利用率降低　如含有草酸的食材不经焯水就与含钙丰富的食材一起烹调，则会造成钙无法被人体吸收等。

（四）摄入量不足或不良饮食习惯

挑食、摄入食物品种单一等，都可导致矿物质缺乏，如缺少肉、禽、鱼类的摄入会引起锌和铁的缺乏，缺少乳制品或绿叶蔬菜的摄入则可造成钙的缺乏等。

（五）生理上有特殊营养需求的人群

如儿童、青少年、孕妇、乳母、老年人对营养的需求不同于普通人群，较易引起钙、锌、铁等矿物质的缺乏。

根据矿物质在食物中的分布及其吸收以及人体需要特点，我国人群中比较容易缺乏的矿物质有钙、铁、锌、碘、硒。

第二节　矿物质的功能

人体内矿物质不足可能出现许多症状，如缺乏钙、镁、磷、锰、铜，可能引起骨骼或牙齿不坚固；缺乏镁，可能引起肌肉疼痛；缺乏铁，可能引起贫血；缺乏铁、钠、碘、磷可能会引起疲劳等。

一、矿物质的主要生理功能

（一）参与机体组织的构成

无机盐是骨、牙、神经、肌肉、筋腱、腺体、血液等的重要组成成分。体内矿物质主要存在于骨骼中，起着维持骨骼刚性的作用，其含有99%的钙和大量的磷、镁。细胞中普遍含有钾，体液中普遍含有钠；磷和硫是蛋白质的组成成分；铁为血红蛋白的组成成分。

（二）是激素、维生素、蛋白质和多种酶类的成分

某些矿物质可成为多种酶的激活剂、辅因子或组成成分。

矿物质是构成金属酶和酶系统的活化剂，在调节生理机能、维持正常代谢方面起重要作用；矿物质为消化液提供电解质，亦是消化酶的活化剂，对消化过程有重要作用。如钙是凝血酶的激活剂，而磷、钾、镁等与微量元素一起参与生物氧化，调节能量和物质代谢等。

锌是多种酶的组成成分，如谷胱甘肽过氧化物酶中含硒和锌；细胞色素氧化酶中含铁。甲状腺素中含碘，维生素 B_{12} 中含钴，铁是血红蛋白的组成成分等。

（三）调节细胞膜的通透性，维持组织细胞渗透压及机体的酸碱平衡

多数无机盐以离子形式为生命活动提供适宜的内环境。矿物质可调节细胞膜的通透性，维持体液的渗透压，保持水平衡；同时可维持体液近中性，保持内环境的酸碱平衡。

（四）维持神经、肌肉的兴奋性

钾、钠、钙、镁是维持神经、肌肉兴奋性的必要条件。钙为正常神经冲动传递所必需的元素；钙、镁、钾对肌肉的收缩和舒张均有重要的调节作用；若要维持神经、肌肉的正常兴奋性，钾、钠、钙、镁必须保持合理比例；而镁、钾、钙和一些微量元素对维护心脏正常功能、保护心血管健康有十分重要的作用。

二、矿物质在食品加工中的作用

矿物质中有很多是重要的食品添加剂，它们在改善食品的感官性状和营养价值中起到非常重要的作用，是现代食品加工中不可缺少的成分。例如，多种磷酸盐可增加肉制品的持水性和黏着性，对改善其感官性状有利。氯化钙是豆腐的凝固剂，同时可防止果蔬制品的软化。此外，儿童、老人和孕妇容易缺钙，儿童和孕妇还普遍容易缺铁，故常将一定的钙盐和铁盐用于食品的强化，借以提高食品的营养价值。

第三节　常量元素

一、钠

（一）含量与分布

钠是人体中一种重要的矿物质元素，一般情况下，成人体内钠含量为 3200～4170mmol（相当于 77～100g），约占体重的 0.15%，体内钠主要在细胞外液，占总体钠的 44%～50%，骨骼中含量也高达 40%～47%，细胞内液含量较低，仅 9%～10%。总钠中约 75% 为可交换钠，包括细胞内外液的钠及部分骨骼中的钠，其余为不可交换钠，主要存在于骨骼中。

（二）吸收与排泄

食盐（NaCl）是人体获得钠的主要来源，正常成人每日摄入的钠全部经胃肠道吸收。钠在小肠上段吸收，吸收率极高，几乎可全部被吸收，故粪便中含钠量很少。钠在空肠的吸收大多是被动性的，主要是与糖和氨基酸的主动转运相偶联进行的。在回肠则大部分是主动吸收。机体对钠的保留机制比较完整，特别是肾脏的保钠机制。

据估计，每日从肠道中吸收的氯化钠总量在 4400mg 左右。被吸收的钠，部分通过血液输送到胃液、肠液、胆汁以及汗液中。每日从粪便中排出的钠不足 10mg。正常情况下，钠主要从肾脏排出，如果出汗不多，也无腹泻，98% 以上的钠经尿液排出，排出量为 2300～3220mg。钠与钙在肾小管内的重吸收过程发生竞争，钠摄入量高时，会降低钙的重吸收，而增加尿钙排泄，故高钠膳食会对骨钙有很大影响。

钠还可经汗液排出，不同个体汗中钠的浓度变化较大，平均含钠盐（NaCl）约 2.5g/kg。

（三）生理功能

1. 调节体内水分与渗透压

钠主要存在于细胞外液，是细胞外液中的主要阳离子，约占阳离子总量的 90%，与对应的阴离子构成渗透压。钠对细胞内外液渗透压的调节及体内水量恒定的维持是极其重要的。钠、钾含量的平衡，是维持细胞内外水分恒定的根本条件。

2. 维持酸碱平衡

钠在肾小管重吸收时与 H^+ 交换，清除体内酸性代谢产物（如 CO_2），保持体液的酸碱平衡。此外，钠离子总量影响着缓冲系统中碳酸氢盐的比例，因而对体液的酸碱平衡也有重要作用。

3.钠泵

钠离子的主动运转，由 Na^+-K^+-ATP 酶驱动，使钠离子主动从细胞内排出，以维持细胞内外液渗透压平衡。此外，钠对 ATP 的生成和利用、肌肉运动、心血管功能、能量代谢也有影响。

4.增强神经肌肉兴奋性

钠、钾、钙、镁等离子的浓度平衡，对于维护神经肌肉的应激性都是必需的，满足需要的钠可增强神经肌肉的兴奋性。

（四）缺乏与过量

人体内钠在一般情况下不易缺乏。但在某些情况下，如禁食、少食、膳食钠限制过严而摄入量非常低时，或在高温、重体力劳动、过量出汗、胃肠疾病、反复呕吐、腹泻（泻剂应用）使钠过量排出丢失时，或某些疾病（如艾迪生病导致肾不能有效保留钠）时，又或胃肠外营养缺钠或低钠以及利尿剂的使用而抑制肾小管重吸收钠时，均可引起钠缺乏。

钠缺乏的早期症状不明显，一般为倦怠、淡漠、无神，甚至起立时昏倒。失钠达 0.55g/kg 体重以上时，会出现恶心、呕吐、血压下降、痛性肌肉痉挛，尿中无氯化物检出。当失钠达 0.75～1.2g/kg 体重时，除以上症状外，还会出现视力模糊、心率加速、脉搏细弱、疼痛反射消失，甚至淡漠、木僵、昏迷、外周循环衰竭、休克，终因急性肾衰竭而死亡。

钠摄入量过多、尿中 Na^+/K^+ 比值增高，是高血压的重要因素。研究表明，尿 Na^+/K^+ 比值与血压呈正相关，而尿钾与血压呈负相关。高血压家族人群对盐敏感的现象普遍存在。

正常情况下，钠摄入过多并不蓄积，但某些情况下，如误将食盐当作食糖加入婴儿奶粉中喂哺，则可引起中毒甚至死亡。急性中毒，可出现水肿、血压上升、血浆胆固醇升高、脂肪清除率降低、胃黏膜上皮细胞受损等。

（五）摄入量与食物来源

《中国居民膳食营养素参考摄入量（2023 版）》指出膳食钠适宜摄入量（AI）：0～0.5岁为 80mg/d，0.5～1 岁为 180mg/d，1 岁为 500mg/d，2 岁为 600mg/d，3 岁为 700mg/d，4～7 岁为 800mg/d，7～9 岁为 900mg/d，9～12 岁为 1100mg/d，12～15 岁为 1400mg/d，15～18 岁为 1600mg/d，18～65 岁为 1500mg/d，65 岁以上人群为 1400mg/d，孕妇及乳母的 AI 与同年龄女性相同。此外，还提出了膳食营养素降低膳食相关非传染性疾病风险的建议摄入量（PI-NCD）为：4～7 岁≤1000mg/d，7～9 岁≤1200mg/d，9～12 岁≤1500mg/d，12～15 岁≤1900mg/d，15～18 岁≤2100mg/d，18～65 岁≤2000mg/d，65～75 岁≤1900mg/d，75 岁以上人群≤1800mg/d，孕妇及乳母的 PI-NCD 与同年龄女性相同。由此可见，幼童和老年人应清淡饮食。

钠普遍存在于各种食物中，一般动物性食物钠含量高于植物性食物。人体钠的来源主要为食盐（钠），加工、制备食物过程中加入的钠或含钠的复合物〔如谷氨酸钠、小苏打（即碳酸氢钠）等〕，以及酱油、盐渍或腌制肉或烟熏食品、酱咸菜类、发酵豆制品、咸味休闲食品等。

二、钾

（一）含量与分布

正常成人体内钾总量约为 50mmol/kg。体内钾主要存在于细胞内，约占总量的 98％，其他存在于细胞外。

（二）吸收与排泄

人体内的钾主要来自食物，成人每日从膳食中摄入的钾为 60～100mmol，儿童为 0.5～3.0mmol/kg 体重，摄入的钾大部分由小肠吸收，吸收率为 90％左右。

摄入的钾约 90％经肾脏排出，每日排出量 70～90mmol，因此，肾是维持钾平衡的主要调节器官。肾脏每日滤过钾有 600～700mmol，但几乎所有这些都在近端肾小管以及髓袢（又称亨勒袢）被吸收。除肾脏外，经粪和汗也可排出少量的钾。

（三）生理功能

1.参与糖类、蛋白质的代谢

葡萄糖和氨基酸经过细胞膜进入细胞合成糖原和蛋白质时，必须有适量的钾离子参与。1g 糖原的合成约需 0.6mmol 钾，合成蛋白质时每 1g 氮需要 3mmol 钾。三磷酸腺苷的生成也需要一定量的钾。故钾缺乏时，糖类、蛋白质的代谢将受到影响。

2.维持细胞内正常渗透压

由于钾主要存在于细胞内，因此钾对细胞内渗透压的维持起主要作用。在能量的新陈代谢过程中，人体不断地消耗钾。若钾的含量过低，不及时补充，会使细胞的渗透压瓦解。

3.维持神经肌肉的应激性和正常功能

细胞内的钾离子和细胞外的钠离子联合作用，可激活 Na^+-K^+-ATP 酶，产生能量，维持细胞内外钾钠离子浓差梯度，产生膜电位，使膜有电信号能力，膜去极化时在轴突发生动作电位，激活肌肉纤维收缩并引起突触释放神经递质。当血钾降低时，膜电位上升，细胞膜极化过度，应激性降低，会发生松弛性瘫痪。当血钾过高时，膜电位降低，则可致细胞不能复极而应激性丧失，也可发生肌肉麻痹。

4.维持心肌的正常功能

心肌细胞内外的钾浓度与心肌的自律性、传导性和兴奋性有密切关系。钾缺乏时，心肌兴奋性增高；钾过高时又使心肌自律性、传导性和兴奋性受抑制；两者均可引起心律失常。

肌肉活动时会排泄钾，心肌亦不例外。如果钾供应不足，不能满足心血管所需，肌肉会强烈地抗拒释放钾，从而导致心肌或血管平滑肌运动无力。如果钾离子缺乏加剧，同时机体又继续食用高脂肪、高蛋白而少矿物质的酸性食物，则血管里的胆固醇及废物会堆积起来，从而造成疾病。压力过大也会造成钾的大量消耗。故中老年人的心脏病，如冠状动脉栓塞，常发生在饮食过量，同时又受到多种压力的人身上。

5.维持细胞内外正常的酸碱平衡

钾代谢紊乱，可影响细胞内外酸碱平衡。当细胞失钾时，细胞外液中钠与氢离子可进入细胞内，引起细胞内酸中毒和细胞外碱中毒；反之，细胞外钾离子内移，氢离子外移，可引起细胞内碱中毒与细胞外酸中毒。

6. 钾与血压的关系

很多科学家提出了不同的机制来解释钾的降血压作用。这些机制包括：直接促使尿钠排泄的作用，抑制肾素-血管紧张素系统和交感神经系统对血管舒缓素和二十碳烷酸的作用，改善压力感受器的功能，以及直接影响周围血管的阻力等。

7. 钾与机体疲劳

人体缺钾会表现出无力、嗜睡、胃肠活动力低下等症状，钾缺乏的先兆是常常感到疲倦。

如果一个人在日常饮食中一直缺少钾，机体的自我防御能力会设法保留住细胞内的钾，这种保留的结果是强迫机体停止各种肌肉的剧烈运动。因使用脑力比使用体力更耗费能量，所以缺钾脑筋会变迟钝，同时因为身体停止释放钾，故会造成昏昏欲睡和精神不振。

（四）缺乏与过量

人体内钾总量减少可引起低钾血症，可在神经肌肉、消化、心血管、泌尿、中枢神经等系统发生功能性或病理性改变，主要表现为恶心、呕吐、腹胀、肌肉无力或瘫痪、头昏眼花、心律失常、横纹肌肉裂解症及肾功能障碍等，严重缺钾还会导致呼吸肌麻痹而死亡。临床医学资料还证明，中暑者均有血钾降低现象。

体内缺钾的常见原因为摄入不足或损失过多。正常进食的人一般不易发生摄入不足，但由于疾病或其他原因需长期禁食或少食，而静脉补液内又少钾或无钾时，易发生摄入不足。损失过多的原因比较多，可经消化道损失，如频繁的呕吐、腹泻、胃肠引流、长期用缓泻剂或轻泻剂等；可经肾损失，如各种以肾小管功能障碍为主的肾脏疾病，可使钾从尿中大量丢失；可经汗损失，常见于高温作业或重体力劳动者。

体内钾过多，血钾浓度高于 5.5mmol/L 时，可出现毒性反应，称高钾血症。钾过多可使细胞外 K^+ 上升，心肌自律性、传导性和兴奋性受抑制。主要表现在神经肌肉和心血管方面，神经肌肉表现为极度疲乏软弱、四肢无力、下肢沉重；心血管系统可见心率缓慢、心音减弱。

（五）摄入量与食物来源

钾需要量的研究不多，参考国内外有关资料，《中国居民膳食营养素参考摄入量（2023版）》指出膳食钾适宜摄入量（AI）：0～0.5 岁为 400mg/d，0.5～1 岁为 600mg/d，1～4 岁为 900mg/d，4～7 岁为 1100mg/d，7～9 岁为 1300mg/d，9～12 岁为 1600mg/d，12～15 岁为 1800mg/d，15 岁以上人群为 2000mg/d，孕妇 AI 与同年龄女性相同，乳母为同年龄女性 AI＋400mg/d。此外，还提出了膳食营养素降低膳食相关非传染性疾病风险的建议摄入量（PI-NCD）：4～7 岁为 1800mg/d，7～9 岁为 2200mg/d，9～12 岁≤2800mg/d，12～15 岁≤3200mg/d，15 岁以上人群为 3600mg/d，孕妇及乳母的 PI-NCD 与同年龄女性相同。

大部分食物都含有钾，而蔬菜和水果是钾最好的来源。含钾丰富的食物有香蕉、草莓、西瓜、菠菜、黄鱼、鸡肉、牛奶等。每 100g 谷类含钾 100～200mg，豆类 600～800mg，蔬菜和水果 200～500mg，肉类含量约为 150～300mg，鱼类 200～300mg。每 100g 食物钾含量高于 800mg 以上的食物有紫菜、黄豆、冬菇、赤豆等。

三、氯

（一）含量与分布

氯是人体必需常量元素之一，是维持体液和电解质平衡所必需的，也是胃液的必需成分。自然界中常以氯化物形式存在，最常见形式是食盐。氯在人体含量平均为 $1.17g/kg$，总量约为 $82\sim100g$，占体重的 0.15%，广泛分布于全身。主要以氯离子形式与钠、钾化合存在，其中氯化钾主要在细胞内液，而氯化钠主要在细胞外液。

（二）吸收与排泄

饮食中的氯多以氯化钠的形式被摄入，并在胃肠道吸收。胃肠道中有多种机制促进氯的吸收，如胃黏膜处的吸收受 HCO_3^- 的浓度和 pH 值的影响，空肠中色氨酸刺激 Cl^- 的分布，增加单向氯离子的流量，回肠中"氯泵"参与正常膳食中氯的吸收及胃液中氯的重吸收，吸收的氯离子经血液和淋巴液运输至机体各组织。

氯化物主要从肾脏排出，但经过肾小球滤过的氯，约有 80% 在肾小管被重吸收，10% 在远曲小管被重吸收，只有小部分经尿排出体外。

氯和钠除主要从肾排出外，也从皮肤排出。在高温、剧烈运动，汗液大量排出时，也促使了氯化钠的排出。腹泻时，食物及消化液中的氯也可随粪便排出。

（三）生理功能

1. 维持细胞外液的容量与渗透压

氯离子与钠离子是维持细胞外液渗透压的主要离子。二者约占总离子数的 80%，调节与控制着细胞外液的容量与渗透压。

2. 维持体液酸碱平衡

氯离子是细胞外液中的主要阴离子。当氯离子变化时，细胞外液中的 HCO_3^- 的浓度也随之变化，以维持阴阳离子的平衡；反之，亦然。摄入过量氯离子可以校正由疾病或利尿剂引起的代谢性碱中毒。

3. 参与血液 CO_2 运输

当 CO_2 进入红细胞后，在碳酸酐酶催化下，与水结合成碳酸，再离解为 H^+ 与 HCO_3^- 运输至血浆，但正离子不能同样扩散出红细胞，则血浆中的氯离子即等当量进入红细胞，以保持正负离子平衡；反之，红细胞内的 HCO_3^- 浓度低于血浆时，则氯离子由红细胞移入血浆，HCO_3^- 转入红细胞，从而使血液中大量的 CO_2 得以输送至肺部排出体外。

4. 其他

氯离子还参与胃液中胃酸形成，胃酸促进维生素 B_{12} 和铁的吸收；还能激活唾液淀粉酶分解淀粉，促进食物消化；以及刺激肝脏功能，促使肝中代谢废物排出；此外，氯还有稳定神经细胞膜电位的作用等。

（四）缺乏与过量

由于氯来源广泛，主要是食盐，故摄入量往往大于正常需要水平。因此，由饮食引起的氯缺乏很少见。但不合理配方膳食（含氯量 1~2mmol/L）的食用以及患先天性腹泻（再吸收障碍）的婴儿，容易发生氯缺乏。

大量出汗、腹泻、呕吐、肾病或使用利尿剂等引起的氯损失，均可造成氯缺乏。氯缺乏常伴有钠缺乏，此时造成的低氯性代谢性碱中毒，常可发生肌肉收缩不良，使消化功能受损，影响生长发育。

摄入氯过多对机体产生的危害并不多见，仅见于严重失水、持续摄入氯化钠（如食盐）或过多氯化铵。临床上可见于输尿管-肠吻合术、肾衰竭、尿溶质负荷过多、尿崩症以及肠对氯的吸收增强等，以上因素均可引起氯过多而致高氯血症。此外，氯敏感个体可致血压升高。

（五）摄入量与食物来源

一般情况下，膳食中的氯比钠多，但氯化物从食物中的摄入以及从体内的排出大多与钠平行，故除婴儿外所有年龄的氯需要量基本与钠相同。

由于人乳中所含的氯化物（11mmol）高于钠浓度，美国儿科学会（AAP）因此建议，氯在类似浓度 10.4mmol 时，其 Na^+、K^+ 与 Cl^- 比例为 1.5~2.0，可维持婴儿体内正常的酸碱平衡。

《中国居民膳食营养素参考摄入量（2023 版）》指出膳食氯适宜摄入量（AI）：0~0.5 岁为 120mg/d，0.5~1 岁为 450mg/d，1~4 岁为 800~1100mg/d，4~7 岁为 1200mg/d，7~9 岁为 1400mg/d，9~12 岁为 1700mg/d，12~15 岁为 2200mg/d，15~18 岁为 2500mg/d，18~65 岁为 2300mg/d，65 岁以上人群为 2200mg/d，孕妇和乳母 AI 与同年龄女性相同。

膳食氯几乎完全来自氯化钠，仅少量来自氯化钾。因此食盐及其加工食品，如酱油、盐渍食品、酱咸菜以及咸味休闲食品等都富含氯化物。一般天然食品中氯的含量差异较大，天然水中也都含有氯，但日常饮水摄入仅 40mg/d 左右，与从食盐来源的氯的量（约 6g）相比并不重要。

四、钙

（一）含量与分布

钙是机体含量最多的一种无机元素，成人含钙量约为 1200g，占体重的 1.5%~2%，其中 99% 存在于骨骼和牙齿等硬组织中。

（二）生理功能

1.构成机体的骨骼和牙齿

人体中的钙约 99% 集中于骨骼和牙齿，以羟基磷灰石和无定形两种形式存在，是构成机体骨骼和牙齿的主要成分。骨骼中的钙和骨骼外的混溶钙之间存在相互转变的现象，即骨骼中的钙不断溶解变为混溶钙，混溶钙又不断沉积成骨骼，如果钙的溶解量和钙的沉积量相等，则称为平衡状态。骨骼钙和骨骼外的混溶钙之间的动态平衡维持着骨骼的正常。如果在相同时间里，钙溶解量多，沉积量少，就会产生骨质疏松现象。这个过程也是骨骼不断更新的过程，1 岁前婴儿每年更换一次，童年阶段每年转换 10％，以后随着年龄增大而逐渐减慢，成年人 10～12 年更换一次，40～50 岁以后骨组织中钙量逐渐减少，约每年下降 0.7％，绝经后的妇女和老年男女骨组织中钙量减少更明显，更易引起骨质疏松症。

2. 维持肌肉、神经正常的兴奋性

混溶钙池的钙是维持所有细胞正常生理状态所必需的，只有钙、镁、钾和钠等离子保持一定的比例，组织才能表现出适当的感应性。例如心脏的正常搏动，肌肉、神经正常兴奋性的传导和适宜感应性的维持，都必须有一定量钙离子的存在。正常人血清钙离子浓度为 2.25～2.75mmol/L，若血清钙量下降，可使神经和肌肉的兴奋性增高，从而引起抽搐；反之若血清钙量过高，则可抑制神经、肌肉的兴奋性。

3. 参与凝血过程

当人受了创伤出血时，钙可以使凝血酶原激活转化为凝血酶，促使伤口处的血液凝固，缺钙会出现血液不易凝固的现象。

4. 其他功能

钙降低毛细血管和细胞膜的通透性，刺激某些激素分泌和多种酶的释放（如 ATP 酶、琥珀酸脱氢酶、脂肪酶和蛋白水解酶等）。

（三）吸收与排泄

体内钙吸收主要在酸性较高的小肠上段，尤其是十二指肠。当钙摄入量较多时，大部分通过被动离子扩散方式吸收。而当机体需求量大或是摄入量较少时则通过逆浓度主动方式吸收。70％～80％的钙与植酸、草酸及脂肪酸形成不溶性钙盐，仅 20％～30％被肠道吸收。

钙的排泄主要通过尿、粪、皮肤及汗腺这几条途径。其中粪钙多是未被吸收的钙，约为 400mg，其中有部分可能被重吸收，但其钙来源并非完全来自未吸收的那部分钙，还有相当一部分是来自肠黏膜脱落的上皮细胞和所分泌的消化液，称为内源性粪钙，约 150mg/d；尿排泄钙约 150mg/d；汗钙约 15mg/d。此外，哺乳期妇女每日可通过泌乳排出钙 100～300mg。

（四）缺乏与过量

无论对于婴幼儿还是青少年，若膳食中的钙无法满足需要或者摄入体内的钙因种种原因不能被机体吸收利用，则会影响牙齿的坚固度，容易导致龋齿。缺钙严重可影响婴幼儿的骨骼发育，发生佝偻病。同时，钙摄入不足也是动脉高血压发生率增加的因素之一，动脉粥样硬化的发生也可能与机体的钙代谢紊乱有关。长期钙摄入不足，是造成骨质疏松的危险因素。

人体是否缺钙，主要受两方面影响：一方面是钙被人体吸收利用的程度是否达到了最佳状况，另一方面是钙的流失情况。

人体能否获得所需的钙，这与食物中钙成分的多少和食物钙能否被吸收有着重要的关系。补得再多，不吸收也是无用。

虽然高钙摄入对于预防一些疾病有益，但是过量钙摄入的其他副作用还包括肾衰竭、软组织钙化、头痛、便秘和其他的临床体征。此外，钙摄入过量还可能干扰其他必需微量元素如铁和锌的吸收。

（五）摄入量与食物来源

2023 年中国营养学会提出的我国居民膳食钙推荐摄入量（RNI）或适宜摄入量（AI）：0～0.5 岁为 200mg/d（A2），0.5～1 岁为 350mg/d（AI），1～4 岁为 500mg/d，4～7 岁为 800mg/d，9～18 岁为 1000mg/d，18 岁以上人群、孕妇及乳母为 800mg/d。钙的无明显损害水平（NOAEL）为 1500mg/d。钙的可耐受最高摄入量（UL）：小于 0.5 岁为 1000mg/d，0.5～4 岁为 1500mg/d，大于 4 岁为 2000mg/d。

食物中钙的来源以乳及乳制品最优，其不仅含量高，还易吸收，是婴幼儿最理想的钙源。发酵酸乳更有利于钙的吸收。虾皮、小鱼、海带及发菜等含钙丰富。蔬菜、豆类及其制品和油料种子含钙也较多，而谷类、肉类及水果等含钙较少，且植物源性食品多含植酸，其钙不易吸收（可经过漂烫等消除不利吸收因素）。蛋类的钙主要存在于卵黄中，但因存在卵黄磷蛋白，故也不易吸收。

五、磷

（一）含量与分布

磷是人体内含量较多的元素之一，成人体内的总量为 600～900g，占体重 1%，85% 的磷与钙一起成为骨骼和牙齿的重要组成成分，其中钙/磷比值约为 2:1；部分以磷蛋白和磷脂的形式存在。此外，RNA 和 DNA 也含磷。

（二）生理功能

1. 构成骨骼和牙齿的必要成分

动物机体磷大约 80%～85% 位于动物的骨骼系统，磷与钙结合形成羟基磷石灰，保证了动物正常活动的骨骼强度。

2. 参与能量代谢

机体代谢释放的能量主要贮存于三磷酸腺苷（ATP）和磷酸肌酸（CP）中，需要时再释放出来。这些高能磷酸化合物作为能量的载体在机体能量转换和代谢中发挥着重要作用。

3. 构成生命物质成分

磷是软组织（如磷蛋白）、细胞膜（如磷脂）和核酸（如 RNA 和 DNA）的组成成分。

4. 酶的重要成分

磷是很多酶系统的辅助因子，如黄素腺嘌呤二核苷酸（FAD）、硫胺素焦磷酸（TPP）和烟酰胺腺嘌呤二核苷酸（NAD^+）等。

5. 调节酸碱平衡

磷以多种磷酸盐的形式构成机体的缓冲体系，参与机体的酸碱平衡调节。其中，通过尿液排出不同量和不同形式的磷酸盐是机体调节酸碱平衡的一种机制。

（三）吸收与排泄

磷的吸收与排泄大致与钙相同，通常磷的吸收比钙高。食物中的磷大多以有机化合物的形式存在，摄入后在肠道磷酸酶的作用下分解出磷酸盐，磷以无机盐的形式吸收。维生素 D 可促进磷的吸收，并减少尿磷的排出。此外，高蛋白和某些氨基酸特别是赖氨酸可促进磷和钙的吸收。

（四）缺乏与过量

如果缺磷，则骨髓、牙齿发育不正常，易发生骨质疏松、软化、骨折或患小儿佝偻病，以及食欲不振、肌肉虚弱等。食物中普遍含有磷，故磷缺乏是比较少见的。但如果早产儿仅母乳喂养，会因人乳磷含量低，不能满足早产儿骨磷沉积的需要，而造成磷缺乏。此外，长期使用大量抗酸药物或者禁食者也易发生磷缺乏。

过多摄入磷会导致高磷血症（血清磷浓度高于 1.46mmol/L），引起低血钙症，导致神经兴奋性增强、手足抽搐和惊厥、牙齿蛀蚀、精神崩溃及破坏其他矿物质的平衡。

（五）摄入量与食物来源

中国营养学会提出的磷推荐摄入量（RNI）：0～0.5 岁为 105mg/d（AI），0.5～1 岁为 180mg/d（AI），1～4 岁为 300mg/d，4～7 岁为 350mg/d，7～9 岁为 440mg/d，9～12 岁为 550mg/d，12～15 岁为 700mg/d，15～30 岁为 720mg/d，30～65 岁为 710mg/d，65 岁以上人群为 680mg/d，孕妇和乳母 RNI 与同年龄女性相同。磷的可耐受最高摄入量（UL）65 岁以下成人（包括孕妇及乳母）为 3500mg/d，65～75 岁为 3000mg/d。钙磷摄入比例维持在 1:（1～1.5）之间比较好。

磷普遍存在于各种动植物食品中，其中肉、鱼、蛋、乳及乳制品含磷丰富，是磷的重要食物来源；其次为坚果、海带、紫菜、油料种子、豆类等。

六、镁

（一）含量与分布

镁离子是人体细胞内的主要阳离子，仅次于钾离子。人体约含镁 20～30g，约占体重的 0.05%，是必需常量元素中含量最少的。其中 60%～65% 的镁以磷酸盐和碳酸盐的形式存在于骨骼和牙齿中，其余大部分存在于细胞内液和软组织（占 27%）中，肝脏、肌肉、心脏和胰脏含量相近，而细胞外液的镁则不超过 1%。

（二）生理功能

1.维持骨骼的生长和神经肌肉系统的兴奋性

镁与钙、磷构成骨盐，对促进骨骼生长和维持骨骼的正常功能具有重要作用。镁与钙在促进神经肌肉兴奋和抑制中的作用相同，其含量过低时，神经肌肉兴奋性增高；反之，则有镇静作用。镁与钙既协同又拮抗，当钙不足时，镁可略为代替钙；而当摄入镁过多时，反而阻止骨骼的正常钙化。

2.与能量代谢有关

镁是磷酸化和一些酶系统不可缺少的激活剂。体内葡萄糖转化为丙酮酸的酵解过程中，有 7 个关键酶需要单独的镁离子或是与 ATP 或 AMP 结合的镁离子。镁还在蛋白质消化过程中参与某些肽酶的激活。此外，镁参与第二信使 cAMP 的生成，对脂肪、蛋白质和核酸的生物合成等也起重要调节作用。

3. 维护胃肠道和激素的功能

镁离子在肠道吸收缓慢，可促使水分滞留，具有导泻作用；碱性镁盐可中和胃酸。血浆镁的变化直接影响甲状旁腺激素（PTH）的分泌。正常情况下，当血浆镁增加时，可抑制PTH分泌；血浆镁水平下降可兴奋甲状旁腺，促使镁自骨骼、肾脏、肠道转移至血中，但其量甚微。甲状腺素过多可引起血清镁降低，尿镁增加，镁呈负平衡。甲状腺素又可提高镁的需要量，故可引起相对镁缺乏，因此对甲亢患者应补充镁盐。

4. 镁是心血管系统的保护因子，为维护心脏正常功能所必需

镁作用于周围血管系统会引起血管扩张，小剂量可引起出汗而调节体温，剂量大时会引起血压下降，是心血管系统的保护因子。镁可以预防高胆固醇饮食所引起的冠状动脉硬化。临床上用硫酸镁治疗多种心脏病，防止血栓形成。另外，镁还能防止钙在软组织中的沉积，预防肝、胆、肾的结石，具有利尿、导泻作用。

（三）吸收与排泄

食入的镁主要在小肠吸收，由血运行。其吸收量与钙平行，且受摄入量、肠内停留时间、水分吸收速度、肠管内镁的浓度以及膳食中其他成分的影响。含镁低的膳食吸收率可达76%，而含镁高者吸收率约为40%。氨基酸、乳糖有利于镁的吸收；草酸、植酸和钙盐多时影响其吸收。

镁经机体吸收、代谢后大量从胆汁、胰液、肠液分泌到肠道排出。镁主要由尿中排出，粪便和汗液亦可排出少量的镁。

（四）缺乏与过量

镁缺乏可导致血清钙下降，神经肌肉兴奋性亢进，对血管功能可能有潜在的影响。据报道低镁血症患者有房室性早搏、房颤以及室速与室颤，半数有血压升高。缺镁易发生血管硬化、心肌损害，死于心脏病者，心肌中镁的含量比正常人少40%。软水地区居民心血管疾病发病率高，这与软水中含镁少有关。此外，研究表明镁对骨矿物质的内稳态有重要作用，镁缺乏可能是绝经后骨质疏松症的一种危险因素；镁耗竭可导致胰岛素抵抗。一般情况下，很少有镁缺乏，但高热量低镁或高钙膳食可导致镁的缺乏。而长期酗酒、营养不良、糖尿病、肝硬化、吸收不良综合症、利尿剂过多使用者较易发生镁缺乏。

最初发现镁摄入过量的临床表现是腹泻，故腹泻是评价镁毒性的敏感指标。过量镁摄入，血清镁在 1.5～2.5mmol/L 时，常伴有恶心、胃肠痉挛等胃肠道反应。当血清镁增至 5mmol/L 时，深腱反射消失；血清镁超过 5mmol/L 时可发生随意肌或呼吸肌麻痹；血清镁 7.5mmol/L 或更高时可发生心脏完全传导阻滞或心搏停止。正常情况下，肠、肾及甲状旁腺等能调节镁代谢，一般不易发生镁中毒。用镁盐抗酸、导泻、利胆、抗惊厥或治疗高血压脑病，也不会发生镁中毒。只有在肾功能不全、糖尿病酮症的早期、肾上腺皮质功能不全、黏液水肿、骨体瘤、草酸中毒、肺部疾病及关节炎等因素下引发血镁升高时才会出现镁中毒。

（五）摄入量及食物来源

受多种因素的影响，目前人体对镁的需要量难以确定。中国营养学会提出中国居民膳食镁推荐摄入量（RNI）为：0～0.4 岁为 20mg/d（AI），0.5～0.9 岁为 65mg/d（AI），1～3 岁为 140mg/d，4～6 岁为 160mg/d，7～8 岁为 200mg/d，9～11 岁为 250mg/d，12～14 岁为 320mg/d，15～29 岁为 330mg/d，30～64 岁为 320mg/d，65～74 岁为 310mg/d，75 岁以上人群为 300mg/d，孕妇为同龄女性 RNI＋40 mg/d，乳母 RNI 与同年龄女性相同。

镁广泛存在于各种食物中，且是植物细胞中含量最多的矿物质，容易被机体吸收。镁在食物中的含量差异很大，坚果含量最高，其次是豆类、海产品、肉类、动物内脏、绿色蔬菜。谷物的外壳中也存在镁元素，但常在加工研磨过程中破坏和流失严重。奶制品也含有微量的镁，但精制的糖、酒和油脂不含镁。

七、硫

（一）含量与分布

硫是人体中不可缺少的常量化学元素之一，机体硫元素占细胞鲜重的 0.3％，占细胞干重的 0.78％。因为硫元素是人体蛋白质及辅酶等的组成成分，故其存在于机体所有的细胞及组织液中，其中皮肤、指甲和毛发含硫特别高。

（二）生理功能

1.参与氨基酸和蛋白质的组成，构建人体组织

硫存在于多种氨基酸如半胱氨酸、蛋氨酸、同型半胱氨酸和牛磺酸等中，故是大多数蛋白质的组成成分。蛋白质是组成人体一切细胞、组织的重要成分，机体所有重要的组成部分都需要有蛋白质的参与。一般来说，蛋白质的高级结构及功能的形成都离不开多肽链间的二硫键。

2.一些常见的酶含硫

在细胞色素氧化酶中，硫是一个关键的组成元素。

3.是多种营养物质的组成成分

硫是维生素 B_1 和生物素的重要成分，还参与构成硫辛酸、辅酶 A、硫胺素焦磷酸、谷胱甘肽、硫酸软骨素、腺苷酰硫酸和腺苷三磷酸，这些都是维持人体正常生理功能所必需的营养物质。

4.有助于维护皮肤健康，使头发及指甲健康、有光泽

硫参与组成胱氨酸、半胱氨酸和蛋氨酸，构成人体肌肉、韧带、肌腱、器官、腺体、指甲、头发及体液等。

5.参与维持生命的重要化学反应，维持人体基本代谢和氧平衡

硫与铁氧还蛋白一起参与体内三羧酸循环，促进有氧呼吸；硫还作为维生素 B_1（硫胺素）的成分参与体内 α-酮酸的脱羧反应；硫作为生物素的成分参与脂肪酸合成以及糖类和蛋白质的代谢活动。

6.有助于抵抗细菌感染

硫可制作硫黄软膏，用来医治一些皮肤病。

7.促进胆汁分泌，帮助消化

硫在人体内被肠道菌群作用产生硫化氢气体，并随着肠道向下蠕动直至被排出体外，这是肠道正常运动的表现，有利于人体的健康。

8.其他

金属硫蛋白对解除金属中毒和一些因微量元素缺乏引起的症状都有一定的作用，金属硫蛋白还可以抵抗辐射和紫外线，并对辐射和紫外线引起的组织损伤有很好的恢复作用。此外，金属硫蛋白还具有一定的预防细胞癌变的作用。

（三）吸收与排泄

无机形式的硫主要在回肠以易化扩散方式吸收，也可能存在简单扩散吸收；有机硫基本按含硫氨基酸吸收机制转运吸收，主要吸收部位在小肠。吸收入体内的无机硫基本上不能转变成有机硫，更不能转变成含硫氨基酸。动物利用无机硫合成体蛋白质，实质上是微生物的作用。

硫主要经粪和尿两种途径排泄。由尿排泄的硫主要来自蛋白质完全氧化分解形成的产物或经脱毒形成的复合含硫化合物，尿中硫氮比比较稳定。

（四）缺乏与过量

硫在食物中普遍存在，故人体一般不会发生缺乏的情况。动物缺硫表现为消瘦，角、蹄、爪、毛、羽生长缓慢等。

人体一般不会发生摄入过量硫的情况。如果用无机硫作添加剂，用量超过0.3%～0.5%时，可能使动物产生厌食、失重、便秘、腹泻、抑郁等毒性反应，严重时可导致死亡。故推测硫对身体危害较大，长期在高含硫的工况下工作对身体有极大损害。

（五）摄入量及食物来源

建议日摄取量未能确定，但摄取足够的蛋白质时，也就有足够的硫。

含硫食物也是富含蛋白质的食物，如干豆类、鱼、牛奶、瘦肉、小麦胚芽、贝类、洋葱、萝卜、干果以及圆白菜等。

第四节　微量元素

一、铁

（一）含量与分布

铁几乎是所有生物体所必需的元素。对于人体，铁是不可缺少的微量元素。在十多种人体必需的微量元素中铁无论在重要性上还是在数量上，都属于首位。成人体内有 4～5g 铁，其中 72％以血红蛋白、3％以肌红蛋白、0.2％以其他化合物形式存在，其余为储存铁。储存铁约占 25％，主要以铁蛋白的形式储存在肝、脾和骨髓的网状内皮系统中。体内不存在游离的铁离子。

（二）生理功能

铁是许多维持人体健康的蛋白质和酶的组成部分，具体如下：

1.参与肌红蛋白、血红蛋白合成及酶的合成与激活

参与血红蛋白、肌红蛋白、细胞色素、细胞色素酶、过氧化氢酶等的合成，并且可激活琥珀酸脱氢酶、黄嘌呤氧化酶等的活性。铁是血红蛋白的重要部分，而血红蛋白的功能是向细胞输送氧气，并将二氧化碳带出细胞。血红蛋白中 4 个血红素和 4 个球蛋白连接的结构提供一种有效机制，即能与氧结合而不被氧化，在从肺输送氧到组织的过程中起着关键作用。肌红蛋白是由一个血红素和一个球蛋白组成的，仅存在于肌肉组织内，基本功能是在肌肉中转运和储存氧。

细胞色素酶是机体复杂的氧化还原过程所不能缺少的物质；过氧化氢酶（又称触酶）可消除氧化过程中所产生的过氧化氢等有害物质。

2.参与能量代谢和造血功能

细胞色素是一系列血红素的化合物，通过其在线粒体中的电子传导作用，对呼吸和能量代谢有非常重要的影响，如细胞色素 a、细胞色素 b 和细胞色素 c 是通过氧化磷酸化作用产生能量所必需的。

铁还影响蛋白质和脱氧核糖核酸的合成，参与造血和维生素的代谢。很多研究表明，缺铁时肝脏内脱氧核糖核酸的合成将受到抑制，肝脏的发育减慢，肝细胞及其他细胞内的线粒体与微粒体发生异常，细胞色素 c 的含量减少，造成蛋白质的合成和能量减少，进而发生贫血和身高、体重不达标等。

3.调节免疫功能

铁是多类酶的活性中心，铁的过剩与铁的缺少均可以使机体感染机会增多，因微生物的生长繁殖也要铁的存在。研究表明缺铁时中性粒细胞的杀菌能力降低，淋巴细胞的作用受损，在补充铁后免疫功能可以得到改善。在中性粒细胞吞噬细菌的过程中，需要依赖超氧化物歧化酶将细菌杀灭，在缺铁时此酶系统不能发挥作用。

4.其他

铁元素促进 β-胡萝卜素转化为维生素 A、嘌呤与胶原的合成、抗体的产生、脂类从血液中转运以及药物在肝脏的解毒等。

最新研究发现，即便在那些血色素正常的女性当中，铁也有抗疲劳的效果。膳食中补充铁之后，她们的体能、情绪和注意力集中程度都有所改善。

（三）吸收与排泄

铁主要由消化道经十二指肠吸收，胃和小肠亦可少许吸收。二价铁比三价铁较易吸收，但是食物里的铁多为三价铁，因此必须在胃和十二指肠内将其还原成二价铁才可充分吸收。吸收了的二价铁在肠黏膜上皮细胞内重新氧化为三价铁，并且刺激十二指肠的黏膜细胞形成

一种特殊蛋白——亲铁蛋白，后者和三价铁结合可形成铁蛋白。铁蛋白里的铁分解为二价铁并非常快地进入血循环，残留的铁蛋白仍储存在肠黏膜细胞内。影响铁吸收的因素非常多，胃酸与胆汁都具有增进铁吸收的功效。

机体虽然对铁的吸收量少，但是排泄量也少，铁的代谢是一个封闭循环的重复利用过程。红细胞衰老破坏后分解为胆红素、氨基酸和铁，铁又通过血液循环运输到红骨髓再合成新的红细胞。机体每天排泄铁量有限，仅为 1mg 左右，其中 90% 经肠道排出，少量由皮肤和尿道排出。

（四）缺乏与过量

体内缺铁引起含铁酶减少或铁依赖酶活性降低，导致细胞的氧供给缺乏，易引起营养性贫血和许多器官组织的生理功能异常，导致人体出现疲倦、工作状态不佳，以及免疫力低下等症状。缺铁儿童易烦躁，成人则冷漠呆板，当铁继续减少时会出现面色苍白、口唇黏膜和眼结膜苍白、疲劳乏力、头晕、心悸、指甲脆薄以及免疫力低下等，孕妇及婴幼儿需要特别注意铁的补充，孕早期贫血与早产、低出生体重儿、死胎有关，婴幼儿铁缺乏会损害儿童认知能力和心智的发育，并且难以恢复。

人体血液中的血红蛋白就是铁的配合物，它具有固定氧和输送氧的功能，人体缺铁会引起缺铁性贫血症。铁缺乏被认为是全球三大"隐性饥饿"（微量营养元素缺乏）之首，全球约有 1/5 的人患缺铁性贫血。统计数据显示，华人女性缺铁的比例超过 60%，素食女性更高达 70% 以上。女性由于每个月的生理周期，导致大量血铁质的流失，因此女性对于铁质的需求度远比男性高，由于华人食用红肉的机会远比西方人少，因此由天然食物获得的铁质也相对比西方人少。据中国疾病预防控制中心的调查显示，中国儿童贫血率在 25% 左右，妇女贫血率在 20% 左右，孕妇贫血率高达 35%，成年男子贫血率则在 10% 左右。令人担忧的是，缺铁性贫血已经是铁缺乏严重时的临床表现，人群中铁缺乏的人数还要远远高于这一比例。

过量的铁也会导致血色病，主要是引起心血管系统疾病，甚至是死亡。

（五）摄入量与食物来源

每月女性所流失的铁大约为男性的两倍，故妇女需要补充相对较多的铁。此外，孕妇也需要补充铁，但要注意妊娠期妇女服用过多铁剂会使胎儿发生铁中毒。

中国营养学会在《中国居民膳食营养素参考摄入量（2023 版）》中推荐的铁摄入量为：成年男性 12mg/d，成年女性 18mg/d。按照目前我国铁强化酱油的强化量和平均酱油使用量计算，如果每人每天食用 10~15mL 铁强化酱油，可以补进 3~4mg 铁，仅是人体每日铁需要量的 15%~30%。表 6-1 列出了各年龄段人群适宜的铁摄入量。

表 6-1　铁的每日摄入量

年龄	每日摄入量/mg	孕妇	每日摄入量/mg
0~0.5 岁	0.3	早期	+0
0.5~7 岁	10	中期	+7
7~9 岁	12	后期	+11
9~12 岁	16	乳期	+6

续表

年龄	每日摄入量/mg		孕妇	每日摄入量/mg
12～18岁	男：16	女：18		
18～50岁	男：12	女：18		
50岁以上	男：12	女：10（无月经），18（有月经）		

动物性食物含有丰富的铁，肝脏尤其猪肝、鸡胗、牛肾、猪肾、羊肾、动物全血、各类瘦肉（如牛肉、羊肉）、禽类及鱼类等海产品（尤其蛤蜊和牡蛎）均是铁的良好来源。大豆、黑木耳、芝麻酱、红糖、蛋黄、干果（杏干、葡萄干、桂圆）、啤酒酵母菌、海草、海带、紫菜、赤糖糊及燕麦等含铁量也比较丰富。鱼、谷物、菠菜、扁豆、豌豆、芥菜叶、蚕豆、瓜子（南瓜、西葫芦等种子）是铁的一般来源，而奶制品、多数蔬菜及水果只含有微量的铁。

二、锌

1869年Raulin发现锌存在于生物机体中，并为生物机体所必需。1963年报道了人体的锌缺乏病，于是锌被列为人体必需营养素。

（一）含量与分布

成人体内锌含量为1.5～2.5g，是仅次于铁的微量元素。机体所有组织均有痕量的锌，绝大部分含量为3050pg/g，主要分布于生殖器官、内脏、肌肉、骨骼、眼睛、头发和血液中，其中骨中含锌量最高，达到总锌量的50%以上，含锌量最高的器官则是眼睛和生殖器官。血液中75%～85%的锌，主要以酶的组成成分存在于红细胞中，血浆中的锌则往往与蛋白质结合。头发中锌的含量通常可反映食物中锌的长期供给水平。

（二）生理功能

1.作为酶的组成成分或激活剂，调节大脑生理功能

锌是染色体的结构组分，能稳定RNA、DNA和核糖体的结构。锌依赖金属酶和参与DNA合成的限速酶等，是核酸合成和降解的关键酶，参与细胞复制的基本生命过程。

锌在各种哺乳动物脑的生理调节中起着非常重要的作用，参与调节多种酶和受体的功能，以影响神经系统的结构和功能，与强迫症等精神方面障碍的发生、发展有一定的联系。另外锌与蛋白质的生物合成密切相关，当机体缺锌时，可能导致情绪不稳、多疑、抑郁、情感稳定性下降和认知损害。

2.促进生长发育与组织再生

通过具有特定碱基序列的锌指蛋白，锌结合蛋白能够直接参与基因表达的调控，调节细胞的分化。所以，锌对蛋白质、核酸的合成及肌肉质量增长有重要作用。

处于生长发育期的儿童、青少年如果缺锌，会导致发育不良。缺乏严重时，将会导致侏儒和智力发育不良。锌元素大量存在于男性睾丸中，参与精子的整个生成、成熟和获能的过程。男性一旦缺锌，就会导致精子数量减少、活力下降、精液液化不良，最终导致男性不育。缺锌还会导致青少年没有第二性征出现，不能正常生殖发育。

3.维持细胞膜结构和功能

在细胞膜中，锌主要结合在细胞膜含硫、氮的配基上，少数结合在含氧的配基上，形成牢固的复合物，从而维持细胞膜稳定，减少毒素吸收和组织损伤。锌与味觉有关的蛋白质味觉素（gustin）有关，是其结构成分，具有支持营养和分化味蕾的作用，并可进一步影响味觉和食欲。锌对呈味物质结合到味蕾特异性膜受体上也是必需的，缺锌患者的味蕾结构发生改变，使味觉下降、嗅觉异常、食欲减少，出现厌食、偏食甚至异食，如吃泥土、草根等。

4.参与肌体免疫功能，并能影响内分泌系统

锌元素是免疫器官胸腺发育的营养素，只有锌量充足才能有效保证胸腺发育，正常分化T淋巴细胞，促进细胞免疫功能。

5.促进维生素A在体内的转化，对皮肤和视力有保护作用

锌能促进伤口和创伤的愈合，补锌剂最早被应用于临床治疗皮肤病。

锌不仅具有促进维生素A吸收的作用，还能将储存于肝脏中的维生素A输送到血液，以供机体需要时进行利用。

（三）吸收与排泄

锌在人体内的吸收主要在小肠内进行，属于主动吸收，其中一部分通过肠黏膜细胞转运到血浆，同白蛋白以及 α 巨球蛋白结合，或与氨基酸和其他配价基团结合后分布于各器官中，另一部分则储存于黏膜细胞内缓慢释放；镉、铜、钙、亚铁离子、植酸和膳食纤维均会干扰锌的吸收；而维生素 D_3、内源性白细胞调节剂（LEM）、前列腺素 E_2、部分氨基酸、还原型谷胱甘肽、枸橼酸盐、吡啶羧酸盐等，则促进锌的吸收。此外，体内锌营养状况也会影响到锌的吸收。

锌通过吸收、代谢后，主要通过粪便排出体外（通过胰脏的分泌由肠道排出），只有少部分通过尿液排出，一个健康人每天通过尿液排出的锌大约为 $0.3\sim0.5mg$。另外，锌还可以通过汗液、唾液、毛发和表皮组织等排出。

（四）缺乏与过量

儿童缺锌比较常见，缺锌可引起生长发育停滞，性成熟障碍，伤口愈合能力差，食欲不振，味觉减退，异食；严重缺乏可出现侏儒，性成熟延迟，第二性征发育障碍等。成人缺锌会导致伤口愈合能力差，皮肤易生疮，并可出现肠原性肢端皮炎（主要症状为腹泻）和脱发，这种症状也经常发生在由母乳喂养转变为吃配方奶的婴儿中，婴儿皮肤会出现皮疹，血浆锌水平下降。孕妇缺锌易导致低体重出生儿，甚至出现胎儿畸形。溃疡病、糖尿病都与缺锌有关。近期研究表明，缺锌与夜盲症也有关，维生素A在体内的运转及其在血液中正常浓度的维持，都与锌有关。此外，缺锌时人的暗适应能力和辨色能力减弱。缺锌还可以引起免疫力下降，表现为反复感冒、感冒次数增多。

补锌过量易造成锌中毒，表现为食欲减退、上腹疼痛、精神萎靡，甚至造成急性肾衰竭。曾有报道，小儿在玩耍含锌的合金制作的玩具过程中，经常用口接触因而造成慢性锌中毒的例子。在工厂经常接触含锌粉尘的工人可出现恶心、呼吸困难、胸痛、贫血等症状。另外，曾有以含锌的罐头盒煮食物引起食物中毒的报道，这些都是急性锌中毒所致的。动物实验也证实，给动物饲以大量的硫酸锌可致其厌食、消瘦、呼吸困难甚至死亡。

（五）摄入量与食物来源

中国营养学会根据国内大量调查研究资料并参考国外有关资料，提出中国居民膳食锌平均需要量（EAR），成年男性为 10.4mg/d，成年女性为 6.1mg/d。《中国居民膳食营养素推荐摄入量（2023 版）》提出锌的可耐受最高摄入量（UL）：1～4 岁为 9mg/d，4～7 岁为 13mg/d，7～9 岁为 21mg/d，9～12 岁为 24mg/d，12～15 岁为 32mg/d，15～18 岁为 37mg/d，18 岁以上人群（包括孕妇和乳母）为 40mg/d。

锌广泛存在于动、植物中，但含量差异较大，吸收率也不相同。据研究，动物性食品是锌的良好来源，如猪肉、牛肉、羊肉等含锌 2～6mg/100g，鱼类和其他海产品含锌也高于 1.5mg/100g，并且动物性蛋白质分解后所产生的氨基酸还能促进锌的吸收。植物性食品中锌较少，每 100g 植物性食品中大约含锌 1mg；豆类、小麦含锌量较高，可达 1.5～2mg/100g，但因其可与植酸结合而难以被吸收。谷类碾磨后，锌含量损失可高达 80%。果蔬含锌较少，约为 0.2mg/100g。

三、碘

（一）含量与分布

成人含碘为 20～50mg，其中 70%～80% 存在于甲状腺内，甲状腺中碘与酪氨酸结合形成甲状腺激素，甲状腺激素在促进生长和调节新陈代谢方面具有重要作用，故人体不可缺碘，尤其是孕妇和乳母。此外，血浆、肌肉、肾上腺及卵巢等组织中均含有碘，其中血浆中的碘主要为蛋白质结合碘。

（二）生理功能

碘在人体的生理功能是通过合成甲状腺激素来实现的，主要有以下几个方面：

（1）促进生物氧化，调节能量转换。

碘缺乏引起的甲状腺激素合成减少会导致基本生命活动受损和体能下降，且损害是不可逆的。

（2）促进体格和神经系统的发育。

甲状腺激素调控生长发育期儿童的骨发育、性发育、肌肉发育以及身高、体重；碘的缺乏会造成体格发育落后、身体矮小、肌肉无力等。此外，在胎儿或婴幼儿脑发育的关键期（2 岁以前），必需依赖甲状腺激素，碘的缺乏会导致出生后的婴儿存在不同程度的智力障碍，这种障碍基本上是不可逆的。

（3）维持垂体结构和功能。

甲状腺激素，尤其是血清游离的甲状腺素（FT_4）对维持垂体正常的形态、功能和代谢是非常重要的。

（4）调节组织中的水盐代谢以及促进维生素的吸收和利用。

（三）吸收与排泄

人从食物、水与空气中每日摄取的碘总量 100～300μg，主要以碘化物的形式由消化道吸收。一般碘在进入胃肠道后 1h 内大部分被吸收，3h 内几乎全被吸收。有机碘化物需转化为无机碘后才可被吸收，但甲状腺激素碘约有 80％可直接吸收；与氨基酸结合的碘也可直接被吸收，而同脂肪酸结合的有机碘可不经肝脏，由乳糜管进入血液。被吸收的碘经血液循环，遍布于全身各组织中。胃肠道内的钙、氟、镁对碘吸收有一定的阻碍，并且蛋白质、能量不足时也会妨碍碘的吸收。

碘主要通过肾脏由尿排出，少部分由粪便排出，极少部分可经乳汁、毛发、皮肤汗腺和肺呼气排出。正常情况下，每日由尿排出 $50 \sim 100 \mu g$ 碘，占排出量的 40％～80％。通过唾液腺、胃腺分泌及胆汁排泄等从血浆中清除碘，最后从粪便排出，这部分占 10％左右。通过乳汁分泌方式排泄的碘，对于由母体向哺乳婴儿供碘有重要的作用，可使哺乳婴儿得到所需碘。乳汁中含碘量为血浆的 $20 \sim 30$ 倍，母体泌乳会丧失较多碘，约在 $20 \mu g$ 以上。

（四）缺乏与过量

缺碘引起的疾病称为缺碘症，其在人类生长发育的不同阶段有不同的表现。成年人缺碘可能患有甲状腺肿、甲状腺功能减退、智力和身体素质低下。儿童和青少年缺碘会影响他们骨骼、肌肉、神经和生殖系统的生长发育。孕妇缺碘会影响胎儿的大脑发育，严重的情况会导致流产、胎儿畸形和死亡。缺乏碘的婴幼儿易患克汀病，即呆小病。胎儿期至出生后 3 个月内是大脑发育的关键时期，缺碘会导致甲状腺功能衰竭，导致大脑功能发生不可逆的变化，这种不可逆的低智力是缺碘造成的最严重的危害。地方性甲状腺肿和地方性克汀病是两种最明显的缺碘症。在严重缺碘地区，痴呆症的发病率为 5％～15％。轻度缺碘地区的少数人也有神经和智力残疾。数据表明，当尿碘中位数小于 $100 \mu g / L$ 时，可以作为碘缺乏的基础依据。膳食和饮水的含碘量与地质情况有关，所以甲状腺肿和呆小病呈地区性分布，是一种地方病。世界不少地区存在碘缺乏问题，我国也不例外。我国已将消灭碘缺乏病列入国家计划，强制性推行碘化食盐。

碘过量是指每日摄取的碘多于身体每日产生的甲状腺激素，当尿碘中位数超过 $300 \mu g / L$ 时属于服用过量碘。过量碘可引起甲状腺疾病，其中研究最多的是甲状腺功能亢进、高碘甲状腺肿、甲状腺机能减退等疾病。高碘甲状腺肿表现出弥漫性，硬度比碘缺乏引起的甲状腺肿更大。研究发现，摄入过量的碘也是导致散发性骨膜瘤的诱因。而碘摄入过量与甲状腺恶性肿瘤发生的关系是近年来国内外研究的热点。有学者认为，长期过量碘摄入会增加甲状腺癌的发病率。我国是首先发现水源性高碘甲状腺肿的国家，实验也证明了高碘水将导致甲状腺肿大，肿胀率增加是随着增加碘的剂量而增加的。研究还发现，长期食用高碘水肿胀发生率高，也会导致甲状腺机能障碍的风险增加，但停止饮用高碘水会降低该疾病的发生率。此外，人体还可能因为碘过多而产生急、慢性中毒，智力损伤等。

（五）摄入量与食物来源

中国营养学会新近提出的中国居民膳食碘推荐摄入量（RNI）为：青少年和成人 $120 \mu g / d$，孕妇和乳母为 $230 \mu g / d$。碘可耐受最高摄入量（UL）：$4 \sim 7$ 岁为 $200 \mu g / d$，$7 \sim 12$ 岁为 $250 \mu g / d$，$12 \sim 15$ 岁为 $300 \mu g / d$，$15 \sim 18$ 岁、孕妇及乳母为 $500 \mu g / d$，18 岁以上人群（不包括孕妇和乳母）为 $600 \mu g / d$。

海产品如海带、紫菜、海鱼、海虾等，是含碘最丰富的食物来源。其中，含碘量最多的是海带，干海带中碘含量可高达 $240 mg / kg$ 以上，其次为海贝类，鲜海鱼中含量也高，约为

$800\mu g/kg$。但是，海盐中的含碘量极微，而且，越是精制盐，其含碘量越低。一般海盐含碘量在 $30\mu g/kg$ 以上，而精制海盐可低达 $5\mu g/kg$ 以下。其他食品中的碘含量则主要取决于该动、植物生长地区的地质化学状况。通常远离海洋的内陆山区，其水、土和空气中含碘少，则该地区生长的动、植物中碘含量也不高，因而易成为缺碘的地方性甲状腺肿高发区。

四、硒

（一）含量与分布

人体所有细胞和组织中均含有硒，人体硒含量在 $6\sim20mg$ 之间，一般在 $13mg$ 左右，其浓度随器官部位和食物中硒的含量及化学构成而变化，在肝、肾、胰脏以及心肌、骨骼肌中含量最高，心肌组织中硒的总量大于骨骼肌。硒在人体组织中存在的主要形式是硒代蛋氨酸和硒代半胱氨酸，此外还有硒代磷酸盐等。

（二）生理功能

1. 抗氧化作用

硒是人体多种抗氧化酶的重要组成成分，如谷胱甘肽过氧化物酶（glutathione peroxidase，GSH-Px）。谷胱甘肽过氧化物酶有保护细胞膜避免氧化损伤，延缓衰老的作用，并可保护心血管和心肌的健康。

2. 参与甲状腺素的代谢

近年来发现的Ⅰ、Ⅱ、Ⅲ型脱碘酶都是含硒酶，如碘甲腺原氨酸脱碘酶可催化甲状腺激素脱碘，从而通过调节甲状腺激素来影响机体代谢。

3. 有毒重金属的解毒作用

硒离子作为带负电荷的非金属离子，在生物体内可以与带正电荷的有害金属离子相结合，形成金属-硒-蛋白质复合物，起到解毒排毒作用。硒能与铅、镉、汞等重金属结合，使这些有毒的重金属不被肠道吸收而排出体外。人体内若铅超标，与钙产生拮抗，会影响钙的吸收。而补硒可以排铅，促进钙的吸收。在饮酒前摄入 $200\mu g$ 的硒，可以减低乙醇对机体的损伤，保护肝脏。

4. 其他

硒在人体的作用是广谱的，此外，还具有提高血小板 GSH-Px 活性、参与微粒体和线粒体的电子传递、生成和保护精子、维护视觉、增强免疫力、抵御疾病以及抗肿瘤等作用。

（三）吸收与排泄

食入的硒主要在小肠吸收，空肠和回肠也稍有吸收，胃不吸收。硒吸收入血后，主要经血红蛋白、血浆白蛋白或 α 球蛋白等运输至全身各组织。人体对硒的吸收良好，吸收率为 $50\%\sim100\%$。硒的吸收与硒的化学结构和溶解度有关，硒蛋氨酸较无机形式易吸收，溶解度大的硒化合物比溶解度小的更易吸收。

体内的硒主要通过肾脏由尿排出，占总排出量的 $50\%\sim60\%$，摄入量高时尿硒排出量增加，反之减少。部分从肠道排出，粪中排出的硒大多为未被吸收的硒。硒摄入量高时可在肝内甲基化生成挥发性二甲基硒化合物，并由肺部呼气排出。此外，少量硒也可从汗液、毛发排出。

（四）缺乏与过量

现已发现的克山病和大骨节病与缺少硒有密切关系。克山病多发生在生长发育的儿童期，以 2～6 岁为多见，同时也见于育龄期妇女。主要侵犯心脏，出现心律失常、心动过速或过缓及心脏扩大，最后导致心力衰竭、心源性休克。大骨节病主要病变是骨端的软骨细胞变性坏死，肌肉萎缩，影响骨骼生长发育，发病也以青少年为多。当人体缺硒时，感染高致病性病毒性疾病的危险明显增大，普通病毒的致病性会增强。据报道，与体内含硒酶的艾滋病感染者相比，体内缺硒的艾滋病感染者的死亡率要高出 20 多倍。目前研究发现，缺硒会导致人体多种疾病的高发，包括心脑血管病、高血压、胃肠道疾病、糖尿病、哮喘、帕金森病、肝病、癌症等 40 多种疾病。

过量地摄入硒可导致中毒，出现脱发、脱甲、皮肤损伤及神经系统异常，如肢端麻木、抽搐等，严重者可导致死亡。临床所见的硒过量而致的硒中毒主要有急性中毒和慢性中毒。导致硒中毒的最主要原因就是机体直接或间接地摄入、接触大量的硒，包括职业性、地域性原因，以及饮食习惯与滥用药物等。我国湖北恩施地区和陕西紫阳县是高硒地区。20 世纪 60 年代曾发生过人吃高硒玉米而急性中毒的病例，患者摄入的硒量可高达 38mg/d，于 3～4d 内头发全部脱落，指甲变形。慢性中毒者平均摄入硒量为 4.99mg/d。

（五）摄入量与食物来源

硒的人体生理需要量是指满足身体合成谷胱甘肽过氧化物酶（GSH-Px）需要的硒量，约 50μg，成年人的推荐供给量为 60～250μg。越来越多的证据表明，摄入高于传统营养充足量的硒有利于预防癌症，这有可能促使产生新的硒饮食推荐量。考虑到硒在抗癌和预防心脏病等方面具有的良好作用，中国预防医学科学院营养与食品卫生研究所杨光圻教授认为，应把 250μg 硒作为适宜摄入量的上限。硒的最大安全剂量为 400μg，流行病学调查表明，即使平均摄入量为 750μg，也从未有硒中毒的病例发生。世界卫生组织建议：人体每天补充 200μg 硒可有效预防多种疾病。2023 年，中国营养学会提出硒可耐受最高摄入量（UL）：0～0.5 岁为 55μg/d，0.5～4 岁为 80μg/d，4～7 岁为 120μg/d，7～9 岁为 150μg/d，9～12 岁为 200μg/d，12～15 岁为 300μg/d，15～18 岁为 350μg/d，18 岁以上人群（包括孕妇和乳母）为 400μg/d。

肝、肾、肉类和海产品都是硒的良好食物来源。植物性食物的硒含量取决于当地水土中的硒含量，例如，我国高硒地区所产粮食的硒含量高达 4～8mg/kg，而低硒地区的粮食是 0.006mg/kg，二者相差 1000 倍。雷红灵通过对植物硒及其含硒蛋白的研究发现，硒是植物的有益元素，植物对硒的吸收与外源硒的有效性、硒的形态、植物的种类等有关；硒在植物中主要以有机硒形态存在，含硒蛋白是植物体内最主要的有机大分子硒，具有抗肿瘤、抗氧化等多种生物活性。

五、铜

（一）含量与分布

正常人体内的含铜总量为 100～150mg，其中 50%～70% 在肌肉和骨骼中，20% 在肝脏中，5％～10％在血液中，少量存在于铜酶中。铜存在于各种器官、组织中，所含浓度最高的是肝、肾、心、头发、脑、脾、肺，肌肉和骨骼次之。

（二）生理功能

（1）维持正常的造血功能。

表现在以下两方面：①促进铁的吸收和运输；②铜蓝蛋白能促进血红素和血红蛋白的合成。

（2）维护中枢神经系统的完整性。

含铜的细胞色素氧化酶能促进髓鞘的形成和维持，多巴胺-β-羟化酶、酪氨酸酶则与儿茶酚胺的生物合成有关。

（3）促进骨骼、血管和皮肤健康。

铜酶赖氨酰氧化酶可促进骨骼、血管和皮肤胶原蛋白和弹性蛋白的交联。

（4）保护毛发正常的色素和结构。

铜酶酪氨酸酶能催化酪氨酸转化为多巴，并进而转为黑色素。铜酶硫氢基氧化酶具有维护毛发结构正常及防止角化的作用。

（5）保护机体细胞免受超氧离子的毒害。。

（6）其他。

铜对胆固醇代谢、心肌细胞氧化代谢、机体防御功能、激素分泌等多种生理、生化和病理生理过程也有影响。

（三）吸收与排泄

铜主要在小肠吸收，胃几乎不吸收铜。通常随食物一起摄入的铜大约可吸收40％，其吸收率受食物中铜含量的影响。食物铜含量增加，其吸收率下降，但总吸收量仍有所增加。膳食中其他营养素，如锌、铁、维生素C、蔗糖和果糖等的摄入量对铜的吸收利用可有影响，但所需的量都比较高。研究证明，锌摄入过高可干扰铜的吸收，但当锌与铜的比例为15：1或更少时影响较小。

膳食中铜被吸收后，通过门脉血运送到肝脏，掺入到铜蓝蛋白，然后释放到血液，传递到全身组织，大部分内源性铜排泄到胃肠道与从食物中来而未被吸收的铜一起排出体外，少量铜通过其他途径排出。

（四）缺乏与过量

铜缺乏可能发生于长期完全肠外营养、消化系统功能失调、早产儿等人群中，主要表现为皮肤与毛发脱色、精神性运动障碍、骨质疏松等。铜缺乏还会引起低色素性小红细胞性贫血。由于体内的铜会促进铁的吸收，因此，铜摄取不足会导致铁吸收缺乏而造成贫血。并且铜不足也会造成白细胞异常，如中性粒细胞减少症（neutropenia），以及和骨骼相关的病症，如骨质疏松、骨质密度（bone mineral density，BMD）下降、生长迟缓；其他缺乏症状还有腹泻、胆固醇浓度增加、甲状腺疾病、脂肪代谢异常、高甘油三酯、非酒精性肝炎（non-alcoholic steatohepatitis，NASH）、脂肪肝以及因缺乏黑色素和多巴胺的合成而导致的心理和情绪问题（如抑郁症）以及晒伤等。铜摄取不足的最常见原因为锌摄取过多，这是因为铜与锌在肠道中的吸收互相拮抗。此外，肾脏或肠道疾病也可能造成铜离子的流失。

铜过量（一天超过 64mg）会导致中毒，症状包括反胃、恶心、呕吐、上腹疼痛、腹泻以及头痛、眩晕等。其他严重症状包含血尿、黄疸、寡尿。铜摄入量超过正常摄取量 1000 倍则有致命的风险。不过铜中毒的病例很罕见。铜盐的毒性以硫酸铜、醋酸铜较大，特别是硫酸铜，经口服即使微量往往也会引起急性中毒，引起本病的原因是多种多样的，常因为结晶硫酸铜烧伤或意外误服引起，也有因摄入被污染的水和食物造成的，主要是因为冶炼铜时造成的环境污染，国家规定车间允许铜尘、铜烟浓度为 $0.01mg/m^3$。长期接触铜尘、铜烟的工人，肝豆状核变性的患者会出现慢性铜中毒。长期摄入大量牡蛎等贝类、肝脏、蘑菇、坚果和巧克力等含铜量高的食品者，铜摄入量可较正常的每天摄入量（2～5mg）高 10 倍以上，但从未发现慢性铜中毒的证据。

（五）摄入量与食物来源

中国营养学会根据人体对铜的平均基础需要量，并结合我国居民膳食中铜摄入量的研究调查，提出我国居民膳食中铜的推荐摄入量（RNI）：成人为 0.8mg/d。营养学会最新提出铜的可耐受最高摄入量（UL）：1～4 岁为 2.0mg/d，4～9 岁为 3.0mg/d，9～12 岁为 5.0mg/d，12～15 岁为 6.0mg/d，15～18 岁为 7.0mg/d，18 岁以上人群（包括孕妇和乳母）为 8.0mg/d。

铜广泛存在于各种食物中，牡蛎、贝类海产品以及坚果是铜的良好来源（含量为 0.3～2mg/100g），其次是动物的肝、肾、谷类胚芽部分，豆类等次之（含量为 0.1～0.3mg/100g）。植物性食物铜含量受其培育土壤中铜含量及加工方法的影响。奶类和蔬菜含量最低（约 0.1mg/100g 食物）。通常成年人每天可以从膳食中得到约 2.0mg 铜，基本上能满足人体需要。

六、铬

（一）含量与分布

铬在人体内分布很广，但含量低。铬主要分布在肝、肺组织内。正常成人体内含铬总量仅有 6～7mg，其中头发含铬浓度最高，为 0.2～2.0mg/kg。机体中铬的浓度会随着年龄的增加而下降。铬在化合物中可呈现二价、三价、六价三种状态，其中六价铬对人体有毒害作用；二价铬具有较强的还原性，但不稳定；唯有三价铬具有生物活性，为人体营养所必需。

（二）生理功能

铬是维持机体正常生长发育和血糖调节的重要元素，其参与糖代谢过程，促进脂类代谢及核酸的合成，对于人体的生长发育有一定的促进作用，具体如下。

1. 调节血糖

铬是体内葡萄糖耐量因子（glucose tolerance factor，GTF）的重要组成成分，能增强胰岛素的作用。铬作为一种必要的微量营养元素在所有胰岛素调节活动中起重要作用，它能帮助胰岛素提高葡萄糖进入细胞内的效率，是重要的血糖调节剂。在血糖调节方面，特别是对糖尿病患者而言有着重要的作用。

2. 促进脂类代谢

铬具有提高高密度脂蛋白和载脂蛋白 A 的浓度及降低血清胆固醇的作用。

3. 促进核酸的合成

三价铬与 DNA 结合，可增加其启动位点的数目，促进 RNA 和 DNA 的合成。

（三）吸收与排泄

铬在天然食品中的含量较低，且均以三价的形式存在。机体对三价铬的吸收率很低，抗坏血酸能促进铬的吸收。人体对无机铬的吸收利用率极低，不到1%；人体对有机铬的利用率可达10%～25%。

进入人体的铬被积存在人体组织中，代谢和被清除的速度缓慢。铬进入血液后，主要与血浆中的球蛋白、白蛋白、γ 球蛋白结合。六价铬还可透过红细胞膜，15min 内可以有50%的六价铬进入红细胞，进入红细胞后与血红蛋白结合。有机铬被肠道吸收后进入血液，代谢后主要经肾由尿排出，少量经粪便排出。

（四）缺乏与过量

当食物中含铬不足、食糖过多或妊娠时，可能出现铬缺乏。铬缺乏的主要症状是糖耐量下降，出现尿糖。缺铬是引起糖尿病的病源性因素，而动脉粥样硬化与糖尿病有着共同的病理生理基础，即糖、脂肪代谢异常，且两种病常常伴生，由此认为，缺铬也是动脉粥样硬化的病源性因素。缺铬还能引起周围或中枢神经系统病理变化，可致人体肥胖及高血压和冠心病。铬缺乏多见于老年人、糖尿病患者、蛋白质-能量营养不良的婴儿及完全肠外营养的患者。缺铬患者可出现生长停滞、血脂增高、葡萄糖耐量异常，并伴有高血糖及尿糖等症状。

由于三价铬对人体几乎不产生有害作用，食物中含铬较少且吸收利用率低，以及安全剂量范围较宽等原因，尚未见膳食摄入过量铬而引起中毒的报道。但研究发现接触铬化合物可发生过敏性皮炎、鼻中隔损伤，可见肺癌发生率上升等现象。金属铬的毒性很小，其水不溶性氧化物和氢氧化物是无毒的绿色颜料。我国化妆品卫生标准中规定允许使用含微量的氢氧化铬绿和氧化铬绿作为着色剂，但不可用于口腔及唇部化妆品，以防止过多的铬进入体内。

（五）摄入量与食物来源

成人铬的适宜摄入量（AI）因性别不同而有差异，儿童根据体重相应减少，孕妇和乳母适量增加。表 6-2 列出了各年龄段人群适宜的铬摄入量。

表 6-2 铬的每日摄入量

年龄	每日摄入量/μg	孕妇	每日摄入量/μg
0～0.5岁	0.2	孕早期	＋0
0.5～1岁	5	孕中期	＋3
1～7岁	15	孕后期	＋5

年龄	每日摄入量/μg		孕妇	每日摄入量/μg
7～9岁	20		乳期	＋5
9～12岁	25			
12～15岁	男：33	女：30		
15～50岁	男：33	女：30		
50岁以上	男：30	女：25		

铬的最好来源是肉类，尤以肝脏和其他内脏是生物有效性高的铬的来源。一些粗粮，如全麦、未加工的谷物、麸糠、花生等，另外胡椒、蘑菇、啤酒酵母、坚果、乳酪也可提供较多的铬；软体动物、海藻等海产品、豆类、黑木耳、紫菜含量也较多；红糖、粗砂糖中铬的含量高于白糖。中药的当归、党参、五味子、地龙等铬含量也较高。食物的良好来源有苹果皮、香蕉、牛肉、啤酒、面包、红糖、黄油、鸡、玉米粉、面粉、土豆、植物油和全麦。一般来源有胡萝卜、青豆、柑橘、菠菜和草莓。微量来源有大部分的水果和蔬菜、乳类及白糖。家禽、鱼类和精制的谷类食物含有很少的铬。长期食用精制食品和大量的精糖，可促进体内铬的排泄，因此造成铬的缺乏。

七、锰

（一）含量与分布

成人体内锰的总量为 $200\sim400\mu mol$，分布于机体各组织和体液中。一个 70kg 体重的人，体内的总锰量为 $12\sim30mg$。锰在体内各组织器官中，分布比较均匀，但在骨、肝、胰、肾中浓度较高；脑、心、肺和肌肉中锰的浓度低于 20nmol/g；锰在线粒体中的浓度高于在细胞质或其他细胞器中的浓度。

（二）生理功能

1. 参与酶的组成或激活

锰是几种酶系统（包括锰特异性的糖基转移酶、丙酮酸羧化酶及磷酸烯醇丙酮酸羧化激酶）的组成成分。此外，还参与精氨酸酶、脯氨酸酶的组成及羧化酶、磷酸化酶、醛缩酶、胆碱酯酶等的激活。

2. 促进线粒体物质代谢和能量转换

线粒体是细胞进行锰代谢和能量转换的场所，所产生的能量，供给生命活动需要。

3. 对合成核酸有非常重要的作用

锰离子能催化三磷酸腺苷（ATP）、三磷酸鸟嘌呤核苷（GTP）、三磷酸胞嘧啶核苷（CTP）、三碳酸尿嘧啶核苷（UTP）聚合成大分子核糖核酸。

4. 维持正常脑功能

锰与智力发展、思维、情感、行为均有一定关系，缺少时可引起神经衰弱综合征。癫痫患者、精神分裂症患者头发和血清中锰含量均低于正常人。

5.其他

锰在维持正常骨结构及制造甲状腺素中必不可缺；锰还具有降低癌症的发生率、抗衰老以及防止心血管疾病的作用。

（三）吸收与排泄

锰在人体肠道中吸收，吸收率较低，仅为 2%～5%。在吸收过程中锰、铁与钴竞争相同的吸收部位，三者中任何一个数量高都会抑制另外两个的吸收。吸收后通过与血浆 β_1 球蛋白、载锰蛋白结合而进行运输。

锰几乎完全经肠道排泄，仅有微量经尿排泄。吸收的锰经肠道的排泄非常快。

（四）缺乏与过量

锰通常摄入量为每天 2～5mg，吸收率为 5%～10%，如果少于这个量，就有可能出现锰缺乏症状。锰缺乏时可影响生殖能力，有可能使后代先天性畸形，使骨和软骨的形成不正常及葡萄糖耐量受损。另外，锰的缺乏可引起神经衰弱综合征，影响智力发育。锰缺乏还将导致胰岛素合成和分泌降低，影响糖代谢。

锰是人类必需的微量元素，但吸收过量会引起锰中毒，早期轻度表现有精神差、失眠、头昏、头痛、无力、四肢酸痛、记忆力减退等症状，重度的可以出现精神病的症状，出现暴躁、幻觉，医学术语称之为锰狂症。当人体吸入 5～10g 锰可致死亡。锰中毒多见于从事锰铁冶炼、电焊条的制造与电焊作业以及锰矿石的开采、粉碎或干电池的生产等作业的工人。

（五）摄入量与食物来源

虽然大海底下锰含量非常丰富，锰在人体中的作用也很大，但人体对锰的需要量还是很微小的，普通人的膳食中，锰的需要量为每天 4～9mg，其中约一半经肠道吸收。

《中国居民膳食营养素参考摄入量（2023 版）》推荐的锰的摄入量见表 6-3。锰的可耐受最高摄入量（UL）：4～7 岁为 3.5mg/d，7～9 岁为 5.0mg/d，9～12 岁为 6.5mg/d，12～15 岁为 9.0mg/d，15～18 岁为 10mg/d，18 岁以上人群（包括孕妇和乳母）为 11mg/d。

表 6-3 锰的每日摄入量

年龄	每日摄入量/mg		孕妇	每日摄入量/mg
0～0.5 岁	0.01		孕早期	＋0
0.5～1 岁	0.7		孕中期	＋0
1～4 岁	男：2.0	女：1.5	孕后期	＋0
4～7 岁	男：2.0	女：2.0	乳期	＋0.2
7～9 岁	男：2.5	女：2.5		
9～12 岁	男：3.5	女：3.0		
12～15 岁	男：4.5	女：4.0		
15～18 岁	男：5.0	女：4.0		
18 岁以上	男：4.5	女：4.0		

谷类、坚果、叶菜类富含锰，茶叶内锰含量最丰富。精制的谷类、肉、鱼、奶类中锰含量比较少。动物性食物虽然含量不高，但吸收和存留较高。鱼肝、鸡肝含锰量比其肌肉多。成年人每日锰供给量为 0.1mg/kg。一般荤素混杂的膳食，每日可供给 5mg 锰，基本可以满足需要。偏食精米、白面、肉多、乳多的情况下，锰的膳食摄入量低。

八、钴

（一）含量与分布

钴也是人体中一种必需微量元素，正常成人体内总含量仅 1.1～1.5mg，各组织器官中以肝脏含量最高，肾脏次之。

（二）生理功能

1.增强机体造血功能

钴的重要生理功能在于它能刺激造血系统加速造血并参与造血过程。钴在胚胎期就已经参与造血。它能促进肠道对铁的吸收，促进铁入骨髓中参与造血。钴盐可以增加血红蛋白的含量，促进血红细胞生成。据报道，补钴提高血红蛋白及增重水平，可能是因为钴刺激贮血器官加速释放有形成分，刺激骨髓加速造血作用。但钴主要还是通过维生素 B_{12} 的形式发挥重要生理作用的。在维生素 B_{12} 中，钴占 4%，它使维生素 B_{12} 的生物活性提高数百倍甚至 1000 倍以上。人体缺钴可能出现血红细胞数减少，导致巨幼红细胞贫血，如果应用钴剂和维生素 B_{12} 治疗，可以收到很好的效果。

2.钴参与机体酶的组成和对酶的活化作用

现已从生物体内分离出的含钴酶有转移羧化酶、脂肪氧化酶等。钴可活化脑内的肽酶，引起氨的释放，以保持 pH 的稳定，并可调节组织巯基的浓度。另据报道，钴可防止脂肪在肝内沉着，具有去脂作用。

（三）吸收与排泄

钴主要是通过呼吸、皮肤、食物等途径摄入机体，大部分通过尿液、粪便排出体外，通过汗液、头发及乳汁排出的较少。

（四）缺乏与过量

钴缺乏容易引起恶性贫血、神经退化、乳汁停止分泌、消瘦、气喘、心血管疾病、脊髓炎、眼压异常、青光眼等。近年来国内研究报道，心血管疾病与缺钴有关。经分析，发现冠心病死者的心脏中钴浓度比正常人的明显偏低，主动脉中的钴浓度也偏低；血清钴浓度低的人，血压明显偏高。我国医学科研工作者对头发进行过大量分析，结果发现，心血管疾病患者的发钴含量都比健康人的低，因此可以根据发钴的含量来辅助诊断心血管疾病。此外还发现发钴特别低的心血管疾病患者，很可能发生心肌梗死。因此，测定发钴在一定程度上还有预测心肌梗死的价值。

钴摄入量过多，可以引起中毒，而且目前尚无良好方法治疗。人体内钴胺素过多可引起红细胞过多症。摄入过多钴盐可引起胃肠功能紊乱、耳聋、甲状腺吸收碘的能力减弱，导致甲状腺肿大。钴过多还会损伤心脏，导致心肌缺血，甚至引起心肌炎。1965 年以来，加拿大和美国人长期饮用加了钴（作泡沫稳定剂）的啤酒后，心肌病患者相继出现，而且发现饮用加钴的啤酒 1 个月后就有人患心肌病，停止加钴 1 个月后就不再有新患者。如果人长期接触钴盐，可产生咳嗽、鼻咽炎等上呼吸道刺激表现。钴对皮肤黏膜的损害有过敏性皮炎、结膜炎和角膜损害。大剂量摄入钴还能引起结缔组织癌和肺癌。

（五）摄入量与食物来源

人体对钴的生理需要量不易准确估计，1972 年世界卫生组织推荐的标准是 1 岁以内 $0.3\mu g/d$，10 岁以上 $2\mu g/d$。成人适宜摄入量为 $60\mu g/d$，可耐受最高摄入量为 $350\mu g/d$。

含钴的食物主要有肾、肝、牡蛎、发酵豆制品等。海产品和肉类含量比较高，蔬菜和水果含量低。海味、蜂蜜含钴量丰富，肉类则是钴和维生素 B_{12} 的主要来源，米、面粉、糖类也含钴，但粗粮比精粮含钴量高得多，一般来说，动物性食物不仅含钴量丰富，而且容易被吸收。所以，长期素食的人有可能缺钴。

九、钼

（一）含量与分布

钼是一种人体必需的微量元素，人体中各种组织都含钼。钼在人体内分布以肝中含量最高，肾次之，成年人含钼总量为 9mg。

（二）生理功能

钼在人体的主要作用是防止龋齿，促进铁的新陈代谢，保持男子的性能力，钼还可预防贫血和癌症。钼的生理功能有以下几个方面：

1.重要酶系的成分

钼是 3 种不同酶系统（黄嘌呤氧化酶、黄嘌呤脱氢酶和醛氧化酶）的成分，这些酶与糖类、脂类、蛋白质、含硫氨基酸、核酸（DNA 和 RNA）及铁蛋白中铁的代谢有关。到目前为止，已知钼的生理功能主要是通过各种钼酶的活性来实现的。钼酶存在于所有生物体，几乎所有钼酶都含有钼辅助因子，通过氧化-还原作用，积极参与钼酶的各种催化反应。人体的生化代谢过程有两种较重要的钼酶：黄嘌呤氧化酶与亚硫酸盐氧化酶。黄嘌呤氧化酶是核酸代谢分解的黄嘌呤氧化成尿酸的必需催化剂，主要催化黄嘌呤羟基化，并形成尿酸的反应。亚硫酸盐氧化酶催化含硫氨基酸的分解代谢，使亚硫酸盐变成硫酸盐，此酶缺乏时可导致儿童发育障碍，年轻人可表现为智力发育迟缓，有神经系统病变，多数还有晶状体损害，这都与缺乏活性钼辅助因子有关。

2.牙齿的成分

钼也是牙齿釉质的成分。据资料报道，钼可能与骨骼和牙齿的发育有关。

3.防癌

钼与硒、铁、碘堪称人体防癌的"四大金刚"。许多癌病，如食管癌、肝癌、直肠癌、宫颈癌、乳腺癌等都与缺钼有关。钼酶参与细胞内电子的传递，影响肿瘤发生，具有防癌抗癌的作用。钼离子能促进细胞内氧化还原过程，特别是可抑制亚硝基的致癌作用。医学研究者认为钼作为催化剂可起到一定的抗癌作用。

我国学者对钼在肿瘤发生发展中可能起到的作用进行了大量的研究。在河南林县食管癌高发区调查了钼与食管癌的关系。调查发现食管癌高发病区饮水中钼含量仅为低发区的1/23，据测定林县居民头发中钼含量为（44.6±3.3）mg/g，而信阳（低发区）为（80.9±4.6）mg/g；而且林县人群尿中肌氨酸亚硝胺（致癌物）含量较高。粮食样品中钼含量与食管癌死亡率呈负相关，与南非食管癌高发区生产的粮食严重缺钼的报道一致。高发区居民血清、尿液及头发中钼含量明显低于低发区，食管癌患者体内钼水平也比较低。美国俄亥俄州和科罗拉多州土壤内钼含量丰富，食管癌发病率也最低。

钼的抑癌机制是个复杂的问题，尚不十分清楚，可能通过的途径是：首先在体内减少致癌物吸收，加速其解毒与排泄；当致癌物进入靶器官时，钼可能起到与其竞争的作用，以减少对 DNA 大分子的侵袭和增强靶器官 DNA 的修复能力。

（三）吸收与排泄

钼主要通过食物链进入人体。食物中的钼能迅速由消化道吸收，量大时也可由肠道吸收，通过尿、粪、毛发排出，可溶性钼的排泄十分迅速。

（四）缺乏与过量

钼是多种酶的组成成分，缺钼可引起这些酶活性下降。据调查资料报道，缺钼导致儿童和青少年生长发育不良、神经异常、智力发育迟缓，影响其骨骼生长，龋齿的发生率显著提高，而且会引起克山病（急性心肌病）、肾结石、大骨节病和食管癌等疾病，且易患高血压、糖尿病。更为严重的是在一些低钼地区食管癌发病率高，机体内外环境中的钼水平与食管癌的死亡率呈负相关，补钼后能降低食管癌的发病率。人体钼缺乏时，人体亚硝酸还原成氧受阻，使亚硝酸在体内富集，将会导致癌症的发生。缺钼大大增加了 SO_2 毒害的敏感性，先天性亚硫酸盐氧化酶缺乏的小孩，有严重的脑损伤，智力发育迟缓，易于夭折。1981 年 Ahumrad 等报道了第一例由于长期使用完全肠外营养引起的钼缺乏症，患者出现心动过速、呼吸急促、剧烈头痛、夜盲、恶心呕吐，继而全身水肿、嗜睡、定向力障碍，最后患者昏迷不醒。

有关钼过量导致中毒的资料极少，如果人体内钼过多，黄嘌呤氧化酶活性增加，生产尿酸过多，可导致痛风症。根据反刍动物慢性中毒剂量推算，人的慢性钼中毒剂量为 3mg/kg，约每天摄入 20mg。据报道，前苏联亚美尼亚共和国一个高钼区，其居民每日摄入 10～20mg 钼、5～10mg 铜，在受检 362 名成年人中有 71 人具有较为典型的痛风症状，膝关节、跖趾关节等多个小关节受累、肿胀、疼痛，经常伴有关节畸形，且血清尿酸盐均较高。其中部分有症状的人群还伴有肝大、胃肠道不适和肾脏受损。目前，职业性钼中毒的报道很少。

（五）摄入量与食物来源

美国推荐的钼安全摄食范围为：青少年及成年人 0.15～0.5mg/d，1～3 岁幼儿 0.05～0.1mg/d，4～6 岁儿童 0.06～0.15mg/d，7～10 岁儿童 0.11～0.3mg/d。美国 NRC（National Research Council，全国科学研究委员会）对婴幼儿、孕产妇每日膳食中钼的推荐摄入量为：0～6 个月婴儿 0.03～0.06mg；7～12 个月幼儿 0.04～0.08mg；孕妇和乳母 0.15～0.5mg。2023 年中国营养学会提出国人钼推荐摄入量（RNI）：0～0.5 岁为 $3\mu g/d$

（AI），0.5～1 岁为 $6\mu g/d$（AI），1～4 岁为 $10\mu g/d$，4～7 岁为 $12\mu g/d$，7～9 岁为 $15\mu g/d$，9～12 岁为 $20\mu g/d$，12 岁以上人群（包括孕妇）为 $25\mu g/d$，乳母为同龄女性 RNI＋$5\mu g/d$。

人体对钼的摄入量与膳食结构有关。钼存在于许多食物中，尤其是菜根、大麦、肝和豆类等。每 100g 食物的含钼量为：根茎类蔬菜 $0.01～0.02mg$，谷类 $0.04～0.06mg$，豆类 $0.27～0.77mg$，菌类 $0.06～0.31mg$；动物性食品中肝、肾和鱼含量较高，分别为 $0.07～0.14mg$ 和 $0.05～0.45mg$。所以，人体一般不会缺乏钼。

食物中的钼与产地水土条件有密切关系，同一种食物的钼含量也可以相差悬殊。我国幅员辽阔，气候、地形及水土条件复杂，食品加工和饮食习惯也多种多样，能影响食物中钼和其他微量营养成分的因素很多，正有待根据区域性主要食品来源制定地区性食物的微量元素成分标准，这项工作可指导人们选择食物、调配平衡膳食，对健康饮食和发展畜牧业将会十分有益。

十、氟

（一）含量与分布

成人体内含氟约 0.007%。氟在体内主要分布在骨骼、牙齿、指甲及毛发中，骨骼和牙齿的含氟量约占身体含氟总量的 90% 以上，并且几乎全部以无机盐的形式存在。此外，还有少量的氟广泛分布于各种软组织中，血液含氟量为 $0.13～0.40mg/kg$。

（二）生理功能

1. 牙齿的重要成分

氟是牙齿的重要成分，氟被牙釉质中的羟基磷灰石吸附后，在牙齿表面形成一层抗酸性腐蚀的、坚硬的氟磷灰石保护层，有防止龋齿的作用。缺氟时，由于釉质中不能形成氟磷灰石而得不到保护，牙釉质易被微生物、有机酸和酶侵蚀而发生龋齿。

2. 骨盐的组成部分

人体骨骼固体的 60% 为骨盐（主要为羟基磷灰石），而氟能与骨盐结晶表面的离子进行交换，形成氟磷灰石而成为骨盐的组成部分。骨盐中的氟多时，骨质坚硬，而且适量的氟有利于钙和磷的利用及在骨骼中沉积，可加速骨骼成长，并维护骨骼的健康。

老年人缺氟时，钙、磷的利用受到影响，可导致骨质疏松。水中含氟较高（$4～9mg/L$）地区的居民中，骨质疏松症较少。用治疗剂量的氟治疗骨质疏松症，虽然有效，但易发生不良反应，如使血清钙下降，诱发甲状旁腺功能亢进或致骨骼异常形成等。

（三）吸收与排泄

人体氟主要通过饮水及食物获得。一般成人每日从饮食中约获 2.4mg 氟，其中 1.4mg 来自水，占总摄入量的 60%；1.0mg 来自食物，占 40%。空气氟在一般情况下可忽略不计，但空气污染应予重视。进入体内的氟如以 85% 的吸收率计，每日吸收约 2mg，低氟地区低至 0.3mg，高氟地区可达其 10 倍或更高。此外，工业及各种空气污染氟还可经呼吸道或皮肤吸收。

摄入氟经代谢后，每日由尿排出摄入量的 $50\%～92\%$，故尿氟可作为估算一个地区居民近期摄氟水平的指标；粪排出量占 12%～20%，高温炎热时汗排氟可占 50%。

（四）缺乏与过量

缺氟时，由于釉质中不能形成氟磷灰石而使羟基磷灰石结构得不到氟磷灰石的保护，牙釉质易被微生物、有机酸和酶侵蚀而发生龋齿。在一些低氟的地区居民患骨质疏松症者较多。大多数人一生不可避免从骨骼中丢失矿物质，尤其是老年人，这个过程呈加速的趋势，出现骨骼结构的破坏，骨小梁丧失，严重的骨质疏松症可导致长骨骨折。

摄入过多氟可影响体内氟、钙及磷的正常比例，形成较易沉积的氟化钙，引起骨密度增加、骨质变硬、骨质增生（肌肉、腱及韧带附着部位特别明显）、骨皮质及骨膜增厚、表面凹凸不平、韧带钙化、椎间管变窄。

摄入过量的氟还会引起中毒，氟中毒有地域性，多由于饮水中含氟量高，导致地方性氟中毒（简称地氟病）的发生。地方性氟中毒是一种不仅影响骨骼和牙齿健康，还会引起包括心血管、中枢神经、消化、内分泌、视器官、皮肤等多系统的全身性疾病。山西省阳高县发掘出的 10 万年前古人类牙化石上就有氟斑牙病变；三国时期学者嵇康的《养生论》中"齿居晋而黄"是人类历史上最早有关氟斑牙的记载。地方性氟中毒在世界五大洲的 50 多个国家都有发生，其中亚洲是氟中毒流行最为严重的地区，我国是地方性氟中毒发病最广、波及人口最多、病情最重的国家之一，除上海市外，其他省市均有不同程度的地方性氟中毒的流行。据 2000 年的资料统计，全国高氟暴露人口 10980 万，分布于 1280 个县 149541 个自然村内，其中氟斑牙患者 4066 万例，氟骨症患者约 260 万例。

（五）摄入量及食物来源

一般认为氟的最高摄入量为 4～5mg/d，如果超过 6mg/d 就能引起氟中毒。至于引发氟骨症的氟浓度，各国报告结果不一，可能与各国的经济水平、食物结构、营养状况等因素有关。2023 年中国营养学会提出国人氟的适宜摄入量（AI）：0～0.5 岁为 0.01mg/d，0.5～1 岁为 0.23mg/d，1～4 岁为 0.6mg/d，4～7 岁为 0.7mg/d，7～9 岁为 0.9mg/d，9～12 岁为 1.1mg/d，12～15 岁为 1.4mg/d，15 岁以上人群（包括孕妇）为 1.5mg/d，乳母为同龄女性 RNI－4mg/d。氟的可耐受最高摄入量（UL）：1～4 岁为 0.8mg/d，4～7 岁为 1.1mg/d，7～9 岁为 1.5mg/d，9～12 岁为 2.0mg/d，12～15 岁为 2.4mg/d，15 岁以上人群（包括孕妇和乳母）为 3.5mg/d。此外，前苏联学者曾提出饮水中 F/Ca 比值小于 0.25 时不会发生中毒；在 0.25～1.25 之间时，发病率可增加到 50%～70%。这对证明钙在氟中毒过程中的作用有重要意义。

十一、其他微量元素

（1）镉　部分实验证明哺乳动物需要少量镉。实验动物缺镉表现为生长慢、受胎率低和初生死亡率高。动物消化道吸收镉的速度较快，但吸收率低，约 10%。饲粮中的镉盐或镉的螯合物进入体内主要存在于肝中，而镉巯基组氨酸三甲基内盐则主要存在于肾中。

（2）镍　体内含镍非常低。动物对饲粮中镍平均吸收率低于 10%。血清中镍与清蛋白、胞浆素结合存在。鸡、奶牛、山羊、绵羊、猪等实验性镍缺乏表现为：生长减缓和繁殖性能降低，红细胞比容下降，肝亚细胞结构异常，反刍动物瘤胃尿素酶减少。镍的主要生物学作用是作为酶（如瘤胃内的尿素酶和某些脱氢酶）的结构成分或活化因子，也可能在体内作为生物配位体的辅助因子，使肠道三价铁更易被吸收。

（3）钒　部分实验证明钒是一个必需微量元素。28日龄鸡缺钒，翅和尾羽生长差，血浆中胆固醇和甘油三酯含量降低，生长减慢，骨骼发育不良。母山羊缺钒，产奶量下降，流产率高。钒有类似胰岛素的作用。体内钒与一些配位基如硫氢基、羟基、羧基等结合存在。体内钒含量随饲粮钒变化而变化。

（4）硅　实验证明硅是高等动物的必需元素。结缔组织中硅是氨基葡聚糖蛋白质复合物的组成成分。在生骨细胞的亚细胞结构中硅是一个主要组成成分。鸡缺硅，骨的有机基质形成减少，饲粮中补充偏硅酸钠，可使鸡日增重提高50％。缺硅鼠补充500mg/kg硅，可提高日增重25％～34％。体内硅与钼互相拮抗。

（5）锡　作为必需微量元素有促进实验鼠日增重的作用。三甲基锡的氢氧化物、二丁基锡的顺丁烯二酸盐、硫酸锡和锡酸钾对实验动物有促进生长作用。二价锡变成四价锡的氧化还原电位与体内黄素蛋白的氧化还原电位近似。因此，缺锡动物供给维生素 B_{12} 有缓解锡缺乏的作用。

（6）砷　鸡、山羊、小型猪、鼠的实验证明，缺砷生长减慢，繁殖性能受损。含甲基的有机砷与细胞膜磷脂有密切关系。一些砷化合物对动物具有明显的生长促进作用。砷的毒性比硒低。

（7）铅　毒性大，少量对动物有生长促进作用。实验动物缺铅导致生长减慢，红细胞比容、血红蛋白和平均红细胞比容减少，补铅可消除。体内铅干扰铁的正常代谢。钙可降低铅的毒性。

（8）锂　低锂饲粮喂养山羊的实验证明，补锂可提高日增重、受胎率和初生重。母羊缺锂，其后代在第一年的死亡率很高。鼠的实验证明，缺锂不影响生长，而对繁殖性能有影响。母鼠缺锂导致产活仔数减少，初生体重降低。

（9）硼　已有实验证明动物需要硼。鸡缺硼，生长减慢，血浆碱性磷酸酶活性增加。胆钙化醇缺乏，可使硼需要量增加。硼有调节甲状旁腺素的作用，间接对钙、磷、胆钙化醇代谢有影响。

（10）溴　是生物圈中较丰富的元素之一，动物体内含量比碘高50～100倍。目前尚未明确溴在体内执行何种功能，但发现鸡饲粮中可用溴化物代替部分氯化物。

第五节　矿物质之间的关系及矿物质与维生素之间的关系

一、矿物质之间的相互作用

矿物质元素之间的关系为相互协同和相互拮抗。具有拮抗关系的元素多于具有协同作用的元素。对矿物质之间的关系研究主要在动物实验中进行，目前还不能进行人体实验，其在人体中的相互作用常参考动物实验的研究结果。矿物质主要元素之间的相互关系如下：

（一）常量元素之间的关系

饲粮中钙、磷含量和钙、磷比是影响动物体内包括钙磷本身在内的矿物质正常代谢的重要因素。磷过量，钙会被消耗。钙、磷比失调是胫骨软骨营养不良的主要原因。饲粮中高钙或钙、磷含量同时增加会影响镁的吸收。钠、钾、氯在维持体内离子平衡和渗透压平衡方面具有协同作用。钠过量，将影响钾的吸收。

（二）常量元素与微量元素之间的关系

钙、锌间存在拮抗作用，猪饲粮中钙量过多会引起锌吸收不足，使猪易发生皮肤不全角化症。雏鸡饲粮中磷含量增至 $0.8\% \sim 1\%$ 时，会降低锌的吸收，若钙也过量，更会降低锌的有效性。

饲粮中钙、磷过量可加剧家禽滑腱症（缺锰症）的发生，而过量锰亦会影响钙、磷的利用。据报道，摄入过量锰可引起实验动物患佝偻病，牛、猪出现齿质损害。

饲粮中含铁量高时可减少磷在胃肠道内的吸收，含铁量超过 0.5% 时，呈现明显缺磷现象。铜的利用与饲粮中钙量有关，含钙越高，对动物体内铜的平衡越不利。每千克饲料含钙达 $11g$ 时，需铜量约比正常时高 1 倍。饲粮磷水平可影响幼猪的硒代谢。钒离子能置换磷离子，促进钙盐沉着而提高齿质羟基磷灰石的稳定性，钒还与钙离子交换且以羟基碳酸盐形式将磷酸盐运到羟基磷灰石栅中。

饲粮中硫不足时，反刍动物对铜的吸收增加，易引起铜中毒。硫能加重饲粮中铜、钼的拮抗。硫和铜在消化道中能结合成不易吸收的硫酸铜而影响铜的吸收。硫和钼也能结合成难溶的硫化钼，增加钼的排出。硫与化学结构类似的硒化物有拮抗作用。实验表明，饲粮中硫酸盐可减轻硒酸盐的毒性，但对亚硒酸盐或有机硒化合物无效。

（三）微量元素之间的关系

锰含量高时可引起体内铁贮备下降。铁的利用中必须有铜的存在。饲粮中铁过高会降低铜的吸收。钼过量会增加尿铜排出量。

锌和镉可干扰铜的吸收，饲粮中锌、镉过多时会降低动物体内血浆含铜量。饲粮高铜所引起的肝损伤，可通过加锌缓解，但高锌又会抑制铁代谢。

实验证明，猪饲粮中锌过量可引起铜代谢扰乱，降低肝、肾及血液中含铜量，导致贫血；而铜不足可引起过量锌的中毒；铜过量，锌会损失。说明锌和铜之间存在拮抗作用。此外，锌过量，铁含量也会下降。

镉是锌的拮抗物，可影响锌的吸收。铜和镉可降低硒对鸡的毒性。由于钴能代替羧基肽酶中的全部锌和碱性磷酸酶中的部分锌，因而在饲粮中补充钴能防止锌缺乏所造成的机体损害。

二、矿物质与维生素的相互作用

维生素 D 对维持动物体内的钙、磷平衡起重要作用。维生素 D 及其激素代谢物作用于小肠黏膜细胞，形成钙结合蛋白质，这种结合蛋白质可促进钙、镁、磷的吸收及转运。维生素 D 过量，钙吸收大幅增加。维生素 K 也可促进钙的吸收。

在一定条件下，维生素 E 可替代部分硒，但硒不能替代维生素 E。缺乏维生素 E 的母猪所生仔猪对补铁敏感。

锌能促进家禽更有效地把胡萝卜素转化为维生素 A，饲粮中锌水平提高时家禽体内维生素 A 蓄积强度增加，因此提高锌水平可增强酯酶活性而促进维生素 A 的吸收。

饲粮中补充锰盐可治疗雏鸡溜腱症，但饲粮中必须含有足够的烟酸。

维生素 C 能促进肠道内铁的吸收，并可使铁传递蛋白中的三价铁还原成二价铁，从而被释放出来再与铁蛋白结合，这对缺铁性贫血有一定治疗作用。维生素 A 可改善机体对铁的吸收和转运，维生素 B_2 可促进铁从肠道的吸收，维生素 B_6 可提高骨髓对铁的利用率。

饲粮中铜过量时，补饲维生素 C 能消除因过量铜造成的影响，但是，铜有促进维生素 C 氧化的作用。

 思考题

1.简述矿物质在体内的作用。

2.什么是常量元素和微量元素？请举例。

3.磷的主要生理功能有哪些？含磷丰富的食物有哪些？

4.影响钙吸收的因素有哪些？如何通过食物提高机体骨骼中钙的含量？

第七章

水

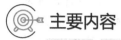 **主要内容**

人体水的需要量及生物学功能；人体内水的分布、来源、代谢及平衡。

 学习要求

1. 了解机体水的需要量，掌握水的生物学功能。
2. 熟悉人体内水的分布及来源，掌握水的代谢及平衡。

没有水就没有生命，水是一切生物生命活动所必需的物质。人体大约有 60 万亿细胞所组成，而每一个细胞的重要组成成分是水，水约占成人细胞的 70％。水参与机体代谢的各个环节，尽管它常不被认为是营养素，但因其重要性以及必须从饮食中获得，故被称为蛋白质、脂类、糖类、维生素、矿物质五类营养素以外的第六类营养素。

第一节 水的功能

水是生命活动的基础，主要具有以下功能：

1. 水是机体的重要组成成分

水是人体内含量最多和最重要的组成成分，在人体的含量因年龄、性别、体型、职业不同而不同。一般来说，随着年龄的增加，水含量下降。男性多于女性，成年男性体内水量约为体重的 59％，女性为 50％。水广泛分布于细胞内、外液和各种支持组织中，但不同细胞和组织的含水量有较大差异。唾液含水量高达 99.5％，肌肉组织含水量为 75％～80％，而脂肪组织含水量仅为 10％～30％。

2. 促进营养素的消化吸收与代谢

水是各种营养素的良好溶剂，作为介质，参与所有营养素的代谢过程，以利于营养素的消化和吸收。此外，水也直接参与机体内的物质代谢，促进各种生化反应和生理活动的进行，同时将代谢产物运送到相关部位进一步代谢转化，或将代谢废物排出体外。

3. 调节体温及润滑作用

水的比热容大，能吸收代谢过程中产生的大量热量而使体温不致升高。水的蒸发热也大，只需蒸发少量的水即可散发大量的热，当外界温度高时，体热可经汗液散发，每升水散发时要从皮肤及周围组织吸收大约 2508kJ 的热量。故水能维持机体产热与散热的平衡，对体温调节起重要作用。

此外，水还具有润滑作用，可减少关节和内脏器官的摩擦，防止损伤，并可提高器官组织运动的灵活性。如唾液有助于食物吞咽，泪液有助于眼球转动，滑液有助于关节活动等。

4. 结合水的作用

体内还有部分水与蛋白质、糖胺聚糖和磷脂等结合，称为结合水。其功能之一是保证各种肌肉具有独特的机械功能。例如，心肌含水约 79%，其中大部分以结合水的形式存在，并无流动性，这就是使心肌成为坚实有力的舒缩性组织的条件之一。

第二节 水的来源及排泄

一、人体内水的来源

人体离不开水，一旦失去机体水的 10%，生理功能即会发生严重紊乱；失去机体水的 20%，则很快就会死亡。人体主要通过饮水、食物水和内生水来获得每日所需水。饮水包括各种途径所获得的白水、茶水、饮料等，是人体水的主要来源。食物水是指来自半固体和固体食物的水，食物不同其含水量也不相同。内生水即代谢水，是指体内氧化或代谢过程产生的水，每 100g 营养物在体内的产水量为：糖类 60mL，蛋白质 41mL，脂肪 107mL。一般正常人每日大约可产生 250mL 代谢水。

人体水的排出主要通过尿液，少部分通过皮肤蒸发、呼吸和粪便排出。一般情况下，机体通过体内平衡调节系统维持水动态平衡，即水的摄入量与排出量大致相等。但是水的需要量变化很大，主要受到代谢情况、性别、年龄、身体活动、温度、膳食等因素的影响。人体每日的需水量见表 7-1。

表 7-1 水的适宜摄入量[①]

年龄/阶段	饮水量/(mL/d)		总摄入量[②]/(mL/d)		
	男性	女性	男性		女性
0 岁	—		700[③]		
0.5 岁	—		900		
1 岁	—		1300		
4 岁	800		1600		
7 岁	1000		1800		
12 岁	1300	1100	2300		2000

续表

年龄/阶段	饮水量①/(mL/d)		总摄入量②/(mL/d)		
	男性	女性	男性		女性
15 岁	1400	1200	2500		2200
18 岁	1700	1500	3000		2700
65 岁	1700	1500	3000		2700
孕妇（早）	—	+0	—		+0
孕妇（中）	—	+200	—		+300
孕妇（晚）	—	+200	—		+300
乳母	—	+600	—		+1100

①　温和气候条件下，低强度身体活动水平时的摄入量。在不同温湿度和/或不同强度身体活动水平时，应进行相应调整。

②　包括食物中的水和饮水中的水。

③　纯母乳喂养婴儿无需额外补充水分。

注："—"表示未涉及；"+"表示在相应年龄阶段的成年女性需要量基础上增加的需要量。

《中国居民膳食营养素参考摄入量（2023 版）》提出，在进行身体活动时，要注意身体活动前、中和后水分的摄入，可分别喝水 100~200mL，以保持良好的水合状态；当身体活动量增加时，建议每天多摄入 300~500mL 水，如天气炎热或身体活动量增加较多时，饮水量需进一步增加，还需要根据机体排汗量等补充水分，并酌情补充电解质。

饮水不足，除感到口渴外，还会出现皮肤干燥、唇裂、无力、尿少、头晕、头痛等现象，严重时还会出现发热、烦躁不安等精神症状。水不足会导致胃肠消化、血液输送营养、体液浓度调节等功能失常，还会引发腰酸背痛及变形性膝关节症、关节炎等疾病。

过量饮用水会导致人体盐分过度流失，开始会出现头昏眼花、虚弱无力、心跳加快等症状，严重时甚至会出现痉挛、意识障碍和昏迷，即水中毒。但体内水过多或水中毒的情况正常人极少出现，一般多见于肝、肾、心功能异常的患者。

二、水的排泄

人体每日都会摄入一定量的水，而多余的水则通过不同的方式进行排泄，每日排出的水为 2000~2500mL。

1. 肾脏排泄

机体内的水主要通过肾脏，以尿液的形式排泄，约占 60%。肾脏的排水量不定，一般随体内水的多少而定，从而保持机体内水平衡，每日肾脏的排水量一般为 1000~1500mL。

2. 消化道排泄

消化道每日分泌的消化液约达 8000mL，正常情况下，部分的水会在小肠部位回收，故而每日只有 100~200mL 的水随粪便排出。但在腹泻、呕吐时机体会失去大量的水，从而造成机体脱水。

3. 皮肤排泄

每日从皮肤中，通过蒸发和汗腺分泌排出的水有 400~800mL。其中蒸发随时进行，即使在寒冷环境中也不例外，每日蒸发的水为 300～400mL；出汗则与环境温度、相对湿度、活动强度有关，人体通过出汗散热降低体温，汗腺排水的同时还会丢失一定量的电解质。

　　4.肺排泄

通过肺部的呼吸作用也会排泄一部分的水，失水量与呼吸强度和环境有关，快而浅的呼吸失水较少，慢而深的呼吸失水较多；空气干燥时，失水增加。一般，每日通过呼吸失水为 250～350mL。

三、水的平衡

人体内不存在单纯的水，水和溶解于水的溶质在体内通常保持着恒定的分布形式和浓度范围。体液不像脂肪、糖原可在体内被长期储存，相反体液的摄入和排出保持着严格的平衡。否则，会出现水肿和脱水两种情况。

　　1.水肿

当摄入水远远超过排泄水时，会导致机体发生水肿。可摄入利尿的食物，如冬瓜、黄瓜、苦瓜、西瓜、红豆、绿豆、生菜、百合、莴苣、花菜等，促进水的排出。

　　2.脱水

当摄入水远远低于排泄水时，会导致机体脱水。产生脱水的原因主要有腹泻、呕吐等，对此可以采取在水中添加适量食盐和葡萄糖，以等渗水的方法让患者补充水。

第三节　食品中水的性质及状态

食品所呈现出的色、香、味、形等特征都与其特定的含水量有关，水在食品中起着分散蛋白质和淀粉的作用，使它们形成溶胶。水对食品的鲜度、硬度、流动性、呈味性、保藏性和加工性等都具有重要的影响。此外，水也是微生物繁殖的重要因素。

一、食品中水的性质

水是所有新鲜食品的主要成分，在食品中具有以下重要性质：

（1）水在4℃时密度最大，为1kg/L；0℃时冰的密度为0.917kg/L。水冻结为冰时，体积膨胀，密度变小。

（2）水的沸点和熔点相当高。水在101.32kPa压力下，于100℃时沸腾汽化。在减压下，沸点则降低。因此，在浓缩牛奶、肉汤、果汁等食品时，高温容易使食品变质，故必须采用减压低温方法进行浓缩。因为水的沸点是随着压力增大而升高的，所以在100℃下不易煮熟的食品，如动物的筋骨和豆类等，使用压力锅便能迅速煮熟。如果再增加101.32kPa，水的沸点就可升高到121～123℃。

（3）水的比热容较大。水的比热容大，是因为当温度升高时，除了分子动能增大需要吸入热量外，缔合分子转化为简单分子还要吸入热量。由于水的比热容大，因此，水温不易随气温的变化而变化。

（4）水的导热率高，冰的热扩散率比水大。在一定环境中，冰经受温度变化的速率比水快得多，如当采用数值相等而方向相反的温差时，冻结的速率远比解冻的速率快。

（5）水的溶解能力强。由于水的介电常数大，因此水溶解离子型化合物的能力较强。至于非离子型极性化合物，如糖类、醇类、酮类和醛类等有机物质，亦可与水形成氢键而溶于水。即使不溶于水的物质，如脂肪和某些蛋白质，也能在适当的条件下分散在水中形成乳浊液或胶体溶液。

二、食品中水的状态

食品中的水，是以自由态、水合态、胶体吸润态、表面吸附态等状态存在的。

（1）自由态　存在于植物组织的细胞质、细胞膜、细胞间隙中和任何组织的循环液以及制成食品的结构组织中。

（2）水合态　即水分子和含氧或含氮的分子或离子（如食品中的淀粉、蛋白质和其他的有机物）以氢键的形式相结合。水和盐类也能形成不同的水合物，如络离子 $[Na(H_2O)_x]^+$、$[Cl(H_2O)_y]^-$。

（3）胶体吸润态　物质和水接触，吸收水而膨胀，吸收的水即为吸润水，可能伴随着产生氢键。

（4）表面吸附态　指固体表面暴露于含水蒸气的环境中，吸附于表面的水。

水之所以能以各种形态存在于动植物组织中，是因为水被两种作用力即氢键结合力和毛细管力联系着。由氢键结合力联系着的水一般称为结合水（或称为束缚水），以毛细管力联系着的水称为自由水（或称为游离水）。而结合水和自由水之间的界限很难截然区分，只能根据物理、化学性质进行定性的区分。

自由水是以毛细管凝聚状态存在于细胞间的水，可用简单加热的办法把它从食品中分离出来，这部分水与一般的水没有区别，在食品中会因蒸发而散失，也会因吸潮而增加，容易发生增减的变化。

结合水是与食品中的蛋白质、淀粉、果胶物质、纤维素等成分通过氢键而结合的水。各种有机分子的不同极性基团与水形成氢键的牢固程度不同。蛋白质多肽链中赖氨酸和精氨酸侧链的氨基，天冬氨酸和谷氨酸侧链上的羧基，肽链两端的氨基和羧基，以及果胶物质中未酯化的羧基，无论是在晶体中还是在溶液中，都是以电离或离子状态的基团（—NH_3^+ 和 —COO^-）存在的。这两种基团与水形成氢键，键能大，结合牢固，且呈单分子层，故这部分水称为单分子层结合水。蛋白质中的酰氨基，淀粉、果胶质、纤维素等分子中的羟基与水也能形成氢键，但键能小，不牢固，故这部分水称为半结合水或多分子层结合水。

结合水和自由水在性质上有着很大差别。首先，结合水的量与食品中有机大分子的极性基团的数量有较稳定的比例关系。据测定，每 100g 蛋白质可结合水平均高达 50g，每 100g 淀粉的持水能力在 30～40g 之间。其次，结合水的蒸气压比自由水低得多，故在一定温度（100℃）下，结合水不能从食品中分离出来。结合水沸点高于一般水，而冰点低于一般水，甚至环境温度下降到 -20℃ 时仍不结冰。结合水不易结冰这个特点具有重要的实际意义，正是由于这种性质，使得植物的种子和微生物的孢子（几乎不含自由水）能在很低的温度下保持其生命力。而多汁的组织，如含有大量自由水的新鲜水果、蔬菜、蛋、肉等，在冰冻时细胞结构容易被冰晶所破坏，解冻时组织易崩溃。

结合水对食品的可溶性成分不起溶剂的作用。

自由水能为微生物所利用，结合水则不能。因此，自由水也称为可利用水。在一定条件下，食品是否能被微生物所污染，并不取决于食品中水的总含量，而仅仅取决于食品中自由水的量。

结合水对食品的风味起着很大作用，尤其是单分子层结合水更为重要，当结合水被强行与食品分离时，食品风味、质量就会改变。

 ## 思考题

1.水有哪些生理功能？

2.当机体失去水平衡时会有哪些表现？如何避免？

3.水是如何影响食品品质的？

第八章
植物活性物质

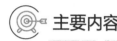 **主要内容**

植物活性物质的概念、分类及生物学作用；多酚类化合物、含硫化合物、皂苷类化合物及生物碱的结构性质、类型及生物学作用；植物活性物质的开发与利用。

 学习要求

1. 理解植物活性物质的概念，熟悉植物活性物质的分类及生物学作用。
2. 掌握多酚类化合物、含硫化合物、皂苷类化合物及生物碱的结构性质、类型及生物学作用。
3. 了解植物活性物质的开发与利用。

构成植物体内的物质除水分、糖类、蛋白质、脂类等必要物质外，还包括其次级代谢产物，如多酚类化合物、生物碱、皂苷类化合物等。这些物质对人类及各种生物具有生理促进作用，故称其为植物活性物质。植物活性物质主要具有抗氧化、抗肿瘤、调节免疫力等多种生物学作用。不同植物及同种植物不同发育期所含活性物质种类、含量不同；相同的植物生物活性物质具有相似的生物学作用，而不同的植物生物活性物质也可能具有相似的生物学作用。植物次级代谢产物种类多，数量广，随着人们研究的深入，将会有更多的植物生物活性物质被发掘和利用。

第一节 植物活性物质概述

植物活性物质是指植物生长过程中产生的对人体健康具有特殊作用的非营养有机化学物质。而采用一定方法将这些有机化学组分分离提纯出来，并用于食品、医疗等行业的物质，称为植物提取物。因此，植物活性物质与植物提取物、中药提取物、天然提取物等是紧密相连的概念。

植物含有多种低分子的次级代谢产物，这些次级代谢产物是生物进化过程中植物维系其与周围环境（包括紫外线）相互作用的生物活性分子。

次级代谢产物是由次级代谢产生的一类细胞生命活动或植物生长发育正常运行的非必需的小分子有机化合物，其产生和分布通常有种属、器官、组织以及生长发育时期的特异性。

植物次级代谢的概念最早于 1891 年由 Kossel 明确提出。次级代谢产物可分为苯丙素类、醌类、黄酮类、单宁类、萜类、甾体（又称类固醇）及其苷、生物碱七大类。还有人根据次级代谢产物的生源途径将其分为酚类化合物、类萜类化合物、含氮化合物（如生物碱）等三大类，据报道，每一大类的已知化合物都有数千种甚至数万种以上。

次级代谢过程被认为是植物在长期进化中对生态环境适应的结果，它在处理植物与生态环境的关系中充当着重要的角色。许多植物在受到病原微生物的侵染后，产生并大量积累次级代谢产物，以增强自身的免疫力和抵抗力。植物次级代谢途径是高度分支的途径，这些途径在植物体内或细胞中并不全部开放，而是定位于某一器官、组织、细胞或细胞器中并受到独立的调控。

在植物的某个发育时期或某个器官中，次级代谢产物可能成为代谢库的主要成分，如橡胶树产生大量橡胶，甜菊叶中甜菊苷的含量可达干重的 10％以上。

植物的初级代谢产物主要是糖类、蛋白质和脂类，其主要作用是进行植物细胞的能量代谢和结构重建。而植物的次级代谢产物中除维生素外均是非营养素成分，现已统称为植物化学物。植物次级代谢产物对其本身而言具有多种功能，如保护其不受杂草、昆虫及微生物侵害；作为植物生长调节剂；形成植物色素；维系植物与其生长环境间的相互作用等。从化学上讲，这些次级代谢产物种类众多；从数量上讲，与初级代谢产物相比又微乎其微。

植物次级代谢产物对健康具有有益和有害的双重作用。以前只是了解它们具有的毒性作用，其中一些还因限制营养素的利用或者增加肠壁的渗透性而被认为是"抗营养"或"有毒"的代谢物。对植物化学物有益作用的认识始于农场动物的观察，这些家畜常常是连续几个月只进食单一的植物草料，然而却能正常生长和发育，这种情况与发达国家的膳食营养状况是无法相比的。在正常摄食下，几乎所有天然成分对机体都是无害的，而且过去认为对健康不利的植物化学物也可能存在各种促进健康的作用。如过去认为各种卷心菜中存在的蛋白酶抑制剂和芥子油苷是有害于健康的，然而现在却发现它们有明显的抗氧化和抑制肿瘤的作用。

过去，人们仅仅知道植物是人类食物的主要来源，一般的植物食物都含有糖类、维生素、微量元素及其他营养物质，而对植物中还含有的对人体健康作用特殊的化合物了解甚少。每一种植物都如同一座小型的生化工厂，仅仅在通常食用的番茄中，就含有多达 1 万种以上的植物化学物质，运用一定方法将它们分离出来，就相当于 1 万种新的"药物"。

植物化学物对机体有益，利用得当可以预防治疗疾病。例如，在茄子和柠檬中含有松烯，有消除类固醇激素促进肿瘤生长的作用，同时有抗氧化作用，能降低细胞癌变的危险性。

芹菜含有 3-丁基苯酞，有舒张血管平滑肌、降低血压的作用。

在花椰菜、西蓝花、抱子甘蓝等十字花科蔬菜中含有萝卜硫素，可刺激人体制造抗癌酶，帮助机体抵抗致癌物的侵袭。

大白菜、青菜等十字花科蔬菜中含有的吲哚-3-甲醇，可明显消除化学合成雌激素刺激肿瘤（尤其是乳房肿瘤）生长的作用。

百合含有百合苷、秋水仙胺，能抑制癌细胞增殖，有抗癌作用。

黄瓜、冬瓜含有丙醇二酸，有抑制糖类在人体内转化为脂肪的作用，因而有减肥功效。

洋葱含有丰富的黄酮类化合物（包括槲皮素），可消除不少致癌物的致癌作用。槲皮素还能阻止雌激素感受细胞的生长，避免乳腺癌的发生，同时提高高密度脂蛋白的含量，降低胆固醇的含量。

绿茶富含儿茶素，可降低胆固醇的含量，而且具抗氧化以及防癌变功能。

红葡萄酒中含有较多的白藜芦醇（一种多酚化合物），可预防动脉粥样硬化，减少心血管疾病。

一、植物活性物质分类

植物活性物质按照它们的化学结构或者功能特点进行分类。

（一）多酚

多酚是所有酚类衍生物的总称，主要为酚酸（包括羟基肉桂酸）和类黄酮，后者主要存在于水果和蔬菜的外层（黄酮醇）及整粒的谷物中（木聚素）。新鲜蔬菜中的多酚可高达0.1%，如莴苣外面的绿叶中多酚的含量就特别高。绿叶蔬菜中类黄酮的含量随着蔬菜的成熟而增高。户外大地蔬菜中类黄酮的含量明显高于大棚蔬菜中的含量。最常见的类黄酮是槲皮素，其每日摄入量大约为23mg，最近的研究表明这个剂量的类黄酮，如槲皮素对人体健康有益。

（二）硫化物

硫化物包括所有存在于大蒜和其他球根状植物中的有机硫化物。大蒜中的主要活性物质是氧化形式的二丙烯基二硫化物，亦称大蒜素。当大蒜类植物的结构受损时，蒜氨酸在蒜氨酸酶的作用下形成大蒜素。新鲜大蒜中大蒜素的含量可达4g/kg。白菜中也含有硫化物，但由于缺少蒜氨酸酶而不能形成具有生物活性的硫化代谢产物。

（三）皂苷

皂苷是一类具有苦味的化合物，可与蛋白质和脂类（如胆固醇）形成复合物，在豆科植物中皂苷特别丰富。根据膳食习惯和特点，平均每日膳食摄入的皂苷约为10mg，最高可达到200mg以上。由于皂苷具有溶血的特性，一直被认为是对健康有害的，而人群试验却未能证实其危害性。目前一些国家已批准将某些种类的皂苷作为食品添加剂用于饮料，如美国和加拿大将其作为泡沫稳定剂用在啤酒中，英国将其用在酒精饮料中。

（四）生物碱

生物碱是一类存在于天然生物界中含氮原子的碱性有机化合物，多数为杂环结构。生物碱广泛分布于植物界100余科的植物中，味虽苦，但具有特殊的生物活性，如麻黄中的麻黄碱具有松弛支气管平滑肌、收缩血管、兴奋中枢神经的作用。小檗碱分布于黄连、黄柏等植物中，具有抗菌消炎作用，用于治疗肠道感染、细菌性痢疾（简称菌痢）等。茶叶中的咖啡碱、茶碱能抑制磷酸二酯酶的活性，抑制细胞内环腺苷酸（cAMP）的水解，使细胞内

cAMP 水平提高,对细胞增殖有双向调节功能。咖啡碱、茶碱可增加淋巴细胞内 cAMP,促进幼龄免疫力低下的动物和免疫力缺陷的动物淋巴细胞分化、发育、成熟,调节机体免疫功能。

(五)类胡萝卜素

类胡萝卜素是水果和蔬菜中广泛存在的植物次级代谢产物。通常将类胡萝卜素分成无氧和含氧两种类型。对人体营养有意义的有 40～50 种。根据个人膳食特点,人类血清中含有不同比例的类胡萝卜素,主要以无氧型类胡萝卜素的形式存在,如 α-胡萝卜素、β-胡萝卜素和番茄红素。

类胡萝卜素是抗衰老的重要抗氧化剂,它大量存在于胡萝卜中,而 β-胡萝卜素正是其中重要的一种。水果和蔬菜中也含有类胡萝卜素,像土豆、豆瓣菜和豌豆就含有类胡萝卜素。

番茄红素是一种存在于番茄中的高效抗氧化剂,具有抗癌活性。番茄中还含有其他的抗氧化剂。如果把番茄榨汁、捣成泥或烹熟,所含的番茄红素还会具有更强的生物活性。番茄红素还存在于其他一些呈红色的食物中,如西瓜。

(六)芥子油苷

芥子油苷存在于所有十字花科植物中,它们的降级产物具有典型的芥末、辣根和花椰菜的味道。借助于植物中的一种特殊的酶,即葡萄糖苷酶的作用,植物组织的机械性损伤可将芥子油苷转变为有实际活性的物质,即异硫氰酸盐、硫氰酸盐和吲哚。当白菜加热时,其中的芥子油苷含量可减少 30％～60％。人体每日从膳食中摄入的芥子油苷的量为 10～50mg,素食者每日摄入量可高达 110mg。芥子油苷的代谢产物,如硫氰酸盐可在小肠完全吸收。

(七)植物固醇

植物固醇主要存在于植物的种粒及其油料中,如 β-谷固醇、豆固醇和菜油固醇。从化学结构来看植物固醇与胆固醇的区别是前者增加了一个侧链。人每日从膳食中摄入的植物固醇为 150～400mg,但人体能吸收的只占 5％左右。人们已知道植物固醇有降低胆固醇的作用,其作用机制主要是抑制胆固醇的吸收。

(八)蛋白酶抑制剂

蛋白酶是使一些癌症具有侵袭能力的重要因子,蛋白酶抑制剂与蛋白酶形成复合物,阻断酶的催化位点,从而竞争性抑制蛋白酶。哺乳动物肠道中的蛋白酶抑制剂主要阻碍内源性蛋白酶(如胰蛋白酶)的活性,导致机体加强消化酶的合成反应。植物蛋白酶抑制剂存在于所有植物中,特别是豆类、谷类等种粒中含量更高。人体平均每日摄入的胰蛋白酶抑制剂约为 295mg。

(九)单萜类

调料类植物中所存在的植物化学物主要是典型的食物单萜类物质,如薄荷中的薄荷醇、葛缕子种粒中的香芹酮、柑橘油中的柠檬油精。单萜类植物的每日摄入量大约为 150mg。

（十）植物雌激素

植物雌激素是存在于植物中，可结合到哺乳动物体内雌激素受体上并能发挥类似于内源性雌激素作用的成分。异黄酮和木聚素从化学结构上讲均是多酚类物质，但也属于植物雌激素。虽然植物雌激素所显示的作用只占人体雌激素作用的 0.1%，但在尿中植物雌激素的含量比内源性雌激素高 10～1000 倍。依照机体内源性雌激素数量和含量的不同，植物雌激素可发挥雌激素和抗雌激素两种作用。

（十一）糖萜素

糖萜素是由糖类（≥30%）、配糖体（≥30%）和有机酸组成的天然生物活性物质，是从山茶属植物种子饼粕中提取的三萜皂苷类与糖类的混合物，是一种棕黄色、无灰微细状结晶，味微苦而辣。糖萜素的有效成分是寡糖和三萜皂苷类。糖萜素具有明显提高动物机体神经内分泌免疫功能和抗病、抗应激作用，具有消除自由基和抗氧化功能，并可促进生长，提高日增重和饲料转化率，改善畜禽产品品质。糖萜素的有效化学成分与其他饲料添加剂均无配合禁忌，使用安全。在饲料中添加量一般为 200～500g/kg，可完全替代抗生素药物，且无残留，不污染环境，是我国目前唯一 AA 级纯天然绿色饲料添加剂。

（十二）挥发油类

挥发油类又称精油，是一种常温下具有挥发性、可随水蒸气蒸馏、与水不相混溶的油状液体。挥发油为混合物，其组分较为复杂，主要通过水蒸气蒸馏法和压榨法制取。挥发油成分中以萜类成分多见，另外，尚含有小分子脂肪族化合物和小分子芳香族化合物。多具特殊的香气或辛辣味。挥发油均有一定的旋光性和折射率，折射率是鉴定挥发油品质的重要依据。挥发油具有发散解表、芳香开窍、理气止痛、温里祛寒、清热解毒、抗菌消炎等作用。含挥发油的中草药非常多，亦多具芳香气，尤以唇形科（薄荷、紫苏、藿香等）、伞形科（茴香、当归、芫荽、白芷等）、菊科（艾叶、苍术、白术等）、芸香科（橙、橘、花椒等）、樟科（樟、肉桂等）、姜科（生姜、姜黄、郁金等）等科植物更为丰富。

（十三）柠檬苦素类似物

柠檬苦素类似物是一类三萜类化合物，其中所占比例较大的有柠檬苦素、诺米林、柠檬苦素糖苷和诺米林糖苷四种。柠檬苦素类似物具有广泛的生物活性，主要功能为解毒、镇痛、抗炎、催眠、抗焦虑、杀虫等。作为饲料添加剂，在体外，利用柠檬苦素类似物具有杀虫和抑菌作用，能使饲料在贮存期中不易变质和腐败，延长保质期。在体内，利用柠檬苦素类似物具有显著增强动物肝脏中谷胱甘肽转移酶活性的作用，可以解除因饲料中添加高剂量的矿物质和药物对动物机体造成的毒副作用；利用柠檬苦素类似物具有的抑菌、杀虫作用，可防止病原菌侵害动物机体，可以驱除动物体内寄生虫，增强动物机体抗寄生虫侵害能力；柠檬苦素类似物具有显著的镇痛、抗炎效果，当动物发生炎症时，可起抗炎药物作用，防治动物疾病，使动物恢复健康；柠檬苦素类似物具有明显的催眠、抗焦虑效果，对动物应激综合征有缓和和防治功能。柠檬苦素类似物主要存在于芸香科植物果实中，如枳实、脐橙、柑橘、香橙、柚等中。以果核（种子）中含量较高，果皮中含量较少（约万分之一至十万分之五）。我国柑橘资源丰富，柠檬苦素类似物是一种具有潜在优势的饲料添加剂。

（十四）植物凝血素

植物凝血素是存在于大豆和谷类制品中的一种植物蛋白质，可能具有降低血糖的作用。

除上述各种植物次级代谢产物外，还有一些植物化学物没有归属到所列分类中，例如葡萄糖二胺、苯酞、叶绿素和生育三烯酚类等。另外还有植酸也未列入前述分类中，动物实验的结果表明植酸具有调节血糖和预防肿瘤的作用，但在某些情况下植酸可影响矿物质和微量元素的吸收。

《中国居民膳食营养素参考摄入量（2023 版）》新增了甜菜碱、辅酶 Q_{10}、菊粉、谷物 β-葡聚糖、枸杞多糖和海藻多糖等 6 种食物成分，并提出了辅酶 Q_{10}、甜菜碱、菊粉和谷物 β-葡聚糖的特定建议值，这有助于指导我国居民通过适当增加这些膳食成分预防心脑血管疾病，改善肠道菌群组成，促进肠道健康。

二、植物活性物的生物学作用

植物活性物具有多种生理作用，主要表现在以下几个方面。

（一）抗癌作用

癌症是发达国家的第二位重要死因，而营养是与癌症危险性相关的主要外源性因素，在各种癌症类型中有 1/3 与营养因素有关。有些营养因素可以降低癌症的发病率，但有些可能会增加癌症发生的危险性。蔬菜和水果中所富含的植物化学物多有防止人类癌症发生的潜在作用，大约有 30 余种植物化学物在降低人群癌症发病率方面可能具有实际意义。欧洲一些国家坚持推荐食用蔬菜、水果和富含纤维的谷类食品，结果明显降低了胃癌的发生率。鉴于植物性食品具有潜在的预防癌症的生物活性，目前这些国家的食品法典委员会推荐将蔬菜和水果的每日消费量增加 5 倍。

癌症的发生是一个多阶段过程，植物化学物几乎可以在每一个阶段抑制肿瘤的发生。致癌物（如亚硝胺）通常是以未活化的形式被摄入体内。Ⅰ相酶（如依赖于单加氧酶的细胞色素 P450）介导的内源性生物活化是致癌物与 DNA 相互作用产生遗传毒性的先决条件；而Ⅱ相酶，如谷胱甘肽 S-转移酶（GST）通常对已活化的致癌物发挥减毒作用。植物化学物（如芥子油苷、多酚、单萜类、硫化物等）通过抑制Ⅰ相酶和诱导Ⅱ相酶来抑制致癌作用，如十字花科植物提取的芥子油苷的代谢物莱菔硫烷（又称萝卜硫素）可活化细胞培养系统中具有去毒作用的Ⅱ相酶——苯醌还原酶；在人体试食试验中，每日食用 300g 布鲁塞尔芽甘蓝可增加男性的 GST 活性，但对女性无作用。

某些酚酸可与活化的致癌剂发生共价结合并掩盖 DNA 与致癌剂的结合位点，这种作用机制可抑制由 DNA 损伤所造成的致癌作用。

硫苷是食物中最重要的抗癌物质之一，世界癌症研究基金会称，含硫苷高的食物可降低患肺癌、胃癌、直肠癌的可能性，并可能对乳腺癌有一定的作用。硫苷的抗癌作用与它可以帮助肝脏解毒有很大的关系。到目前为止，嫩芽是已发现的硫苷含量最高的食物，如西蓝花（又称绿菜花、青花菜）就是含硫苷高的一种食物。

另外，多吃富含异硫氰酸盐（ITC）的水果和蔬菜与低癌症风险有相关性，尤其是对结肠癌效果更好。异硫氰酸盐和吲哚不仅可以防癌，还可以杀死癌细胞，因此对癌症的治疗也有一定的帮助，例如草莓和树莓可以阻止某些癌症的发展，包括宫颈癌、食管癌、口腔癌，并能对前列腺癌有一定作用。有报告指出，每周吃一份卷心菜，则患结肠癌的风险下降60%。异硫氰酸盐和吲哚广泛存在于草莓、树莓、西蓝花、球茎甘蓝、卷心菜、花椰菜、芥菜、萝卜中。

植物化学物抗癌作用的另一可能机制是调节细胞生长（增生），如莱姆树中的单萜类可减少内源性细胞生长促进物质的形成，从而阻止对细胞增生的异常调节作用。大豆中存在金雀异黄素（亦称染料木黄酮）和植物雌激素，食用大豆食品后在人体内可检出上述物质，在离体条件下已发现它们可抑制血管生长，并对肿瘤细胞的生长和转移也有抑制作用。

（二）抗氧化作用

癌症和心血管疾病的发病机制与反应性氧分子及自由基的存在有关。人体对这些活性物质的保护系统包括抗氧化酶［如超氧化物歧化酶（SOD）、谷胱甘肽过氧化物酶（GSH-Px）］、内源性抗氧化物（尿酸、谷胱甘肽、α-硫辛酸、辅酶Q_{10}等）及具有抗氧化活性的必需营养素（维生素 E 和维生素 C 等）。现已发现植物活性物，如类胡萝卜素、多酚、植物雌激素、蛋白酶抑制剂和硫化物等也具有明显的抗氧化作用。

某些类胡萝卜素，如番茄红素和斑蝥黄与 β-胡萝卜素相比，对单线态氧和氧自由基损伤具有更有效的保护作用。在植物源性食物的所有抗氧化物中，多酚无论在数量上还是在抗氧化作用上都是最高的。血液中低密度脂蛋白胆固醇浓度升高是动脉硬化症发生的主要原因，但低密度脂蛋白胆固醇只有经过氧化后才会引起动脉粥样硬化。有报道称红葡萄酒中的多酚提取物以及黄酮醇（槲皮素）在离体实验条件下与等量具有抗氧化作用的维生素相比，可更有效地保护低密度脂蛋白胆固醇不被氧化。

某些种类的蔬菜对 DNA 氧化性损伤具有保护作用，以尿中排出的 8-氧-7,8-二氢-2-脱氧鸟苷作为生物标志物可以检测出 DNA 的氧化性损伤。如前所述，每天食用 300g 布鲁塞尔芽甘蓝共 3 周的人群，与同样时间内每日食用 300g 无芥子油苷蔬菜的人群相比可明显降低 DNA 的氧化性损伤，人体每天摄入具有抗氧化作用的必需营养素只有 100mg，然而每天摄入的具有抗氧化作用的植物活性物却超过了 1g，这就说明植物活性物作为抗氧化剂对降低癌症发生率具有潜在的生物学作用及多吃蔬菜和水果的重要意义。

（三）免疫调节作用

免疫系统主要具有抵御病原体的作用，同时也涉及在癌症及心血管疾病病理过程中的保护作用。迄今为止，已进行了很多有关多种类胡萝卜素对免疫系统刺激作用的动物实验和干预性研究，其结果均表明类胡萝卜素对免疫功能有调节作用。但其他植物化学物对免疫系统功能的影响，目前只做了较小范围的研究。对类黄酮的研究几乎全部是在离体条件下进行的，多数研究表明类黄酮具有免疫抑制作用；而皂苷、硫化物和植酸具有增强免疫功能的作用。由于缺少人群研究，目前还不能准确对植物化学物影响人体免疫功能的作用进行评价，但可以确定类胡萝卜素及类黄酮对人体具有免疫调节作用。

（四）抗微生物作用

自古以来，某些食用性植物或调料植物就被用来处理感染。后来由于磺胺及抗生素的发现以及它们的抗感染作用，使人们降低了从食物中寻找具有抗感染作用的植物成分的兴趣。

但近年来，由于化学合成药物的副作用，从植物性食物中提取具有抗微生物作用成分的热潮再次兴起。

早期研究已证实球根状植物中的硫化物具有抗微生物作用。大蒜素是大蒜中的硫化物，具有很强的抗微生物作用。芥子油苷的代谢物异硫氰酸盐和硫氰酸盐同样具有抗微生物活性。混合食用水芹、金莲花和辣根后，泌尿道中芥子油苷的代谢物能够达到治疗尿路感染的有效浓度，但单独食用其中一种则不能达到满意的疗效。

在日常生活中可用一些浆果，如酸莓和黑莓来预防和治疗感染性疾病。一项人群研究发现，每日摄入 300mL 酸莓汁就能增加具有清除尿道上皮细菌作用的物质，可见经常食用这类水果可能同样会起到抗微生物作用。

（五）降胆固醇作用

动物实验和临床研究均发现，以皂苷、植物固醇、硫化物和生育三烯酚为代表的植物化学物具有降低血清胆固醇水平的作用，血清胆固醇降低的程度与食物中的胆固醇和脂肪含量有关。曾有人用提取的植物固醇，如 β-谷固醇治疗高胆固醇血症，取得一定效果。以皂苷为例，植物化学物降低胆固醇的作用机制可能如下：皂苷在肠中与初级胆酸结合形成微团，因这些微团过大不能通过肠壁而减少了胆酸的吸收，使胆酸的排出增加；皂苷还可使内源性胆固醇池增加初级胆酸在肝脏中的合成，从而降低了血中的胆固醇浓度。此外，存在于微团中的胆固醇通常在肠外吸收，但植物固醇可使胆固醇从微团中游离出来，这样就减少了胆固醇的肠外吸收。

植物活性物可抑制肝中胆固醇代谢的关键酶，其中最重要的是 β-羟基-β-甲戊二酸单酰CoA（HMG-CoA）还原酶，其在动物体内可被生育三烯酚和硫化物所抑制。据报道在动物实验中，花色素中的茄色苷和吲哚-3-甲醇也有降胆固醇作用。这些实验结果使用的均是植物化学物单体，而植物性食物中还存在诸如膳食纤维等其他的降胆固醇物质，因此将这些实验结论直接外推用于人尚需慎重考虑。

植物化学物所具有的其他促进健康的作用还包括调节血压、血糖和血凝以及抑制炎症等作用。表 8-1 所列为 35 种植物活性成分的生理功效。表 8-2 为部分膳食成分成年人特定建议值及可耐受最高摄入量。

表 8-1 植物活性成分的生理功效

植物活性成分	生理功效
异硫氰酸盐	抗癌，抗菌，杀菌
二烯丙基二硫化物	抑制肿瘤，抑菌杀菌，抗病毒，降血脂，减肥
羟基柠檬酸	增强机体耐力，减肥清脂，改善心脏功能
丙酮酸盐	抗氧化，防紫外辐射，抗血栓，抗菌消炎，降血压，抗突变，防癌，提高免疫力
阿魏酸	抗氧化，抗癌，抗突变，抗菌，抗病毒，凝血，降压，镇静
鞣花酸	抗氧化，防癌抗癌，雌激素活性
白藜芦醇	预防心血管疾病，降血脂，抗炎
植物固醇	降血脂，防治动脉粥样硬化，抗氧化，抗肿瘤，延缓衰老，改善胃肠道，护肤美容
谷维素	增强体力、耐力，提高应激能力，提高机体代谢率
二十八烷醇	降低胆固醇，保护心脏，促进脂肪代谢，预防脂肪肝

植物活性成分	生理功效
肌醇	抗氧化，预防白内障，保护视力，抗癌，延缓早期动脉粥样硬化
叶黄素	抗氧化，抗癌，防治白内障
番茄红素	消除自由基，抗癌，增强免疫力
角黄素	抗氧化，抗癌，预防心血管疾病，保护视力
隐黄素	抗氧化，预防白内障，抗癌，预防心血管疾病，增强免疫力
玉米黄质	消除自由基，抗衰老，抗应激，抗疲劳，降血脂，抗癌，增强免疫力，抗菌抑菌
竹叶提取物	抗氧化，消除自由基，抑制肿瘤，抗病毒
槲皮素	具有雌激素活性，抗氧化，预防心血管疾病，抗癌
大豆异黄酮	抗氧化，抗癌，防治心血管疾病，预防骨质疏松，具有雌激素活性，改善记忆力，抗菌
染料木黄酮	抑脂，减肥，抗癌
水皂角提取物	清除自由基，抗氧化，保护心血管，预防高血压，抗肿瘤，抗辐射
葡萄籽提取物	抗突变，抗过敏，抗菌，改善视力，美容
松树皮提取物	抗氧化，清除自由基，保护心血管，抗衰老，防癌
欧洲越橘提取物	抗氧化，改善视力
喜树碱	抗肿瘤，抗病毒，治疗皮肤病
紫杉醇	广谱抗肿瘤活性，抗疟，抗类风湿关节炎
柠檬烯	抑制肿瘤，抑菌，镇静，溶解胆结石，祛痰，止咳，平喘
森林匙羹藤酸	减肥，降血糖，防龋齿，抗菌，抑制甜味
苜蓿皂苷	溶血活性，抑菌，降低血清胆固醇
大豆皂苷	抗脂类过氧化，抗血栓，增强免疫力，抗肿瘤，广谱抗病毒，减肥，抗衰老
绞股蓝皂苷	保护心血管，降压，抗血栓，降血脂，抗衰老，抗疲劳，增强免疫力，抗自由基，抗肿瘤，护肝，抗溃疡，护肾，镇静
人参皂苷	改善学习记忆力，调节体温，抗脂类过氧化，促进蛋白质合成，增强免疫力，延缓衰老
辣椒素	减肥，防治溃疡，镇静，抗炎，升血压，抗癌
姜黄素	抗肿瘤，抗炎，抗菌，抗病毒，抗脂类过氧化，防治动脉粥样硬化，护肝
洛伐他汀	降血脂，降胆固醇，抗动脉粥样硬化，抗血栓，抑制肿瘤，护肾，防治骨质疏松

表 8-2　部分膳食成分成年人特定建议值（SPL）及可耐受最高摄入量（UL）

膳食成分	SPL	UL
原花青素/(mg/d)	200	—
花色苷/(mg/d)	50	—
大豆异黄酮/(mg/d)	55[①] 75[②]	120[③]
绿原酸/(mg/d)	200	—
番茄红素/(mg/d)	15	70
叶黄素/(mg/d)	10	60
植物固醇/(g/d)	0.8	2.4

膳食成分	SPL	UL
植物固醇酯/(g/d)	1.3	3.9
异硫氰酸酯/(mg/d)	30	—
辅酶 Q_{10}/(mg/d)	100	—
甜菜碱/(g/d)	1.5	4.0
菊粉或低聚果糖/(g/d)	10	—
β-葡聚糖(谷物来源)/(g/d)	3.0	—
硫酸/盐酸氨基葡萄糖/(mg/d)	1500	—
氨基葡萄糖/(mg/d)	1000	—

① 绝经前女性的 SPL；

② 围绝经期和绝经后女性的 SPL；

③ 绝经后女性的 UL。

注："—"表示未制定。

第二节　多酚类化合物

多酚类化合物主要指酚酸和类黄酮，后者亦称黄酮类化合物，本节重点介绍黄酮类化合物。

一、黄酮类化合物的结构与类型

黄酮类化合物亦称类黄酮，是广泛存在于植物界中的一大类多酚化合物，是以黄酮（2-苯基色原酮）为母核而衍生的一类黄色色素，其中包括黄酮的同分异构体及其氢化的还原产物。此类化合物通过两个苯环（A 环与 B 环）通过中央三碳链相互连接（C_6—C_3—C_6）而形成一系列化合物。黄酮类化合物在植物界分布很广，在植物体内大部分与糖结合成苷类或碳糖基的形式存在，也有以游离形式存在的。天然黄酮类化合物母核上常含有羟基、甲氧基、烃氧基、异戊烯氧基等取代基。由于这些助色团的存在，使该类化合物多显黄色。又由于分子中 γ-吡酮环上的氧原子能与强酸成盐而表现为弱碱性，因此曾称之为黄碱素类化合物。

根据中央三碳链的氧化程度、B 环连接位置（2-位或 3-位）以及三碳链是否构成环状等特点，可将天然黄酮类化合物分为以下主要类型：

（1）黄酮类　以 2-苯基色原酮为基本母核，3-位为无氧取代基。常见的化合物有黄芩中的有效成分黄芩苷，主要有抗菌、消炎的作用，该成分也是中成药"双黄连注射液"的主要活性成分。

（2）黄酮醇类　以 2-苯基色原酮为基本母核，3-位有含氧取代基。如槐米中的槲皮素及芦丁，后者具有维生素 P 样作用，用于治疗毛细血管变脆引起的出血症，并用作高血压的辅助治疗剂。此外，从银杏叶中分离出的黄酮类化合物具有扩张冠状血管和增加脑血流量的作用，如山萘酚、槲皮素等。

（3）二氢黄酮（醇）类　黄酮（醇）类的 2-位、3-位双键打开即为二氢黄酮（醇）类。如陈皮中的橙皮苷具有和芦丁相同的用途，也有维生素 P 样作用，多做成甲基橙皮苷供药用，是治疗冠心病药物"脉通"的重要原料之一。

（4）异黄酮类　其 B 环连接在 3-位上。如葛根总异黄酮有增加冠状动脉血流量及降低心肌耗氧量等作用，其主要成分有大豆素、大豆苷及葛根素等，它们均能缓解高血压患者的头痛症状，大豆素还具有雌激素样作用。其中葛根素的多种化学药品制剂已广泛应用于临床。

（5）查耳酮类　该类化合物的两苯环之间的三碳链为开链结构。如红花中的有效成分为红花黄素，具有治疗心血管疾病的作用，已应用于临床。

（6）花色素类　又称花青素，是水溶性色素，多以苷的形式存在。

（7）黄烷醇类　又称儿茶素类化合物，如中药儿茶的主要成分儿茶素。

二、黄酮类化合物的生物学作用

动物不能合成生物类黄酮，植物是富含生物类黄酮的主要食物来源。其广泛存在于蔬菜、水果、花和谷物中，并多分布于植物的外皮，即在植物中接受阳光的部分。其在植物中的含量随种类的不同而异，一般叶菜类多而根茎类少。如水果中的柑橘、柠檬、杏、樱桃、木瓜、李、葡萄及葡萄柚；蔬菜中的花茎甘蓝（即西蓝花）、青椒、莴苣、洋葱、番茄；以及茶、咖啡和可可。黄瓜里也含有一些特殊的生物类黄酮，可以阻止致癌性的激素与细胞结合。

大量的生物类黄酮是由饮料进入人体的，茶、咖啡、果酒和啤酒是重要的类黄酮来源。在一般的混合膳食中，人们每天可从食物中获得大约 1g 的类黄酮。

黄酮类化合物中有药用价值的很多。许多黄酮类成分具有止咳、祛痰、平喘、抗菌的活性，还具有护肝、解肝毒、抗真菌的作用，可用于治疗急、慢性肝炎与肝硬化。具体介绍如下：

（一）抗氧化作用

黄酮类化合物具有良好的抗氧化性能和清除自由基的能力。脂类过氧化是一个复杂的过程，黄酮类化合物可通过两种机制来影响该过程。

1. 直接清除自由基

多种理化因素都可以引发自由基连锁反应，黄酮类化合物可以阻断自由基的传递过程，中断连锁反应。黄酮类化合物可以阻止不饱和脂肪酸花生四烯酸的过氧化，减少对生物膜的破坏。另外黄酮类化合物还可经单电子转移方式直接清除单线态氧、羟自由基等。

2. 间接清除体内自由基

黄酮类化合物可与蛋白质进行沉淀，作用于与自由基有关的酶。如槲皮素可抑制黄嘌呤氧化酶的活性，槲皮素、桑色素对细胞色素 P450 也有抑制作用，从而可抑制体内的脂类过氧化过程。

（二）抗肿瘤作用

黄酮类化合物具有抗肿瘤作用的经典例证就是茶的抗肿瘤作用。茶中所含的聚酯型儿茶素成分能诱导细胞分化和凋亡，这种成分对动物肿瘤生长具有明显的抑制作用。茶叶的抗癌作用机制主要包括阻断亚硝胺致癌物的合成、干扰致癌物、在体内清除自由基、抗突变、对肿瘤细胞直接抑制、增强机体的免疫功能等。红茶多酚也称茶色素，对肺癌和肝癌均有化学预防作用。

大豆异黄酮是大豆及其制品中的一类黄酮类化合物，主要有黄豆苷元和染料木苷，它们只有被细菌分解或在胃内被水解成大豆苷和染料木黄酮后才具有雌激素活性。因其可与雌二醇竞争结合雌激素受体，对雌激素表现为拮抗作用，因而对激素有关的癌症具有保护作用。染料木黄酮还可以抑制调节细胞分化的酪氨酸激酶活性，也可抑制 DNA 修复的交联异构酶。异黄酮还可作为抗氧化剂防止 DNA 氧化性损害，通过诱导肿瘤细胞凋亡、抑制肿瘤细胞的癌基因表达等抑制肿瘤生长。此外，肿瘤组织生长快，需要新生血管提供营养，较高浓度染料木黄酮可以抑制肿瘤细胞生长所需的血管生成。

（三）保护心血管作用

研究发现，大量消费大豆食品的人群心脏病发病率低，主要原因是黄豆苷元可减少体内胆固醇的合成，降低血清胆固醇浓度。对茶多酚和茶色素的基础研究表明它们在心脏病血管疾病预防中具有重要意义。通过实验室和大样本临床观察均证实茶多酚和茶色素在调节血脂、抗脂类过氧化、消除自由基、抗凝和促纤溶、抑制主动脂类斑块形成等多方面发挥作用。

葛根素对心脑血管也同样具有保护作用。静脉注射葛根素后大脑半球血流量明显增加，高血压及冠心病患者血浆儿茶酚胺的含量明显降低，血压下降。葛根素还能通过扩张冠状动脉、降低外侧支冠状动脉的阻力而增加氧的供给，并因对抗冠状动脉的痉挛而有明显缓解心绞痛的作用。

银杏叶的提取物有解痉、降低血清胆固醇及治疗心绞痛等功效，目前已有以银杏叶为主要原料加工制成的饮品（茶）。

原花青素也广泛存在于植物界，属于黄酮衍生物的天然多酚化合物，这类化合物有保护心血管和预防高血压的作用。其作用原理是提高血管弹力，降低毛细血管渗透压。

（四）抗突变作用

茶提取物可以明显抑制牛肉中二甲基亚砜提取物的致突变性，对其他诱变剂如 2-氨基芴和 4-硝基喹啉-N-氧化物的致突变性也有明显抑制作用。绿茶中的茶多酚和红茶中的茶色素在肝微粒体酶存在条件下，对人淋巴细胞可抑制由甲基胆蒽诱导及紫外线处理所引起的姐妹染色单体互换。此外两者还可抑制由甲基胆蒽诱导的小鼠骨髓细胞染色体畸变。

银杏叶提取物、葡萄籽提取物、原花青素及牛蒡提取物对 Ames 菌株 TA98 和 TA100，在有、无代谢活化条件下均有抗突变作用。牛蒡在去皮或受到损失时切面极易发生褐变，这是因为其中含有丰富的多酚类化合物、多酚氧化酶及过氧化物酶所导致的。有研究表明某些蔬菜水果的抗突变作用与褐变度及其酚含量之间存在一定的相关性，褐变度高、多酚类物质含量丰富的蔬菜和水果具有较强的抗突变作用。

（五）其他生物学作用

日本报道葛根素对细胞免疫功能和非特异性免疫功能均有提高作用。在病毒性或细胞性腹泻患者粪便中，早期肠道分泌型免疫球蛋白（sIgA）较正常人普遍下降，患者服用葛根提取物后在测粪便时发现 sIgA 明显升高。大豆异黄酮可使大鼠骨细胞的形成超过消融，进而防止骨质流失。另有报道，原花青素具有改善视疲劳的作用和抗辐射作用。

第三节　含硫化合物

葱属植物包括大蒜、洋葱、韭菜、香葱和冬葱。大蒜含有大量的维生素和矿物质，其最主要的生物活性物质是含硫化合物，包括二烯丙基一硫化物、二烯丙基二硫化物和二烯丙基三硫化物。本节以大蒜为代表介绍含硫化合物的生物活性作用。

一、大蒜的化学成分

大蒜为百合科葱属植物生蒜的地下鳞茎，不仅是膳食的常用材料，也是常用的中药之一。其含各种营养素，还含有特殊臭味的挥发油。主要成分包括糖类、氨基酸类、脂类、肽类、含硫化合物和多种维生素、微量元素等。微量元素主要有铁、锌、铜、硒等。大蒜中含有人体所需的多种氨基酸，其中半胱氨酸、组氨酸、赖氨酸的含量较高。大蒜中的维生素主要是维生素 A、B 族维生素、维生素 C，另外大蒜中还含有前列腺素 A、前列腺素 B、前列腺素 C。大蒜中含硫成分多达 30 多种，其中主要的有二烯丙基一硫化物、二烯丙基二硫化物和二烯丙基三硫化物，二烯丙基二硫化物的活性最强。

二、大蒜的生物学作用

（一）抗突变作用

大蒜水提取物对诱变剂 2-氨基芴诱发的 Ames 试验菌株 TA100 的回变有抑制作用，推测大蒜提取物具有阻断由"前诱变剂"向"终诱变剂"转换的作用。在 SOS 原噬菌体诱导试验中，大蒜水提取物能对抗甲基硝基亚硝基胍、丝裂霉素、苯并芘所诱导的 SOS 反应。对苯并芘诱发的小鼠遗传损伤，大蒜提取物也有保护作用，可使染毒小鼠骨髓细胞微核率及姐妹染色单体交换率下降。

（二）抗癌作用

二烯丙基一硫化物能抑制致突变剂对食管、胃、肠黏膜上皮细胞的损伤，还可抑制甲基亚硝胺和苯基亚硝胺所诱发的胃癌、食管癌的进展，对二甲基肼诱发的大鼠肝肿瘤、肠腺癌及结肠癌也有明显的抑制作用。鲜蒜泥和蒜油均可抑制黄曲霉毒素 B_1 诱导的肿瘤发生并延长肿瘤生长的潜伏期。此外，大蒜还可抑制二甲基苯并蒽诱发的大鼠乳腺癌。大蒜能抑制胃液中硝酸盐还原为亚硝酸盐，从而可阻断亚硝胺的合成。唾液酸（SA），学名为 N-乙酰基神经氨酸，是一种有效的肿瘤标志物。食用生大蒜后肿瘤患者 SA 的含量明显下降，表明长期食用大蒜有防癌作用。实验证实，蒜叶、蒜瓣、蒜油、鲜蒜汁、蒜泥、蒜片及蒜粉等均有抗癌效果。

（三）提高免疫功能的作用

大蒜能够提高免疫功能低下的小鼠的淋巴细胞转化率，促进血清溶血素的形成，提高碳廓清指数，以及对抗由环磷酰胺所致的胸腺、脾萎缩，说明大蒜对免疫功能低下的小鼠具有提高细胞免疫、体液免疫、非特异性免疫功能的作用。

用大蒜对焦炉工在不脱离生产的情况下进行为期半年的试食实验，发现服用大蒜制剂后焦炉工的唾液酸和脂类过氧化产物较服用前降低，而谷胱甘肽过氧化物酶提高。我国援外医疗队在乌干达用大蒜治疗 98 例艾滋病患者，有 64 例症状出现明显好转，大蒜对艾滋病的治疗可能是硫化物起了重要作用。

（四）抗氧化和延缓衰老的作用

自由基是一种氧化剂，对生物膜具有多种损伤作用，线粒体 DNA 组成结构特殊，易受自由基的攻击，目前认为线粒体 DNA 的氧化损伤是自由基引起衰老的分子基础。大蒜及其水溶性提取物对羟基自由基、超氧阴离子自由基等活性氧有较强的清除能力，从而可阻止体内的氧化反应和自由基的产生。此外，大蒜提取物还可以抑制由丁基过氧化氢所引起的肝微粒体内脂类过氧化物的早期生成，这主要是大蒜中的烯丙基硫化物发挥了抗氧化作用。大蒜素对四氯化碳诱发的大鼠肝损伤和血清转氨酶及脂类过氧化物水平的升高均有明显抑制作用，并且存在剂量-效应关系，说明大蒜素对化学性肝损伤具有保护作用，这与其具有抗氧化活性及抑制脂类过氧化物有关。

大蒜提取物可影响正常人皮肤纤维细胞的生长时间，大约 475d 就能使细胞发生 55～66 次群体倍增，说明大蒜提取物能延长正常细胞的寿命，具有延缓衰老的作用。

大量研究资料充分说明，大蒜不仅是一种传统的蔬菜和调味品，而且是一种有广泛用途的保健食品和行效确切的天然药品，并且在农、林、牧、渔等方面也有广泛用途，是一种无公害的农用杀虫剂。我国是一个产蒜的大国，近年来产品增加，大蒜的销售、加工和储存问题也亟待解决，因此开发利用我国大蒜资源，生产更多更好的高营养、高疗效、食用方便的大蒜保健食品及各种剂型的大蒜药品，有着非常广阔的前景。

第四节　皂苷类化合物

皂苷又名皂素，是固醇类或三萜类化合物的低聚配糖体的总称，因其水溶液能形成持久泡沫，像肥皂一样而得名，它广泛存在于植物和海洋动物体内。对皂苷类化合物研究较多的是大豆皂苷。大豆皂苷是一种常见的皂苷，它主要存在于豆科植物中。豆类植物种子中大豆皂苷的含量一般在 0.62%～6.16% 之间。人们对大豆的认识和利用有很久远的历史，但对大豆皂苷的研究起步较晚，直到 20 世纪 90 年代中期 DDMP 大豆皂苷的发现，才引起人们的重视。

一、大豆皂苷的结构及性质

大豆皂苷属三萜类齐墩果酸型皂苷，是三萜类同系物的羟基和糖分子环状半缩醛上的羟基失水缩合而成的。其可以水解生成多种糖类和配糖体。依据其皂苷元的结构可分为 A 族、B 族、E 族、DDMP 族大豆皂苷；低聚糖链有 6 种单糖：β-D-葡糖醛酸（GlcUA）、β-D-葡萄糖（Glc）、β-D-半乳糖（Gal）、β-D-木糖（Xyl）、α-L-阿拉伯糖（Am）、α-L-鼠李糖（Rha），其糖链部分质量含量在 $2\%\sim27\%$ 之间。大豆中存在以大豆皂苷元 B 为配基的大豆皂苷 I、II、III、IV 和 V 型，以及以大豆皂苷元 A 为配基的大豆皂苷 A_1、A_2、A_3、A_4、A_5 以及 A_6 等。

大豆皂苷是造成大豆不良风味的主要物质。大豆皂苷具有皂苷类的一般性质。纯的大豆皂苷是一种白色粉末，具有苦而辛辣味，其粉末对人体各部位的黏膜均有刺激性。大豆皂苷可溶于水，易溶于热水、含水烯醇、热甲醇和热乙醇中，难溶于乙醚、苯等极性小的有机溶剂。大豆皂苷熔点很高，常在熔化前就分解，因此无明显熔点。大豆皂苷属于酸性皂苷，在其水溶液中加入硫酸铵、醋酸铅或其他中性盐类即生成沉淀，利用这一性质可以对其进行分离和提取。

二、大豆皂苷的生物学作用

大豆皂苷是具有重要研究价值和广泛应用价值的皂苷之一。目前国内外对大豆皂苷的研究主要集中在其对人类健康影响方面。大豆皂苷作为一种天然活性物质，具有许多有益的生理功效，如抗氧化、抗自由基、增强免疫调节功能、抗病毒、抗血栓、抗肿瘤等作用。作为饲料添加剂，大豆皂苷在动物营养物质代谢、提高机体免疫力、改善消化道环境、改善肉质等方面均可能发挥积极作用。

（一）抗突变作用

大豆皂苷可明显降低电离辐射诱发的小鼠骨髓细胞染色体畸变和微核形成。辐射对 DNA 有直接损失（引起 DNA 断裂、解聚黏度下降等）和间接损伤（使生物体自由基产生加快，从而造成 DNA 损失）作用。从化学结构上看大豆皂苷不可能防止辐射对 DNA 造成的直接损伤，可能是通过减少自由基的产生或加速自由基的消除而使 DNA 免受损害。

（二）抗癌作用

大豆皂苷可抑制多种肿瘤细胞（如胃癌细胞、乳腺癌细胞、前列腺癌细胞等）的生长。在离体实验中对鼠白血病细胞（YAC-1 细胞）的 DNA 合成有明显的抑制作用。当 YAC-1 细胞不与大豆皂苷接触后，其 DNA 合成的抑制率随时间延长而下降，说明大豆皂苷对肿瘤细胞的抑制是可逆的。大豆皂苷分子量为 100 左右，属于中等大小的分子，且溶于水，可经简单扩散或主动转运等方式进入肿瘤细胞，因此有人认为大豆皂苷是通过直接破坏肿瘤细胞膜结构而达到抗癌作用的。

（三）抗氧化作用

皂苷因抑制血清中脂类氧化而减少过氧化脂类对细胞的损害。大豆皂苷能通过自身调节增加 SOD 含量，降低 LPO（过氧化脂类），清除自由基，减轻自由基的损害作用，促进修复。大豆皂苷也可以降低 X 射线诱发遗传物质损伤的概率，通过减少辐射水解产物——自由基，加速自由基的代谢而起间接作用，LPO 是自由基代谢产物。有人曾向大豆皂苷与色拉油的混合物中注入氧气，同时加热 40min，结果脂类过氧化物的生成量与不加大豆皂苷相比明显减少。

（四）免疫调节作用

大豆皂苷增强免疫调节功能的作用机理在于：大豆皂苷对 T 细胞具有增强作用，特别是 T 细胞功能的增强，可以使 IL-2（白介素-2）的分泌提高，而 IL-2 的功能可以保护 T 细胞的存活与繁殖，促进 T 细胞产生淋巴因子，增强诱杀性细胞 NK（自然杀伤性细胞）的分化，提高 LAK（淋巴因子激活的杀伤性细胞）的活性，从而使生物体表现出较强的免疫功能。

（五）对心脑血管的保护作用

皂苷类化合物具有溶血作用，因此早期视大豆皂苷为抗营养因子，但同时也说明其具有抗血栓作用。大豆皂苷Ⅰ、Ⅱ均可激活纤溶系统，增加纤维蛋白原降解产物，强烈地抑制血小板聚集。大豆皂苷Ⅰ、Ⅱ、Ⅲ、A_1、A_2 还可抑制纤维蛋白原向纤维蛋白转化，使抗凝作用增强。大豆皂苷可降低血清胆固醇含量，将大豆皂苷掺入高脂饲料同时喂饲大鼠，可使其血清总胆固醇及甘油三酯水平下降。大豆皂苷能延长缺氧小鼠存活时间，说明它可改善心肌缺血和对氧的要求。以离体培养的大鼠心室肌细胞作为实验模型，发现大豆皂苷可抑制自由基对细胞膜的损伤。此外，大豆皂苷还可降低冠状动脉和脑血管阻力，增加冠状动脉和脑的血流量并减慢心率；可以调节中枢单胺类神经递质的释放，进而影响心率及血压。

（六）抗病毒作用

大豆皂苷不仅对单纯疱疹病毒和腺病毒等 DNA 病毒有作用，对脊髓灰质炎病毒和柯萨奇病毒 B_3 等 RNA 病毒也有明显作用，这一结果表明大豆皂苷具有广谱的抗病毒能力。国外有人报道大豆皂苷对人类艾滋病病毒也具有一定的抑制作用，推测大豆皂苷在艾滋病的防治上可能具有积极作用。

关于大豆皂苷生理功能的研究报道还有很多。比如，大豆皂苷可以促进人体内胆固醇和脂肪代谢；改善心肌供氧，提高机体的耐缺氧功能；降脂减肥；加强中枢交感神经的活动；以及抗衰老、防止动脉粥样硬化、抗石棉尘毒性等作用。近年来，大豆皂苷的生物学、生理学和药学的活性试验证明，大豆皂苷的毒副作用很小，这既为传统豆类食品提供了安全可靠的佐证，也为大豆皂苷的广泛应用提供了安全保障。

第五节　生物碱

一、生物碱及其性质

生物碱是一类分子量较小而结构却比较复杂的含氮碱性有机化合物。大多数种类的生物碱也是一些对有机生命体具有强烈生理学作用的物质。与激素所不同的是，生物碱主要存在于植物体内，一般动物体内很少发现，而激素则主要存在于动物体内。

大多数生物碱是无色的固体物质，少数呈液态。在植物体内，生物碱常与有机酸（柠檬酸、草酸等）或无机酸（磷酸、硫酸、盐酸）结合。

二、食品中的生物碱

生物碱主要存在于植物性食品中，动物性食品中一般都不含生物碱成分。对于植物性食品，一般情况下，只有那些特殊的植物，如茄科植物、罂粟科植物等，才会含有相对应植物种属的特殊生物碱成分。大多数情况下，植物中的生物碱种类和含量，除了与植物种属有关外，还与植物的生长环境和季节有很大的关系。同科植物大多含有一类在化学结构上近似的生物碱成分，主要存在于植物的叶、果、根、皮中，但是这些生物碱成分的含量往往很低，总计不超过1%。个别特殊情况下，也有高含量生物碱成分的出现，如金鸡纳树树皮中的奎宁，可达15%的含量。

为了区分某种植物中所含有的生物碱特性，往往将其中含量最高的生物碱成分作为主要生物碱，其余的部分则称为次要生物碱，并且大多以主要生物碱来代表该种植物的生物碱存在。

一些具有天然性质的嗜好品，如咖啡、茶叶、古柯叶、可可和烟草等，都或多或少地含有咖啡碱、可可碱或尼古丁（又称烟碱）等生物碱成分，而这些生物碱成分，一般是嗜好品纯真特色的重要的或决定性的组成部分。

大多数香辛料中也含有生物碱成分，这对于形成香辛料的特别味觉感受，往往具有比较重要的作用。例如，胡椒中含有的主要生物碱成分胡椒碱，就具有这样的功能。

一些有毒植物，如野樱桃、毒芹、毒蝇伞和麦角菌，则含有有毒的生物碱成分。土豆中所含有的一种龙葵素或茄碱成分，在相对比较高的含量时，也是一种必须加以除去的生物碱。在某些有毒动物中，其所能释放或分泌出来的毒素成分，主要也是一些生物碱成分，例如蛇毒和蟾蜍毒。

由于生物碱的特殊生理作用，以及所表现的毒性或副作用，食物中的生物碱含量大多很低或要求很低。嗜好品中，生物碱的含量也大多维持在1%左右，至多不超过5%（表8-3）。

表 8-3　一些嗜好品的生物碱及其含量　　　　　　　　　　　　单位：g/100g

嗜好品	主要生物碱	含量
咖啡	咖啡碱	1.0～1.5
茶叶	咖啡碱	2.5～3.0
可可	可可碱	1.5～1.8
烟草	尼古丁	0.6～0.9

三、生物碱的生理学作用

（一）生物碱对人体的生理学作用

生物碱对机体的作用具有特异性，并且与摄入量的多少和次数有很大的关系。大多数情况下，适量生物碱对人体具有止痛、令人欣快、催眠、麻醉的作用，从而可以使机体的疼痛感消失，以及迅速恢复体力。

但是，在过量或反复摄入的情况下，人们将会发生生物碱成瘾，对于那些特殊的生物碱，这时就有了一种不能自我摆脱的分界点，这种分界点的另一边，就将这些特殊的生物碱品种概称为毒品。所以，一般来讲，除了嗜好品外，其他的生物碱一般都是由医生严格控制的。

生物碱对人体的生理学作用，按照其用途，分为药品、嗜好品和麻醉品三种类型。值得指出的是，这种分类生理学作用，是人们强加意识的产物，并不是这些生物碱本身就只具有这样的效果或作用。

1. 药品用的生物碱

这类生物碱有奎宁（主要用作解热剂和抗疟药）、可待因（主要用作止咳剂）、罂粟碱（主要用作止痛剂）、吗啡（主要用作止痛剂）、阿托品（主要用作眼科药）、可卡因（主要用作麻醉剂）等。

2. 用作嗜好品的生物碱

这类生物碱是相对应的嗜好品本身所具有的一种内源性物质成分。主要有咖啡、可可、茶叶中的咖啡碱，可可中的另一种生物碱可可碱，烟草中的尼古丁。

3. 用作麻醉品的生物碱

这类生物碱主要有鸦片（一般以片剂口服和溶液注射两种形式使用）、可卡因（主要通过以古柯叶加入食品中摄入的形式进行）。

（二）嗜好品的生理学作用

一般来说，我们接触到的含生物碱的嗜好品为咖啡、茶叶、可可和烟草（香烟）。

1. 咖啡、茶叶、可可

咖啡、茶叶和可可中，主要含有咖啡碱或可可碱。由于咖啡碱和可可碱对机体的生理学作用相近，所以，这3种十分大众化的嗜好品对人体的作用也大体上一致。

咖啡碱和可可碱的作用主要是扩张血管，促进血液循环。一般来讲，饮用咖啡或茶叶后，可以促进脑部血液的流通，使大脑处于兴奋状态，因而可提高脑力和体力。

目前尚没有证据表明咖啡碱和可可碱对机体具有损害作用。但是，由于咖啡、茶叶和可可具有兴奋大脑、提高精神的作用，且持续时间比较长，所以明智的做法是应该有节制地饮用，特别是入睡前，不应多喝这些嗜好品。

2. 烟草

烟草是一种十分特殊的嗜好品，它的直接加工产品是香烟和雪茄烟。香烟上带有的过滤嘴是一种文明和进步的标志。吸烟是所有这类嗜好品特有的消费方式。

吸烟时大约有75%的烟气将被吸入口腔，随后进入咽喉、鼻腔、气管、食管、胃和肺部，然后再释放到空气中。这种烟雾，1mL大约含有50亿个小烟尘。其成分，据估计大约有750种之多，其中有一部分是在燃烧过程中产生的。烟气中的主要成分为焦油、尼古丁、二氧化碳、一氧化碳、氰氢酸等。

尼古丁是一种对人体毒性很强的物质，它和一氧化碳将被血液直接加以吸收，然后进入机体的组织部位以及大脑。尼古丁被吸收入机体后，主要引起自主神经系统麻痹，同时对机体的激素系统具有损害作用。长期吸烟，可以造成血管狭窄，血液流通障碍，出现脉搏加快、体温下降、血糖升高和胃液分泌增加等症状。

被吸收的一氧化碳，可以与血红蛋白结合。人体血红蛋白一经和一氧化碳结合，就会失去载氧能力，从而使机体内的氧供量下降，造成缺氧血症。由于中枢神经系统对缺氧最敏感，所以将首先受害，从而降低完成某些精细动作和某些智力工作的能力。严重时可出现贫血、头痛和神经痛。

焦油多沉积于呼吸器官和消化器官部位，被阻留沉积在机体内的焦油，其成分有 β-萘胺、苯并芘、蒽和菲等芳香烃类，长期与机体组织接触，可以诱发癌变。长期吸烟的人，要比一般人更容易诱发相关的癌症，如肺癌、口腔癌、胃癌、膀胱癌等。一些人认为，由于吸烟所造成的癌症的诱导期约为 30 年，按发病年龄来看，25 岁前开始吸烟的人，肺癌最高发生率在 61～62 岁；25 岁以后吸烟的人，则在 67～68 岁。

长期吸烟的人，往往还可能出现神经障碍、溃疡、黏膜炎、生殖功能降低等症状。对于正在吸烟或将要吸烟的人们，进一步总结一下吸烟对人体的害处是有益的。因此，以下的结论是值得重视的，即吸烟一般都将使肺功能受到损害，并且一般疾病的发生率要普遍高于不吸烟者。例如，吸烟者的慢性支气管炎发病率要比一般人高 2～8 倍，心血管疾病高 70%。

四、重要的生物碱及其特性

（一）可可碱

可可碱为白色、无臭的固体物质，主要存在于可可中，其生理学作用为：利尿、扩张血管，对神经系统无刺激作用，对心脏和血压无有害作用。一般情况下，可可碱可以作为利尿剂运用。

（二）咖啡碱

咖啡碱为白色、无臭的固体物质，溶于热水和各种溶剂，能升华，主要存在于咖啡豆中，味苦。其生理作用为：刺激心脏、神经系统和肾，消除疲劳，提高工作效率，促进血液流通，止痛。过量或持续饮用可使神经过度兴奋、失眠、心跳加快，最后导致中毒。

（三）茶叶碱

茶叶碱也称为茶碱，为白色无臭的结晶性粉末。在空气中比较稳定。微溶于冷水、乙醇、氯仿，难溶于乙醚，稍溶于热水，易溶于酸和碱溶液，是存在于茶叶和咖啡中的一种生物碱成分。茶叶碱的生理作用与可可碱和咖啡碱类似，一般用作利尿剂，治疗水肿病。

（四）尼古丁

尼古丁也称烟碱，是烟草中的一种主要生物碱，为无色的油状液体，溶于水和各种溶剂，在空气中变为褐色。它的生理学作用为：首先刺激神经系统，使血压升高，分泌腺分泌增加，然后发生麻醉作用，使血压波动不稳，使血管狭窄，眼、心和消化道器官受损害。尼古丁还可使维生素 C 浓度降低。致死量为 60mg。尼古丁主要用于杀灭植物害虫，特别是用作治蚜虫的喷洒剂。利用尼古丁治疗疾病的尝试正在进一步开展。

（五）胡椒碱

胡椒碱为白色结晶粉末，难溶于水，溶于香精油中，存在于胡椒中，辛辣。其生理学作用为：刺激食欲，主要用于制作人造胡椒。

第六节　植物活性物质开发及利用

高等植物产生的各种次级代谢产物，如萜类、生物碱类、多炔类和噻吩类等，以及植物体内所含的植物激素、氨基酸、酶和植物毒素等生理活性物质，因其具有天然、营养、无污染以及防腐的生物活性而广泛应用于天然饮料和防腐剂的生产，备受人们的青睐。我国植物资源丰富，从中提取的各种活性物质具有广阔的开发和利用前景。

一、植物活性物质的药物及抗氧化利用

从植物提取的生物活性物质具有重要的药理作用，其在体内可清除自由基或阻碍自由基的反应，进而减少或阻断自由基氧化损伤，从而对某些疾病（如肿瘤、动脉粥样硬化、辐射损伤等）具有预防和治疗作用。从红豆杉提取的紫杉醇具有很强的抗癌能力。银杏叶具有十分重要的药用价值。根据近年的报道，银杏的药用价值研究主要集中在银杏叶的开发和利用上。银杏叶可提取多种苦味素，其主要成分是长链酚类及内酯类，长链酚类具有抗细菌和消炎的作用，内酯类主要是血小板活化因子（PAF）拮抗剂并具有抗衰老功效。近年来对银杏叶的研究表明，其药理作用还有解痉抗过敏，抑制金黄色葡萄球菌、铜绿假单胞菌，抑制真菌，以及抗病毒等。从三尖杉属植物中提取的三尖杉酯碱和高三尖杉酯碱对骨髓性、粒细胞性白血病疗效显著，完全抑制或明显抑制率高于50%。槐属植物山豆根、苦参和苦豆根等香叶基黄酮类化合物提取物具有消炎、治疗糖尿病、抗癌、抗菌等作用。枸杞、仙人掌、海藻等天然植物提取物均有抗病变作用，同时其还对六价铬的染色体损伤具有显著抑制作用。Nikaido从槐属和桑属植物中分离出的具有香叶基取代的天然黄酮化合物表现了较强抑制环腺苷酸磷酸二酯酶（cAMP-PDE）的生物活性。陈铁山等研究发现香椿叶含有黄酮类化合物，这些化合物具有保肝、降血压、抗炎、泻下、解痉等多种生理活性功效。杜仲具有的降血压、利尿、抗肿瘤、抗菌、抗衰老和增强免疫等药理作用，主要是由杜仲所含的活性成分所决定的。这些活性物质主要是从杜仲叶中提取的杜仲素、杜仲总黄酮及桃叶珊瑚苷。从山莓叶中提取的茶多酚具有降血压、降血脂、抗突变、抗菌消炎等作用，还具有消除自由基、抗肿瘤及抗衰老等功能。无花果叶提取物具有降血糖的活性。

从树木中提取的生物活性物质同时还具有抗氧化成分，其对防治疾病和延缓衰老具有重要的作用，天然植物药物含有的抗氧化成分与自由基的关系已成为当前的热点。从日本产的竹柏中分离得到的桃拓酚、桃拓二酚等6种二萜酚类化合物具有抗氧化作用。同时，从竹柏分离得到的桃拓酚还可抑制亚麻油酸的自氧化作用。油茶的综合开发是多方面的。以油茶果壳为原料，可提取单宁制造栲胶，从油茶分离出的3种黄酮类化合物具有抗氧化活性，从其

果壳和饼粕提取的多酚类化合物同样具有较强的抗氧化活性。山楂叶的黄酮提取物具有良好的抗氧化活性。从香杨梅果渗出物的乙醚提取物可得多种二氢查耳酮，其中两个主要的黄酮为香杨梅酮 A 和 B，提取物和香杨梅酮 B 显示明显的抗氧化和自由基清除活性。

二、利用植物中活性物质生产化妆产品

从植物中提取的生物活性物质含有丰富的营养成分，如氨基酸、维生素、酶类及微量元素等，对人的皮肤具有良好的保护作用，可广泛应用于化妆品的生产。日本学者报道，由槐属植物提取的香叶基黄酮类化合物不仅可用于抗微生物的化妆品，还可作为面条、面包、水果、饮料等食物的防腐、防酸败的添加剂。

三、利用植物中活性物质研制保健产品

近年来防腐剂在食品加工和防腐保鲜等方面发挥着十分重要的作用，而防腐的安全性问题也越来越引起人们的重视。由植物中提取的天然、营养、无污染活性物质制成的保健产品备受人们的青睐，并且从银杏叶提取物、桑叶提取物、肉桂提取物等中得到的天然防腐剂也深受人们的喜爱。肉桂中主要成分是肉桂醛、丁香酚、松香萜等，对细菌、酵母均有良好的抗菌性，对霉菌也有作用。沙棘果实中含多种维生素、丰富的蛋白质、氨基酸、有机盐和无机盐等，同时含有丰富的生命活性物质，具有十分重要的食用和药用价值，可用于生产天然保健饮料。银杏叶黄酮类和萜内酯等生命活性成分，可广泛应用于制备药品和保健食品。戚向阳、陈维军等报道了通过银杏叶提取的活性物质可加工成可乐饮料、冰淇淋、巧克力、口香糖及保健酒等。红松籽仁主要成分是不饱和脂肪酸，成分中的类胡萝卜素、维生素及钙、磷、铁等营养元素可食用或加工成食品辅料。山莓叶味甜，有显著的润喉止渴效果，可加工成保健饮料。沙蒿种子富含矿物质和纤维素，还含有 20% 的胶质（沙蒿籽胶）成分，具有很高的黏度、发泡性、成膜性、乳化性及耐潮性，理化性质相当稳定，可作为糖果、肉冻的凝胶改良剂，果酱、罐头的增稠剂，以及加工产品的改良剂、保鲜剂及可食性膜等。林檎叶可加工成林檎保健茶和东方神保健茶，其因含有黄酮类化合物，具有天然防腐效果。橡实中含有丰富的营养物质，可加工成具有保健作用的食品，从中提取的单宁还具有解除重金属中毒的作用。

四、植物活性物质提取技术及产品开发途径

天然产物活性成分（功能因子）具有特定的功效。目前，国内外对天然产物活性物质进行了全方位和多领域的研究，研究其原料及原料的栽培和培养技术，以期获得高含量活性成分的原料；研究天然产物的提取分离制备技术、活性物质的构成与结构、功效和机理等，研究的主要目的和实际应用在于开发生产功能保健食品、添加剂或药品。

天然产物的提取分离制备技术，传统方法主要是溶剂萃取，如热水浸提、碱液提取和醇类提取等。其他溶剂的考察主要集中在如丙酮、乙酸乙酯、乙醚、苯、氯仿、正丁醇等有机溶剂对活性物质的提取上。近年来，人们在传统方法的基础上采用了微波、超声波物理助提技术和酶分解等生物技术来提高提取率。

　　大多数活性物质的粗提物中活性物质含量偏低，为了得到高含量和高纯度的产品必须进行精制，根据天然产物的性质常用精制方法有：沉淀剂法、色谱技术、超临界 CO_2 萃取技术、膜分离技术。色谱技术，包括吸附色谱法、柱色谱法、薄层色谱法（TLC）、纸色谱法、气-液色谱法、升华法和高效液相色谱法（HPLC）等。工业化生产中常用的是柱色谱，常见的吸附剂有硅胶、硅藻土、氧化镁、氧化铝、纤维素、聚酰胺、分子筛和离子交换树脂等，应用广泛的主要为聚酰胺、大孔树脂等吸附剂。超临界 CO_2 萃取技术中的超临界流体 CO_2 是萃取小分子、低极性、亲脂性物质的理想溶剂。超临界流体萃取技术与传统提取方法相比具有萃取时间短、效率高、高选择性提取、工艺流程简化、低温操作、适于对热敏性物质提取、无溶剂残留、安全无毒、可实现有效成分的快速准确分析等优点。膜分离技术是用天然或人工合成的高分子膜，以外加压力或化学位差为推动力，对双组分或多组分的溶液进行分离、分级、提纯和富集的方法。

　　对于提取的活性物质，尤其是未知结构的物质要进行鉴定，主要方法有：纸色谱-紫外及可见光谱分析；高效液相色谱（HPLC）-质谱分析（MS）；核磁共振波谱法（NMR）；X衍射法等。

　　天然产物活性成分的功效研究和功能保健食品的开发一般都通过体内外试验、动物试验、临床验证程序，运用许多具体的试验研究方法和分析检测手段来进行。在研究开发中，总的要求是结构、构成清楚，功效明确，主要考察量效关系、构效关系、协同作用、作用机制和机理，研究新技术、新设备及应用等。

 ## 思考题

1. 简述植物活性物质的概念及生物学作用。
2. 简述黄酮类、大蒜素、皂苷和生物碱四类物质的生物学功能。
3. 试述植物活性物质的应用。

第九章

能 量

 **主要内容**

　　能量单位与能值、能量的来源；人体的能量消耗：基础代谢，体力活动，食物的热效应；人体能量消耗的测定；能量的参考摄入量及食物来源。

 学习要求

　　1. 了解能量单位和能值，掌握人体能量消耗的构成。
　　2. 掌握能量不平衡对人体的影响、能量的合理膳食来源与构成及适宜摄入量。了解并熟悉能量消耗量的测定及估算方法。
　　3. 熟悉影响人体基础代谢的因素。
　　4. 了解不同生热营养素能量供应特点及能量的参考摄入量及食物来源。

第一节　概　述

　　一切生物都需要能量来维持生命活动。人体每时每刻都在消耗热能，如维持心脏跳动、血液循环、肺部呼吸、腺体分泌、物质转运等重要生命活动及体力活动等都要消耗热能，人体不仅在劳动时需要消耗热能，就是机体处于安静状态时也要消耗一定的热能，人体所消耗的热能都是由摄取的食物供给的。人体在生命活动过程中必须不断地从外界环境中摄取食物，从中获得人体必需的营养物质，其中包括蛋白质、脂类、糖类这三大生热营养素，蛋白质、脂类和糖类在体内经过氧化产生热能，用于生命活动的各种过程。

一、能量单位

　　多年来人们对人体摄食和消耗的能量，通常都是用热量单位卡（cal）或千卡（kcal）表示的。1cal 相当于 1g 水从 15℃升高到 16℃，即温度升高 1℃所需的热量，营养学上通常以它的 1000 倍（即千卡）为常用单位。1969 年在布拉格召开的第七次国际营养学会议上推荐采用焦耳（J）代替卡。

1J 相当于用 1N 的力将 1kg 物体移动 1m 所需的能量。1000J＝1kJ，1000kJ＝1MJ（兆焦耳）。焦耳与卡的换算关系如下：

$$1cal＝4.184J \qquad\qquad 1J＝0.239cal$$
$$1kcal＝4.184kJ \qquad\qquad 1kJ＝0.239kcal$$
$$1000kcal＝4.184MJ \qquad\qquad 1MJ＝239kcal$$

二、能量来源与能量系数

生物中的能量来源于太阳的辐射能。植物借助叶绿素的功能吸收并利用太阳辐射能，通过光合作用将二氧化碳和水合成糖，植物还可以吸收利用太阳辐射能合成脂类、蛋白质。而动物在食用植物时，实际上是从植物中间接吸收利用太阳辐射能，人类则是通过摄取动、植物性食物中的蛋白质、脂类和糖类这三大生热营养素获得所需要的能量。

（一）生热营养素

1. 糖类

糖类是体内的主要供能物质，是为机体提供热能最多的营养素，一般来说，机体所需热能的 55%～65% 都是由食物中的糖类提供的。食物中的糖类经消化产生葡萄糖被吸收后，约有 20% 以糖原的形式贮存在肝脏和肌肉中。肌糖原是贮存在肌肉中随时可动用的储备能源，可提供肌体运动所需要的热能，尤其是高强度和持久运动时的热能需要。肝糖原也是一种储备能源，储存量不大，主要用于维持血糖水平的相对稳定。

脑组织所需能量的唯一来源是葡萄糖，在通常情况下，脑组织消耗的热能均来自葡萄糖在有氧条件下的氧化，这使葡萄糖在能量供给上更具有其特殊重要性。脑组织消耗的能量相对较多，因而脑组织对缺氧非常敏感。另外，由于脑组织代谢消耗的葡萄糖主要来自血糖，所以脑功能对血糖水平有很大的依赖性。人体虽然可以依靠其他物质供给能量，但必须定时进食一定量的糖类物质，维持正常血糖水平以保障大脑的功能。

2. 脂肪

脂肪也是人体重要的供能物质，是单位产热量最高的营养素，在膳食总能量中有 20%～30% 是由脂肪提供的。脂肪还构成了人体内的储备热能，当人体摄入能量不能及时被利用或过多时，无论是蛋白质、脂肪还是糖类，都以脂肪的形式储存下来。所以，在体内的全部储备脂肪中，一部分是来自食物的外源性脂肪，另一部分则是来自体内糖类和蛋白质转化成的内源性脂肪。当体内热能不足时，储备脂肪又可被动员释放出热量以满足机体的需要。

3. 蛋白质

蛋白质在体内的功能主要是构成体蛋白，而供给能量并不是它的主要生理功能，人体每天所需要的能量有 10%～15% 由蛋白质提供。蛋白质分解成氨基酸，进而再分解成非氮物质与氨基，其中非氮物质可以氧化供能。人体在一般情况下主要是利用糖和脂肪氧化供能，但在某些特殊情况下，机体所需能源物质供能不足，如长期不能进食或消耗量过大时，体内的糖原和储存脂肪已大量消耗之后，将依靠组织蛋白质分解产生氨基酸来获得能量，以维持必要的生理功能。

（二）能量系数

糖类、脂肪和蛋白质在氧化燃烧生成 CO_2 和 H_2O 的过程中，释放出大量的热能供机体利用。每克糖类、脂肪、蛋白质在体内氧化所产生的热能值称为能量系数（或热能系数）。

食物可在体内氧化，也可在体外燃烧，体内氧化和体外燃烧的化学本质是一致的。食物及其产热营养素所产生的能量有多少，可利用测热器（弹式热量计）进行精确的测量。将被测样品放入测热器的燃烧室中完全燃烧使其释放出热能，并用水吸收释放出的全部热能而使水温升高，根据样品的重量、水量和水温上升的度数，即可推算出所产生的能量。食物中每克糖、脂肪和蛋白质在体外充分氧化燃烧可分别产生 17.15kJ（4.10kcal）、39.54kJ（9.45kcal）和 23.64kJ（5.65kcal）的能量，然而由于食物中的能量营养素不可能全部被消化吸收，且消化率也各不相同，一般混合膳食中糖类的吸收率为 98%，脂肪为 95%，蛋白质为 92%。另外，消化吸收后，在体内生物氧化的过程和体外燃烧的过程不尽相同。吸收后的糖类和脂肪在体内可完全氧化成 CO_2 和 H_2O，其终产物及产热量与体外相同，但蛋白质在体内不能完全氧化，其终产物除 CO_2 和 H_2O 之外，还有尿素、尿酸、肌酐等含氮物质通过尿液排出体外，若把 1g 蛋白质在体内产生的这些含氮物在体外测热器中继续氧化还可产生 5.44kJ 的热量。因此，营养学在实际应用时，糖类、脂肪、蛋白质的能量系数按以下关系换算：

1g 糖类产生的热能为 17.15kJ×98%＝16.81kJ（4.0kcal）

1g 脂肪产生的热能为 39.54kJ×95%＝37.56kJ（9.0kcal）

1g 蛋白质产生的热能为（23.64kJ～5.44kJ）×92%＝16.74kJ（4.0kcal）

除此之外，酒中的乙醇也能提供较高的热能，每克乙醇在体内可产生的热能为 29.29kJ（7.0kcal）。

三、营养素的等能值

19 世纪末，Robner 在进行能量平衡的研究中提出营养素可按其所含能量彼此替代，即不论是蛋白质、脂肪或糖类，作为能源都是为了满足能量的需要，可以互相取代，如：

1g 脂肪＝2.27g 糖类＝2.27g 蛋白质

1g 糖类＝1g 蛋白质＝0.44g 脂肪

显然，这只是从能量的角度，而且也只能在一定的范围内才是合理的。从物质和能量的整个情况来看则是不恰当的。必需氨基酸的发现首先动摇了上述"等能定律"，因为必需氨基酸作为蛋白质的组成成分，它不能在体内合成，故不能用糖类和脂肪代替。脂肪也只能在一定范围内代替糖类。大脑每天实际需要的能量为 100～120g 葡萄糖。脂肪并无葡萄糖的异生作用，蛋白质虽能异生葡萄糖，但产生 100～120g 葡萄糖需要 175～200g 蛋白质，很不经济，至于糖类虽在很大程度上可代替脂肪，但必需脂肪酸仍需由脂肪供给。

此外，从能量的角度进一步分析，它也有其局限性。评价一种营养素在体内供能的功效，主要看其三磷酸腺苷（ATP）的产率，因为只有 ATP 才是机体可利用的能，不同营养素的 ATP 产率不同，即使是同一营养素，因其代谢途径不同，ATP 的产率也可不同。

第二节 人体的能量消耗

　　成人每日的能量消耗主要由基础代谢、机体活动及食物热效应作用三方面构成，其中最主要的是体力活动所消耗的能量，所占的比重较大。孕妇还包括胎儿的生长发育及子宫、胎盘、乳房等组织的增长和体脂储备等能量需求，乳母则需要合成乳汁的能量，情绪、精神状态、身体状态等也会影响人体对能量的需求，对于处于生长发育过程中的婴幼儿、儿童、青少年还应包括生长发育的能量需求。为了达到能量平衡，人体每天摄入的能量应满足人体对能量的需要，这样才能有健康的体质和良好的工作效率。

一、基础代谢

　　基础代谢（basal metabolism，BM）是指人体为了维持生命，各器官进行最基本生理机能的最低能量需要，占人体总能量消耗的 60%~70%。WHO/FAO 对基础代谢的定义是机体处于安静和松弛的休息状态下，空腹（进餐后 12~16h）、清醒、静卧于恒温（一般 18~25℃）的舒适环境中维持心跳、呼吸、血液循环、某些腺体分泌、维持肌肉紧张度等基本生命活动时所需的热量，其能量代谢不受精神紧张、肌肉活动、食物和环境温度等因素的影响。为了确定基础代谢的能量消耗，必须掌握基础代谢率的概念及测定方法。

　　1.基础代谢率

　　基础代谢的水平用基础代谢率（basal metabolism rate，BMR）来表示，是指人体处于基础代谢状态下每小时每千克体重（每 $1m^2$ 体表面积）所消耗的能量，BMR 的常用单位为 $kJ/(m^2 \cdot h)$、$kJ/(kg \cdot h)$、$kcal/d$ 或 MJ/d。基础代谢与体表面积密切相关，体表面积又与人体身高、体重有密切的关系，根据体表面积或体重可以推算出人体一日基础代谢的能量消耗。人体代谢率见表 9-1、表 9-2。

表 9-1　人体每小时基础代谢率

年龄/岁	男		女	
	kJ/m^2	$kcal/m^2$	kJ/m^2	$kcal/m^2$
1~	221.8	53.0	221.8	53.0
3~	214.6	51.3	214.2	51.2
5~	206.3	49.3	202.5	48.4
7~	197.9	47.3	200.0	45.4
9~	189.1	45.2	179.3	42.8
11~	179.9	43.0	175.7	42.0
13~	177.0	42.3	168.5	40.3
15~	174.9	41.8	158.8	37.9

年龄/岁	男		女	
	kJ/m²	kcal/m²	kJ/m²	kcal/m²
17～	170.7	40.8	151.9	36.3
19～	164.4	39.2	148.5	35.5
20～	161.5	38.6	147.7	35.3
25～	156.9	37.5	147.3	35.2
30～	154.0	36.8	146.9	35.1
35～	152.7	36.5	146.9	35.0
40～	151.9	36.3	146.0	34.9
45～	151.5	36.2	144.3	34.5
50～	149.8	35.8	139.7	33.9
55～	148.1	35.4	139.3	33.3
60～	146.0	34.9	136.8	32.7
65～	143.9	34.4	134.7	32.2
70～	141.4	33.8	132.6	31.7
75～	138.9	33.2	131.0	31.3
80～	138.1	33.0	129.3	30.9

表 9-2　按体重计算 BMR 的公式

男 年龄/岁	BMR/(kcal/d)	r	SD	男 年龄/岁	BMR/(MJ/d)	r	SD
0～	$60.9m-54$	0.97	53	0～	$0.225m-0.226$	0.97	0.222
3～	$22.7m+495$	0.86	62	3～	$0.0949m+2.07$	0.86	0.259
10～	$17.5m+651$	0.90	100	10～	$0.0732m+2.72$	0.90	0.418
18～	$15.3m+679$	0.65	151	18～	$0.0640m+2.84$	0.65	0.632
30～	$11.6m+879$	0.60	164	30～	$0.0485m+3.67$	0.60	0.686
60～	$13.5m+487$	0.79	1481	60～	$0.0565m+2.04$	0.79	0.619
女				女			
0～	$61.0m-51$	0.97	61	0～	$0.225m+0.214$	0.97	0.255
3～	$22.5m+499$	0.85	63	3～	$0.0941m-2.09$	0.85	0.264
10～	$12.2m+746$	0.75	117	10～	$0.0510m+3.12$	0.75	0.489
18～	$14.7m+496$	0.72	121	18～	$0.0615m+2.08$	0.72	0.506
30～	$8.7m+829$	0.70	108	30～	$0.0364m+1.47$	0.70	0.452
60～	$10.5m+596$	0.74	108	60～	$0.0439m+2.49$	0.74	0.452

注：r 为相关系数；SD 为 BMR 实测值与计算值之间差别的标准差；m 为体重（kg）。

1985 年 WHO 报告提出以静息代谢率（resting metabolism rate，RMR）代替 BMR，测定过程要求全身处于休息状态，在进食后 3～4h 测定，此种状态测得的能量消耗量与

BMR 很接近，而且测定方法比较简便。粗略估计成人 BMR 的方法是：男性 1kcal/(kg·h)
或 4.184kJ/(kg·h)，女性 0.95kcal/(kg·h) 或 4.0kJ/(kg·h)。

2.影响基础代谢率的因素

影响基础代谢率的因素有很多，概括起来有以下几个方面。

（1）年龄　在人的一生中，婴幼儿阶段是整个代谢最活跃的阶段，其中包括基础代谢
率，以后到青春期又出现一个较高代谢的阶段。成年以后，随着年龄的增加代谢缓慢地降
低，30 岁以后每 10 年 BMR 降低约 2%，其中也有一定的个体差异。因而相对来说，婴幼
儿、儿童和青少年的基础代谢比成人要高。

（2）性别　女性瘦体质量所占比例低于男性，脂肪的比例高于男性，实测结果表明，在
同一年龄、同一体表面积的情况下，女性的基础代谢率低于男性。妇女在孕期和哺乳期因需
要合成新组织，BMR 增加。

（3）体型　体表面积越大，散发的热量越多。瘦高的人基础代谢高于矮胖的人，主要是
前者体表面积大，瘦体质量或瘦体重高。动物实验表明身高和体重是影响基础代谢率的重要
因素。身高和体重与体表面积之间存在线性回归关系，根据身高和体重可以计算体表面积，
从而计算基础代谢率。

（4）环境温度与气候　环境温度对基础代谢有明显影响，在舒适环境（18～25℃）中，
代谢最低；在低温和高温环境中，代谢都会升高。环境温度过低可能引起身体不同程度的颤
抖而使代谢升高；当环境温度较高，因为散热而需要出汗，呼吸及心跳加快，因而致使代谢
升高。另外，在寒冷气候下基础代谢比温热气候下的要高。

（5）内分泌　体内许多腺体所分泌的激素，对细胞的代谢及调节具有重要的影响，如甲
状腺素可使细胞内的氧化过程加快，当甲状腺功能亢进时，基础代谢率明显增高。

（6）应激状态　一切应激状态如发热、创伤、心理应激等均可使 BMR 升高，如神经的
紧张程度、营养状况、疾病、睡眠等都会影响基础代谢率。

二、体力活动

体力活动的能量消耗也称为运动的生热效应。人们每天都从事着各种各样的体力活动，
活动强度的大小、时间的长短、动作的熟练程度都影响能量的消耗，这是人体能量消耗中变
动最大的一部分，为总能量消耗的 15%～30%。体力活动一般分为职业活动、社会活动、
家务活动和休闲活动，其中职业活动消耗的能量差别最大。WHO 将职业劳动强度分为三个
等级，以估算不同等级劳动强度的综合能量指数。我国也采用此种分级方法，体力活动强度
由以前的 5 级调整为 3 级（表 9-3），根据不同级的活动水平 PAL（physical activity level）
值可推算出能量消耗量。

表 9-3　建议中国成人活动水平分级

活动分级	职业工作时间分配	工作内容举例	PAL	
			男	女
轻	75%时间坐或站立 25%时间站着活动	办公室工作、修理电器钟表、货员、酒店服务员、化学实验操作、讲课等	1.55	1.56

活动分级	职业工作时间分配	工作内容举例	PAL 男	PAL 女
中	40%时间坐或站立 60%时间特殊职业活动	学生日常活动、机动车驾驶、电工安装、车床操作、金工切割等	1.78	1.64
重	25%时间坐或站立 75%时间特殊职业活动	非机械化农业劳动、炼钢、舞蹈体育运动、装卸、采矿等	2.10	1.82

影响体力活动能量消耗的因素：①肌肉越发达者，活动能量消耗越多；②体重越重者，能量消耗越多；③劳动强度越大、持续时间越长，能量消耗越多；④与工作的熟练程度有关。其中劳动强度和持续时间是主要影响因素，而劳动强度主要涉及劳动时牵动的肌肉多少和负荷的大小。

三、食物热效应

热效应也称为食物的特殊动力作用，是指由于进食而引起能量消耗增加的现象，例如，进食糖类可使能量消耗增加 5%～6%，进食脂肪增加 4%～5%，进食蛋白质增加 30%。成人摄入的混合膳食，每天由于食物热效应而额外增加的能量消耗，相当于基础代谢的 10%。食物热效应只能增加体热的外散，而不能增加可利用的能量，换言之，食物热效应对于人体是一种损耗而不是一种收益。当只够维持基础代谢的食物摄入后，消耗的能量多于摄入的能量，外散的热多于食物摄入的热，而此项额外的能量却不是无中生有的，而是来源于体内的营养储备，因此，为了保存体内的营养储备，进食时必须考虑食物热效应额外消耗的能量，使摄入的能量与消耗的能量保持平衡。

四、生长发育及影响能量消耗的其他因素

正在生长发育的机体还要额外消耗能量维持机体的生长发育。婴幼儿、儿童、青少年生长发育所需的能量主要用于形成新的组织及新组织的新陈代谢，例如，3～6 月的婴儿每天有 15%～23% 的能量储存于机体建立的新组织，婴儿每增加 1g 体重约需要 20.9kJ（约 5kcal）能量。生长发育所需的能量，在出生后前 3 个月约占总能量需要量的 35%，在 12 个月时迅速降到总能量需要量的 5%，出生后第二年约为总能量需要量的 3%，到青少年期为总能量需要量的 1%～2%。

孕妇在怀孕期间，胎盘、胎儿的增长和母体组织（如子宫、乳房、脂肪储存等）的增加需要额外的能量，此外也需要额外的能量维持这些增加组织的代谢；哺乳期妇女的能量消耗除自身的需要外，也用于乳汁合成与分泌，营养良好的乳母哺乳期所需要的附加能量可部分来源于孕期脂肪的储存。

除上述几种因素对机体能量消耗有影响之外，情绪和精神状态对其也有影响。脑的重量只占体重的 2%，但脑组织的代谢水平是很高的，例如，精神紧张地工作可使大脑的活动加剧，使能量代谢增加 3%～4%，当然，与体力劳动比较，脑力劳动的消耗仍然相对较少。

第三节 人体能量消耗的测定

人体能量的消耗实际上就是指人体对能量的需要,较常用的测定方法有以下几种。

一、直接测定法

直接测定法是测量总能量消耗最准确的方法,其原理是让受试者处于密闭测热室内,该室四周被水管包围并与外界隔热,机体所散发的热量可被水吸收,并可通过液体和金属的传导进行测定,此法可对受试者在小室内进行不同强度的各种类型的活动所产生和散发的热能予以测定。这种方法原理简单,类似于氧弹热量计,但实际建造投资很大,且不适于复杂的现场测定,其应用受到限制,目前主要用于肥胖和内分泌系统功能障碍的研究。

二、间接测定法

(一)气体代谢法

气体代谢法又称呼吸气体分析法,该法通过间接测热系统测量呼吸中气体交换率,即氧消耗量和二氧化碳产生量,获得受试者的基础能量消耗(basal energy expenditure,BEE)或不同身体活动的能量消耗(active energy expenditure,AEE)。其基本原理是测定机体在一定时间内的 O_2 消耗量和 CO_2 的产生量来推算呼吸商,根据相应的氧热价间接计算出这段时间内机体的能量消耗。实验时,被测对象在一个密闭的气流循环装置内进行特定活动,测定装置内的氧气和二氧化碳浓度变化。

机体依靠呼吸功能从外界摄取氧,以供各种物质氧化的需要,同时也将代谢终产物 CO_2 呼出体外,一定时间内机体的 CO_2 产量与消耗 O_2 量的比值称为呼吸商(respiratoryquotient,RQ),即:

$$呼吸商=产生的 CO_2(mL/min)/消耗的 O_2(mL/min)$$

糖类、蛋白质、脂肪氧化时,它们的 CO_2 产量与 O_2 消耗量各不相同,三者的呼吸商也不一样,分别为 1.00,0.80,0.71。在日常生活中,人体摄入的都是混合膳食,呼吸商在 0.71~1.00 之间。若摄入食物主要是糖类,则 RQ 接近于 1.00,若主要是脂肪,则接近于 0.71。

食物的氧热价是指将某种营养物质氧化时,消耗 1L 氧所产生的能量。表 9-4 列出了三大生热营养素的氧热价、呼吸商等数据。

表 9-4　三大生热营养素的氧热价和呼吸商

营养素	耗 O_2 量/(L/g)	CO_2 产量/(L/g)	氧热价/(kJ/L)	呼吸商/(RQ)
糖类	0.83	0.83	21.0	1.00
蛋白质	0.95	0.76	18.8	0.80
脂肪	2.03	1.43	19.7	0.71

实际应用中，因受试者食用的是混合膳食，此时呼吸商相应的氧热价（即消耗 1L O_2 产生的能量）为 20.2kJ（4.83kcal），只要测出一定时间内氧的消耗量即可计算出受试者在该时间内的产能量。

$$产能量＝20.2(kJ/L)×O_2 消耗量(L)$$

近年来出现了便携式间接测热系统，这些仪器体积小、佩戴舒适，非常适合在现场、办公和家庭环境中应用，但工作时间只有 1～5h，且价格较贵，通常只能监测个体水平上的 TEE 和 AEE。

（二）双标记水法

双标记水法是受试者口服一定量含有氢（^2H）和氧（^{18}O）稳定同位素的双标记水（$^2H_2^{18}O$）在一定时间内（8～15d）连续收集尿样或唾液样本，通过测定这两种同位素浓度变化，获得同位素随时间的衰减率，计算能量消耗量。适用于任何人群和个体的测定，无毒无损伤，但费用高，需要高灵敏度、准确度的同位素质谱仪及专业技术人员，近年主要用于测定个体不同活动水平（PAL）的能量消耗值。

（三）心率监测法

用心率监测器和气体代谢法同时测量各种活动的心率和能量消耗量，推算出心率-能量消耗的多元回归方程，通过连续一段时间（3～7d）监测实际生活中的心率，可参照回归方程推算受试者每天能量消耗的平均值。此法可消除一些因素对受试验者的干扰，但心率受环境和心理的影响，目前仅限于实验室应用。

（四）生活观察法

生活观察法即记录被测定对象一日生活和工作的各种动作及时间，然后查"能量消耗表"，再经过计算，得一日能量消耗量。

例如某调查对象，身高 173cm，体重 63kg，体表面积为 1.72m^2，则该被调查对象 24h 能量消耗量见表 9-5。

表 9-5　生活观察法能量消耗计算表

动作名称	动作所用时间	能量消耗率		能量消耗量	
	min	kJ/min	kcal/min	kJ	kcal
穿衣服	9	6.86	1.64	61.7	14.8
大小便	9	4.10	0.98	36.9	8.8
擦地板	10	8.74	2.09	87.4	20.9
跑步	8	23.26	5.56	186.1	44.5
洗漱	16	4.31	1.03	69.0	16.5
刮脸	9	6.53	1.56	58.8	14.0
读外语	28	4.98	1.19	139.4	33.3
走路	96	7.03	1.68	674.9	161.3

动作名称	动作所用时间	能量消耗率		能量消耗量	
	min	kJ/min	kcal/min	kJ	kcal
听课	268	4.02	0.96	1077.4	257.3
站立听讲	75	4.14	0.99	310.5	74.3
坐着写字	70	4.08	1.07	285.6	74.9
看书	120	3.51	0.84	421.2	100.8
站着谈话	43	4.64	1.11	199.5	47.7
坐着谈话	49	4.39	1.05	215.1	51.5
吃饭	45	3.51	0.84	158.0	37.8
打篮球	35	13.85	3.31	484.8	115.9
唱歌	20	9.05	2.27	190.0	45.4
铺被	5	7.07	1.84	38.5	9.2
睡眠	515	2.38	0.57	1125.7	293.6
合计	1430			5920.5	1422.5

注：校正体表面积得：5920.5×1.72＝10183.3（kJ）。

加食物热效应得：10183.3×（1＋10%）＝11201.6（kJ）。

（五）要因计算法

要因计算法是将某一年龄和不同的人群组的能量消耗结合他们的 BMR 来估算其总能量消耗量，即应用 BMR 乘以体力活动水平 PAL 来计算人体能量消耗量或需要量。能量消耗量或需要量＝BMR×PAL。此法通常适用于人群而不适用于个体，可以避免活动时间记录法工作量大且繁杂甚至难以进行的缺陷。BMR 可以由直接测量推论的公式计算或参考引用被证实的本地区 BMR 资料，PAL 可以通过活动记录法或心率监测法等获得。根据一天的各项活动可推算出综合能量指数（integrative energy index，IEI），从而可推算出一天的总能量需要量。依据推算出的全天的活动水平（PAL）可进一步简化全天能量消耗量的计算（表9-6）。

$$PAL＝24h 总能量消耗量/24h 的 BMR（基础量）$$

表 9-6 体力劳动男子的能量需求

活动类别	时间/h	能量/kcal	能量/kJ
卧床 1.0×BMR	8	520	2170
职业活动 2.7×BMR	7	1230	5150
随意活动：			
社交及家务 3.0×BMR	2	390	1630
维持心血管和肌肉状况，中度活动不计	—	—	—
休闲时间有能量需要 4.0×BMR	7	640	2680
总计：1.78×BMR	24	2780	11630

注：25 岁，体重 58kg，身高 1.6m，体重指数（BMI）22.4，估计 BMR 为 273kJ（65.0kcal）。

第四节　能量的参考摄入量及食物来源

一、人体能量的需要

生物需要能量才能维持生命活动，人体需要的能量来自食物中的生热营养素。三大生热营养素之间必须保持比例合理，膳食平衡，才能达到科学、合理、均衡的营养。蛋白质和脂肪代谢过程复杂，且最终产物是某些含氮化合物与酮体，如果膳食结构不合理，过多食用动物蛋白和脂肪，会破坏三大生热营养素的平衡，造成代谢紊乱，但过多摄入糖类，在体内也会转变为脂肪。所以摄取食物应遵循膳食供给量标准：膳食中蛋白质、脂肪、糖类提供的能量比例应该为蛋白质10%～15%、脂肪20%～30%、糖类55%～65%。

三大生热营养素的相互关系，也体现在脂肪与糖类对蛋白质的节省作用，在糖类与脂肪能提供足够能量的情况下，蛋白质才能更有效地发挥生理功能。如果脂肪与糖类摄入量过少，能量供给不足，机体就会动用储存的蛋白质、脂肪和糖原，使这些营养素的分解过程增强。如果能量长期供给不足，则需要蛋白质氧化供应，从而导致蛋白质缺乏，出现消瘦、贫血、免疫力下降。人类四大营养缺乏病中首推能量供应不足症，即因能量摄入不足而导致的营养缺乏症。世界卫生组织衡量人类营养供给状况，最初就是以能量供应是否满足为标准。机体利用食物的能量进行各种活动的同时，也伴有能量的释放，经过一段较长的时间观察发现，健康成人从食物中摄取的能量与消耗的能量经常保持相对的平衡状态。

能量的供给应根据人体对能量的需要而定，且供给与消耗要保持相对平衡，倘若膳食安排不当，能量供耗长期不平衡，无论是能量不足或能量过剩均会影响健康。提供给人体的能量如长期不能满足人体需要，体内储存的糖原和脂肪将被动用。能量供应继续不足，就要动用体内储藏的蛋白质，从而出现体重下降、精神萎靡、皮肤干燥、贫血、乏力、免疫力下降等营养不良的症状。人体摄入的能量如长期高于实际消耗，过剩的能量会转化为脂肪，脂肪堆积造成体态臃肿，动作迟缓，心脏、肺的负担加重，血脂和血胆固醇增高，易发生脂肪肝、糖尿病及心血管疾病。

二、能量的推荐摄入量

能量需要量是指维持机体正常生理功能所需要的能量，即能长时间保持良好的健康状况，具有良好的体型、机体构成和活动水平的个体达到能量平衡，并能胜任必要的经济和社会活动所必需的能量摄入。能量的推荐摄入量与各类营养素的推荐摄入量不同，它是以平均需要量为基础，不增加安全量。根据目前我国经济水平、食物水平、膳食特点及人群体力活动的特点，结合国内外已有的研究资料，中国营养学会于2013年制订了中国居民膳食能量推荐摄入量，于2023年再次进行修订。相关最新数据可参阅《中国居民膳食营养素参考摄入量（2023版）》。

三、能量平衡与健康

能量平衡与否，与健康的关系极大。由于饥饿或疾病等原因，造成能量摄入不足，可造成体力下降、工作效率低下，身体对环境的适应能力和抗病能力也因此而下降。体重太低的女性，性成熟延迟，易生产低体重婴儿。年老时，能量摄入不足会增加营养不良的危险。另外，过多的能量摄入，也会造成严重的健康问题，如肥胖、高血压、心脏病、糖尿病等慢性疾病。调查发现，西方的高能量饮食结构导致某些癌症的发病率明显高于其他国家，已严重危害到人们的健康；我国近些年来也有类似的危险趋势。

这里我们引入"限食与健康"的论题，以扩展和加深人们对能量的认识。关于"限食与健康"在科学界及营养研究领域有广泛的讨论。所谓限食，是指提供的能量在实际需要量以下，但蛋白质、必需脂肪酸、微量营养素等必需营养素供给充足的膳食。1915 年，Osborne首次报道限制营养素摄入可延长大鼠的寿命。1935 年，美国康奈尔大学营养学家 MeCay CM 等发现小鼠限食能显著地延长寿命。此后的几十年，科学家对限食的生物学效应及其机制进行了系统而深入的研究，普遍认为：限食可延长寿命、延缓衰老，并能提高机体免疫力，减少外来化合物的毒性和致癌性，降低增生性及退行性疾病（包括癌症）的发病率。我国科学家研究也发现限食可提高动物的学习记忆能力、某些耐受力和抗氧化能力等。我们的祖先早就发现，少食有利于健康。这是一个具有挑战性的课题，其应用还需继续深入地研究。

四、能量的食物来源

糖类、脂类和蛋白质这三类营养素普遍存在于各种食物中。粮谷类和薯类食物含糖类较多，是膳食能量最经济的来源，油料作物富含脂肪，动物性食物一般比植物性食物含有更多的脂肪和蛋白质，但大豆和坚果例外，它们含丰富的油脂和蛋白质，蔬菜和水果一般含能量较少。根据中国居民膳食平衡宝塔，油脂类属于能量密度最高的食品，肉类次之，谷薯及杂豆类能量密度适中，鱼虾类和奶类能量密度低些，蔬菜水果类属于能量密度较低的食品。常见食物能量含量见表 9-7。

表 9-7　常见食物能量含量（每 100g 可食部）

食物	能量		食物	能量	
	kcal	kJ		kcal	kJ
猪油（炼）	897	3753	鸭（平均）	240	1004
花生油	899	3761	羊肉（肥瘦）	203	849
葵花籽油	899	3761	鸡（平均）	167	699
色拉油	898	3757	牛肉（肥瘦）	125	523
腊肉（生）	498	2084	小麦	339	1416
猪肉（肥瘦）	395	1653	稻米（平均）	347	1452
肉鸡（肥）	389	1628	面条（平均）	286	1195

续表

食物	能量		食物	能量	
	kcal	kJ		kcal	kJ
馒头（平均）	223	934	奶糖	407	1705
全脂奶粉	478	2000	绵白糖	396	1657
酸奶（平均）	72	301	马铃薯（油炸）	615	2575
牛乳（平均）	54	226	曲奇饼干	546	2286
黄豆	390	1631	方便面	473	1979
豆腐（平均）	82	342	土豆	77	323
蚕豆	335	1402	豆角	34	144
绿豆	316	1322	油菜	25	103
带鱼	127	531	大白菜（平均）	18	76
草鱼	113	473	香蕉	93	389
鲫鱼	108	452	苹果（平均）	54	227
鲢鱼	104	435	福橘	46	193
鸭蛋	180	753	葡萄（平均）	44	185
鸡蛋（平均）	144	602	玉米（干）	335	1402
巧克力	589	2463	花生仁	563	2356

 思考题

　1.试述能量的作用及生物学意义。

　2.试分析影响不同生理人群能量需要量的主要因素。

　3.如何通过合理膳食防止人体能量失衡？

　4.影响人体基础代谢的因素有哪些？

　5.什么是食物的热效应？哪些因素影响食物的热效应？

第十章

营养与健康

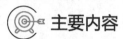 **主要内容**

平衡膳食的概念和基本要求、膳食结构的基本概念；中国居民传统的膳食结构特点及存在的主要问题；营养性疾病的类型、病因和预防；与营养有关的疾病（肥胖、动脉粥样硬化、糖尿病、骨质疏松、高血压和癌症）的概念、分类、发病原因、发病机制、危害和饮食防治；常见的降脂食品；常见的降压食品；营养素与免疫的关系；提高免疫力的生物活性物质及食品。

 学习要求

1. 掌握平衡膳食的概念和基本要求、膳食结构的基本概念；掌握营养素对疾病的影响，掌握各种疾病的饮食防治原则；掌握营养素对免疫功能的影响。

2. 熟悉中国居民传统的膳食结构特点及存在问题；了解提高免疫力的生物活性物质及食品。

3. 了解人体疾病的概念、分类和发病机理；了解常见的降脂和降压食品。

合理膳食是指多种食物构成的膳食，这种膳食不但要提供给用餐者足够的热量和所需的各种营养，以满足人体的正常需求，还要保持各种营养素之间的比例均衡和多样化的食物来源，以提高各种营养素的利用率。供给不足或过量，均会引起与营养有关的疾病。因此，提倡合理的平衡膳食。

第一节　平衡膳食与膳食结构

一、平衡膳食的概念和基本要求

食物中所含营养素各不相同，任何一种食物都不能在质和量上满足人体对营养物质的全部需要，所以必须通过各种食物相互搭配，方能达到合理营养的要求。所谓平衡膳食就是指膳食中所含营养素种类齐全、数量充足、比例适当，膳食中所供给的营养素与人体的需要能保持平衡。平衡膳食应达到下列基本要求：

① 能够供给用膳者必需的热能和各种营养素，并保持各种营养素之间的比例平衡，以保障机体正常的生理活动和劳动所需，并能适应各种环境和条件下的机体需要。

② 合理加工烹调食物，尽可能减少食物中营养素的损失，并提高其消化吸收率。

③ 改善食物的感官性状，做到色、香、味、形俱佳，以促进食欲，满足饱腹感。

④ 食物本身安全卫生，食之无害，不应有微生物污染或腐败变质，不含有对人体有害的化学物质。

⑤ 有合理的膳食制度，三餐定时定量，比例分配合理。

二、膳食结构的基本概念

膳食结构是指膳食中各类食物的数量及其在膳食中所占的比重。一般可以根据各类食物所能提供的热能及各种营养素的数量和比例来衡量膳食结构的组成是否合理。一个地区膳食结构的形成与当地生产力发展水平、文化、科学知识水平以及自然环境条件等多方面的因素有关。不同历史时期、不同国家或地区、不同社会阶层的人们，膳食结构往往有很大的差异。膳食结构不仅反映人们的饮食习惯和生活水平的高低，同时也反映一个民族的传统文化、一个国家的经济发展和一个地区的环境和资源等多方面的情况。从膳食结构的分析上也可以发现该地区人群营养与健康、经济收入之间的关系。由于影响膳食结构的这些因素是在逐渐变化的，所以膳食结构不是一成不变的，通过适当的干预可以促使其向更利于健康的方向发展。但是这些因素的变化一般是很缓慢的，所以一个国家、民族或人群的膳食结构具有一定的稳定性，不会迅速发生重大改变。

三、不同类型膳食结构的特点

膳食结构类型的划分有许多方法，但最重要的依据仍是动物性食物和植物性食物在膳食构成中的比例。根据膳食中动物性、植物性食物所占的比重，以及热能、蛋白质、脂肪和糖类的供给量作为划分膳食结构的标准，可将世界不同地区的膳食结构分为以下四种类型。

1. 动植物食物平衡的膳食结构

该类型以日本为代表。膳食中动物性食物与植物性食物比例比较适当。其特点是：谷类的消费量为年人均约 94kg；动物性食品消费量为年人均约 63kg，其中海产品所占比例达到 50%，动物蛋白质占总蛋白质的 42.8%；热能和脂肪的摄入量低于以动物性食物为主的欧美发达国家，每日热能摄入保持在 8400kJ 左右。三大产热营养素供能比例分别为糖类 57.7%，脂肪 26.3%，蛋白质 16.0%。该类型的膳食热能既能满足人体需要，又不至于过剩，蛋白质、脂肪和糖类的供能比例合理。来自植物性食物的膳食纤维和来自动物性食物的营养素如铁、钙等均比较充足，同时动物脂肪又不高，有利于避免营养缺乏病和营养过剩性疾病。此类膳食结构已成为世界各国调整膳食结构的参考类型。

2. 以植物性食物为主的膳食结构

大多数发展中国家，如印度、巴基斯坦、孟加拉国和非洲一些国家等属此类型。膳食构成以植物性食物为主，动物性食物为辅。其特点是：谷物食品消费量大，年人均为 200kg；动物性食品消费量小，年人均仅为 10～20kg，动物性蛋白质一般占蛋白质总量的 10%～20%，低者不足 10%；植物性食物提供的热能占总热能近 90%。该类型的膳食热能基本可满足人体需要，但蛋白质、脂肪摄入量均低，来自动物性食物的营养素如铁、钙、维生素 A 摄入不足。营养缺乏病是这些国家人群的主要营养问题，人的体质较弱，健康状况不良，劳动生产率较低。但从另一方面看，以植物性食物为主的膳食结构，膳食纤维充足，动物性脂肪较低，有利于冠心病和高脂血症的预防。

3. 以动物性食物为主的膳食结构

多数欧美发达国家的典型膳食结构以动物性食物为主，属于营养过剩型的膳食，以高热能、高脂肪、高蛋白质、低纤维为主要特点，人均日摄入蛋白质 100g 以上，脂肪 130～150g，热能高达 13860～14700kJ。其特点是：粮谷类食物消费量小，人均每年 60～75kg；动物性食物及食糖的消费量大，人均年消费肉类 100kg 左右，乳和乳制品为 100～150kg，蛋类 15kg，食糖 40～60kg。与植物性食物为主的膳食结构相比，营养过剩是此类膳食结构国家人群所面临的主要健康问题。心脏病、脑血管病和恶性肿瘤已成为西方人的三大死亡原因，尤其是心脏病死亡率明显高于发展中国家。

4. 地中海膳食结构

以地中海命名是因为该膳食结构的特点是居住在地中海地区的居民所特有的，意大利、希腊可作为该种膳食结构的代表。地中海膳食结构的主要特点是：①膳食富含植物性食物，包括水果、蔬菜、土豆、谷类、豆类、果仁等；②食物的加工程度低，新鲜度较高，该地区居民以食用当季、当地产的食物为主；③橄榄油是主要的食用油；④脂肪提供热能占膳食总热能比例在 25%～35%，饱和脂肪所占比例较低，在 7%～8%；⑤每日食用适量奶酪和酸奶；⑥每周食用适量鱼、禽，少量蛋；⑦以新鲜水果作为典型的每日餐后食品，甜食每周只食用几次；⑧每月食用几次红肉（猪肉、牛肉和羊肉及其产品）；⑨大部分成年人有饮用葡萄酒的习惯。此膳食结构的突出特点是饱和脂肪摄入量低，膳食含大量复合糖类，蔬菜、水果摄入量较高。

地中海地区居民心脑血管疾病发生率很低，已引起了西方国家的注意，并纷纷参照这种膳食模式改进自己国家的膳食结构。

四、中国居民传统的膳食结构特点

中国居民的传统膳食结构以植物性食物为主，谷类、薯类和蔬菜的摄入量较高，肉类的摄入量比较低（但近年来城市居民的肉类摄入量明显增高），豆制品总量不高且随地区不同而不同，奶类消费在大多地区不多。此种膳食结构的特点如下：

（1）高糖类 我国南方居民多以大米为主食，北方以小麦粉为主食，谷类食物的供能比例占 70%以上。

（2）高膳食纤维 谷类食物和蔬菜中所含的膳食纤维丰富，因此我国居民膳食纤维的摄入量也很高。这是我国传统膳食最具备的优势之一。

（3）低动物脂肪 我国居民传统的膳食中动物性食物的摄入量很少，动物脂肪的供能比例一般在 10%以下。

五、中国居民膳食结构存在的主要问题

中国地域广阔，人口众多，各地区生产力发展水平和经济情况极不均衡，城市与农村居民的膳食结构相比存在较大的差异，因此存在的弊端也各不相同，需要针对不同的特点进行合理的调整与改善。

随着中国经济的快速发展，人们的膳食结构也发生了较大变化。大多数城市脂肪供能比例已超过 30%，且动物性食物来源脂肪所占的比例偏高。中国城市居民的疾病模式由以急性传染病和寄生虫病居首位转化为以肿瘤和心血管疾病为主，膳食结构变化是影响疾病谱的因素之一。研究表明，谷类食物的消费量与肿瘤和心血管疾病死亡率之间呈明显的负相关，而动物性食物和油脂的消费量与这些疾病的死亡率之间呈明显的正相关。因此，城市居民主要应调整消费比例，减少动物性食物和油脂消费，主要应减少猪肉的消费量，脂肪供热量控制在 20%～25% 为宜。农村居民的膳食结构已逐渐趋于合理，但动物性食物、蔬菜、水果的消费量还偏低，应注意多补充一些上述食物。此外，奶类食物的摄入量偏低，应正确引导，充分利用当地资源，如增加大豆类食物的消费量，使其膳食结构合理化。钙、铁、维生素 A 等营养素摄入不足是中国当前膳食的主要缺陷，也是建议食物消费量时应当重点改善的方面。

综上所述，中国居民的膳食结构应保持以植物性食物为主的传统结构，增加蔬菜、水果、奶类和大豆及其制品的消费。在贫困地区还应努力提高肉、禽、蛋等动物性食品的消费。此外，中国人民的食盐摄入量普遍偏高，食盐的摄入量要降低到每人每日 6g 以下。对于特定人群如老年人、孕妇、儿童及特殊职业人群应进行广泛的营养教育和指导，应参照《中国居民膳食指南》所提供的膳食模式进行调整。

第二节　营养性疾病发生的原因及防治原则

营养性疾病是指因营养素供给不足、过多或比例失调而引起的一系列疾病的总称，主要包括营养缺乏或不足病、营养过多症（或中毒）、营养代谢障碍性疾病和以营养为主要病因的一些慢性进行性疾病等。这些疾病有的与营养有直接因果关系，有的虽与营养没有直接因果关系但有明显的相关性，如心血管疾病、肥胖症、糖尿病及某些肿瘤等。由于营养对人体健康的影响是渐进性的，甚至是潜在性的，因此营养性疾病的发生与发展都需要一个较长过程，往往易被忽视。随着社会经济、文化和科学技术的发展，人们饮食结构发生变化，营养性疾病对人类健康的影响愈来愈明显，许多疾病的营养因素更加明确，如何防治营养性疾病就成为保护人类健康的重要内容。

一、营养性疾病的类型

营养性疾病是具有明显的营养状况不正常特征的疾病，营养状况不正常可由不平衡膳食引起，也与遗传、体质及其他疾病或代谢功能异常等有关，一般是膳食与机体两个方面（以

一方面为主）综合作用的结果。

人体营养状况不正常临床上甚为常见，有营养过剩（过营养）和营养不良两种类型，因而营养性疾病也分为过营养性疾病和营养不良性疾病两大类。

（一）过营养性疾病

过营养性疾病一般是由于摄取过多食物或某种营养素、机体对营养的需要减少或发生某种代谢失调等原因引起的，因而有时也会成为代谢病，常见的过营养性疾病主要有以下几种。

1. 肥胖症

肥胖症是人体脂肪过量贮存的结果，表现为脂肪细胞增多和细胞体积增大，即全身脂肪组织增大，与其他组织失去正常比例的一种状态。

2. 糖尿病

由于体内胰岛素分泌量不足或者胰岛素效应差，葡萄糖不能进入细胞内，结果导致血糖升高，糖尿增加，出现多食、多饮、多尿，而体力和体重减少的所谓"三多一少"的症状。

3. 动脉粥样硬化

动脉粥样硬化一般先有脂类和复合糖类积聚、出血及血栓形成，纤维组织增生及钙质沉着，并有动脉中层的逐渐退变和钙化，病变常累及弹性及大中肌性动脉，一旦发展到足以阻塞动脉腔，则该动脉所供应的组织或器官将缺血或坏死。发病虽有遗传、体质、神经及精神等多种因素，但脂类营养失调，脂肪在膳食中生热比例过高，特别是动物性脂肪、饱和脂肪酸摄取过多时，会引起血液中的低密度脂蛋白过高，就容易在动脉壁上沉积，促进动脉粥样硬化。当胆固醇、纯糖和热能摄取过多，活动量少，会导致肥胖，而肥胖对动脉粥样硬化也有重要影响。

4. 个别营养素过多或不平衡引起的过营养性疾病

个别必需氨基酸过多，导致氨基酸不平衡（如食物中过分强化或直接服用），可以引起氨基酸过剩毒性，蛋白质利用率下降，阻碍生长发育；某些微量元素过分强化或服用过多可引起铁、锌、铜等的中毒；摄入过多肝类食物（鱼肝、野生动物肝）和给儿童服用过多维生素 A、维生素 D 制剂，会发生这两种维生素的中毒。

（二）营养不良性疾病

营养不良可能是由于饮食不当或不足，对营养的吸收能力或新陈代谢能力不够所引起的。营养不良也可能发生在对基本营养需求增加的时候，如应激、感染、受伤或疾病期间。营养不良疾病常因缺乏程度不同而分为营养不足症和营养缺乏症，前者指亚临床性营养不良，后者指有明显临床表现的疾病。两者只是程度或进展阶段不同，并无本质区别。常见的营养不良性疾病主要有蛋白质-能量营养不良、必需氨基酸缺乏引起的营养不良、佝偻病与骨软化病、营养性贫血、锌缺乏症和维生素缺乏症等。此外，某些恶性肿瘤、地方病等与营养也有一定关系。

二、营养性疾病的病因

（一）营养缺乏或不足

营养缺乏可直接引起相应的营养缺乏病，如蛋白质-热能营养不良、脚气病、坏血病、营养性贫血等，引起营养缺乏病的原因常分为原发性和继发性两类。

1. 原发性营养缺乏

原发性营养缺乏是指单纯摄入不足，既可以是个别营养素摄入不足，也可以是几种营养素摄入不足。造成营养素摄入不足的常见原因，一是战争、灾荒、贫困等社会经济因素引起食物短缺；二是不良的饮食习惯，如偏食、忌食或挑食等使某些食物摄入不足或缺乏而引起营养缺乏；三是不合理的烹调加工，造成食物中营养素破坏和损失，虽摄入食物数量不少，但某些营养素却不足，如长期食用精米白面、捞饭等易患脚气病，蔬菜先切后洗、过度加热或水洗可使维生素 C 大量破坏、损失。

2. 继发性营养缺乏

继发性营养缺乏是由于机体内外各种因素影响而引起的营养缺乏或不足，主要是疾病、药物、生理变化等原因引起的消化、吸收、利用障碍或需要量增加等。如昏迷、精神失常、口腔疾病、肠胃疾病引起的食物摄入困难或障碍，消化道疾病或胃肠手术等引起的营养素吸收障碍，肝脏疾病引起的营养素利用障碍，某些药物（如抗惊厥药、新霉素等）所致的吸收、利用障碍，长期发热、甲状腺功能亢进、肿瘤等引起的营养素消耗增加，以及生长发育、妊娠、哺乳或环境引起的机体需要量增加等。

营养缺乏病的形成有一个过程，开始先引起身体组织中营养素含量减少，继而发生生物化学改变，进一步引起功能障碍而出现症状，最后导致病理形态和功能的变化。

（二）营养过剩或比例失调

糖类、脂肪等摄入过多可致肥胖、高脂血症、动脉粥样硬化等，高盐和低纤维素膳食可引起高血压，维生素 A、维生素 D 及某些必需微量元素摄入过多可致中毒等。大量研究表明：营养过剩不仅是人群中某些慢性疾病发病率增高的因素，而且还和某些肿瘤，如结肠癌、乳腺癌、胃癌等有明显关系。造成营养过剩或比例失调的主要原因有以下几点。

1. 膳食结构不合理

膳食中动物性食物比重过大，植物性食物比重过小，精制食物多，蔬菜、水果少，这是导致营养过剩和营养不平衡的主要原因。如一些西方发达国家，膳食中肉类、蛋、奶、黄油等动物性食物几乎达膳食总量的 50%，因而出现了高脂肪和高蛋白质的膳食，造成饱和脂肪酸和胆固醇等摄入过剩。

2. 不良的饮食行为和习惯

进食高盐饮食、大吃大喝、暴饮暴食以及优质食物集中消费等不良饮食习惯和行为是造成营养过剩的重要原因。有人调查一桌中式酒席，人均摄入蛋白质达 90g 以上，脂肪达 70g 以上。

三、营养性疾病的预防

营养性疾病的发生与社会经济、文化教育、饮食习惯、风俗习惯、宗教信仰、食品生产供应状况、食物品种及加工烹调、储运销售以及营养知识普及教育等都有密切关系，如前所述，引起营养有关疾病的主要原因，总结起来有两种：一种是供给不足，一种是摄入过多。前者是当今世界主要问题。营养素供给不足除了食物生产供应上的问题外，更多的是由于食品在储运、加工烹调中的损失，其中一些人体必需微量元素如碘、硒、锌、铁等，由于地壳分布的不均匀性，这些所谓"微营养"问题有明显的地区性。预防营养性疾病主要应做好以下几项工作。

（一）普及营养知识，指导食品消费

营养知识的普及教育对改善人群营养十分重要，重点是让群众了解营养与健康、营养与疾病的关系。应根据营养素的特点，在食品的储藏、运输、加工烹调和销售各环节中尽量减少营养素的损失。

加强营养专业人才的培养和队伍建设，培养营养专业技术人才，开展营养宣传、咨询和管理工作。特别是要宣传我国营养学会制定的膳食指南。推广母乳喂养，纠正儿童偏食习惯，科学安排好一日三餐，特别要解决好早餐问题。针对儿童、青少年、老年人等不同生理人群特点，有针对性地开展宣传教育和指导。采用立法和经济手段引导合理消费，如通过市场价格等引导消费，鼓励大豆及其制品的生产，对节粮型、脂肪含量低的禽类及水产品的生产给予优惠政策等。

（二）发展食品生产供应，优化食物结构

我国食品供应近些年来已有较大发展，但供求矛盾仍然十分突出，品种不多，一些地区食物品种单调，更有一部分人至今温饱问题还没有解决。因此，发展生产，保证供应仍应是我国要解决的问题。

我国人民长期以来形成的以粮食为主，搭配适量蔬菜和一定量肉食的膳食结构是基本合理的，这种膳食结构将长期存在下去，并以此指导食物生产。在保证粮食生产的同时，应注意发展豆类，尤其是大豆的生产；改变肉类以猪肉为主的不合理结构，发展耗粮少、蛋白质转化率高的禽、蛋、奶及水产品生产，提高这些食物的消费水平；开发食品新资源，从根本上解决食品供给问题。

（三）预防应有针对性

不同地区、不同人群有不同的营养学问题，预防工作必须根据具体情况，有针对性地制订防治措施。做好调查研究是制订好预防措施的基础，营养调查可以了解人群膳食摄入情况和营养供给量间的关系，了解人群健康状况和体格，发现营养性疾病，为修订营养素供给量等提供资料。调查结果不仅可为设计合理膳食、改善营养提供依据，同时对临床诊断、治疗和预防营养性疾病也有重要价值。

第三节　营养与肥胖症

肥胖是由多种因素引起的慢性代谢性疾病，已成了人类的流行病，医学界已将其归为营养失调症列入了病理学范畴。世界卫生组织提供的数据表明，全球每年约有100万人因饮食不当而加入肥胖者的行列。在很多欧洲国家，每3个成年人中就有1个过胖，其中以德国、

英国、比利时、荷兰、卢森堡等最为严重。由于体重超标可诱发心脏病、糖尿病、高血压和胆结石等多种疾病，肥胖人群患糖尿病、肝硬化、脑梗死的死亡率分别为正常人的 5 倍、4 倍和 3 倍。因此，肥胖已被世界卫生组织列为导致疾病负担加重的十大危险因素之一，也是困扰现代人的流行病之一。

众所周知，肥胖是现代"文明病"的特征性疾病，治疗肥胖比治疗营养不良更加困难，肥胖既是一种独立的疾病，还是高血压、糖尿病、冠心病、高脂血症等成年期疾病的危险因素。

目前，肥胖症发生率在发达和发展中国家呈上升趋势。2023 年，由世界肥胖联合会（World Obesity Federation，WOF）编发的 2023 年世界肥胖地图（World Obesity Atlas 2023）指出，全球肥胖人口（BMI≥30kg/m^2）占总人数约 14%，超重人口（BMI≥25kg/m^2）占总人口 38%。估计到 2025 年，全球肥胖人口占总人口 17%，超重人口占总人口 42%，到 2035 年，肥胖人口占总人口 24%，超重人口占总人口 51%。也就是说，届时地球上超重的人比不超重的人还要多。同时，超重导致的经济影响将占全球 GDP 的 2.9%（2020 年为 2.4%）。

一、肥胖的分类及诊断

（一）肥胖的定义

肥胖（obesity）是指人体脂肪的过量储存，表现为脂肪细胞增多或细胞体积增大，即全身脂肪组织块增大，与其他组织失去正常比例的一种状态。常表现为体重超过了相应身高所确定的标准值 20%。人体出生时体脂含量为 12%，到 6 个月增到 25%，然后逐渐下降到正常范围。成年男子体脂含量为体重的 15%～18%，女子为 20%～25%，当男子体脂超过 25%，女子超过 30%，即为肥胖。

从肥胖的定义可以看出，肥胖与人体中脂肪量密切相关，脂肪量的多少是肥胖的主要表征。因此，虽然肥胖常表现为体重超过标准体重，但超体重不一定全都是肥胖。如果机体肌肉组织和骨骼特别发达，也会使体重超重，但这种情况不属于肥胖。

（二）肥胖的分类

1.按发生原因分类

肥胖按发生的原因可分为遗传性肥胖、继发性肥胖和单纯性肥胖三大类。

（1）遗传性肥胖　主要指遗传物质发生改变而导致的肥胖，这种肥胖极为罕见，常伴有家族性倾向。

（2）继发性肥胖　主要指内分泌紊乱或其他疾病、外伤引起的内分泌障碍而导致的肥胖。

（3）单纯性肥胖　排除上述遗传性肥胖、继发性肥胖以外的肥胖，主要原因为营养过剩、体力活动过少造成脂肪过量积累。

2.按照脂肪分布的部位分类

肥胖按照脂肪分布的主要部位可分为全身性肥胖和中心性（向心性）肥胖。中心性肥胖体内脂肪主要分布于腹壁和腹腔，是多种慢性疾病最重要的危险因素之一。

3.按照发生的年龄分类

（1）幼儿期肥胖　体内脂肪细胞数目多、体积大，分布于全身。

（2）成年期肥胖　体内脂肪细胞数目没有增多，但是体积增大，而且主要分布于躯干。

（三）肥胖的诊断

1.体重指数

针对肥胖的定义，已建立了许多诊断或判定肥胖的标准和方法，但目前被国际上广泛采用的是用 WHO 推荐的体重指数来进行判定。其计算公式为：

体重指数（body mass index，BMI）＝体重（kg）÷身高的平方（m^2）

WHO 根据正常人的 BMI 值分布及 BMI 值与心血管疾病发病率的关系来评价体重，即 BMI$<$18.5kg/m^2 为慢性营养不良，BMI$=$18.5～24.9kg/m^2 为正常，BMI$=$25～29.9kg/m^2 为超重，BMI$=$30.0～34.9kg/m^2 为Ⅰ级肥胖，BMI$=$35.0～39.9kg/m^2 为Ⅱ级肥胖，BMI$\geqslant$ 40.0kg/m^2 为Ⅲ级肥胖。

对于不同的人种，同样的 BMI 可能代表的肥胖程度不一样。包括中国在内亚洲地区的 BMI 水平在整体上低于欧洲国家。据多项研究表明，亚洲人在正常的 BMI 水平时已经存在心血管疾病发病率高的危险。也就是说，中国人的 BMI 在低于 25kg/m^2 时，患高血压的危险性就开始增加。

2.腰围

腰围也是肥胖的一个重要判定指标。欧洲最大的营养学院英国研究院院长詹姆斯教授认为，一个人的腰围能显示出他患糖尿病、高血压和胆固醇过高的可能性。腰围 94cm 以上者，患病率比别人高 1 倍；超过 100cm 者危险性要高 5 倍。有些国家，腰围已经取代身高和体重的比例，成为衡量健康的关键因素之一。

医学上把肥胖身材分为苹果形和梨形。前者腰腹部过胖，后者臀部及大腿脂肪多，测定方法是腰围除以臀围，如果大于 1（女性大于 0.9）则为苹果形；小于 0.8（女性小于 0.7）则为梨形。腹部脂肪比其他部位的脂肪新陈代谢活跃，更易进入血液系统，导致高血压、高脂血症，即所谓肥胖病。

二、肥胖的原因和发病机制

肥胖的起因是非常复杂的，它包括遗传因素、膳食因素、运动因素、社会因素和行为心理因素等。

（一）遗传因素

遗传因素对肥胖的影响表现在两个方面：其一是遗传因素起决定性作用，从而导致一种罕见的畸形肥胖，现已证明其第 15 号染色体有缺陷；其二是遗传物质与环境因素相互作用而导致肥胖。目前研究较多的是后一种情况，并已发现有种基因突变与肥胖有关，但这些基因对人类肥胖的作用还有待于进一步证实。

（二）膳食因素

肥胖是一种营养素不平衡的表现，当能量摄入超过能量消耗时，多余的能量会被转化为脂肪储存在体内，久而久之而导致肥胖。孕妇不合理的膳食、婴儿出生后不正当的喂养方式、偏食、食量大、喜吃零食甜食等不良的饮食习惯都可能是造成肥胖的原因。另外，高能量的西式快餐及动物性食品中残留的各种激素也对肥胖症的发生起到了一定的促进作用。

（三）运动因素

运动不足，不仅减少了能量消耗，也使机体变成了能量易在体内储藏的代谢状态。实际上，一旦成为运动不足状态，胰岛素的降血糖作用也减弱，形成抗胰岛素样的状态。由于拮抗胰岛素的作用，而代偿性地会引起胰岛素分泌增加，相对于降血糖作用的减弱，而脂肪合成的作用却未减弱，因此，就产生了脂肪蓄积的代谢状态。更有甚者，处于运动不足状态下，基础代谢下降，储藏能量却增加，而且脂肪合成酶的活性也亢进。实际上，运动不足在肥胖成因相关性方面，与其说是能量消耗减少引起的，还不如说是代谢状态的改变所引起的要多些。

（四）社会因素

随着经济的发展，人民生活水平的不断提高，饮食结构也发生了很大变化。动物性食品、脂肪等高热能食品摄入明显增加；同时，劳动条件、交通条件、休闲和娱乐条件也发生了很大变化，这些变化都使得人们的能量消耗大为减少。而能量摄入增多、消耗减少会导致肥胖的产生。

（五）行为心理因素

从心理上，人们往往喜欢较胖的婴幼儿，这就为肥胖儿的出现提供了社会心理环境。但这些肥胖儿稍大以后，又往往受到歧视和嘲笑，使他们不愿参加集体活动，反而以进食来获得安慰，进一步加重了肥胖。由此可见，肥胖可导致心理行为问题，而心理行为问题又可促进肥胖，二者相互促进，相互加强，形成恶性循环。

三、肥胖的危害、预防和治疗

（一）肥胖的危害

肥胖被预测为 21 世纪的流行病和人类健康的第一杀手。肥胖患者由于各种原因引起的总死亡率较高。据一项涉及 75 万人的大规模调查研究发现，在体重超出平均水平 40％的人群中，死亡的危险度增加了 1.9 倍。肥胖对心理、社会和就业等的损害目前已引起广大专家的注意。

1. 心、脑血管疾病

心、脑血管疾病包括高血压、冠心病和脑卒中等。肥胖容易产生一系列心血管疾病的危险因子，包括高血压、高胆固醇血症和葡萄糖耐量异常。中心性肥胖（以腹部肥胖为主）的患者要比臀部和大腿肥胖的患者具有更高的危险性。值得警惕的是，甚至只比平均体重超重 10％时，冠心病的死亡率就开始增加。

2. 糖尿病

不论是对动物的试验还是对人群的流行病研究，都显示肥胖与非胰岛素依赖性糖尿病

（也称为 2 型糖尿病）的发生有很大关系。在轻、中、重度肥胖者中发生 2 型糖尿病的危险性分别是正常体重者的 2 倍、5 倍和 10 倍，并且肥胖持续时间越长，发生 2 型糖尿病的可能性越高。

3. 癌症

国内外许多研究发现，超重和肥胖与内分泌相关的一些癌症和胃肠癌的发病率存在正相关性，尤其是绝经后女性肥胖者的乳腺癌、子宫内膜癌和结肠癌患病率增加。

4. 胆囊疾病

肥胖症患者中，胆结石的患病率是非肥胖患者的 4 倍，腹部脂肪堆积者的危险性更大。肥胖患者的胆汁过度饱和与胆囊活动减少是胆结石形成的原因。胆结石的胆囊感染率增加，肥胖患者中急性和慢性胆囊炎比正常人更常见，胆结石易引起胆绞痛和急性胰腺炎。

5. 功能损害

肥胖者易患骨关节炎和痛风。肥胖的妇女在中年或在绝经后发生膝关节疼痛（即痛性肥胖性关节炎），专家认为，这与饮食因素、肥胖引起的代谢变化和负重增加有关。痛风与高尿酸血症直接相关。肥胖引起的呼吸受阻是由于过多脂肪堆积在肋骨间和肋骨周、腹部、隔膜，使胸壁比较僵硬所致的，躺下时呼吸困难就更明显，因此，肥胖患者常发生低氧血症。肥胖者打鼾是呼吸不通畅的一种表现。

6. 内分泌及代谢紊乱

最近的研究揭示，脂肪细胞不仅仅储存脂肪，还有内分泌细胞的功能，同时也是许多激素的作用对象，尤其是中心性肥胖者的激素水平有很大变化。中度肥胖妇女易患多囊性卵巢综合征，从而引起生殖功能紊乱。

（二）肥胖的预防和治疗

肥胖的预防比治疗更重要且更有效。关于预防措施的首要任务是向公众宣传肥胖对人类健康的危害，并教育、指导居民养成良好的饮食习惯，纠正不良饮食习惯、生活习惯，多参加户外活动和体育锻炼。肥胖大多是由于膳食因素所形成的。因此，理论上讲，应该是能够预防的，但需要耐心和毅力，长期坚持才有效。

治疗原则是达到能量负平衡，促进脂肪分解。其最有效的方法就是调整饮食结构和坚持运动。

1. 膳食调整的原则

（1）控制总能量摄入量　限制每天的食物摄入量和摄入食物的种类，以便减少摄入的能量。但减少能量摄入必须以保证人体能从事正常活动为原则，一般成人每天摄入能量宜控制在 4184kJ 左右，最低不应低于 3347.2kJ。否则会影响正常活动，甚至会对机体造成损害。

（2）适当的产能营养素比例　正常平衡膳食的三大营养素分配比例是蛋白质占总热能的 11%～14%，脂肪占 20%～25%，糖类占 55%～60%；而肥胖饮食治疗的三大营养素分配原则是蛋白质占总热能的 25%，脂肪占 15%，糖类占 60%。另外，应减少食物摄入量和种类，但应注意保证蛋白质、维生素和微量元素的摄入量，应达到推荐供给量的标准，以便满足机体正常生理需要。因此，在选择食物上，应多吃瘦肉、奶、水果、蔬菜和谷类食物，少吃肥肉等油脂含量高的食物，一日三餐食物总摄入量应控制在 500g 以内。膳食纤维是非能源的营养素，并可以使人产生饱腹感，因此，富含膳食纤维的食品是既能让人吃饱又不会使人发胖的理想减肥食品。

（3）改变饮食习惯　为了达到减肥目的，还应改掉不良的饮食习惯，如暴饮暴食、吃零食、偏食等。另外，进餐的时间也非常重要。高热能的食物只在早餐时食用，上午体力活动较多，人体代谢旺盛，促进能量消耗的激素分泌也较多，食物中的热能不易转化成脂肪沉积。晚餐则要注意控制，多吃些蔬菜、豆制品，因为晚上活动量小，促进能量产生的激素分泌较少。

合理的膳食调整和控制能量摄入是预防和控制肥胖的基本措施，只要长期坚持，定能收到良好效果。

2. 加强锻炼，坚持适当体力活动

加强锻炼也是非常重要的。告别懒惰的习惯，以步当车、不乘电梯、多做家务等都是消耗热能的好办法。并且运动和节食并用，会取得更有效的减肥效果。

增加体力活动即可增加热能消耗，尤其是有氧运动，如中、快步步行，慢跑，体操，游泳，爬山和打太极拳等。体力运动中注意运动强度适中，时间要与个体机体功能相适应，运动量要达到一定的程度，一般以中等强度的有氧运动每次达 40min 以上，每周 5～6 次为宜，坚持循序渐进，并且持之以恒才能达到减肥的效果。

此外，儿童、青少年肥胖症患者可能有激素分泌障碍等，应及时检查治疗。许多肥胖患者往往伴有精神情绪变化，因此保持良好的精神状态和有规律的生活节奏也十分重要。疾病恢复期、妊娠期及冬春季节易于体脂积聚，这些时期也应注意饮食平衡，防止体重过量增加。

第四节　营养与动脉粥样硬化

一、膳食营养与动脉粥样硬化

（一）脂类与动脉粥样硬化

大量流行病学研究表明：膳食脂肪摄入总量，尤其是饱和脂肪酸的摄入量与动脉粥样硬化的发病率呈正相关。其中脂肪酸的组成对血脂水平的影响是不同的，食用含饱和脂肪酸高的食物可导致血胆固醇水平升高。此外，饱和脂肪酸碳链长短不同对血脂的影响也不一样。一般短链脂肪酸和硬脂酸对血胆固醇水平影响比较小，而中链脂肪酸如豆蔻酸、月桂酸和棕榈酸有使血脂升高的作用。富含单不饱和脂肪酸的膳食油脂，如橄榄油和茶油，能降低血清总胆固醇和低密度脂蛋白（low density lipoprotein，LDL），且不降低高密度脂蛋白（high density lipoprotein，HDL）。

多不饱和脂肪酸根据第一个双键位于距甲基碳原子的位置不同，分为 n-6 系列和 n-3 系列。n-6 系列的多不饱和脂肪酸主要是亚油酸，大部分来源于植物油。n-3 系列的多不饱和脂肪酸主要来源于海产动物的脂肪，如鱼油、海豹油。海豹油中所含的二十碳五烯酸（EPA，C20：5）和二十二碳六烯酸（DHA，C22：6）为多不饱和脂肪酸。此外，苏子油、豆油和菜籽油中的 M 亚麻酸（C18：3）在体内经碳链延长和去饱和作用也可以转化为 EPA 和 DHA。目前研究发现，EPA 和 DHA 具有明显降低甘油三酯的作用，因为它们阻碍了甘油三酯渗入到肝的极低密度脂蛋白（very low density lipoprotein，VLDL）颗粒中，从而可引起血甘油三酯的水平降低。此外，EPA 和 DHA 还具有降低血浆总胆固醇，增加高密度脂蛋白的作用；EPA 还具有较强的抗血小板凝集作用，因此在预防血栓形成上具有重要意义；流行病学调查也发现，大量食用海鱼的因纽特人心血管疾病的发病率远低于摄入脂肪较高的西欧人。

人体内的胆固醇有外源性和内源性两种。外源性胆固醇约占 30%～40%，直接来源于膳食；其余大部分内源性胆固醇在肝脏内合成，合成速度除受激素调节外，摄入的胆固醇可反馈性地抑制肝脏胆固醇合成的限制酶 HMG-CoA 还原酶的活性，使体内胆固醇含量维持在适宜水平。但是小肠黏膜细胞缺乏这种调节机制，所以当大量摄入胆固醇时，血胆固醇仍会增高。

膳食胆固醇可影响血中胆固醇的水平，并增加心脑血管疾病发生的危险性。但是目前尚不完全清楚人体对膳食胆固醇反应的特点，通常胆固醇含量较高的动物性食物，饱和脂肪酸的含量也较高（鱼油例外）。此外，膳食胆固醇的形式、膳食类型、膳食脂肪含量等因素都会对血胆固醇水平产生不同的影响。一般是增加膳食胆固醇水平会使血胆固醇浓度升高。

磷脂包括卵磷脂、脑磷脂和神经磷脂等。磷脂是一种强乳化剂，能使血液中的胆固醇颗粒变小，并保持悬浮状态，从而有利于胆固醇透过血管壁为组织所利用，使血液中胆固醇浓度降低，并降低血液的黏稠度，避免胆固醇在血管壁沉积，故有利于防治动脉粥样硬化。

（二）膳食热量、糖类与动脉粥样硬化

当人体长期摄入的热量超过消耗量时，多余的能量就会转化为脂肪组织，储存于身体的各组织中，导致肥胖。膳食中糖类摄入过多，除引起肥胖外还可直接诱发高脂血症，尤其是 Ⅳ 型高脂血症，主要表现为血浆极低密度脂蛋白（VLDL）和甘油三酯增高，这是肝脏利用多余的糖类合成甘油三酯增多所致的。由于我国膳食中糖类含量较高，所以人群中高甘油三酯血症较为常见，高脂血症和肥胖者冠心病、糖尿病和高血压的发病率较正常人高。

（三）蛋白质与动脉粥样硬化

动物实验表明：动物性蛋白质升高血胆固醇的作用比植物性蛋白质明显。而植物大豆蛋白则有明显的降低血脂的作用。用大豆蛋白代替动物蛋白，可使血胆固醇下降 19% 左右。牛磺酸具有保护心脑血管功能的作用。

（四）维生素与动脉粥样硬化

维生素 E 具有防治心血管疾病的作用。维生素 E 能降低血浆 LDL 的含量，增加 HDL 水平；维生素 E 还可促进花生四烯酸转变为前列腺素，后者有扩张血管、抑制血小板凝集的作用。预防动脉粥样硬化应增加不饱和脂肪酸的摄取，为防止不饱和脂肪酸引起的过氧化作用，应适当增加维生素 E 的摄入量，一般每克不饱和脂肪酸需 0.6mg 维生素 E。维生素 C 可使血液胆固醇水平降低，使血管韧性增加、脆性降低，防止血管出血，同时可防止不饱和脂肪酸过氧化。维生素 C 还可使维生素 E 还原为具有抗氧化作用的形式。此外，当维生素 B_6、叶酸和维生素 B_{12} 缺乏时，易发生动脉粥样硬化及血栓形成。维生素 B_{12}、叶酸、维

生素 A 和胡萝卜素等在抑制体内脂类过氧化和降低血脂水平方面都具有一定的作用。

（五）膳食纤维与动脉粥样硬化

大量研究发现，膳食纤维的摄入量与冠心病的发病率和死亡率呈显著负相关性。大多数可溶性膳食纤维可降低血浆胆固醇水平和肝胆固醇水平。可溶性膳食纤维主要存在于大麦、燕麦、豆类、蔬菜和水果中。膳食纤维可使肠内容物的黏度增大，阻碍脂肪酸和胆固醇的吸收，从而降低血胆固醇水平。

（六）无机盐、微量元素与动脉粥样硬化

镁对心血管系统具有保护作用。镁具有降低血胆固醇水平、降低冠状动脉张力、增加冠状动脉血流和保护心肌细胞完整性的功能。镁缺乏可引起心肌坏死、冠状动脉血流量降低、血液易凝固和动脉硬化。

动物实验发现，当饲料中缺钙时可引起血胆固醇和甘油三酯升高，而补钙后可恢复正常。

铬缺乏可引起糖代谢和脂代谢紊乱，导致糖耐量降低，组织对胰岛素的反应降低。铬缺乏可引起血清胆固醇增加，动脉受损，补充铬后可使血甘油三酯、血胆固醇、低密度脂蛋白水平降低，而高密度脂蛋白胆固醇升高。

钠与高血压的发病有关，限制每日膳食摄入的食盐量可使高血压患者血压下降，而高血压是动脉粥样硬化的危险因素之一。

硒是体内抗氧化酶中谷胱甘肽过氧化物酶的核心成分，谷胱甘肽过氧化物酶可使体内形成的过氧化物迅速分解，减少脂类过氧化物对心肌细胞和血管内皮细胞的损伤。缺硒可引起心肌损伤，促进冠心病的发展。动物实验发现，缺硒可导致花生四烯酸代谢紊乱，前列腺素合成减少，促进血小板凝集，血管收缩，增加心肌梗死的危险性。

二、动脉粥样硬化的饮食防治

预防动脉粥样硬化必须以平衡膳食为基础。根据膳食对动脉粥样硬化的影响，膳食调整和控制的原则是：控制总热能摄入，限制膳食脂肪和胆固醇，增加膳食纤维和多种维生素。

1. 控制总热能摄入，保持理想的体重

由于许多动脉粥样硬化患者常合并超重或肥胖，故在膳食中应控制总热能的摄入，并适当增加运动量，使体重保持在正常范围内。

2. 限制脂肪和胆固醇的摄入

减少脂肪摄入量，使脂肪供热能占总热能的 25％以下，降低饱和脂肪酸的摄入，少吃高胆固醇的食物，每日胆固醇的摄入量宜少于 300mg。

3. 多吃大豆，少吃甜食

大豆蛋白有很好的降低血脂作用，所以应提高大豆及豆制品的摄入量。应限制单糖和双糖的摄入，少吃甜食和含糖饮料，摄入充足的膳食纤维，糖类供热能应占总热能的60％～70％。

4. 摄入充足的维生素和矿物质

多吃水果和蔬菜，适当多吃粗粮，以保证充足维生素和各种矿物质的摄入。

5. 饮食宜清淡少盐

为了预防高血压，每日食盐量应限制在 6g 以下。

6. 其他

多吃保护性食品。适当多吃大蒜、洋葱、香菇和木耳等食物，饮酒应适量或饮低度酒，禁酗酒。

三、常见的降脂食品

1. 牛奶

牛奶含有丰富的乳清酸和钙质，既能抑制胆固醇沉积于动脉血管壁，又能抑制人体内胆固醇合成酶的活性，从而可减少胆固醇的产生。

2. 葡萄

葡萄、葡萄汁与葡萄酒一样含有白藜芦醇，是能降低胆固醇的天然物质。实验证明，它不仅能降低胆固醇，还能抑制血小板聚集，所以葡萄是高脂血症患者最好的食品之一。

3. 苹果

苹果因富含果胶、纤维素和维生素 C，有非常好的降脂作用。如果每天吃两个苹果，坚持一个月，大多数人血液中的低密度脂蛋白（对心血管有害）会降低，而对心血管有益的高密度脂蛋白会升高。

4. 大蒜

大蒜中的含硫化合物混合物，可以减少血中胆固醇和阻止血栓形成，并有助于增加高密度脂蛋白。

5. 韭菜

韭菜除了含钙、磷、糖类、蛋白质、维生素 A、维生素 C 外，还含有胡萝卜素和大量的纤维素等，能增强胃肠蠕动，有很好的通便作用，并能排除肠道中多余脂肪。

6. 洋葱

洋葱含前列腺素 A，有舒张血管、降低血压的功能。洋葱还含有烯丙基三硫化物及少量含硫氨基酸，除了降血脂外，还可预防动脉硬化。

7. 香菇

香菇能明显降低血清中胆固醇、甘油三酯及低密度脂蛋白的水平，经常食用，身体内的高密度脂蛋白会相对增高。

8. 冬瓜

经常食用冬瓜，能去除身体多余的脂肪和水分，起到减肥作用。

9. 胡萝卜

胡萝卜富含果胶酸钙，其与胆汁酸混合后从粪便排出。产生胆汁酸需要消耗血液中的胆固醇，从而可促使血液中的胆固醇含量降低。

10. 海带

海带富含牛磺酸、食物纤维藻酸，可降低血脂及胆汁中的胆固醇。

第五节 营养与糖尿病

糖尿病是由于体内胰岛素分泌绝对或相对不足，或外周组织对胰岛素不敏感引起的，以糖代谢紊乱为主，同时伴有脂肪、蛋白质、水及电解质等多种代谢紊乱的全身性疾病。由于胰岛素的分泌不足，造成机体对葡萄糖的代谢氧化作用降低，造成血糖的升高，使肾小球滤过的葡萄糖增多，超过了肾脏近曲小管的重吸收能力，尿液中就会含有葡萄糖，因此称为糖尿病。患者表现出多饮、多食、多尿、体力和体重减少的"三多一少"症状，发展下去可发生眼、肾、脑、心脏、神经、皮肤等重要器官组织的并发症。目前糖尿病已成为世界上所有国家的主要社会公共卫生问题，它与肥胖、高血压、高脂血症共同构成影响人类健康的四大危险因素。

糖尿病并非单一的病症，而是由多种病因和致病机制构成的一组疾病，其病因包括遗传因素、生理病理因素、膳食因素和社会环境因素等。其中，遗传因素的影响最大，即糖尿病具有较明显的家族遗传易感性，但膳食结构对糖尿病发病率的影响也不容忽视。

一、糖尿病的诊断和分型

（一）糖尿病的流行病学

糖尿病是一种常见病、多发病，国际糖尿病联盟的糖尿病地图数据显示，2021年全球成年人（20~79岁）约有5.37亿患有糖尿病，全球成年人糖尿病患病率约为10.5%。预计到2045年，这一比例将增加到10.0%，波及6.4亿成年人。糖尿病患者人数最多的前三位国家是中国、印度和巴基斯坦。其中，中国的糖尿病患病人数约有1.41亿人，约为12.8%，是全球糖尿病患者人数最多的国家。

（二）糖尿病诊断和分型

1. 诊断标准

目前糖尿病诊断标准：糖尿病的最新诊断标准是在不同的特定情况下，血液中的葡萄糖的浓度过高，达到相应的诊断指标。①随机血糖：一般没有刻意地去空腹，而是在正常饮食的情况下，随机检测血液中的葡萄糖的浓度。如果血糖值大于11.1mmol/L时，可以诊断为糖尿病。②空腹血糖：通常晚餐后停止饮食8~12h以上，最多不超过14h的情况下，检测血液中的葡萄糖的浓度。如果血糖值大于7.0mmol/L时，可以诊断为糖尿病。③口服葡萄糖耐量试验（oral glucose tolerance test，OGTT实验）：一般口服75g无水的葡萄糖，120min后检测血液中的葡萄糖的浓度。如果血糖值大于11.1mmol/L，则可以诊断为糖尿病。④妊娠情况下高血糖：如果孕妇空腹血糖大于5.1mmol/L，或者OGTT试验120min后的血糖大于8.5mmol/L，则需要考虑糖尿病。

2. 分型

根据孙颖等人（2023）报道的糖尿病分型，可将其分为1型DM、2型DM、单基因

DM、继发性 DM、妊娠期 DM、未定型 DM 共 6 种类型。

（1）1 型糖尿病（胰岛素依赖型糖尿病）

按病因可区分为自身免疫性和特发性 2 种亚型，按起病急缓划分为暴发型、经典型和缓发型 3 种亚型。

（2）2 型糖尿病（非胰岛素依赖型糖尿病）

2 型糖尿病为 DM 患者中最主要的群体，表现为胰岛素抵抗伴分泌相对不足。

（3）其他型糖尿病 一些特殊类型的糖尿病，如妊娠期糖尿病、感染性糖尿病、药物或化学制剂引起的糖尿病。

二、 2 型糖尿病的发病机制

2 型糖尿病主要是由于胰岛素分泌不足（即胰岛功能障碍）和胰岛素抵抗（即胰岛效应减低）所致的，现将这 2 种致病机制简述如下：

（一）胰岛素分泌不足（即胰岛功能障碍）

胰岛 β 细胞所产生和分泌的胰岛素是调节体内三大物质（糖类、脂肪和蛋白质）代谢，尤其是糖类代谢的主要激素。葡萄糖是胰岛素作用的底物，也是调节胰岛素分泌的主要物质，β 细胞对血液中的葡萄糖浓度有着极其敏感的反应。生理状态下，在进食等情况下引起餐后血糖升高的葡萄糖会被 β 细胞膜上葡萄糖运转蛋白 2 转运到 p 细胞内，随后被葡萄糖激酶磷酸化为 6-磷酸葡萄糖，再通过糖酵解进一步代谢产生 ATP，使细胞内 ATP 浓度升高，ATP 作用于 β 细胞膜上 ATP 敏感的钾通道，使其关闭，细胞内钾离子浓度升高，β 细胞即去极化，导致对电压敏感的钙通道开放，胞外 Ca^{2+} 内流，胞内 Ca^{2+} 浓度升高，促进 β 细胞的胞吐作用，使胰岛素释放。当葡萄糖持续刺激时（如静脉滴注葡萄糖），可见胰岛素的分泌分为 3 个阶段。1～5min 内，胰岛素分泌可高达基础值的 10 倍，此为快速分泌相，又称第一时相，主要来源于 p 细胞已贮存的胰岛素。第一时相很重要，其作用为：①抑制肝糖原分解；②启动对葡萄糖的利用，5～10min 后便使其下降约 50%。以后出现胰岛素分泌的第二时相，持续 2～3h，其高峰在 30～60min，其分泌量远大于第一时相，主要是由于葡萄糖激活了 β 细胞内胰岛素合成的酶系统，当血糖降至正常时，胰岛素的分泌也回到基础水平。

（二）胰岛素抵抗（即胰岛效应减低）

糖尿病患者，由于遗传及环境因素的影响，从确诊的前数年，胰岛 β 细胞功能已逐渐衰退而胰岛素抵抗已经存在。可能机制为：①胰岛素分泌的第一时相已减弱或消失，为了维持血糖低于正常范围，β 细胞增生肥大，代谢活跃，处于代偿阶段，此时血糖不论空腹或餐后尚能处于糖耐量正常阶段（normal glucose tolerance，NGT）；②早期 β 细胞的分泌功能虽进一步下降，但尚能处理空腹血糖，对于餐后及高糖负荷后则难以使血糖达到正常，此时胰岛素分泌量可为正常或偏高，但对高血糖而言仍为不足，此为糖耐量低减（impaired glucose tolerance，IGT）阶段；③糖尿病确诊时，其 β 细胞功能仅为正常时的 50%，继续发展到后期，胰岛萎缩、纤维化，β 细胞发生空泡、萎缩、退化、功能衰竭，胰岛素分泌量很少，完全失去代偿，此时高血糖处于长期持续状态，对机体许多组织具有"毒性损伤作用"，进一步加重胰岛素抵抗和胰岛损伤，引起全身的微血管、大血管、神经、肌肉、脂肪等组织结构和功能改变，导致一系列的并发症；④长期高血糖情况下，6-磷酸葡萄糖、果糖等还原性糖的生成增加，这些还原性糖能加速许多种蛋白质的糖基化反应，糖基化的终末产物（avanced glucosulated end products，AGEs）与肝脏、肾脏、肺脏及胰岛 p 细胞上 AGEs 受体结合后可发生氧化反应，从而产生多种活性氧（reactive oxygen species，ROS）。β细胞中抗氧化的酶含量较少，更易被 ROS 破坏，亦为"葡萄糖毒性作用"中的重要环节。

在发生糖尿病前几年可有高胰岛素血症，以维持血糖低于正常范围，但胰岛素过多会对机体其他组织造成不利影响，此为"胰岛素抵抗综合征"，又称"代谢综合征"的共同基础（包括肥胖、高脂血症、高血压、高血糖、糖尿病、冠心病、痛风等）。这种胰岛素抵抗贯穿糖尿病患者的终身。引起胰岛素抵抗的原因除遗传因素外，环境因素亦非常重要，如激素紊乱、药物影响、应激，尤以不合理的生活方式（如摄取高能量、高脂、高糖饮食，精神过度紧张，酗酒等）影响最大。在长期高血糖的状态下，葡萄糖进入己糖胺生物合成旁路的途径大大增加（在生理情况下仅 2%～3%的葡萄糖源于此合成旁路），导致细胞内葡萄糖胺的含量升高，可以加重 2 型糖尿病患者的肝脏、肌肉、脂肪等外周组织的胰岛素抵抗，且损害葡萄糖刺激的胰岛素分泌功能。葡萄糖胺还会抑制 β细胞葡萄糖激酶的活性，降低 β细胞对葡萄糖的敏感性，且可抑制信号转导系统，使胰岛素的分泌受到抑制。葡萄糖胺还可加速 β细胞的凋亡。

三、膳食营养与糖尿病

（一）能量与糖尿病

能量过剩引起的肥胖是糖尿病的主要诱发因素之一。肥胖者由于饮食过量，分泌的胰岛素大增，诱导反馈作用的发生，减少位于细胞表面的胰岛素受体，过量的胰岛素无法与受体结合发挥作用而滞留于血液中，造成所谓的胰岛素抗阻（即在某种血浆中胰岛素水平下，肌肉对葡萄糖的摄取减少）及血中胰岛素过多现象。当体内出现胰岛素抗阻及血中胰岛素过多时，血糖升高因而刺激胰腺产生更多的胰岛素，以促使血糖正常化，但当胰腺不堪长期负荷而衰竭时则会出现胰岛素分泌不足而导致糖尿病。

（二）糖类与糖尿病

当一次进食大量糖类时，血液葡萄糖浓度迅速上升，胰岛素分泌增加，促进葡萄糖的氧化分解，从而维持血糖浓度的相对平衡。多余的葡萄糖以糖原的形式储存或转化为脂肪储存。当血糖水平长期处于较高状态而需要更多的胰岛素，或伴有肥胖等导致机体对胰岛素不敏感时，机体则需要分泌大量的胰岛素以维持血糖的正常水平，因此而加重了胰腺的负担，使胰腺因过度刺激而出现病理变化和功能障碍，导致胰岛素分泌的绝对或相对不足，最终出现糖尿病。

糖尿病的主要诊断依据是血糖值的升高。食物中糖类的组成不同，血糖升高幅度也不同，其影响程度可用血糖指数（glycemic index，GI）来衡量，血糖指数越低的食物对血糖升高的影响越小。

$$血糖指数 = \frac{食物餐后 2h 血浆葡萄糖曲线下总面积}{定量葡萄糖餐后 2h 血浆葡萄糖曲线下总面积} \times 100\%$$

一般情况下，小分子糖类，如单糖和双糖血糖指数较大，而高分子糖类如淀粉和膳食纤维的血糖指数则较小，但其种类不同、结构不同，对血糖升高的影响程度也不同。以淀粉为例，直链淀粉为线性结构，易于老化而形成难以消化的抗性淀粉，对血糖和胰岛素引起的反应较慢，作用较弱；支链淀粉为枝杈状结构，易糊化，消化率高，容易使血糖和胰岛素水平明显升高。膳食纤维不能被人体消化吸收，同时水溶性膳食纤维能够吸水膨胀，吸附并延缓糖类在消化道的吸收，减弱餐后血糖的急剧升高，有助于患者的血糖控制。不溶性膳食纤维能促进肠蠕动，加快食物通过肠道，减少吸收，具有间接缓解餐后血糖升高的作用。另外，有些植物多糖，如灵芝多糖、枸杞多糖、菊芋多糖、魔芋多糖等都有一定的降糖作用。

（三）脂肪与糖尿病

研究证明高脂膳食容易诱发糖尿病，有多方面的原因。如在骨骼肌内，脂肪酸和葡萄糖的利用存在一定程度的竞争作用，如果游离脂肪酸的浓度较高，肌肉摄取脂肪酸进行氧化供能的作用就会增强，从而使葡萄糖的利用减少而导致血糖升高；脂肪的氧化分解需要消耗大量葡萄糖分解的中间产物，从而阻断了葡萄糖彻底氧化分解，也会使血糖浓度上升。此外，高脂膳食必然导致饱和脂肪酸和胆固醇的过量摄取，容易引起肥胖，从而导致糖尿病慢性合并症如冠心病的发生。因此，对于肥胖的糖尿病患者应积极采取低能量、低脂肪膳食，无论是饱和脂肪酸（SFA）或不饱和脂肪酸（NSFA）均应严格加以限制；糖尿病患者特别容易并发动脉粥样硬化，在胆固醇摄入量上应与冠心病患者同样对待。

糖尿病患者对脂肪的日需要量为 $0.6\sim1.0g/kg$，占总能量较适合的比例为 $20\%\sim35\%$，烹调食油及多种食品中所含的脂肪均应计算在内。动物性脂肪（在动物脂、乳、蛋类中）含SFA 多（鱼油除外），熔点高，摄入过多可导致血清胆固醇增高而引起动脉硬化症，应严格限制摄入。植物性脂肪如多种素油富含 NSFA，在体内能与胆固醇结合成酯，可促进胆固醇的代谢，故植物性脂肪应占脂肪总摄入量的 40% 以上。玉米、大豆之类的植物油是饮食中多不饱和脂肪酸（PUFA）的主要来源，由于其在体内代谢过程中容易氧化而可对机体产生不利影响，也须限量，一般不超过总能量的 10%。而单不饱和脂肪酸（MUFA）则是较理想的脂肪来源，在菜籽油及橄榄油中含量丰富，应优先选用。

（四）蛋白质与糖尿病

糖尿病患者每日蛋白质的需要量为 $1.0g/kg$，约占总能量的 15%，其中动物性蛋白质应占总蛋白质摄入量的 $40\%\sim50\%$。对处于生长发育期的儿童或有特殊需要或消耗者（如妊娠期妇女、哺乳期妇女、消耗性疾病患者、消瘦患者），蛋白质的比例可适当增加，但长期高蛋白饮食对糖尿病患者并无益处，尤其对已患糖尿病肾病的患者，对病情的发展有不利的作用。

尽管目前尚无确切的证据表明膳食蛋白质含量与糖尿病的发病有直接关系，但在植物性食品中，存在一类具有降糖作用的氨基酸，这些氨基酸的特点是在体内不参加蛋白质的合成，而是以游离的形式调节糖代谢，从而起到降血糖的作用。

（五）膳食纤维与糖尿病

膳食纤维根据是否溶于水分为可溶性和非可溶性两种，前者有豆胶、果胶、树胶和藻胶等，在豆类、水果、海带等食品中较多，在胃肠道遇水后可与葡萄糖形成黏胶而减慢糖的吸收，使餐后血糖和胰岛素的水平降低，并具有降低胆固醇的作用。非可溶性膳食纤维有纤维素、半纤维素和木质素等，存在于谷类和豆类的外皮及植物的茎叶部，可在肠道吸附水分，形成网络状，使食物与消化液不能充分接触，故可使淀粉等消化吸收减慢，可降低餐后血糖、血脂，增加饱腹感并软化粪便。糖尿病患者每日的膳食纤维摄入量以 30g 左右为宜，食入过多会引起胃肠道反应。

（六）维生素与糖尿病

糖尿病患者的糖类、脂肪、蛋白质的代谢紊乱会影响人体对微量营养素的需要量，调节维生素和微量元素的平衡有利于糖尿病患者纠正代谢紊乱，防治并发症。与糖尿病病情及治疗有关的微量营养素主要有以下几种：

1.抗氧化的维生素

包括维生素 C、维生素 E、β-胡萝卜素等。糖尿病患者产生氧自由基增加，血和组织中抗氧化酶活性下降，可使低密度脂蛋白氧化成氧化型的低密度脂蛋白，后者会损伤动脉内皮细胞，引起动脉粥样硬化。氧自由基本身也能损伤动脉内皮细胞，引起动脉粥样硬化。氧自由基还能损伤肾小球微血管，引起糖尿病肾病；损伤眼的晶状体，引起眼白内障；损伤神经，引起多发性神经炎。

（1）β-胡萝卜素　β-胡萝卜素在人体内可以转化成维生素 A，为脂溶性的，有较好的抗氧自由基的能力。因糖尿病患者抗氧化系统失衡，服用 β-胡萝卜素有利于控制糖尿病，防治糖尿病并发症，每天可以补充 15～25mg。

（2）维生素 E　是脂溶性的抗氧化营养素，有保护 β-胡萝卜素免于被氧化的作用，故二者有协同作用。据报道，糖尿病患者血中维生素 E 水平低于正常对照组，且随年龄增加而下降，正常人每日推荐摄入量为 10mg，而糖尿病患者为预防心脑血管疾病等并发症，每天可补充维生素 E 100～200mg。

（3）维生素 C　是水溶性抗氧化剂，与维生素 E 及 β-胡萝卜素有协同抗氧化作用。补充维生素 C 可以降低 2 型糖尿病患者增高的血浆脂类过氧化物（lipid peroxide，LPO），降低血清总胆固醇（serum total cholesterol，TC）、甘油三酯（triglyceride，TG），提高高密度脂蛋白胆固醇（high density lipoprotein cholesterol，HDL-C），降低低密度脂蛋白，缓解微量蛋白尿及早期的糖尿病性视网膜病变。维生素 C 的一般成人每日推荐摄入量为 60mg，糖尿病患者可补充 100～500mg。

目前，临床医师较普遍地给糖尿病患者用上述抗氧化维生素作为治疗预防药品，只要剂量恰当，无疑是有利无弊的。但若饮食中含量充分，并不一定需要添加。事实上，在最近一项大型的随机对照试验中，治疗组每天服用维生素 E 600mg、维生素 C 250mg 及 β-胡萝卜素 20mg，持续 5 年安全性好，但并未能证明能降低高危人群心血管疾病、肿瘤等的发生率，其中也包括糖尿病。

2.其他维生素

维生素 B_1、维生素 B_2、维生素 B_6 和维生素 B_{12} 对糖尿病多发性神经炎有一定的辅助治疗作用。叶酸的血中浓度与动脉粥样硬化呈正相关。B 族维生素还是糖代谢的不同环节中辅酶的主要成分，故糖尿病患者应该适当补充 B 族维生素。

（七）矿物质元素与糖尿病

有一些矿物质元素与糖尿病之间有较密切的关系，讨论比较多的有锌、铬、钒、硒、镁等。

锌参与胰岛素的合成与降解，缺锌时胰腺和 p 细胞内锌丢失增加，胰岛素合成下降。β细胞分泌胰岛素也分泌锌，两者释放是平衡的。当血锌降低时，β细胞获得的锌减少，而胰岛素代替锌的释放增加，这是造成高胰岛素血症、产生胰岛素抵抗的原因之一。糖尿病患者应注意补充锌，锌的成人每日推荐摄入量（RNI）为 15mg。含锌丰富的食物有贝壳类及肉类食物，治疗糖尿病常用的益气健脾的中药（如怀山药、太子参、白术等）含锌量较高。

研究表明，三价铬是葡萄糖耐量因子的组成部分，是胰岛素的辅助因子，能增加周围组织对胰岛素的敏感性，提高机体的糖耐量，其中三价铬是活性成分。铬还能加速糖类的氧化分解，起降低血糖的作用。糖尿病患者每日可补充铬 200μg，含铬丰富的食物有海带、莲子、绿豆等。

钒能加强心脏的功能，增加心室肌的收缩力，影响胰岛素的分泌，促进脂肪组织中葡萄糖的氧化和运输及肝糖原的合成，抑制肝糖原异生，具有保护胰岛的功能。钒的每日 RNI 为 3μg。含钒丰富的食物有芝麻、苋菜、黑木耳、核桃、莲子、黑枣等。

硒是谷胱甘肽过氧化物酶（GSH-Px）的重要成分，有清除氧自由基的作用，糖尿病患者的血硒低，补硒可使血中的脂类过氧化物降低，保护心肌细胞、肾小球及眼晶体免受氧自由基的攻击，预防糖尿病并发症。硒的每日 RNI 为 50μg，糖尿病患者可每日补充 150～200μg。含硒丰富的食品为海带、紫菜等海产品，大蒜中含硒也较丰富。

另外，有些研究表明，镁和锂对胰岛素的合成与分泌、周围组织对胰岛素的敏感性等均有一定的影响，从而对糖尿病及其并发症有一定的防治作用。钙和磷缺乏时糖尿病患者更易引起骨质疏松。镁对防治糖尿病视网膜病变、高脂血症有一定作用，应注意补充，且镁作为人体代谢过程中某些酶的激活剂有利于胰岛素的分泌与作用。

矿物质元素缺乏引起的代谢紊乱并不是在短时间内能够观察到的，所以补充矿物质元素的效果也并不可能立竿见影。过分夸大矿物质元素缺乏的危险或盲目补充某种矿物质元素都没有必要，前者会加重患者的恐慌心理，后者会使某些矿物质元素摄入过多。提倡糖尿病患者在控制总能量前提下，尽可能地食品多样化，这是预防矿物质元素缺乏的最基本办法，也可适当补充含多种维生素及矿物质元素的制剂，大量补充某一种矿物质元素的方法反而会破坏人体代谢的自然平衡，实不可取。

四、糖尿病患者的合理饮食

糖尿病是中老年的常见病，不管是初患糖尿病还是有相当病史的患者，饮食治疗都是糖尿病治疗的根本措施，通过饮食治疗，可以达到以下目的：①保持合理的体重；②维持营养平衡；③控制血糖。中老年及体胖的轻型病例，有时单用饮食控制即可达到治愈目的。针对与糖尿病发病有关的营养因素，糖尿病饮食疗法的基本原则应为"在规定的热量范围内，获得营养平衡的饮食"。但在具体实施过程中，不同的个体存在一定的差异，即不同个体合理的饮食结构是不同的。在制订糖尿病患者的合理膳食时，应注意以下几点。

（一）视病情轻重制订节食方案

轻型患者往往肥胖，适当节制饮食是主要疗法。采取低热量饮食，每日用三餐者，膳食热量的分配按早 1/5、午 2/5、晚 2/5 的比例安排食物量；有条件采用少量多餐制者，更有利于减轻每次进餐的糖负荷。中型和重型患者在药疗的同时也要注意饮食节制。每日主粮和副食的摄入量应按医生的规定执行，并要相对固定，以免引起血糖波动太大使尿糖不易控制，甚至出现低血糖反应。

（二）禁止食用含糖量高的甜食

糖和甜食，应列为不吃之列。水果中由于含低分子糖类较多，因此要视病情而定，病情不稳定时或严重时不吃，控制得较好时，可少量吃，且要观察对尿糖血糖的影响，明显增高时，最好不吃。烟、酒等辛辣刺激品也应停用。

（三）坚持低糖、低脂、正常蛋白质的饮食原则

饮食控制，应通过合理计算。一般普通糖尿病患者每日主食（糖类）250～400g，副食中蛋白质 30～40g、脂肪 50g 左右。肥胖型糖尿病患者每日主食控制在 150～250g，脂肪 25g，蛋白质 30～60g。高蛋白饮食适于长期患消耗性疾病的糖尿病患者，每日主副食蛋白质总量不低于 100g。注射胰岛素的人，主食可放宽到 450～1000g，其他副食酌情供应。

（四）进餐与血糖、尿糖变化之间的规律

摸索自己进餐与血糖，尤其是尿糖变化之间的规律，对于稳定病情、指导用药有着十分重要的意义。这一点主要是靠患者在病变过程中自己留心观察。

另外，饮食还要与体力活动相适应，与药物治疗相配合。发现血糖、尿糖增多，则饮食要适当减少和控制；如果活动量增加，主食可适当增加；如果休息卧床，主食应适当减量；胰岛素用量较大的，两餐间或晚睡前应加餐，以防止低血糖发生。总之，是以适当的饮食变动，求得病情的稳定，维持和恢复胰岛功能，促进糖尿病早日痊愈。

第六节　营养与骨质疏松症

骨质疏松症是绝经后妇女和老年人最为常见的骨代谢性疾病。骨质疏松症是以骨量减少、骨微观结构退化为特征，致使骨的脆性及骨折危险性增加的全身性骨骼疾病。

一、营养与骨质疏松的关系

骨由成骨细胞和破骨细胞组成，是一种代谢方式独特的组织，在人的一生中不断地进行着骨形成和骨吸收两个过程，当骨形成大于骨吸收时，即出现净骨质增加。反之，则造成净骨质丢失。骨量分布随年龄而变化，青春期是骨质增长最快的时期，年均增加 8.5%，在此期间将形成成人骨质峰值的 45%～51%。在生命的第二个 10 年内，长骨生长已经结束，但人体总骨量仍在增加，只是速度明显变慢。在生命的第三个 10 年中，骨量仅增加 12.5%，而且主要集中在前 5 年。接着骨质量将进入一个相对稳定的时期。从 40～45 岁开始，骨形成和骨吸收的平衡逐渐转向骨吸收，骨质将以每年 0.2%～0.5% 的恒定速率减少。

而女性在更年期前后 10 年内则以 2％～5％的高速率丢失，然后再回到和男性同样的速率，即以 0.2％～0.5％的速率丢失骨质直至生命结束。

从理论上来说，骨成熟时获得骨质峰值即最大骨质量，或者延缓绝经期妇女和老年人随年龄增长而出现的骨质丢失速率，必然会降低骨质疏松症及其骨折发生的危险性。骨质疏松的确切病因迄今尚未完全明了。除了遗传因素外，可能与内分泌、体育锻炼、机械负荷和营养因素有关。在营养因素中，钙、磷和蛋白质是骨质的重要组成成分，尤其是钙在一般食物中含量较低，普通膳食常常不能满足个体需要。而维生素 D 在钙、磷代谢的生理机制上发挥着重要的调节作用。在一些特定人群中容易缺乏维生素 D。因此，这些营养素的摄入水平与骨质疏松症的发生存在着密切关系。

（一）钙

净骨质增加或丢失必然伴随骨钙的储留或释出，因此，钙平衡实验可以间接地反映机体骨质状况的变化。当正钙平衡时，说明有骨钙和骨质增加；反之，负钙平衡时，则表示有骨钙释出和净骨质丢失。青少年为了获得理想的骨质增长需要更大的正钙平衡。普遍认为，目前膳食中钙的供给量不能完全满足生长的需要而可能妨碍骨质正常发育。用双微量同位素技术对青春期不同阶段进行研究，认为钙摄入量即使在 900～950mg/d 仍不能获得满意的钙储留。同高摄入钙相比，钙储留每日可能相差 100～150mg。

绝经期妇女骨质疏松症与雌激素水平降低钙的肠道吸收有关。事实上除雌激素外，适宜的钙摄入对预防绝经后妇女骨质疏松症仍有着不可替代的作用。

（二）磷

增加膳食中磷的摄入量，会降低钙的肠道吸收；由于增加磷的摄入，可减少肾钙排泄，因此，增加磷的摄入量对健康年轻人的钙平衡可能无影响；然而，对于肾功能下降或需要更大正钙平衡的人来说，则可能产生不良影响。特别是高磷低钙的膳食对处于骨质增长期的儿童、青少年来说，可能会妨碍其骨质正常的生长发育；而对于钙吸收和转运功能低下的老年人来说，则可能引起继发性甲状旁腺功能亢进，从而加速与年龄相关的骨丢失。

（三）维生素 D

从食物中摄入以及在皮肤表皮组织中合成的维生素 D，需要在肝脏和肾脏进行二次羟化才能转变为活性形式。由于老年人户外活动少及肾脏功能降低，其血清维生素 D 浓度常常低于年轻人。适当补充维生素 D 能够延缓骨质丢失和降低骨折发生率。每日补充维生素 D 400 IU 的老年人，一年后其骨矿物质密度（bone mineral density，BMD）与对照组相比有明显改善。也曾有人用维生素 D 干预观察骨折发生率的变化，即每年肌内注射一次维生素 D（150000～30000IU），连续观察 4 年，发现其累积骨折发生率明显降低，与对照组比较分别为 2.9％和 6.1％。可见老年人保持充足的维生素 D 营养是十分必要的。

（四）蛋白质

蛋白质作为一种独立的营养素在大量摄入时可使尿钙排泄量增加，而尿丢失过多的钙与骨量减少及髋关节骨折发生率升高有关。

（五）膳食纤维

尽管普遍认为膳食纤维在肠道内可以与钙和其他矿物质结合，妨碍它们的吸收，进而推测高膳食纤维可能增加骨质丢失和骨质疏松性骨折的危险性。但是，到目前为止，很少有证据表明仅仅膳食纤维高，而其他方面属于平衡的膳食会导致人体钙缺乏。

（六）氟

氟由于有抗龋齿作用而被确定为人体必需的微量元素。氟过多摄入可以通过对成骨细胞作用促进骨形成，同时可造成皮质骨矿化不全，但是水中氟含量在 0.7～1.2mg/L 时，氟含量与骨质疏松症及骨折发生率之间无相关性。

与骨代谢有关的营养素和食物成分还包括维生素 A、维生素 C 以及微量元素硅、硼和尚未被确定为人体必需元素的铝等，但它们与骨质疏松症的关系尚不清楚。

二、预防骨质疏松症的措施

从营养角度预防骨质疏松症的重点应放在建立和保持骨质峰值、延缓绝经期妇女及老年人随年龄增长而出现的骨质丢失速率上。注意平衡膳食，在保证足够热能、蛋白质的基础上，提供充足的钙摄入十分重要。美国国家卫生研究所建议，儿童、青少年时期钙摄入量应为 1200～1500mg/d。接受雌激素治疗的绝经期妇女钙摄入量应为 800mg/d，而由于某种原因不能或拒绝接受应用雌激素的妇女钙摄入量至少应为 1000～1500mg/d。70 岁以上的老年人，除了保证 1500mg/d 的钙摄入外，还应补充维生素 D 400～800 IU/d。实际上从长远考虑，45 岁以上的所有人都应保证 1000mg/d 以上的钙摄入。钙的摄入量只要不超过 2000mg/d，对任何人来说都是安全的。

第七节　营养与高血压

高血压是指以动脉收缩压和（或）舒张压增高，常伴有心、脑、肾和视网膜等器官功能性或器质性改变为特征的全身性疾病。在临床上发现的高血压患者中，90％以上病因不明，这种高血压称为原发性高血压。而由于其他疾病引起的血压升高则称为继发性高血压，其中多半与肾病和内分泌疾病有关。

原发性高血压的发病原因有很多，除遗传因素和精神紧张外，一些膳食与营养因素被认为与高血压有密切关系，如肥胖、高盐饮食、饮酒等。

一、营养与原发性高血压

（一）食盐与高血压

有充分的证据表明，高血压的发病率与膳食中的食盐摄取量密切相关。食盐摄入量高的地区，高血压发病率也高，限制食盐摄入可降低高血压发病率。因为食盐摄入过多，会导致体内钠潴留，而钠主要存在于细胞外，从而使细胞外液渗透压增高，细胞内水分向细胞外移动，细胞外液包括血液总量增多。血容量的增多造成心输出量增大，使血压增高。另外，实验证明，食盐引起血压增高也与氯离子有关。用其他阴离子代替氯离子的钠盐并不引起血压的升高。

（二）酒精与高血压

研究观察显示，过量饮酒与血压升高和较高血压流行程度相关。每天饮酒 3～5 杯（1杯的定义是啤酒 250mL，葡萄酒 100mL，白酒 25mL）以上的男子和每天饮酒 2～3 杯的女子尤其处于较高的危险之中，而低于上述杯数者则不会增加危险性。观察研究还显示，饮酒与血压之间呈一种 J 型关系。轻度饮酒者（每天 1～2 杯）比绝对戒酒者血压低，而与不饮酒者相比，每天饮 3 杯或更多者有明显的血压升高。总之，中度和中度以上饮酒是高血压的致病因素之一。限制饮酒每天 2 杯或更少可以改善酒瘾极大的人的血压控制。适度饮酒对降低整个心血管疾病的危险性可能有某些好处。不过，酒精与血压相关的确切机制尚不清楚，其可能性包括：刺激交感神经系统，抑制血管松弛物质，钙和镁耗竭，以及血管平滑肌中细胞内钙的增加。

（三）钾、钙与高血压

高钾膳食和高钙膳食都有利于降低血压，原因可能是钾和钙都可以增加尿液中钠的排出，使血容量降低，血压下降，从而缓解食盐过量摄入而引起的血压升高。另外，钾和钙摄入充足，还有利于血管扩张，也可起到降压的作用。

（四）脂肪与高血压

脂肪摄入过多，特别是动物脂肪摄入过多，必然导致饱和脂肪酸和胆固醇摄入过多，容易造成高脂血症和高胆固醇血症，而高脂血症和高胆固醇血症又往往与高血压互为因果，即血脂增高会导致血液黏滞系数增大，使血液流动的阻力增大，使血压升高，而适当增加多不饱和脂肪酸，特别是 n-3 系列多不饱和脂肪酸则有利于血压下降。同时，不饱和脂肪酸能使胆固醇氧化，使血浆胆固醇水平降低，还可延长血小板的凝聚，抑制血栓形成，增加微血管的弹性，预防血管破裂，因此对高血压并发症有一定的预防作用。

（五）糖类与高血压

在动物实验中发现，简单糖类如葡萄糖、蔗糖和果糖，可升高血压。对人群而言，尚缺乏不同糖类对血压调节作用的资料。但糖类的过多摄取，必然导致人体能量摄入过多，使人体变胖，而肥胖又与高血压的发病率呈明显的正相关，因此糖类的摄入量也应适当。另外，膳食纤维具有降低血脂和血清胆固醇等的作用，因此有一定的降压作用，还可以延缓因高血压引起的心血管并发症。

（六）蛋白质与高血压

关于蛋白质与血压关系的资料较少，但有些研究证明某些氨基酸与血压的变化有一定的相关性，如色氨酸、酪氨酸和牛磺酸对血压降低均有一定的作用。

（七）维生素与高血压

维生素 C 能够改善血管的弹性，降低外周阻力，有一定的降压作用，并可延缓因高血压造成的血管破裂出血现象的发生。另有报道称，维生素 E 也有一定的降压作用。

二、高血压的饮食防治

我国专家根据中国情况对改善膳食结构预防高血压提出以下建议。

（一）控制总热量以保持标准体重

控制体重可使高血压的发生率降低 28%～40%。减轻体重的措施一是限制能量的摄入，二是增加体力活动。

（二）减少食盐的摄入量

健康成人每日钠的需要量约为 200mg（0.2g），我国居民的食盐摄入量普遍较高，平均每日约 15g，远远超过人体需要。流行病学调查表明：钠的摄入量与高血压发病呈正相关，因而食盐摄入不宜过多。我国膳食中钠的 80% 来自烹饪时的调味品和含钠高的腌制品，包括食盐、酱油、味精、咸鱼、咸菜和酱菜等。WHO 提倡每日平均摄入食盐不要超过 6g，高血压患者钠盐的摄入量应在每日 1.5～3.0g。限盐首先要减少烹调用的调料，少食各种腌制品，特别应注意隐藏在加工食品（如罐头、快餐食品、方便面和各种熟食）中的食盐。此外，应逐步完善食品标签，加工食品在标签上应标明钠盐含量。最后，应从幼年起养成少盐膳食的习惯。

（三）减少膳食脂肪，补充适量优质蛋白

流行病学资料显示，即使不减少膳食中的钠和不减轻体重，如能将膳食脂肪控制在总热量 25% 以下，P/S 比值维持在 1，连续 40d，可使男性的收缩压和舒张压均下降 12%，女性下降 5%，即高血压发病率也会明显下降。鱼类，特别是海产鱼所含不饱和脂肪酸有降低血脂和防止血栓的作用。肥肉和荤油为高能量和高脂肪食物，摄入过多往往会引起肥胖，并是某些慢性病的危险因素，应当少吃。中国人绝大多数以食猪肉为主，而猪肉与鱼肉、禽肉相比蛋白质含量较低，脂肪含量较高，因此，调整以猪肉为主的肉食结构，大力提倡吃鱼、鸡、兔、牛肉，在营养学上有重要意义。

最近研究指出，低脂的动物性蛋白质能有效地改善一些危险因素。大豆蛋白由于对血浆胆固醇水平的显著降低作用而备受关注。进一步的研究已证明，在血浆脂类中度和重度升高的情况下，大豆蛋白降低血浆胆固醇的作用最为明显。此外，动物性和大豆蛋白食品还含有许多生物活性成分，可以提供除降低胆固醇以外的保护作用，因此可作为低饱和脂肪膳食的一部分，摄入量应在推荐的占总能量的 15% 水平或以上，可有效降低胆固醇水平及血压，有利于维持健康的体重。

（四）注意补充钾、钙和镁

中国膳食低钾、低钙，应增加含钾多、含钙高的食物，如绿叶菜、鲜奶、豆类制品等。

多摄入含镁多的食物，如香菇、菠菜、豆类及其制品和桂圆等。

（五）限制饮酒，多喝茶水

尽管有证据表明非常少量饮酒可减少冠心病发病的危险，但是饮酒和血压水平以及高血压患病率之间却呈线性关系，因此不提倡用少量饮酒预防冠心病，提倡高血压患者应戒酒，因饮酒可增加服用降压药物的抗性。建议男性如饮酒每日饮酒的酒精量应少于 20～30g，女性则应少于 10～15g。

（六）食入优质蛋白食物

大豆蛋白可以降低血浆胆固醇浓度，防止高血压的发生发展。每周进食 2～3 次鱼类、鸡类蛋白质，可改善血管弹性和通透性，增加尿钠的排出，从而起到降压的作用。

（七）限制精制糖的摄入

精制糖可以升高血脂，导致血压升高，且易出现合并症，因此应该限制摄入。提倡吃复合糖类，如淀粉、标准面粉、玉米、小麦、燕麦等植物纤维含量较多的食物，以促进肠道蠕动，有利于胆固醇的排泄。少进食葡萄糖、果糖和蔗糖，这类糖易引起血脂升高。

（八）多吃新鲜的瓜果蔬菜

新鲜的瓜果蔬菜富含维生素 C、胡萝卜素和膳食纤维等，有利于改善心肌功能和血液循环，还可促进胆固醇的排出，防止高血压的发展。

三、常见的降压食品

（一）大蒜

专家建议，高血压患者可在每天早晨空腹吃 1～2 个糖醋蒜头，有稳定的降压效果。

（二）芹菜

芹菜具有较好的降压效果。高血压患者可将芹菜洗净切碎绞汁，加入一些红糖用开水冲泡当茶饮，或取含降压物质较丰富的芹菜根煎水服用，有显著的降压作用。

（三）茼蒿

中医认为茼蒿具有良好的清血养心的功效，具有降压、补脑的作用。高血压患者，可取生茼蒿一把，洗净切碎捣烂挤出鲜汁，用温开水冲服，即可降压醒脑。

（四）番茄

番茄具有清热、解毒、降压等功效。高血压患者如果坚持每天吃 2 个番茄对防治高血压是大有好处的，其防治作用生吃比加工后效果更好。

（五）洋葱

洋葱含有能激活血溶纤维蛋白活性的成分，是高血压患者的上好食物。

（六）荠菜

荠菜具有较好的清热、解毒、平肝、降压的作用。常食用新鲜荠菜，对预防高血压发生也有一定的作用。

（七）西瓜

研究表明，西瓜的汁液几乎包括了人体所需要的各种营养成分，西瓜所含的糖、盐类和蛋白酶有治疗肾炎和降血压的作用。

（八）苹果

苹果含有多种维生素（如维生素 A、B 族维生素、维生素 C 等），并含有丰富的钾，能促进体内钠的排泄，因此，常吃苹果或饮苹果果汁，对高血压患者有益。

（九）山楂

现代医学认为，山楂对心血管系统的疾病有医疗作用，用于治疗高血压、冠心病、高脂血症等都获得了明显效果。

（十）香蕉

香蕉具有降压作用，高血压患者常吃有益。

第八节　营养与恶性肿瘤

恶性肿瘤，又称癌，是一类严重威胁人类健康和生命的疾病，其特征为异常细胞生长失控，并由原发部位向其他部位播散。这种播散如无法控制，将侵犯要害器官并引起功能衰竭，最后导致个体死亡。恶性肿瘤与心脑血管疾病和意外事故一起构成当今世界的三大死亡原因。

恶性肿瘤的发病原因目前尚不十分清楚，可能涉及遗传、免疫、营养、环境等多方面。并且不同种族、不同地区的人群肿瘤的发病率和发病部位有较大差异。尽管癌症的发生与很多因素有关，但目前比较公认的观点是约有 1/3 恶性肿瘤的发生与膳食构成不合理以及不良的饮食习惯等膳食营养因素密切相关。因此，研究营养与恶性肿瘤的关系在探讨恶性肿瘤的病因、找出恶性肿瘤防治措施方面占有极其重要的地位。

一、癌症的流行病学

据世界卫生组织介绍，20 世纪 80 年代，全世界癌症发病每年约 700 万人，癌症死亡每年约 500 万人。到 20 世纪 90 年代，全世界癌症发病每年约 1000 万人，每年死亡约 700 万人。癌症在全球的危害日趋严重。在 20 世纪 70 年代中期，我国卫生部全国肿瘤防治研究办公室组织全国癌症死亡回顾调查，当时癌症发病每年约 90 万人，癌症死亡每年约 70 万人。到 20 世纪 90 年代初期（1990～1992 年）据全国肿瘤防治研究办公室抽样调查，调查了 74 个城市，189 个县（占全国人口总数的 1/10），癌症发病全国每年约 160 万人，死亡每年约 130 万人。2000 年，全国癌症发病人数约 180 万～200 万人，死亡 140 万～150 万人。2015 年，国家癌症中心估计全国共新发癌症 392.9 万例，发病率为 285.83/10 万例，中标发病率为 190.64/10 万例，世标发病率为 186.39/10 万例。0～74 岁累积发病率为 21.44%。

癌症在欧美等发达国家中的危害程度约为发展中国家的 3 倍，从癌症好发部位看，肺、乳腺（女）、结肠和直肠、前列腺、膀胱、子宫体和胰腺等部位在发达国家中发病较多；胃、宫颈、口腔和咽部、食管、肝、淋巴、皮下、鼻腔和喉等部位，在发展中国家发病比发达国家多。

按照国际疾病分类统计，癌症共计 62 种，这 62 种癌症在我国居民中均有发生。我国癌症的发病和死亡大部分集中在几个主要部位，如胃、肝、肺、食管等。上述 4 个部位的癌症死亡率均大于十万分之一人口，4 个部位的癌症死亡数合计占全部癌症死亡人数的 75%。癌症死亡率大于十万分之一人口的部位还有子宫颈、直肠和结肠、乳腺、皮下、鼻腔、脑、子宫体、鼻咽、胰腺、骨和关节等。

二、食物中的致癌物质

膳食中摄入致癌物质是导致癌症发生的重要原因之一。食物中已发现的致癌物主要包括四大类，即 N-亚硝基化合物、黄曲霉毒素、多环芳烃类化合物及杂环胺类化合物。它们分布广泛，并且致癌性很强，能引起多种动物多种器官的肿瘤。一次大剂量或长期小剂量均可致癌。流行病学调查资料表明某些癌症高发可能和这四大类致癌物有关。

1. N-亚硝基化合物

N-亚硝基化合物主要存在于用亚硝酸盐腌制过的肉类食品当中。目前发现 N-亚硝基化合物与胃癌、食管癌、肝癌、结直肠癌及膀胱癌的发生有密切关系。

2. 黄曲霉毒素

黄曲霉毒素主要存在于霉变的粮油、花生及其制品中，是黄曲霉和寄生曲霉代谢产生的一类结构相似的化学物，是目前发现的致癌性最强的化学物质，可使动物诱发肝癌、胃癌、肾癌、直肠癌、乳腺癌及卵巢癌等。

3. 多环芳烃类化合物

多环芳烃类化合物主要存在于油炸和熏烤食品当中，是一类具有较强致癌作用的化学污染物，目前已鉴定出数百种，其中苯并芘是多环芳烃的典型代表。大量的研究资料表明，苯并芘对多种动物有肯定的致癌性。人群流行病学研究表明，苯并芘含量与胃癌等多种肿瘤的发生有一定关系。

4. 杂环胺类化合物

食品中的杂环胺类化合物主要产生于高温烹调加工过程，尤其是蛋白质含量丰富的鱼、肉类食品在高温烹调过程中更易产生。杂环胺类化合物对啮齿类动物具有不同程度的致癌性，其主要靶器官为肝脏，其次为血管、肠道、乳腺、皮肤及口腔等；有研究表明某些杂环胺对灵长类动物也有致癌性。

除了上述四类致癌物外，食品中还存在其他致癌物，如食物中残留的农药、某些食品添加剂等。

三、膳食营养与癌症

1. 能量与癌症

膳食能量的摄入与癌症发生有明显的相关性。一般认为能量摄入过多将使体重增加，从而增高了乳腺癌和子宫内膜癌发生的危险性。因此，能量密度高的食品可能会使癌症的发病率增加。

2. 脂肪与癌症

大量流行病学证据显示高脂肪膳食能显著增加结肠癌、直肠癌的发病率，其可能机制为脂肪摄入增加一方面会提高能量摄入，同时还可刺激胆汁分泌，从而可影响肠道微生物菌群组成，并刺激次级胆酸产生，最终可促进结肠癌的发生。也有研究结果发现乳腺癌的发生与脂肪酸组成有关，n-6 系列多不饱和脂肪酸摄入过多，有促进肿瘤发生的作用，而 n-3 系列多不饱和脂肪酸的摄入则可抑制癌变。另外脂肪的摄入量可能还与前列腺癌、膀胱癌、卵巢癌等的发生有关。

3. 蛋白质与癌症

据报道，食物中蛋白质含量较低，可促进人与动物肿瘤的发生。适当提高蛋白质摄入量或补充某些氨基酸可抑制动物肿瘤的发生。据国内外食管癌流行病学研究发现，食管癌高发区，一般土地较贫瘠，居民营养欠佳，蛋白质和能量的摄入量不足。营养不平衡、蛋白质和能量缺乏已被认为是食管癌的发病因素之一。也有研究表明高蛋白膳食可能增加妇女患乳腺癌的危险性，但目前证据尚不充足。

4. 糖类与肿瘤

据报道，糖类的摄入与妇女乳腺癌的死亡率直接相关，尤其摄入过多的精制糖，是乳腺癌发生率增加的因素之一。同时也有一些动物实验证明，高糖类或高血糖浓度可抑制化学致癌物对动物的致癌作用。但是，过量的糖类必然导致总能量摄入过多，而总能量过多又与肿瘤有明显的相关性。膳食纤维为非能源的多糖类物质，其摄入量与结肠癌、直肠癌的发病率呈明显的负相关性。

一些植物多糖如枸杞多糖、香菇多糖、黑木耳多糖等为生理活性物质，对抑癌、抗癌等具有很好的功效，能大大提高机体的免疫功能，是目前研究和开发的热点问题。

5. 维生素与肿瘤

维生素 A、维生素 E 和维生素 C 等有较强的抗氧化功能，能够抑制机体游离自由基的形成，保护细胞的正常分化，阻止上皮细胞过度增生角化，减少细胞癌变。同时，维生素 C 还可以阻断致癌物亚硝胺的合成，促进亚硝胺的分解。

6. 微量元素与肿瘤

某些微量元素对癌症的抑制作用是当今生命科学领域的重要研究课题。目前已知微量元素硒、碘、钼、锗、铁在膳食防癌中具有重要的作用。如硒可防止一系列化学致癌物诱发肿瘤的作用；碘可预防甲状腺癌；钼可抑制食管癌的发病率；缺铁常与食道和胃部肿瘤有关。

总之，癌的病因很复杂，营养成分与癌的关系也十分复杂。一些物质是致癌物，一些可能是促癌物，而另外一些却是抑癌物。因此，在兼顾营养需要和降低癌变危险性的前提下，控制或尽可能避免致癌物和促癌物的摄入量，充分发挥抑癌物的作用，平衡膳食结构，就有可能达到膳食抗癌的目的。

四、膳食中的致癌因素与作用机理

（一）黄曲霉毒素

黄曲霉毒素是黄曲霉（*Aspergillus flavus*）和寄生曲霉（*Aspergillus parasiticus*）产生的一类代谢产物，具有极强的毒性和致癌性。该毒素主要污染粮食和油料作物。黄曲霉毒素为二氢呋喃氧杂萘的衍生物，目前已分离鉴定出共有 20 余种，分为 B 系和 G 系两大类。凡二呋喃环末端有双键者毒性较强，且有致癌性，如 AFB_1、AFG_1 和 AFM_1。在天然污染的食品中以 AFB_1 最多见，其毒性和致癌性也最强，故在食品检测中以 AFB_1 作为污染指标。

1. 致癌性

（1）黄曲霉毒素对动物的致癌性　黄曲霉毒素可使鱼类、禽类、大鼠、猴等多种动物诱发实验性肝癌；不同动物的致癌剂量差别很大，其中大白鼠最为敏感。以 AFB_1 为例，其致癌强度比奶油黄大 900 倍，比二甲基亚硝胺高 75 倍，可使所有动物发生肝癌。因此，黄曲霉毒素是极强的化学致癌物质。它不仅主要致动物肝癌，也可致其他部位的肿瘤，如胃癌、肾癌、直肠癌及乳腺、卵巢、小肠等部位肿瘤。此外，黄曲霉毒素尚能在灵长类动物中诱发肝癌，但灵长类可能比大鼠对 AFB_1 的致癌性具有较强的抵抗力。

（2）黄曲霉毒素对人类的致癌性　从亚非国家和我国肝癌流行病学调查研究中发现，某地区人群膳食中黄曲霉毒素水平与原发性肝癌（primary hepatocellular carcinoma，PHC）的发生率呈正相关。如非洲撒哈拉沙漠以南的高温高湿地区黄曲霉毒素污染食品较为严重，肝癌的发病率较高。我国启东地区是肝癌高发区，研究表明，该地区肝癌患者血清中 AFB_1 和白蛋白加合物显著增加。车轶群等采用酶联免疫试剂盒分析 82 例肝癌患者、31 例肝炎患者和 51 名健康人血清中的 AFB-alb 加合物，结果表明，AFB-alb 加合物在肝癌患者血清中的水平高于健康人，AFB-alb 加合物高水平组的核磁共振成像显示脂肪变性比例高于低水平组。说明肝癌患者血清中的 AFB1-alb 加合物高暴露水平影响肝肾功能，AFB1-alb 加合物可能成为肝癌诊断的血清学潜在标志物。

2. 致癌作用机理

黄曲霉毒素由霉变食物进入体内后，经肝微粒体酶代谢，如脱甲基、羟化和环氧化反应，由前致癌物变成终致癌物。其致癌作用的可能机理包括：

（1）生物大分子加合物的形成　研究表明，AFB_1 经环氧化反应可产生一些二呋喃环末端含有双键的环氧化物，其可与生物大分子 DNA、RNA 以及蛋白质结合发挥毒性、致癌性和致突变效应。例如，活化 AFB_1 代谢产物在体外或体内能与 DNA 分子中鸟嘌呤的 N-7 位点结合形成加合物。AFB_1-DNA 加合物的形成不仅具有器官特异性和剂量依赖关系，而且与动物 AFB_1 致癌的敏感性密切相关。

（2）基因和抑癌基因的突变　活化 AFB 是一种强诱变剂，能使 AFB_1-N7-鸟嘌呤加合物脱落形成无鸟嘌呤位点，或鸟嘌呤的咪唑环打开形成甲酰嘧啶。有研究报道，在诱发的鼠肝癌模型中，ras12 密码子发生 GC-TA 颠换突变，导致癌基因的激活。此外，大量研究发现，黄曲霉毒素与抑癌基因 p53 的突变也密切相关。Puisieux 等用活化 AFB_1 处理含 p53 基因的质粒后，发现 AFB_1 能与 p53 基因的鸟嘌呤结合形成加合物，诱发 G-T 突变，且 249 密码子是一个突变热点。同年，Hsu 也发现 AFB_1 可能致人 p53 基因第 249 位密码子由 G 向 T 突变，导致精氨酸变为丝氨酸。部分突变型 p53 基因不但丢失了抑癌基因的功能，同时获得了类似癌基因的转化功能。

（二）亚硝基化合物

N-亚硝基化合物是一大类有致癌性的物质。人们已经研究的 300 多种亚硝基化合物，其中 90％具有致癌性。N-亚硝基化合物的前体物质为硝酸盐、亚硝酸盐和胺类，广泛存在于人类的生活环境中，其最大特点是前体物质进入人体后能在体内适宜条件下合成 N-亚硝基化合物。例如，腌制的蔬菜、鱼、肉等食品中硝酸盐和亚硝酸盐含量很高，有时亚硝酸盐的含量可高达 78.0mg/kg。此外，含氮的有机胺类化合物也广泛存在于动物性和植物性食品中，且胺类的前体物质是一些蛋白质、氨基酸和磷脂等天然食物成分。研究表明：亚硝胺除直接存在于一些腌制和烘烤的鱼、肉、蔬菜和啤酒等食品中，还可在体内通过胺类与亚硝基反应生成。鱼、肉等食品中的亚硝胺主要是吡咯烷亚硝胺和二甲基亚硝胺。

1. 致癌性

（1）N-亚硝基化合物对动物的致癌性　N-亚硝基化合物可通过呼吸道、消化道、皮下注射和皮肤等多种途径接触诱发肿瘤。一次大剂量或多次小剂量给药皆可诱发肿瘤，且有剂量效应关系。N-亚硝基化合物所诱发的肿瘤具有明显的器官亲和性，如某些亚硝胺化合物诱发肝癌，而某些亚硝胺则多诱发食管癌。这种器官亲和性与给药途径无关。总体而言，它可以诱发大鼠、小鼠及地鼠的所有器官及组织的肿瘤，而其诱发的肿瘤以肝癌、食管癌和胃癌为主，但也可诱发其他部位的肿瘤。除选用啮齿类动物进行致癌试验外，后来也曾用鱼类、鸟类、兔、猪、狗和猴等动物进行试验。最终得出结论：所有受试动物没有一种对亚硝基化合物的致癌性有抵抗力；同一化合物在不同动物体内可能诱发不同的肿瘤；此外，亚硝基化合物可通过实验动物的胎盘而使子代受损伤，并能通过乳汁使子代患肿瘤。

（2）N-亚硝基化合物对人类的致癌性　尽管目前对 N-亚硝基化合物是否对人类有致病性尚无定论，但对某些地区与国家的流行病学资料的分析表明，人类的某些癌症可能与之有关。智利胃癌高发可能与大量使用硝酸盐肥料，从而造成土壤中硝酸盐和亚硝酸盐含量过高有关。日本人爱吃咸鱼和咸菜使其胃癌高发，前者胺类特别是仲胺与叔胺含量较高，后者亚硝酸盐和硝酸盐的含量也较多，有利于亚硝胺的合成。我国林州食管癌高发，也被认为与当地食品中亚硝胺的检出率高有关。

2. 致癌机理

亚硝胺不属于终末致癌物，须经体内代谢活化才具有致癌性；而亚硝酰胺则是终末致癌物，无须体内活化就有致癌作用。这两类物质的致癌作用机理并不完全相同，分别讲述如下：

（1）亚硝胺的致癌作用机理　亚硝胺是较稳定的化合物，对器官和组织的细胞并没有直接的致突变作用。但是，在亚硝胺化合物中，与氨氮相连的 α-碳原子上的氢受到肝微粒体 P450 的作用，被氧化而形成羟基，该化合物不稳定，可进一步分解和异构化，生成烷基偶氮羟基化物，此化合物为高活性的致癌剂。因此，一些重要的亚硝胺，如二甲基亚硝胺和吡咯烷亚硝胺等，用于动物注射做诱癌实验，并不在注射部位引起肿瘤，而是经体内代谢活化引起肝脏等器官的肿瘤。

（2）亚硝酰胺的致癌作用机理　亚硝酰胺类化合物，如甲基亚硝基脲、甲基亚硝基脲烷和甲基亚硝基胍等是不稳定的化合物，在生理条件下，能与组织中的水反应发生水解作用，生成烷基偶氮羟基化物。因此，亚硝酰胺的致癌靶器官就不一定是代谢活化的器官（如肝脏）。由于亚硝酰胺类化合物不须经代谢活化就可在体内接触部位水解为活性物，因此，对于胃癌病因的研究是很重要的。

（三）多环芳烃族化合物

多环芳烃族化合物（polycyclic aromatic compounds）是食品化学污染物质中一类具有诱癌作用的化合物，它包括多环芳烃（polycyclic aromatic hydrocarbons，PAHs）与杂环胺（heterocylic amines，HCAs）等。

1. 多环芳烃

多环芳烃是指分子中含有两个或两个以上苯环的化合物。根据苯环的连接方式分为联苯类、多苯代脂肪烃和稠环芳香烃三类。多环芳烃是一类惰性较强的碳氢化合物，因此能广泛存在，如大气、水、土壤、香烟和食物等中均有分布。多环芳烃主要来源于各种有机物的不完全燃烧。食品主要通过以下几个途径被多环芳烃污染：①食品在烘烤或熏制时直接受到污染；②在烹调加工时食品成分经高温裂解或热聚所形成，这是食品中多环芳烃的主要来源；③植物性食品可吸收土壤及水中污染的多环芳烃，还可受到大气飘尘的直接污染；④食品加工中受机油、食品包装材料等的污染，或在柏油路上晾粮食使粮食受到污染；⑤污染的水可使水产品受到污染；⑥植物和微生物可合成微量的多环芳烃。目前已发现的多环芳烃类化合物有数百种，其中某些多环芳烃属于最强的致癌物质，然而，人们对苯并[a]芘研究得最早，报道的也最多，所以在此就以苯并[a]芘为例叙述其致癌性和致癌作用机理。

苯并[a]芘为 5 个苯环构成的多环芳烃。食品中苯并[a]芘由于生产加工、烹调方法、距离污染源的远近、生产地区及食品品种等的差异其含量相差很大。有研究表明：一般烤肉、烤香肠内苯并[a]芘含量为 $0.17\sim0.68\mu g/kg$，而炭火烤的肉可达 $2.6\sim11.2\mu g/kg$。

（1）致癌性　苯并[a]芘对各种动物均有致癌性。经口给予小鼠一次 0.2mg 即可以诱发前胃肿瘤，并有剂量反应关系。大鼠一次经口给予 100mg 苯并[a]芘，9 只动物中有 8 只发生乳腺瘤。每天经口给予 2.5mg 可诱发食管及前胃乳头状瘤。此外，苯并[a]芘还可以使地鼠、豚鼠、兔、鸭及猴等多种动物发生肿瘤，并可经胎盘使子代发生肿瘤，使胚胎死亡，使仔鼠免疫功能下降。苯并[a]芘对人类的致癌性流行病学调查表明，食品中苯并[a]芘含量与癌症发病率有关。匈牙利西部一地区胃癌明显高发，调查认为与此地区居民经常吃家庭自制含苯并[a]芘较高的熏肉有关。冰岛是胃癌高发国家，可能与食用熏制品有关，其中含有较多的苯并[a]芘。

（2）致癌机理　苯并[a]芘在体内通过混合功能氧化酶系中的芳烃羟化酶（aryl hydrocarbon hydroxylase，AHH）作用，代谢活化为多环芳烃环氧化物，与 DNA、RNA 和蛋白质大分子结合而呈现致癌作用，成为终致癌物。研究表明，苯并[a]芘终致癌物主要与 DNA 键上的鸟嘌呤-2-氨基相结合，结合后发生基因突变，从而促进癌症的发生。

2. 杂环胺

1977 年，Sugimurrra 从食物中首次分离出杂环胺，并检测出其致突变性，相当于迄今用 Ames 实验检测到的最有致突变性的毒物水平，远远大于多环芳烃所产生的致突变性。杂环胺作为一类从烹调食品的碱性部分中提取的主要成分，属于带杂环的伯胺，其可分为氨基咪唑氮杂芳烃（amino imidazo azaarenes，ALAs）和氨基咔啉两类。ALAs 包括喹啉类（quinolines，IQ）、喹噁啉类（quinoxaline，IQx）和吡啶类。ALAs 类基团所带的咪唑环 α-位上有一氨基，在体内转化为 N-羟基化合物而具有致癌性和致突变性。氨基咔啉类又包括 α-咔啉（carboline，AaC）、6-咔啉和 7-咔啉。

（1）致癌性

① 杂环胺对动物的致癌性。杂环胺对啮齿类动物均具有不同程度的致癌性。除 2-氨基-1-甲基-6-苯基-咪唑[4,5-b]吡啶（2-amino-1-methyl-6-phenylimidazo[4,5-b]pyridin，简称 PhIP）外，杂环胺致癌的靶器官为肝脏，所用的剂量均接近最大耐受量。谷胺的热解产物（G1u-p-1、Glu-p-2、AaC 和 MeAdC）可诱导小鼠肩胛间及腹腔中褐色脂肪组织的血管内皮肉瘤。G1u-p-1、G1u-p-2、IQ、8-甲基咪喹啉（methylimida-zoquinoline，8-MeIQx）和 PhIP 可诱导大鼠结肠癌。最近发现喹啉类对灵长类也具有致癌性。

② 杂环胺对人类的致癌性。流行病学研究表明，当人们摄入相对大量的过熟肉类时，患结肠直肠癌的风险显著升高，患结肠癌的风险增加 2.8 倍，直肠癌为 6 倍，而 HCAs 为存在于烤、熏肉中的主要基因毒化合物。另有研究表明，人食用烹调的肉类食品后，尿中可以检测到 HCAs 及其代谢产物，提示人们通过日常饮食摄入了这种致癌物。最近有学者在人结肠组织中也发现了 PhIP-DNA 加合物，说明 PhIP 与人类结肠癌病因可能有密切的关系。

（2）致癌机理　HCAs 进入人体后，主要在 P450 细胞色素氧化酶的作用下，发生 N-氧化和 O-乙酰化反应生成 DNA 加合物，产生致突变和致癌作用。例如，一些杂环胺如 IQ、8-MeIQx、Glu-p-1、Glu-p-2 和 PhIP 的 N-羟基代谢产物可直接与 DNA 结合，但反应性较低。N-羟基衍生物与乙酸酐或乙烯酮在原位反应生成 N-乙酰氧基酯后与 DNA 结合能力显著增加。攻击 DNA 亲电子的反应物可能是 N—O 链位断裂后形成的芳基正氮离子，DNA 加合物形成的遗传后果是基因突变，细胞中癌基因的活化和肿瘤抑制基因的失活可能是癌发生的原因。

五、膳食中抑癌因素及作用机理

长期研究表明，癌症是可以预防的，而且合理膳食结构对癌症的预防有着积极的意义。许多食物和饮料中都含有抗癌营养素和化学物，这些物质可以降低致癌物的作用，同时也可以在促癌阶段将受损细胞恢复成正常细胞。

目前已知的具有抗癌功效的食物约有 500 余种，其中常见的有 100 余种，包括豆类、新鲜的黄绿色蔬菜和水果、茶叶、食用真菌类等植物性食物。除前面章节所提到的抗癌营养素（如类胡萝卜素、维生素 C、维生素 E 和硒等）外，本节主要介绍食物中一些其他的天然防癌生物活性物质，又称为植物化学物（phytochemicals），根据化学结构可分为有机硫化物类、多酚类、萜类（terpenoids）、类黄酮（flavonoids）及异黄酮类（isoflavone）和类胡萝卜素类（carotenoids）等。

（一）有机硫化物

植物中的有机硫化物主要包括异硫氰酸盐（isothiocyanates）、二硫醇硫酮和葱属蔬菜中的含硫化合物，均广泛存在于十字花科蔬菜（主要是大蒜、大葱、韭菜、芥菜等）中。动物实验证明，异硫氰酸盐能阻断Ⅱ相代谢酶而减少大鼠肺癌、乳腺癌、食管癌、肝癌、肠癌和膀胱癌的发生。在人群流行病学研究中，大蒜防癌的报道最多，如对我国山东省 564 名胃病患者与 1131 名对照进行分析，表明食蒜、大葱、韭菜多者胃癌发生较少。大蒜中主要活性物质是二烯丙基硫化物和三烯丙基硫化物。在大蒜精油中二烯丙基硫化物占 60%，除具有预防胃癌和结肠癌作用外，还能降低宫颈癌、乳腺癌的发生。含有机硫化合物较多的食物有卷心菜、甘蓝、西蓝花、花椰菜等。

（二）多酚化合物

可食植物中多酚类化合物主要包括酚酸（phenolic acid）、木酚素、香豆素和单宁等。多酚类化合物是一类抗氧化剂，可以影响多种酶的活性，清除自由基，有抗氧化、抗诱变发生的作用。许多酚类化合物存在于大蒜、黄豆、绿茶、甘草、亚麻籽中。

现以茶为例来阐述多酚化合物与抑癌的关系。茶是我国传统的饮料，目前已成为世界三大饮料（茶叶、咖啡和可可）之首。现已知茶叶的主要化学成分是茶多酚，约占茶叶干重的 20%~35%，由 30 多种酚类物质组成。动物实验研究表明，茶叶尤其是绿茶对实验性肿瘤具有一定的化学预防作用。大量流行病学研究表明，绿茶能够降低消化道癌、乳腺癌和泌尿道癌的发生。例如，张雪等人（2022）认为绿茶中的天然提取物茶黄素类能够促进肿瘤细胞凋亡、诱导肿瘤细胞有丝分裂阻滞和调节肿瘤的免疫过程，并概述了茶黄素通过 MAPK、PI3K/AKT、Hedgehog、NF-κB、JAK/STAT 及 Wnt/β-Catenin 等信号通路抑制肿瘤发生和生长的机制。

（三）萜类化合物

食物中萜类化合物主要包括柠檬烯（limonene）和皂角苷（saponin），胆固醇、胡萝卜素、维生素 A、维生素 E 等也属于萜类化合物。这类化合物能够诱导人体内的代谢酶，阻断致癌物的作用，抑制癌细胞的生长和分化。动物实验表明萜类化合物能够使大鼠乳腺癌细胞生长数目减少、癌肿消退。黄豆皂角苷和甘草皂角苷具有清除自由基、抗病毒和抑癌的作用。柠檬烯主要存在于大蒜、柑橘、食物调料、香料、精油和葡萄酒中。

（四）类黄酮及异黄酮类化合物

类黄酮及异黄酮类化合物是一类抗氧化剂，可以阻断致癌物到达细胞，抑制细胞的癌变。这类物质广泛存在于大豆、蔬菜、水果、葡萄酒和绿茶中。在此以大豆为例来说明类黄酮及异黄酮类化合物与癌症的关系。近期流行病学研究表明，大豆摄入量与乳腺癌、胰腺癌、结肠癌、肺癌和胃癌等许多癌症的发病率呈负相关。动物实验和人体癌细胞组织培养研究结果已经证明，大豆中天然存在的异黄酮、染料木黄酮和黄豆苷元等化合物具有防御作用。大豆中异黄酮的含量很高，这种较弱的植物雌激素能抑制雌激素促癌作用及其他与激素不相关的癌症发生。染料木黄酮的抗癌机制可能包括：①抑制酪蛋白激酶；②抑制血管瘤的生成；③抗氧化作用；④竞争结合到雌激素的受体部位。有研究表明，有素食习惯且多吃大豆的人群，肿瘤发病率低。

（五）类胡萝卜素

目前发现，番茄红素（lycopene）是类胡萝卜素中最有效的一种单线态氧淬灭剂。近年来流行病学调查研究显示，富含番茄红素的蔬菜摄入量与癌症发生率呈负相关。摄入番茄红素能够降低人群中肺癌、乳腺癌、宫颈癌、胃癌、前列腺癌的发生率。美国哈佛大学的一项长达九年的调查研究表明，经常食用番茄的男性（每周 7～10 次）前列腺癌的发病率可下降43%，而胰腺癌、膀胱癌患者血中番茄红素含量很低。番茄红素的抗癌、防癌机制是其强大的抗氧化活性可以消灭促使癌细胞生成的自由基，可防止癌细胞的增殖，避免氧化损伤正常的细胞。

上述几类植物化学物存在相互渗透的抗癌作用机制，包括诱导解毒酶、提高抗氧化防卫能力、阻断自由基反应、提高免疫力、抑制突变作用、抑制致癌物的合成、提供抗癌物质形成的底物、稀释与结合消化道的致癌物以及改变激素的代谢等。除此之外，特殊食物中还存在一些其他的抗癌成分，例如，山药中含有锌、锰、钴、铬等元素，具有促进干扰素生成和增加 T 淋巴细胞数的作用。香菇中含有葡萄糖苷酶，具有杀死癌细胞的作用。黑木耳中含有一种多糖体，具有良好的抗癌活性。银耳中含有抗肿瘤多糖，能促进机体淋巴细胞的转化，提高免疫功能，抑制癌细胞扩散。金针菇中含有的朴菇素能有效地抑制肿瘤细胞的生长。

六、癌症的饮食预防

1. 食物多样化

选用平衡的膳食结构，选择粗加工、富含淀粉的主食，以营养适宜的植物性食物为主。适当增加蛋白质和钙，多饮牛奶和豆浆，多食菌藻类食物。红肉（指牛肉、羊肉、猪肉及其制品）的摄入量应低于总能量的 10%，每日应少于 80g，最好选择鱼、禽类或非家养动物的肉类为好。减少脂肪的摄入量，尤其要限制动物脂肪摄入，使其占总能量的 20%～25%。植物油也要限量，注意多不饱和脂肪酸、单不饱和脂肪酸与饱和脂肪酸的适当比例。

2. 多吃蔬菜和水果

蔬菜和水果中含有很多的天然抗癌物质，如膳食纤维、维生素 C、维生素 A 的前体物胡萝卜素、硒、钼等。每日可摄入新鲜蔬菜 400～800g，特别应注意摄入富含维生素 A 原的深色蔬菜和富含维生素 C 的水果。

3. 经常食用大豆

大豆中含有很多的抗癌成分，如膳食纤维、叶酸、异黄酮、染料木黄酮、黄豆苷元、蛋白酶抑制剂与植酸等。多数流行病学研究表明，多摄入大豆可降低乳腺癌、胃癌、膀胱癌、直肠癌等癌症发生的危险。

4. 多喝茶

茶叶尤其是绿茶，对实验性肿瘤具有一定的化学预防作用，可能的抑癌成分有茶多酚、维生素 C、维生素 E、胡萝卜素和硒等，抑癌机理与提高机体抗氧化能力等有关。

5.限制甜食、盐及酒精饮料的摄入

限制甜食的摄入，其提供的能量应控制在总摄入能量的 10％以下。多盐可诱发胃癌发生，与食盐可刺激胃黏膜层发生退行性变化，提高胃对致癌物的敏感性有关，所以要限制食盐摄入，成人每天不要超过 6g。酗酒也是引起一些癌症的危险因素，尤其是可引起直接接触部位癌（如口腔和咽喉癌）。酒精还可与黄曲霉毒素 B1 协同致癌，可能的机理是酒精可增加自由基的产生以及酒精转变成乙醛以后抑制 DNA 修复酶等，因此要少饮酒，尤其反对过度饮酒。如果要饮酒男性应限制在 2 杯，女性在 1 杯以内，孕妇、儿童及青少年不应饮酒。

6.合理烹调加工

一些加工工艺和方法会导致致癌物的产生。如在高温环境下的热分解产物，富含脂肪和糖的食物热解可产生多环芳烃类化合物，富含蛋白质的食物（如肉、鱼等）会热解产生杂环胺类物质。动物实验表明，这些物质可引起肿瘤，包括结肠癌和乳腺癌。腌制食物时，如咸肉等可产生亚硝胺类致癌剂，可诱导胃癌、食管癌和肝癌。所以，对食品要进行合理的烹调加工，在吃肉和鱼时用较低的温度烹调，不要食用烧焦的肉和鱼。尽量少吃油炸、烟熏、腌制食品。

第九节　营养与免疫

免疫功能是机体在进化过程中获得的"识别与排斥"的一种重要功能。免疫系统对保持机体正常生理功能具有重要意义。人体的免疫功能俗称抵抗力，是人体保护自身健康的防线，包括皮肤与黏膜，血液中白细胞（巨噬细胞、中性粒细胞等）对病原微生物的吞噬作用，肝脾等中的网状内皮细胞的吞噬消化作用，人体病原体进入血清中产生的抗体或免疫细胞（T 淋巴细胞、B 淋巴细胞等）的增殖、活化，以及免疫功能的发挥等。

机体的营养状况与免疫功能的强弱密切相关，这直接导致了营养学新的分支——营养与免疫学（Nutrition and Immunology）的诞生。以门克尔（Mepkel）发现营养不良导致胸腺萎缩为标志，营养与免疫这一分支诞生于 1810 年。在随后的 100 多年里，该领域的研究取得了许多进展，但直到 20 世纪 70 年代，随着分子生物学、细胞生物学和免疫学本身的迅猛发展，营养与免疫学才真正进入迅速发展的黄金时代，营养与免疫间的相互关系也更加受到人们的重视。

营养与免疫学是营养学和免疫学交叉的一个新兴领域，主要研究营养物质对机体免疫系统发育与免疫功能的影响及其相互作用的机制。众所周知，营养物质既是机体生长发育的物质基础，也是免疫系统发挥正常功能的物质基础。只有摄入足够而合理的营养物质，并且得到机体的有效利用，才能为免疫器官、免疫细胞的正常活动和各种免疫分子作用的发挥提供足够的能量和结构组分，也就是说机体只有具备良好的营养条件，才能使免疫功能得到充分发挥；反之，只有免疫系统功能保持正常，才能使机体免于外源性或内源性致病因素的攻击，保障机体对营养物质充分摄取和利用，保持机体良好的营养状况。营养和免疫系统之间这种互为因果、互为利用的关系，为营养与免疫的深入研究提供了广阔的舞台和诱人的前景。

一、免疫系统概述

免疫系统通过免疫器官（immune organ）、免疫细胞（immune cell）和免疫分子（immune molecule）三部分发挥免疫功能。免疫器官又包括中枢和周围免疫器官两部分；免疫细胞是指参与免疫应答及与免疫应答相关的所有细胞；免疫分子包括免疫细胞产生的各种抗体、补体和细胞因子等。

（一）免疫器官

中枢免疫器官（central immune organ）是各类免疫细胞发生、分化和成熟的场所，在人类和哺乳类动物中包括胸腺和骨髓，在鸟类中还包括腔上囊。骨髓是淋巴细胞产生、分化和成熟的主要器官，骨髓中的造血干细胞首先分化为髓样干细胞和淋巴干细胞，前者进一步分化成红细胞系、单核细胞系、粒细胞系和巨核细胞系；后者则发育为各种淋巴细胞的前体细胞。淋巴细胞的前体细胞部分随血液进入胸腺，发育为胸腺依赖性淋巴细胞（thymus dependent lymphocyte），简称 T 细胞；另一部分前体细胞，在人和哺乳类动物中，仍在骨髓内继续发育成熟为骨髓依赖性或髓样来源的淋巴细胞（bone marrow-dependent lymphocyte），但在鸟类则进入腔上囊发育成熟为囊依赖性淋巴细胞（bursa dependent lymphocyte），简称 B 细胞。另有第三类淋巴细胞即自然杀伤细胞（natural killer cell，NK 细胞），也在骨髓中分化成熟。

胸腺是 T 细胞分化和成熟的场所，并输出成熟的 T 细胞，分布到周围免疫器官的胸腺依赖区，参与细胞免疫功能。胸腺还产生大量肽类胸腺激素，如胸腺血清因子、胸腺素、胸腺生成素和胸腺体液因子等，这些激素可使前 T 细胞分化为成熟的 T 细胞，对外周成熟 T 细胞也有一定作用，可增强或调节其功能。

周围免疫器官（peripheral immune organ）包括淋巴结、脾和其他淋巴组织，是淋巴细胞和其他免疫细胞定居、增殖以及产生免疫应答的场所，脾脏是人体最大的免疫器官。

（二）免疫细胞

凡参与免疫应答或与免疫应答相关的细胞均可称为免疫细胞（immunocyte），包括各种淋巴细胞、单核吞噬细胞等抗原递呈细胞和粒细胞等炎症反应细胞。淋巴细胞又包括 T 淋巴细胞和 B 淋巴细胞。

1. T 淋巴细胞

T 细胞在特异性免疫应答中起关键作用，不仅负责细胞免疫，对 B 细胞参与的体液免疫也起辅助和调节作用。随着淋巴细胞的发育和分化程度不同，细胞表面表达的分化群抗原（cluster of differentiation antigen，CDAg）也不同。根据 T 细胞表面 CD 分子不同，T 细胞分为以下不同的亚群：①CD4$^+$T 细胞包括辅助性 T 细胞（Th 细胞）和迟发型超敏反应性 T 细胞（Td 细胞）。Th 细胞能协助 B 细胞产生抗体，也能协助其他 T 细胞的分化成熟。②CD8$^+$T 细胞，分为细胞毒性 T 细胞（Tc 细胞）和抑制性 T 细胞（Ts 细胞），Ts 细胞具有特异性溶解靶细胞的作用，Ts 细胞能抑制 B 细胞产生抗体和抑制其他 T 细胞的分化和增殖。

2.B淋巴细胞

B细胞主要产生抗体并负责体液免疫，对T细胞的功能也有重要促进作用，能将处理的抗原递呈给T细胞，使T细胞活化并产生细胞因子。B细胞可分为B-1和B-2两个亚群。

3.自然杀伤细胞

是第三类淋巴细胞，其表面缺少T细胞和B细胞的特异性标志物，不依赖于抗原刺激，能自发地溶解多种肿瘤细胞和被病毒感染的细胞，主要存在于外周血和脾脏中，在人外周血中占淋巴细胞的5%~10%。

4.抗原递呈细胞

抗原递呈细胞（antigen presenting cell，APC）包括单核细胞、巨噬细胞和树突细胞。血液中的单核细胞和组织中的巨噬细胞统称为单核吞噬细胞系统，具有吞噬和杀伤作用以及抗原递呈作用，并可合成和分泌各种活性因子。其中巨噬细胞能合成和分泌的生物活性物质有50种以上，如多种蛋白水解酶和多种补体成分。在免疫应答过程中，巨噬细胞释放的活性因子主要有白介素-1（interleukin-1，IL-1）、免疫反应性纤维结合素、肿瘤坏死因子（tumor necrosis factor，TNF）和前列腺素（prostaglandin，PG）等，可以发挥免疫调节和免疫效应作用。另外，巨噬细胞在细胞介导的免疫应答所引起的炎症反应中也起重要作用。

（三）免疫分子

免疫分子主要包括各种抗体、补体和细胞因子。

1.抗体

定居于外周淋巴器官内的B细胞在抗原刺激下转化为浆细胞，产生大量能与相应抗原发生特异性结合的免疫球蛋白（immunoglobulin，Ig），这类免疫球蛋白称为抗体（antibody）。抗体是机体免疫应答的重要产物，主要存在于血清及其他体液或外分泌液中，本质是免疫球蛋白。免疫球蛋白可以分为IgM、IgG、IgA、IgD、IgE五类，其中IgG和IgM浓度相对较高，有强大的抗原结合能力。IgG是主要的抗感染抗体，具有抗菌、抗病毒、中和毒素及免疫调节作用；IgM分子量大，不易透出血管，故对防止菌血症、败血症的发生具有极大的作用；IgA在局部黏膜免疫中具有特定作用；IgE有高度亲细胞性，对肥大细胞及嗜碱性细胞具有高度亲和性，是参与I型超敏反应的重要抗体；IgD与B细胞分化或耐受性的形成相关。

2.补体

补体（complement，C）是存在于正常人或动物血清中的一组与免疫相关并具有酶活性的糖蛋白，能协助和补充特异性抗体介导的免疫溶菌、溶血作用，可溶解靶细胞、介导吞噬、清除免疫复合物、中和及溶解病毒，也可介导炎症反应，导致组织损伤。补体系统（complement system）是由近40种可溶性蛋白和膜结合蛋白组成的多分子系统，包括直接参与补体激活的各种补体固有成分（C1~C9、P因子、B因子、D因子）、调控补体激活的各种灭活因子和抑制因子（C1抑制剂、C4结合蛋白、H因子、I因子等）及分布于多种细胞表面的补体受体。在正常生理情况下，多数补体成分以非活化形式存在，当抗原抗体结合为抗原抗体复合物后，可通过经典或替代激活途径激活补体系统，引起补体的级联反应，产生多种生物活性物质，引起一系列生物学效应。

3.细胞因子

细胞因子（cytokine）是构成免疫系统的重要介质之一，主要由活化的免疫细胞和某些基质细胞分泌的具有高活性、多功能的小分子蛋白质组成。细胞因子可分为淋巴细胞分泌的淋巴因子（lymphokine）、单核巨噬细胞分泌的单核因子（monokine）以及其他细胞分泌的因子。细胞因子作为免疫系统中细胞间相互作用的信号分子，与细胞膜上受体结合后发挥多种生物效应，在免疫应答、免疫调节和炎症反应中起重要作用。参与免疫反应的细胞因子主要有干扰素（interferon，IFN）、IL、集落刺激因子（colony stimulating factor，CSF）和肿瘤坏死因子（tumor necrosis factor，TNF）四类。

二、营养素与免疫

营养素对免疫系统具有广泛的调节作用，摄入充足而合理的营养素对免疫反应和抗病能力具有显著的正向调节作用，而营养不良或过剩，会导致免疫功能下降，增加对疾病的易感性。

（一）蛋白质及氨基酸与免疫

蛋白质（protein）及组成蛋白质的20余种氨基酸（amino acid，AA）是构成免疫系统的物质基础，与免疫系统的组织发生、器官发育及正常免疫功能的维持有着极为密切的关系。当人体摄入蛋白质的量不足或质量低劣，如消化吸收率太低，或者一种或多种氨基酸（特别是必需氨基酸）不足、过剩或氨基酸组分不平衡，都会造成机体蛋白质缺乏或过剩，影响免疫系统的功能。尤其是儿童蛋白质摄入不足往往同时伴有能量摄入不足，易造成蛋白质和能量营养不良（protein-energy malnutrition，PEM），将严重影响患儿免疫器官的发育和正常免疫功能的发挥，降低其抵抗力，表现为反复感染且不易治愈，甚至死亡。

1.蛋白质与免疫

蛋白质对免疫系统的发育具有促进作用。研究表明，摄入足量的蛋白质能明显增强细胞免疫和体液免疫的功能。蛋白质对细胞免疫的影响表现为促进淋巴细胞的增殖、分化，增强迟发性过敏反应，抑制肿瘤生长和脾的增大。相反，蛋白质摄入不足，对于成年人来说，可使T淋巴细胞尤其是Th细胞数量减少，外周血中T细胞绝对数也减少；还可使淋巴细胞对植物凝集素（phytohemagglutinin，PHA）、伴刀豆球蛋白A（concanavalin A，con A）和同系抗原刺激的增殖反应减弱，对二硝基氯苯皮肤迟发超敏反应下降，使T细胞分泌淋巴因子能力降低。特别是对于中老年人，由于细胞免疫功能的减弱，导致其对自体变性或突变细胞的监视功能和吞噬功能下降，容易导致感染或发生肿瘤。对于生长发育阶段的人群来说，蛋白质对胸腺及外周淋巴器官的正常结构有着明显的影响。尸检证明，4月龄至4岁蛋白质和能量营养不良的儿童，胸腺和脾明显萎缩，其中胸腺质量约为正常者的1/3，脾质量为2/3～1/2；胸腺的典型改变是皮质与髓质的界限模糊，生发中心缩小，淋巴细胞数减少，组织纤维化严重；脾脏的改变包括生发中心活性降低，淋巴小结减少，淋巴细胞数量也减少。

另外，补充足量的蛋白质对严重外伤、感染和消耗性疾病的患者尤为重要。由于这些患者在蛋白质和氨基酸消耗增多的同时，往往伴有消化吸收功能不良，可被机体利用的蛋白质数量不足，将导致负氮平衡（negative nitrogen balance），形成低蛋白血症

（hypoproteinemia），氨基酸总浓度、芳香氨基酸和支链氨基酸比值（aromatic amino acids / branched chain amino acids，AAA/BCAA）降低，从而使患者的免疫功能下降。如严重颅脑损伤的患者，负氮平衡可持续 2～3 周，体重下降达 20%，伤后 12d 内血清转铁蛋白、前白蛋白和纤维层粘连蛋白始终低于正常值，蛋白质合成严重不足，造成机体免疫功能（特别是细胞免疫功能）低下，表现为血液 T 细胞总数降低，$CD8^+$、$CD4^+$ 和 $CD8^+/CD4^+$ 亚群 T 细胞数量明显降低，进而可能导致该类患者感染发生率较高。因此，对颅脑损伤、烧伤或感染患者，应尽早改善其营养状况，纠正负氮平衡，以提高机体免疫和抗感染的能力。

2. 氨基酸与免疫

当机体摄入的某种必需氨基酸不足或比例不合适时，将导致机体对蛋白质的生物利用率下降，同样不能合成充足的免疫系统所需的蛋白质，从而导致免疫功能低下。另外，细胞快速分裂不但依赖蛋白质的合成，还依赖 DNA 和 RNA 的合成，一些氨基酸（如天冬氨酸）是核苷合成的重要前体物，因此某些氨基酸缺乏引起的核苷供应不足，可间接降低 DNA 和 RNA 的合成率，影响正常免疫功能的发挥。下面介绍几种研究较多的氨基酸对免疫系统的影响。

（1）蛋氨酸（Met）、赖氨酸（Lys）和色氨酸（Trp）与免疫 若以植物性食物为主时，容易导致这 3 种氨基酸的缺乏，影响蛋白质的合成，进而影响免疫系统的功能，表现为生长发育受阻，淋巴器官萎缩退化，机体免疫力低下。试验表明，蛋氨酸缺乏，会使大鼠胸腺和脾脏萎缩退化，血液 T 细胞数量减少，肠道淋巴组织严重耗竭，抗体滴度和抗体对绵羊红细胞的反应能力下降；而提高饲料中蛋氨酸浓度，上述症状得到改善的同时，机体对细菌和病毒的抵抗力明显增强。

（2）苏氨酸和色氨酸与免疫 苏氨酸（Thr）是免疫球蛋白分子中的一种主要氨基酸，它的缺乏会降低免疫球蛋白的水平，抑制 T 细胞、B 细胞的产生，从而影响免疫功能。试验结果表明，仔鸡获得最大免疫反应所需的苏氨酸量与最大生长需要量一致。苏氨酸（Trp）缺乏不影响细胞免疫功能，但可使 IgM 和 IgG 水平下降，从而降低体液免疫功能。

（3）支链氨基酸与免疫 支链氨基酸（branched chain amino acid，BCAA）包括亮氨酸、异亮氨酸和缬氨酸。试验证明，适当提高食物中 BCAA 的供给量，能促进蛋白质合成并增强免疫功能。如对创伤大鼠提高 BCAA 的供给量，血浆抗体浓度虽无明显变化，但 T 细胞转化率增高，细胞免疫力增强，可促进创伤愈合，降低伤口感染率。BCAA 与谷氨酰胺合用则能起到协同作用。

（4）精氨酸（Arg）与免疫 Arg 在体内可转化为其他氨基酸，并参与胸腺素合成，可促进吞噬肽及某些蛋白质的合成，具有显著的免疫刺激特性。体内和体外试验表明，Arg 对免疫系统具有正向调节作用，除维持正常免疫系统功能外，还能显著增强免疫减弱者和老年人的免疫力，是疾病或外伤后治疗方法的辅助剂。试验表明，Arg 有可能作为老年人和免疫功能低下者的辅助治疗佐剂。此外，Arg 对肿瘤、烧伤、脓毒血症以及糖尿病患者的免疫功能也有积极促进作用。

研究表明，精氨酸对免疫系统作用的机制主要与精氨酸在代谢过程中产生的一氧化氮（NO）有关。精氨酸在一氧化氮合酶（nitricoxide synthase，NOS）的作用下产生瓜氨酸和 NO，NO 是一种重要的生物信号分子，具有广泛的生物活性。

（5）谷氨酰胺与免疫 谷氨酰胺（glutamine，Gln）是一种条件必需氨基酸，为快速分裂的细胞提供能量，还能为合成嘌呤提供氨源，进而可为细胞分裂提供生物活性分子的前体物质，如嘧啶、嘌呤、核酸等。Gln 是供给淋巴细胞和吞噬细胞的主要能源物质之一，对维持免疫细胞如淋巴细胞和胸腺细胞等的正常功能、提高机体免疫力具有重要作用。

（二）脂肪酸的免疫调节作用

适量摄入单不饱和脂肪酸和多不饱和脂肪酸对降低血清胆固醇和 LDL 具有良好的作用，从而可降低心血管疾病的发生，在防治冠心病、延缓动脉粥样硬化方面有特殊的临床意义和实用价值。

1. 多不饱和脂肪酸与免疫

实验证明，多不饱和脂肪酸（polyunsaturated fatty acid，PUFAs）与正常的免疫反应密切相关，膳食缺乏必需脂肪酸的小鼠，其对 T 细胞依赖性抗原和非依赖性抗原的抗体反应以及初次免疫和再次免疫的抗体反应能力均下降，补充不饱和脂肪酸（13％玉米油）1 周后，体液免疫恢复正常。但大剂量给予 PUFAs 却对免疫功能有明显的抑制作用。

2. 多不饱和脂肪酸对某些与免疫相关疾病的影响

人体摄入大量 PUFAs 或食物中 ω-3 与 ω-6 PUFAs 比例的变化，均可影响机体的免疫功能，进而可能影响人体疾病的发生和发展过程。位于北极的因纽特人从海洋哺乳动物和鱼类脂肪中摄入大量 ω-3 PUFAs（主要是 DHA 和 EPA），其 ω-3 与 ω-6 PUFAs 的比例高达 1：1，与膳食中 ω-3 与 ω-6PUFAs 比例为（0.04～0.1）：1 的西方人相比，北极因纽特人自身免疫性疾病和炎症性疾病的发病率要低得多。

3. 多不饱和脂肪酸调节免疫功能的机制

主要表现在以下几个方面：

（1）改变淋巴细胞膜流动性　当摄入大量 PUFAs（>4g/d）时，细胞膜磷脂中 PUFAs 成分增多，可能增加细胞膜的流动性，使膜结合蛋白移动度增大，一些重要的膜蛋白生物活性可能因此而改变，其结果将出现淋巴细胞功能紊乱。今后有待研究的是不同淋巴细胞亚群活化时，根据细胞膜磷脂成分改变的差异，推测不同的脂肪酸在免疫反应中所起的作用。

（2）影响前列腺素和磷脂酰肌醇的合成　组织细胞合成前列腺素（prostaglandin，PG）的主要前体物质是花生四烯酸和亚油酸。在体内，亚油酸经脱饱和酶催化转变成花生四烯酸。正常情况下，花生四烯酸储存于细胞膜磷脂中，当组织活动需要时，花生四烯酸由磷脂释放，合成 PG。此释放过程是花生四烯酸代谢的限速步骤，其限速酶有磷脂酶、甘油三酯（TG）酶、脂蛋白脂肪酶等。各种刺激可能通过激活这些酶，刺激花生四烯酸释放，进而促进 PG 合成。因此，通过控制膳食脂肪酸组成可直接影响 PG 的合成。动物实验证明，注射必需脂肪酸的小鼠，体内 PG 水平在短期内急剧升高，而膳食缺乏必需脂肪酸的小鼠，其 PG 合成减少。膳食高比例 PUFAs 可能为 PG 的合成提供更多的底物，从而可促进 PG 的合成，并由此影响免疫反应。

（3）影响细胞内信号转导途径　PUFAs 可通过细胞内信号转导途径、调节转录因子活性和干预基因表达等机制，影响免疫系统的功能。

（三）维生素与免疫

维生素对免疫系统影响的研究，从最初发现维生素缺乏导致患者胸腺萎缩，发展到今天的通过维生素干预来增强和调节免疫功能，研究工作已从个体、组织和器官水平转向细胞和分子水平。随着维生素对免疫系统影响的分子机制被逐渐阐明，反过来又促进了维生素对免疫系统干预效果的研究。

1. 维生素 A 与免疫

（1）对免疫功能的影响 维生素 A 化学名为视黄醇，是一种脂溶性维生素。维生素 A 缺乏可导致体液免疫、细胞免疫及局部免疫功能受损，常合并各种感染性疾病。维生素 A 缺乏是一种常见病。据估计，每年全世界约有 25 万多名儿童由于维生素 A 缺乏导致不可逆性失明，其中 60%～80% 死于合并的各种感染性疾病。即使没有典型眼症的亚临床型维生素 A 缺乏患儿，感染性疾病的发病率与死亡率也较正常儿童高出 3～4 倍。给患者补充维生素 A 则可降低由维生素 A 缺乏引起的感染性疾病的发病率和死亡率，可使与维生素 A 缺乏有关的腹泻所致的死亡率降低 39%，麻疹死亡率降低 55%。因此，适量摄入维生素 A 可促进免疫系统功能的发挥，增强抗感染的能力，降低肿瘤发生率。反之则导致免疫功能的下降。

（2）影响免疫功能的机制 维生素 A 及其体内活性衍生物能在基因转录水平上对脊椎动物细胞的分化、增生、凋亡过程进行调控，对免疫系统的发育和功能维持起着不可或缺的作用。当维生素 A 缺乏时能从多方面影响机体免疫功能：①影响糖蛋白合成，视黄醛磷酸糖可能参与糖基的转移，而 T 细胞、B 细胞表面有一层糖蛋白外衣，它们能结合丝裂原，决定淋巴细胞在体内的分布；②影响基因表达，细胞核是维生素 A 作用的靶位，维生素 A 供给不足，核酸及蛋白质合成减少，使细胞分裂、分化和免疫球蛋白合成受抑；③维生素 A 缺乏，IL-2、IFN 减少，Th 细胞、抗原处理及递呈细胞减少，B 细胞功能受抑；④影响淋巴细胞膜通透性，维生素 A 缺乏时 T 细胞不能向 B 细胞传递足够的刺激信号，导致 B 细胞活化受抑，还可通过对 B 细胞的直接调控作用影响抗体的分泌。

另外，类胡萝卜素也对免疫系统具有明显的调控作用。类胡萝卜素主要存在于黄色、橙色、红色、深绿色的蔬菜和水果中，典型的代表是 β-胡萝卜素和番茄红素。类胡萝卜素具有很强的抗氧化作用，可以增加特异性淋巴细胞亚群的数量，增强自然杀伤细胞、吞噬细胞的活性，刺激各种细胞因子的生成。另外，叶黄素是活性强于 β-胡萝卜素的免疫增强剂，番茄红素具有加强免疫系统潜力的作用。

2. 维生素 E 与免疫

（1）对免疫功能的影响 维生素 E 是人体所必需的主要脂溶性维生素之一，它是血浆脂蛋白、细胞膜和细胞器的抗氧化剂，可抑制自由基的形成，维持膜的稳定性，在一定范围内能促进免疫器官的发育和免疫细胞的分化，可提高由于反转录病毒感染所降低的小鼠脾 T 细胞和 B 细胞的增殖，可逆转由高含量多不饱和脂肪酸和硒缺乏引起的免疫抑制，对机体产生显著的免疫增强作用。

（2）免疫调节的作用机制 有关维生素 E 免疫调节作用的可能机制有：①影响细胞膜的流动性，维生素 E 通过其抗氧化作用可维持一定的膜脂类流动性，从而可影响淋巴细胞功能。如增强胸腺上皮细胞的功能，促进 T 细胞的分化和增殖，从而使 T 细胞及 Th 细胞亚群增加，增强细胞和体液的免疫功能。②调节前列腺素和各种细胞因子的合成，维生素 E 的抗氧化作用可以防止多不饱和脂肪酸氧化成过氧化中间代谢产物，如前列腺素、白三烯等。因为前列腺素可以抑制淋巴细胞转化和细胞因子 IL-1、IL-2 的分泌，而 IL-1 和 IL-2 在 T 细胞和 B 细胞分化、自然杀伤细胞（natural killer cell，NK）活动以及淋巴因子激活 NK

细胞中起关键作用，因此由维生素 E 添加引起的 IL-2 产生的增加，可能在维生素 E 的免疫增强过程中发挥重要作用。③保护淋巴细胞免受巨噬细胞产生抑制物的影响，巨噬细胞可以产生 PG、白三烯、O_2^- 和 H_2O_2 等，这些物质可抑制 T 细胞的增殖和某些细胞因子的分泌，从而可抑制淋巴细胞的功能。维生素 E 可能通过降低巨噬细胞中前列腺素 E_2 [prostaglandin (PG) E_2, PGE_2] 的合成而促进 T 细胞的增殖和 IL-2 的产生。

3. 维生素 B_6 与免疫

核酸和蛋白质的合成以及细胞的增殖需要维生素 B_6，它作为在机体免疫应答中必需的辅因子，维生素 B_6 缺乏可导致胸腺质量减轻，同时，脾发育不全，淋巴小结的生发中心减少，淋巴结萎缩，周围血管中的淋巴细胞数也减少。维生素 B_6 缺乏时 T 淋巴细胞的分化和成熟受到影响，迟发型超敏反应降低，宿主对移植物的耐受性增加，移植物存活时间延长。维生素 B_6 缺乏时大鼠胸导管中的淋巴细胞数减少，特别是 T 淋巴细胞数减少更为明显。维生素 B_6 缺乏时通过影响核酸的合成而降低抗体的合成和分泌。维生素 B_6 缺乏对免疫系统所产生的影响比其他 B 族维生素缺乏时更为严重。维生素 B_6 和泛酸两者均缺乏时，对抗体免疫应答的损害更加严重。

4. 维生素 C 与免疫

维生素 C 对胸腺、脾脏、淋巴结等组织器官生成淋巴细胞有显著影响，还可通过提高人体内其他抗氧化剂的水平而增强机体的免疫功能。在动物实验中发现，维生素 C 缺乏时，机体对同种异体移植的排异反应、淋巴组织的发育及其功能的维持、白细胞对细菌的反应、吞噬细胞的吞噬功能均受抑制。患严重坏血病的豚鼠细胞免疫功能低下，表现为对白喉类毒素和纯化蛋白质衍生的结核菌素 (tuberculin of the purified protein derivatives) 的迟发性过敏反应减弱，经维生素 C 治疗可以纠正。补充大量维生素 C 可以使动物和人的淋巴细胞对致有丝分裂因子的反应有所增加，可促进巨噬细胞吞噬杀菌功能。维生素 C 能促进抗体的合成和分泌，研究证明，血清维生素 C 含量与 IgG、IgM 水平呈正相关。维生素 C 对免疫功能的促进作用可能与促进二硫键的形成和保护免疫球蛋白轻、重链之间二硫键的稳定性有关。

（四）微量元素与免疫

许多微量元素在机体的代谢过程中起着极其重要的作用，它们大部分作为辅酶或酶的辅助因子参与体内的代谢过程，直接参与免疫应答，在维持正常免疫反应中起着极为重要的作用。微量元素缺乏或过量，都会影响机体的免疫功能。

1. 铁与免疫

铁是一种重要的营养物质，它可激活多种酶，参与机体的代谢。例如，由铁参与组成的血红蛋白参与氧的运输；铁构成含铁酶类，参与组织呼吸，促进免疫系统的功能。铁对免疫系统的影响是双向的，铁缺乏或过量都会造成免疫系统的损伤。

2. 锌与免疫

（1）锌对免疫系统的影响 锌是机体必需的微量元素之一，以锌离子、锌依赖酶或其他锌蛋白的形式存在于体内，具有广泛的生理功能。其中，锌对免疫系统的发育和正常免疫功能的维持有着不可忽视的作用，尤其是近年来的研究发现，适当补锌可增强儿童、老年人及一些特殊患者的免疫功能，对胃肠道、呼吸道感染性疾病及寄生虫病的预防和治疗有重要作用，因此，锌对免疫系统功能影响的研究更加受到重视。

（2）对免疫系统影响的机制 锌是 DNA、RNA 聚合酶及胸腺嘧啶激酶的辅酶，同时也是胸腺肽具有活性所必需的元素，所以锌极有可能通过影响胸腺微环境中 T 细胞的发育而影响 $CD4^+$ T 细胞的更新换代。锌还与巨噬细胞膜 ATP 酶、巨噬细胞中的 NADH 氧化酶等的活性有关，T 细胞的成熟必须有胸腺和胸腺细胞特有的含锌 DNA 聚合酶（终端 DNA 转移酶）的辅助。因此锌缺乏引起的免疫功能损害可能是因酶活性降低，抑制 DNA、RNA 和蛋白质合成及功能表达所致的。锌也在 T 细胞活化和信号转导方面起作用。胸腺嘧啶激酶对嘧啶磷酸化很关键，该酶的基因表达需要锌，一些转录因子，如 NF-κB 含有锌指结构，此结构的功能受胞内锌池改变的影响。以往的体外实验发现，锌可以调节一些 T 细胞信号转导蛋白的活性，包括 p561ck、磷脂酶 C-γ1（PLC-γ1）和蛋白激酶 C（PKC）。p561ck 属 src 蛋白酪氨酸激酶家族，几乎在所有淋巴细胞中表达，包括全部成熟 T 细胞和胸腺细胞，它与 T 细胞的 $CD4^+$ 或 $CD8^+$ 共受体的胞质内功能域连接是 T 细胞正常发育和活化所必需的。Leapge 等采用 Western 免疫沉淀法检测了 p561ck、PLC-γ1 和 PKC 在锌缺乏和蛋白质营养不良小鼠的脾 T 细胞中的表达，发现锌缺乏或蛋白质营养不良时 p561ck 在 T 细胞中的表达均较正常鼠为高，而 PLC-γ1 和 PKC 的表达不受影响。更关键的是，p561ck 的表达与血清锌和股骨锌浓度呈显著负相关，提示 p561ck 在 T 细胞中的表达增高可能是锌缺乏时 T 细胞发生一系列变化的原因之一。该发现有助于从分子水平更深入地揭示锌对免疫调节的机制。

3. 硒与免疫

（1）对免疫系统的影响 硒是必需的微量元素，人体含硒约 14~21g，主要分布在肝、胰和肾，在组织中与相应蛋白质结合形成复合物（硒蛋白）。硒可通过形成硒蛋白（包括胱氨酸硒和蛋氨酸硒）的过程活化细胞内很多酶类。由于硒具有明显的抗肿瘤作用和免疫增强作用，因此硒对免疫系统的影响越来越受到重视。大量研究结果显示，硒缺乏会降低多种动物的免疫功能，适当补硒则可增强机体非特异性免疫反应，能增强机体细胞免疫功能，增强小鼠对移植物的排异反应，促进淋巴细胞的增殖、分化，促进细胞因子的分泌，增强 T 细胞的细胞毒作用。缺硒可影响初级淋巴器官的发育，减少外周淋巴细胞的数量，改变 $CD4^+$ T 细胞、$CD8^+$ T 细胞的平衡，使 T 细胞、B 细胞增殖、分化及对丝裂原的刺激受抑制。硒能增强人、鼠、犬等外周血淋巴细胞或脾细胞对丝裂原刺激的转化能力；能维持或提高血中免疫球蛋白水平，增强实验动物对疫苗或其他各种抗原诱导抗体产生的能力，增加抗体浓度，促进特异性体液免疫功能；能促进 T 细胞、B 细胞分泌细胞因子，并可通过多种生物学效应调节机体免疫功能状态。

（2）对免疫系统影响的机制 硒影响免疫系统的机制尚未完全阐明，目前主要有硒抗氧化学说、自由基学说、细胞表面介导的应答控制学说和细胞酶学说。这里主要介绍前两个学说。

① 硒通过抗氧化作用调节免疫系统。硒通过影响谷胱甘肽过氧化物酶（GSH-Px）的活性和细胞还原型谷胱甘肽（GSH）、硒化氢（H_2Se）的含量，进而影响细胞表面二硫键的平衡，来调节免疫应答反应。当活化的免疫细胞代谢增加时，产生活性氧的机会增多。如 T 细胞在活化后增加细胞质的钙离子浓度，促进活性氧的产生，单核细胞、巨噬细胞在活化和发挥作用时消耗 O_2，也产生活性氧。活性氧可增加淋巴细胞的活性，增强对吞噬物的吞噬和消化能力，但活性氧过度又会损害免疫活性细胞，降低免疫能力，因此需要有一个强有力

的系统使活性氧的量保持在一定范围内。硒可清除活性氧，减少脂类过氧化物的产生，从而保护细胞膜免受过氧化物的损害，促进免疫功能。缺硒则降低中性粒细胞和巨噬细胞 GSH-Px 活性，使细胞不能及时清除过氧化物而降低免疫细胞活力。硒还可通过影响 GSH-Px 活性，进一步调控脂氧合酶活性，影响淋巴细胞增殖。另外，含巯基（—SH）的化合物有刺激各种细胞和组织分裂的能力，而氧化或取代巯基的化合物则可抑制细胞的增殖与分化。实验证明，硒可还原巯基化合物，促进细胞的增殖与分化。因此，硒化合物可通过抗氧化作用保护巯基化合物，调节免疫细胞的增殖与分化，从而影响免疫应答水平。

②硒通过自由基机制影响免疫系统的功能。硒蛋白是一些依靠硒才有活性的抗氧化酶类，该类酶是有效的自由基捕获剂，对羟基引起的核酸损伤有保护作用。在无外源性自由基来源时，免疫刺激所产生的自由基会损伤免疫功能的发挥，补硒后血、淋巴细胞及其他部位硒水平升高，其抗氧化性增强，可防止或降低氧化损伤，从而加强硒对免疫功能的保护作用。在有外源性自由基来源时，硒作为免疫系统的非特异性刺激因子，可通过某种机制参与调节免疫功能，以维持机体内环境的稳态。

4. 铜与免疫

（1）对免疫系统的影响　铜是体内许多酶的辅助因子，铜缺乏可影响免疫器官的发育、形态结构的维持和正常免疫功能的发挥。严重铜缺乏的小鼠，免疫器官的发育以脾肿大和胸腺缩小为特征。铜缺乏引起吞噬细胞活性降低，天然免疫防御系统受损，抗病能力减弱而易感性增高，NK 细胞功能受到损害，中性粒细胞的数量、杀菌活力、SOD 活性显著降低。此外，缺铜可引起人和动物的循环血中性粒细胞减少，称之为中性粒细胞减少症，补铜可以提高中性粒细胞的功能和恢复缺铜动物中性粒细胞的杀菌活力。铜缺乏，使大鼠和小鼠脾脏 T 淋巴细胞和 Th 细胞数量减少，淋巴细胞对丝裂原刺激的应答反应降低。铜缺乏导致抗体生成细胞应答反应降低，产生不完全抗体，使用多种抗原刺激，抗体产生也受到抑制。铜对细胞因子影响的研究主要集中在 IL-2，而且在人和动物铜缺乏中均有报道。铜缺乏大鼠脾脏分离的单核细胞，其丝裂原应答反应的抑制与 IL-2 活性相关。

（2）铜影响免疫系统的机制　铜缺乏可能通过铜依赖性酶介导起免疫抑制作用。已知铜是许多酶，如细胞色素氧化酶、超氧化物歧化酶（superoxide dismutase，SOD）、血浆铜蓝蛋白酶（ceruloplasmin oxidase，CP）、单胺氧化酶（monoamine oxidase，MAO）等的组成成分。这些铜依赖性酶为许多生化代谢过程所必需。其中，SOD 催化超氧化自由基的歧化反应，防止毒性超氧化自由基堆积，从而减少自由基对生物膜的损伤。正常情况下，体内产生的超氧阴离子自由基、过氧化氢等强氧化剂被抗氧化酶系［（SOD、过氧化物酶和过氧化氢酶（catalase，CAT）］及时清除。铜缺乏时，抗氧化酶系活性降低，O_2^- 和 H_2O_2 积累，使 NO 氧化生成过氧亚硝酸盐，直接攻击生物膜发生脂类过氧化，细胞膜结构和功能发生变化，流动性降低，导致细胞功能下降，免疫功能受损。过量 O_2^- 和 H_2O_2 还可使还原型谷胱甘肽氧化生成氧化型谷胱甘肽（GSSG），进而反馈性地抑制 GSH-Px 活性，使机体清除过氧化物功能减弱而发生脂类过氧化。动物铜缺乏时，组织内 SOD、CP、CAT 及 GSH-Px 活性均降低，导致活性氧增多，从而加速代谢及免疫机制紊乱；铜缺乏还可导致细胞色素氧化酶活性下降，影响细胞内 ATP 水平，从而使细胞膜的通透性改变，钙调蛋白依赖的 Ca^{2+} 渗透性改变，导致 Ca^{2+} 在细胞内蓄积，从而引起一系列 ATP 依赖酶及细胞骨架分裂或裂解，进而加重对淋巴细胞的损害作用。

5. 锰与免疫

(1) 锰对免疫系统的影响　锰是人体必需元素之一，作为某些代谢酶的组成成分或酶的激活剂，参与许多生化反应，具有多种重要的生理功能。锰是正常抗体和胸腺素产生的必要条件，对免疫功能的维持发挥重要的促进作用。锰在一定剂量下可刺激免疫细胞的增殖，增强细胞免疫功能，同时拮抗脂蛋白（lipoprotein，LPS）引起的巨噬细胞生存能力降低，增加 IFN 合成的能力。另外，锰可能增加 NK 细胞活性，在抗肿瘤、抗病毒感染、移植排异反应以及自身免疫疾病方面起着重要作用。另外，锰广泛应用于工业生产，工人长期过量接触易在体内蓄积，除损害中枢神经系统外，对免疫系统也会产生毒性作用。体外实验表明，培养液中锰离子浓度在 $1 \times 10^{-6} \sim 1 \times 10^{-4}$ mol/L 时，对淋巴细胞的毒性作用不强，尤其是对 NK 细胞没有产生损害，仅 IL-2 含量有明显下降。但当锰浓度增大到 1×10^{-3} mol/L，染锰时间由 2h 延长到 4h 时，呈现明显的免疫毒性作用，表现为 T 细胞增殖功能、IL-2 含量和 NK 细胞活性均显著下降。

(2) 锰对免疫系统影响的机制　主要与稳定 DNA 的结构、抗氧化及清除自由基有关。生理条件下，锰与 DNA 牢固结合，起着稳定 DNA 二级结构的作用，锰还能激活 RNA 依赖性 DNA 多聚酶，参与 DNA 的修复过程。锰是 SOD 的主要成分，SOD 的功能是催化超氧化阴离子自由基的歧化反应，消除自由基，对免疫细胞起保护作用，从而可增强免疫系统的活力。当体内锰负荷超过正常范围后，则抑制 DNA、蛋白质合成，从而抑制 NK 细胞的活性，这可能是由于 Mn^{2+} 与 Ca^{2+}、Mg^{2+} 竞争，使 NK 细胞介导的细胞毒作用的破坏和溶解靶细胞的过程被阻断所致。

6. 铬与免疫

铬有抗应激和提高免疫力的能力。应激可增加血清糖皮质激素（皮质醇）含量，而皮质醇是抑制免疫系统功能的类固醇激素。同时，应激使体内锌、铜、铁、锰、铬等微量元素的损失加大，铬通过降低动物血清皮质醇浓度，可避免这些微量元素的丢失，从而可提高免疫球蛋白的含量和抗体滴度，增强机体免疫力。实验证明补铬可以提高应激时牛血清免疫球蛋白水平，提高注射红细胞后抗体滴度；肉牛饲喂铬可提高传染性牛支气管炎弱毒疫苗免疫的抗体滴度；泌乳早期奶牛补加有机铬，可使各种抗原具有较高抗体反应；三价铬可提高应激断奶仔猪的体液免疫功能和由于运输导致应激牛的细胞免疫功能。综上所述，适量补充铬既可提高体液免疫功能，又可提高细胞免疫功能。

7. 铅与免疫

(1) 铅对免疫系统的影响　铅不是机体的必需微量元素，也没有证据表明，铅缺乏可造成机体生理功能障碍，但近年来由于环境铅污染的加剧，摄入被铅污染的食物、吸入经铅污染的空气或饮用含铅高的水，均可使铅蓄积到体内。当铅蓄积到一定水平，就可造成铅中毒。铅不仅具有神经毒性，可影响青少年、儿童和婴幼儿的智力发育，而且还具有免疫毒性，可影响机体的免疫力。铅中毒对细胞免疫和体液免疫均有影响，对细胞免疫的影响要大于体液免疫。铅暴露的小鼠胸腺发生严重萎缩，胸腺质量/小鼠体重比率下降，胸腺细胞数减少，胸腺中 $CD4^+$ T 细胞显著下降。孙鹏等人对学龄前儿童进行研究，发现当血铅水平 $\geqslant$ 0.48μmol/L、平均血铅水平在 0.68μmol/L 时，就可导致机体 T 细胞亚群出现改变，使儿童 $CD4^+$ T 细胞下降，$CD8^+$ T 细胞增高，$CD4^+/CD8^+$ T 细胞比例下降。慢性长期铅暴露对血液抗体水平的影响报道不一，有关文献报道铅接触工人血清 IgG、IgM 均低于对照组，铅接触者血清 IgG、IgM 含量与血铅浓度呈显著性负相关，即抑制的程度与血铅浓度成正比，并存在着剂量-效应关系；Undeger 等发现蓄电池厂工人免疫球蛋白 IgG、IgM 明显下降，IgA 无明显改变；而 Kimber 等检测了 39 名职业性铅暴露工人的免疫球蛋白，未发现 IgG、IgM 和 IgA 改变。研究认为造成上述差异的原因可能与铅暴露水平和暴露的时间不同有关。

（2）铅影响免疫功能的机制　主要与铅对免疫器官和免疫细胞的直接和间接抑制作用有关。直接作用是铅可影响免疫器官的发育，使淋巴细胞数量减少，破坏机体 T 细胞亚群的平衡，尤其是 $CD4^+$ T 细胞的下降，使 T 细胞识别抗原及细胞激活的信号传递过程受到影响。间接作用是铅暴露使血浆糖皮质激素升高，而糖皮质激素可影响细胞免疫和抗体的产生；铅负荷增高还可影响其他微量元素的吸收和排泄，降低它们的含量，导致免疫器官萎缩，体液免疫和细胞免疫功能降低，如当血铅平均值在 $20\mu mol/L$ 以上时，血液中锌、铜、铁含量出现不同程度的降低，同时伴随着血内免疫球蛋白浓度降低，血清 TNF-α 分泌异常。由于儿童的免疫系统对铅更加敏感，当儿童铅负荷增高时，往往在出现明显临床症状前，已经危害到其免疫系统的功能，因此铅负荷增高对免疫系统特别是儿童的免疫系统存在着极大的潜在危害。

三、提高免疫力的生物活性物质及食品

有些生物活性物质或食品具有较强的免疫功能调节作用，能增强人体对疾病的抵抗力。主要包括以下几类：

（一）大豆异黄酮

大豆异黄酮（soybean isoflavone，SI）主要存在于大豆及其制品中，是一类具有广泛营养学价值的非固醇类物质。由于它能与雌激素受体结合，具有雌激素样作用，故称之为植物雌激素（phytoestrogen）。SI 主要包括染料木黄酮和大豆苷元。近年来的大量研究表明，大豆异黄酮对免疫调节的功能表现在：具有拮抗机体免疫力下降的作用；具有抗炎和增强荷瘤小鼠免疫力的作用。

（二）葡聚糖

有研究认为，β-葡聚糖中可能具有提高免疫功能的活性基团，是一种很好的天然免疫增强剂。如 β-葡聚糖可降低母羊乳房炎的发生率；在日粮中添加 β-葡聚糖，21 日龄家禽免疫器官的相对质量都有增加的趋势，其中法氏囊相对质量差异显著。另外，β-葡聚糖可影响外周血淋巴细胞的转化率，日粮中添加 β-葡聚糖能显著提高外周血淋巴细胞对大肠埃希菌脂多糖的反应，使血清中抗致敏红细胞（sensitization red blood cell，SRBC）的抗体总量及 IgG 含量在长时间内保持较高水平。多糖类的免疫调节作用可能与激活 B 细胞的免疫功能有关。

（三）免疫球蛋白

免疫球蛋白是一类具有抗体活性或化学结构与抗体相似的球蛋白，普遍存在于哺乳动物的血液、组织液、淋巴液及外分泌液中。免疫球蛋白在动物体内具有重要的免疫和生理调节

作用。20世纪90年代美国公司陆续生产出了含活性免疫球蛋白的奶粉等，新西兰健康食品有限公司的两种牛初乳粉和牛初乳片进入中国市场。

（四）免疫活性肽

人乳或牛乳中的酪蛋白含有刺激免疫的生物活性肽，大豆蛋白和大米蛋白通过酶促反应，可产生具有免疫活性的肽。免疫活性肽能够增强机体免疫力，刺激机体淋巴细胞的增殖，增强巨噬细胞的吞噬功能，提高机体抵御外界病原体感染的能力，降低机体发病率，并具有抗肿瘤功能。免疫活性肽可以作为有效成分添加到奶粉、饮料中，增强人体的免疫能力。

（五）胡萝卜

胡萝卜富含胡萝卜素，能刺激免疫系统，抑制癌症的形成与生长。

 ## 思考题

1. 女性怀孕前后需补充哪种维生素以预防胎儿神经管畸形？
2. 简述中国居民膳食指南的主要内容及注意事项。
3. 体重指数如何计算？正常值是多少？
4. 试述高血压的诊断标准和分类。
5. 营养性疾病的类型有哪些？
6. 高血压的饮食防治原则有哪些？
7. 癌症的饮食预防有哪些？
8. 简述糖尿病患者的饮食防治原则。
9. 推荐摄入量的含义及应用。

第十一章
特定人群的营养

 主要内容

一般人群膳食指南；中国孕妇、乳母、不同发育阶段人群和素食人群膳食指南；孕期的营养生理特点、营养不良对母体及胎儿的影响；孕期的营养需要、膳食调配原则和合理膳食；乳母营养需要和合理膳食；不同发育阶段人群的营养、生长发育特点、营养需要、膳食原则和常见营养缺乏病；运动员生理代谢特点、合理营养、膳食原则和不同运动类型的营养需要；不同环境和不同作业人群的营养与膳食。

 学习要求

掌握不同发育阶段人群的膳食指南；特定人群、不同发育阶段和特殊环境人群的营养特点和合理膳食。

熟悉素食人的膳食指南；特殊环境人群和不同作业人群的合理营养与膳食；不同发育阶段人群的生长发育特点及存在的营养问题。熟悉泌乳生理；乳母营养需要和合理膳食；婴儿营养。

了解不同发育阶段人群的生理代谢特点及饮食注意事项；孕期营养不良对母体及胎儿的影响。

生命周期是一个连续的过程，处于特殊生理阶段的人群包括孕妇、乳母、婴幼儿、儿童、中老年人。这些特殊人群的生理代谢特点、营养需要不同于一般正常人群，是营养研究重点关注的目标人群。另外，生活或作业于特殊环境（如高温、低温、高原、采矿、航空、潜水及冶炼）下的人群受到这些环境的不良作用时，生理、生化和营养物质的代谢会发生一系列的变化，探讨这些特殊环境对营养素代谢及营养需求的影响，增强机体对特殊环境、特殊作业的适应能力，提高劳动效率，是公共卫生领域的重点问题之一。此外，《中国居民膳食指南》是以先进的科学证据为基础，从我国居民膳食营养的实际情况出发制定的，可促进中国居民合理地摄取营养，科学地改善国民营养健康素质，为全面建设小康社会奠定坚实的人口素质基础。

第一节 中国居民膳食指南

一、一般人群膳食指南

本指南是以食物为基础的膳食指南，适用于 2 岁以上的健康人群，提供有关食物、食物类别和平衡膳食模式的建议，健康/合理的膳食指导，以促进全民健康和慢性疾病预防。平衡膳食模式是根据营养科学原理、我国居民膳食营养素参考摄入量及科学研究成果而设计，指一段时间内，膳食组成中的食物种类和比例可以最大限度地满足不同年龄、不同能量水平的健康人群的营养和健康需求。一般人群膳食指南共有 8 条指导准则。

（一）食物多样，谷类为主

平衡膳食模式是最大限度地保障人体营养和健康的基础，食物多样是平衡膳食模式的基本原则。食物可分为五大类，包括谷薯类、蔬菜水果类、畜禽鱼蛋奶类、大豆坚果类和油脂类。不同食物中的营养素及有益膳食成分的种类和含量不同。除供 6 月龄内婴儿的母乳外，没有任何一种食物可以满足人体所需的能量和全部营养素。因此，只有多种食物组成的膳食才能满足人体对能量和各种营养素的需要。建议我国居民的平衡膳食应做到食物多样，平均每天摄入 12 种以上食物，每周 25 种以上食物。平衡膳食模式能最大限度地满足人体正常生长发育及各种生理活动的需要，并且可降低包括高血压、心血管疾病等多种疾病的发病风险。

以谷类为主是指谷薯类食物所提供的能量占膳食总能量的一半以上，也是中国人平衡膳食模式的重要特征。谷类食物含有丰富的糖类，是提供人体所需能量的最经济和最重要的食物来源，也是提供 B 族维生素、矿物质、膳食纤维和蛋白质的重要食物来源，在保障儿童青少年生长发育、维持人体健康方面发挥着重要作用。近 30 年来，我国居民膳食模式正在悄然发生着变化，居民的谷类消费量逐年下降，动物性食物和油脂摄入量逐年增多，导致能量摄入过剩；谷类过度精加工导致 B 族维生素、矿物质和膳食纤维丢失而引起摄入量不足，这些因素都可能增加慢性非传染性疾病的发生风险。因此，坚持谷类为主，特别是增加全谷物摄入，有利于降低 2 型糖尿病、心血管疾病、结直肠癌等与膳食相关的慢性病的发病风险，也可减少体重增加的风险。建议一般成年人每天摄入谷薯类 250～400g，其中全谷物和杂豆类 50～150g，薯类 50～100g。

（二）吃动平衡，健康体重

食物摄入量和身体活动量是保持能量平衡、维持健康体重的两个主要因素。如果吃得过多或运动不足，多余的能量就会在体内以脂肪的形式积累下来，使体重增加，造成超重或肥胖；相反，若吃得过少或者运动过多，可由于能量摄入不足或能量消耗过多引起体重过低或消瘦。体重过高和过低都是不健康的表现，易患多种疾病，缩短寿命。成人健康体重的体重指数（body mass index，BMI）应在 $18.5 \sim 24.9 \text{kg/m}^2$ 之间。

目前，我国大多数的居民身体活动不足或缺乏运动锻炼，能量摄入相对过多，导致超重和肥胖的发生率逐年增加。超重或肥胖是许多疾病的独立危险因素，如 2 型糖尿病、冠心病、乳腺癌等。增加身体活动或运动不仅有助于保持健康体重，还能够调节机体代谢，增强体质，降低全因死亡风险以及冠心病、脑卒中、2 型糖尿病、结肠癌等慢性病的发生风险；同时也有助于调节心理平衡，有效消除压力，缓解抑郁和焦虑等不良精神状态。食不过量可以保证每天摄入的能量不超过人体的需要，增加运动可增加代谢和能量消耗。

各个年龄段人群都应该天天运动，保持能量平衡和健康体重，推荐成人积极参加日常活动和运动，每周至少进行 5d 中等强度身体活动，累计 150min 以上，平均每天主动身体活动 6000 步。多动多获益，减少久坐时间，每小时起来动一动。多吃会吃，保持健康体重。

（三）多吃蔬果、奶类、大豆

新鲜蔬菜水果、奶类、大豆及豆制品是平衡膳食的重要组成部分，坚果是膳食的有益补充。蔬菜水果是维生素、矿物质、膳食纤维和植物化学物的重要来源，对提高膳食微量营养素和植物化学物的摄入量起重要作用。研究发现，保证蔬菜水果摄入量，可维持机体健康，改善肥胖，有效降低心血管、肺癌和糖尿病等慢性病的发病风险。对预防食管癌、胃癌、结肠癌等主要消化道肿瘤具有保护作用。全谷物食物是膳食纤维和 B 族维生素的重要来源，适量摄入可降低 2 型糖尿病的发病风险，也有利于保证肠道健康。奶类富含钙和优质蛋白。增加奶制品摄入对增加儿童骨密度有一定作用；酸奶可以改善便秘和乳糖不耐症。大豆、坚果富含优质蛋白、必需脂肪酸和多种植物化学物。多吃大豆及其制品可以降低绝经后女性骨质疏松、乳腺癌等发病风险。适量食用坚果有助于减低血脂水平和全因死亡的发生风险。

近年来，我国居民蔬菜摄入量逐渐下降，水果、大豆、奶类摄入量仍处于较低水平。基于其营养价值和健康意义，建议增加蔬菜水果、奶和大豆及其制品的摄入。推荐每天摄入蔬菜 $300 \sim 500 \text{g}$，其中深色蔬菜占 1/2；水果 $200 \sim 350 \text{g}$；每天饮奶 300g 或相当量的奶制品；平均每天摄入大豆和坚果 $25 \sim 35 \text{g}$。坚持餐餐有蔬菜，天天有水果，把牛奶、大豆当作膳食的重要组成部分。

（四）适量吃鱼、禽、蛋、瘦肉

鱼、禽、蛋和瘦肉均属于动物性食品，富含优质蛋白、脂类、脂溶性维生素、B 族维生素和矿物质等，是平衡膳食的重要组成部分。此类食物蛋白质的含量普遍较高，其氨基酸组成更适合人体需要，利用率高，但脂肪含量较多，能量高，有些含有较多的饱和脂肪酸和胆固醇，摄入过多可增加肥胖和心血管疾病等的发病风险，应当适量摄入。水产类脂肪含量相对较低，且含有较多的不饱和脂肪酸，对预防血脂异常和心血管疾病等有一定作用，可首选。禽类脂肪含量也相对较低，其脂肪酸组成优于畜类脂肪，选择应优先于畜肉。蛋类各种营养成分比较齐全，营养价值高，但胆固醇含量也高，摄入量不宜过多。畜肉类脂肪含量较多，但瘦肉中脂肪含量较低，因此吃畜肉应当首选瘦肉。烟熏和腌制肉类在加工过程中易遭受一些致癌物的污染，过多食用可增加肿瘤发生的风险，应当少吃或不吃。

目前我国多数居民摄入畜肉较多，禽和鱼类较少，对居民营养健康不利，需要调整比例。建议成人每天平均摄入水产类 $40 \sim 75 \text{g}$，畜禽肉类 $40 \sim 75 \text{g}$，蛋类 $40 \sim 50 \text{g}$，平均每天摄入总量 120~200g。

（五）少盐少油，控糖限酒

食盐是食物烹饪或加工食品的主要调味品。我国居民的饮食习惯中食盐摄入量过高，而过多的盐摄入与高血压、胃癌和脑卒中有关，因此要降低食盐摄入，培养清淡口味，逐渐做到量化用盐用油，推荐每天食盐摄入量不超过 6g。

烹调油包括植物油和动物油，是人体必需脂肪酸和维生素 E 的重要来源。目前我国居民烹调油摄入量过多。过多脂肪和动物脂肪摄入会增加肥胖，反式脂肪酸会增高心血管疾病的发生风险。应减少烹调油和动物脂肪用量，每天的烹调油摄入量宜为 25~30g，对于成年人脂肪提供能量应占总能量的 30% 以下。

糖是纯能量食物，过多摄入可增加龋齿，提高超重肥胖发生的风险。建议每天摄入糖提供的能量不超过总能量的 10%，最好不超过总能量的 5%。对于儿童青少年来说，含糖饮料是添加糖的主要来源，建议不喝或少喝含糖饮料和食用高糖食品。

过量饮酒与多种疾病相关，会增加肝损伤、痛风、心血管疾病和某些癌症发生的风险。因此应避免过量饮酒。若饮酒，成年男性一天饮用的酒精量不超过 25g，成年女性一天不超过 15g，儿童青少年、孕妇、乳母等特殊人群不应饮酒。

水是膳食的重要组成部分，在生命活动中发挥重要功能。推荐饮用白开水或茶水，成年人每天饮用量 1500~1700mL。

（六）规律进餐，足量饮水

规律进餐是实现合理膳食的前提，应合理安排一日三餐，定时定量、饮食有度，不暴饮暴食。早餐提供的能量应占全天总能量的 25%~30%，午餐占 30%~40%，晚餐占 30%~35%。水是构成人体成分的重要物质并发挥着多种生理作用。水摄入和排出的平衡可以维护机体适宜水合状态和健康。建议低身体活动水平的男性每天喝水 1700mL，女性 1500mL。

（七）会烹会选，会看标签

食物是人类获取营养、赖以生存和发展的物质基础，在生命的每一个阶段都应该规划好膳食。了解各类食物营养特点，挑选新鲜的、营养素密度高的食物，学会通过食品营养标签的比较，选择购买较健康的包装食品。烹饪是合理膳食的重要组成部分，学习烹饪和掌握新工具，传承当地美味佳肴，做好一日三餐，家家实践平衡膳食，享受营养与美味。如在外就餐或选择外卖食品，按需购买，注意适宜份量和荤素搭配，并主动提出健康诉求。

（八）公筷分餐，杜绝浪费

日常饮食卫生应首先注意选择当地的、新鲜卫生的食物，不食用野生动物。食物制备生熟分开，储存得当。多人同桌，应使用公筷公勺，采用分餐或份餐等卫生措施。勤俭节约是中华民族的文化传统，人人都应尊重和珍惜食物，在家在外按需备餐，不铺张不浪费。从每个家庭做起，传承健康生活方式，树饮食文明新风。社会餐饮应多措并举，倡导文明用餐方式，促进公众健康和食物系统可持续发展。

二、中国孕妇、乳母膳食指南

（一）备孕妇女膳食指南

备孕是指育龄妇女有计划地妊娠，并对优孕进行必要的前期准备，是优孕与优生优育的重要前提。备孕妇女的营养状况直接关系着孕育和哺育新生命的质量，并对妇女及下一代的健康产生长期影响，为保证成功妊娠，提高生育质量，预防不良妊娠结局，夫妻双方都应做好充分的妊娠前准备。

健康的身体状况、合理膳食、均衡营养是孕育新生命必需的物质基础，准备妊娠的妇女应接受健康体检及膳食和生活方式指导，使健康与营养状况尽可能达到最佳后再妊娠。健康体检应特别关注感染性疾病（如牙周病）及血红蛋白、血浆叶酸、尿碘等反映营养状况的检测，目的是避免相关炎症及营养素缺乏对受孕成功和妊娠结局的不良影响。备孕妇女膳食指南在一般人群膳食指南基础上特别补充以下三条关键推荐。

1. 调整妊娠前体重至适宜水平

妊娠前体重与新生儿出生体重、婴儿死亡率及妊娠期并发症等不良妊娠结局有密切关系。肥胖或低体重的育龄妇女是发生不良妊娠结局的高危人群，备孕妇女宜通过平衡膳食和适量运动来调整体重，使体重指数达到 $18.5 \sim 24.9 \text{kg/m}^2$ 范围。

2. 常吃含铁丰富的食物，选用碘盐，妊娠前 3 个月开始补充叶酸

育龄妇女是铁缺乏和缺铁性贫血患病率较高的人群，妊娠前如果缺铁可导致早产、胎儿生长受限、新生儿低出生体重及妊娠期缺铁性贫血。因此备孕妇女应经常摄入含铁丰富、利用率高的动物性食物，铁缺乏或缺铁性贫血者应纠正贫血后再妊娠。碘是合成甲状腺激素不可缺少的微量元素，为避免妊娠期碘缺乏对胎儿智力和体格发育产生的不良影响，备孕妇女除选用碘盐外，还应每周摄入一次富含碘的海产品。叶酸缺乏会影响胚胎细胞增殖、分化，增加神经管畸形及流产的风险，备孕妇女应从准备妊娠前 3 个月开始每天补充 $400\mu\text{g}$ 叶酸，并持续整个妊娠期。

3. 禁烟酒，保持健康生活方式

良好的身体状况和营养是成功孕育新生命最重要的条件，而良好的身体状况和营养要通过健康的生活方式来维持。均衡的营养、有规律的运动和锻炼、充足的睡眠、愉悦的心情等，均有利于健康的孕育。计划妊娠的妇女如果有健康和营养问题，应积极治疗相关疾病（如牙周病），纠正可能存在的营养缺乏，保持良好的卫生习惯。此外，吸烟饮酒会影响精子和卵子质量及受精卵着床与胚胎发育，在妊娠前 6 个月，夫妻双方均应停止吸烟、饮酒，并远离吸烟环境。

（二）妊娠期妇女膳食指南

妊娠期是生命早期 1000 天机遇窗口的起始阶段，营养作为最重要的环境因素，对母子双方的近期和远期健康都将产生至关重要的影响。妊娠期胎儿的生长发育，母体乳腺和子宫等生殖器官的发育，以及为分娩后乳汁分泌进行必要的营养储备，都需要额外的营养，因此，妊娠各期妇女膳食应在非妊娠妇女的基础上，根据胎儿生长速率及母体生理和代谢的变化进行适当的调整。妊娠早期胎儿生长发育速度相对缓慢，所需营养与妊娠前无太大差别。

妊娠中期开始，胎儿生长发育逐渐加速，母体生殖器官的发育也相应加快，对营养的需求增大，应合理增加食物的摄入量。妊娠期妇女的膳食仍是由多样化食物组成的营养均衡的膳食，除保证妊娠期的营养需要外，还潜移默化地影响较大婴儿对辅食的接受能力和后续多样化膳食结构的建立。

孕育生命是一个奇妙的历程，要以积极的心态去适应妊娠期变化，愉快享受这一过程。母乳喂养对孩子和母亲都是最好的选择，妊娠期应了解相关的知识，为产后尽早开奶和成功母乳喂养做好各项准备。妊娠期妇女膳食指南应在一般人群膳食指南的基础上补充五条关键推荐。

1. 补充叶酸，常吃含铁丰富的食物，选用碘盐

叶酸对预防神经管畸形和高同型半胱氨酸血症、促进红细胞成熟和血红蛋白合成极为重要。妊娠期叶酸应达到 600μg DFE/d（指的是每天的膳食叶酸当量）。为预防早产、流产，满足妊娠期血红蛋白合成增加和胎儿铁储备的需要，妊娠期应常吃含铁丰富的食物，铁缺乏严重者可在医师指导下适量补铁。碘是合成甲状腺素的原料，是调节新陈代谢和促进蛋白质合成的必需微量元素，除选用碘盐外，每周还应摄入 1～2 次含碘丰富的海产品。

2. 孕吐严重者，可少量多餐，保证摄入含必要量糖类的食物

妊娠早期应维持妊娠前平衡膳食。如果早期妊娠反应严重，可少食多餐，选择清淡或适口的膳食，保证摄入含必要量糖类的食物，以预防酮血症对胎儿神经系统的损害。

3. 妊娠中晚期适量增加奶、鱼、禽、蛋、瘦肉的摄入

自妊娠中期开始，胎儿生长速率加快，应在妊娠前膳食的基础上，增加奶类 200g/d，动物性食品（鱼、禽、蛋、瘦肉）妊娠中期增加 50g/d，妊娠晚期增加 125g/d，以满足对优质蛋白、维生素 A、钙、铁等营养素和能量增加的需要。建议每周食用 2～3 次鱼类，以提供对胎儿脑发育有重要作用的 n-3 长链多不饱和脂肪酸。

4. 适量身体活动，维持妊娠期适宜增重

体重增长是反映孕妇营养状况的最实用的直观指标，与胎儿出生体重、妊娠并发症等妊娠结局密切相关。为保证胎儿正常生长发育，应使妊娠期体重增长保持在适宜的范围内。身体活动还有利于愉悦心情和自然分娩。健康的孕妇每天应进行不少于 30min 的中等强度身体活动。

5. 禁烟酒

烟草、酒精对胚胎发育的各个阶段都有明显的毒性作用，容易引起流产、早产和胎儿畸形。有吸烟饮酒习惯的妇女必须戒烟禁酒，远离吸烟环境，避免二手烟。

（三）哺乳期妇女膳食指南

哺乳期是母体用乳汁哺育新生子代使其获得最佳生长发育条件并奠定一生健康基础的特殊生理阶段。哺乳期妇女（乳母）既要分泌乳汁，哺育婴儿，还需要逐步补偿妊娠分娩时的营养素损耗，并促进各器官、系统功能的恢复，因此，比非哺乳妇女需要更多的营养。哺乳期妇女的膳食仍是由多样化食物组成的营养均衡的膳食，除保证哺乳期的营养需要外，还通过乳汁的口感和气味，潜移默化地影响较大婴儿对辅食的接受能力和后续多样化膳食结构的建立。

基于母乳喂养对母亲和子代诸多的益处，世界卫生组织建议婴儿 6 个月内应纯母乳喂养，并在添加辅食的基础上持续母乳喂养到 2 岁甚至更长时间。乳母的营养状况是泌乳的基础，如果哺乳期营养不足，将会减少乳汁分泌量，降低乳汁质量，并影响母体健康。此外，产后情绪、心理、睡眠等也会影响乳汁分泌。鉴于此，哺乳期妇女膳食指南在一般人群膳食指南基础上增加五条关键推荐。

1. 增加富含优质蛋白及维生素 A 的动物性食品和海产品，选用碘盐

乳母的营养是泌乳的基础，尤其蛋白质营养状况对泌乳有明显影响，动物性食物如鱼、禽、蛋、瘦肉等可提供丰富的优质蛋白和一些重要的矿物质和维生素，乳母每天应比妊娠前增加约 80g 的鱼、禽、蛋、瘦肉，如条件限制，可用富含优质蛋白的大豆及其制品替代。为保证乳汁中碘、n-3 长链多不饱和脂肪酸（如二十二碳六烯酸）和维生素 A 的含量，乳母应选用碘盐烹调食物，适当摄入海带、紫菜、鱼、贝类等富含碘或 DHA 的海产品，适量增加富含维生素 A 的动物性食物，如动物肝脏、蛋黄等。奶类是钙的最好食物来源，乳母每天应增饮 200mL 的牛奶，使总奶量达到 400～500mL，以满足其对钙的需要。

2. 产褥期食物多样不过量，重视整个哺乳期营养

"坐月子"是中国的传统习俗，其间常过量摄入动物性食物，致能量和宏量营养素摄入过剩。应重视整个哺乳阶段的营养，食不过量且营养充足，以保证乳汁的质与量，持续地进行母乳喂养。

3. 保持心情愉悦、睡眠充足，促进乳汁分泌

乳母的心理及精神状态，也可以影响乳汁分泌，应保持心情愉悦，以确保母乳喂养的成功。

4. 坚持哺乳，适度运动，逐步恢复适宜体重

妊娠期体重过度增加及产后体重滞留，是女性肥胖发生的重要原因之一。坚持哺乳、科学活动和锻炼，有利于机体复原和体重恢复。

5. 忌烟酒，避免浓茶和咖啡

吸烟、饮酒会影响乳汁分泌，烟草中的尼古丁和酒精也可通过乳汁进入婴儿体内，影响婴儿睡眠及精神运动发育。此外，茶和咖啡中的咖啡因有可能造成婴儿兴奋，乳母应避免饮用浓茶和大量咖啡。

三、中国婴幼儿喂养指南

（一） 6 月龄内婴儿的母乳喂养指南

1. 产后尽早开奶，坚持新生儿的第一口食物是母乳

初乳富含营养和免疫活性物质，有助于新生儿肠道功能发展，并可提供免疫保护。母亲分娩后，应尽早开奶，让婴儿吸吮乳头获得初乳并进一步刺激泌乳，增加乳汁分泌。婴儿出生后第一口给予母乳，有利于预防婴儿过敏，并可减轻新生儿黄疸、体重下降和低血糖的发生。此外，让婴儿尽早反复吸吮乳头是确保成功纯母乳喂养的关键。婴儿出生时，体内具有一定的能量储备，可满足至少 3d 的代谢需求。开奶过程中不用担心新生儿饥饿，可密切关注婴儿体重，体重下降只要不超过出生体重的 7%，就应坚持纯母乳喂养。温馨环境、愉悦心情、精神鼓励、乳腺按摩等辅助因素，有助于顺利成功开奶。准备母乳喂养应从孕期开始。

2. 坚持 6 月龄内纯母乳喂养

母乳是婴儿最理想的食物，纯母乳喂养能满足婴儿 6 月龄以内所需要的全部液体、能量和营养素。此外，母乳有利于婴儿肠道健康微生态环境建立和肠道功能成熟，降低感染性疾病和过敏发生的风险。母乳喂养可营造母子情感交流的环境，给婴儿最大的安全感，有利于婴儿心理、行为和情感发展。母乳是最佳的营养支持，母乳喂养经济、安全又方便，同时有利于避免母体产后体重滞留，并可降低母体乳腺癌、卵巢癌和 2 型糖尿病的风险。应坚持纯母乳喂养 6 个月。母乳喂养需要全社会的努力，以及专业人员的技术指导，家庭、社区和工作单位应积极支持。国家应充分利用政策和法律保护母乳喂养。

3. 顺应喂养，建立良好的生活规律

母乳喂养应顺应婴儿胃肠道成熟和生长发育过程，从按需喂养模式向规律喂养模式递进。婴儿饥饿是按需喂养的基础，饥饿引起哭闹时应及时喂哺，不要强求喂奶次数和时间，特别是 3 月龄以前的婴儿。婴儿出生后 2~4 周就基本建立了自己的进食规律，家长应明确感知其进食规律的时间信息。随着月龄增加，婴儿胃容量逐渐增加，单次摄乳量也随之增加，哺喂间隔则会相应延长，喂奶次数减少，规律哺喂的良好习惯逐渐建立。如果婴儿哭闹明显不符平日进食规律，应该首先排除非饥饿原因，如胃肠不适等。非饥饿原因哭闹时，增加哺喂次数只能缓解婴儿的焦躁心理，并不能解决根本问题，应及时就医。

4. 出生后数日开始补充维生素 D，不需补钙

人乳中维生素 D 含量低，母乳喂养儿不能获得足量的维生素 D。适宜的阳光照射能促进皮肤中维生素 D 的合成，但鉴于养育方式及居住地域的限制，阳光照射可能不是 6 月龄内婴儿获得维生素 D 的最方便途径。因此，婴儿出生后数日就应开始每日补充维生素 D 10μg（400IU）。纯母乳喂养能满足婴儿骨骼生长对钙的需求，不需额外补钙。推荐新生儿出生后补充维生素 K，特别是剖宫产新生儿。

5. 婴儿配方奶是不能纯母乳喂养时的无奈选择

由于婴儿患有某些代谢性疾病、乳母患有某些传染性或精神性疾病，乳汁分泌不足或无乳汁分泌等原因，不能用纯母乳喂养婴儿时，建议首选适合于 6 月龄内婴儿的配方奶喂养，不宜直接用普通液态奶、成人奶粉、蛋白粉、豆奶粉等喂养婴儿。任何婴儿配方奶都不能与母乳相媲美，只能作为纯母乳喂养失败后无奈的选择，或者 6 月龄后对母乳的补充。6 月龄前放弃母乳喂养而选择婴儿配方奶，对婴儿的健康是不利的。

6. 监测体格指标，保持健康生长

身长和体重是反映婴儿喂养和营养状况的直观指标。疾病或喂养不当、营养不足会使婴儿生长缓慢或停滞。6 月龄内婴儿应每半月测一次身长和体重，病后恢复期可增加测量次数，并选用世界卫生组织的"儿童生长曲线"判断婴儿是否得到正确、合理喂养。婴儿生长有自身规律，过快、过慢生长都不利于儿童远期健康。婴儿生长存在个体差异，也有阶段性波动，不必相互攀比生长指标。母乳喂养儿的体重增长可能低于配方奶喂养儿，只要处于正常的生长曲线轨迹，即是健康的生长状态。

（二）7~24 月龄婴幼儿喂养指南

1. 继续母乳喂养，满 6 月龄起添加辅食

母乳仍然可以为满 6 月龄（出生 180d）的婴幼儿提供部分能量、优质蛋白、钙等重要营养素,以及各种免疫保护因子等。继续母乳喂养也仍然有助于促进母子间的亲密接触,促进婴幼儿的发育。因此,7~24月龄婴幼儿应继续母乳喂养。不能母乳喂养或母乳不足时,需要以配方奶作为母乳的补充。婴儿满6月龄时,胃肠道等消化器官已相对发育完善,可消化母乳以外的多样化食物。同时,婴儿的口腔运动功能,味觉、嗅觉、触觉等感知觉,以及心理、认知和行为能力也已准备好接受新的食物。此时开始添加辅食,不仅能满足婴儿的营养需求,也能满足其心理需求,并可促进其感知觉、心理及认知和行为能力的发展。

2. 从富含铁的糊状食物开始,逐步增加达到食品多样化

7~12月龄婴儿所需能量1/3~1/2来自辅食,13~24月龄幼儿1/2~2/3的能量来自辅食,而婴幼儿来自辅食的铁更高达99%。因而婴幼儿最先添加的辅食应该是富铁的高能量食物,如强化铁的婴儿米粉、肉泥等。在此基础上,逐渐引入其他不同种类的食物,以提供不同的营养素。

辅食添加的原则:每次只添加一种新食物,由少到多、由稀到稠、由细到粗,循序渐进。从一种富铁泥糊状食物开始,如强化铁的婴儿米粉、肉泥等,逐渐增加食物种类,逐渐过渡到半固体或固体食物,如烂面、肉末、碎菜、水果粒等。每引入一种新的食物应适应2~3d,密切观察是否出现呕吐、腹泻、皮疹等不良反应,适应一种食物后再添加其他新的食物。

3. 提倡顺应喂养,鼓励但不强迫进食

随着婴幼儿生长发育,父母及喂养者应根据其营养需求的变化、感知觉,以及认知、行为和运动能力的发展,顺应婴幼儿的需要进行喂养,帮助婴幼儿逐步达到与家人一致的规律进餐模式,并学会自主进食,遵守必要的进餐礼仪。

父母及喂养者有责任为婴幼儿提供多样化,且与其发育水平相适应的食物,在喂养过程中应及时感知婴幼儿所发出的饥饿或饱足的信号,并做出恰当的回应。尊重婴幼儿对食物的选择,耐心鼓励和协助婴幼儿进食,但绝不强迫进食。

父母及喂养者还有责任为婴幼儿营造良好的进餐环境,保持安静、愉悦,避免电视、玩具等对婴幼儿注意力的干扰。控制每餐时间不超过20min。父母及喂养者也应该是婴幼儿进食的好榜样。

4. 辅食不加调味品,尽量减少糖和盐的摄入

辅食应保持原味,不加盐、糖及刺激性调味品,保持淡口味。淡口味食物有利于提高婴幼儿对不同天然食物口味的接受度,可减少偏食挑食的风险。淡口味食物也可减少婴幼儿摄入盐和糖的量,降低儿童期及成人期肥胖、糖尿病、高血压、心血管疾病的风险。

强调婴幼儿辅食不额外添加盐、糖及刺激性调味品,也是为了提醒父母在准备家庭食物时也应保持淡口味,既可适应婴幼儿的需要,也为保护全家人的健康。

5. 注重饮食卫生和进食安全

选择新鲜、优质、无污染的食物和清洁水制作辅食。制作辅食前须先洗手。制作辅食的餐具、场所应保持清洁。辅食应煮熟、煮透。制作的辅食应及时食用或妥善保存。进餐前洗手,保持餐具和进餐环境清洁、安全。婴幼儿进食时一定要有成人看护,以防进食意外。整粒花生、坚果、果冻等食物不适合婴幼儿食用。

6. 定期监测体格指标,追求健康生长

适度、平稳生长是最佳的生长模式。每3个月一次定期监测并评估7~24月龄婴幼儿的体格生长指标有助于判断其营养状况，并可根据体格生长指标的变化，及时调整营养和喂养的食物。对于生长发育不良、超重肥胖及处于急慢性疾病期间的婴幼儿应增加监测次数，达到健康饮食的需要。

四、中国儿童少年膳食指南

（一）学龄前儿童膳食指南

本指南适用于满 2 周岁后至满 6 周岁前的儿童（也称为学龄前儿童），是基于 2～5 岁儿童生理和营养特点，在一般人群膳食指南基础上增加的关键推荐。

2～5 岁是儿童生长发育的关键时期，也是良好饮食习惯培养的关键时期。足量食物、平衡膳食，规律就餐，不偏食不挑食，每天饮奶多饮水，避免含糖饮料是学龄前儿童获得全面营养、健康生长、构建良好饮食行为的保障。

家长要有意识地培养孩子规律就餐、自主进食、不挑食的饮食习惯，鼓励每天饮奶，选择健康有营养的零食，避免含糖饮料和高脂肪的油炸食物。为适应学龄前儿童心理发育，鼓励儿童参加家庭食物选择或制作过程，增加儿童对食物的认识和喜爱。

此外，户外活动有利于学龄前儿童身心发育和人际交往能力，应特别鼓励。

学龄前儿童膳食指南在一般人群膳食指南基础上增加五条关键推荐。

1.规律就餐，自主进食不挑食，培养良好饮食习惯

足量食物、平衡膳食、规律就餐是 2～5 岁儿童获得全面营养和良好消化吸收的保障。此时期儿童神经心理发育迅速，自我意识和模仿力、好奇心增强，易出现进食不专注，因此要注意引导儿童自主、有规律地进餐，保证每天不少于三次正餐和两次加餐（三餐两点）。不随意改变进餐时间、环境和进餐量；纠正挑食、偏食、不专心进食等不良饮食行为；培养儿童摄入多样化食物的良好饮食习惯。

2.每天饮奶，足量饮水，正确选择零食

目前，我国儿童钙摄入量普遍偏低，对于快速生长发育的儿童，应鼓励多饮奶，建议每日饮奶 300～400mL 或进食相当量的奶制品。儿童新陈代谢旺盛，活动量大，水分需要量相对较多，建议 2～5 岁儿童每天水的总摄入量为 1300～1600mL。饮水时以白开水为主。零食应尽可能与加餐相结合，以不影响正餐为前提，多选用营养密度高的食物，如乳制品、水果、蛋类及坚果类等。

3.食物应合理烹调，易于消化，少调料、少油炸

鼓励儿童体验和认识各种食物的天然味道和质地，了解食物特性，增进对食物的喜爱。建议多采用蒸、煮、炖、煨等方式烹制儿童膳食，从小培养儿童清淡口味，少放调料，少用油炸。

4.参与食物的选择与制作，增进对食物的认知与喜爱

学龄前儿童生活能力逐渐提高，对食物选择有一定的自主性，开始表现出对食物的喜好。应鼓励儿童体验和认识各种食物的天然味道和质地，了解食物特性，增进对食物的喜爱；鼓励儿童参与家庭食物选择和制作过程，以吸引儿童对各种食物的兴趣，享受烹饪食物过程中的乐趣和成就。家长或幼儿园老师可带儿童去市场选购食物，使其辨识应季蔬果，尝试自主选购蔬菜。在节假日，可带儿童去农田认识农作物，使其参与简单的农业生产过程，参与植物的种植，观察植物的生长过程，向其介绍蔬菜的生长方式、营养成分及对身体的好处，并让孩子亲自动手采摘蔬菜，以激发孩子对食物的兴趣，享受劳动成果。让儿童参观家庭膳食制备过程，参与一些力所能及的加工活动（如择菜），体会参与的乐趣。

5.经常户外活动，保障健康生长

鼓励儿童经常参加户外游戏与活动，实现对其体能、智能的锻炼培养，维持能量正平衡，促进皮肤中维生素D的合成和钙的吸收利用。此外，增加户外活动时间，可有效减少儿童近视的发生。2～5岁儿童生长发育速度较快，身高、体重可反映儿童膳食营养摄入状况，家长可通过定期监测儿童的身高、体重，及时调整其膳食和身体活动，以保证正常的健康成长。

（二）学龄儿童膳食指南

学龄儿童是指从6岁到不满18岁的未成年人。学龄儿童正处于在校学习阶段，生长发育迅速，对能量和营养素的需要量相对高于成年人。充足的营养是学龄儿童智力和体格正常发育，乃至一生健康的物质保障，因此更需要强调合理膳食、均衡营养。

学龄儿童期是学习营养健康知识、养成健康生活方式、提高营养健康素养的关键时期。学龄儿童应积极学习营养健康知识，传承我国优秀饮食文化和礼仪，提高营养健康素养，认识食物、参与食物的选择和烹调，养成健康的饮食行为。家长应学会并将营养健康知识融入学龄儿童的日常生活中，学校应开设符合学龄儿童特点的营养与健康教育相关课程，营造校园营养环境。家庭、学校、社会要共同努力，关注和开展学龄儿童的饮食教育，帮助他们从小养成健康的生活方式。学龄儿童膳食指南在一般人群膳食指南基础上增加五条关键推荐。

1.认识食物，学习烹饪，提高营养科学素养

了解和认识食物，学会选择食物烹调和合理饮食的生活技能，传承我国优秀饮食文化和礼仪，对于儿童青少年自身健康和我国优良饮食文化传承具有重要意义。

2.三餐合理，规律进餐，培养健康饮食行为

学龄儿童的消化系统结构和功能还处于发育阶段，一日三餐的合理和规律是培养健康饮食行为的基础，应清淡饮食，少在外就餐，少吃含能量、脂肪或糖类高的快餐。

3.合理选择零食，足量饮水，不喝含糖饮料

足量饮水可以促进儿童健康成长，还能提高其学习能力，而经常大量饮用含糖饮料会增加他们发生龋齿和超重肥胖的风险，要合理选择零食，每天饮水800～1400mL，首选白开水，不喝或少喝含糖饮料，禁止饮酒。

4.不偏食节食，不暴饮暴食，保持适宜体重增长

学龄儿童的营养应均衡，以保持适宜的体重增长，偏食、挑食和过度节食会影响儿童青少年健康，容易出现营养不良。暴饮暴食在短时间内会摄入过多的食物，加重消化系统的负担，增加发生超重肥胖的风险。超重肥胖不仅影响学龄儿童的健康，更容易延续到成年期，增加慢性病的风险。

5.保证每天至少活动60min，增加户外活动时间

充足规律和多样的身体活动可强健骨骼和肌肉，提高心肺功能，降低慢性病的发病风险，要尽可能减少久坐少动和视屏时间，应开展多样化的身体活动，保证每天至少活动60min，其中每周至少3次高强度的身体活动、3次抗阻力运动和骨质增强型运动。增加户

外活动时间，有助于维生素 D 体内合成，还可有效减缓近视的发生和发展。

五、中国老年人膳食指南

老年人和高龄老人分别指 65 岁和 80 岁以上的成年人。由于年龄增加，老年人器官功能出现不同程度的衰退，如消化吸收能力下降，心脑功能衰退，视觉、听觉及味觉等器官反应迟钝，肌肉萎缩，瘦体组织量减少等。这些变化可明显影响老年人摄取消化吸收食物的能力，使老年人容易出现营养不良、贫血、骨质疏松、体重异常和肌肉衰减等问题，也极大地增加了慢性疾病发生的风险，因此老年人在膳食及运动方面更需要特别关注。

老年人膳食应食物多样化，保证食物摄入量充足。老年人身体对缺水的耐受性下降，要主动饮水，首选温热的白开水。户外活动能够更好地接受紫外线照射，有利于体内维生素 D 合成和延缓骨质疏松的发展。老年人常受生理功能减退的影响，更易出现矿物质和某些维生素的缺乏，因此应精心设计膳食，选择营养食品，精准管理健康。老年人应有意识地预防营养缺乏和肌肉衰减，主动运动。老年人不应过度苛求减重，应维持体重在一个稳定水平，预防慢性疾病发生和发展，当非自愿的体重下降或进食量明显减少时，应主动去体检和营养咨询。老年人应积极主动参与家庭和社会活动，主动与家人或朋友一起进餐或活动，积极快乐享受生活。全社会都应该创造适合老年人生活的环境。老年人膳食指南在一般人群膳食指南基础上增加四条关键推荐。

1. 少量多餐，食物细软，预防营养缺乏

考虑到不少老年人牙齿缺损，消化液分泌和胃肠蠕动减弱，容易出现食欲下降和早饱现象，造成食物摄入量不足和营养缺乏，因此老年人膳食更应注意合理设计、精准营养，食物制作要细软，并做到少量多餐。对于有吞咽障碍和高龄老人，可选择软食，进食中要细嚼慢咽，预防呛咳和误吸；对于贫血以及钙、维生素 D、维生素 A 等营养缺乏的老年人，建议在营养师和医生的指导下，选择适合自己的食品，强化营养。

2. 主动足量饮水，积极户外活动

老年人身体对缺水的耐受性下降，饮水不足可对老年人的健康造成明显影响，因此要足量饮水，每天的饮水量宜达到 1500～1700mL。应少量多次，主动饮水，首选温热的白开水。

3. 延缓肌肉衰减，维持适宜体重

骨骼肌是身体的重要组成部分，延缓肌肉衰减，对维持老年人活动能力和健康状况极为重要。延缓肌肉衰减的有效方法是吃动结合，一方面要增加摄入富含优质蛋白的瘦肉、海鱼、豆类等食物，另一方面要进行有氧运动和适当的抗阻运动。老年人体重应维持在正常稳定水平，不应过度苛求减重，体重过高或过低都会影响健康。从降低营养不良风险和死亡风险的角度考虑，老年人的 BMI 应该以不低于 20kg/m^2 为好，鼓励通过营养师的个性化评价来指导和改善。

4. 摄入充足食物，鼓励陪伴进餐

老年人应积极进行户外活动，积极主动参与家庭和社会活动，鼓励与家人一起进餐，主动参与烹饪；独居老年人可去集体用餐点或多与亲朋一起用餐和活动，以便摄入更多丰富的食物和积极参加集体活动，增加接触社会的机会。

六、素食人群膳食指南

素食是一种饮食文化，素食人群应认真设计自己的膳食，合理利用食物，以确保满足营养需要和促进健康。

全素和蛋奶素人群应合理搭配膳食，避免因缺少动物性食物而引起蛋白质、维生素 B_{12}、n-3 多不饱和脂肪酸、铁、锌等营养素缺乏的风险。素食人群膳食指南在一般人群膳食指南基础上增加五条关键推荐。

1.谷类为主，食物多样，适量增加全谷物食物

谷类食物含有丰富的糖类等多种营养成分，是人体能量、B 族维生素、矿物质、膳食纤维等的重要来源。为了弥补因动物性食物带来的某些营养素不足，素食人群应食物多样，适量增加谷类食物摄入量。全谷物保留了天然谷类的全部成分，提倡多吃全谷物食物。建议全素人群（成人），每天摄入谷类 250～400g，其中全谷类为 120～200g；蛋奶素人群（成人）每天摄入谷类为 225～350g，其中全谷类为 100～150g。

2.增加大豆及其制品的摄入，选用发酵豆制品

大豆含有丰富的优质蛋白、不饱和脂肪酸和 B 族维生素及其他多种有益健康的物质，如大豆异黄酮、大豆固醇及大豆卵磷脂等；发酵豆制品中含有维生素 B_{12}。因此，素食人群应增加大豆及其制品的摄入，选用发酵豆制品。建议全素人群（成人）每天摄入大豆 50～80g 或等量的豆制品，其中包括 5～10g 发酵豆制品；蛋奶素人群（成人）每天摄入大豆 25～60g 或等量的豆制品。

3.常吃坚果、海藻和菌菇

坚果类富含蛋白质、不饱和脂肪酸、维生素和矿物质等，常吃坚果有助于心脏的健康；海藻含有二十碳和二十二碳 n-3 多不饱和脂肪酸及多种矿物质；菌菇富含矿物质和真菌多糖类物质。因此素食人群应常吃坚果、海藻和菌菇。建议全素人群（成人）每天摄入坚果 20～30g，藻类或菌菇 5～10g；蛋奶素人群（成人）每天摄入坚果 15～25g。

4.蔬菜、水果应充足

蔬菜水果摄入应充足，食用量同一般人群一致。

5.合理选择烹调油

应食用各种植物油，以满足必需脂肪酸的需要；α-亚麻酸在亚麻籽油和紫苏油中含量最为丰富，是素食人群膳食 n-3 多不饱和脂肪酸的主要来源。因此应多选择亚麻籽油和紫苏油。

第二节　孕妇的营养

母体在妊娠期对多种营养素需要量增加，同时，孕妇又要储存脂肪及多种营养素以备临产时、产后哺乳期的消耗。否则，孕妇营养素缺乏，会对母体及胎儿双方造成不良影响。

一、孕期的营养生理特点

（一）营养素需要量明显增加

孕妇摄取的营养物质除了供给自身需要外，还需要供给胎儿生长发育以及胎盘、子宫、乳房等组织。因此，孕妇对各种营养素的需要量比一般成人明显增加。此外，由于孕妇肾功能的改变，自身生理功能的变化，有效肾血浆流量及肾小球过滤率增加，但肾小管重吸收能力没有相应的增加，使得尿中葡萄糖、氨基酸和水溶性维生素（如维生素 B_2、叶酸、烟酸、吡多醛）的代谢产物排出量增加，其中葡萄糖的尿排出量可增加 10 倍以上，所以孕妇对上述营养素的需要量也增加。

（二）代谢的改变

代谢的改变包括合成代谢增强和基础代谢率升高。因为怀孕后有两方面的合成代谢，一方面是身体合成一个完整的质量约为 3.2kg 的胎儿，另一方面是母体代谢上的适应以及生殖系统的进一步发育。这两种合成都需要一定物质来支持。在妊娠后半期，每天约 627kJ 能量用于基础代谢的增高。

妊娠期，在大量雌激素、黄体酮及绒毛膜促性腺激素的影响下，母体的甲状腺功能旺盛，母体基础代谢率增加。作为胎儿主要能源的葡萄糖可通过胎盘以糖原的形式储存，并经过扩散从胎盘运转至胎儿；氨基酸可通过胎盘主动运转至胎儿；脂肪酸可通过胎盘扩散运转至胎儿。接近孕末期足月时，胎儿每日有 35g 葡萄糖、7g 氨基酸和 1.7g 脂肪酸的营养需求。

（三）消化功能的改变

许多孕妇在妊娠早期常由于子宫内膜变化，胎盘产生激素的作用，胃肠平滑肌张力降低，活力减弱，导致食物在胃内停留时间延长，常有恶心呕吐、食欲降低等早孕反应而影响进餐，12 周以后逐渐消失。孕期胃酸分泌下降，胃肠蠕动减缓，常有胃肠胀气、便秘等现象。同时会加强对某些营养素的吸收，妊娠后半期孕妇对铁、钙、维生素 B_{12} 的吸收较孕前增加。

（四）肾脏负担加重

由于孕妇自身及胎儿的排泄物增多，孕妇肾脏负担增加，肾血流量及肾小球滤过率增加，尿中的蛋白质代谢产物尿素、尿酸、肌酸、肌酐等排泄增多。早期由于子宫扩大挤压膀胱，尿频显著；孕后期，随着胎头下降入盆也会挤压膀胱，造成同样的结果。基于肾小球滤过率增加，而肾小管的吸收能力又不能相应增高，结果将导致部分妊娠期妇女尿中的葡萄糖、氨基酸、水溶性维生素的排出量增加，例如约 15% 的孕妇有糖尿，尿中叶酸排出量增加一倍。以上排泄物的增加，可为细菌生长提供物质条件。此外，尿中碘排出量有所增加，但尿中钙的排出量减少。

（五）血容量增加

正常非妊娠期妇女血浆容量约 2.6L，由于胎儿血液循环的需要，孕妇血容量随妊娠月份增加而逐渐增加，从 10 周开始到 32～34 周达到高峰，血容量比妊娠前约增加 35%～40%，并一直维持至分娩。以后逐渐下降，产后 4～6 周恢复至孕前状态。由于血容量的增加幅度比红细胞的增加幅度大，致使血液相对稀释，血中血红蛋白浓度下降，可出现生理性贫血。

（六）体重增加

若不限制膳食，孕妇体重在足月时平均增加约 10～15kg，其中一半的重量为生殖系统与胎儿的重量，另一半重量则为母体其他方面增加的重量。妊娠前 3 个月体重增长较慢，在此期间子宫与乳房增大，血容量增加；孕中期体重增长迅速，母体开始贮存脂肪及部分蛋白质；孕晚期主要是盆腔及下肢间质液增多。前半期体重往往增加 3～4kg，后半期体重增加 6～8kg。

（七）水贮留增加

正常妊娠母体内逐渐贮留较多钠，除供胎儿需要外，其余分布在母体细胞外液（组织液）中，随钠离子贮留体内水分贮留增加。整个妊娠过程中母体含水量约增加 6.5～7kg。

二、孕期营养不良对母体及胎儿的影响

（一）妊娠期营养不良对母体的影响

由于在妊娠期体内分泌激素的变化，全身各系统都会发生一定的生理变化，均会导致各种营养素的缺乏，容易引起孕妇营养不良，常常可发生以下几种营养缺乏病。

1.营养性贫血

包括缺铁性贫血和缺乏叶酸、维生素 B_1 引起的巨幼红细胞贫血，主要原因有：膳食铁摄入不足；来源于植物性食物的膳食铁吸收利用率低，吸收率仅 10% 左右；母体和胎儿对铁的需要量增加；某些其他因素引起的失血等。

2.骨质软化症

维生素 D 的缺乏可影响钙的吸收，导致血钙浓度下降。为了满足胎儿生长发育所需要的钙，必须动用母体骨骼中的钙，结果使得母体骨钙不足，引起脊柱、骨盆骨质软化，骨盆变形，重者甚至造成难产。

3.营养不良性水肿

妊娠期蛋白质严重摄入不足所致。蛋白质缺乏较轻者，仅出现下肢水肿，严重者可出现全身浮肿。此外，维生素 B_{12} 缺乏者亦可引起浮肿。

（二）妊娠期营养不良对胎儿的影响

妊娠期妇女营养素摄入不足时，对胎儿的不良影响以下述几种为主。

1.先天畸形

妊娠早期妇女因某些营养素摄入不足或摄入过量，常可导致各种各样的先天畸形儿出生。例如叶酸缺乏可导致神经管畸形发生，以无脑儿和脊柱裂表现为主；母体缺锌，则会影响胎儿脑的发育，并有多发性骨骼畸形；维生素 A 缺乏或过多可导致无眼、小头等先天畸形的发生等。

2. 低出生体重 (low birth weight，LBW)

LBW 指新生儿出生体重小于 2500g。LBW 围产儿死亡率为正常儿的 4～6 倍，不仅影响婴幼儿期的生长发育，还可影响儿童期和青春期的体能与智力发育。影响 LBW 的因素较多且复杂，有些尚不明确，常见的营养因素是妊娠期妇女偏食、妊娠剧吐、能量和蛋白质及维生素摄入不足、妊娠贫血等。如孕妇缺少蛋白质，会使胎儿细胞分裂及生长速度减慢，导致胎儿体重过轻，生长发育迟缓，结果死亡率大大增加。

3. 脑发育受损

妊娠早期胎儿细胞分裂十分迅速，至妊娠 3 个月时胎儿生长，约 10cm，重 50g，各个器官的雏形基本形成。如果孕妇营养不良发生在怀孕初 3 个月，不但胎儿长得较慢而且脑细胞数也会减少，今后孩子的智力发育将会受到影响。胎儿脑细胞数的快速增殖期是从妊娠第 30 周至出生后 1 年左右，以后脑细胞数量不再增加而细胞体积增大。因此，妊娠期的营养状况，尤其是妊娠后期母体蛋白质和能量的摄入量是否充足，直接关系到胎儿的脑发育，还可影响日后的智力发育。母体缺锌、碘，也会造成胎儿脑发育不全或无脑等情况发生。孕妇每日需钙量 1200mg，而目前中国居民膳食中（包括牛奶、鸡蛋）提供给孕妇的最多只有 800mg。据中国医学科学院等专业机构的调查，营养不良状况在中国妇女中普遍存在，缺锌者及蛋白质摄入不足者分别占 52% 和 52.1%。缺铁性贫血在妊娠妇女中全国各地区平均发生率达 54.6%。叶酸及维生素的摄入量也常有不足。因此，中国孕妇的营养状态亟需改善。

三、孕期的营养需要

（一）热能

妊娠全过程中，胎儿增长约 3.2kg，储备脂肪约 4kg，羊水胎盘约 2kg，子宫、乳房增长约 2.8kg，加起来，孕妇体重要增加约 12kg。自孕中、后期计算，每日要增长 60g，每增加 1g 体重需热能 20.9kJ，因此每日需多增加 1.25MJ 的热能。由于孕妇对营养素吸收率增高，而且劳动量减少，故我国根据各地孕妇营养调查结果与国人体质情况，规定自妊娠 4 个月至临产，每日热能供给量比非孕妇女增加 0.8MJ。应用时要观察孕妇在孕中、后期增重情况，若每周增重 0.45kg 左右，表示热能供给恰当，不可低于 0.4kg 或超过 0.5kg。孕前肥胖妇女，孕期不要用减肥膳食，并需密切注意体重增长情况，以防止妊娠高血压症或巨大胎儿的发生。

（二）蛋白质

孕期母体有关器官（子宫、胎盘及乳房等）及胎儿的发育需要增加蛋白质的供给量，中国营养学会建议和推荐的妊娠期蛋白质增加量是：妊娠早期（妊娠 12 周末以前）为 5g/d，妊娠中期（妊娠第 13～27 周末）为 15g/d，妊娠晚期（妊娠第 28 周以后）为 20g/d。除了数量保证外，还要保证优质的动物及豆类蛋白质的摄入至少占 1/3。另外，孕妇从尿中排出的氨基酸比孕前高，在 8 种必需氨基酸中，蛋氨酸、色氨酸及赖氨酸的排出都增加，血浆氨基酸的水平则比孕前稍低。因此，孕妇应有足够的优质蛋白（1/3 以上）补充。

（三）脂类

脂肪对胎儿发育及脂溶性维生素的吸收有帮助，如缺少一定量的必需脂肪酸，可推迟胎儿脑细胞的分裂增殖；脂肪还可促进乳汁分泌。妊娠全过程孕妇需要增加脂肪 2～4kg。故孕妇每天应该补充 60～70g 脂肪。其中必需脂肪酸 3～6g，植物油中必需脂肪酸占 40％，每天摄入 7.5～15g 植物油即可满足所需的必需脂肪酸。胆固醇的摄入量应少于 300mg/d。但孕妇血脂已较非孕时增加，故脂肪摄入量占总热能的 25％即可。注意少摄入富含饱和脂肪酸的畜肉和禽肉，多采用植物油。为了胎儿的脑发育应多摄入富含磷脂的豆类、卵黄。

（四）糖类

摄入糖类可以很快供给热能，尤其胎儿以葡萄糖为唯一的能量来源，因此消耗母体的葡萄糖较多。如果摄入不足，母体需分解体内脂肪，而脂肪氧化不完全时可产生酮体，酮体过多时孕妇可发生酮症酸中毒，进而又会影响胎儿智力发育。糖类供给的热能必须占总热能的 60％。因此，以摄入淀粉类多糖为宜，不必直接摄入葡萄糖或过多蔗糖，以免血糖波动。

（五）维生素

维生素作为某些辅酶的主要成分，在体内调节代谢过程中具有极其重要的作用。大多数维生素，特别是水溶性维生素在体内不能合成和储存，只能靠食物供给。有些维生素，如维生素 K，在肠内虽然可少量合成，但不能满足机体的需要。因此孕妇每天必须有足够的维生素供给，才能满足机体代谢的需要。孕期需要较多的维生素 A，以维持胎儿正常生长发育及母体各组织的增长。缺乏维生素 D 可导致孕妇骨质软化、骨盆畸形。如孕妇有低钙症状，血中钙磷乘积低于 40 时，胎儿有可能发生先天性佝偻病。孕妇血浆中维生素 E 含量增高，一般为正常非孕妇女血中维生素 E 含量的 2 倍，血液中维生素 E 水平与维生素 A 含量呈正相关，故应提倡孕妇多食用粗粮、杂粮、蔬菜、水果、花生仁、核桃、黄豆等食物，以满足对维生素 C、维生素 B_1、维生素 B_2、维生素 B_6 的需要。

（六）矿物质

矿物质是人体不可缺少的成分。对孕妇来说，特别重要的是钙和铁。母体缺钙，胎儿也会得软骨病，即患先天性佝偻病。磷在体内参与糖类、脂类、蛋白质的代谢过程，也是构成骨骼、肌肉、神经、脑和脊髓组织的重要元素。铁是造血原料之一。含钙铁较多的食物有海带、油菜、芹菜、黄豆及其制品等。动物的肝脏、肾脏、鱼类和豆类含有较多的磷，且这些都是含矿物质较多的食物。此外，孕妇还需要一些其他微量元素，如碘、氟、锌等。食物中含碘不足，会引起甲状腺机能失调，应多进食海带、鱼虾来补充。食物中含氟量不足，对骨骼和牙釉质构成有影响。食物中缺锌，影响人体的生长发育及免疫功能。植物中的锌不易吸收，应多补充动物性食品。

四、孕妇的膳食调配原则及合理膳食

（一）孕妇的膳食调配原则

1. 确保营养素既全面又充足

（1）能量　孕妇的能量摄取，除满足本身的需要外，还要满足胎儿生长发育的需要。所以，妊娠期的能量需要比妊娠前明显增加，自妊娠 4 个月起，热能的摄入量比妊娠前期增加约 8%，妊娠后期增加约 20%。充足的能量是通过提高主食的量以及适当地增加肉类食物实现的。妊娠中、后期，每日应摄入 400～500g 以上的主食，各种肉类食物应在 200～250g。除食物中含有的脂肪外，烹调油应比怀孕前增加一些，但主要还是应提高大米、白面等主食的摄入量。

（2）蛋白质　研究证明，孕妇缺乏蛋白质，除了容易造成流产外，还会影响胎儿脑细胞的正常发育，造成婴儿发育障碍。蛋白质供应不足，还会造成妊娠贫血、营养性水肿及妊娠高血压综合征的发生。分娩后失血，会丢失大量的蛋白质，所以孕妇还必须储备一定量的蛋白质以减少产后蛋白质的不足。总之，孕妇必须摄入足够的蛋白质以满足自身消耗及胎儿正常生长发育需要。孕妇应多食用瘦肉、鱼、牛奶、鸡蛋、豆类等多种食品。若孕妇每日从上述食品中能摄取 80g 左右的蛋白质，则可基本满足需要。

（3）脂肪　孕妇要保证适量的脂肪，植物性脂肪更适于孕妇食用，如豆油、菜油、花生油和橄榄油。

（4）维生素　孕妇应该补充多种维生素。孕妇对叶酸的需要量比正常人高 4 倍，缺乏叶酸，孕妇易发生巨幼红细胞贫血，严重者可引起流产。维生素 C 如果供应不足，会增加孕妇患缺铁性贫血的可能性；此外，维生素 C 还对胎儿的骨骼、牙齿的正常发育，以及造血系统的健全和机体抵抗力增强有促进作用。维生素 D 有调节钙磷代谢的作用，可预防和治疗佝偻病。维生素 A 能帮助胎儿正常生长和发育，防止新生儿出现角膜软化症。不过，摄取维生素 D 等过量，也会导致胎儿中毒。因此，要在医生指导下补充，不要乱服。此外，B 族维生素对于孕妇和胎儿都很重要，也要注意补充。肝、奶、瘦猪肉、柑橘、番茄、鱼肝油、白菜、蛋等都不同程度地含有各种维生素，只要合理饮食，一般均不会患维生素缺乏症。但要注意烹调方法，以减少食品中维生素的损失。

（5）矿物质　怀孕期间对矿物质的需要量增加，孕妇易缺乏的元素有钙、铁、锌及碘。

① 钙。胎儿的骨骼成长需要大量的钙，所以，母亲就必须供给胎儿足够的钙。如果孕妇的钙摄入不足，可导致孕妇骨质软化和婴儿先天性佝偻病或低钙性惊厥，也将严重地影响婴幼儿的身体与智力的发育。孕妇每天钙的需要量是正常人的一倍以上。牛奶、蛋黄、豆制品、虾仁、虾皮等含钙较多，食用以上食物可以增加孕妇所需要的钙。孕妇怀孕到 5 个月以后，便可多喝些骨头汤，或将小鱼油炸后连肉带骨一起吃掉，这样可以补充更多的钙。

② 铁。胎儿在母体内发育每天都需要 5mg 左右的铁，孕妇在怀孕期间血容量增加，分娩时要失掉一部分血。因此，孕妇对铁的需要量很大。如果铁的供应量不足，孕妇就会贫血，继而影响胎儿的发育，使新生儿贫血。因此，孕妇应该多吃一些含铁量较丰富的食物，如鸡蛋、瘦肉、肝和心脏等，其中鸡蛋为最好，可全部被利用。在主食中，面食含铁一般比大米多，吸收率也高于大米，因而有条件时应鼓励孕妇多吃些面食，如面条、面包等。

③ 锌。妇女在妊娠期间对锌的需要量剧增。如果锌供应不足，就容易导致胎儿畸形，还可能引起孕妇本人味觉异常和食欲减退。动物性食物是锌的可靠来源，如牛肉、猪肉、牡蛎、肝、肾等都含有易被吸收利用的有机锌。

④ 碘。碘是甲状腺素的重要成分。妇女在怀孕期间甲状腺功能旺盛，基础代谢升高，从而对碘的需要量增加。孕妇缺碘会使胎儿生长迟缓，造成婴幼儿智力低下甚至痴呆，还可导致先天性克汀病。因此，孕妇应该经常吃一些含碘的海产品，如海带、紫菜、虾等。

（6）膳食纤维　适当摄入膳食纤维，对增加肠道蠕动、减少有害物质对肠道壁的侵害、促进孕妇大便的通畅、减少便秘及产后其他肠道疾病的发生和增强食欲，均有一定的好处。孕妇可适当选用杂粮、麦麸、豆类、蔬菜、水果、藻类及蕈类等食物，以增加膳食纤维的摄入量。

2. 食物多样，以谷类为主

每天所进食的食物应包括 5 大类，即谷类（米、面等）和薯类、动物性食物、豆类及其制品、蔬菜和水果及纯热能食物（植物油、淀粉、糖等），同时在数量上也应适当搭配。按我国良好的传统饮食习惯应以谷类食物为主，做到粗粮和细粮搭配，除米、面等细粮外，还应适当搭配如玉米、小米、赤豆、绿豆等粗粮，也可增加适量的坚果类（如花生、芝麻、核桃等）食物。例如，在大米稀饭中调进少许玉米面和一些花生粉，既有营养又可起到调味的作用。也可用小米粉、大麦粉、燕麦粉等来代替玉米粉，以芝麻粉或核桃粉来代替花生粉。这类食物主要提供热能，孕期每天进食 500g 谷类食物较为适中。

3. 妊娠各期的膳食，着眼点应有所不同

在妊娠早期，胎儿生长较慢，孕妇营养需要变化不大，身体状况良好、营养均衡的妇女并不需要额外补充太多的能量及营养素。但是，如果有早孕反应，可以少量多餐。在妊娠中期胎儿生长加快，孕妇食欲一般很好，对营养素的需要量明显增加。因此，应注意能量及营养素的补充，特别要多吃一些动物性食物，以保证蛋白质及其他营养素的储备，除一日三餐外下午可加一餐。妊娠后期是胎儿生长最快的阶段，除供胎儿生长发育的营养素外，还要储存一些营养素。但是，由于胃部受到压迫，可选用体积小而营养价值高的食物，每日的进餐次数应增加到 4～5 次。

4. 注意饮食卫生

不要吃不洁、变质及污染的食物。吃不洁和变质的食物可引起胃肠炎和痢疾等肠道疾病，进而影响食物中营养成分的吸收；常吃受到污染的食品不仅有致癌作用，还可能诱发胎儿畸形。

5. 避免刺激性食物，禁烟、禁酒、禁咖啡

避免刺激性食物，如芥末、胡椒、姜、辣椒等。这类食物稍微吃一些可以增进食欲，但多吃会引起大便干燥，甚至便秘，特别是有痔疮的孕妇尤其要注意。咖啡因会通过胎盘进入胎儿体内，影响胎儿发育。因此，孕妇尽量不要饮用咖啡和浓茶，尤其临睡前不要饮用。孕妇要远离吸烟环境。并且，有吸烟、饮酒习惯的人，怀孕后为了胎儿的健康，要绝对禁烟和禁酒。

6. 饮食宜清淡

孕妇食用的菜和汤中一定要少放盐，同时还要注意加工食品等通常含盐分较多。若膳食中含盐较多，随后就会大量喝水，易引起水肿。此外，盐分摄入过多还可以引起妊娠高血压

综合征等并发症。过量摄入糖将使体重增长过快，也可能诱发妊娠期血糖过高。饮食中油过多同样会引起体重增加，并可能导致血脂异常。所以，孕期应选营养丰富的清淡饮食。

7.膳食制度合理化

孕妇应有规律地用餐，不暴饮暴食，不偏食；进餐时要专心并保持心情愉快，以保证食物的消化和吸收。三餐要合理分配。通常三餐的能量分配为早餐占 25％～35％，中餐占 30％～35％，晚餐占 20％～ 30％。怀孕期间容易饥饿，所以孕妇除 3 次主餐外，最好应有 2～3 次加餐，将每日总能量的 20％～30％用于加餐。加餐可安排在早午餐之间、午晚餐之间和睡前，可以安排牛奶、点心等食品。

需要注意的是，孕妇不要营养过剩，以避免肥胖及产生巨大儿而造成难产。

（二）孕妇的合理膳食

怀孕期间为适应胎儿生长发育要求，孕妇需要更多的蛋白质、多种维生素、矿物质等。孕妇在不同的营养状况下，添加或补充营养物质会有不同的结果。对营养总水平正常的孕妇补充营养物质不如对营养水平较低的孕妇那样有效。在孕妇摄入的热能和营养素已能充分满足自身和胎儿的需求后，再过分地补充营养物质则是有害的。因此，孕妇的合理营养或平衡膳食对母体及胎儿都有明显的好处。

妊娠一般分为 3 个时期，即妊娠早期（1～3 个月）、妊娠中期（4～6 个月）、妊娠晚期（7～9 个月）。在妊娠不同时期，由于胎儿的生长速度及母体对营养的储备不同，则其对营养的需求也不同。

1.妊娠早期膳食

妊娠前 12 周的这一阶段，通常称为孕早期。孕早期是胚胎各组织器官形成的时期，是胎儿生长发育至关重要的时期，也是胎儿最易发生畸形的时期。这时，胎儿在子宫内不会长的太大，每日增重 1g，怀孕满 3 个月时胎儿的体重也不会超过 20g。然而，这段时期却是胎儿主要器官发育形成的时期，尤其是胎儿神经及主要内脏器官。所以，孕妇要特别注意膳食中的营养均衡，保证各种维生素、微量元素和其他无机盐的供给。

这个时期，大多数孕妇会遇到早孕反应，表现出程度不同的恶心、呕吐、厌食、偏食等，影响孕妇的食欲，有些孕妇甚至一闻到菜味就会恶心、呕吐。所以，孕妇应当尽可能选择自己喜欢的食物，膳食应以清淡、易消化、口感好为主。宜少吃多餐，尽可能不要减少总的摄入量。需保证食物中优质蛋白、无机盐与维生素的数量要足够。建议每日服用适量叶酸和维生素 B_{12} 等，以预防神经管畸形的发生。此外，应常吃含铁丰富的食物，保证摄入加碘食盐，适当增加海产品的摄入。

2.妊娠中期膳食

此时期是胎儿迅速发育的时期。胎儿除了迅速增长体重外，组织器官也在不断地分化、完善；另外，孕妇的体重此时也迅速增加（孕妇在妊娠期间体重将增加 12～14kg，其中60％甚至更多都是在孕中期增加的）。因此，这个时期的食物营养很重要。在此阶段，孕妇的早孕反应已经过去，多数孕妇胃口大开，这时就应不失时机地调整饮食，为了保证热能的供给，应增加主食的摄入量。油以植物油为主，要增加蛋白质、钙、铁、维生素 D 等的摄入。每日都应进食牛奶、虾皮、豆与豆制品、蛋类、绿色蔬菜和水果。但也不能不加限制地过多进食，以免造成巨大儿，影响分娩。

3.妊娠晚期膳食

到了妊娠晚期，胎儿生长得最快，胎儿体重有一半左右是在这一时期增长的。这一时期也是胎儿大脑细胞增殖最快的时期。另外，胎儿体内要储存一定量的钙、铁和脂肪等营养物质为出生后利用。同时，孕妇需要的营养也达到最高峰，再加上孕妇需要为分娩储备能源，所以孕妇在膳食方面要做相应调整。孕妇饮食应以蛋白质为主，适当限制脂肪和糖类食物，以免胎儿偏大，给分娩造成困难。这个时期如发生水肿、高血压的症状，还应限制食盐量和饮水量。应适当补充对胎儿大脑发育有好处的食物，如核桃、虾、菌类等。

在产前检查时，孕妇可以请教医生，了解胎儿发育是否良好，是否偏大或偏小，同时结合自己身体的胖瘦、是否有妊娠糖尿病、工作量大小以及家庭经济状况等综合考虑，制订出一个适当的食谱。

第三节　乳母营养

母乳是婴儿生长发育最理想的食品，产后有条件哺乳的母亲，都应力争母乳喂养，以保证婴儿健康成长。母乳不仅含有婴儿生长发育所必需的全部营养成分，而且其成分及比例还会随着婴儿月龄的增长而有所变化，即与婴儿的成长同步变化，以适应婴儿不同时期的需要。母乳中所含丰富的免疫物质能保护婴儿免受各种疾病的侵袭，增强婴儿抗病能力。此外，哺乳时母婴间皮肤的频繁接触、感情的交流、母亲的爱抚与照顾等都有益于孩子的心理和社会适应性的健全。

乳母膳食直接影响乳汁的质和量。乳母膳食中某些营养素供给不足，机体会首先动用母体的营养储备稳定乳汁成分。乳母营养继续不足将导致母体营养缺乏，乳汁质量和分泌量也随之下降。因此，在哺乳期间应重视乳母的合理营养，保证母婴健康。

一、泌乳生理

乳汁由乳腺的腺泡细胞所分泌。但乳汁的分泌需要垂体前叶分泌细胞产生的催乳素的作用，而乳汁的排出则有赖于垂体后叶神经分泌细胞产生的催产素的作用。当然，在乳汁分泌的调节过程中，还有雌激素、孕激素、生长激素、甲状腺素、肾上腺皮质激素、胰岛素等许多激素的共同参与。此外，乳母的营养物质摄入情况及乳母的情绪状况等都会对此产生一定程度的影响。

胎儿分娩后，雌激素、黄体素分泌骤然减少，垂体前叶分泌的催乳素大量增加，以保证乳汁的合成与分泌。同时，垂体后叶神经分泌细胞分泌大量催产素，作用于乳腺导管的肌上皮细胞和乳房周围的肌细胞，当肌上皮细胞受到刺激时可诱发其收缩，从而将原存于腺泡中的乳汁输送到乳腺导管出口处，并出现"射乳"。催产素的不足将使已合成的乳汁在腺泡内潴留，进而压迫乳腺腺泡上皮，抑制乳汁的合成与分泌。分娩后2~3d开始分泌乳汁，即初乳。初乳汁稠呈浅黄色，富含大量的钠、氯和免疫蛋白，尤其是分泌型免疫球蛋白A和乳铁蛋白等，但乳糖和脂肪含量较成熟乳少，故易消化，是新生儿早期理想的天然食物。产后第二周分泌的乳汁为过渡乳，过渡乳中的乳糖和脂肪含量增多，而蛋白质含量有所下降。以后逐渐变为常乳，常乳呈乳白色不透明液体，可见细微脂肪球，亦可见乳腺上皮细胞及白细胞等，富含蛋白质、乳糖、脂肪等多种营养素。

由于婴儿的吸吮，刺激了乳头内的感觉神经末梢，并沿脊髓上行达下丘脑，使垂体分泌催乳素及催产素。婴儿的反复刺激可使上述激素分泌持续发生。因此，规律的哺乳可维持数月至数年。一旦婴儿的吸吮停止，泌乳随即减少或停止，大量的外源性雌性激素的摄入亦可终止泌乳，如临床使用大剂量的雌激素作为回乳药以终止哺乳。哺乳期母亲的焦虑、烦恼、恐惧、不安等情绪变化，也会通过神经反射而影响乳汁的分泌与排出。乳母的营养状况不良，也会使乳汁分泌减少，如有些母亲因为害怕体型过胖而拒绝食用富含营养物质的食物，拒绝进食汤汁，甚至节食减肥，那必然会使乳汁分泌量减少甚至停止分泌。

二、乳母营养需要

1.热能

哺乳期妇女基础代谢增加10%～20%，平均每日需要增加1045～1254kJ的热能。通常每产生100mL乳汁，消耗375kJ热量，按每日分泌820mL乳汁计算，则需多消耗3187.5kJ热能。因此，我国营养学会建议的标准为除了乳母本身热量供给外，为泌乳每日额外增加1260kJ，FAO/WHO则建议额外增加2310kJ。

2.蛋白质

母乳蛋白质平均含量为1.2%，按每日分泌820mL乳汁计算约需12.6g高生物价优质蛋白，膳食蛋白质转变为乳汁蛋白质时转变率为70%，植物性蛋白质食品则更低。我国建议乳母蛋白质推荐摄入量（RNI）较成年女子每日多25g。即一位轻体力劳动的乳母每日应食用95g（70g＋25g）蛋白质，其中优质蛋白最好占1/3～1/2。

3.脂肪

脂肪是乳儿能量的重要来源，乳儿中枢神经系统的发育及脂溶性维生素的吸收也需要脂肪，故乳母膳食中应有适量的脂肪。膳食中脂肪摄入量低于每千克体重19g时，泌乳量下降。乳中脂肪量也下降。膳食脂肪的种类与乳汁脂肪的成分关系密切，例如摄入动物性脂肪多时，乳汁中饱和脂肪酸含量相对增高。中国营养学会推荐乳母每日膳食脂肪供给量应以其能量占总能量摄入的20%～25%为宜。

4.矿物质

乳母主要应增加钙及铁的摄入。正常乳母每日因分泌乳汁而耗损300mg的钙。如果乳母钙供应不足就会利用体内储备，引起母体缺钙。乳汁中钙含量一般是稳定的，初乳含钙量为0.48g/L，过渡期0.46g/L，成熟乳为0.34g/L。FAO/WHO建议乳母摄入的钙为1200mg/d。因此，乳母应多吃含钙丰富的食物，还可适当补充钙剂。

动物性食品在膳食中含量比例的大小，影响铁的吸收与利用；增加乳母铁的摄入量，可使乳母血清铁水平升高，但对乳中铁含量影响不明显。哺乳期6个月内，平均每日乳汁排出的铁量很小，约为0.25mg，但母亲分娩时失血损失较多的铁，约为250mg，为防止乳母贫血，我国对乳母的推荐供给量是25mg/d。乳母增加铁的摄入主要预防自身缺铁，对婴幼儿来说，应适当补充含铁丰富的辅食，以弥补母乳中铁的不足。

5. 维生素

为满足母体自身和婴儿生长发育的需要，乳母膳食中各种维生素都应适量增加。

（1）脂溶性维生素　脂溶性维生素不易通过乳腺，故乳汁中脂溶性维生素受膳食中脂溶性维生素的影响较小。维生素 A 除了母体需要外，乳汁中维生素 A 含量为 $61\mu g/100mL$。我国建议标准为在供给母体 $1000\mu gRE$（视黄醇当量）基础上，再增加 $200\mu g$。因为维生素 D 几乎完全不通过乳腺，婴儿必须多晒太阳或补充鱼肝油等以满足需要，但乳母本身亦需要维生素 D 促进钙的吸收，我国建议乳母每日维生素 D 的摄入量为 $10\mu g$（相当于 400IU）。维生素 E 有促进乳汁分泌的作用，乳母每日的适宜摄入量为 14mg。

（2）水溶性维生素　水溶性维生素（维生素 B_1、维生素 B_2、维生素 C 和烟酸）大多可自由通过乳腺，但乳腺可调控其进入乳汁的含量，达一定水平时不再增高。乳母的硫胺素摄入量充足时，有助于乳汁的分泌。其膳食推荐摄入量硫胺素和核黄素分别为 1.8mg 和 1.7mg，烟酸为 18mg，维生素 C 为 130mg。

6. 水分

因为在乳汁中排出的水分为 750mL 以上，若乳母膳食和饮食中水分摄入不足将直接影响乳汁分泌量，所以乳母每天应该多喝水，多吃些糖类食物，尤其应尽可能食用鲜汤、肉汁和其他各种乳母喜爱的汤，包括骨头汤、肉汤、鱼汤、菜汤和粥等。

三、乳母的合理膳食

因乳母对各种营养素的需要量都增加，且乳母膳食的质和量直接影响乳汁的分泌量和营养素含量。因此，乳母的营养摄取和平衡膳食十分重要。营养丰富、饮水充足的乳母可比营养不良的乳母每日多分泌 100～200mL 乳汁。营养不良的乳母尤其以热能摄入不足时影响较大。脂肪和维生素含量随乳母饮食变化而波动较大。

1. 产褥期膳食

产褥期指从胎盘娩出至产妇全身各器官除乳腺外恢复或接近正常未孕状态的一段时间，一般为 6 周。如无特殊情况产后 1h 就可让产妇进食易消化的流质或半流质食物，如牛奶、稀饭、肉汤面、蛋糕等，次日起可进食普通食物，但食物应是富含优质蛋白等的合理平衡膳食。如果哺乳则要比平常每日增加蛋白质 25～30g，同时要多进汤汁类食物及含膳食纤维较多的食物以防便秘，每日除三餐外，可适当加餐 2～3 次。餐间可多次饮水，还要适量补充维生素和铁剂。

2. 产褥期后膳食

除了应多食用动物性食品（鱼肉、鸡肉、鸭肉、牛肉、羊肉、猪肉等）外，还可食用豆类食品、海带、虾米皮、木耳及动物肝脏等含维生素和铁等较多的食物。乳母每天应喝牛奶以补充钙，还要多食水果、蔬菜及一定比例的粗粮，多喝鱼汤、鸡汤、猪蹄汤及骨头汤等。对牛奶过敏者和不喝牛奶者每天要适量补充维生素 D。

烹调方法应多用烧、煮、炖，少用油炸。食用时多喝汤（有的乳母喝的汤太油会引起小儿腹泻，可在汤冷却后去掉表面浮油后再喝），这样既可以增加营养，还可促进乳汁分泌。

第四节　婴幼儿营养

营养是维持生命与生长发育的物质基础，同时也是健康成长的关键。婴幼儿（0～3岁）生长发育迅速，是人一生中身心健康发展的重要时期，需要大量的营养素，合理营养将为婴幼儿一生中体力和智力的发展打下良好基础，而且对于某些成年或老年疾病（如肥胖、心血管疾病、某些肿瘤等）的发生具有预防作用。但婴幼儿各种生理机能尚未发育成熟，消化吸收功能较差，故对食物的消化吸收及排泄有一定限制。因此，婴幼儿膳食有一定特殊要求，食物供给不仅要保证营养需要，还要适合婴幼儿的生理特点，做到合理喂养。

一般1月以内称为新生儿，1岁以内称为婴儿，1～3岁称为幼儿。婴幼儿时期良好的营养，是其一生体格和智力发育的基础，也是预防成年慢性疾病的保证。

一、婴儿营养

1. 婴儿生长发育的特点

婴儿期是指从出生到1周岁前。婴儿期是人类生命从母体内生活到母体外生活的过渡期，亦是从完全依赖母乳的营养到依赖母乳外食物营养的过渡时期。婴儿期也是人生身体发育的最快时期，即第一个生长高峰期，婴儿在此期间生长发育极其迅速，从出生开始到1周岁时，婴儿的体重将增加3倍，身高增加1.5倍。婴儿期的前6个月，脑细胞数目持续增加，至6月龄时脑重增加2倍（600～700g），后6个月脑部的发育以细胞体积增大以及树突增多和延长为主，神经髓鞘形成进一步发育，脑重达900～1000g，接近成人脑重的2/3。所以此时婴儿期需要有足够的营养予以支持，此时的营养摄取比任何一个年龄阶段都重要。如果在这个阶段婴儿的营养长期供给不足，其生长发育就会受到阻碍，甚至会停止发育。这样不仅要影响婴儿的健康状况，还会因此失去发育的最佳时期，从而影响终身的健康，此时婴儿的身高、体重、智力等方面的发展都会明显低于营养好的婴儿。可见婴儿期的营养对人一生的体质和健康都是非常重要的。

2. 婴幼儿的营养需要

（1）热能　热能是维持生命的重要生物能，婴儿期生命的新陈代谢最旺盛，人体为了适应高代谢，就必须摄入大量热能，才能维持身体的生长发育。婴儿期前6个月每天需要500kJ/kg热能，后6个月每天需要420kJ/kg热能。而婴儿期的热能补充主要依靠母乳，母乳是婴儿最佳的热能源，其他任何代乳品都无法替代母乳。膳食热能供给不足，其他营养素就不能在体内被很好地利用，从而可影响生长发育；热能供给过多又会引起肥胖症。

我国建议1岁以内的婴儿每日热能适宜摄入量为0.4MJ/kg。

（2）蛋白质　蛋白质是人体最重要的物质和营养成分，对婴儿来说它不仅要随时补充日常的代谢损失，还要供应不断增加新组织的生长需要。婴儿对蛋白质的需要量比成人要多，婴儿期蛋白质的摄取主要靠母乳的供给。如果婴儿期蛋白质供给不足，不仅会影响身体的生长和发育，导致婴儿的体重和身高增长缓慢，肌肉发育松弛，严重时还会导致贫血症状和免疫力低下，甚至会影响大脑的发育而导致智力低下。

为了保证婴儿期的营养充足，在婴儿 4 个月以后除喂养母乳和牛奶以外，还应该添加一些营养丰富的食品，如鸡肉、鱼肉、鸡肝等，这些食物含有丰富的蛋白质。因为婴儿期消化能力较差，在添加乳品以外的营养性食物时，要注意将这些食物粉碎成糊状喂养，如果与米粉一起做粥来喂养婴儿则效果也较好。

（3）脂肪　脂肪是人体生长发育的重要物质和营养，脂肪所含的不饱和脂肪酸是婴儿身体发育和形成神经组织所必需的物质，新生儿每日大约需要脂肪 7g/kg，2～3 个月的婴儿每日约需脂肪 6g/kg，6 个月以后的婴儿每日大约需脂肪 4g/kg。根据这个规律，在婴儿 4 个月龄以后应该添加一些富含脂肪的食物来补充其营养摄取。蛋黄、藕粉、鸡蛋、黄油、芝麻、红薯、猪肉等食物中富含脂肪，将这些食物做成粥或粉碎成糊状喂养婴儿可以达到补充脂肪的目的。

（4）糖类　糖类是人体主要的热能营养素，能够帮助完成脂肪氧化，节约蛋白质消耗，同时它还是脑细胞代谢的基本物质，如糖类长期供给不足可导致营养不良。但糖类的摄取量也必须合理，如果糖类进食过多，蛋白质摄取不足，婴儿的体重就会增加过快，体形发胖，而肌肉发育松弛，身体的抵抗能力变差，容易生病。糖类的来源主要依靠主食的摄取，如米面等富含淀粉的食物。婴儿最初 3 个月对淀粉不容易吸收，所以米、面等淀粉食物应在 3～4 月龄后开始添加；4 月龄以后的婴儿可以添加面米粥类、面汤、馄饨、饺子、薯泥等食物，接近周岁时可以让孩子吃一些馒头、米饭、面包之类的食物，这些食物中含有丰富的糖类，能够满足身体发育的需要。

（5）无机盐

① 钙和磷。婴幼儿骨骼生长和牙齿钙化都需要大量的钙和磷，只有摄取足够的钙、磷，才能促进骨骼、牙齿的生长和坚硬。除乳汁可提供钙、磷以外，还可以补充一定的钙剂。6 月龄后的婴儿在添加辅助食物时，还应多选用大豆制品、牛乳粉、蛋类、虾皮、绿叶菜等富含钙和磷的食物。

② 铁。乳中铁质量分数较低，胎儿在肝脏内储留了大量的铁，可供出生后 6 个月使用，在 4 个月后就应该添加含铁的食物，否则可能出现缺铁性贫血。每日将蛋黄、猪肝、猪肉、牛肉和豆类等食物加工成糊状或粥状喂养婴儿，效果较好。

我国每日膳食中半岁以上婴儿铁的推荐摄入量为 10mg。

③ 锌。锌是人体发育所必需的微量元素，婴儿如果缺锌，会出现食欲减退、停止生长等症状。婴儿期每日需锌 3～5mg，人乳的含锌量高于牛乳及其他乳品。人初乳的含锌量最高，所以让新生儿吃上初乳是格外重要的。鱼、肉、虾等动物性食物的含锌量也很高，在婴儿 4 个月龄以后，应该适当添加番茄、鱼、虾、肉泥等富含锌的食物。

（6）维生素

① 维生素 A 和维生素 D。维生素 D 可调节钙磷代谢，缺乏时可发生佝偻病。维生素 A 和维生素 D 摄入过多可引起中毒，我国建议维生素 A 婴幼儿适量摄入量为 400μg，维生素 D 则为 10μg。

② B 族维生素。硫胺素、核黄素和烟酸都随能量需要量而变化，可从乳中获得。硫胺素和核黄素 1 岁以上推荐摄入量为 0.6mg/d，烟酸则为硫胺素的 10 倍。

③ 抗坏血酸。乳中抗坏血酸受母乳的影响，人工喂养则需要补充，婴儿出生后两周便可开始补充。可采用菜汤、橘子水、番茄汁和其他水果、蔬菜等。我国建议每日膳食推荐摄入量1岁以下婴儿50mg，1岁以上为60mg。

（7）水　婴幼儿发育尚未成熟，调节功能和代偿功能差，易出现脱水等水代谢障碍，应注意婴幼儿水的补充。

3. 婴儿膳食

对于因患先天性疾病或母亲因其他原因不能哺乳等情况，应为婴儿选择合适的、各种营养齐全的、经卫生部门许可的配方奶制品或其他同类制品，并根据产品使用说明喂养。

目前建议婴儿1周岁时断奶。从4个月至1岁断奶，之间是一个长达6～8个月的断奶过渡期，此期间应在坚持优先哺喂母乳的条件下（人工喂养者也应在保证配方奶充足的条件下），按婴儿月龄有步骤地补充辅助食品，以满足其发育需求，保证婴儿顺利地进入幼儿期。过早或过迟补充辅助食品都会影响婴儿发育。补充断奶过渡食物，应该由少量开始到适量，一种到多种试用，每开始添加新品种食物，均应观察三天以上，若无腹泻或无皮疹，即可加量，待数天后再添加新品种食物。还应遵循先液体后固体，先谷类、水果、蔬菜，后鱼、蛋、肉的原则。具体添加顺序可以是：①4～5月龄，添加的食物包括米糊、粥、水果泥、菜泥、蛋黄、鱼泥、豆腐及动物血；②6～9月龄，添加饼干、面条、水果泥、菜泥、全蛋、肝泥和肉糜；③10～12月龄，添加稠粥、烂饭、面包、馒头、碎菜及肉末。另外，为与肾溶质负荷相适应，至少婴儿1周岁前应尽量避免含盐量或调味品多的家庭膳食，以保证婴儿的身体健康。

二、幼儿的营养与膳食

对于生长发育旺盛时期的儿童营养健康问题，应该给予足够的重视。尤其是幼儿（1～3岁），他们的食物全凭大人安排，如果忽略了他们的生理特点，未能按其需要供给食物，就会发生营养不良。

（一）幼儿的生长发育特点

幼儿期是从1岁至3岁。这段时期内，幼儿生长发育速度虽较婴儿期减慢，但仍比年长儿和成人快。此期幼儿能独立行走，活动范围增大，运动量增加，另外幼儿期小儿一般已断乳，辅食逐渐代替母乳转为主食，因此要保证多种营养素及热量的合理供给。

（二）幼儿的营养需要

1. 热能

热能是维持人体生理功能最重要的生物能，如果膳食热能供给不足，则其他营养也不能被很好地利用，容易使幼儿消瘦，显得老实、不爱动；反之，如果热量供给过多，则会使幼儿发生肥胖。

正常幼儿每日总热量的需求为420kJ/kg，而且各种供能营养之间应保持平衡，蛋白质、脂肪、糖类的合理比值十分重要，其中蛋白质供给的热量应占总热量的12%～15%，脂肪占25%～35%，糖类占50%～60%。

2. 蛋白质

幼儿需要的蛋白质相对较成人多，而且要求有较多的优质蛋白，因为幼儿不但需要用蛋白质进行正常代谢，而且还需要它来构成新组织，所以蛋白质是幼儿生长发育的重要营养素。幼儿每日需要供给蛋白质 3～3.5g/kg。

3. 脂肪

脂肪是体内重要的供能物质，有利于脂溶性维生素的吸收。幼儿脂肪代谢不稳定，储存的脂肪易于消耗，若长期供给不足，则易发生营养不良、生长迟缓和各种脂溶性维生素缺乏症。

4. 糖类

糖类是热量供应的主要来源，其供热量约占总热量的 50%，能节省蛋白质的消耗量和协助脂肪氧化。婴幼儿约需 12g/(kg·d)，2 岁以上需 8～12g/(kg·d)。婴幼儿饮食内过多供给糖类，最初其体重可迅速增长，日久则肌肉松软、面色苍白呈虚胖样，实为不健康的表现。故蛋白质、脂肪和糖类三者的供给，需有适当的比例才能发挥各自的良好作用。

5. 维生素

维生素是维持正常生长及调节生理机能所必需的物质，与小儿营养关系密切的有维生素 A、维生素 D、维生素 B_1、维生素 B_2、维生素 B_6、维生素 B_{12}、维生素 C、维生素 E、维生素 K 及叶酸、烟酸等。维生素对婴幼儿营养尤其重要，若缺乏会影响发育，还会出现某种维生素缺乏症。

6. 矿物质

矿物质有重要的调节生理作用，幼儿最容易缺乏的矿物质是钙和铁。钙在人体矿物质中占最大份量，99% 的钙存于骨骼中，钙也是牙齿的主要成分，仅 1% 存在于血浆中，其中一半与蛋白质结合，另一半游离在体液中。小儿在生长发育期需钙量较成人多，每日需 lg 左右。铁的主要功能是制造血红蛋白及肌红蛋白，还是细胞色素和其他酶系统的主要成分。乳类内仅含微量铁，故自出生后 3～4 个月起应添加含铁的食物，如蛋黄、肝、菜末等，长期缺铁可导致贫血。

7. 水

水是人体最重要的物质，营养的运输、代谢的进行均需要水。小儿的新陈代谢旺盛，需水量相对多些，加上小儿活动量大，体表面积相对较大，水蒸发多，所以需要增加水的供给量。如幼儿需 100～150mL/(kg·d)，随着年龄增长，水需要量相对减少。若摄水量少于 60mL/(kg·d)，可能发生脱水症状；若摄水量超过正常需要量，多余的水能从尿中排泄，如心、肾、内分泌功能不全时，则会发生水中毒。

（三）幼儿膳食

要制定营养平衡的食谱，合理调整幼儿的进食量，应根据幼儿每日各种营养素的需要量，进行食前的营养预算和食后的营养核算，再结合季节特点，选择八大类食物，安排好由于幼儿的偏食习惯容易导致缺乏的四种营养素（维生素 A、胡萝卜素、钙和核黄素）。合理搭配含量丰富的食物，制定出满足幼儿营养需要的食谱。热量分配应符合早餐 30%、午餐 40%、午点 10%、晚餐 20% 的比例要求。在膳食结构中要有甜有咸、有荤有素、有粗有细，甜食和油炸食品应少。单喝牛奶或吃鱼肉、鸡蛋营养品虽好，但容易便秘；单吃蔬菜瓜果，既易饥饿，又易导致营养不良。因此，膳食必须平衡合理，不能顾此失彼。谷类食物与动物性食品搭配时，以谷类为主，动物性食品为辅。足量的各类食物所含糖类必须可提供幼儿一日热量的30％，而动物性食品所含蛋白质中必需氨基酸应比较齐全，这样搭配才能满足幼儿脑、体活动时热能和生长发育对蛋白质的需要。粗细粮合理搭配不仅有营养互补作用，更重要的是粗粮所含纤维素较粗糙，能刺激肠蠕动，减少慢性便秘，促进幼儿的成长和发育。

三、婴幼儿常见营养缺乏病

婴幼儿生长发育迅速，智力发展快，代谢旺盛，对营养物质特别是蛋白质和水，以及能量的需要量比成人相对较大，但其胃肠消化功能又不成熟，故极易造成营养缺乏和消化不良。儿童的饮食已接近成人，面食由软饭转为普通米饭、面食，菜肴同成人，但是此阶段儿童常出现偏食、挑食、爱吃零食等不良习惯，不及时纠正易发生营养缺乏病。

（一）蛋白质缺乏症

这是一种慢性营养缺乏症，大多数因能量或蛋白质摄入不足引起，有时又称为蛋白质能量营养不良。最初表现为体重不增或减轻，皮下脂肪减少，逐渐消瘦，体格生长减慢，直至停顿。长期营养不良也会影响身体健康。全身各部位皮下脂肪的减少有一定顺序，最先是腹部，以后是躯干、臀部、四肢，最后是面部。

（二）婴幼儿肥胖症

与营养不良相反，这是一种长期能量摄入超过消耗，活动过少，导致体内脂肪积聚过多而造成的疾病。近年来我国婴幼儿的肥胖率呈上升趋势，经研究发现婴幼儿肥胖症与成人肥胖症、冠心病、高血压、糖尿病等均有一定关联，故应及早重视加以预防。婴幼儿肥胖大多数属单纯肥胖症。有的孩子食欲极佳，喜吃甜食，导致体重增加迅速。肥胖可造成肥胖儿机体某些器官、系统功能性损伤，运动能力及体质水平下降，尤其对其精神、心理可造成严重损伤。这种精神损伤常不易察觉，但实际上比生理损害严重得多，可致使肥胖儿的个性、气质和能力发展均受到不同程度的影响，并且会使孩子丧失自信心，变得孤僻，易发生激烈的心理冲突等。

（三）锌缺乏症

锌是人体重要营养素，参与体内数十种酶的合成，调节能量、蛋白质、核酸和激素等的合成代谢，促进细胞分裂、生长和再生。故锌对体格生长、智力发育和生殖功能影响很大。锌缺乏症是人体长期缺乏微量元素锌所引起的营养缺乏病。首先是由于挑食偏食的坏习惯导致锌摄入不足；其次是由于生长迅速的婴幼儿新陈代谢旺盛使锌消耗增加而出现锌缺乏；最后是吸收利用存在障碍，慢性消化道疾病等可影响锌的吸收利用，如脂肪泻使锌与脂肪、碳酸盐结合成不溶解的复合物进而影响锌的吸收。锌缺乏，开始时孩子出现厌食、味觉减退等异常症状，甚至发生异食癖，常有复发性口腔溃疡，影响进食。继而生长迟滞，身材矮小，生殖器官发育滞后，免疫力下降，伤口愈合较慢。因此，随着孩子年龄增长要按时增加辅食，如蛋黄、瘦肉、鱼、动物内脏、豆类及坚果类等含锌较多的食物，每日应适当安排进食。现有多种强化锌的食品，要注意其锌含量，长期食用多种强化锌的食品，锌摄入量过多可致中毒。急性锌中毒伴有呕吐、腹泻等胃肠道症状。

（四）缺铁性贫血

缺铁性贫血是由于体内储存铁缺乏致使血红蛋白合成减少而引起的一种低色素小细胞贫血。铁摄入量不足是导致缺铁性贫血的主要原因。一般而言，幼儿食物中的含铁量低于1mg/1000g，即有可能导致缺铁。幼儿生长快，铁相对需要量增加，随体重增加血容量也增加较快，如不及时给幼儿补充也会导致缺铁。患有贫血的孩子皮肤黏膜较苍白，以唇、口腔黏膜最明显；易疲乏无力，不爱活动；有时可出现头晕、眼前发黑、耳鸣等症状；常有烦躁不安、精神不集中、记忆力减退等现象。研究发现，铁缺乏即可影响孩子的智力发育，即使及时补充也难以挽回损失。目前，儿童神经精神的变化逐渐引起重视。现已发现在贫血尚不严重时，儿童即出现烦躁不安，对周围环境不感兴趣。智力测验发现病儿注意力不集中，理解力降低，反应慢。

缺铁性贫血的预防首先要及时添加含铁丰富且铁吸收好的食物，如肝、瘦肉和鱼等，注意食物合理搭配，严重时给予铁剂补充。

（五）维生素缺乏症

1.维生素 A 缺乏症

由于体内维生素 A 和维生素 A 原摄入不足所引起的营养缺乏病，主要表现有以下两种。

① 对皮肤的损害。皮肤表现为基底细胞增生和过度角化，特别是毛囊角化为毛囊丘疹（多发生在四肢肌表面、肩部、颈部、背部的毛囊周围）；汗腺、皮肤干燥、毛发干枯易脱落。

② 对眼睛的损害。首先是暗适应能力下降，进而可形成夜盲症，即在暗光下视物不清。该症状是功能性的，摄入一定量的维生素 A 即可恢复。若结膜角化、泪腺分泌减少，则形成干眼病，结膜失去正常的光泽，变得油脂样浑浊，有时在角膜缘外侧，结膜中间可见到银白色泡沫状白斑。角膜软化症是维生素 A 严重缺乏时的临床表现。初时可见角膜干燥、变粗、浑浊，对触觉不敏感；再发展，角膜表面出现浸润性溃疡或糜烂；继之溃疡扩大，角膜穿孔，使虹膜脱出，晶状体消失引起失明。

最有效的预防方法是保证膳食中含有丰富的维生素 A 或胡萝卜素。维生素 A 最好的来源是动物性食品，如蛋类、动物肝脏、黄油等；胡萝卜素的最好来源是颜色较深的水果和蔬菜，如番茄、胡萝卜、辣椒、红薯、空心菜、苋菜、香蕉等。

2.维生素 B_1 缺乏病

维生素 B_1 缺乏病多发生在以大米为主食的地区，缺乏症以多发性神经炎、肌肉萎缩、组织水肿、心脏扩大、循环失调及胃肠道症状为主要特征。

婴儿脚气病常发生在 2~5 个月龄的婴儿，多由于乳母维生素 B_1 缺乏所致，病情急，发病突然。常见食欲不振、呕吐、兴奋、腹痛、便秘、水肿、心跳加快、呼吸急促和困难。严重者可出现嗜睡、呆视、眼睑下垂、声音微弱以及深反射消失、惊厥、脉速、心力衰竭，甚至突然死亡。

脚气病的预防首先要注意食物搭配，不应长期吃精白米、面。其次是改善烹调方法，如淘洗米时尽量少搅少洗，煮稀饭时不加碱，不弃米汤和菜汤等。

3.维生素 C 缺乏病

维生素 C 缺乏病又称坏血病，主要病变是出血和骨骼变化，其症状是缓慢地逐渐出现的。维生素 C 缺乏后数个月，患者自觉倦怠及全身乏力、食欲差、精神抑郁、容易出血。婴幼儿可有生长迟缓、烦躁和消化不良等症状，以后逐渐出现齿龈萎缩、浮肿、出血，表现为牙炎；由于血管壁的脆性增加，全身可有出血点；内脏、黏膜也可有出血现象，如鼻出血、血尿、便血等。皮下和骨膜下出血是坏血病的重要特征。此外，还可引起骨质疏松、坏死，易发生骨折。

预防主要是多摄入富含维生素 C 的新鲜蔬菜和水果。烹调加工时注意蔬菜先洗后切、急火快炒、开汤下菜等。

4.维生素 D 缺乏病

维生素 D 与机体内钙、磷代谢密切相关，因此当维生素 D 缺乏时，儿童易发生佝偻病。临床上可见到方颅、肋骨串珠、鸡胸；由于骨质软化，承受较大压力的骨骼部位发生弯曲变形，如脊柱弯曲、下肢弯曲，还可发生囟门闭合迟缓。由于肋骨软化后，受腹肌长期牵引收缩，可造成肋弓缘上部内陷而形成沟状，称为肋膈沟（又称哈里森沟）。

维生素 D 缺乏症的预防：鼓励户外活动，充分得到日光照射，以增加皮肤中维生素 D 的生成；适当补充维生素 D 制剂，以满足婴幼儿对维生素 D 需要量增加的需要；注意合理喂养，选用含维生素 D 和钙丰富的食物，提倡母乳喂养。

第五节　儿童营养

3～12 岁为儿童时期，这一时期儿童活动能力和范围增加，体格仍维持稳步生长，除生殖系统外的其他器官、系统，包括脑的形态发育已逐渐接近成人水平，而且其独立活动能力逐步加强。除了遵循幼儿膳食原则外，食物的分量要增加，逐渐让孩子进食一些粗粮类食物，并使其接受成人的大部分饮食。要引导孩子养成良好、卫生的饮食习惯。

一、儿童的生长发育特点

其生长发育特点主要表现为以下几个方面：

1.大脑处于迅速发育阶段

儿童期的体格发育虽然较慢，但此时机体各组织的机能，特别是大脑发育非常迅速，6 岁儿童大脑皮层的发育基本完成，脑重约 1000g，是出生时的 3 倍，相当于成人的 2/3，7 岁时儿童的脑重约 1280g，与成人基本相当。脑重量的增加，是脑细胞体积增大、神经纤维加多加长和髓鞘化的结果。大脑的发育使神经细胞传导更加迅速和精确，使儿童形成了更复杂的神经联系，这是对儿童进行早期教育的物质基础。

2.新陈代谢速度较快

新陈代谢是人体生命发展的重要过程，而学龄期儿童的新陈代谢是较快的，新陈代谢包括同化作用和异化作用两个方面。学龄儿童正处在身体生长发育过程中，其新陈代谢中的同化作用大于异化作用，所以要保证儿童在这个阶段摄取更多的营养物质，以保证正常生长的需要。

3.体格发育快速增长

儿童期体格发育基本平稳，身高平均每年增长 4～5cm，体重平均每年增长 2～3.5kg，但 10 岁以后，体格发育快速增长，男孩身高每年可增长 7～12cm，女孩一般 5～10cm，而这个阶段的体重每年可增长 4～5kg。女孩身高生长突增开始在 10 岁左右，此时女孩身高开始赶上并超过男孩。男孩身高生长突增约从 12 岁开始，到 13～14 岁男孩身高生长水平又赶上并超过女孩。儿童这个阶段的身体发育带来的另一个变化是青春期要开始发展，第二性特征将开始出现。

4.骨骼逐渐骨化，肌肉力量较弱

儿童骨骼的化学成分与成人不同，含有机物较多，无机物较少，成年人骨中有机物和无机物含量的比例为 3：7，儿童为 1：1，因此，儿童骨的弹性大而硬度小，不易骨折而易发生畸形。故不正确的坐、立、行走姿势均可引起脊柱侧弯、后凸等变形情况，所以此阶段必须注意学会训练正确的坐、立、行姿势。

儿童期的肌肉主要是纵向生长，肌肉纤维比较细，肌肉的力量和耐力都比成人差，容易出现疲劳。所以在劳动或锻炼时，要避免儿童超负荷劳动，以防肌肉或骨骼损伤。

给学生布置写字、画画作业的时间也不宜过长，以防损伤儿童的骨骼和肌肉。

5.乳牙脱落，恒牙萌出

人的一生要长两次牙齿，即乳牙与恒牙。恒牙共 32 颗，上下颌各 16 颗。恒牙萌出时乳牙相继脱落。儿童一般在 6 岁左右开始有恒牙萌出，最先萌出的恒牙是第一恒磨牙，俗称六龄齿，它生长在全部乳牙之后。接着乳牙按一定的顺序脱落并逐一由恒牙继替。替牙期是龋齿病的高发期，尤其是乳磨牙和六龄齿很容易患龋齿，应该注意口腔卫生。

6.心率减慢，呼吸力量增强

学龄儿童的心率为 80～85 次/min，明显低于新生儿时的约 140 次/min 和学龄前儿童时的约 90 次/min。这时儿童的肺活量也明显增加，对各种呼吸道传染病的抵抗力逐渐增强。

二、儿童的营养与膳食

（一）儿童的营养需要

1.热能

儿童对热能的需要相对较成人高，因为儿童的基础代谢率高，要维持生长与发育；另外，儿童还好动。如果热能供给不足，其他营养素也不能有效地发挥作用。

2.蛋白质

儿童生长发育对蛋白质的需要较多，每天约 2.5g/kg。蛋白质的推荐摄入量与蛋白质的质量有关，质量高，则推荐摄入量较少；质量差，则推荐摄入量较多。蛋白质的需要量与热能摄入量有关，我国儿童蛋白质所供热能占总热能的 13%～15% 较为合适。

3.无机盐

儿童骨骼的生长发育需要大量的钙、磷。我国 4 岁以上儿童每日钙的膳食适宜摄入量为

800mg，并应注意维生素 D 的营养状况。儿童生长发育，对碘和铁的需要增加，我国建议铁的推荐摄入量为 4 岁以上儿童 12mg。另外，锌和铜对儿童生长发育十分重要，应注意这些微量元素的供给。

4. 维生素

硫胺素、核黄素和烟酸的需要量与能量有关，儿童对热能的需要较多，故对这三种维生素的需要也增加。维生素 D 对儿童骨骼和牙齿的正常生长影响较大，我国建议儿童每日膳食维生素 D 的推荐摄入量为 10mg。维生素 A 可以促进儿童生长，其膳食推荐摄入量为：4 岁以上儿童 600μg。我国膳食中，这两种维生素的质量分数偏低，必要时可适当补给鱼肝油。维生素 C 对儿童生长发育十分重要，并且维生素 C 易在烹调加工过程中损失。我国建议 4 岁以上儿童维生素 C 每日膳食推荐摄入量为 70mg，7 岁以上为 80mg。

（二）儿童的合理膳食

鉴于儿童的生理特点和营养需要，儿童应该合理地摄入各类食物，以平衡膳食。建议每日膳食中应有一定量的牛奶或相应的奶制品，适量的肉、禽、鱼、蛋、豆类及豆制品，以供给优质蛋白。为解决无机盐和维生素的不足，应注意蔬菜和水果的摄入，并建议每周进食一次富含铁的猪肝或猪血，每周进食一次富含碘、锌的海产品。谷类已取代乳类成为主食，每日应保证 150～200g 谷类食物摄入。此外纯能量（食糖等）以及油脂含量高的食物不宜多吃，以避免出现肥胖和预防龋齿。烹调上由软饭逐渐转变成普通米饭、面条及糕点，尽量避免食用油炸、油腻、质硬或刺激性强的食品。

对于学龄儿童（6～12 岁）应该让孩子吃饱和吃好每天的三顿饭，尤其是保证吃好早餐。早餐的食量应相当于全日量的 1/3，不吃早餐或早餐吃不好会使小学生在上午 11 点前后因能量不够而导致学习行为的改变。如注意力不集中，数学运算、逻辑推理能力及运动耐力等下降。此期间，应引导孩子吃粗细搭配的多种食物，但富含优质蛋白的鱼、禽、蛋、肉、奶类及豆类应该丰富一些，每日供给至少 300mL 牛奶，1～2 个鸡蛋及其他动物性食物（如鱼或瘦肉）100～150g，谷类及豆类食物的供给约为 300～500g，以提供足够的能量及较多的 B 族维生素。充足的能量及丰富营养素的供给除满足儿童生长发育的需要外，也可提高其学习训练的效率，促进其智力发育并保证大脑活动的特殊消耗。此外，学龄儿童应在老师协助下继续进行良好生活习惯及卫生习惯的培养，少吃零食，饮用清淡饮料，控制食糖的摄入，同时应重视户外活动。

第六节　青少年的营养

青春期是指少年儿童开始发育，最后达到成熟的一段时期，即由儿童向成人的过渡阶段。青春期突出的特点是性开始发育，因此又称为性成熟期，国外医学界将青春期的年龄定为 10～19 岁，中国医学界将其定为 13～18 岁。而且男女有差别，一般女孩较男孩早 1～2 年。除此之外，还受地区、营养、精神等因素影响，其中营养状况起主要作用。

青春期是少年儿童心理、生理、智力及行为变化最明显的时期，同时他们从事紧张的学习，活动量大，尤其处于生长高峰期，每日营养素和能量消耗比开始发育前要增加 2 倍多，故对营养的需求也增多。

一、青春期生长发育特点

青春期突出表现是在内分泌、人体形态、机能、性器官及性机能发育上明显变化。

（一）内分泌的变化

青春期的形态、机能变化主要受神经内分泌系统影响。在青春期以前，内分泌系统变化很小，男孩和女孩除外生殖器外，看不出有明显差别。可到了青春期就发生了巨大的变化。

在青春期开始时，下丘脑和垂体前叶迅速发育，其功能增强，通过一系列渠道，支配和调节有关内分泌腺体分泌出一些各自作用不同的激素，并在多种激素协同作用下，促进发育。如性腺激素促进性的成熟，甲状腺能促进组织的分化和成熟，对神经系统和性腺影响极大，是促进生长、发育和成熟的一个重要因素。

（二）人体形态发育变化

在青春期这一阶段，全身成长迅速，从人体形态上看尤为明显。由于骨骼和肌肉发育较快，身高和体重迅速增加。青春期男孩身高每年平均增长 7～9cm，女孩每年可增长 5～7cm。青少年身高、体重、肩宽等发育指标的平均值随着年龄上升而逐渐增高。而且每项指标男女之间都有二次交叉现象。第一次交叉是在 9～10 岁，就是说 9～10 岁以前男性发育要比女性快，交叉后女性的各项发育指标都超过男性。到了 14～16 岁，男女之间又出现第二次交叉，交叉后男性各项发育水平又超过女性，以后男女差距越来越大。

（三）机能发育

青春期在形态发育的同时，各种生理机能也能发生明显的变化。以肺活量为代表，其是随着年龄的增加而上升的。在其他生理、生化指标方面，心率和呼吸频率随着年龄增加而下降。青春期女孩的心率略高于男孩。男性的红细胞和血红蛋白量明显增加，而女性增加不明显。青春期女孩应注意饮食营养，防止贫血发生。从运动功能来看，以肌力为代表，青春期男女都有明显的突增阶段。从各年龄段来看，男孩的均值都大于同龄女孩，年龄越大，差异越大。

（四）性器官和性机能的发育

青春期生长发育的一个显著特征是性器官和性机能的发育变化。在青春期以前，性器官发育是很缓慢的，到了青春期，发育非常迅速，生殖器官逐渐成熟，第二性征明显，基本上可以接近于成年人。青春期女性的性机能变化的显著标志为月经来潮，一般在 10～18 岁之间发生。青春期男性的第二性征表现为：阴部和腋下生毛，长出胡须，喉结突出，声音浑厚低沉，形成男子汉的体貌。

二、青春期营养需求

因为青春期是人生中非常重要的时期，身高、体重增长迅速，体内的各个器官逐渐发育成熟，心理变化也非常复杂，特别爱幻想，好活动，记忆力强。所以青春期各种营养素的供给量必须与青春发育过程变化相适应。

1. 热能

我国建议 11 岁以上的少年女子膳食中每日热能推荐摄入量为 9.2MJ，男子则为 10.04MJ，14 岁以上的青年女子为 10.04MJ，男子则为 12.13MJ。

2. 蛋白质

由于青少年正处于生长发育阶段，故蛋白质的供给十分重要，同时还要保证蛋白质的质量，应当有 1/3～1/2 的蛋白质来自动物性食品和豆类食品，以保证青少年优质蛋白的供给。我国建议青少年女子的每日蛋白质摄入量为 80g，男子为 85g，超过普通成人的推荐摄入量。

3. 糖类

青少年活动量较大，长期运动或重复短期激烈运动，肌肉和肝脏的糖原容易耗尽，故充足的糖类摄取才能维持体能所需，以达最佳的活动效能。青少年时期其饮食环境改变，青少年容易吃到一些高热量食物（垃圾食品），例如零食及含糖饮料，且容易过量食用，加上生活空间减小，室内性娱乐增加，活动机会日益减少，导致肥胖的青少年比例不断上升。因此，糖类的来源及总量必须要谨慎选择，应多选择全谷类高纤食物，如糙米、全麦食品，尽量避免精制糖类，如饮料、糕饼点心。

4. 脂肪

在营养素比例分配上脂肪比例最高不超过 35%，此限制建议应由青少年时期做起，西方快餐饮食已对我国新生一代造成极大的冲击，高脂饮食文化严重影响年轻的一代，青少年过多的脂肪摄取容易导致体重问题或肥胖机会增加，未来患心血管疾病的概率亦会提高。

5. 维生素

青少年维生素的缺乏，可能与饮食习惯及食物的选择有关，容易缺的维生素有维生素 A、B 族维生素、维生素 C 等。青春期男女对于富含维生素 A 及 β-胡萝卜素的食物，如深绿或深黄色蔬菜水果等应多加摄取。同时 B 族维生素与能量代谢有关，青春期所需的能量增加，B 族维生素的需要量也相应提高。

6. 矿物质

(1) 钙、磷　钙对于骨骼继续生长及形成是相当重要的，快速生长或限制饮食都会有钙质摄取不足的危险，在生命周期中青春期钙需要量美国推荐为 1200mg/d，我国推荐为 1000mg/d。钙、磷比例 [建议值为 1:(1.5～2.0)] 不平衡会影响生长，常爱喝碳酸饮料、吃零食，不喜欢喝牛奶，就会导致钙磷比值降低。

(2) 铁　青春期男女对铁的需求量均有明显的增加，男孩乃是由于肌肉量的增加和血液量的增加，女孩则因月经来潮，需要大量铁质来平衡。青春期铁的供给量女性高于男性。

(3) 锌　青春期由于生长迅速及性的成熟，锌尤为重要。锌缺乏使生长迟缓、性发育不佳，补充锌可促进生长及性成熟。膳食中缺锌及以谷类为主膳食中大量植酸对锌吸收的障碍，均为青少年生长发育缓慢的主要原因。

（4）其他矿物质 如碘、镁、铜、铬、氟等也不能忽视。碘是甲状腺素的成分，是正常新陈代谢不可缺少的物质，对生长发育有重要意义。在青春期，碘的需要量增加，缺碘常可致甲状腺肿。

三、青春期饮食注意事项

（一）饮食多样化

合理营养对青少年健康成长及学习有着很重要的意义。按营养学要求，青少年一日的膳食应该有主食、副食，有荤、有素，尽量做到多样化。合理的主食除米饭之外，还应有面粉制品，如面条、馒头、包子、饺子、馄饨等。根据营养学家建议，在主食中可掺入玉米、小米、荞麦、高粱米、甘薯等杂粮。早餐除吃面粉类点心外，还要坚持饮牛奶或豆浆。

（二）营养要丰富

青少年每天需要丰富的食物以满足营养需求，如粮食 300～500g，肉、禽类 100～200g，豆制品 50～100g，蛋 50～100g，蔬菜 350～500g，此外，应选择食用水果和坚果类食品，海带、紫菜产品，以及香菇、木耳等菌藻类食物。另外，青少年需要钙较多，应多吃些虾皮、排骨、油煎小鱼（鱼骨可食）、骨头汤等，通过饮食来补充青少年骨骼生长所需要的钙。

（三）一日三餐安排合理

所谓合理营养，应该符合生理功能和实际需要，如早餐要选择热能高的食物，以足够的热能保证上午的活动。有些发达国家很注重早餐，不仅有牛奶、橘汁，还有煎蛋、果酱、面包和肉类食品。午餐既要补充上午的能量消耗，又要为下午消耗储备能量，因此午餐要有丰富的蛋白质和脂肪。至于晚餐则应避免过多的蛋白质和脂肪，以免引起消化不良和影响睡眠，晚餐以吃五谷类和蔬菜较适宜。

（四）荤素搭配

合理的粮菜混食、荤素搭配，不仅可使人体所需要的营养成分齐全，相互得到补充（即营养的互补作用），而且食物的多样化可促进食欲，促进机体对营养的吸收和利用。

四、大学生营养与存在问题

（一）大学生的营养

目前我国大学生年龄大多在 18～25 岁左右，20 岁左右占大多数，他们正处在青春期向壮年期的过渡阶段，是一生中生长发育最为旺盛的时期。生理和心理的变化较为复杂，各器官机能逐渐趋向成熟期，脑力和体力的活动更频繁，思维活跃而敏捷，记忆力较强，总之是长身体和长知识的重要时期。他们的生长状况、学习效率的高低、生活能力及抗病力的强弱、劳动效率、运动能力与营养卫生有着密切的关系，因此应确保大学生科学合理的营养及平衡膳食。

饮食中应以动物蛋白为主，植物蛋白为辅。

（二）当代大学生存在的营养问题

1. 普遍对早餐不重视

平时坚持吃早餐的学生仅占 44.8%，而周末、周日坚持吃早餐者更少，仅占 29.3%，表明学生对早餐的重视程度不高；经常进食课间餐者仅占 3.5%，而上午 10 点左右常感饥饿者高达 62.3%，这将直接影响学生上午的学习效果和身体健康。

2. 不良饮食习惯

主要有以下两个方面：

① 挑食，经常吃零食，经常扔剩饭菜，经常吃油炸品，有节食意识。

② 晚餐随便吃。27.6% 的学生晚餐随便吃，如稀饭加小菜、小吃甚至零食，其中男生占 4.8%，女生占 40.5%，女生明显高于男生，这与女生爱吃零食、节食意识有一定关系；经常喝奶者仅占 15.5%，这与《中国居民平衡膳食宝塔》建议的每天应喝 200g 奶类及奶制品有很大的差距。

3. 优质蛋白不够，食物构成不够合理

随机抽样某校在校学生 560 例，其中男 326 例，女 234 例，年龄 18～23 岁，对其各种营养素的摄入量与供给量进行比较，发现该校学生的食物构成不够合理，来源于植物食物的热能占总热能摄入量的 93%，男女生优质蛋白摄入量分别为 17.9% 和 22.3%，与学者们主张的大学生摄入优质蛋白应占蛋白质总摄入量的 30%～40% 相比还有很大差距。

所以应增加学生优质蛋白的摄入，如肉、鱼、蛋及乳类，尤其是应增加豆类食品的比例。

4. 注意保护视力维生素的摄取

大学生使用眼睛的时间较长，要注意对眼睛有益、保护视力的维生素 A 和核黄素的摄入，这两者常见于牛奶、鸡蛋、猪肝及黄绿色蔬菜等食物中。钙、碘是人体所需的重要元素。

5. 对于女大学生，应注意含铁食品的摄入

铁的缺乏在女大学生中较为多见，因为每月的月经及血液损失，使得身体对铁的需要量增多，容易引起缺铁性贫血。所以女大学生应选择铁含量丰富且容易吸收的食物，如木耳、红枣、海带、瘦肉等。

第七节　中年人的营养

人到中年，肩挑工作、家务两副重担，身心的负荷相当重，加上中年时期组织器官的功能逐步减退，生理功能也日渐减退，其体力和精力都不如青少年。为了减缓中年人衰退的过程，推迟"老年期"的到来，除了要保持乐观的思想情绪和进行必要的体育锻炼之外，合理的膳食搭配也非常重要。中年人的饮食，既要含有丰富的蛋白质、维生素、钙、磷等，还应保证低热量、低脂肪，并应适当地控制糖类的摄入量。

一、中年人生理代谢特点

（一）消化系统开始改变

中年人胃黏膜及平滑肌开始萎缩，胃酸分泌也随年龄增长而减少。中年人消化液的分泌及其中所含的各种酶都有不同程度的降低。肝脏重量随年龄增长而降低，肝脏的解毒功能下降，影响药物的灭活和排出，易引起药物性肝损伤。多数的胆囊壁薄，胆囊体积大，胆汁较为稀薄，胆石症随年龄增长出现率增加。

另外，随年龄增加，齿龈及齿根逐渐萎缩，使牙齿容易松动、脱落；味蕾萎缩，中年人味觉发生改变，以咸味阈值升高为主；口腔黏膜上皮角化增加，分泌减少，易发生口干。这些因素导致中年人易出现吞咽困难，并容易发生黏膜溃疡；唾液及其中的酶分泌减少，导致对食物的消化不利。

（二）代谢功能减退

随着年龄的增加，内分泌系统的变化使激素分泌改变，逐渐影响机体代谢机能。机体各种器官及其生理功能也逐步减弱，如基础代谢率降低，血红蛋白和糖耐量降低，骨密度下降，蛋白质合成能力降低，总体水分减少，肾功能最大呼吸容量下降等。此外，糖代谢、钙代谢、肌肉组织功能均下降，肾排泄功能衰退，这些结果均对中年人的物质代谢带来不利影响。

（三）免疫功能下降

随着年龄增长，免疫器官逐渐萎缩，功能减退，出现免疫系统调节障碍，对异体的抗原反应性降低。同时，随着年龄增长，体内大分子物质合成（如某些自身抗原组成）发生误差，表现为自身免疫反应增强。经常参加体育锻炼能提高中年人的免疫力，可减少感冒及因感冒继发的扁桃体炎、咽炎、气管炎、肺炎等疾病，也可减少因气管炎引起的肺气肿、肺心病的发生。

（四）器官功能改变

人到中年后，消化系统消化液、消化酶及胃酸分泌量逐渐减少。心脏功能、脑功能、肾功能及肝代谢能力均随年龄增高而有不同程度的下降。

二、中年人的营养需要

（一）蛋白质

对于中年人，一般来说，虽然对蛋白质的需要量比正处于生长发育期青少年要少，但对处于生理机能逐渐减退的中年人来说，提供丰富、优质的蛋白质是必要的。因为随着年龄的增长，人体对食物中蛋白质的利用率降低到以前的60%～70%，而对蛋白质的分解却比年轻时高，因此，蛋白质的供应量仍应适当高一些。

（二）脂肪

中年人体内负责脂肪代谢的酶和胆酸逐渐减少，同时随着活动量的减少，会使脂肪在体内蓄积，从而引起肥胖，导致血脂升高，健康受损。因此限制脂肪的摄入是必要的。

（三）糖类

中国人能量的主要来源是糖类，如米、面、蔬菜等。不同性别和职业的中年人对能量的需求不同，对脑力劳动者来说，每日的主食能够满足身体的标准需要量即可。

（四）维生素

中年人由于消化吸收功能的衰退，对各种维生素的利用率降低，常出现出血、眼花、溃疡等缺乏维生素的症状，因而每日必须有充足的供应量。

（五）矿物质

如果饮食合理，矿物质一般不会缺乏。由于中年人消化、吸收能力变差，加之分解代谢大于合成代谢，容易发生某些微量元素的相对不足。

（六）水

水参与体内的一切代谢活动，没有水就没有生命。中年人注意多喝水，有利于清除体内的代谢产物，防止疾病发生。

三、中年人的饮食原则

（一）控制总热量，避免肥胖

中年人由于脂肪组织逐渐增加，肌肉活动组织相对减少，所以每日的热量应控制在7500～8370kJ，这样体重才能控制在标准的范围内。

（二）保持适量蛋白质

蛋白质是人体生命活动的基础物质，是人体组织的重要成分。如在代谢中起催化作用的酶、抵抗疾病的抗体、促进生理活动的激素都是蛋白质或其衍生物；蛋白质还有维持人体的体液平衡及酸碱平衡、运载物质、传递遗传信息的作用。中年人每天需要摄入70～80g蛋白质，其中优质蛋白不得少于1/3。牛奶、肉、瘦肉、鱼类、家禽、豆类和豆制品都富含优质蛋白。大豆类及其制品含有丰富的植物蛋白质，对中年人非常有益。由于人体的蛋白质每天都在消耗，所以每天摄入蛋白质应保持平衡，这对延缓消化系统退行性改变非常有益。

（三）适当限制糖类

有些人有吃糖的习惯，或者饭量较大，到中年以后要加以限制。因糖过多，不仅容易肥胖，而且由于中年后胰腺功能减退，会增加胰腺的负荷，容易引起糖尿病。在患消化性疾病时如进甜食，还可促进胃酸分泌，使病加重。因而除日常供应的糖类外，不宜额外多吃甜食。在限制过多自感食量不足时，可选择含糖量少、含纤维素多的水果、蔬菜，这些物质可促进肠道蠕动和清除胆固醇。

（四）饮食要低脂肪，低胆固醇

中年人每天摄取的脂肪量以限制在 50g 左右为宜。脂肪以植物油为好，植物油含有不饱和脂肪酸，能够促进胆固醇的代谢，防止动脉硬化。动物内脏、鱼子、乌贼和贝类含胆固醇多，进食过多容易诱发胆结石症和动脉硬化。

（五）多吃含钙质丰富的食物

进食牛奶、海带、豆制品及新鲜蔬菜和水果，对预防骨质疏松和降低胆固醇等都有作用。

（六）少食盐

每天食盐摄入量不宜超过 8g，以防止伤脾胃和引起高血压。

（七）节食

饮食要定期、定量，避免暴饮暴食、过量饮酒，以免引起消化功能紊乱。要注意避免食用会损害消化器官的食物。中年人膳食的合理安排，对于消化器官的保健和人体健康，尤其是对减少过早死亡和减少疾病的发生都有着十分重要的意义。因此，中年期的合理膳食与健康长寿有极大关系。

第八节　老年人营养

世界卫生组织和中国卫生部规定，60 岁以上为老年人。2002 年上半年，调查表明，我国 60 岁以上老年人口已达 1.32 亿，人口老龄化已成为不可忽略的社会问题。随着老年人年龄的增加，人体各种器官的生理功能都会有不同程度的减退，尤其是消化和代谢功能，直接影响人体的营养状况，如牙齿脱落、消化液分泌减少、胃肠道蠕动缓慢，都可使机体营养成分吸收利用下降。故老年人必须从膳食中获得足够的各种营养素，尤其是微量营养素，老年人的营养应该得到全社会的关注。

一、老年人生理代谢特点

（一）老年人消化系统明显改变

老年人消化系统的改变：老年人牙齿脱落，对食物的咀嚼有明显影响；舌表面味蕾易发生萎缩，味觉细胞减少，咸味阈值升高；唾液分泌减少，直接影响食物的水化；老年人其他消化液的分泌也减少，各种消化酶均随年龄增长而分泌逐渐减少；老年人食道蠕动和胃肠道排空速率都减低，使大便通过肠道时间延长，增加肠道对水分的吸收，使大便变硬，因此经常发生便秘；胆汁分泌减少，对脂肪的消化能力下降。此外，老年人肝脏体积缩小、血流减少、合成白蛋白的能力下降等均会影响消化吸收功能，导致食欲减退、消化和吸收功能降低。

（二）老年人代谢功能减退

老年期代谢组织的总量随着年龄的增长而减少。与中年人相比，老年人基础代谢下降大约 10%～20%。而且合成代谢降低，分解代谢增高，合成与分解代谢失去平衡，引起细胞功能下降。老年期内分泌系统的变化使激素分泌改变，可明显影响机体代谢功能。糖代谢、钙代谢、肌肉组织功能均下降，肾排泄功能降低，这些结果都对老年人的物质代谢带来不良影响。另外，随着年龄增高，胰岛素分泌能力减弱，组织对胰岛素的敏感性下降，可导致葡萄糖耐量下降。

（三）老年人免疫功能明显下降

老年人胸腺萎缩、重量减轻，T淋巴细胞数目明显减少且各种功能减退，血中免疫球蛋白 G 下降，使老年人细胞免疫和体液免疫功能下降，故老年人易患疾病。

（四）器官功能改变

主要表现为消化系统消化液、消化酶及胃酸分泌量的减少；心脏功能的降低；脑功能、肾功能及肝代谢能力均随年龄增高而有不同程度的下降。

（五）体成分改变

随着年龄的增长，体内脂肪组织逐渐增加，脂肪在体内储存部位的分布也有所改变，有向心性分布的趋势，即由肢体逐渐转向躯干。体成分改变的具体表现如下：细胞量下降，突出表现为肌肉组织的重量减少而出现肌肉萎缩；体水分减少，主要为细胞内液减少；骨矿物质减少，骨质疏松，尤其是钙减少，因而出现骨密度降低，尤其女性在绝经后更加明显。

（六）体内氧化损伤加重

人体组织的氧化反应可产生自由基。自由基对细胞的损害主要表现为对细胞膜的损害，形成脂类过氧化产物，主要有脂褐素，是机体衰老的标志之一。

二、老年人的营养需要

（一）能量

老年人应维持理想的体重，使摄入的能量与消耗的能量保持平衡，老年人基础代谢率降低及活动量减少，所需要的能量供应也相应减少。因此每日膳食总热能的摄入量应适当降低，以免过剩的热能转变为脂肪储存在体内而引起肥胖。热能摄入量应随年龄增长逐渐减少。61 岁后应较青年时期减少 20%，70 岁以后减少 30%。一般而言，每日热能摄入 6.72～8.4MJ 即可满足需要，体重 55kg 每日只需摄入热能 5.88～7.65MJ。反之，当老年人摄入的能量超过维持机体能量代谢平衡的需要量时，会使体脂占体重的百分比不断增加，造成超重和肥胖。

（二）蛋白质

老年人体内的分解代谢大于合成代谢，蛋白质合成速度减慢，摄入的蛋白质利用率低，并且由于老年人肝肾功能减退，对蛋白质代谢产物的代谢能力下降。所以，老年人要适当多吃一些富含蛋白质的食品，如牛奶、鱼、肉及豆制品，每天的摄入量为每千克体重 1.27g，到 70 岁以后可适当减少。蛋白质代谢后会产生一些有毒物质，老年人的肝、肾功能已经减弱，清除这些毒物的能力较差，如果蛋白质吃得太多，其代谢后的有毒产物不能及时排出，反而会影响身体健康。

一般来说，老年人蛋白质的摄入量应占饮食总热量的 10%～ 15%。

（三）脂肪

老年人随着年龄的增长，人体总脂肪明显增加，其中主要是胆固醇的增加，甘油三酯和游离脂肪酸亦有增加。脂肪和胆固醇摄入过多，易引起血中胆固醇，特别是氧化的低密度脂蛋白胆固醇增加，造成动脉粥样硬化，增加心脑血管疾病的发生风险。脂肪的摄入量亦与结肠癌、乳腺癌、前列腺癌、胰腺癌的死亡率呈正相关。因此，老年人的脂肪摄入量以占总热能的 20%～30% 为宜。

（四）糖类

老年人的糖耐量能力降低，血糖的调节作用减弱，容易使血糖增高。所以关于糖类，老年人的饮食原则以淀粉为佳，淀粉能促进肠道中胆酸及胆固醇的排泄。老年人的糖类摄入量占总能量以 55%～65% 为宜。糖类中有些不能被人体消化吸收的膳食纤维，如树胶和海藻酸盐等，可以增加粪便的体积，促进肠道蠕动，对降低血脂、血糖和预防结肠癌、乳腺癌有良好作用。膳食纤维的适宜摄入量为 30g/d。

（五）维生素

老年人的生理机能下降，特别是抗氧化功能和免疫功能下降，因此维持充足的维生素需要量是十分重要的。人体老化的种种表现似乎与维生素缺乏有类似的表现。

（六）无机盐

无机盐与心血管疾病、脑血管疾病有关，近年来，越来越引起人们的重视。其中铬和锰具有防止脂类代谢失常和动脉粥样硬化的作用。镁具有抗动脉粥样硬化的作用，这可能与其改善脂类代谢和凝血机制以及防止动脉壁损伤等功能有关。此外，镁对心肌结构和功能也起良好的作用。钠与高血压发病有密切关系，也和脑猝死有关。老年人容易发生骨质疏松及血红蛋白合成降低，因此钙和铁的补充应适当充足。锌是组成多种金属酶的重要成分，锌的缺乏会影响酶的活性，影响生理功能，如影响味蕾生长和食欲等。

三、老年人的合理膳食

老年人的饮食计划应以成年人的均衡饮食为基础，至于食物的种类与烹调方式，以配合老年人现有的生理状况、生活环境及营养需要为目标。

（一）选择易于消化的食物，并注意要粗细搭配

老年人的胃肠功能减退，应选择易消化的食物，以利于吸收利用。避免太多的油煎、油炸、油腻等含脂肪较多特别是含饱和脂肪酸和胆固醇高的食物。食物不宜太精，应强调粗细搭配。粗粮和果蔬富含膳食纤维，能增加肠胃蠕动，预防便秘。特别是可溶性纤维，有改善血糖、血脂代谢的作用，对预防老年人多发的心脑血管疾病、糖尿病、癌症都有好处。粗粮中，燕麦、玉米所含膳食纤维较大米、小麦为多。

（二）合理烹调

老年人因牙齿磨损、松动或脱落，咀嚼能力降低，各种消化酶分泌减少，消化能力差。因此，应该把食物切碎煮烂，肉可以做成肉糜，蔬菜宜用嫩叶；食物制作时宜选用蒸、炖、熏、煮和炒等方式，以利于食物的咀嚼和消化。少用煎炸油腻食品和刺激性调味品。同时还要注意荤素搭配，干稀搭配，要经常改变烹调方式，并注意食品的色、香、味、形状，以促进食欲。

（三）限制油脂摄取量

老年人摄取油脂要以植物油为主，避免肥肉、动物油脂（猪油、牛油），而且也要少用油炸的方式烹调食物。另外，甜点糕饼类的油脂含量也很高，应尽量少让老年人吃这一类的高脂肪零食。

（四）建立合理的用膳制度

老年人饮食要讲究少量多餐。因为老年人肝脏合成糖原的能力降低，糖原储备较少，对低血糖耐受力较差，容易感到饥饿和头晕。因此，在睡前、起床后或二餐间老年人可适当吃少量食物作为加餐。一般每日可安排五餐，每餐的量不宜太多，餐间不吃零食，特别是甜食，以免影响食欲，导致消化功能紊乱。每餐要定时定量，不宜过饱，以促进对食物的吸收及避免胃肠不适。

（五）少加盐、味精、酱油，善用其他调味方法

味觉不敏感的老年人吃东西时常觉得索然无味，食物一端上来就猛加盐，很容易摄入过多的钠，埋下高血压的隐患。

可以多利用一些具有浓烈味道的蔬菜，如选择香菜、香菇、洋葱用来炒蛋或是煮汤、煮粥。利用白醋、水果醋、柠檬汁、橙汁或是菠萝等，也可以丰富食物的味道。一些中药材，尤其是气味浓厚的当归、肉桂、八角或者香甜的枸杞、红枣等可取代盐或酱油，其丰富的味道有助于增进老年人的食欲。

（六）少吃辛辣食物

虽然辛辣香料能引起食欲，但是老年人吃多了这类食物，容易造成体内水分、电解质不平衡，出现口干舌燥、火气大、睡眠不好等症状，所以少吃为宜。

第九节　运动员的营养

运动员营养是研究运动员在不同训练情况下的营养需求、营养因素、机体机能以及通过营养手段来提高运动员的运动能力及适应性、促进体力恢复和预防运动性疾病的一门学科。

一、运动员生理代谢特点

运动员在训练和比赛时，机体处于高度的应激状态。大脑紧张活动和肌肉激烈收缩，使机体能量消耗骤然增多，代谢旺盛，并且短时大量出汗，机体对氮的排出量明显增加，水分、无机盐、水溶性维生素的丢失比正常人多。运动员在热和体力运动两种应激同时存在时处于失水和失盐状态，此时表现为体温升高、脉率加快、心肺输出量下降、肌力减弱并疲劳。因此，提供合理营养和平衡饮食，对促进运动员体格发育，增加身体素质（尤其是体力和耐力），在训练和比赛中发挥最佳竞技状态及消除疲劳，加速体力恢复等具有非常重要的意义。合理营养，加上严格的科学训练，是创造优异运动成绩的基本保证。

二、运动员的合理营养

1. 能量

由于运动员在训练或比赛中消耗能量较多，只有给予及时补充，才能满足他们的正常需要，保护其充沛的运动能力及必要的能量贮备。摄入热能的多少取决于热能的消耗。过多的热量可导致体脂肪增多、身体发胖、运动能力降低。所以，运动员应根据运动项目、运动强度、运动持续时间以及运动员的体重等摄入适当的热能。运动员的热量来源应以糖类为主，脂肪要少，对大多数运动项目的运动员来说，蛋白质、脂肪、糖类的比例应为 1∶1∶4；耐力项目的比例则应为 1∶1∶7，一定要做到高糖类低脂肪。

2. 蛋白质

蛋白质可以维持运动员的神经兴奋并且弥补运动中消耗的蛋白质。但是，高蛋白质膳食可能导致尿氮排出增加，造成体内堆积大量的蛋白质代谢产物，加重肝脏负担，同时使体内水分、矿物质耗尽而影响运动成绩和身体健康。所以，运动员蛋白质可按照每千克体重 1.5～2.5g 供给，而且应该有 30% 左右的优质蛋白。要注意利用谷类、豆类搭配的互补作用，多用豆制品，必要时也可采用赖氨酸强化食物。

3. 糖类

糖类是运动员最理想的能量来源。其分子结构简单，容易被机体消化吸收，氧化时耗氧量少，产能效率高，最终代谢产物为二氧化碳和水，不致增加体液的酸度。运动员体内肌糖原贮备水平与运动的耐久性直接相关，而糖原贮备又受膳食中摄入糖类总量的影响，赛前和赛中补充糖类有助于运动员耐力的提高，一般情况下，运动员每日膳食中糖类供能应占总能量的 55%～60%，大运动量训练或比赛前每日应按每千克体重 9～10g 提供糖类，以保证足够的糖类摄入。运动员应该以淀粉作为糖类的主要来源。

4. 脂肪

脂肪的产能量高，体积小，是运动员较理想的供能营养素。但是，脂肪不易消化，代谢时耗氧率高，影响氧的供给，且产生的代谢产物属于酸性，可降低运动员的耐力，延缓其体力的恢复时间。所以，运动员不宜摄入过多的脂肪。通常运动项目的运动员每天脂肪供给的热量应占总能量的 25%～30%。

5. 维生素

由于运动员运动量不同、功能状况和营养水平不同，所以维生素需要量不同。运动过程中，物质代谢加强，则使运动员的维生素需要量增加。运动员同常人相比，对维生素的耐受性差，剧烈运动时可使维生素的缺乏症状提前发生或使症状加重。维生素缺乏早期，运动员表现为运动能力低下、易疲劳和免疫功能降低，及时补充维生素，上述症状可以得到矫正。但如果维生素长期处于饱和状态，可以使机体对维生素缺乏更为敏感。维生素 A 具有保护眼角膜的作用并与应激反应密切相关。因此，对于那些从事需要视力集中的运动项目（如乒乓球、射击、击剑等）的运动员及需要反应快速敏捷的项目的运动员，维生素 A 需要量相对要高，而且摄入量的 2/3 最好由动物性食品供给。运动员由于大量出汗，需直接补充丰富的水溶性维生素。体内如果缺乏维生素 B_1、维生素 B_2、维生素 C 及烟酸时，运动员表现为四肢无力、耐久力下降、免疫力下降、容易疲劳等。如果这些维生素供给充足，则可提高肌肉的耐久力，运动后也比较容易消除疲劳。

6. 矿物质

运动员在通常锻炼情况下，矿物质的需要量与正常人无显著不同，但在加大运动量、耐力训练或大量出汗时，矿物质的需要量增加。在常温下训练时，通常不会发生缺钠盐，然而运动员多进行高气温大强度耐力训练，汗液丢失很多，盐分随之丧失，不注意补充，可发生缺乏症，缺乏严重时，可出现恶心、呕吐、头痛、腿痛及肌肉抽搐等症状。这时应当及时补充钠盐。大量出汗引起钾缺乏时，糖的利用受到影响，还会增加肌肉损伤的概率，引起肌肉无力，导致运动成绩下降。因此，在进行大运动量训练前后，尤其在温度高时，要适当补充钾盐。运动员很容易发生缺铁，所以运动员对铁的需要量比常人高。动物性食品不仅铁含量丰富而且吸收率高，可根据情况尽量选择食用。在运动员中如出现血红蛋白水平下降的情况，可考虑预防性补充铁剂。运动使运动员的骨骼坚实，可间接地提高钙需要量；高温训练时，汗钙的丢失增加，使钙的需要量进一步增加。

7. 水

长时间运动或在高温环境下运动，运动员出汗较多，水代谢旺盛。当运动失水超过体重的 2% 时，常感到口渴。一般认为失水量为体重的 3%～4% 时，基本上不影响运动成绩，但是如果失水量达到体重的 5% 时，运动能力明显下降。所以，运动员应注意补水，补足失水量，以保持水平衡。大量出汗后应采用少量多次补足的方法，避免一次性大量补液对胃肠道和心血管系统造成大的负担。运动中补液时，液体温度 10～13℃ 比较适口，有利于降低体温。

三、运动员的膳食原则

1.正确选择食物，合理烹调加工

鱼、瘦肉、牛肉、蛋、奶类等食物既能供给大量优质蛋白，又能供给丰富的磷。动物内脏能提供丰富的无机盐和维生素 B_1、维生素 B_2、维生素 A。一些绿色蔬菜、水果等可供给丰富的维生素 C、胡萝卜素以及无机盐钾、磷等。赛前的调整期要增加糖类的摄取，比赛当日糖类应为主要食物。选择食物要讲究营养，应选那些有营养、易消化、符合运动员需要的食物，避免高脂肪、干豆、含纤维多的粗杂粮、韭菜等容易产气或延缓胃肠排空时间的食物。

2.食量和运动量平衡，保持适宜体重和体脂

运动员要根据运动项目的强度和身体条件来决定对各种营养素的需要量，不要盲目地加强营养，防止因摄入过多的营养素而导致超重和体脂过多，进而影响训练和比赛。

3.遵守膳食制度

进食时间要与训练和比赛相适应。最好在进餐 2.5h 以后再进行训练或比赛，否则剧烈运动会使参与消化的血液流向肌肉和骨骼，影响胃肠部的消化和吸收。运动结束后也应休息 $40\sim60min$ 再进餐，此时机体的循环和呼吸机能已恢复到正常状态，有利于食物的消化和吸收。如果运动或比赛是在早餐后进行，各餐热能分配为早餐占 35%，午餐占 30%，晚餐占 35%。若运动或比赛在午餐后，则三餐热能分配为早餐占 35%，午餐占 35%，晚餐占 30%。凡是难消化或在胃内停留时间较长的食物，应安排在距离运动比赛时间较长或运动后的一餐供给。每天应少食多餐，以减轻运动员的肠胃负担，适应高强度运动的要求，也可以及时补充各种体内因运动而耗费的营养。

4.重视补液和补糖

在运动前、运动中适量补给葡萄糖，有利于运动中维持血糖水平。对于持久性耐力运动，可在赛前 2h 补充。运动前、运动中、运动后都要补液。最好补充运动饮料，而不是白水和高浓度的果汁。饮白水会造成血液稀释，排汗量急剧增加，进一步加重脱水。果汁的糖浓度过高，会使果汁由胃排空的时间延长，造成运动中胃部不适。运动饮料中特殊设计的无机盐和糖的浓度可避免这些不良反应。

四、不同运动类型的营养需要

合理的营养有助于运动员机体内环境的稳定，可全面地调节器官的功能，并使代谢过程顺利进行。

1.速度型运动的营养特点和营养需求

速度型运动的代谢特点是运动中高度缺氧，负有氧债，能量主要依靠高能磷酸键与糖原无氧酵解供应，因此其营养应符合体内能源物质迅速发挥作用，使三磷酸腺苷和磷酸肌酸的再合成加速。所以膳食中应含丰富易吸收的糖、维生素等营养。

2.耐力型运动的营养特点和营养需求

此类项目特点是单位时间内能耗小，但总能量消耗很大，能量代谢以有氧氧化为主，主要靠脂肪提供，肌糖原消耗增加，需要供应较多糖。为使运动员的血红蛋白和呼吸酶维持较

高的水平，需要供给较多的铁、血红蛋白和维生素。

3.力量型运动的营养特点和营养需求

该类运动要求肌肉有较大力量和爆发力，为了发展肌肉，对蛋白质和维生素 B_2 的需求较多。

4.技巧型运动的营养特点和营养需求

该类运动能量消耗不太高，但食物中蛋白质、维生素、钙、磷等应当充分。

第十节　特殊环境人群的营养

一、高温环境下人群的营养

所谓高温，通常指寒、温带地区的气温或生产场所的温度大于32℃或炎热地区气温大于35℃。高温环境中，人体可出现一定的生理功能变化，如体温调节、水盐代谢、消化和循环等方面生理功能的改变，进而可引起机体内许多物质代谢发生改变。

（一）高温环境下的代谢特点

人体在高温环境下劳动和生活时，主要通过出汗和汗液蒸发使散热增加，以调整和维持正常体温。高温下出汗量大，每小时超过1.5L，最多一天可达10L以上。丢失的汗液中99%以上为水分，0.3%为无机盐，而汗中无机盐以钠盐最多，约为无机盐总排出量的54%～68%。除钠外，汗中损失的无机盐还包括钾、钙、镁、铁等。排汗还可造成水溶性维生素丢失，特别是维生素C丢失较多，其次是硫胺素和核黄素，补充这些维生素有利于增强耐热能力和体力。丢失汗中含氮量为20～70mg，大量出汗时因机体失水和体温升高可引起蛋白质的分解增加，尿氮排出量增加。汗液中的氨基酸有1/3是必需氨基酸，其中赖氨酸的损失特别突出。在高温环境下，消化液分泌减少，胃酸减少，胃排空加速，从而使机体消化机能减退。高温环境还影响人体的基础代谢，增加热能消耗。

（二）高温环境人群营养

1.增加热能供应

一般认为环境温度达30℃以上时，应在正常能量推荐摄入量的基础上，温度每增加1℃，膳食热能增加0.5%。

2.适当增加蛋白质的供应

高温条件下，人体蛋白质分解代谢加速，消耗量增加。因此，应注意蛋白质摄入量，但不宜过多，否则会增加肾脏负担。一般认为，高温环境下生活和劳动的人员蛋白质供应的热能应在全日总热能摄入量的12%～15%。由于汗液中丢失一定数量的必需氨基酸，尤其是赖氨酸损失较多，因此补充蛋白质时，优质蛋白（如鱼、肉、蛋、奶和豆类食品）的比例不应低于50%。

3. 补充水和食盐

从事高温工作的人员每人每天出汗 3000～5000mL，最多的可达 8000～10000mL，超过常人出汗量的 5～7 倍。汗液中含有 0.1%～0.5% 的氯化钠，高温作业人员有时一日内随汗丢失的氯化钠可达 20～30g，超过了人体一日摄入量的 2～3 倍。如果不及时补充所排掉的水和氯化钠，将会引起水盐代谢紊乱，出现一系列病理现象。一般来说，每人每天应补充水分 5000mL 左右，补充食盐 15～25g 以上（食物中含的盐计算在内）。可以经常喝点盐开水，每 500g 水中加食盐 1g 左右为宜。还可以喝盐茶水、咸绿豆汤、咸菜汤和含盐汽水等。这样既可消暑解渴，又能及时补充必需的食盐。饮水原则是多次少量，每次饮 150～30mL 为好，不要喝得过多过快，这样可减少汗液排出，有利于增加食欲。

4. 补钾及其他矿物质

经汗液由机体排出的还有钾、钙、镁、铁等，所以要多吃含有这些矿物质元素的食品。除了服用氯化钾片外，可增加含钾丰富的新鲜蔬菜和水果等植物性食物，各种豆类含钾特别丰富。奶及奶制品含钙量较高，而且吸收率高。动物肝脏等内脏和蛋黄含铁较多。植物性食品含镁较多，如粗粮、干豆、坚果、绿叶蔬菜中含量都比较丰富。

5. 增加维生素的摄入

高温环境下，绝大多数水溶性维生素可随汗排出，尤其是维生素 C，其次是维生素 B_1 和维生素 B_2。据测定 5000mL 汗液中损失维生素 C 50mg，维生素 B_1 0.7mg，核黄素也有不少损失。另外，高温环境下，人体对维生素 A 的需要量也应该增加。所以，高温下应增加新鲜蔬菜、水果、动物性食品以及大豆类食品的摄入量，以增加维生素的摄入量。

6. 多选择防暑清热的食物

夏季应多选择清热、解暑的食物，如绿豆、苦瓜、番茄、黄瓜、海带、紫菜、西瓜、香蕉、苹果、葡萄等。高温作业者要选择盐汽水、盐茶、中药饮料等防暑饮料。

7. 合理调配膳食，增进食欲

高温环境下，人的胃肠功能下降，消化能力减弱，食欲减退。因此，膳食要讲究色香味，经常更换花色品种，适当用凉拌菜，多用酸味或辛辣调味品，以促进高温作业者的食欲。饭前最好喝一些菜汤以提高食欲。

二、低温环境下人员的膳食调配与营养

低温环境多指环境温度在 10℃ 以下的环境，常见于寒带及海拔较高地区的冬季及冷库作业等。低温环境下机体的生理及代谢改变，导致其对营养具有特殊的要求。

（一）低温环境下的膳食调配

1. 供给充足的能量

低温环境可使人体的热能消耗增加。寒冷刺激使甲状腺素分泌增加，机体散热增加，以维持体温的恒定，这需要消耗更多的能量，故寒冷常使基础代谢率增高 10%～15%。低温下机体肌肉不自主地寒战，以产生热量，这也使能量需要增加。笨重的防寒服增加身体的负担，使活动耗能更多，这也是能量消耗增加的原因。此外，低温下体内一些酶的活力增加，使机体的氧化产能能力增强，热能的需要量也随之增加。因此，低温环境下人群热能摄入应

较常温下增加 10％～15％。在总热能的来源中，降低糖类所占的比例，增加脂肪热能来源，一般脂肪供能应占 35％～40％，甚至更高。在低温环境下，肾上腺皮质激素分泌增加，蛋白质分解加速，极易出现负氮平衡。故寒冷地区蛋白质供给量应适当提高，供能应占总热能的 13％～15％，最高不超过 20％。某些必需氨基酸能增强机体耐寒能力。如蛋氨酸经过甲基转移作用可提供机体适应寒冷所必需的甲基，对提高机体耐寒能力十分重要。因此，在提供的蛋白质中，应有 1/2 以上的动物蛋白，以保证充足的必需氨基酸的供给。

2. 保证充足的维生素

因为低温环境机体热能消耗增加，与热能代谢有关的维生素（如硫胺素、核黄素、烟酸等）的需要量也随之增加，所以应增加这些维生素的摄入。专家建议，硫胺素的摄入量为 2mg/d，核黄素为 2.5～3.5mg/d，烟酸为 15～25mg/d。维生素 C 可增强机体的耐寒能力，而寒冷地区蔬菜、水果供应通常不足。因而，维生素 C 应额外补充，日补充量为 70～120mg。寒冷环境下维生素 A 对机体具有保护作用，且可缓解应激反应，日推荐摄入量应为 $1500\mu g$。寒冷地区户外活动少，日照时间短，使体内维生素 D 合成受限，每日应补充 $10\mu g$。近年来，人们通过研究发现维生素 E 能改善由于低温而引起的线粒体功能降低，可提高线粒体能量代谢功能，还能促进低温环境中机体脂肪等组织中环核苷酸的代谢，从而可增强能量代谢，提高机体耐寒能力。因此，膳食中应补充一定量的维生素 E。

3. 增加钙、钠等矿物质的摄入

低温条件下，由于随尿排出的矿物质比常温下增加，因此膳食的矿物质供应量也应增加。由于食物来源缺乏及机体维生素 D 合成不足，易导致钙缺乏，因而应多提供含钙丰富的食物，如乳及乳制品。研究表明，低温环境中食盐摄入量增加，可使机体产热功能加强。寒带地区居民食盐摄入量高达 26～30g/d，为温带居民的 2 倍，但目前认为食盐摄入过多对健康不利，因此不提倡食用过咸食品。一般寒带地区居民钠盐的供给量可稍高于温带居民。研究发现，低温作业人员血清中微量元素（如碘、锌、镁等）比常温中降低，在膳食调配时要注意选择含上述营养素较多的食物供应，以维持机体生理机能，增强机体对低温环境的适应能力，提高工作效率。

（二）低温环境下人群的营养

低温对人体的影响较为复杂，涉及低温的强弱、作用方式和时间等。

1. 热能

低温下机体的氧化产热增加，所以在寒冷的情况下，总热量需要量高者每日可达 23～25MJ。

2. 生热营养素

在低温条件下，大量增加膳食中脂肪含量时，还需注意糖类的含量，尚未适应寒冷的人，除了需要大量增加脂肪外，还要注意膳食中糖类的供给量。

3. 维生素

寒冷地区的营养调查表明，低温使人对维生素的需要增加。

三、宇航员的营养

由于航天器工程技术对饮食供应的约束及太空对人体生理和代谢的影响，使宇航员的营养在许多方面不同于生活在地面上的人群。

1.蛋白质

食物中供给机体热能的营养素主要为糖类、脂类和蛋白质。每日每千克体重摄入 0.5g 优质蛋白，可基本满足宇航员的需要。

2.膳食能量物质间的配比

从美国、俄罗斯的宇航员营养素供给标准看，脂肪供能占总热量的比例为 30%～32%，蛋白质供能占 15%～20%，糖类供能占 50%～54%。

3.维生素

若长期在航天中，膳食中要增加维生素 B_6 和叶酸。

4.矿物质

矿物质的供给要稍高于地面人群。

四、职业性接触有毒有害物质人群的营养

职业性接触有毒有害物质人群膳食补充的主要原则是，首先满足机体正常合理的营养要求，通过合理营养需要的满足来增强机体对外界有害因素的抵抗力；其次根据有毒物质的特殊作用，给予特殊的营养补充。

（一）汞作业人员的营养与膳食

汞及其化合物在化工、医药、冶金、印染、仪表、造纸等工业上广泛使用，在这些行业工作的人以及从事汞矿开采的人会经常接触到汞。汞及其化合物可通过呼吸道、消化道或皮肤进入人体。职业中毒主要是通过呼吸道吸入汞蒸气或化合物气溶胶。进食汞污染的食物或饮水也可引起中毒。金属汞易溶于脂类，汞蒸气容易透过细胞膜进入血液，并很快进入组织中。吸收进入人体的汞迅速分布到全身的组织和器官，但以肝、肾、脑等器官含量最多。各种汞化物都有毒，但毒性的大小差异很大，一般来说有机汞的毒性大于无机汞，更大于金属汞。汞的毒害主要表现在中枢神经系统和肾脏受损。

慢性汞中毒可导致机体不断丧失蛋白质。另外，肝脏、肾脏受到的损害也需要充足的优质蛋白，以促进修补、再生。所以，汞作业人员的膳食中应有足够的蛋白质。蛋白质中的含硫氨基酸与汞结合成稳定的化合物，可防止汞的损害。除蛋白质外，微量元素硒与维生素 E 对于汞中毒都有明显的防护作用。硒能减轻氯化汞引起的生长抑制，保护肾脏。维生素 E 除了能防止汞对神经系统的损害外，还能提高硒的营养效应。含果胶较多的胡萝卜，能降低血液中汞离子的浓度，加速其排泄，减轻对人体的危害。在调配日常膳食时，应选择含硒较高的海产品、肉类、肝脏、肾脏、蘑菇等，以及含维生素 E 较多的绿色蔬菜、奶、蛋、鱼、花生与芝麻等。

（二）苯作业人员的营养与膳食

苯是芳香族碳氢化合物，主要用于有机溶剂、稀薄剂和化工原料，接触苯的工作主要有炼焦、石油裂化、油漆、染料、塑料、合成橡胶、农药、印刷以及合成洗涤剂等。苯及其化合物苯胺、硝基苯均是脂溶性并可挥发的有机化合物。作业时，苯主要经过呼吸道进入人

体，长期接触低浓度苯可引起慢性中毒，主要表现是神经系统和造血系统受到损害。

苯作业人群的饮食营养原则，应在平衡膳食的基础上，根据苯对机体造成的损伤和营养紊乱，针对性地进行营养和膳食调配。

1. 增加优质蛋白的供给

苯作业人员要增加对蛋白质特别是优质蛋白的摄入量。因为苯的解毒过程主要在肝脏进行，一部分是直接与还原型谷胱甘肽结合而解毒，而膳食蛋白质中含硫氨基酸是体内谷胱甘肽的来源，因此富含优质蛋白的膳食对预防苯中毒有一定作用。另外，修补苯对造血系统引起的损伤也需要一定数量的蛋白质。因而苯作业人员每日至少应摄入 90g 蛋白质，其中优质蛋白应占 50%。

2. 控制膳食脂肪的摄入

苯属于脂溶性物质，摄入脂肪过多可促进苯的吸收，增加苯在体内的蓄积，并使机体对苯的敏感性增加，甚至导致体内苯排出速度减慢。故膳食中脂肪摄入应加以控制，供热比一般为 15%～25%。

3. 适当增加糖类的摄入量

糖类可以提高机体对苯的耐受性，因为糖类代谢过程中可以提供重要的解毒剂葡糖醛酸。在肝、肾等组织内苯与葡糖醛酸结合，易于随胆汁排出。所以，膳食中应适当增加糖类的摄入量。

4. 适当补充各类维生素

各类维生素尤其是 B 族维生素及维生素 C，在苯作业人群中普遍缺乏。维生素 C 具有解毒作用，能稳定血管舒缩，维持血管壁的通透性，对防止出血与缩短凝血时间有一定效果，故建议苯作业人员的维生素 C 摄入量应在原推荐摄入量的基础上补充 150mg/d。维生素 B_6、维生素 B_{12}、烟酸、叶酸等，对苯引起的造血系统损害有改善作用，B 族维生素还能改善神经系统的功能，因而饮食供给应适量增加维生素的含量。此外，苯作业人员应补充富含维生素 K 的食物及通过其他途径补充维生素 K，因为维生素 K 参与体内氧化过程，可使谷胱甘肽明显增加，有利于解毒。

5. 补充矿物质元素铁

苯作业人员应选择含铁丰富的食物，以供造血系统的需要，同时可补充铁、钙制剂。

五、铅作业人员的营养与膳食

铅的应用非常广泛，接触和使用铅及其化合物的人群多从事铅矿的开采，冶炼业，油漆染料的生产和使用，蓄电池厂的烙炼及制粉，印刷业的铅板、铅字的浇铸，电缆及铅管设备的制造等。铅及其化合物都有一定的毒性，铅作业的危害主要是可以通过消化道和呼吸道进入人体，并蓄积在体内，主要以不溶性正磷酸盐沉积在骨骼系统中，引起慢性或急性中毒，主要引起神经系统和造血系统的损害。

铅作业人员的饮食原则：应驱除体内的铅，减少铅在肠道的吸收，满足修补铅对机体损害的需要，提供合理营养，增强机体免疫力，减少铅对机体的损害。

1. 保证优质蛋白的供应

铅进入机体后会影响蛋白质代谢并引起贫血及神经细胞变性。蛋白质不足可降低机体的排铅能力，增加铅在体内的贮留和机体对铅中毒的敏感性。而充足的蛋白，特别是富含含硫氨基酸（如蛋氨酸、胱氨酸等）的优质蛋白，对降低体内的铅浓度有利，可减轻中毒症状。故蛋白质供给的热能应占总热能的14％～15％，并需要增加优质蛋白的供给，其中动物蛋白及豆类蛋白（如牛奶、蛋类、瘦肉、家禽、鱼虾、黄豆和豆制品等）应占1/2以上。

2.调整膳食中钙磷比例

当机体液体反应呈碱性时，铅多以溶解度很小的正磷酸铅的形式沉积于骨组织中，这种化合物在骨组织内呈惰性，不表现出毒性症状；当机体体液反应呈酸性时，机体内的铅多以磷酸氢铅的游离形式出现在血液中。当膳食为高磷低钙的呈酸性食品（如谷类、豆类、肉类等）时，有利于骨骼内沉积的正磷酸铅转化为可溶性的磷酸氢铅进入血液，并进一步排出体外，此法常用于慢性铅中毒时的排铅治疗。膳食为高钙低磷的呈碱性食品（如蔬菜、水果、奶类等）时，则有利于血中磷酸氢铅浓度较高时，形成正磷酸铅进入骨组织，以缓解铅的急性毒性。应有控制地食用少钙多磷的饮食，钙磷比例应为1∶8，并最好与正常饮食、高钙高磷饮食或多钙少磷的饮食交替食用。急性铅中毒，主要是因为供应多钙少磷或多钙正常磷的呈碱性饮食，使铅在骨骼沉积造成的。急性铅中毒期已过时，则应改用低钙多磷或低钙正常磷的呈酸性饮食为主，使铅进入血液并被排出体外。通常从事铅作业的人员可以每天供应一餐少钙多磷的饮食作为保健餐，促使铅由体内排出。

3.多吃新鲜蔬菜和水果

水果、蔬菜中所含的果胶、膳食纤维等可降低肠道中铅的吸收。由于铅可促进维生素C的消耗，使维生素C失去其生理作用，故长期接触铅可引起体内维生素C的缺乏，甚至出现齿龈出血等缺乏症状。新鲜的蔬菜和水果中的维生素C可补充体内由于铅所造成的维生素C损失，并可与铅结合成浓度较低的抗坏血酸铅盐，降低铅的吸收，同时维生素C还直接参与解毒过程，促进铅的排出。铅作业者每日维生素C的供给量应为150mg。新鲜蔬菜和水果中所含的B族维生素对于改善症状和促进生理功能的恢复也有一定效果。

4.限制膳食脂肪的摄入

高脂膳食会增加铅在小肠的吸收，因此铅作业人员膳食中脂肪的供热比不宜超过25％。

5.保证铁、锌、铜等矿物质元素的摄入

微量元素铁、锌、铜、镁、硒、锗等均可与铅相互作用，减弱铅的毒性。缺铁时铅的吸收增加，软组织和骨内铅含量增高。低铜饮食可增加铅的吸收，增强铅的毒性。锌可影响铅的蓄积和毒性作用，增加锌的供给，可使组织中铅含量降低，减轻铅中毒的严重程度。近年来的研究还显示，有机硒和有机锗对铅均有一定的拮抗作用。

六、放射性损伤人员的膳食调配

从事放射线作业工作，由于工作中经常接触放射线照射，可使机体发生辐射损伤，造成一系列生理的和病理的改变，而体内某些功能的紊乱，可使多种营养素受到破坏和消耗，甚至发生营养不良。消化功能受到放射线影响，往往使食欲下降，体重持续减轻，出现能量、蛋白质、维生素等营养不平衡，这样又可增加机体对辐射的敏感性。所以，营养状况和放射损伤之间有很大的关系。

1.增加能量的供应

研究表明，放射线照射对机体的能量代谢会产生影响，机体能量代谢率高低与其辐射敏感性有关，损伤越重，代谢率越高。因此，接触放射线作业人员无论在工作期或者休假期，均应适当增加热能供给量，每人每日可根据情况，提供 2600～3000kcal 热能为宜。蛋白质、脂肪和糖类生热营养素在总热能摄入量的分配比以糖类 55％，蛋白质 15％～ 20％，脂肪 25％～30％为宜。

2. 保证蛋白质的摄入量

机体受到射线损伤后，蛋白质分解代谢增强，合成代谢障碍，可引起负氮平衡。机体受到辐射损伤后，皮肤、骨骼与肌肉中可溶性胶原蛋白降解较多，胶原蛋白的代谢受到破坏，所以应保证蛋白质的摄入量，以每日 70～ 90g 为宜，还应提供生物价较高的蛋白质，对增加白细胞和血小板，改善放射病的症状有一定作用。

3. 控制脂肪的摄入量

每日脂肪的供给量不宜过高，可参照成人正常供给标准，使其供给的热量约占总热量的 20％为宜。但应注意摄入足够比例的植物油，如葵花籽油、大豆油、橄榄油等。因植物油含不饱和脂肪酸较高，所以能促进血液成分的形成，加速网状内皮系统功能的恢复，防止放射线照射引起的损伤。

4. 增加维生素的摄入

各类维生素，如维生素 B_1、维生素 B_2、维生素 B_3、维生素 B_5、烟酸、叶酸、维生素 C 以及维生素 E，对于改善机体代谢功能，防治放射损伤，降低机体对放射线的敏感性，都有一定的作用。辐射损伤可引起维生素 B_{12} 和叶酸缺乏，进而提高机体对辐射的敏感性，而机体受辐射损伤时对维生素 B_{12} 和叶酸的需要量较损伤前增加。因此，放射线作业人员的饮食营养应提供含 B 族维生素和维生素 C 丰富的食物，如乳类、豆类、花生、瘦肉、绿色蔬菜、动物内脏和新鲜水果等。对于放射病患者，除通过膳食调配提供外，还应当给予适当的复合维生素制剂，以补充食物来源之不足。

5. 选择适宜的食品，合理烹调

要注意饮食的性质，以少渣、细软的高蛋白半流质饮食为宜，可给予牛奶、鸡肉泥、蒸蛋羹、氽小肉丸等，各种食物均应切碎煮烂，不用易产酸产气的、生冷的、油煎炸的及粗纤维多的食物，以减少对消化道刺激。烹调方法采用蒸、煮、氽、烩、炖、焖等。匀浆饮食呈糊状，极易消化吸收，且渗透压不高，对胃肠黏膜无刺激，可起到保护胃肠道的作用。在选择食物方面可选择有抗氧化活性的，以及对辐射损伤有防治作用的食物，如蛋、乳类、肝、瘦肉、大豆及其制品、花椰菜、卷心菜、茄子、扁豆、胡萝卜、黄瓜、番茄、香蕉、苹果等。适量饮茶，有助于抗辐射。

七、农药作业人员的营养

在农业生产上使用农药可以防治病虫害，去除杂草，减少农作物的损失，提高产量，提高农业生产的经济效益，增加食物供应。但是，人在从事农药（特别是有机磷）的生产、包装、搬运、配药、喷洒等各个环节都可因接触到农药而引起中毒。农药可通过呼吸道、消化道和皮肤侵入体内，导致急、慢性中毒和致癌、致畸、致突变作用等。

农药的接触者应注意增加蛋白质的摄入量，应不低于 90g。因为蛋白质对减轻农药毒性有明显的作用，蛋白质供给不足，影响农药在体内的分解代谢，可加重农药的毒性。膳食中蛋白质充足时可提高肝微粒体酶的活性，加快对农药的分解代谢。糖类对农药的作用是间接的，它通过改变蛋白质的利用率和避免蛋白质作为能量而分解，而起到一定的解毒作用。膳食脂肪能把有机氯贮存于体脂中，使其毒性作用不表现出来，对慢性中毒有防御作用。

农药接触者应该增加维生素的摄入。维生素 C 能提高肝脏的解毒能力，使农药的毒性降低，此外，维生素 B_1、维生素 B_2、烟酸和叶酸对预防或减轻农药的毒性也有一定作用。

 ## 思考题

1. 乳母膳食中哪些营养缺乏会影响婴儿营养状况？
2. 婴幼儿配方奶粉的基本要求有哪些？
3. 为何提倡母乳喂养？
4. 简述婴儿添加辅食的时间和理由。
5. 青少年的膳食原则是什么？
6. 老年人的膳食原则是什么？
7. 概述妊娠期的营养需求。
8. 概述放射性损伤人员的膳食原则。
9. 简述铅作业人员的营养需求。

第十二章
食品新资源开发与利用

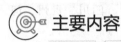 **主要内容**

　　杂粮的综合利用与开发；粮油加工副产物的综合利用与开发；畜禽副产品的综合利用与开发；植物新资源；昆虫资源；微生物资源；海洋生物资源。

 学习要求

1. 熟悉食品新资源的种类、营养特性及功能特性。
2. 掌握食品新资源利用的方法。
3. 了解食品新资源开发与利用的发展方向。

　　随着社会的发展，生活水平的提高，人们对食品新资源的需求越来越旺盛。食品新资源原料主要包括：在我国无食用习惯的动物、植物和微生物；在食品加工过程中使用的微生物新品种；因采用新工艺生产导致原有成分或者结构发生改变的食品原料。食品新资源的研究与开发对人们补充营养、预防疾病、改善人们的生活方式具有重要的意义。

第一节　现有食品资源的充分利用与开发

一、杂粮的综合利用与开发

　　杂粮是相对于水稻、玉米、小麦等大宗粮食作物而言的。小杂粮是小宗粮豆作物的俗称，泛指生育期短、种植面积小、种植地域性强、种植方法特殊、有特种用途的多种粮豆。杂粮食品普遍存在适口性差、加工烦琐和营养及功能性组分含量低等缺点，严重制约了其发展。

（一）我国谷物杂粮资源特点

　　1. 杂粮种类

　　我国小杂粮种类繁多，品质优良，长期的栽培驯化形成了许多地域名优品种，在国际市场具有明显的资源优势、生产优势和价格优势。

目前，我国种植的杂粮品种主要有：

（1）谷物类 大麦、荞麦（甜荞、苦荞）、燕麦、黑麦、糜子、黍稷、薏仁、青稞、糯玉米、谷子、高粱。

（2）薯芋类 马铃薯、木薯、甘薯、山药、芋。

（3）豆类 黄豆、绿豆、蚕豆、红芸豆、红小豆、小豆、豌豆、芸豆、豇豆、小扁豆、黑豆。

（4）其他 油葵、葵花类、花生、芝麻、籽粒苋。

2. 分布

我国小杂粮主要分布在我国陕西、山西、内蒙古、河北、甘肃、云南、四川、贵州、河南、宁夏、黑龙江等省区。

3. 生产状况

我国小杂粮种植面积约为 905.9 万公顷，占全国粮食作物种植面积 10378.7 万公顷的 8.73%。其中荞麦、糜子、燕麦、青稞等面积为 350.76 万公顷，占 3.81%；谷子、高粱面积为 238.05 万公顷，占 2.3%；芸豆、绿豆、豌豆、蚕豆、小豆等面积为 317.05 万公顷，占 2.62%。

我国小杂粮总产量约 1971.53 万吨，占全国粮食总产量 47626.04 万吨的 4.14%。其中荞麦、糜子、燕麦、青稞等产量为 765.7 万吨，占 1.61%；谷子、高粱产量为 719.9 万吨，占 1.51%；芸豆、绿豆、豌豆、蚕豆、小豆等为 485.9 万吨，占 1.02%。

我国谷物杂粮种植面积之广和产量在世界上位列前茅：谷子种植面积和总产量高居世界首位；黍稷、荞麦种植面积和总产量均居世界第二位；高粱种植面积和总产量分别居世界第八位和第六位。此外，不同地区还有丰富的小品种谷物杂粮，如薏米、黑米等。

我国小杂粮生产条件普遍较差，加之多数小杂粮育种栽培技术研究工作开展少且生产水平落后，单产普遍较低，许多地方公顷产量只有 300～600kg，但在栽培管理水平较高的地区，每公顷产量可达 1500～3000kg，甚至更高。

4. 杂粮的营养特点

（1）维生素 B_1 含量较高 维生素 B_1 是一种水溶性维生素，它的重要作用就是能作为辅酶参加糖类代谢。另外还能增进食欲，促进消化，维持神经系统正常功能。

有人称杂粮是大脑"清洁工"，适当摄入一些粗粮，对于解除脑部疲劳有重要作用。因为脑力劳动过程中，大量消耗血糖，产生乳酸、乙酮酸等酸性物质，这些酸性物质倘若滞留在大脑中，就会出现脑力疲劳、烦躁、易怒、思路中断、出错以及记忆困难等症状，这将大大影响大脑神经活动，影响正常工作。而维生素 B_1 是身体中这些酸性物质的主要"清洁工"，却主要存在于粮食表面。我们平时的饮食中往往是精白面或精白米，维生素 B_1 在粮食加工过程中大量丢失，这就导致其供给不足，因此建议要多食用粗粮，以保证足够的维生素 B_1 供给，才能及时清除酸性物质，使头脑清醒、思路敏捷。

（2）含有较多的膳食纤维 膳食纤维被称为人体的"第七营养素"，其主要作用有降糖、降脂、减肥、通便、解毒防癌和增强抗病能力等。

（二）几种主要杂粮的营养及功能特性

1. 燕麦的营养及功能特性

（1）蛋白质 燕麦蛋白质含量在 11.3%～19.9%，多数在 16% 左右，在粮食作物中居首位。

在氨基酸组成上，燕麦中的必需氨基酸组成与每日摄取量的标准基本相同，可有效地促进人体生长发育。燕麦蛋白质是所有谷物中氨基酸最平衡的蛋白质。

在蛋白质的种类上，与小麦相比，燕麦醇溶蛋白含量低（10%～15%），球蛋白含量高（约55%），谷蛋白含量（20%～25%）与小麦相差不大，但谷蛋白的沉淀值远低于小麦，这与燕麦谷蛋白分子量较小且不具备黏弹性有关。燕麦粉加水后面絮松散，加工过程中不能形成面团。

（2）淀粉　燕麦淀粉呈小而不规则的颗粒状，大小与大米淀粉相仿，受热后能形成稳定的凝胶。

燕麦淀粉作为食品组分而进行的相应应用研究还不够深入，但与大米淀粉一样均具有能够赋予食品光滑、奶油般质构的优点。

燕麦淀粉含有1%～3%的脂类，以淀粉-脂类复合物形式存在。燕麦淀粉中脂类比其他谷物淀粉中脂类复杂，淀粉-脂类复合物解离更为困难。

（3）脂类　燕麦脂类含量在3.4%～9.7%，平均6.3%，是小麦的4倍，是谷物中脂类含量最高的种类。燕麦脂类含量的高低与其遗传性状、环境因素和测定方法有关。

燕麦脂肪富含不饱和脂肪酸。其中主要是亚油酸，占整个脂肪酸总量的38%～52%。

燕麦脂类中磷脂含量从2%到26%不等，其中卵磷脂约占45%～51%。

燕麦贮存或处理不当会导致游离脂肪酸升高。正常贮存7个月后游离脂肪酸占脂类4%，而浸过水的燕麦则高达16%。

燕麦油对燕麦粉淀粉糊化性质具有重要影响。如果从淀粉中脱除油，会降低淀粉膨胀系数、峰值黏度、回弹性、糊化温度、冻融稳定性、淀粉糊的透明性以及对α-淀粉酶的敏感性，但可升高淀粉的热稳定性、直链淀粉的浸出率、凝胶的焓值。

（4）膳食纤维　燕麦中可溶性膳食纤维含量高于小麦及其他谷物，加工后的燕麦食品中含量也较高。其成分主要是β-葡聚糖，具有降低血糖、美容保健等功能。

（5）矿物质　燕麦中硒含量是大米的34.8倍、小麦粉的3.7倍、玉米的7.9倍，位居谷物之首，具有增强免疫力、防癌、抗衰老等作用。

2. 荞麦的营养及功能特性

荞麦又称三角麦，具有生育期短、耐冷凉瘠薄等特性，是粮食作物中比较理想的填闲补种作物。栽培荞麦有三个品种：甜荞、苦荞和翅荞。我国种植的主要为甜荞和苦荞，翅荞较少。

与小麦、大米、玉米等大宗谷物相比，甜荞和苦荞的果实、茎、叶、花的营养价值相对都很高，其与常见的大宗粮食的营养成分的比较见表12-1。尤其是蛋白质、脂肪、维生素、微量元素含量普遍高于大米、小麦和玉米，并含有其他禾谷类粮食所没有的叶绿素和维生素P（芦丁）。

（1）荞麦蛋白质　荞麦蛋白质主要是谷蛋白、水溶性清蛋白和盐溶性球蛋白等，这类蛋白质的面筋含量很低，近似于豆类蛋白，尤其是苦荞，水溶性清蛋白和盐溶性球蛋白占蛋白质总量的50%以上。而小麦蛋白质主要是麦谷蛋白与胶蛋白，面筋含量高。荞麦籽粒中谷蛋白中高分子量亚基的数目和高分子量谷蛋白的含量均小于小麦品种，所以荞麦面粉在和面过程中不能形成具有面筋和延伸性的面团，加上荞麦具有特殊的苦涩味，使得荞麦加工品质相对较差。

荞麦含 19 种氨基酸，含量丰富，尤其苦荞的氨基酸含量更高。氨基酸中的精氨酸，苦荞粉含量为 1.114g/100g，为小麦含量（0.416g/100g）的 2 倍多，为玉米含量（0.321g/100g）的 2.6 倍。

苦荞中 8 种人体必需氨基酸含量均高于小麦、大米和玉米，尤其是赖氨酸含量，甜荞的赖氨酸含量是玉米的 1 倍，苦荞赖氨酸含量是玉米的 3 倍左右；色氨酸含量，甜荞是玉米的 20 倍左右，苦荞是玉米的 35 倍多。除赖氨酸外，荞麦中苯丙氨酸、色氨酸含量也较高，异亮氨酸含量较低。

表 12-1　荞麦和大宗粮食营养成分的比较

项目	甜荞种子	苦荞种子	小麦粉	大米	玉米
粗蛋白质/%	6.5	10.5	9.9	7.9	8.5
粗脂肪/%	1.37	2.15	1.8	1.3	4.3
淀粉/%	65.9	73.11	74.6	76.6	72.2
维生素 B_1/(mg/g)	1.01	1.6	0.6	6.4	1.3
维生素 B_2/(mg/g)	0.08	0.18	0.46	0.11	0.31
维生素 P/%	0.12	0.50	0.06	0.02	0.10
烟酸/(mg/g)	0.095~0.21	3.05	0	0	0
维生素 B_{12}/(mg/g)	2.7	2.55	2.5	1.4	2.0
叶绿素/(mg/g)	1.304	0.42	0	0	0
钾/%	0.29	0.4	0.195	1.72	0.27
钠/%	0.032	0.033	0.0018	0.0072	0.0023
钙/%	0.038	0.016	0.038	0.009	0.022
镁/%	0.14	0.22	0.051	0.063	0.060
铁/(mg/kg)	0.014	0.086	0.0042	0.0024	0.0016
铜/(mg/kg)	4	4.59	4	2.2	—
锌/(mg/kg)	17	18.5	22.8	17.2	—
锰/(mg/kg)	10.3	11.7	—	—	—

荞麦蛋白提取物是荞麦经碱提取、酸中和后得到的灰褐色粉末，具有荞麦芳香气味和蛋白质特有风味，无苦味。其主要成分为蛋白质、脂肪、糖类物质、灰分等，含有多种氨基酸（包括八种必需氨基酸）。研究表明：荞麦蛋白提取物饲喂组老鼠的肌肉重量、体内蛋白质含量和含水量明显高于酪蛋白饲喂组，而脂肪含量低于酪蛋白饲喂组，比大豆蛋白有更强抑制胆固醇的作用，粪便水分与重量较高，可促进排泄，有改善便秘作用。荞麦蛋白提取物饲喂组老鼠对 7,12-二甲基苯并[a]蒽诱导的雌性老鼠乳肿瘤发生有抑制作用。从苦荞中制备出的蛋白质复合物能显著提高小鼠体内抗氧化酶活性水平。

（2）糖类　荞麦种子中淀粉的含量在 60.2%~73.5%。荞麦淀粉近似大米淀粉，但颗粒较大；与一般谷类淀粉比较，荞麦淀粉食用后易被人体消化吸收。

将荞麦种子和水按 1:3.4 混合，于 150kPa、120℃高压灭菌 1h，冷却到室温，试样的一半立刻冷冻干燥，另一半再增加 2 次高压灭菌/冷却循环后再冷冻干燥，与小麦面包中的淀粉进行比较，结果见表 12-2。由表 12-2 可知，荞麦中总淀粉的 80％为可快速利用的能量，6％的淀粉降解得更慢些，余下的 14％可能成为结肠厌气菌的能源。荞麦中的耐消化淀粉（RS）在重复的高压灭菌和冷却的循环中加速形成，有利于葡萄糖的缓慢释放。这种含高比例的耐消化淀粉的荞麦，可用作糖尿病患者良好的补充饮食。

表 12-2　荞麦种子与小麦白面包淀粉含量及淀粉消化率（试管中）的比较

试样处理	总淀粉（干基）/％	可快速消化淀粉（干基）/％	缓慢消化淀粉（干基）/％	耐消化淀粉（干基）/％
高压灭菌，1 个循环	69.9	64.9	3.4	1.4
高压灭菌，3 个循环	70.0	63.0	0.7	6.4
小麦白面包	77.0	69.0	7.0	1.0

荞麦种子的总膳食纤维含量 3.4％～5.2％，其中 20％～30％是可溶性膳食纤维。有人对以苦荞麦为主食的地区进行调查，发现食用苦荞麦具有降低血清胆固醇及 LDL 胆固醇的作用，推断是苦荞麦膳食纤维的作用。

（3）脂肪　荞麦的脂肪在常温条件下为固形物，苦荞脂肪呈黄绿色，其含量大约 2％～3％，和大宗粮食相比不相上下，但脂肪酸的组成较好，含 9 种脂肪酸，主要脂肪酸含量见表 12-3。其中油酸和亚油酸含量占总脂肪酸的 80％左右，75％以上为高度稳定、抗氧化的不饱和脂肪酸和亚油酸。

表 12-3　荞麦主要脂肪酸的含量

种类	油酸/％	亚油酸/％	亚麻酸/％	棕榈酸/％	花生酸/％	芥酸/％
甜荞	39.34	45.05	31.47	31.29	4.45	3.31
苦荞	16.58	14.50	4.56	2.37	1.24	0.77

另外，在苦荞中还发现含有硬脂酸、肉豆蔻酸和两种未知酸。苦荞中硬脂酸含量为 2.51％，肉豆蔻酸为 0.35％。

（4）维生素　荞麦中含有维生素 B_1、维生素 B_2、烟酸、维生素 P，其中 B 族维生素含量丰富（表 12-1）。荞麦含有其他谷类粮食所不具有的维生素 P 及维生素 C。苦荞种子中维生素 P 含量有的高达 6％～7％，维生素 C 含量为 0.8～1.08mg/g，甜荞中也含 0.3％左右的维生素 P。

荞麦中还含有维生素 B_6 和维生素 E。苦荞的维生素 B_6 约为 0.02mg/g，维生素 E 约为 1.347mg/g；甜荞的维生素 B_6 为 0.02mg/g，维生素 E 约为 1.104mg/g。

（5）矿物质　荞麦含有钙、磷、铁、铜、锌、硒、硼、碘、铬、镍、钴等多种对人体健康有益的矿物质元素，其中含镁量极高，铁、锰、钠、钙的含量亦很高，见表 12-1。品种不同，或同品种种植区域不同，矿物质含量亦不同，如有些甜荞品种含钙量高达 0.63％，苦荞含钙量高达 0.724％，是大米的 80 倍，这种钙是天然的，对人体无害，可在婴幼儿食品中添加荞麦粉增加含钙量。

此外，荞麦中含有其他谷类作物缺乏的天然有机硒，硒是联合国卫生组织认定的防癌抗癌元素，人体有 40 多种疾病与饮食缺硒有关，硒在人体内形成"金属-硒-蛋白"复合物，有助于排除体内有毒物质。

荞麦中所含的铬可促进胰岛素在人体内发挥作用，所以荞麦能降血糖。

（6）多酚 苦荞麦籽粒含多酚类物质约 3.05%，其中外层粉含量为 5.23%～7.43%，中层粉含量为 3.10%～4.13%，内层粉含量为 0.47%～0.97%。

苦荞麦中的黄酮类物质主要是芦丁、红草苷、牡荆碱、槲皮素、异牡荆碱和异红草苷。膳食中芦丁的主要来源是荞麦。研究证明芦丁具有抗感染、抗突变、抗肿瘤、平滑松弛肌肉和作为雌性激素束缚受体等作用。

苦荞麦多酚具有消除 $O_2\cdot$、$HO\cdot$、$DPPH\cdot$ 3 种自由基的能力，特别是芦丁、槲皮素对消除 $DPPH\cdot$ 能力较强；苦荞麦多酚在亚油酸体系中的抗氧化效果较好；苦荞麦多酚还具有降低脑内脂类过氧化物（LPO），使尿毒症毒素肌酸酐水平下降，抑制血糖值和总胆固醇值，使体内 SOD、蛋白激酶 C（PKC）活性上升的作用。芦丁还能促进人体胰岛素的分泌，并有软化血管，改善微循环和降低血管脆性的作用。苦荞麦生物类黄酮能够促进胰岛细胞的恢复，降低血糖和血清胆固醇，对抗肾上腺素的升血糖作用，同时它还能够抑制醛糖还原酶，因此可以治疗糖尿病及其并发症。

荞麦中含有蛋白酶抑制剂和单宁、植酸等抗营养因子，具有重要生理作用。其中蛋白酶抑制剂的抑制活性最高，由于它们的存在使得荞麦蛋白利用率较低，从而使其具有多种生理功能，如降低血液中的胆固醇、改善便秘、抑制脂肪积累等。

此外，荞麦种子中含有 8 种蛋白酶阻化剂，这是蛋白质分解酶的一种阻碍物质，能够阻碍白血病细胞增殖。

3. 高粱的营养与功能特性

高粱是中国最早栽培的禾谷类作物之一，主要分布在东北、华北、西北和黄淮流域的温带地区。高粱是 C_4 作物，光合效率高，可以获得较高的生物学产量和经济产量。高粱有独特的抗逆性和适应性，具有抗旱、抗涝、耐盐碱、耐瘠薄、耐高温、耐冷凉等多重抗性。高粱产品用途广泛，经济价值高，既可食用、饲用，又可加工用，对解决我国的粮食问题起过重要作用，在我国农业生产中一直占有重要地位。

高粱籽粒含有丰富的营养成分。据分析，籽粒中干物质占总量的 85.6%～89.2%，其中淀粉含量 65.9%～77.4%，蛋白质含量 8.26%～14.45%，粗脂肪含量 2.39%～5.47%。每 100g 高粱米释放的热量为 360kJ，仅次于玉米，高于其他禾谷类作物。

加工脱壳后的高粱米中，按占干物质计，含有粗蛋白质 9%，粗脂肪 3.3%，糖类 85%，粗纤维 1%，还含有钙、磷、铁等微量元素和 B 族维生素。高粱蛋白质以醇溶蛋白为多，色氨酸、赖氨酸等人体必需的氨基酸含量较少，是一种不完全的蛋白质，人体不易吸收。

高粱壳中含有大量的红色素，我国每年产高粱壳约 20 亿 kg，是提取天然红色素的较好原料。

（1）高粱醇溶蛋白。高粱醇溶蛋白分为 α-醇溶蛋白、β-醇溶蛋白和 γ-醇溶蛋白。其中 α-醇溶蛋白占整个高粱醇溶蛋白的 66%～84%，β-醇溶蛋白占 7%～8%，γ-醇溶蛋白占 9%～12%。高粱醇溶蛋白是高粱籽粒中主要的蛋白质贮存形式。从高粱粉中分离得到醇溶性组分——α-醇溶蛋白，用胰凝乳蛋白酶对 α-醇溶蛋白进行处理，将水解产物用 Sephadex G-25 进行分离，得到了在体外对血管紧张素转化酶（ACE）抑制活性有重要影响的四个组分。这些组分的半抑制率浓度（IC_{50}）为 $1.3\sim24.3\mu g/mL$。其中两个组分对酶产生竞争性抑制，而另外两组分是非竞争性抑制剂。表明高粱醇溶蛋白的胰凝乳蛋白酶水解物可作为一种对血管紧张素 I 转化酶有抑制活性的优质肽资源来开发。

对高粱醇溶蛋白的提取方法、功能特性进行了深入研究，结果表明：高粱醇溶蛋白的消化率较低，可能与蛋白质内二硫键的形成、多酚类与蛋白质结合的抗营养作用以及生长环境、加工方法和条件等多种因素的影响有关。但由于玉米醇溶蛋白和高粱醇溶蛋白具有相似性，如果在高粱和小麦混合粉中添加高粱醇溶蛋白，则有可能有利于高粱和小麦混合粉面团形成。

（2）高粱红色素。高粱红色素是从高粱壳中提取的一种天然色素，无毒安全，无特殊气味。主要成分为黄酮衍生物，如 5,7,4-三羟基黄酮，其分子式为 $C_{15}H_{10}O_5$，分子量为 270.24；呈砖红色无定形粉末、液体、糊状物或块状物，略有特殊气味；溶于水、乙醇、40%以上丙二醇水溶液、甲醇和盐酸溶液，不溶于油脂、乙醚、正己烷、三氯甲烷、乙酸乙酯等非极性溶液。采用 60%乙醇作提取剂，其粗品产率达 6.79%。水溶液呈透明红棕色，1%水溶液 pH 值为 7.0～7.5，醇溶液 pH 值为 3.0～4.0。在弱酸性及中性条件下较稳定，在 pH 值<4.0 时呈淡红色，pH 值>7.0 时颜色加深。对热稳定性较好，耐光性较强，与金属离子可形成配合物而影响色泽，添加微量焦磷酸钠等可抑制其影响。可在食品、化妆品和药品等行业中开发应用。

（3）多酚类化合物。高粱的外种皮中含有大量的多酚类化合物，包括酚酸、黄酮类化合物和原花青素等，这些化合物具有很强的抗氧化活性。

4. 糜子的营养与功能特性

糜子，属禾本科黍属，又称黍、稷、糜。糜子生育期短，耐旱、耐瘠薄，是干旱或半干旱地区的主要粮食作物，也是我国主要制米作物之一。

全世界糜子栽培面积 550 万～600 万 hm^2，栽培面积最大的是俄罗斯、乌克兰和中国，印度、伊朗、蒙古等国也有栽培。我国糜子主产区集中在我国长城沿线地区，常年种植面积约 100 万 hm^2，居世界第 2 位。

糜子蛋白质含量 12%左右，最高可达 14%以上。糜子籽粒蛋白质主要是清蛋白，含量为 13.67mg/g，其次是谷蛋白，平均含量为 9.73mg/g，球蛋白平均含量为 8.12mg/g，而醇溶蛋白只占 3%左右。有研究认为，清蛋白和球蛋白大多是生理活性蛋白质（酶），含较多的赖氨酸、色氨酸、蛋氨酸，所以糜子具有较高的营养价值，对改善人们的膳食结构具有重要作用。

淀粉含量 70%左右，其中糯性品种为 67.6%，粳性品种为 72.5%，糯性品种中直链淀粉含量很低，优质糯性品种不含直链淀粉。粳性品种中直链淀粉含量一般为淀粉总量的 4.5%～12.7%，平均为 7.5%。

脂肪含量 3.6%。此外，还含有 β-胡萝卜素、维生素 E、B 族维生素等多种维生素和丰富的钙、镁、磷、铁、锌、铜等矿物质元素。糜子籽粒中的钙、镁、磷及微量元素铁、锌、铜的含量高于水稻 3.4 倍，小麦 2.3 倍，玉米 1.05 倍。

5. 薏仁（米）

薏仁，又名薏苡仁、薏米等，是禾本科植物薏苡的干燥成熟种仁。在我国已有近 2500 多年的栽培历史，可药食两用。

我国是薏仁生产大国，种植面积在药用作物中最大，约占药材种植总面积的 1/5～1/4，分布也最广，几乎全国各地都有栽培。它也是我国最早开发利用的禾本科植物之一。

薏仁是一种营养平衡的谷物。含有蛋白质 14%，脂肪 5%，糖类 65%，粗纤维 3%，钙 0.07%，磷 0.242%，铁 0.001%，这些成分的含量均大大超过稻米，所含蛋白质远比米、面高，而且还含有人体所需的亮氨酸、精氨酸、赖氨酸、酪氨酸等必需氨基酸及矿物质。

薏仁含有丰富的多糖。日本的友田正司对薏米成分进行分析和提取，得到 3 种活性多糖，多糖 A 由鼠李糖、阿拉伯糖、木糖、甘露糖、半乳糖（1∶1∶1∶11∶10）组成，多糖 B 由鼠李糖、阿拉伯糖、木糖、甘露糖、半乳糖、葡萄糖（3∶18∶13∶3∶10∶5）组成，多糖 C 为葡聚糖。这 3 种活性多糖均具有降血糖的作用。

薏仁淀粉颗粒大小均匀，形状较规则，大多呈椭圆形或截头椭圆形；薏仁淀粉具有很强的双折射性，其颗粒有明显的偏光十字，偏光十字呈"X"形。薏仁淀粉糊比较稳定，凝沉速度缓慢，较难凝沉。因此，薏仁产品不像其他淀粉类制品那样容易老化。

薏仁油的主要成分为甘油三酯（91.48%±3.43%）、甘油二酯（1.47%±0.63%）、甘油单酯（5.75%±3.19%）、脂肪酸烃酯（1.0%±0.78%）。它以甘油三酯为主要成分，而不饱和脂肪酸残基占甘油三酯脂肪酸残基的大部分（＞85%）。薏仁中共鉴定出 12 种脂肪酸，占脂肪酸总量的 95.66%。主要含有棕榈酸（占脂肪酸总量的 13.64%）、亚油酸（占脂肪酸总量的 37.37%）、油酸（占脂肪酸总量的 41.66%）。此类不饱和脂肪酸，是人体内不能合成而又必需的脂肪酸，它们具有缓解血液中过量的胆固醇，增强细胞膜透性，阻止心肌组织和动脉硬化等功能。

薏仁酯（CXL）是从薏仁提取的有效成分，具有抗癌和免疫调节作用，可提高肿瘤对化疗药物的敏感性。当薏仁酯和顺铂（DDP）以 5∶1 的剂量比例作用时，它们的联合效应能够更有效地抑制人鼻咽癌细胞的增殖。

（三）杂粮资源的开发与应用现状

我国是世界杂粮王国，但目前杂粮深加工产品屈指可数，多数产品是将杂粮种子颗粒磨成面粉，再以面粉为主要原料生产各种面制品，如已在市场上销售供消费者食用的产品有杂粮什锦面、杂粮挂面、杂粮面包等。

杂粮中被加工利用较多的种类有绿豆、燕麦、小米。如绿豆植物蛋白饮料以其营养丰富、清爽消暑、清热利尿的功效而广受消费者欢迎，绿豆粉丝、绿豆沙是深受我国人民喜爱的传统食品；燕麦也已被制成燕麦片等多种类型的休闲、早餐食品和纤维食品；小米锅巴、速食小米粥等系列小米方便食品在市场上也较为普遍。其他如荞麦、薏仁、豌豆、鹰嘴豆、高粱等杂粮食物资源的深层次开发应用目前较少，仅仅局限于初级加工食用。

随着现代科技手段的应用，杂粮加工应用呈现如下趋势：

（1）蛋白提取物　荞麦种子经碾磨、碱提、浓缩、中和、杀菌、干燥制得的荞麦蛋白萃取物有较强的胆固醇抑制作用。国外对荞麦蛋白的利用主要是将其作为产品的配料，以改善食品的组织结构，增加营养价值。

（2）脂肪提取物　荞麦胚芽经洗涤、脱水干燥、压榨后可制得荞麦油。荞麦油中含有的脂肪酸种类多且丰富合理，其中脂肪酸含量 C18∶1≥29.21%，C18∶2≥33.01%，且不饱和脂肪酸多为反式脂肪酸，易进行脂肪酸代谢。

薏仁油具有抑制肿瘤细胞生长，增强机体免疫力，降低因化疗引起的白细胞减少的功效，其营养保健功能已得到公认。利用超声波超声强化提取薏仁油，再利用超临界 CO_2 流体萃取技术对薏仁油脂肪进行萃取分离，发现其含有较多的油酸和亚油酸。

（3）黄酮类物质 黄酮类化合物具有清热解毒、活血化瘀、改善微循环、拔毒生肌、降糖、降脂等生物功效，并可吸收紫外线。自荞麦中提取的类黄酮作为医药原料和添加剂用于制作中成药、营养保健食品、护肤霜、防辐射面膏、淋浴液、生物类黄酮胶囊、生物类黄酮牙膏等制品，具有广阔的开发前景。此外，生物类黄酮物质还可作为天然抗氧化剂，用于抑制油脂酸败，无毒副作用。

（4）饮料类 包括普通型饮料和发酵型饮料。如富含功能成分和营养成分的荞麦功能饮料、大麦茶、大麦咖啡、绿豆汁、薏仁保健饮料、燕麦乳、小米奶饮料等；而辅以牛奶、蔗糖，经乳酸菌发酵制成的荞麦酸奶、小米奶、薏仁酸奶则属于发酵型饮料。薏仁双歧杆菌酸奶则兼具了薏仁和双歧杆菌双重营养和保健作用。

（5）发酵、焙烤制品 酱类和醋类是目前已开发出的杂粮发酵制品。在蒸煮的大豆中加入荞麦、食盐混合发酵而成的荞麦酱，呈酱红色，风味独特，赖氨酸、精氨酸、甘氨酸及其他游离氨基酸含量均比普通酱类高；荞麦醋则具有苦荞特有的香气，酸味柔和，营养丰富。

焙烤食品是食品中的一大门类，目前已有将苦荞麦叶经粉碎后添加到小麦面粉中生产的富含黄酮物质的保健型面包、桃酥；以及以苦荞面粉、小麦面粉为主料生产的蛋糕等。

（6）多糖提取物 薏仁多糖是从生产薏仁的残渣中提取出来的，具有降血糖的作用；大麦淀粉可用于制作天然淀粉、淀粉衍生物、果葡糖浆等；豌豆淀粉的高吸水力和膨胀力有利于粉丝的制作。

（7）β-葡聚糖和葡聚糖凝胶 β-葡聚糖是禾谷类植物籽粒胚乳的主要成分，在谷物中以燕麦和大麦含量较高，主要在糊粉层和亚糊粉层中富集，其含量受品种、生长条件、收割期等因素的影响。通过碾磨加工，大部分 β-葡聚糖集中于麸皮中，所以燕麦麸和大麦麸是获得 β-葡聚糖的良好资源。

（8）酒类食品 自古以来四川凉山地区的彝族人民就用苦荞麦为原料酿酒。如今，杂粮中的大麦是生产啤酒的主要原料，而小米、高粱也均可用来生产啤酒或白酒。

（9）挤压、膨化食品和方便食品

目前，以黑小米、黑玉米、黑豆等黑色杂粮为主要原料加工的膨化食品已初见端倪。采用科学的工艺，在最大限度地保留其黑色素及其他营养成分的基础上，又在配料中加入奶粉等营养物质和呈香物质，产品营养丰富、口感好，适合各类人群食用，且具有一定的保健作用。

杂粮方便食品曾以杂粮挂面居多，如今，基于先进的分离组合技术而生产的杂粮八宝粥和采用新型加工设备、工艺生产的杂粮方便面顺应了大众对于加强营养、平衡膳食的要求，为杂粮深加工带来了"一缕春风"。

二、粮油加工副产品的综合利用与开发

（一）米糠的综合利用与开发

米糠是将糙米进行加工，碾去表皮层和胚芽成为适口的白米的过程中，被碾去的表皮层

部分。米糠的质量约占糙米的 10%，作为稻谷加工的副产品，我国年产量约 100 万吨，是一种量大面广的可再生资源。

1. 米糠中的营养物质

米糠含丰富的蛋白质、糖类、脂肪、维生素、矿物质和膳食纤维等营养素，尤其是谷维素、维生素的含量更加丰富。表 12-4 为米糠与精白米中主要营养成分的比较。

表 12-4　米糠与精白米中的主要营养成分

种类	蛋白质/%	脂肪/%	糖类/%	膳食纤维/%	灰分/%
精白米	6~9	0.7~2	72~80	1.8~2.8	0.6~1.2
米糠	12~15	13~22	35~50	23~30	2~12

米糠中蛋白质含量为 12%~15%，其中赖氨酸含量比米胚乳中高，也比其他谷物糠蛋白中的含量高。米糠蛋白的效价比为 2.0~2.5（酪蛋白为 2.5），消化率达 94%，并且米糠蛋白是低过敏性蛋白，是唯一可以免于过敏试验的谷物蛋白，被认为是一种理想的婴儿食品原料，因此可将其添加到对一些食物过敏的儿童的膳食中，作为重要的植物蛋白来源。

米糠中维生素 B_1 和维生素 E 的含量均高于精白米中的含量（表 12-5）。

表 12-5　米糠与精白米中维生素含量的比较

种类	β-胡萝卜素 /IU	维生素 B_1 /(mg/kg)	维生素 E /(mg/kg)	维生素 C /(mg/kg)	维生素 D /IU	叶酸 /(mg/kg)
精白米	微量	微量至 1.8	微量	0.2	微量	0.06~0.16
米糠	317	10~18	150	21.9	20	0.5~1.5

2. 米糠的利用

以米糠为原料制备营养食品能够最大限度地利用米糠资源，但就开发米糠营养食品这一环节涉及的各种技术和设备问题，我国与发达国家相比存在着一定的差距。我国对于米糠营养素的利用，除了对米糠蛋白的提取，以及米糠油、植酸、肌醇、谷维素、维生素 E 的生产以外，大部分米糠仍作为添加剂，添加到饲料中，只有为数不多的以米糠为主要成分的食品产品。米糠含有丰富的蛋白质、维生素、谷维素等营养物质，如能制作成一种供人们日常饮用的饮料，满足人们对营养物质的需要，那么米糠的经济价值就会有很大的提高，并且对我国人民营养的摄入有很大的改善。

（二）小麦麸皮的综合利用与开发

1. 小麦麸皮的化学成分

小麦麸皮是制粉过程中提取小麦粉和胚芽后的残留部分，是面粉厂的主要加工副产品。

小麦麸皮含有多糖、蛋白质、脂类、木质素、矿物质、维生素、植酸、酚酸类化合物和淀粉酶等成分。小麦麸皮中的多糖主要为非淀粉多糖，含量在 46% 左右，它主要由戊聚糖组成。不为人体消化吸收的多糖即粗纤维的含量在 10.5% 左右，其中，主要的功能成分膳食纤维约占 40%。小麦麸皮中蛋白质的含量在 12%~18%，是一种资源十分丰富的植物蛋白质资源。麸皮蛋白质中含有成人所必需的 8 种氨基酸和儿童所需的 10 种必需氨基酸。

2.小麦麸皮的开发利用

（1）小麦麸皮膳食纤维的开发利用 小麦麸皮中的纤维素和半纤维素是膳食纤维的重要来源，它是小麦麸皮中起生理功能的主要成分。通过将小麦麸皮煮沸使脂肪氧化酶失活，淀粉酶和蛋白酶酶解脱淀粉、脱蛋白，碱处理使麸皮软化，水洗除杂，烘干等过程，可获得小麦麸皮膳食纤维，当碱的加入量为5％时，膳食纤维的提取率达到51.40％。

（2）小麦麸皮低聚糖的开发利用 小麦麸皮中低聚糖的主要成分是低聚木糖，它是由$2\sim7$个木糖以β-(1,4)-糖苷键连接而成的，因具有独特的生理活性而成为一种重要的功能性食品基料。

利用小麦麸皮为原料生产低聚木糖的方法主要有：酸水解法、热水抽提法、酶水解法和微波降解法。目前主要采用生物酶解技术。

（3）小麦麸皮戊聚糖的开发利用 小麦麸皮中戊聚糖的含量约为20％，它主要是由戊糖、木糖、阿拉伯糖、半乳糖、甘露糖、葡萄糖等所组成的多糖。根据其溶解性可分为可溶性戊聚糖（WEPT）和不溶性戊聚糖（WUAX）。制备WEPT时，先将小麦麸皮中水溶性的物质和水不溶性物质分开，再将溶于水的淀粉、蛋白质、葡聚糖、阿拉伯半乳聚糖等杂质除去。制备WUAX时，先将小麦麸皮进行脱脂、去淀粉和去蛋白质，得到水不溶性物质，再脱木质素，然后用饱和氢氧化钡和氢氧化钙溶液进行提取，最后用不同浓度的乙醇进行分级沉淀，就可以获得水不溶性戊聚糖。

（4）小麦麸皮酚类物质的开发利用 小麦麸皮中的酚类物质主要有酚酸、类黄酮、木酚素等，主要的酚酸是阿魏酸。阿魏酸是一种优良的羟自由基清除剂，同时还具有抗血栓、降血脂、抗菌消炎、抑制肿瘤、防治冠心病、防治心脏病以及增强精子活力等作用。它通过酯键与细胞壁多糖和木质素相连，一般可利用碱法和酶法打断酯键释放出阿魏酸。

（5）小麦麸皮蛋白的开发利用 麸皮蛋白含有人体必需的多种氨基酸，可以与大豆蛋白媲美。目前，提取麸皮蛋白的常用方法有：化学分离法（碱法）、物理分离法（捣碎法）和酶分离法。

（6）小麦麸皮β-淀粉酶的开发利用 β-淀粉酶广泛存在于粮食谷物中，尤其是小麦、大麦、大豆等作物中含量较高。小麦麸皮中含有一定量的淀粉酶系，其中β-淀粉酶的含量约为5×10^4U/g麦麸。麦麸中的β-淀粉酶基本上是以可溶性和不可溶性两种状态存在的。从麸皮中提取的β-淀粉酶，可代替或部分代替麦芽用作啤酒、饮料等生产上的糖化剂。

（7）小麦麸皮植酸的开发利用 植酸又称肌醇六磷酸，常以钙镁复盐形式存在于植物中，是植物种子内约60％～80％有机磷储存的重要仓库。植酸具有惊人的螯合能力，还具有降血脂、治疗肾结石、防治肿瘤等独特的生理药理功能。小麦麸皮中植酸的含量约在5％，利用酸浸碱提中和法可以制备粗植酸，进一步采用离子交换技术可以将植酸进行纯化。

（三）玉米加工副产品的综合利用与开发

玉米是我国大宗粮食作物，产量高，种植范围广，资源丰富。其加工副产品主要是玉米制取淀粉后产生的产物。

1.玉米胚芽的综合利用

用玉米胚芽生产玉米胚芽油，经氢化生产食用氢化油，具有较好的营养价值，其不饱和脂肪酸含量在 85% 以上,吸收率达 97% 以上;不含胆固醇;它含有丰富的维生素 E、维生素 D、维生素 A 等,同其他食用油相比,玉米胚芽油维生素 E 含量达到 913mg/kg,高于芝麻油含量的 320mg/kg、菜籽油的 595.5mg/kg 和花生油的 413.5mg/kg;玉米胚芽油脂肪酸中的亚油酸、亚麻酸、花生四烯酸是人体所必需的脂肪酸,其中尤以亚油酸为佳,是一种高品质的功能性烹调油,国际上称之为保健油。而我国的食用玉米油产量仅占食用油消耗量的 0.18%,精制食用玉米油有着十分广阔的消费空间。

榨油后的玉米饼,粗蛋白质含量约 23%～25%,可生产玉米蛋白,也可用于蛋白饲料的原料。

2. 玉米蛋白的综合利用

玉米胚芽蛋白是一种优质蛋白,其氨基酸组成与鸡蛋蛋白相似,与 FAO/WHO 推荐的人类蛋白质标准具有较好的一致性,且具有很强的耐水性、耐热性和耐脂性,在食品工业中可作为被膜剂,喷在食物表面形成一层涂膜,可防潮、防氧化,延长贮存期。

玉米制取乙醇后的酒糟可提取玉米蛋白或制作全干燥蛋白饲料。

从玉米蛋白粉提取的谷氨酸、玉米黄色素,可作为食品着色剂、添加剂以及人造奶油、人造黄油、糖果等食品工业的原料。

3. 玉米麸皮的综合利用

玉米麸皮的主要成分是纤维素、半纤维素、木质素等细胞壁物质,在构成这些物质的关键多糖(木聚糖、木葡聚糖、阿拉伯木聚糖、聚半乳糖等)的侧链残基上,存在一种重要的生理活性物质——阿魏酸。在所有已知的细胞壁物质中,玉米麸皮中阿魏酸含量最高(大于 3%),具有很好的开发利用价值。

4. 玉米浸泡水的利用

玉米浸泡水含有丰富的可溶性氨基酸和各种生物素,在发酵工业中被广泛用作营养源。浸泡水浓缩至含固形物 70% 称为玉米浆,其中含蛋白质 45%、矿物质 20%、乳酸 18%。浸泡水经碱处理产生沉淀,滤饼经干燥得蛋白粉,可以提取菲丁,是制取肌醇的重要原料。玉米皮和浸泡水混合还可制取混合饲料。

5. 玉米芯的综合利用

玉米芯含有大量的多缩戊糖,是制备糠醛、木糖及木糖醇的重要原料。从玉米芯中提取的木糖醇是一种易溶于水的白色粉晶状新糖料,其甜度与蔗糖相当,可以食用,并具有清凉快感,可以预防龋齿,是糖尿病、肝炎等疾病患者的良好疗效食品,并有降血脂、抗酮体等功能,同时在饮料、糖果、牙膏等工业领域广泛应用,具有极好的市场潜力。

6. 玉米花粉的综合利用

玉米花粉可生产防辐射的保健食品。玉米花粉含有大量的核酸、维生素等生物营养成分,可增加血液中 SOD 含量和动力,降低脂类过氧化物丙二醛(MDA)的含量。

三、畜禽副产品的综合利用与开发

畜禽副产品主要包括猪、牛、羊、鸡、鸭、鹅等畜禽的血液、骨、内脏、皮毛、蹄等。畜禽副产品可开发利用的种类较多,具有极大的利用价值。

（一）骨

我国是世界肉食消费量第一大国，每年可产生近 2000 万 t 的各类畜禽骨头。在目前的消费市场，除排骨和腔骨可直接用于饮食而且需求较大，以及牛硬骨可用于生产市场热销的明胶且收购价较高外，其他骨头均销路不佳，而且收购价格低，所以绝大多数骨头都没有得到充分利用，不仅造成巨大的浪费，还会因骨头富含的营养物质易于腐败而造成严重的环境污染。因此，充分开发和挖掘畜禽骨的营养价值，开发出更多更新的食品资源十分重要。

1. 骨的营养特性

骨在动物体中占体重的 20%～30%，是一种营养价值非常高的肉类加工副产品。它含有丰富的营养成分，主要为蛋白质、脂肪、矿物质等。据报道，猪骨中含蛋白质和脂肪分别为 12.0% 和 9.6%，猪肉中分别为 17.5% 和 15.1%；牛骨中蛋白质和脂肪含量分别为 11.5% 和 8.5%，牛肉中分别为 18.0% 和 16.4%。

骨骼中的蛋白质 90% 为胶原、骨胶原及软骨素，有加强皮层细胞代谢和防止衰老的作用。骨中含有构成蛋白质的所有氨基酸，且比例均衡、必需氨基酸水平高，属于优质蛋白。

骨头脂肪酸中含有人体最重要的必需脂肪酸亚油酸和其他多种脂肪酸，可作为优质食用油资源。

鲜骨中还含有大量的钙磷盐、生物活性物质、镁、钠、铁、锌、钾、氟盐、柠檬酸盐和维生素 A、维生素 D、维生素 B_1、维生素 B_2、维生素 B_{12} 等，骨髓中有大脑不可缺少的磷脂类、磷蛋白等。骨骼中钙、磷含量分别为 19.3% 和 9.39%，Ca：P 比值近似 2：1，是人体吸收钙磷的最佳比例。动物骨钙与人骨相似，人体骨骼细胞对相同组织细胞有较强的亲和力，因而利用率极高。研究表明，鸡骨泥钙含量高达 39.5mg/g，钙磷比例合理，吸收率在 90% 以上。可见，骨头是一种名副其实的营养源。

2. 骨制品在国内外的发展概况

动物鲜骨的开发起步较晚，20 世纪 80 年代才在世界上受到重视，现已逐步成为一种独特的新食源，且在工业、医药、农业上也得以应用。现今，世界各国对骨资源的开发都相当重视，尤以日本、美国、丹麦、瑞典等国在鲜骨食品的开发研究方面最为活跃。

骨类产品的品种多种多样，大体上可归纳成两大类：提取物产品和全骨利用产品。提取物包括骨胶、明胶、骨油、水解动物蛋白（HAR）、蛋白胨、钙磷制剂等及其产品，如食用骨油和食用骨蛋白等。全骨利用产品主要有骨泥、骨糊和骨浆，可作为肉类替代品，或添加到其他食品中制成骨类系列食品，如骨松、骨味素、骨味汁、骨味肉、骨泥肉饼干、骨泥肉面条，等等。

我国从 20 世纪 80 年代才开始引进丹麦、瑞典和日本等肉类加工发达国家的先进技术，在骨类食品开发上较为滞后。经多年的努力，我国在各种畜骨的利用上取得了很多成就。骨头专用成套超微细粉碎设备也已得到专利认可并有效转化。骨糊、骨泥营养系列食品及成套设备也已开发出来并投入商业生产。

但目前我国的骨加工业仍存在很多弊端。我国大多数骨加工还需从国外进口先进技术和昂贵设备，往往还不能对其充分利用。由于畜禽骨应用技术跟不上、加工技术落后、国人认识不够以及贮存、保鲜等问题，食用骨制品在我国一直未能有效地得到推广。

3. 骨制品加工的基本方法

目前世界上鲜骨加工主要有六种途径，介绍如下。

（1）低温速冻加工　将鲜骨在−15～−25℃下充分冷冻脆化，然后粉碎成鲜骨泥。即全价营养骨泥。以鸡骨泥为例，其总固形物含量为 37％，水分含量为 63％；而鲜鸡胸肉的总固形物含量为 25％，水分含量为 75％。

（2）高温高压蒸煮后加工　将鲜骨破碎之后加水升温、加热保温 6h，直至骨酥汤浓。该方法水解彻底，pH 值高，产品中富含小分子肽和游离氨基酸，胶原蛋白高温条件下不变性，具有胶黏性和良好的持水持油性。

（3）常温常压蒸煮水解法　将鲜骨清洗之后在常压下长时间炖煮，传统的煲汤即为此法。费力费时，水解程度不高，抽提的物质浓度低。

（4）酸水解法　鲜骨经预处理后用盐酸或有机酸进行水解，水解度高，但在后期产品需用碱中和。

（5）碱水解法　鲜骨经预处理后用碱进行水解，水解度高，但在后期产品需用酸中和，产品略有苦味。

（6）酶水解法　即先将骨进行高温蒸煮或直接将骨粉碎后，在一定温度下加入适宜的酶制剂进行酶解反应。酶解状态温和，水解度高，但对酶的选择及用量要求高。1000kg 猪骨可获得 200L（40％）浓缩的猪骨抽提物，同时可获得 125kg 脂肪和 125kg（20％蛋白质）的不溶蛋白。1000kg 鸡骨（18％蛋白质）可获得 360L 功能蛋白抽提物（37％蛋白质）及其他脂肪和蛋白质的不溶物。

4. 主要骨制品的种类、特性及其应用

（1）骨粉　骨粉具有骨头中的所有营养成分，主要为蛋白质、脂肪和矿物质盐等，蛋白质含量较高，脂肪含量相对较低，属典型的高营养、低热能食品。此外，骨粉中的矿物质含量显著高于其他食品，这也是其发挥补钙作用的原因。

骨粉的加工技术，以往都是直接把畜禽骨砸碎，研磨成生的骨粉，或蒸煮、粉碎研磨成熟的骨粉。近几年里，新型食用骨粉是先将带 5％左右肉筋的新鲜鸡骨、猪骨、羊骨用清水冲洗干净，放入微粒粉碎机粉碎，然后于−40℃冷冻，再干燥成粉，包装备用。

骨粉通常主要用作饲料添加剂，可增加家畜食欲，促进其生长发育，增强其对疾病的抵抗力。骨粉还可作为牙膏的磨料，占牙膏质量的 30％～80％。将骨粉添加到大豆粉中制成的补钙肽糜、骨粉方便面、高钙面条等骨粉食品也已上市并得到消费者的认可。

（2）骨脂　把骨头装入高压蒸汽锅，保持压力 304kPa 左右蒸煮大约 10h，可使骨脂及胶汁全部溶出，集于上层，分离后可得到脂胶混合液，然后把混合液盛入水浴锅中，二次加热使骨脂上浮而骨胶下沉。反复几次可提完胶汁，可留下淡黄色、透明、无异味、无水分、无其他夹杂物的优良骨脂，趁热将其装入油脂桶（罐）中，妥善保管备用。

骨脂除可以食用外，在其他工业上用途也颇广，例如供机械润滑及制皮革使用，还可以直接加工成肥皂、香皂、日用化妆品和食品添加剂等。

（3）骨明胶　骨明胶是利用动物的皮、骨、软骨、韧带和肌膜中含有的胶原蛋白，经初级水解得到的高分子多肽聚合物。它的蛋白质含量在 82％以上，营养价值较高，为白色或淡黄色半透明的薄片或粉状物，无臭，无特殊味道。它不溶于冷水，但能慢慢吸水膨胀软化。当吸收约为自身体积 2 倍的水时，加热至 40℃便溶化成溶胶，冷却后凝结成稳定、柔软而富有弹性的冻胶，有光泽，透明度高。

明胶可分为食用、药用和工业明胶，其价值比骨胶高 3～5 倍。明胶由于其优良性能，如形成可逆性凝胶、黏稠性及表面活性等，在食品工业中作为重要添加剂，通常用作胶冻剂、乳化剂、稳定剂、黏合剂和澄清剂等，可用于腊肠肠衣、软性糖果及明胶菜的制作和啤酒澄清等。

明胶及骨胶的生产原料多为牛、猪、羊和马等大型家畜的骨和皮，其中以牛、猪的骨和皮的来源最丰富。明胶的生产工艺可分为酸法、碱法、酶法和其他新方法，其中以酸碱法为传统工艺，而酶法是发展明胶生产的一个新方向。但是明胶的生产对原料骨的要求比较高，其在总骨量中所占比例有限。

明胶广泛应用在医药工业、食品工业、照相胶片工业、造纸工业、印刷工业、炸药工业、电镀工业、选矿工业及家具生产等方面。特别重要的是，明胶是生产照相胶片的重要原料，也是骨头加工利用最重要的产品。

（4）骨泥　食用鲜骨泥的研究始于 20 世纪 70 年代，由丹麦、瑞典等发达国家首先研制成功，而后很快在日本、美国等国家得到推广，尤以日本发展最快。骨泥是世界上广泛采用，也是一种较为理想的骨利用方式。

将带有 5% 左右肉筋的鲜骨经过清洗、−40℃冷冻、碎骨后，再经过粗磨、细磨达到食用标准（经过超微细粉碎后的骨泥颗粒平均粒径为 24μm，多数骨泥细度在 100 目以上），即可得到含多种营养成分的新鲜食品骨泥。

骨泥可用作肉类的代用品，营养成分却比肉类更丰富，如铁的含量为肉的 3 倍，且钙质含量是肉类无法比拟的。以骨泥为原料的骨类食品有骨泥饼干、高钙米粉等。骨泥还可制作肉丸、肉馅、灌制肉肠及汤圆；另外，可将新鲜骨泥采用肉松配方炒制，炒制成骨泥松，成品为酱红色颗粒状。

以纯骨泥为主要原料，加入适量的脱脂奶粉、复合乳化剂、蔗糖脂肪酸酯等研制成的营养骨奶，具有补充钙质及必需氨基酸的营养特性，其营养成分及营养价值均高于用纯骨汁调配的骨奶，是一种蛋白质含量高、钙含量高、脂肪含量低的营养型保健饮品。

（5）骨素　骨素是以动物鲜骨为原料，经粉碎、提取、分离、真空浓缩、高温杀菌等工艺进行骨肉精华抽提得到的浓缩物。外观呈浅褐色或褐色膏状，是天然的调味料。骨素的主要特点是最大限度地保持原有动物新鲜骨肉天然的味道和香气，具有良好的风味增强效果，可以赋予人们追求自然柔和的美味。

动物骨肉经过加工成骨素后，其蛋白质含量可由原来的 11% 提高到 30% 以上，在骨素抽提过程中，部分蛋白质降解为低分子量的多肽物质和具有生物活性的 17 种人体所需的游离氨基酸，尤其是人体所必需的赖氨酸和蛋氨酸的含量特别丰富，而且天然呈鲜成分谷氨酸盐含量高达 5.9%，可最大限度地发挥氨基酸的呈味、呈鲜功能。同时含有钙、磷和大脑不可缺少的磷脂、磷蛋白等，这些成分具有极强的速溶性，易于被人体消化吸收。使用骨素比较安全，长期大量使用也不会使人感到厌腻，反而可以增进人们的食欲。

骨素除具有自然界中丰富的鲜味成分外，还具有重要的香气成分等呈味物质。而单一成分的调味料（如味精），虽然具有鲜味感，但缺乏厚感和柔和感，风味欠丰满，远比不上以鸡骨、猪骨和牛骨以及水产品等为原料制作的具有天然调味料口感的骨素。因此，此类复合调味料的使用越来越普遍，大有替代传统味精的趋势。如以骨素为基料，适当添加糖类、有机酸、味精、香辛料和呈味核苷酸等物质，可以制成不同品种和风味各异的复合调味品。

（二）血液

1.血的营养特性

畜禽血液营养丰富，全血一般含有 20％左右的蛋白质，干燥血粉的蛋白质含量达 80％以上，是全乳粉的 3 倍。

血液中构成蛋白质的氨基酸组成平衡，是一种优质蛋白，其必需氨基酸总量高于全乳和全蛋，尤其是赖氨酸含量很高，接近 9％。

血液蛋白质的高赖氨酸含量使其成为一种很好的谷物蛋白互补物，可改善谷物蛋白中赖氨酸含量低的缺陷，这对改善食物中总体蛋白的质量有重要意义。

此外，血液还含有丰富的钙、磷、铁、锰、锌等矿物质，以及硫胺素、核黄素、泛酸、叶酸、烟酸等维生素。

2.血液的加工利用进展

国外对血液的加工利用较早，主要用于食品、饲料、制药等工业。禽血具有一定的抗癌作用，所以西方国家对禽血的加工利用有了新的发展。如比利时、荷兰等国将禽血掺入红肠制品中；日本已利用禽血液加工生产出血香肠、血饼干、血罐头等休闲保健食品；法国则利用动物血液制成新的食品微量元素添加剂。近年来我国加大了资金的投入和科研的力度，相继开发出了一些血液产品，如畜禽饲料、血红素、营养补剂、超氧化物歧化酶等高附加值的产品。

3.主要的畜禽血液加工制品及特点

（1）血浆冷冻品和血浆粉　采集卫生、新鲜的血液，然后加入抗凝剂，同时加入浓度为 1.5％的盐水 5％～10％，充分搅拌后泵入专用分离机进行分离，将血液分离成血浆和血细胞两部分。全血分离后得到的血浆可经冷却、冷冻以冰蛋形式制成冷冻血浆或血浆冰片，也可将液体血浆真空浓缩、喷雾干燥制成血浆粉。

血浆可应用于肉品加工中，如血浆蛋白以 5％～17％的比例添加到香肠中可以获得满意的乳化效果，且产品在 0～4℃贮存一个月后肉眼观察含血浆蛋白的香肠呈粉红色，而对照品则变成灰白色。血浆中的蛋白质是最好的可溶性蛋白质，其乳化脂肪的能力优于其他蛋白质，能够保证肉制品的稳定性和外形。在波洛尼亚香肠和烟熏猪里脊肉中添加 10％和 6％的冷冻血浆，产品风味明显改善，制品的色泽也很好，红色加深，且不褪色。

此外，血浆可以在蛋糕、面包、饼干等面制品中添加应用。它的乳化性、凝固性和起泡性均优于蛋清。在面制品中加入血浆蛋白，可以增加产品的营养价值。在机能特性方面，血浆蛋白具有良好的吸水性、热稳定性和凝胶形成性。

（2）营养强化剂　血红素中的铁为二价铁离子，它在人体的消化吸收过程中不受植酸和磷酸的影响，其吸收率很高，因此可将其制成保健食品，用于治疗缺铁性贫血引起的各种疾病。此外，血红蛋白的降解产物可制成氨基酸口服液、注射液以及复合液用于补充强化各种氨基酸。

（3）肉品发色剂　由血红蛋白合成的亚硝基血色原可使腌肉制品获得较稳定的粉红色，并因此可减少亚硝酸盐的使用量。以畜禽血液为原料制得的发色剂加入肉制品后，不仅没有任何害处，而且还可改善产品质地，提高产品营养价值，改进产品风味等，因为血液中的其他成分都具有较高的营养价值。

（三）内脏

畜禽的内脏包括心、肝、胰、脾、胆、胃、肠等，它们可以直接烹调食用，也可以加工成各种营养丰富的特色食品。但它们更是医药工业中生化制药的重要原料，如肝脏可用于提取多种药物，如肝浸膏、水解肝素、肝宁注射液等。

胰脏含有淀粉酶、脂肪酶、核酸酶等多种消化酶，可以从中提取高效能消化药物胰酶、胰蛋白酶、糜蛋白酶、糜胰蛋白酶、弹性蛋白酶、激肽释放酶、胰岛素、胰组织多肽、胰脏镇痉多肽等，用于治疗多种疾病。

心脏可制备许多生化制品，如细胞色素、乳酸脱氢酶、柠檬酸合成酶、延胡索酸酶、谷草转氨酶、苹果酸脱氢酶、琥珀酸硫激酶、肌酸磷酸激酶等。

猪胃黏膜中含有多种消化酶和生物活性物质，利用它可以生产胃蛋白酶、胃膜素等。

从猪脾脏中可以提取猪脾核糖、脾腺粉等。

猪、羊小肠可做成肠衣，剩下的肠黏膜可生产抗凝血、抗血栓、预防心血管疾病的药物，如肝素钠、肝素钙、肝素磷酸酯等，猪的十二指肠可用来生产治疗冠心病的药物冠心舒、类肝素等。

猪、牛、羊胆汁在医药上有很大价值，可用来制造粗胆汁酸、脱氧胆酸片、胆酸钠、降血压糖衣片、人造牛黄、胆黄素等几十种药物。

（四）皮

动物皮的主要成分是蛋白质，新鲜动物皮的组成一般为：蛋白质33%～35%，水分60%～75%，脂类2%～3.5%，无机盐0.3%～0.5%，碳水化合物<2%。真皮蛋白质的80%～85%是胶原，大部分为Ⅰ型胶原，少量为Ⅲ型胶原。在结构上，多种氨基酸按一定顺序排列，并借助主链氢键形成有规律的螺旋和折叠，3条左旋α链相互缠绕形成原胶原的右手复合螺旋，并通过侧链的相互作用进行范围较广的折叠、盘旋，形成原胶原。4个原胶原按1/4错列排列形成微原纤，并通过首尾重叠部分相互交联连接成为长纤丝。在此基础上，进一步形成动物皮的纤维组织。

通过酸、碱、酶的作用对动物皮进行水解，可以得到不同分子质量的产物，包括胶原、明胶、水溶性明胶、多肽、短肽和氨基酸等。

新鲜鸡皮中含有大约7.03%的蛋白质，主要是胶原蛋白，在盐酸浓度为3.0%、浸酸温度为28℃、提胶料液比为1∶5、提胶pH值为3、明胶得率最高为9.47%的优化工艺条件下，可将其转化为可溶性胶原蛋白得到明胶。

目前国外已开展了一些对猪皮的利用工作，如德国赫斯特公司发明了一种猪皮软化剂。经软化处理的猪皮质地柔软，容易加工成多种猪皮食品。德国汉诺威袋装香肠中猪皮的添加量高达36%。

利用猪皮制备胶原多肽是近年来的研究热点。从猪皮中提取胶原多肽的主要方法有：酸法、碱法和酶法。酸碱法是用酸或碱等化学试剂在一定温度下促使蛋白质分子的肽键断裂，形成小分子物质。碱法水解会促使氨基酸消旋化，无生物利用价值。酸法多采用盐酸、硫酸等强酸，在高温下反应强烈，设备腐蚀严重，色氨酸被完全破坏，目前此法已逐渐被淘汰。酶法水解蛋白是利用酶部分降解蛋白质，增加其分子内或分子间交联或连接特殊功能的基团，改变蛋白质的功能性质，以获得良好加工特性。

第二节　食品新资源的研究与开发

一、植物新资源

（一）植物茎叶

绿色植物的茎及叶片已成为世界上最大的蛋白质来源。利用新鲜的植物茎、叶提取叶蛋白，作为蛋白质来源补充人类食品和动物饲料，已引起世界各国的重视。我国植物资源种类丰富，是提取植物叶蛋白的宝库。

1. 叶蛋白及其组成

叶蛋白亦称植物浓缩蛋白或绿色蛋白浓缩物（LPC），它是以绿色植物的茎、叶为原料，经榨汁后利用蛋白质等电点原理提取的植物蛋白。

植物叶蛋白，属"功能性蛋白质"，可将其分为两类：一类为固态蛋白，存在于经粉碎、压榨后分离出的绿色沉淀物中，主要包括不溶性的叶绿体与线粒体构造蛋白、核蛋白和细胞壁蛋白，这类蛋白一般难溶于水；另一类为可溶性蛋白，即叶蛋白，存在于经离心分离出的上清液中，包括细胞质蛋白和线粒体蛋白的可溶性部分，以及叶绿体的基质蛋白。可溶性蛋白可进一步分为两种。其中，一种蛋白质分子量较大，经研究鉴定是核酮糖-1,5-二磷酸羧化酶，分子量为 52 万～56 万，仅存在于含有叶绿素的组织中；另一种蛋白质分子量较小，是由脱氢酶、过氧化物酶和多酚氧化酶组成的蛋白复合体。在 LPC 生产过程中，经粉碎（捣烂）、压榨过滤后，固态蛋白随同残渣被分离出去，其余的可溶性蛋白分散在上清液中。对上清液施行加温，或者是溶剂抽提、加酸、加碱，使可溶性蛋白由溶解状态变为凝集状态，即成为 LPC。

2. 叶蛋白的营养及功能特性

由于原料、加工方法不同，LPC 的蛋白质含量变动于 38.31%～62.70%。如用豆科原料生产的叶蛋白一般含 50%～60% 的粗蛋白质，用禾本科原料生产的叶蛋白含 30%～50% 的粗蛋白质，且其蛋白质中氨基酸组成较合理。籽粒苋 LPC 的蛋白质含量较低，为 38.31%。

对 107 种植物叶子蛋白质的含量进行分析，结果表明蛋白质含量＞55% 的有 13 种，在 45%～55% 的有 44 种，＜45% 的有 50 种。

一般叶蛋白中粗脂肪、无氮浸出物、粗纤维和粗灰分含量分别为 6%～12%、10%～35%、2%～4% 和 6%～10%。

叶蛋白氨基酸含量丰富，种类齐全。必需氨基酸如精氨酸、苯丙氨酸、赖氨酸、缬氨酸、异亮氨酸、苏氨酸等含量较高。

叶蛋白还含有丰富的叶黄素、胡萝卜素、叶绿素、维生素 E 及其他维生素等。每千克苜蓿叶蛋白中含有叶黄素 1100mg、胡萝卜素 300～800mg、维生素 E 600～700mg。

此外，叶蛋白还含有丰富的矿物质，钙磷比例适中等。

叶蛋白是在植物营养器官茎、叶细胞中形成的初始蛋白质，这类蛋白质参与细胞的构建及生命活动，是构成植物细胞原生质的活性蛋白质，与储藏在细胞中的非活性蛋白质比较，其分子质量相对小些，分子链也较短，用于食用更易被消化吸收。基于叶蛋白的营养价值和结构特点，有的营养和食品专家认为，应将其作为人体优质蛋白的重要来源加以利用。

黄豆叶蛋白和豌豆叶蛋白的营养价值与分离大豆蛋白相似。

苜蓿叶蛋白食用效果好，可消化率为 62%～72%，虽然不及奶类（97%～98%）与蛋类（98%），但与米饭（82%）、面包（79%）、马铃薯（74%）等植物性食品是接近的。而苜蓿叶蛋白的生物价为 80%，仅次于鸡蛋（94%）、牛乳（85%），但比牛肉（76%）、鱼（76%）、虾（77%）及植物性蛋白（甘薯 72%、马铃薯 67%、大豆 64%、小麦 64%、玉米 60%、花生 59%）等的高。

3. 生产叶蛋白的原料及其要求

一般来说，绿色植物茎叶均可作为生产叶蛋白的原料，但为了保证叶蛋白的产量与品质，选择的原料应具备以下条件：

① 叶中蛋白质含量高；

② 叶片多；

③ 不含毒性成分；

④ 含黏性成分少。

适于生产 LPC 的原料较多，到目前为止，人们已知的可用来提取叶蛋白的植物有 100 多种，包括种类繁多的野生植物牧草、绿肥类、叶菜类（苋菜、牛皮菜等）、根类作物茎叶（甘薯、萝卜等）、瓜类茎叶、鲜绿树叶及一些农作物的废料（如玉米叶片）等。目前用于生产 LPC 的原料主要是苜蓿、甘薯、紫云英等。

4. 叶蛋白的开发利用现状及前景

绿色的叶子含有丰富的蛋白质，应用很早也十分广泛的是作为饲料来喂养畜禽，如构树叶、甘薯叶喂猪，苜蓿叶喂牛等。目前已用新的生物学和化学方法把植物的叶子加工成丰富的蛋白质食品和饲料。英国最早开始制取叶蛋白的研究，美国建立了第一座生产叶蛋白的工厂。之后，印度、瑞典、日本、丹麦、菲律宾等国也相继开始叶蛋白的研究。目前美国的饲料中已按一定比例加入叶蛋白的浓缩物，日本、俄罗斯则用叶蛋白酿造酱油。现在世界上商业性生产叶蛋白规模最大的企业是法国苜蓿公司，此外，英国、丹麦、新西兰、澳大利亚等国家也有生产。

中国有广阔的叶蛋白资源，开发利用叶蛋白是解决中国食品、饲料行业中蛋白质资源紧缺的一条重要途径。仅以苜蓿、甜菜和甘薯 3 类作物计算，叶蛋白的潜在资源量就有 2016 万吨，若能利用其中的一半，即可填补中国饲料蛋白的缺口，虽然现在 3 类作物茎叶都作饲用，但蛋白质利用率低。此外，还有许多植物茎叶蛋白质资源未加以利用，所以，从叶蛋白资源来说是十分丰富的。但中国对叶蛋白的研究起步较晚，自 20 世纪 80 年代后期，我国开展了资源、生产技术应用、效能等综合研究，取得了一些成果。

在食品工业中，叶蛋白制品可加工成胶囊、粒状或片状颗粒，作为人类食品来改进膳食营养结构，还可为素食者提供优良的蛋白质营养，满足其对蛋白质、多酚、生物活性钙、胡萝卜素和叶绿素等的营养需要。

利用不同植物茎叶提取浓缩叶蛋白，其中粗蛋白质含量达 32.41%～52.99%，为原茎叶粗蛋白质含量的 22.4％～74.2％，氨基酸总量达 58.46％，赖氨酸含量达 6.22％，超过了联合国粮农组织的推荐量（4.2％），用此叶蛋白产品做成的蛋卷、巧克力，色泽淡绿，有苔菜香，风味不错。

在面粉中添加苜蓿蛋白能有效调节湿面筋量和筋质强度，弱化面筋，使制品品质酥松，从而可解决单纯使用面粉制作饼干时筋力过高的问题。添加 2％苜蓿蛋白的曲奇口感酥松，不粘牙，断面结构呈细密的多孔状，具有良好的色泽和组织结构，并带有清淡的青草味。

叶蛋白制品还可作为营养添加剂，添加到食品中来改善特殊人群及儿童的营养。将叶蛋白粉以 5％～10％的比例添加到面粉中，做成挂面和馒头，既不影响生产工艺，又能丰富主食营养成分，因此可以用于主食开发。

无论是新鲜的或储藏的叶蛋白都能同许多食物很好地混合使用。但有些食品不宜掺入叶蛋白，如焙烤食品，因为叶蛋白会增强脂类分解物的味道并附带有青草味，且可使外观颜色变绿。如印度科学家试验证明，在食物中掺入 5％叶蛋白，能被人们普遍接受，当达到 9％时仍可接受，但超过 10％就不太受欢迎。

（二）植物种子、果实及根

许多野生植物的种子、果实是良好的食品资源，开发潜力很大。如中华猕猴桃、沙棘、刺梨、黄刺玫、沙枣、黑加仑、越橘、山杏、橡子、榛子、余甘子、山梨等。

花卉植物种子，如一些牡丹种子含有较高的蛋白质和脂肪。牡丹种子含有脂肪约 22％，是一种优质食用油原料，其中不饱和脂肪酸含量高达 90％，人体必需的脂肪酸如亚麻酸（ω-3）质量分数达 40％以上，是其他木本油料不可比拟的。

（三）植物的花及花粉

植物花及花粉富含蛋白质、糖类、脂肪酸、维生素、矿物质等营养成分，且资源丰富，采集方便，是一种可充分开发利用的食物资源。

我国食花历史悠久，所食花卉有菊花、桂花、梅花、紫藤花、刺槐花、黄花菜、黄蜀葵、牡丹、荷花、兰花、百合、玉兰、梅花、蜡梅、蔷薇花、芙蓉花、杏花、丁香、啤酒花、芍药花、梨花、蒲公英、木槿花、南瓜花、葫芦花、玫瑰花、栀子花等。还有一些种类不太普及，如金银花、鸡蛋花、凤仙花、桃花、地黄、鸡冠花、美人蕉、杜鹃、牵牛花、紫荆花、锦带花、金盏菊、鸢尾、秋海棠、连翘、万寿菊、白兰花、昙花、紫罗兰、旱金莲、石斛花、茉莉花、厚朴花、杜鹃花、玳玳花、麻麻花、山丹花等。

1. 花

花是植物的有性繁殖器官，花由花冠、花萼、花托、花蕊组成，富含各种营养物质和色素、芳香物质等。

（1）可食用花的营养及功能特性　鲜花富含蛋白质、脂质、糖类、氨基酸，以及人体所需的维生素 A、B 族维生素、维生素 C、维生素 E 和多种常量和微量矿物质元素，如 Fe、Zn、Se 等，因而具有很高的营养价值与食用价值。几种食用花卉主要营养成分及其与常见蔬菜的比较见表 12-6。

表 12-6　几种食用花卉主要营养成分及其与常见蔬菜的比较　　单位：g/100g

名称	水分	粗蛋白质	粗纤维	粗脂肪	灰分	糖类
木槿花（鲜）	91.10	1.58	1.25	0.08	0.46	5.53
食用菊花（鲜）	85.70	1.82	未检测	0.80	0.96	9.14
金雀花（鲜）	88.50	3.30	未检测	0.63	0.47	7.09
加杨雄花序（鲜）	84.51	2.55	1.31	0.12	0.62	1.42
黄花菜（鲜）	84.95	1.14	0.60	0.92	0.97	3.68
花椰菜	92.40	2.10	1.20	0.20	0.70	3.40
卷心菜	92.00	1.50	1.00	0.20	0.50	3.60
芹菜	93.10	1.20	1.20	0.20	1.00	3.30
大白菜	93.60	1.70	1.90	0.20	0.80	3.10
芦笋	93.00	1.40	1.90	0.10	0.60	3.00

①氨基酸。几种食用花卉的氨基酸含量见表 12-7。金雀花含有 17 种氨基酸，其中 7 种为人体必需氨基酸，2 种为婴幼儿必需氨基酸。氨基酸总量（TAA）高达 1875.55mg/100g 鲜重（色氨酸未计入），特别是人体自身不能合成的必需氨基酸（EAA）含量达 711.22mg/100g 鲜重，占总氨基酸含量的 37.92%，必需氨基酸（EAA）与非必需氨基酸（NEAR）的比值为 0.61，与粮农组织（FAO）和世界卫生组织（WHO）提出的参考模型接近。

新鲜的加拿大杨雄花序氨基酸的含量达 3.63%，其中必需氨基酸含量为 1.52%，占总氨基酸含量的 41.72%；谷氨酸含量最高，达到 1167.08mg/100g，异亮氨酸次之，达到 824.96mg/100g，分别占总氨基酸含量的 32.11% 和 22.70%；谷物中所缺乏的赖氨酸含量高达 113.74mg/100g，是一种良好的蛋白质资源。

表 12-7　几种食用花卉氨基酸含量比较　　单位：mg/100g

氨基酸	金雀花	菊花	木槿花	月季花花瓣	红花	金银花	玫瑰花	苹果花	百合花	桂花
天冬氨酸	421.68	168.00	1460	720	1581	1199	1417	2677	712	399
丝氨酸	104.56	76.10	520	350	566	566	473	713	486	157
谷氨酸	72.39	200.48	1090	760	1720	1720	1260	1894	1781	390
甘氨酸	99.96	85.12	500	320	657	749	430	684	434	155
组氨酸	54.00	20.16	210	130	293	245	245	326	138	74
精氨酸	113.75	69.44	480	340	698	698	458	527	604	205
丙氨酸	109.16	77.28	700	430	651	651	454	746	596	174
脯氨酸	124.09	72,8	350	460	997	801	1168	919	2860	185
胱氨酸	6.89	2.24	30	70	101	101	29	105	41	19
酪氨酸	57.45	39.2	280	—	394	427	365	544	134	111
苏氨酸	87.32	6272	420	280	627	571	458	705	430	153
缬氨酸	52.86	72.8	540	370	819	937	701	931	562	152
蛋氨酸	133.28	7.84	60	160（+Cys）	137	168	238	181	107	42

续表

氨基酸	金雀花	菊花	木槿花	月季花花瓣	红花	金银花	玫瑰花	苹果花	百合花	桂花
赖氨酸	98.81	45.92	450	430	684	551	496	762	362	150
异亮氨酸	83.07	57.12	410	320	687	834	417	878	420	154
亮氨酸	149.37	85.12	640	340	885	1194	656	1225	653	300
苯丙氨酸	96.52	52.64	390	580（+Tyr）	605	693	486	786	323	84
色氨酸	—	20.05	94	60	72	未检出	125	154	82	35
总量	1875.55	1215.09	8530							

② 矿物质元素。食用花卉富含矿物质（表 12-8）。如兰州百合花中矿物质总量占干重的 1.34%，包含有人体必需的各种微量元素，其中 Fe、Mn、Zn、Si 等含量高于常见食物、茶叶中的含量。对百合花、金银花、千日红、贡菊、茶花、玫瑰花、玫瑰茄、藏红花等八种常见饮用花卉中微量元素进行检测后发现，玫瑰茄和贡菊含有丰富的锌；茶花、玫瑰茄含有丰富的锰等。

表 12-8　几种食用花卉 5 种矿物质元素含量比较

名称	磷/(mg/100g)	钙/(mg/100g)	铁/(mg/100g)	锌/(mg/100g)	硒/(μg/100g)
食用菊花（鲜）	44.39	20.16	6.75	0.97	3.37
木槿花（鲜）	39.78	26.70	0.64	0.64	11.04
金雀花（鲜）	54.00	9.41	1.21	0.63	1.01
加杨雄花序（鲜）	46.20	46.20	4.97	0.44	—
牡丹花（干）	430	680	33.00	3.50	100
核桃花（干）	410	1180	30.47	5.68	17
百合（干）	240	89.24	91.39	0.13	25.23

③ 维生素。食用花卉的维生素含量十分丰富，几种食用花卉的维生素含量见表 12-9。每 100g 白花杜鹃花中含有维生素 B_6 980mg，高于目前已知的大多数植物；刺槐花抗坏血酸含量高达 16.16mg/100g，高于苦杏仁 3 倍、蜂蜜 5 倍。

表 12-9　几种食用花卉维生素含量　　　　　单位：mg/100g

名称	维生素 B_1	维生素 B_2	维生素 C
食用菊花（鲜）	0.070	0.130	5.61
木槿花（鲜）	0.030	0.060	16.0
金雀花（鲜）	—	0.990	17.02
攀枝花花瓣（鲜）	0.038	0.016	37.6
棠梨花（鲜）	0.074	0.075	55.9
芭蕉花（鲜）	0.022	0.024	4.7
苦刺花（鲜）	0.129	0.111	72.2
石榴花花瓣（鲜）	0.194	—	27

续表

名称	维生素 B_1	维生素 B_2	维生素 C
玫瑰花（鲜）	0.018	0.003	70
凤丹白牡丹花（干）	0.296	0.553	163.6
核桃花（干）	0.250	2.430	27.68

④ 其他成分。食用花卉中的色素物质含量丰富，已成为天然食用色素的良好来源。食用花卉中还含有黄酮类、酚类及其他多种生理活性成分。

（2）食用花卉的安全性　并非所有的花卉都是可食用的，有些花卉存在一定的食用安全问题。一方面是食用花卉本身所含成分可能对人体产生轻微毒性，因此要确定所采食的花卉确实是可食用的；对某些带有轻微毒性的食用花卉，在食用前需采用水漂、水煮等方法去除毒素，或选用适当的无毒食用部位，避开有毒部位。如云南地区的人们在食用杜鹃花时，去掉带毒的花蕊，将花冠部分在水中煮沸几分钟，取出泡在冷水中漂洗三到五天，每天换水一次，漂去苦味和毒素后煮食或炒食，还可制成干花或腌食。另一方面，食用的花卉应无农药污染。

（3）食用花卉开发利用现状　自 20 世纪 90 年代以来，国际上兴起了食用鲜花的热潮，鲜花食品被认为是 21 世纪消费的新潮流，世界上正兴起"食花文化"。随着食品科学技术的发展，花卉被越来越多地用于即食食品、饮料、糕点等食品的主料或者配料。

① 国外食用花卉的利用状况。在欧美一些国家和地区，被用来加工的鲜花达数百种，如紫罗兰、万寿菊、秋海棠、旱金莲、南瓜花、春莴苣、金盏花、玫瑰等，主要用于制作鲜花色拉、甜点、配餐等。如美国用紫罗兰、玫瑰、旱金莲等花瓣拌色拉；法国用南瓜的雄花配菜；日本用樱花烹调"樱花宴"；保加利亚、土耳其用玫瑰花制成糖浆等。

为了能提供更多的鲜花食品，有些国家还专门建立了鲜花基地，并通过改良培育花卉新品种，使鲜花符合食品的要求。如在法国布列塔尼亚的托尔地区，有一百多位花农组成了市场园艺家合作社，专门从事改良、培育花卉可食新品种。这些产品除在法国受欢迎外，有 1/3 的食用花销售到美国等地。日本农林省已制定出长期发展食用花卉的计划。欧美加工食用的鲜花有数百种之多，目前已有鲜花食品罐头生产销售。

② 我国食用花卉的利用现状。

a. 花卉做菜。在民间，花卉常常被用于做菜。如川菜中的西芹百合草莓炒腊肉；鲁菜中的桂花丸子、茉莉汤；粤菜中的菊花龙凤骨、大红菊；北京的芙蓉鸡片、桂花干贝；上海的荷花栗子、茉莉鸡脯等。

b. 花卉饮品。花卉饮品是提取花卉中的营养保健成分制成的各种饮料等，不仅有花卉独特的芳香，还含有丰富的营养物质，如氨基酸、脂肪酸、矿物质元素以及各种生物活性物质。因此，花卉饮料是时尚而营养的健康饮品。

花卉饮料品种繁多，有些是药食同源的，如金菊花饮料、菊花荷叶饮料、百合花饮料、茉莉花饮料等。

c. 花茶。花茶是一个古老而又现代的词汇，在元代花卉主要用来熏制花茶，制作汤一类的饮料。在当今社会，花茶是与健康和美容这一类词汇联系在一起的。例如，甘菊茶有健胃、促进消化、镇静等作用；丁香茶有抗氧化、促进消化、杀菌等作用；洛神花茶有强肝、健胃、利尿、改善食欲不振等功效；金盏花茶有发汗作用，能缓和发烧、感冒的症状；接骨花茶有抗炎症、改善花粉症等功效。

　　d. 花酒。花酒在中国古代就很盛行,三国时曹植的《仙人篇》里有"玉樽盈桂酒"之句。唐代李颀的《九月九日刘十八东堂集》又有"风俗尚九日,此情安可忘。菊花辟恶酒,汤饼茱萸香"之句。在唐代除了菊花酒以外,还用其他的花卉酿酒。在科学技术高速发展的今天,人们也非常喜欢喝花卉酿的酒,例如在台湾举行过"逛花街、喝花酒、吃花卉大餐"的活动。金银花白酒含有多种对人体有益的元素,具有活血通脉、益气通络、行气止痛的功效,对风湿、关节痛、腰腿痛、跌打损伤等具有良好的治疗和保健作用。用 1mL/kg 菊花浸膏加工成的菊花啤酒口感纯正、柔和、爽口,有明显的菊花香、酒花香和麦芽香。有研究者采用在麦汁煮沸结束时添加一定量的酒花和菊花,并在清酒罐中添加菊花馏出液的工艺酿造啤酒,发现酿造出来的啤酒有色泽浅、口味纯正、淡爽、持久挂杯、菊花香气明显等特点。用菊花生产的啤酒具有保健作用,市场较广泛,经济效益较高。

　　e. 花卉糕点。用花卉做糕点在中国古代就已有记载,在宋代林洪的《山家清供》一书中就记载了"广寒糕""黄菊煎""梅花汤饼""松黄饼""藩萄煎"等十多种花卉肴馔。花卉还可以做成各种花卉馅,用于制作各种花卉糕点。用花卉做出的糕点有玫瑰饼、菊花饼、莲花饼、桂花糕、槐花馒头等。有研究表明,用一次发酵生产出来的红枣菊花馒头不仅大大提高了馒头的营养价值,而且还使其具有一定的保健功能,红枣菊花馒头适合不同年龄段的人群以及某些疾病患者日常食用,可满足人们对保健食品的某些特殊需要。

　　f. 花色素。由于食用的天然色素一般无毒,而且具有防病抗病的生理功能,因此,近年来植物色素受到人们的青睐,对作为植物色素中重要组成部分的花卉色素近年来研究颇多。如菊花黄色素性质稳定,着色力强,安全性高,是一种理想的食用色素。对普通鸡冠花色素的食用安全性研究结果表明,从鸡冠花花萼中提制的色素粗品、鸡冠花红色素和橙黄色素为无毒物质。对榆叶梅花红色素进行的安全性检验结果表明,榆叶梅花红色素为无毒物质。

　　(4) 食用花卉的发展前景　目前,食用花卉大多是直接食用或经粗加工后食用,并且大多花卉具有时令性和地域性,故应加紧开发花卉类食品的精深加工,生产各种新型食品,如花卉罐头、速冻花卉、花卉饮品、花卉糕点等。已有学者相继研制出槐花罐头、梨花罐头、芍药花罐头、速冻洋槐花,并涉猎野生可食花卉罐头的生产工艺。

　　花卉除了作为食品原料以外,还可以从中提取芳香精油、食用色素、其他活性或非活性物质,这些成分往往是没有毒副作用的,可以作为食品添加剂用于食品工业中。

　　花卉不仅营养丰富,而且由于花卉中含有较多的保健功能物质(如黄酮、多酚类物质等),因此可用花卉开发保健食品,这些都为花卉食品的开发提供了诱人的前景。

　　我国地域辽阔,野生花卉资源也极为丰富,花卉的品种多、产量高,与其他植物资源相比,花卉的生长期短,鲜花遭受农药、化肥、废水、废气污染要轻得多,因此,用花卉加工纯天然、无公害食品有很大的优势。

　　但是,我们也应该注意到,有很多花卉的化学成分还不是很清楚,同时有很多花卉的毒理作用还没有确定,因此很多花卉的食用安全性无法确定。在食品安全性呼声日益高涨的今天,开发花卉功能食品还需要长时间的动物实验来进行验证。虽然如此,花卉食品作为一个新型的产业,在有机食品高速发展的今天,其市场前景广阔,应该有很大的发展潜力。

　　2. 花粉

　　花粉是被子植物雄蕊花药和裸子植物小孢叶上小孢子囊内的小颗粒状物,是植物有性繁殖的雄性配子体,含有人体生存所需要的各种物质,被誉为"微型营养宝库""完全营养食品"。

　　花粉的营养成分高于所有天然食品，含糖最高达 40％，蛋白质为 10％～40％，20 余种氨基酸的含量多于牛奶、鸡蛋 4～6 倍，其中赖氨酸含量特别丰富，有利于儿童生长发育；含有 14 种维生素，特别是维生素 E、维生素 C、维生素 P，能增强人体免疫功能，促进健康，延年益寿；含有人体所需的数十种矿物质及 50 种以上的生物活性物质，如核酸、酶、辅酶、激素和抗菌物质等。因此，花粉具有抗衰老、保青春的作用。除此之外，花粉还是天然的美容物质，含有保护皮肤和增添体表气味的脂肪和芳香物质。

　　花粉按其传播方式分为风媒花粉、水媒花粉和虫媒花粉三大类，风媒花粉与水媒花粉靠风与水传播，虫媒花粉靠昆虫传播，蜜蜂生存依靠采集花粉与花蜜，由此也成为自然界中最主要的花粉传播者。目前在食品中应用最广泛的是虫媒花粉——蜂花粉，另外还有极少量经人工采集的花粉如松树花粉等。

　　蜂花粉是蜜蜂利用自身特殊构造从显花植物——蜜粉源植物的花药内采集的花粉粒，经过蜜蜂收集、加工成不规则的扁圆形、由蜜蜂后肢上的花粉筐携带回巢的团状物。根据蜜蜂采粉的特性，人们在蜂群的巢门口安放各式各样的脱粉器（也称花粉截留器），人为截取蜜蜂采集的花粉团，经收集、除杂、干燥和灭菌后供人类利用，这就是人们所食用的蜂花粉的主要来源。

　　(1) 蜂花粉的物理性状　我国的蜜粉源植物种类较多，但蜜蜂很难采集到纯度很高的单一花粉。因此，目前国内销售的蜂花粉大多是以某种单一蜂花粉为主的混合蜂花粉，色泽不一。来源于不同植物的花粉形状、大小差别很大，紫云英、柑橘、桃、南瓜、玉米、棉花、小麦、水稻、菜豆等的花粉为圆球形；油菜、蚕豆、梨、苹果、百合等的花粉为椭圆形；茶花、椴树等的花粉为三角形；四边形的花粉较少，如落葵等。不同来源的花粉粒大小不一，大多数植物花粉粒的直径在 15～50μm 之间。

　　新鲜蜂花粉带有植物的清香气味，味道稍甜略带苦味。不同种类的蜂花粉口感略有差别，茶蜂花粉味清香、微甜，无特殊的蜂花粉臭味，易为人们所接受；荞麦蜂花粉臭味重，口感较差，但是荞麦蜂花粉的营养价值较高，因此，在加工荞麦蜂花粉时应尽可能除去异味，以提高感官质量。

　　蜂花粉的细胞壁分为内壁和外壁。内壁较薄，软而有弹性，在萌发孔处常较厚。内壁的主要成分为纤维素、果胶质、半纤维素及蛋白质。外壁厚而坚硬，主要成分是孢粉素，它是类胡萝卜素和类胡萝卜素酯的衍生物，具有抗酸、抗生物分解的特性。花粉粒的外壁和内壁不同于一般植物细胞壁，其最大区别在于含有生物活性的蛋白质，而且外壁和内壁蛋白质在性质、来源和功能上又有很大不同。外壁蛋白质是由孢子体的绒毡层细胞合成的，内壁蛋白质是花粉自身细胞合成的。花粉内壁和外壁中酶的种类也有很大区别，这可能与两层蛋白质的功能不同有关。

　　(2) 花粉的营养特性

　　① 蛋白质和氨基酸。天然花粉含蛋白质 7％～40％，平均含量约为 20％，以 5～6 月份采集的蛋白质含量最高，夏季后半季最低。不同属种的花粉蛋白质含量有差异。如海枣花粉含 35.5％的蛋白质，宽叶香蒲花粉含 18.8％，日本柳杉花粉仅有 5.89％，苏铁花粉的蛋白质含量为 32.9％～33.8％，钻天杨花粉含 36.5％。

　　花粉的氨基酸含量丰富，含有人体所需的全部必需氨基酸，而且所含的 20 余种氨基酸配比也比较恰当，在营养学上蜜源蜂花粉被称为完全蛋白质或高质量蛋白质。花粉中的氨基酸含量一般占 25％，以精氨酸、赖氨酸、亮氨酸、脯氨酸、谷氨酸、天冬氨酸含量较多，而色氨酸、胱氨酸及蛋氨酸含量较少。

花粉的营养价值之所以高，主要是其氨基酸大部分以游离形式存在，大约占花粉干重的6%，易被人体吸收利用。对我国40多种蜜源花粉中8种游离氨基酸含量进行测定后发现：以荞麦（247mg/100g）、苹果（143mg/100g）、沙梨（114mg/100g）、油菜（104mg/100g）、乌桕（90mg/100g）、向日葵（146mg/100g）、黑松（110mg/100g）、盐肤木（88mg/100g）等花粉中的较为丰富，而玉米（33mg/100g）、木豆（41mg/100g）等含量较少。

与那些被人们认为富含能量的食物如牛肉、鸡肉、鸡蛋、干酪相比，蜂花粉中的必需氨基酸含量是牛肉、鸡肉的5~7倍，所以花粉是一种真正的氨基酸浓缩体，是人类宝贵的营养源。

花粉中还含有较多的牛磺酸（是一种含硫氨基酸），对人体有重要的生理功能，其含量远高于蜂蜜和蜂王浆。在被测的蜂花粉样品中，牛磺酸含量差异很大，含量最高的是玉米蜂花粉，高达202.7mg/g，含量最低的是罂粟蜂花粉，仅为8.0mg/g。

② 糖类。蜂花粉中的糖类含量为25%~48%，不同植物花粉间有差异，如玉米花粉、黑松花粉、天香百合的含量分别为36.59%、26%、1.4%。

花粉中的糖类主要有葡萄糖、果糖和蔗糖以及淀粉、膳食纤维和孢粉素。

日本人对松科、柏科、杉科等11种植物花粉中的糖类进行分析，发现均含有果糖、蔗糖、葡萄糖和水苏糖。我国的近40种蜜源植物花粉中，还原糖含量以向日葵（44.88g/100g）、山里红（36.88g/100g）、黄瓜（33.81g/100g）、荞麦（31.25g/100g）、泡桐（31.25g/100g）、茶（32.81g/100g）等的花粉中的含量较高，而含量低者为胡枝子（17.18g/100g）、苹果（16.50g/100g）等的花粉。蔗糖含量则以柳树（5.40g/100g）、山里红（4.80g/100g）、板栗（4.20g/100g）、香蒲（4.68g/100g）、蒲公英（4.80g/100g）等的花粉的含量较高，而芝麻（2.46g/100g）、沙梨（2.50g/100g）、木豆（2.84g/100g）等的花粉含量较低。

其他如花粉多糖（果胶多糖、半纤维素及纤维素中的葡聚糖）等研究的不多，从油菜花粉中提取出的5组多糖组分分别是P-A、P-B、P-C、P-D、P-E，其中前三种为中性多糖，其单糖组成有L-岩藻糖、L-阿拉伯糖、L-木糖、D-甘露糖、D-葡萄糖、L-鼠李糖，后两种为酸性多糖。花粉多糖具有多方面的生物活性，能增强机体免疫力，在防衰老、抗肿瘤、抗辐射、抗肝炎等方面有独特的作用。

③ 脂类化合物。花粉的总脂肪含量占其干重的1%~10%，一般为5%左右。蒲公英和油菜花粉的脂类含量较高，达到19%；欧洲榛子花粉达15%；玉米和宽叶香蒲花粉则为7.6%和3.9%。其中酸性脂类有卵磷脂、溶血卵磷脂、磷脂环己醇、磷脂酸胆碱等；中性脂类有甘油单酯、甘油二酯、甘油三酯等。

④ 有机酸类化合物。蜂花粉中常见的脂肪酸有丁酸、己酸、癸酸、月桂酸、豆蔻酸、棕榈酸、花生四烯酸、硬脂酸等。蜂花粉中的酚酸包括羟基苯甲酸、原儿茶酸、没食子酸、香草酸、阿魏酸、羟基桂皮酸、绿原酸和芥子酸等。

绿原酸具有增加毛细血管强度和抗炎作用，且在合成胆酸、影响肾功能、通过垂体调节甲状腺功能等方面有重要作用。许多蜂花粉中绿原酸的含量较高，如柳属蜂花粉含绿原酸547.5~801.2mg/100g，黄羽扇豆的花粉含207mg/100g。

三萜烯酸在多种花粉中含量也很丰富，花粉的抗炎、促创伤愈合、强心和抗动脉粥样硬化作用，可能与其中含有熊果酸和其他三萜烯酸有关。

⑤ 维生素。花粉中含有 14 种维生素，且含量很高，是一种天然维生素的浓缩物，尤其是 B 族维生素含量十分丰富。

含维生素 A 较为丰富的是苹果、蜡烛果、蒲公英等花粉，维生素 A 的含量在 8000IU/100g 以上，而沙梨花粉的维生素 A 含量在 7000～8000IU/100g 之间，紫云英、黄瓜、向日葵、板栗、乌桕、芝麻、野菊等花粉的维生素 A 含量在 5000～7000IU/100g 之间，荞麦、木豆、飞龙掌血、盐肤木和泡桐花粉中维生素 A 含量很低。

我国的几种蜜源花粉的维生素 B_1 含量以紫云英、垂柳、油菜花粉的较高，蒲公英、苹果及南瓜花粉的含量较低。而维生素 B_2 含量较高的是紫云英、芝麻花粉。

烟酸含量在不同蜜源花粉中的差异也很大，如向日葵花粉含 15.7mg/100g，刺槐花粉为 14.2mg/100g，乌桕花粉为 8.4mg/100g，草木犀花粉为 6.39mg/100g，紫云英花粉为 4.7mg/100g，玫瑰花粉为 4.2mg/100g，杏花粉为 3.15mg/100g，盐肤木花粉为 1.0mg/100g，野菊花粉为 0.607mg/100g，西瓜花粉为 0.6mg/100g，桃花粉为 0.42mg/100g。

花粉中维生素 B_6 和生物素的含量分布研究报道得较少。玉米花粉的维生素 B_6 含量为 0.55～0.57mg/100g，赤杨花粉维生素 B_6 含量为 0.60～0.68mg/100g，山松花粉维生素 B_6 含量为 0.30～0.31mg/100g。而生物素含量则分别为：玉米花粉 0.055～0.055mg/100g，赤杨花粉 0.065～0.069mg/100g，山松花粉 0.062～0.076mg/100g。我国的乌桕花粉中含维生素 B_6 71.6mg/100g。

叶酸（维生素 B_9）在不同花粉中的含量分别为（以 mg/100g 计）：蒲公英 0.68，红三叶 0.64，禾草 0.63，芜菁 0.5，苹果 0.39，山楂 0.34。

肌醇属于 B 族维生素，是动物和微生物的生长因子。尼尔森的研究结果表明：玉米花粉含量为 3.0%，赤杨花粉 0.35%，山松花粉 0.9%。

维生素 C 在芝麻、泡桐、盐肤木、槭树、芸芥等花粉中含量达 70mg/100g 以上；在茶花、玉米花粉中含量达 50mg/100g 以上；在木豆、油菜、向日葵、沙梨、野菊花等花粉中含量达 30mg/100g 以上；而在山里红、柳树、蜡烛果、紫云英等花粉中含量较低。

紫云英花粉含有的维生素 D 较高，达 1.54mg/100g；油菜、苹果、桃花、草木犀、泡桐等花粉的维生素 D 含量在 0.2～0.4mg/100g 之间；猕猴桃和党参花粉的含量在 0.5～0.7mg/100g 之间。

维生素 E 含量以蜡烛果花粉较高，达到 1256mg/100g，其次是苹果、紫云英、柳树花粉，含量高于 800mg/100g，山里红、油菜、黄瓜、沙梨、向日葵、板栗、胡枝子、椴树等花粉中维生素 E 含量在 500mg/100g 以上。芝麻、盐肤木、荞麦、茶花等花粉的含量较低。

含维生素 K_1 较多的是油菜、党参、野菊、蒲公英、金橘等花粉；含维生素 K_3 较多的是紫云英、茶花、西瓜、党参等花粉。

⑥ 矿物质。蜂花粉中的矿物质元素种类多，含量丰富，如 Cu、Mn、Fe、Se、Ca、K、Mg 含量均高于普通食品。如含铁较高的是荞麦、玉米、山里红等花粉；钙元素含量高的花粉为紫云英、沙梨、板栗、木豆、荞麦、蒲公英、槭树、芝麻等花粉；玉米、盐肤木、飞龙掌血、板栗、柳树等花粉中含磷较多；荞麦和玉米花粉中含铝较多；油菜、芝麻、茶花花粉中锰的含量比较高；椴树、柳树、荞麦花粉中含镍量较大；荞麦、黄瓜花粉中含有钇元素；硒在泡桐、向日葵、紫云英等花粉中含量较多。

从以上的数据可以看出，不同植物花粉所含的常量和微量元素差异较大。因此，为了有效地利用花粉的各种矿物质元素，尤其是微量元素，应认真选择花粉品种。

⑦ 黄酮类化合物。黄酮类化合物是植物花粉重要的功能及营养成分之一，而且含量丰富。目前，从花粉中发现的黄酮类化合物主要有：黄酮醇、槲皮酮、杨梅黄酮、木樨草素、原花青素、二氢山奈酚、柚（苷）配基和芹菜（苷）配基等。如油菜花粉中的黄酮类化合物主要是山奈素-3,4-双-O-β-D-葡萄糖吡喃糖苷、山奈素-3-O-β-槐糖苷、槲皮素-3,4-双-O-β-D-葡萄吡喃糖苷等。

不同种类的花粉中黄酮含量不同。如水杨梅、油菜、苜蓿和柳树等花粉中的黄酮含量较高，可达 1.198%～2.549%；荞麦、风铃草、蒲公英等花粉中仅为 147.6～306.96mg/100g。

⑧ 其他成分。固醇类的数量和类型依花粉种类而异。玉米花粉中固醇类大约占 0.1%，主要是胆固醇和一些豆固醇。

花粉中的核酸含量一般占干重的 2%，DNA 约占 0.5%。含核酸较多的是紫云英、柳树、沙梨、板栗、蜡烛果、乌桕、野菊花等花粉，含量多在 1000mg/100g 以上，比鱼（745mg/100g）、虾（392mg/100g）、鸡肝（518mg/100g）、大豆（294mg/100g）等的核酸含量高得多。

花粉含有淀粉酶、转化酶、过氧化氢酶、还原酶和果胶酶等，少数还含有肠肽酶、胃蛋白酶、胰酶及酯酶等。在各类植物花粉中鉴定的酶已达 80 多种。

花粉中的抗生素是一类具有抗菌作用的混合物，青霉素是该类物质的原型，包括酚类、黄酮甚至萜烯在内，能抑制某些微生物，特别是沙门菌的繁殖。

（3）花粉的保健功能及安全性　据《神农本草经》记载，香蒲花粉和松花粉主治心腹寒热邪气，利小便，消淤血，久服轻身、益气、延寿。现代研究表明蜂花粉能明显增强免疫功能，对辐射所致外周血 ANAE 阳性细胞下降也有显著的保护作用。花粉还能提高机体免疫力，激活体内组织细胞酶的活性，促进新陈代谢，调节神经内分泌系统的功能，增强应激能力，因而具有延缓衰老的作用。花粉中含有芸香苷和原花青素，能增加毛细血管的强度，对心血管系统具有良好的保护作用。花粉能促进脑细胞发育，增强中枢神经系统的功能，对儿童智力发育也有促进作用。另外花粉具有抗疲劳和美容等作用。

天然花粉一般都是安全的，只有极少数花粉有毒，如雷公藤或羊踯躅等花粉，但蜂花粉中不含有此类花粉。动物实验表明，花粉无毒副作用。花粉的摄入量一般为 2～5g/d。

（4）蜂花粉的研究开发现状及前景　目前对蜂花粉的各组成部分和相应的保健功效已经做了大量的研究，蜂花粉中功能因子（如核酸、牛磺酸、花粉多糖等）的作用机理以及生物功能与结构的关系将成为今后研究的重点之一。

花粉是高等植物的生命基源，富含各种营养素，有"浓缩的氨基酸""微型营养库"之称。自从国际上有人提出"返回大自然"以来，花粉迎合了人们返璞归真的理想，成为人类正在开发的重要的新型营养源。美国、德国、日本等发达国家都有花粉用于治疗各种疾病的临床报告。

我国利用蜂产品历史悠久，但对蜂产品全面的科学开发利用，起步于新中国成立之后。进入 20 世纪 80 年代后，我国研究开发蜂花粉的步伐加快，随着对蜂花粉研究与开发工作向纵深发展，蜂产品生产才慢慢形成新兴的和独立的行业，现我国已将蜂花粉广泛应用于食品、药品、精细化工等各个行业中。

国内外蜂花粉主要应用于饲料（包括蜂饲料、马饲料及各种配合饲料等），另一部分花粉则用于生产健康食品、食品添加剂和美容护肤品。如瑞典将花粉食品用于美容；日本将花粉食品用作营养品；法国国立研究中心将花粉作为抗衰老和延年益寿的保健食品；巴黎防疫院将花粉作为助长儿童发育的机能食品。也有将蜂花粉用于治疗的报道，如法国花粉学家阿里奈拉斯用花粉治疗失眠、注意力不集中、健忘症及儿童贫血症；罗马尼亚和保加利亚等用花粉治疗慢性肝炎、高脂血症、脑动脉粥样硬化和冠心病；西班牙用花粉治疗慢性前列腺精囊炎、精神抑郁症、疲惫衰弱和酒精中毒；瑞典用花粉制剂治疗前列腺紊乱和慢性前列腺炎等；日本用花粉和中药复合提取物治疗前列腺炎等。

目前，国内外蜂花粉产品主要以冲服剂、浸膏、胶囊、片剂、口服液、酒类、化妆品等形式加工，产品有罗马尼亚的"保灵花粉片"、阿根廷的"维他保尔"、德国的"花粉糖丸"、日本的"内补灵"、美国的"新保命"、法国的"全功"、英国的"立德"、德国的"赛尔飞"牌盒装花粉及"前列腺维他"等多个产品。

（四）植物的块根、块茎

植物块根、块茎中通常含有大量淀粉、维生素、矿物质等，可制成各种普通食品、保健食品和食品添加剂等，在医药和食品工业中有着广泛的应用前景。具有块根、块茎的植物较多，如魔芋、蕨根、葛藤等。

菊粉，是以菊苣根为原料，去除蛋白质和矿物质后，经喷雾干燥等步骤获得的白色粉末状产品。其果糖聚合体的混合体（聚合度范围 $2 \sim 60$）$> 86.0\%$，其他糖类（葡萄糖＋果糖＋蔗糖）$< 14.0\%$，可广泛用于除婴幼儿食品以外的各类食品。

葛根是豆科葛属植物的药食两用块根，主要分野葛和粉葛。野葛以药用为主，粉葛是制造淀粉的原料。广泛分布于辽宁、河北、浙江、广东、江西、湖北、四川、云南等地，资源十分丰富。

葛根除含有其鲜重 $19\% \sim 20\%$ 的葛根淀粉外，主要成分为异黄酮类化合物及少量黄酮类物质，其中黄豆苷元、黄豆苷、葛根素是葛根的主要活性成分，尤以葛根素含量最高。此外，葛根中还含有木糖苷、β-谷固醇、花生酸等多种生理活性物质。近年来又从葛根中分离出一些芳香苷类化合物（如葛苷 A、葛苷 C 等），以及一些三萜皂苷类化合物（如黄豆苷元A、黄豆苷元 B、葛根皂苷元 A、葛根皂苷元 B、葛根皂苷元 C 等）。

葛根总黄酮在改善高血压及冠心病患者的脑血管张力、弹性和搏动性供血等方面均有温和的促进作用。葛根素能明显降低缺血心肌的耗氧量，抑制乳酸的产生，同时能抑制心肌肌酸磷酸激酶（CPK）的释放，保护心脏免受缺血再灌注所致的超微结构损伤。葛根不仅对正常和高血压动物均有降压作用，还能改善高血压患者的颈强、头晕、头疼、耳鸣等症状。小鼠静脉注射葛根总黄酮的 LD_{50} 为 $1.6g/kg$，葛根素小鼠静脉注射 LD_{50} 为 $738mg/kg$。大鼠每天经口摄入 $50 \sim 100g$，无不良影响。

二、昆虫资源

动物性食品由于富含蛋白质，自古以来就是人类喜爱的食品资源。但是，人类目前利用的动物性食品仅占自然界中的极小部分，尚有大量可供人类利用的动物资源有待开发。

（一）食用昆虫开发的意义

1.人类食用昆虫有着十分悠久的历史

人类早期除了吃野果野兽外，还经常以昆虫为食。目前世界各地吃昆虫的人也有增无减。如哥伦比亚街上卖油炸蚂蚱；泰国人把蟑螂做成酱；美国曾掀起蚯蚓热，仅蚯蚓膳食就达 2000 多种，其中蚯蚓粉可以添加到多种食品中；日本有蝇蛆粉制的"老年酥"和蚕蛹制的蛋白食品；墨西哥用蚂蚁制作"鱼子酱"；法国用甲虫蛹"烤馅饼"；瑞典有"家蝇龙虾""蝇蛆粉"；德国生物学家以蟑螂为珍肴美味；中美洲人爱吃蛾饼；印度人吃蜈蚣、蚱蜢；东南亚人喜食水生昆虫。在南非不少人喜欢吃油炸蜣螂，此外臭虫的味道也很鲜美，有点像香菜。南非出版了《昆虫美食谱》一书，专门指导人们吃昆虫。此书认为，人们拒食昆虫主要是心理原因，实际上昆虫的味道很美。

我们的祖先在三千多年前就已懂得吃"虫"，许多地方早就把蚕蛹和蝗虫当作家常菜肴，还有吃蝎子、蚂蚱的，等等。山东胶东一带许多人吃松香蛹、棉铃虫幼虫、螳螂、蛾子、豆虫；南方有吃禾虫、龙虱、庶虫、肉芽（蝇蛆）、蝉、蚯蚓、竹虫的。

2.昆虫资源丰富，种类繁多，分布广，规模大

仅就食物来源来看，多数昆虫只食用最初有机质绿叶，如蚕、蝗虫、蟋蟀等；有的以腐败有机质为食料，如苍蝇、蚯蚓等；还有的以花蜜为食，如蜜蜂。

在日本，已经将昆虫食品的开发利用作为高新技术产业，匹配以先进高科技，投巨资进行研究探索。

3.昆虫繁殖能力强，生产快，产品多，效益高

作为食物资源来开发的仅限于生产周期较短的昆虫，而且昆虫饲养可以进行工厂化生产，饲料易得，生产过程不用化学药物、添加剂，这样既可以得到大量廉价的蛋白质，又可以解决一些污染问题，当然要注意昆虫自身的毒性试验，开发可食用昆虫。可以说昆虫食品是一种纯净的绿色食品。

4.食用昆虫资源开发价值高

据报道，昆虫类食品均具有高蛋白质、低脂肪、低胆固醇的特点，含有人体所需多种氨基酸，并含有多种维生素及多种微量元素，且含有大量抗菌肽物质。表 12-10 所示的是几种典型昆虫和牛肉、鸡蛋（猪肉与鸡蛋差不多）蛋白质含量的比较，昆虫类食品蛋白质含量非常高。据专家预测，21 世纪昆虫食品将成为仅次于微生物和细胞生物的第三大类蛋白质来源。

表 12-10　几种昆虫和牛肉、鸡蛋所含蛋白质含量的比较

资源	蛋白质含量/%	资源	蛋白质含量/%
鸡蛋	12	牛肉	18
蚕	52	蜜蜂	81
蝉	72	蝗虫	58.4
蝇蛆	59.39	蚂蚁	42~67
蟋蟀	65		

墨西哥普埃布拉大学动物科学家曾说过：玉米钻心虫将成为 21 世纪的绿色食品，其营养价值极高，所含蛋白质和维生素也超过牛奶和牛肉等。

昆虫的脂肪含量十分丰富，不同昆虫脂肪含量有差异，表 12-11 列出的是部分昆虫粗脂肪的含量。由表 12-11 可以看出，昆虫脂肪含量一般都在 10%（干基）以上，有的甚至高达77.17%。昆虫脂肪中不饱和脂肪酸占绝大部分。此外，还含有磷脂和一些脂溶性维生素（如维生素 A、维生素 D、维生素 E）等天然活性产物，这些天然活性产物具有极强的生理生物学作用，有着十分重要的价值。

表 12-11　部分昆虫（干基）粗脂肪含量比较

昆虫种类	粗脂肪/%	昆虫种类	粗脂肪/%
蝙蝠蛾幼虫	77.17	黄粉虫蛹	40.50
亚洲玉米螟幼虫	46.48	柞蚕蛹	31.25
家蝇幼虫	12.61	家蝇蛹	10.55
菜粉蝶幼虫	11.80	大白蚁	28.30
星天牛幼虫	35.19	豆天蛾	15.44
铜绿丽金龟幼虫	14.05	水虻	13.93
凸星花金龟幼虫	19.35	沙漠蝗虫	17.00
眼斑芫菁	19.36	大斑芫菁	14.50
中华稻蝗	8.24	绿芫菁	7.60

（二）可供开发食用的昆虫资源

世界范围内，昆虫的种类很多，约有 80 万种，可供人类选择范围极广，但有的昆虫不宜食用，或数量少、生产周期长，或不易繁殖，这些都会影响它们的开发利用。可大量开发利用的昆虫主要有蚕及蚕蛹、蝗虫、蚂蚁、苍蝇、蚯蚓、蜜蜂及蜂蛹、蚂蚱、蜗牛、肉芽等。

1. 蜜蜂类

我国是世界养蜂大国，随着蜂业的蓬勃发展和人民生活水平的不断提高，蜂产品在食品、饮料等行业的应用与日俱增，越来越受到人们的关注和重视。

蜜蜂产品可分为三大类：①蜜蜂分泌的腺液，如蜂王浆、蜂蜡、蜂毒等；②蜜蜂采集物酿造品，如蜂蜜、蜂花粉、蜂胶等；③蜜蜂躯体，如蜜蜂幼虫、蜂蛹、蜂尸体等。它们含有丰富的营养物质，具有防治疾病的功效，是天然无毒的食疗佳品。

目前上市的可食蜂产品主要有蜂蜜、蜂王浆、蜂胶、蜂蛹等。蜂蜜的年产量为 20 万吨左右，蜂王浆的年产量为 1000t 左右，它们广泛用于食品的开发，成为大众食品及医疗保健品。蜂蜜是一种营养价值很高的保健食品和疗效食品，具有滋补、养颜和特殊药理作用，其应用历史很悠久，是人类常用的食品和保健品。

（1）蜂王浆　蜂王浆，也称蜂乳或皇浆，是 5～15 日幼龄工蜂头部的舌腺和鄂腺共同分泌的一种乳白色或浅黄色，有涩酸、辛辣味，微甜并具有特殊香气的浆状物。根据蜜粉源植物的不同蜂王浆分为油菜浆、椴树浆、枣花浆、洋槐浆、葵花浆、紫云英浆、棉花浆、荆条浆、杂花浆等；根据产浆蜂种的不同分为中蜂浆和西蜂浆。

① 蜂王浆的理化特性。新鲜的蜂王浆呈乳白色或浅黄色，是一种细腻的浆状半流体，具有酚与酸的气味和蜂王浆特有香气，相对密度约为 1.1，pH 值为 3.5～4.0，呈弱酸性；

不溶于氯仿，微溶于水，在水中形成悬液；在高浓度酒精中部分溶解，放置一段时间后产生蛋白质沉淀；在浓盐酸及氢氧化钠中全部溶解。

蜂王浆对空气、水蒸气、光、热均敏感，空气对蜂王浆有氧化作用，水蒸气对其有水解作用，光对蜂王浆如同催化剂，可使其中的醛、酮基团还原，因此应避免长时间置于上述条件下，以防止蜂王浆的生物活性物质发生变化。蜂王浆在低温下性质稳定，在4℃储藏时1个月不发生变质，在−18℃下冷冻保存时可持续2年不变质。在常温下有很强的吸氧性，在−18℃时吸氧性几乎消失，因此蜂王浆必须在低温条件下储藏，才有利于活性成分的保存。有些蜂王浆呈微红色，颜色深浅的差别主要取决于蜜粉源，如油菜浆略带浅黄色，洋槐浆、椴树浆、棉花浆和白荆条浆为乳白色，紫云英浆为浅黄色，荆条浆、葵花浆为较深的黄色，荞麦浆略带粉红色，山花浆略显黄绿色，紫穗槐浆略带浅紫色等。

② 蜂王浆的营养及功能特性。新鲜蜂王浆一般含水分58.0%~67.0%、灰分0.8%~1.5%、蛋白质13.0%~18.0%、转化糖7.5%~12.5%、脂肪3.6%~6.0%及其他物质4.0%~8.7%。其组分随幼虫的生长期不同而有所差别。

a.蛋白质和氨基酸。蜂王浆中的蛋白质约占干物质的36%~55%，其中2/3是清蛋白，1/3是球蛋白，与人体血液中的蛋白质种类和比例大致相同。另外还含有类胰岛素肽、活性多肽和γ-球蛋白等。

蜂王浆蛋白是蜂王浆中特有的57kDa大小的一种蛋白质，被认为是衡量蜂王浆品质的一种特定蛋白质指标。

蜂王浆含有18种氨基酸，占其干物质的0.8%；人体所必需的8种氨基酸在蜂王浆中都有存在。在游离氨基酸中，脯氨酸占5%，赖氨酸占25%，谷氨酸占7%，精氨酸占4%。此外，还含有牛磺酸，100g鲜蜂王浆中含20~30mg，对人体生长发育有重要作用。

b.脂肪酸。蜂王浆含游离脂肪酸在26种以上，已鉴定出的有：琥珀酸、壬酸、癸酸、十一烷酸、月桂酸、十三烷酸、肉豆蔻酸、9-十四烯酸、棕榈酸、十六烯酸、硬脂酸、亚油酸、花生四烯酸、10-羟基-2-癸烯酸等。

10-羟基-2-癸烯酸（10-HDA），呈白色结晶状，熔点64℃，稳定性很高，在室温或高温下长时间存放时，蜂王浆酸结构不会被破坏，但在此条件下蜂王浆的生物活性会受到破坏甚至完全消失。

10-羟基-2-癸烯酸含量为1.4%~3%，约占总脂肪酸的50%以上。蜂王浆的许多特性如气味、pH值均与10-HDA有关，故又称10-HDA为蜂王浆酸或蜂王酸。10-HDA是蜂王浆特有的一种脂肪酸，是一种标志性成分，所以在蜂王浆的质量标准中，规定了蜂王浆酸的含量要求。蜂王浆酸是蜂王浆抗菌、抗癌、防衰老的主要成分。

c.糖类。蜂王浆中的糖类物质约占干物质的20%~30%。在糖类物质中，果糖约52%，葡萄糖约45%，蔗糖约1%，麦芽糖约1%，龙胆二糖约1%。

d.固醇类化合物。蜂王浆中的固醇类化合物有17-酮固醇、17-羟固醇、去甲肾上腺素、肾上腺素、氢化可的松及胰岛素样激素，并含有24-亚甲基胆固醇、豆固醇、β-谷固醇、δ-5-燕麦固醇、δ-7-燕麦固醇以及微量的胆固醇等。蜂王浆对更年期综合征、性机能失调、内分泌紊乱、儿童发育不良、神经官能征、风湿病、早衰和中老年人骨质疏松所产生的良好疗效，是与固醇类化合物的作用分不开的。

e.维生素及矿物质。蜂王浆中含有维生素B_1、维生素B_2、维生素B_{12}、维生素A、维生素C、维生素E以及叶酸、泛酸、肌醇、烟酸等，其中B族维生素含量最高。

蜂王浆中含有乙酰胆碱 $300\mu g/g$，是重要的活性成分之一，在体内可直接被吸收利用，对神经和心血管系统都有重要作用。

蜂王浆每 100g 干物质中，含有矿物质元素 0.9g 以上，其中钾 650mg，钠 130mg，镁 85mg，钙 30mg，铁 7mg，锌 6mg，铜 2mg。

f. 核酸类化合物。蜂王浆中的核酸主要以 RNA 和 DNA 的形式存在，其中 RNA 为 $3.9\sim4.9\mu g/g$，DNA 为 $201\sim223\mu g/g$。另外，还含有少量以游离形式存在的黄素腺嘌呤单核苷酸、黄素腺嘌呤二核苷酸、三磷酸吡啶核苷酸、二磷酸吡啶核苷酸和生物嘌呤等活性物质。

③ 保健功能

a. 提高机体免疫力。蜂王浆中含有 16 种以上的维生素，维生素 B_6 等活性物质可促使红细胞黏附作用增强，有利于清除体内免疫复合物；蜂王浆中含有 20 种以上的氨基酸，这些物质不仅刺激骨髓造血，还能刺激淋巴细胞进行有丝分裂，使细胞转化增殖，从而增强机体细胞免疫功能；蜂王浆中还含有其他有机酸、核酸和蛋白类活性物质（类胰岛素、活性多肽、γ-球蛋白），这类物质与其他蛋白质一起作为抗原进入人体，可刺激机体产生大量抗体，增强机体体液免疫功能。

b. 抗癌作用。早在 1950 年，加拿大多伦多大学和该国农业大学合作，在 2 年之内用 1000 只小白鼠做蜂王浆抗癌试验，试验结果表明：接种蜂王浆加癌细胞的小鼠，12 个月后仍健康生存；而只接种癌细胞的对照组小鼠，只活了 21d 便死于癌症。一些研究也证明蜂王浆冻干粉对小鼠肿瘤有 34% 的抑制作用。

c. 抗辐射作用。德国应用辐射研究所对经过 X 光射线疗法的患者，进行蜂王浆注射，每周 1~3 次，每次 10mg 剂量，结果发现，患者不留有 X 光射线治疗的后遗症，并且食欲增加，血球蛋白恢复正常。

蜂王浆中的 10-HDA 对急性辐射损伤的防护和治疗有显著效果。蜂王浆对小鼠辐射损伤治疗作用的实验研究亦证实，治疗组动物存活率比对照组提高 29%。这是因为 10-HDA 对机体组织的含氮量、RNA 和 DNA 有保护和恢复的作用，所以它能对急性辐射损伤起防治作用，从而使照射动物的死亡率降低。

d. 抗疲劳和抗衰老作用。蜂王浆中所含的蛋白质具有抗疲劳作用，可作为运动体能恢复剂。而蜂王浆的抗衰老作用则与蜂王浆中含有丰富的核酸和自由基清除剂有关。如果人体内核酸含量不足就会影响细胞分裂，引起细胞缺陷，使蛋白质合成缓慢，从而导致机体损伤、病变、衰老。服用蜂王浆是摄取核糖核酸的最佳方法之一，可使人体内核酸得到补充，从而延缓衰老的进程，延长人的寿命。

e. 强化性功能作用。蜂王浆中有机酸类物质是由多种成分组成的，是具有生物活性的复合物。有实验结果表明，它具有性激素样作用，能促进雌幼小鼠子宫和卵巢发育，并能增强雄性大鼠的交配功能。

f. 蜂王浆的安全性。对蜂王浆的毒理研究表明，对大鼠给予蜂王浆连续 5 周腹腔注射，剂量分别是 $300mg/(kg\cdot d)$、$1000mg/(kg\cdot d)$、$3000mg/(kg\cdot d)$（相当于 60kg 的人，每天 18g、60g 和 180g），结果未见明显的毒副作用。甚至在用量达 $16g/(kg\cdot d)$（相当于人体剂量 1000g/d）时，都未发生实验鼠死亡的情况。

临床上的大量应用也表明，蜂王浆非常安全可靠，极个别（过敏体质）人服用后，曾出现过荨麻疹或哮喘的情况，停药或进行抗过敏治疗后，症状消失。

④ 蜂王浆研究与应用状况及前景。蜂王浆对人体的作用是十分广泛的,具有适应症多、疗效神奇、安全可靠、治疗无痛苦、老少皆宜等优点,已成为当今国内外炙手可热的保健圣品。近年来,国内外学者对蜂王浆的化学组成、营养价值及生物学功能进行了广泛而深入的研究,蜂王浆应用领域也在不断扩大,已在医药、农业、畜牧、食品、化妆品方面得到了广泛的应用。

在食品应用方面,蜂王浆是介于食品与药品之间的天然保健品。用蜂王浆与其他蜂产品组合制成了许多专利产品,其突出特点是蜂王浆在口腔的反复咀嚼下缓慢释放,使有效成分充分吸收。把蜂王浆作为食品添加剂用于强化食品,可增强食品的补益作用。把蜂王浆应用于食品加工业中,由此可生产出蜂王浆食品、饮料,这类产品有王浆巧克力、牛奶蜂乳晶、王浆蜂蜜、王浆奶粉、王浆乳脂奶糖、王浆花粉蜜、王浆可乐、王浆饼干等。

但由于蜂王浆本身成分的复杂性和功能的多样性,以及保存条件要求的苛刻性,所以还需要做大量的工作,包括以前研究中尚未解决的问题和一些新问题,而研究的重点则应放在功能因子的确定、新鲜度指标的研究及保存条件研究等方面。

(2) 蜂胶 蜂胶是蜜蜂从植物的树芽、树皮等部位采集的树脂,再混以蜜蜂的舌腺等腺体分泌物,经蜜蜂加工转化而成的一种胶状物质,在国外,蜂胶被誉为"紫色黄金"。

蜂胶主要产于中国、俄罗斯、美国、巴西、墨西哥、波兰、阿根廷和德国。我国拥有的蜂群数、蜂胶产量,均居世界第一位。

① 蜂胶的理化性质。天然新鲜蜂胶为不透明固体,表面光滑或粗糙,折断面呈沙粒状,切面似大理石,呈棕褐色、棕红色或灰褐色,有时带有青绿色,少数近黑色。蜂胶有特殊香味,味微苦涩,嚼时粘牙。蜂胶用手捏能软化,36℃时开始变软,有可塑性;低于 15℃时变硬、变脆,可粉碎;60~70℃时熔化成为黏稠流体。通常相对密度为 1.127。蜂胶在水中溶解度非常小,能部分溶于乙醇,微溶于松节油,极易溶于乙醚、氯仿、丙酮、苯及 2% NaOH 溶液。蜂胶在 95% 乙醇中能溶解,溶液呈透明状,但随着蜂胶浓度的增大,会析出颗粒状沉淀。

② 蜂胶的营养与功能特性。蜂胶成分有数百种之多。新采集的蜂胶大约含树脂及香脂 50%~60%、蜂蜡 30%、挥发油 10%、花粉及其他物质 5%~10%。

蜂胶中含有维生素 B_1、维生素 PP、维生素 A 原和多种氨基酸、多糖等。蜂胶氨基酸总含量为 0.44%,鉴定出的氨基酸有:天冬氨酸、苏氨酸、丝氨酸、谷氨酸、甘氨酸、丙氨酸、缬氨酸、蛋氨酸、异亮氨酸、酪氨酸、苯丙氨酸、赖氨酸、组氨酸、精氨酸和脯氨酸等。

蜂胶中含有丰富的矿物质和微量元素。常量元素有:钙、镁、磷、钾、钠、硫、硅、氯、碳、氢、氧、氮等 12 种;微量元素有:锌、硒、锰、钴、钼、氟、铜、铁、铝、锡、钛、锶、铬、镍、钡、金等 25 种之多,其中,硒、锰、钴、钼被称为"长寿元素"。

蜂胶含有的生理活性物质主要有以下几类。

a. 黄酮类化合物。黄酮类化合物是蜂胶中的主要活性组分,总黄酮含量可达 10%~35%。黄酮种类繁多,仅从北温带地区的蜂胶中分出的黄酮化合物就有 71 种;在杨树型蜂胶中主要含白杨素、杨芽素、山姜黄酮醇等;在桦树型蜂胶中则含乔松素、樱花素、5-羟基-4′,7-二甲氧基二氢黄酮、5-羟基-4′,7-二甲氧基黄酮、芹菜素、刺槐素、山奈酚等;在北京蜂胶香脂中分离出白杨素、乔松素、球松素、柚木杨素、良姜素和高良姜素等 6 种黄酮;从辽西蜂胶中分离出白杨素、良姜素、刺槐素、芹菜素、山奈素、鼠李素、柚木杨素等黄酮。

b. 有机酸类化合物。蜂胶中含有大量的有机酸类化合物,如安息香酸、原儿茶酸、对羟基苯甲酸、香草酸、茴香酸、羟基肉桂酸、咖啡酸、桂皮酸、香豆酸、异阿魏酸、阿魏酸、3-甲基-3-丁烯基阿魏酸、丁酸、2-甲基丁酸、琥珀酸、棕榈酸、异丁酸、肉豆蔻醚酸、二十四烷酸等。这些有机酸大多数属于植物的次生代谢产物，具有强烈的抗病原微生物和保护肝脏的作用。

c.酯类化合物。从蜂胶中分离出的酯类化合物已达数十种，其中具有生物活性的是咖啡酸芳香酯类化合物，如咖啡酸苄酯、肉桂基咖啡酸酯、咖啡酸苯乙酯、香豆酸苄酯、2-甲基-2-丁烯基异阿魏酸酯、异戊烯基异阿魏酸酯、阿魏酸苄酯等。从北京蜂胶中还分离出了二十二烷酸甲酯、邻苯二甲酸双酯、邻苯二甲酸双异丁醋和葵天酸酯。江西蜂胶中含有 40 多种酯类化合物。

d.醇、醛和酮类化合物。蜂胶中还含有大量的醇、醛和酮类化合物，如桉叶醇、愈创木醇、苯乙醇、β-甘油醛磷酸酯、松属素查耳酮、香草醛、樱生素查耳酮等。上述化合物多数具有挥发性，是构成蜂胶特殊香气的主要成分。北京蜂胶含挥发油 $1\%\sim10\%$，挥发油中的主要成分为匙叶桉油烯醇、愈创木醇、β-桉叶油醇和异愈创木醇等倍半萜醇。

e.其他成分。蜂胶中含有烯、萜类化合物，如 β-蒎烯、异长叶烯、鲨烯、γ-依兰油烯、石竹烯等。在蜂胶的乙醇提取物中，愈创木醇、木兰烯、桉叶油等萜类化合物约占 1.4%。

③ 生物学功能及安全性。蜂胶能够增强免疫功能，还可作为破伤风类毒素免疫过程中增强非特异性和特异性免疫因子的刺激剂。蜂胶对金黄色葡萄球菌、链球菌、枯草杆菌、沙门氏菌、鼠伤寒沙门氏菌、上呼吸道感染菌等 20 余种致病菌和 A 型流感病毒、脊髓灰质炎病毒、单纯疱疹病毒、猴病毒、腺病毒、日本凝血病毒、疱疹性口腔病毒、乙型肝炎病毒等均具有抑制作用。蜂胶还有抗皮肤肿瘤、恶性胶质瘤、黑色素瘤、人鼻咽癌和子宫肌瘤等作用。蜂胶对酒精造成的肝损伤有保护作用。另外，蜂胶还具有抗疲劳、耐缺氧、镇静、抗氧化、抗溃疡、抗辐射、消炎和抗变态反应等作用。蜂胶混悬液能明显延长负重小鼠持续游泳时间；能明显延长小鼠常压缺氧条件下的存活时间。

小鼠灌服蜂胶 LD_{50} 大于 $7.5g/kg$。小鼠腹腔注射蜂胶乙醇提取物最小致死量大于 $2g/kg$。给犬、豚鼠、大鼠灌服蜂胶 $10\sim15g/kg$，以及给兔每日灌服蜂胶 $1g/kg$，共 3 个月，均未见毒性反应。研究表明，蜂胶是一种安全、无任何副作用的蜂产品，90 日龄大鼠口服 $1.4g/kg$ 体重 1d，无任何不良反应，虽然偶尔有服用蜂胶发生过敏的现象，但是蜂胶仍是一种安全性极高的天然产物。

④ 蜂胶的开发及应用前景。蜂胶由于具有多种有利于人体健康的保健和辅助治疗功能，在世界范围内受到关注，蜂胶产品也很受人们青睐。尤其在一些发达国家（如德国、日本、美国），蜂胶被喻为"紫色黄金"，蜂胶产品已经成为蜂行业的重要产品之一，有着广阔的发展前景。

蜂胶已被广泛应用在医疗、食品、日常用品和化工等领域。蜂胶或蜂胶提取物在医药上主要用于增强机体免疫力、延缓衰老、保护心脑血管、抗辐射、抗肿瘤等。

据联合国粮农组织（FAO）有关文献报道，国外已进入市场的蜂胶产品有：蜂胶提取液，促进组织再生的药膏，含蜂胶的洗发香波、肥皂、面油、夜用面霜、面膜、牙膏、沐浴露、防晒液等轻工产品，以及蜂胶饴糖、蜂胶糖浆、蜂胶蜜、蜂胶片等保健食品。

在食品工业中，蜂胶是油脂的天然抗氧化剂和食品保鲜剂，可将其作基料研制成营养型保健饮料或其他营养型保健食品。第一代蜂胶保健食品是采用食用酒精提取的蜂胶液，其产品以加工制作成饮料为主，如蜂胶糖浆、蜂胶玉液等；第二代产品是以蜂胶水及醇类溶剂提取物制备的蜂胶食品，以胶囊和片剂为多；第三代产品也是以胶囊和片剂为多，但是它是以蜂胶超临界 CO_2 提取物来制备的，产品内活性物质含量高。

（3）蜂蛹　蜂蛹一般为蜜蜂、胡蜂、黄蜂、黑蜂、土蜂等野蜂的幼虫和蛹，吸收蜂王浆、蜂蜜、花粉等发育而成，因而有很高的营养价值。

目前食品行业中经深加工后的蜂产品主要有：软饮料、固体饮料、蜂蜜酒饮料、硬（软）糖果、粥类、易拉罐罐头、口服液、营养强化剂、抗氧化剂、调味剂、乳化剂等。

① 蜂蛹的营养特性。蜂蛹干物质中含有蛋白质 44.01%、脂肪 26.09%、糖 20.34%、灰分 4.46%、总糖 0.73%、几丁质 4.37%，另外每 100g 蜂蛹干物质中还含有黄酮类化合物 45.31mg。

蜂蛹蛋白质含量高于牛肉、鸡蛋、牛奶和干酪。每 100g 蜂蛹干物质中，18 种氨基酸的总量为 44.01g；含量最高的是谷氨酸，为 6.01g；其次为亮氨酸，含量为 3.91g；色氨酸的含量最低，为 0.12g。人体必需的 8 种氨基酸种类齐全，含量为 17.34g，占氨基酸总量的 39.39%。其中含量最高的是亮氨酸，为 3.91g；其次为赖氨酸，含量为 3.47g；色氨酸的含量最低，为 0.12g。人体必需的 8 种氨基酸含量显著高于牛肉、牛奶、鸡蛋和干酪等其他高蛋白食物，可见，蜂蛹蛋白是一种优质的天然蛋白质资源。

蜂蛹脂肪中主要含 5 种脂肪酸，含量最高的是油酸，占脂肪酸总量的 43.3%；其次是棕榈酸，占脂肪酸总量的 38.1%；其他成分如硬脂酸（14.5%）、肉豆蔻酸（2.6%）、亚麻酸（1.4%），含量相对较少。蜂蛹油中不饱和脂肪酸主要为单不饱和脂肪酸（油酸），占不饱和脂肪酸总量的 96.9%，而多不饱和脂肪酸只有亚麻酸，约占不饱和脂肪酸总量的 3.1%，与其他几种食用昆虫的幼虫和蛹相比，蜂蛹脂肪的多不饱和脂肪酸含量较少。

蜂蛹体内含有丰富的矿物质元素，每 100g 干物质中镁的含量最高，为 $150\mu g$；钙次之，为 $88.63\mu g$；锌和镍的含量分别为 $13.96\mu g$ 和 $11.27\mu g$。此外还含有铬、铜、铁、锰、铝、锡、钴、汞、铅、硒、锂、铋等多种矿物质。

蜂蛹中含有丰富的维生素，维生素 A 的含量为 172.42IU/100g，维生素 C 的含量为 584.36mg/100g，维生素 D 的含量高达 17140IU/100g，是一种优质的天然维生素 D 源。

此外，在蜜蜂幼虫中含有丰富的核酸，冻干蜜蜂幼虫中核酸的含量约占干重的 13%，是虾米和动物肝脏的 5～10 倍，是大豆的近 9 倍。

② 蜂蛹的开发与应用前景。我国食用蜂蛹历史悠久，早在唐代就有人食蜂蛹，但对蜂蛹的开发起步较晚。对蜂蛹的药理和营养功能的基础性研究开始于 20 世纪 50 年代，最先是蜂王幼虫营养成分和药理作用引起一些学者的注意，接着开展了对雄蜂幼虫和蛹的研究，而工蜂幼虫和蛹的研究才刚刚起步。

目前国内的蜂蛹产品不多，大部分的蜂蛹未得到利用而遭废弃。一部分的蜂蛹被以传统的食用方式消费，一部分被部分中间机构收购出口，只有极少部分被利用。国内最早的蜂蛹产品是杭州某公司以蜂王幼虫为原料生产的"蜂皇胎"片，在临床应用中证实对血液病有显著的辅助治疗效果。某雄蜂技术研究所开发的"复方雄蜂精"，可增强动物免疫功能，能抵抗饥饿、寒冷、高温、缺氧，具有显著的抗疲劳作用。将雄蜂蜂体粉按比例与蔗糖、阿斯巴甜、柠檬酸等混合后可压制成营养片。

国外的蜂蛹产品主要有蜂蛹罐头、蜂蛹糕点饼干、蜂蛹胶囊、冷冻蜂蛹和鲜蜂蛹等，主要是作为一种高蛋白的食物资源加以利用。

2. 蚕蛹

蚕蛹为蚕蛾科家蚕的蛹，自古以来就作为一种传统的滋补强身的食物和中药材利用。我国是一个养蚕大国，蚕蛹作为缫丝工业的主要副产品，每生产 1t 生丝可副产近 1.5t 干蚕蛹。据统计，我国每年可产蚕蛹 20 万吨左右，因而我国蚕蛹资源丰富，价格低廉。

(1) 蚕蛹的营养与功能特性

① 蛋白质与氨基酸。蚕蛹蛋白质含量高达 70.7g/100g 干重，与猪里脊肉相当，明显高于牛乳和鸡蛋（干基）等常见食物。

蚕蛹中含有 14 种氨基酸，包括 8 种人体必需氨基酸和儿童必需氨基酸组氨酸，其中色氨酸未测出，可能在酸水解时被破坏。蚕蛹必需氨基酸比例为 49.65%，超过了 FAO/WHO 提出的 40% 的理想模式。可见蚕蛹蛋白质质量较佳。表 12-12 显示的是蚕蛹氨基酸模式与 FAO/WHO 模式和全鸡蛋模式的比较结果。

具有药用功能的支链氨基酸（亮氨酸、异亮氨酸、缬氨酸）总含量为 13.22g/100g，占氨基酸总量的 25.52%，说明蚕蛹氨基酸药用价值也较高。蚕蛹含有的多肽具有降低血清胆固醇和抗氧化作用。

蚕蛹的必需氨基酸指数（EAAI）按 FAO/WHO 的标准为 111.14，按全鸡蛋的标准为 84.69，十分接近酪蛋白（126.30，90.91），说明蚕蛹中必需氨基酸均衡性好，相互比例适宜，易于消化吸收，在人体利用率较高。由氨基酸评分（AAS）和氨基酸化学分（CS）可知，蚕蛹的第一、二限制性氨基酸分别为亮氨酸和蛋氨酸，说明虽然必需氨基酸的含量很高，但氨基酸模式与人体有差别，需要在开发利用时，强化亮氨酸和蛋氨酸才能提高利用率。

表 12-12　蚕蛹氨基酸模式与 FAO/WHO 模式和全鸡蛋模式的比较

单位：mg/g 蛋白质

氨基酸	蚕蛹氨基酸模式	FAO/WHO 模式	全鸡蛋模式	AAS	CS
Thr	50.36	40	53.9	125.90	93.43
Lys	59.98	55	64.9	109.05	92.42
Met+Cys	25.50	35	51.2	72.86	49.85
Val	100.44	50	57.6	200.88	174.39
Phe+Tyr	96.34	60	95.5	160.57	100.88
Ile	50.79	40	52.4	126.98	96.93
Leu	35.79	70	84.1	51.13	42.56
Trp		10	16.2	—	—

注："—"表示未检出。

② 脂肪和脂肪酸。据报道，桑蚕蛹中总脂类含量占蚕蛹干基的 32.79%，饱和脂肪酸中含量最高的是棕榈酸，占 22.42%，硬脂酸占 5.73%，此外还含少量肉豆蔻酸、月桂酸。不饱和脂肪酸中 α-亚麻酸（18：3，ALA）和油酸（18：1）含量相近，分别为 32.79% 和 32.53%，但亚油酸含量明显偏低，仅为 4.37%。

目前，ALA 主要来源于小宗植物油料，如紫苏油、亚麻籽油及黑加仑籽油，廉价的 ALA 来源有限。因此作为丝绸工业副产物，蚕蛹有希望作为功能性 ALA 的重要来源。由于蚕蛹油中 ALA 的结构类似物（主要是亚油酸）含量很低，这对于获得高纯度 ALA 是有利的。此外，蚕蛹油 PUFA/MUFA/SFA 比例接近 1∶1∶1，而 n-6/n-3 脂肪酸比例也符合健康饮食中低于 4.0 的建议，因此蚕蛹油具有较高的营养价值，有可能作为营养保健食用油应用。

蚕蛹油具有调节血脂、抗脂类过氧化作用，可降低大鼠血清中 TC 及 MDA 含量，升高 HDL-C/TC 比值，降低肝组织中 MDA 含量，并增加大鼠体内 EPA 和 DHA 合成。灌服蚕蛹油的大鼠与高脂类组相比，血中 EPA 平均升高了 24%，DHA 平均升高了 39%。以蚕蛹油中的亚油酸制成的"肝脉乐"，成了肝炎、动脉硬化、高脂血症患者的福音；蚕蛹油还可分离脂肪酸，得精制食用油。

③ 生育酚。蚕蛹油总生育酚含量为 465μg/g，明显高于花生油（224.09μg/g）、葡萄籽油（121.58μg/g）和橄榄油（174.58μg/g）等植物油，但低于菜籽油（506.67μg/g）、葵花籽油（625.33μg/g）、玉米油（815.8μg/g）和大豆油（845.97μg/g）。

蚕蛹油中 α-生育酚含量最高占 44.85%，β-生育酚、γ-生育酚其次，共占 44.57%，δ-生育酚比例最少，仅为 10.58%，这明显与传统多数植物油生育酚组成不同。大豆油、菜籽油中 β-生育酚、γ-生育酚含量最高，分别共占 59.62%、59.07%；α-生育酚含量较低，分别为 18.37%、38.59%。通常认为 δ-生育酚抗氧化能力较强，而 α-生育酚生理活性最高。尤其近年来 α-生育酚（而非混合生育酚）的作用日益受到重视。因此高含量的 α-生育酚可赋予蚕蛹油较高的生物活性，这也是蚕蛹油在化妆品中应用的主要原因之一。

④ 固醇类。桑蚕蛹中总固醇含量为 7858mg/kg，蚕蛹类固醇中胆固醇占 67.35%，含量最高，其次为 β-谷固醇，占 19.21%，二者几乎占了类固醇总量的 90%。

蚕蛹油的高胆固醇含量从饮食健康角度来讲是极为不利的，如果要作为食物原料被消费者接受，清除其中的胆固醇是必要的。β-谷固醇是宝贵的功能因子，可作为食品或药物的有效成分用于降低血胆固醇。

⑤ 磷脂。桑蚕蛹油中磷脂含量也相当丰富，含量约为 1.17mg/g，明显高于大豆毛油（0.733mg/g）、菜籽毛油（0.529mg/g）。目前商品磷脂主要来源于大豆，大豆磷脂中含量最丰富的是磷脂酰胆碱（PC），这一点与蚕蛹磷脂相似。但除主要的 PC 外，桑蚕蛹其他磷脂种类也很丰富，如含量较高的溶血卵磷脂、磷脂酸和磷脂酰丝氨酸（PS），分别占总磷脂的 17.0%、16.0% 和 14.2%，此外还存在少量脑磷脂（PE）和磷脂酰肌醇（PI）。相对丰富的磷脂种类及较高的含量使桑蚕蛹油有可能作为磷脂的潜在来源。

⑥ 矿物质元素。蚕蛹中含有丰富的常量和微量元素，如钾、钠、钙、镁、铜、锌、铁、锰、硒、铬和磷等，这些元素为人体正常生长发育所需或在人体内起重要的保健作用。

蚕蛹矿物质含量及其与常见食物矿物质含量之间的比较结果见表 12-13。从常量元素含量比较，钾、钠、钙、镁的含量高于常见动物性食物（干基）；从人体必需微量元素比较，铜、铁、锰、硒和铬的含量也较高。其中铁铜比为 20∶1，锌铜比为 6∶1，均为理想比例，相互之间的拮抗作用小，有利于元素的吸收；但铁锌比大于 2∶1，可能会影响铁锌的吸收，开发利用时应强化锌的含量以提高其利用率。蚕蛹中锰、硒含量均明显高于常见动物性食品；铬有预防糖尿病和动脉粥样硬化和提高心肌代谢功能等作用；钙、锌有促进生长发育、抗衰老、抗癌及安神健脑作用。因此可以初步认为，蚕蛹具有众多的保健作用可能与其含有丰富的微量元素和常量元素有关。

表 12-13 蚕蛹矿物质含量与常见食物的比较　　　单位：mg/100g 干重

元素	蚕蛹	牛肉里脊	全鸡肉	全鸡蛋
钾	1434.12	522.39	809.68	594.59
钠	4938.06	280.22	204.19	507.72
钙	857.00	11.19	29.03	216.22
镁	478.73	108.21	61.29	38.61
铜	226	0.41	0.23	0.58
锌	14.24	25.82	3.52	4.25
铁	45.06	16.42	4.52	7.72
锰	1.86	—	0.10	0.15
硒	0.05	0.01	0.04	0.06
铬	0.18	—	—	—
磷	0.61	0.90	0.50	0.50

（2）蚕蛹的开发利用及发展前景　全世界约 370 多种昆虫进入了人类的食谱，但只有蚕蛹是"作为普通食品管理的食品新资源名单"中唯一的昆虫类食品。我国是世界上最大的蚕茧生产国，年产桑蚕茧 650kt，占世界总产量的 70% 以上。在鲜蚕茧中，蚕蛹占总量的 75% 以上，我国每年有鲜蚕蛹 500kt，烘干后可得干蚕蛹 120kt，目前大部分蚕蛹仅作为饲料，造成了高蛋白质资源的浪费。

目前在食品工业中，主要是以蚕蛹蛋白为主进行研究和开发的，用蛹体、蛹粉以及蛋白质水解提取物制作成多种食物，如炸蚕蛹、蚕蛹威化饼干、蚕蛹奶、蚕蛹酒、蚕蛹片、营养豆腐、氨基酸面条、面包、果酱、可乐、膨化果、味精、要素膳、超级营养液、高级营养酱油、高级全营养素口服液、老年滋补膏等。蚕蛹蛋白还可添加到麦乳精中或制成米糊，可以改善植物性食品的营养结构。

特别是近年来，我国儿童缺锌、缺铜现象较为普遍，而人类只能通过从食物中摄入这些微量元素，蚕蛹中铁、锰、锌、铜等微量元素含量较高，可为儿童生长发育提供良好的供给源。如以蚕蛹制成的儿童用全氨基酸铁锌螯合物营养口服液，不但能补充儿童正常氨基酸量的不足，也可在一定程度上治疗儿童缺铁、缺锌症状。

利用蚕蛹酶解液配制成的氨基酸饮料中含蛋白质 1.72mg/mL，8 种游离状态的必需氨基酸含量占总蛋白质含量的 27.45%。

而对蚕蛹其他营养成分的开发尚在起步阶段，仅见对脂肪酸、几丁质等提取工艺的研究报道，在该领域的研究有待深入。另外，由于蚕蛹的蛋白质、脂肪酸、几丁质等具有特殊生理活性和特点，非常适于开发为附加值较高的药食同源功能食品或饲料添加剂等，但目前针对这些特性的深加工产品的开发利用很少。因此，综合开发利用蚕蛹，应该对蚕蛹脂肪酸、几丁质及其他营养成分产品等实现同步开发，并且开发不能仅局限在初加工阶段，有特色的深加工产品开发更具市场潜力。

3. 苍蝇类

家蝇，属昆虫纲双翅目环裂亚目家蝇科。由于其生命周期短（周期均在 10d 左右）、繁殖能力强，从幼虫到成虫均生活在杂菌横生的环境里，蛆体表面及体内含有大量的病菌，可在人类和动物间传播多种疾病，一直被人类看作一大公害。蛆体表面有 60 余种病菌，数量高达 1700 多万个，最高可达 5 亿多个，其体内病菌数量是它体外病菌的 800 多倍，而其不感染疾病，家蝇的这种极强的抗病能力引起了国内外学者高度关注并对此做了大量的研究，大多的研究主要集中在抗菌肽/抗菌蛋白、凝集素、溶菌酶以及尿囊素等免疫物质方面。

研究发现，蝇类虫体含有丰富的蛋白质、脂肪、氨基酸等营养物质，还可诱导产生具广谱抗菌作用的抗菌肽、凝集素和抑制癌细胞的成分等，在食品、饲料、医药、保健品、生化制剂、农药、化工等行业有着广泛的用途，是一种极其丰富而宝贵的自然资源。

(1) 蝇蛆的营养及功能特性

① 蛋白质及氨基酸

鲜蝇蛆（家蝇幼虫）中含粗蛋白质 15.62%；干蛆粉中含粗蛋白质 59%～65%；脱脂蝇蛆粉中，蛋白质种类以清蛋白、球蛋白和小分子肽为主，三者的含量占了总提取蛋白质的76.84%，另外还含有少量的醇溶蛋白和碱溶蛋白（它们的含量还不足总蛋白质的 5%），以及部分难溶蛋白。脱脂蝇蛆粉中总蛋白质的含量为 52.72%，因溶解度等原因，提取出的各类蛋白质总和为 47.52%，提取率可达到 90.21%，并且提出的蝇蛆蛋白中清蛋白和球蛋白都具有很好的抗氧化活性。

蝇蛆蛋白所含蛋白纤维少，易消化吸收，更适于作为婴幼儿和老年营养食品的蛋白质添加料，因此，蝇蛆蛋白质经加工后，可作为良好的蛋白质营养源直接添加到食品中。

蝇蛆原物质和干粉的必需氨基酸总量分别为 44.09% 和 43.83%，均超过 FAO/WHO提出的参考值 40%。

蝇蛆营养活性粉能显著提高小鼠的免疫调节功能，同时还具有抗疲劳、抗辐射、延缓衰老等作用。

② 脂肪和脂肪酸。蝇蛆含脂肪 2.6%～12%。脂肪中不饱和脂肪酸占 68.2%，必需脂肪酸占 36%，所含必需脂肪酸均比花生油、菜籽油高。

③ 矿物质

据测定，蝇蛆含锌 211.7mg/kg、铁 384.8mg/kg、铜 37.8mg/kg、锰 225.4mg/kg、钴0.5mg/kg、硒 0.323mg/kg、碘 4.09mg/kg，微量元素含量丰富。

④ 其他成分。家蝇体内外通常携带数万亿有害因子，能够机械传播人、畜多种病原体，如细菌、真菌和寄生虫卵等，而自身并不染病，这是缘于家蝇体内外抗菌活性物质的作用。现已从家蝇血淋巴中分离到了分子量较小的生物活性肽、生物活性蛋白及分子量较大的凝集素、溶菌酶等多种抗菌肽。这些抗菌肽抗细菌、真菌、寄生虫，而且它们还能杀伤多种癌细胞和病毒，而对正常的体细胞无毒副作用。

家蝇幼虫体内也存在着抗病毒活性物质，从家蝇幼虫体内提取的抗病毒活性物质为纯天然产物，对正常细胞毒性小，不会产生抗药性，是抗生素的理想替代品。

(2) 蝇蛆的开发利用现状与发展前景

① 食蝇历史悠久。食蝇很早就有记载，如法国巴黎的大型昆虫餐厅中的油炸苍蝇等菜；昆虫食品之乡——墨西哥有著名的用蝇卵烹制的"鱼子酱"，以及用水蝇幼虫磨粉制成的饼，哺乳期妇女食用可促进乳汁分泌。在我国南方诸省，早有"以肉养蛆，洗净炒之"的记载，称为炒肉芽；在我国北方，则把采集来的蝇蛆洗净、晒干、研成细粉和糕粉，做成"八珍糕"款待宾客。1996 年，由我国昆虫学家摆出的我国第一个昆虫宴上，主食面包就是蝇类制品，宴会上的饮料"水仙子活性营养酒""水仙子活性营养液"都是以蝇类幼虫为原料酿

制而成的。

② 蝇类虫体的利用。中药当中的五谷虫是蝇类的干燥幼虫。具清热解毒、消食化滞的功能，可以治疗疳积腹胀、疔疮、唇疔、褥疮、溃疡、肌肉溃烂、骨髓炎等症。

用蝇蛆制得的活性蝇蛆粉具有抗疲劳、抗辐射、延缓衰老、保护肝脏、增强免疫力等保健功能，可制成蝇蛆保健酒、蝇蛆锅巴、蝇蛆活性粉、蝇蛆蛋白提取液、蝇蛆食品添加剂以及蝇蛆油、蝇蛆酱、高蛋白酱油、糕点等。

③ 提取物的利用。

a. 抗菌肽的研究和利用。抗菌肽又称抗菌蛋白，可从麻蝇、绿蝇和果蝇等蝇类幼虫中提取。蝇类昆虫抗菌肽的活性浓度较低，但对许多致病菌（如致病型大肠埃希菌、伤寒杆菌、硝酸盐杆菌等）具有抗菌作用，而且部分抗菌肽对一些临床耐药致病菌也有良好的抗菌作用。

人类真菌病害在目前仍是一个难以解决的问题。20世纪90年代，科学工作者已从麻蝇、果蝇体内分离出抗真菌肽（AFP）。抗真菌肽的发现，为该类病害的治疗提供了新的思路。

抗菌肽还能攻击疟原虫、病毒，即使是万分之一的浓度，也能杀死多种原生物，其效力比青霉素还高，有害生物在家蝇体内最多活5～6d。这意味着抗菌肽在医药中有广阔的应用前景。更重要的是抗菌肽对癌细胞有杀伤作用，并对人体细胞的攻击有选择性，对人体正常的淋巴细胞无任何不良影响。抗菌肽无致畸变作用，无蓄积毒性，不容易产生抗药性。而这正是目前使用的肿瘤化疗药所不具备的特性，所以英国皇家医学会已将家蝇列为21世纪的首选抗癌药物。

抗菌肽还能刺激人的机体生长因子的分泌，有利于伤口的愈合，许多实验室和医药公司正致力于将其开发为新型抗肿瘤和抗病毒制剂。

b. 凝集素。蝇类体液中含有一种外源性凝集素，用生物的、物理的诱导因子均能诱导蝇类的血淋巴产生这种凝集素。凝集素是一类糖结合蛋白，能专一地与单糖、寡糖结合，具有凝集细胞的作用，可以防御病原体入侵，贮存营养物质，干扰肿瘤细胞的生长。

目前许多学者认为凝集素的主要作用在于抗肿瘤，已发现昆虫凝集素具有介导鼠巨噬细胞、多核白细胞以及有巨噬细胞活性的细胞株溶解肿瘤细胞的活性，还发现它能治疗鼠体腔和实体瘤，在临床诊断和血液学方面也有广阔的应用前景。

c. 几丁质。几丁质为含氮多糖类天然活性物质，又称甲壳质、甲壳素。它可与人体中的有害物质相结合，并能排出体外，使人体经常处于一种健康的生理状态，因而被誉为"人类第六生命要素"。

在食品方面，具有减肥、降血压、防治心脑血管疾病、防治糖尿病、防治胃溃疡、强化肝脏机能、排除体内重金属、防癌抑癌等作用，可作为功能性食品添加剂添加到食品中。

在医药方面，由于几丁质具有化学性质不活泼、无毒、耐高温的特点，可用于生产人造血管、人造皮肤、人造肾脏、手术缝合线、手术隔离膜、隐形镜片等。作为多种药物的缓释剂，可进一步提取出脱乙酰多糖——壳聚糖，具有止酸、消炎作用，可用于降胆固醇、降血脂类药物，还可用来研制抗癌药物。

在环保方面，可作为絮凝剂、吸附剂，用于污水处理，还可用作饮料的澄清剂、无毒包装材料等。

在农业方面，可作为土壤改良剂、植物生长调节剂，还可用于果蔬保鲜。

在日用化工方面，可以制备模材料、日用化学品添加剂、印染和纺织助剂、造纸助剂。

蝇蛆中的甲壳素色素含量低、钙盐含量少、产品得率高，提取的几丁质和壳聚糖质量较高，是一类品质极高的壳聚糖资源。

我国对家蝇的养殖利用研究始于 1979 年，当时家蝇主要作为动物饲料。20 世纪 80 年代开始，华中农业大学开展了较为系统的家蝇饲养技术和营养价值研究，将蝇蛆的利用引向深层次开发人类营养滋补品和药品。目前，已经商品化的产品有以蝇蛆血淋巴为原料的"力诺健之素"和以蝇蛆壳聚糖为原料的"力诺活力素"。

④ 蝇蛆开发价值大。美国迈阿密市的"苍蝇市场"专门生产苍蝇，一对家蝇在 12～15d 内可产卵 1500 粒，在温度适宜的情况下，可繁殖数呈几何级增加，以卵育蛆，以蛆生产蛋白质，可以获得高级蛋白质以及一些氨基酸和微量元素。

在封闭的工厂中控制饲养苍蝇，每年可收获 986t/hm² 蝇蛹，加工后可以成为近 448t/hm² 高蛋白食品，所以开发蝇蛹食品前景诱人。

4.蚂蚁类的开发与利用

蚂蚁又名玄驹、蚍蜉、状元子，是世界上三大"社会性昆虫"（蚂蚁、白蚁和蜜蜂）之一，属节肢动物门昆虫纲膜翅目蚁科昆虫。我国约有 2000 种蚂蚁，研究较多的不超过 20 种，以拟黑多刺蚂蚁研究最多。拟黑多刺蚂蚁为野生黑蚂蚁，是一种优良的食、药两用蚂蚁，也是国家卫健委目前唯一允许使用的无毒无害蚂蚁。

（1）蚂蚁的营养成分

① 蛋白质和氨基酸。蚂蚁蛋白质含量为 42％～67％，富含 28 种游离氨基酸，必需氨基酸种类齐全。蚂蚁的第一限制氨基酸为含硫氨基酸，将蚂蚁与其他食物搭配可制作高蛋白高营养的食品及保健品，如与粮谷类食品（第一限制氨基酸为赖氨酸）搭配。

② 脂肪和脂肪酸。蚂蚁脂肪含量在 12％左右。由拟黑多刺蚂蚁中分离鉴定出 11 种脂肪酸，占脂肪酸总量的 99.78％，9 种不饱和脂肪酸占脂肪酸总量的 80.65％，2 种饱和脂肪酸占脂肪酸总量的 19.13％。其中不饱和脂肪酸 9-十八碳烯酸（油酸）占脂肪酸总量的 66.74％，13-二十二碳烯酸占脂肪酸总量的 4.94％，9，12-十八碳二烯酸占脂肪酸总量的 3.58％。

③ 矿物质元素。蚂蚁体内含 Se、Mn、Zn、Cu、Fe、Ca 等 31 种矿物质元素，其中含 Zn、Ca 较高，特别是 Zn，超过一般含 Zn 量高的食品（如大豆、猪肝等）数倍之多，每千克蚂蚁含 Zn 量为 120～198mg，拟黑多刺蚂蚁高达 230～285mg，可用于锌制剂的制取。

④ 其他成分。蚂蚁体内含特殊的醛类化合物，以柠檬醛（$C_{10}H_{16}O$）含量最多，约占 90％，能调节人体免疫功能。

蚂蚁体壳中含有壳聚糖，可广泛用于生物医学及制药方面，对多种细菌有较好的抑制作用，特别适用于水果的防腐保鲜。

蚂蚁还含异蝶呤，有防癌抗癌的作用。

另外还含有多种维生素、酶、激素、类固醇、三萜类化合物等。

（2）蚂蚁的保健功能

① 调节免疫力。蚂蚁可作为免疫增强剂，能使免疫器官和免疫细胞增生，可双向调节细胞免疫与体液免疫，并能提高吞噬细胞与体细胞的活性。拟黑多刺蚂蚁对环磷酰胺（CP）造成的小鼠免疫功能受损有明显的恢复和保护作用。

② 延缓衰老。蚂蚁是一种有效的抗衰老剂。蚂蚁粉能延长果蝇寿命，促使老龄小鼠细

胞分裂，增加细胞内 DNA、RNA 的含量。蚂蚁提取液富含多种有益微量元素，对羟自由基的清除随提取液用量的增加可达 100%。

③ 增强性功能。蚂蚁也是一种性功能增强剂。蚂蚁能增加老年小鼠睾丸和卵巢重量，使精子数量显著增加，从而增强性功能，有一定的补肾壮阳作用。近几年国内有用于增强性功能的拟黑多刺蚂蚁产品上市。

④ 缓解疲劳。蚂蚁粉在 $83\sim167\text{mg/kg}$ 体重的剂量范围内对负重游泳的小鼠均有较好的抗疲劳作用，可明显提高小鼠耐力。但剂量再增加效果不一定增强。

⑤ 预防或治疗多种疾病。临床验证表明，蚂蚁对多种疾病有较好的预防和治疗效果，各地人们也有用蚂蚁治疗疾病的传统，如治疗类风湿性关节炎、神经衰弱、乙型肝炎、恶性肿瘤、阳痿、糖尿病、月经不调以及失眠、阿尔茨海默病等。

(3) 安全性评价　用拟黑多刺蚂蚁制作的蚂蚁粉急性毒性和致突变性等安全性研究的结果表明：无论是从染色体、基因或细胞等水平上，蚂蚁粉均具有安全性，是一种值得开发的新资源食品。

(4) 蚂蚁类食品的开发现状　蚂蚁含有丰富的营养物质，具有较高的食用价值，且蚂蚁类食品气味芳香，美味爽口，在国内外有很长的食用历史。

人们很早就有食用蚂蚁的习惯，可追溯到 3000 多年前，最早见于文字记载的是《周礼·天官》和《礼记·内则》。李时珍在《本草纲目》中对蚂蚁的习性、药用、食用等特性做了具体的记述。中医认为蚂蚁具有和血解毒、补肾壮阳、镇静安神、催乳、美容等作用；现代研究表明，蚂蚁具有多种功效，如抗衰老、调节免疫、抗癌等。

国外蚂蚁类产品较国内多，已有工厂化生产，且产品处在不断开发中，蚂蚁将有广阔的市场前景。

① 蚂蚁类菜品。可把蚂蚁浸泡清洗干净，晾干，加入菜品中炒、炖、烤、炸等，如广西壮族的蚂蚁炒苦瓜、东北的蚂蚁炖豆腐、西双版纳的烩酸蚂蚁，国外有哥伦比亚烤蚂蚁、乌干达炸蚂蚁等，都是当地有名的菜品。

② 蚂蚁粉。可将蚂蚁清洗后晒干或脱水，磨成全蚂蚁粉，也可将蚂蚁经粉碎、脱脂、酶解、浓缩、干燥后制成蚂蚁蛋白粉。食用时再与面粉、肉类、豆腐等混合，可制成面包、糕点、肉酱、肉丸等食品。

a.蚂蚁冲剂。可将蚂蚁粉制成冲剂，加入咖啡、茶、果汁、稀饭、乳制品等中冲泡饮用，也可直接加入开水中饮用。

b.蚂蚁面包类。将蚂蚁粉添加到面粉中，可提高产品的蛋白质、维生素含量。其制作过程为：将蚂蚁粉加入面粉中和匀，经醒发、成型、烘烤（蒸煮），即可得到成品蚂蚁面包（或馒头）。

c.蚂蚁酱。将蚂蚁粉兑水发酵，加入辣椒、油脂、豆瓣等混合，或者将蚂蚁粉与畜禽肉末混匀，加入调味品（如酱油、食盐、淀粉、鸡蛋等）可制成蚂蚁肉酱，如广西的蚁粉肉馅丸子。

d.蚂蚁饼干。将蚂蚁粉与配料搅拌后，加入面粉中，经调制、辊轧、成型、烘烤、冷却、包装可得到各种形式的饼干制品。

e.蚂蚁酒。采用酶生物技术制备蚂蚁分解液，将其加入到传统酒酿造生产流程中，配入辅料参与糖化发酵，最后经压榨、杀菌、陈酿、调配、冷冻、过滤、杀菌等工序，可制得具有保健功能的蚂蚁酒。

已有蚁王酒、玄驹酒、蚁寿神酒、蚁皇养生酒、中国金刚酒、蚂蚁补酒等，其营养丰富，风味独特，有多种保健功效，适合大部分人饮用。

③ 蚂蚁口服液。是以蚂蚁及其他有保健作用产品为主要原料，分别加热浸提制备营养液，然后按一定比例进行混合，再过滤、杀菌制成的成品。配料有人参、银耳、蜂蜜、五味子等，可使蚂蚁制品保健功能大大提高，如玄驹琼浆口服液、中国蚁王浆口服液。

④ 蚂蚁罐头。选择个体饱满完整的蚂蚁，加入辅料，经不同制作方式（炸、炒、煮、腌制等）制作成型，然后经调味、装罐、杀菌、冷却即可得到蚂蚁罐头。

⑤ 其他类。另外，还有蚂蚁酱油、蚂蚁油脂、蚂蚁幼虫巧克力糖等。

（5）蚂蚁食品的开发前景　昆虫的营养价值逐渐被大众所认可，但仍有相当一部分人群对食用昆虫食品有畏惧感，这就要求开发出感官性状良好、能引起食欲的食品，并应加大宣传力度。随着昆虫类食品的不断开发，人们的接受程度不断提高，利用新资源研发新的保健食品不仅能满足人们对高营养饮食的需求，还能解决蛋白质来源问题。昆虫是人类必需蛋白质的来源之一，已成为保健品的一大发展趋势。

蚂蚁种类繁多，繁殖能力强，随着鉴定的不断完善，蚂蚁食品将有很大的研发空间，特别是许多国家已建立了专门的蚂蚁食品加工厂。当今昆虫食品种类较少，价格普遍昂贵，今后可多将民间蚂蚁制作方法与现代工艺相结合，开发出既美味营养、易于被接受又能大批量生产的食品，这样蚂蚁食品将有一个广阔的发展前景。

5.蚯蚓

蚯蚓中药名为地龙，又称土龙、蛐蟮、寒蚓等，为无脊椎动物，属环节动物门寡毛纲，大约有1800多种。我国地龙总共有13个品种，分为广地龙、沪地龙、土地龙等。美国、加拿大、俄罗斯以及日本在人工养殖蚯蚓方面已步入大规模商品化生产阶段。近年来，我国蚯蚓大规模养殖也在逐步趋向成熟。

（1）蚯蚓的营养及功能特性

① 蛋白质及氨基酸。新鲜蚯蚓蛋白质含量占20%以上，干品可高达50%～70%以上，含人体所需的18种氨基酸，且必需氨基酸种类齐全，基本符合WHO/FAO规定的优良蛋白质中必需氨基酸含量应占氨基酸总量40%的标准。氨基酸在人体内除了合成蛋白质外，还参与一些特殊的代谢反应，调节某些生理功能，如赖氨酸与蛋氨酸共同抑制重症高血压病，天冬酰胺酶能阻止癌细胞的增殖，谷氨酸的衍生物能防治记忆障碍、本能性肾性高血压及精神发育迟缓，组氨酸可起到扩张血管、降低血压等作用。

需要关注的是蚯蚓体内具有的一些特殊的功能性蛋白质，主要是各种功能性酶类，如纤溶酶、胆碱酯酶、过氧化氢酶、纤维素酶等。

蚯蚓纤溶酶，是一种从蚯蚓体内分离出来的、具有抗凝血作用的蛋白酶，具有明显的抑制血小板聚集作用，能够抗血栓形成，并能修复神经损伤等，是治疗心肌梗死、脑血栓的特效成分。

蚯蚓金属硫蛋白具有参与微量元素储存、运输和代谢，拮抗电离辐射，消除自由基及重金属毒害等多种作用。

② 脂肪和脂肪酸。蚯蚓脂肪含量一般在5%～8%，其不饱和脂肪酸含量高，饱和脂肪酸含量很低。广地龙中不饱和脂肪酸含量占总脂肪酸含量的50.59%，沪地龙占48.06%，土地龙占30.29%。

蚯蚓冻干粉和经蚯蚓体自溶后的上清液制成的体腔液中的脂肪酸含量见表12-14。其不饱和脂肪酸含量高，饱和脂肪酸含量低，特别是具有抗癌、降血压、防止动脉硬化、养颜等作用的亚油酸含量更高，而十三羧酸明显不同于别的动物，这些特点正符合当前人类健康食品结构的要求。

表 12-14　蚯蚓冻干粉和体腔液脂肪酸含量（质量分数）　　　　单位：%

脂肪酸	蚯蚓干粉	体腔液	脂肪酸	蚯蚓干粉	体腔液
油酸	40.76	41.11	豆蔻酸	2.16	1.68
亚油酸	20.98	6.16	10-亚甲基 C_{12} 酸	1.38	1.84
棕榈油酸	19.74	18.43	月桂酸	1.05	3.58
C_{13} 脂肪酸	7.10	11.80	C_{18} 脂肪酸	0.88	3.89
硬脂酸	4.12	1.84	C_{15} 脂肪酸	0.39	1.57

③ 微量元素。蚯蚓中含有磷、钙、铁、钾、锌、铜、硒等多种矿物质，如 Fe 2304.71μg/g，Mn 59.88μg/g，Cu 55.27μg/g，Zn 10.05μg/g，Se 0.7μg/g 等。

蚯蚓对微量元素硒具有富集与有机态转化能力，在人们寻找和筛选含硒量高、生物活性高、毒性小而本身又具有高蛋白营养硒制剂的今天，蚯蚓成为一种极具开发利用价值的富硒食品资源。人工养殖的蚯蚓有望成为一种极好的硒载体。只要在每天的膳食中添加 10g 左右的蚯蚓冻干粉，就可满足人体对必需微量元素硒的正常需求。

④ 维生素类。蚯蚓体内还含有丰富的维生素类物质。每 100mg 鲜蚯蚓含维生素 B_1 0.5mg、维生素 B_2 2.5mg，每 100mL 蚯蚓自溶后的上清液制得的体腔液中含维生素 A 11.64mg、维生素 E 3.146mg、维生素 C 28.8mg。

⑤ 其他成分。每 100mL 蚯蚓原液中，核酸总量为 223.05mg，其中 RNA 169.55mg，DNA 53.5mg。

此外，蚯蚓还含有蚯蚓素、蚯蚓解热碱、蚯蚓毒和嘌呤、胆碱、胆固醇等多种活性成分。

（2）蚯蚓的保健作用

① 溶栓作用。与蚯蚓纤溶酶、蚓激酶、蚯蚓胶原蛋白酶等有关。

② 抗肿瘤作用。研究发现，蚯蚓对胃癌、肺癌、食管癌、咽喉癌、移植性肿瘤以及其他肿瘤有明显的抑制作用。近些年来，在研究蚯蚓提取物时还发现其对放疗、化疗以及热疗也有一定的增效作用，并可增强放射治疗效果，减轻放射治疗的危害，明显地提高全量放疗的完全缓解率。其作用机理可能与增强机体细胞免疫功能及清除自由基有关。而且蚯蚓提取物在 56℃ 条件下不失去活性，因此用于热疗增效非常理想。

从蚯蚓中提取的钙调素对神经系统及内脏器官有重要的影响。钙调素是真核生物细胞中普遍存在的一种钙结合蛋白，通过介导 Ca^{2+} 信号传递，它在调节细胞多种生理功能中起重要的作用。作为细胞内主要钙受体蛋白，其调节着 20 多种酶的活性，在第二信使调节系统中处于重要位置。

（3）蚯蚓的开发研究现状及前景　蚯蚓不仅营养丰富，且因其性寒微咸，具有清热祛风、通络、利尿功效而具有较高的保健作用。美国食品公司用蚯蚓制作成各种食品，其中蚯蚓浓汤罐头和蚯蚓饼干畅销欧美各国。另外可用蚯蚓末做蛋糕、蚯蚓烤面包、炖蚯蚓、蚯蚓干酪、蘑菇蚯蚓等。

国内对蚯蚓的研究始于20世纪80年代，大多集中在从蚯蚓干粉中分离纯化具有纤溶活性的纤溶酶的药用方面。临床证实，这类药物对缺血性脑血管疾病有效，主要侧重于脑血管疾病的预防和中风后遗症的恢复。

近年来，蚯蚓资源的研发越来越受到世界各国的关注，并取得了一定的进步。但总体水平还处于初级阶段，特别是蚯蚓食品研发方面的报道更少，工业化生产仍未起步。目前，我国蚯蚓食品研发种类主要有蚯蚓干、蚯蚓粉、蚯蚓罐头、蚯蚓氨基酸保健口服液等。蚯蚓液利用蚯蚓消化道中有10多种蛋白水解酶和纤溶酶等水解体蛋白，使之成为可溶性的小分子活性肽和氨基酸，作为添加剂其可以被其他动物完整地吸收，发挥其抗病促生长作用。

我国蚯蚓资源十分丰富，但目前采集和养殖的蚯蚓只有5%左右用作药物，其余主要用于动物饲料和部分出口。因此加强蚯蚓的药用和营养保健方面的应用研究，有着极大的潜力和发展前景。

6. 黄粉虫

黄粉虫，也叫大黄粉虫、黄粉甲，俗称面包虫，属昆虫纲鞘翅目拟步行甲科粉虫属，原属于仓库害虫，广泛分布于我国的黑龙江、辽宁、甘肃、四川、山东、湖北等省。其生长周期为一年一代或两代。长期以来，由于对其缺乏系统的研究，因此开发利用较少，相当一部分作为饲料，造成了大量的营养资源被浪费。而黄粉虫具有丰富的营养成分，味道鲜美，是值得开发利用的一种昆虫。

(1) 黄粉虫营养特性　黄粉虫是一种高蛋白、高脂肪、氨基酸种类较齐全的昆虫资源，被誉为"动物的营养宝库"。

① 蛋白质及氨基酸。黄粉虫成虫、幼虫及蛹的粗蛋白质含量分别为63.74%、50.98%和56.97%。

近年来，黄粉虫抗冻蛋白的研究一直是生物材料低温保存中的热点之一，由于它具有比其他物种抗冻蛋白更强的抗冻保护活性，从其体液中提取的天然抗冻蛋白已被应用于很多研究之中，并在高等动物的红细胞、精液、心脏甚至胚胎保存中取得重要进展。

黄粉虫含有18种氨基酸。黄粉虫幼虫的氨基酸总量为51.08%，其中必需氨基酸含量为25.2%，非必需氨基酸含量为26.06%，基本达到了FAO/WHO建议的优良蛋白质必需氨基酸应占氨基酸总量40%、必需氨基酸和非必需氨基酸比值（E/N）0.6以上的标准，其蛋白质营养价值比较高，是一种优质的蛋白质资源。

② 脂肪及脂肪酸。黄粉虫脂肪含量因季节和虫龄期的不同会有所差异。蛹和越冬幼虫脂肪含量高，蛹含脂肪30.4%，幼虫含脂肪37.6%，成虫和生长期幼虫脂肪含量较低，分别为19.2%和27.3%。

黄粉虫的脂肪酸组成与鱼的脂肪酸组成接近，不饱和脂肪酸含量较高，其中油酸和亚油酸含量分别为44.7%和24.1%。饱和脂肪酸与不饱和脂肪酸的比值（P/S值）为2.82，其明显高于牛肉（1.12）、羊肉（1.28）、牛奶（0.58）、猪肉（1.78）、鸡蛋（1.65）、鲤鱼（2.46）等。

③ 矿物质。黄粉虫含有丰富的矿物质元素。每100g黄粉虫含K 1370mg、Na 65.6mg、Ca 138mg、P 683mg、Mg 194mg、Fe 6.5mg、Zn 12.2mg、Cu 2.5mg、Mn 1.3mg、Se 46.2μg。其中钾、钙、镁、磷的含量明显高于其他几种动物性食品。黄粉虫中钾的含量是鸡蛋的10.6倍，猪肉的5.8倍，牛肉的6.5倍，羊肉的9.3倍，鲤鱼的1.7倍，牛奶的

11.4 倍；钙的含量是鸡蛋的 3.5 倍，猪肉的 23 倍，牛肉的 23 倍，羊肉的 12.5 倍，鲤鱼的 4.5 倍，牛奶的 1.2 倍；镁的含量是鸡蛋的 21.5 倍，猪肉的 13.8 倍，牛肉的 14.9 倍，羊肉的 11.4 倍，鲤鱼的 12.9 倍，牛奶的 10.2 倍。

另外，在喂养黄粉虫的饲料中可添加一些无机盐类添加剂，经虫体吸收其可转化为有机活性物质，从而可制成富含某些微量元素的营养保健食品，可用于不同人群中某些微量元素的缺乏。

在不严重影响黄粉虫幼虫生长的情况下，饲料中含硒量在 3～10mg/kg 范围内，可提高虫体内硒含量 20～30 倍。

④ 维生素。每 100g 黄粉虫含维生素 B_1 65μg、维生素 B_2 520μg、维生素 E 1.9mg、维生素 D 10.45μg。维生素 B_1、维生素 B_2 含量明显高于牛肉、羊肉、鲤鱼、牛奶；维生素 D 含量高于猪肉、牛肉、羊肉；维生素 E 的含量是猪肉的 4.4 倍，牛肉的 3.2 倍，羊肉的 5.1 倍，牛奶的 10.6 倍，略高于鲤鱼的含量，仅低于鸡蛋的含量。

⑤ 其他成分。黄粉虫中粗纤维含量为 6.96%，主要是因其肠道中残留着以麦麸为主的内容物和皮壳中几丁质含量较高。

黄粉虫中甲壳素含量较高，约为 12.55%。与虾壳来源制备的甲壳素相比，从黄粉虫中提取的甲壳素，灰分含量较低，分子量较低，可进一步用来制备低分子量、脱乙酰度较高的壳聚糖。

（2）黄粉虫的保健作用及食用安全性　通过小鼠实验初步说明，黄粉虫具有一定的促进生长、益智、抗疲劳和抗组织缺氧的营养保健作用。

黄粉虫幼虫干粉滤液具有较好的抗疲劳、延缓衰老和降低血脂及促进胆固醇代谢的功能，并能提高小鼠外周淋巴细胞转化和降低骨髓微核率；黄粉虫在活血强身、治疗消化系统疾病及康复治疗、老弱病人群的基本营养补充方面有着切实的辅助作用。

关于黄粉虫的安全毒理性，陈彤等人经过较为系统的研究后证明，黄粉虫体内少量毒素主要来自消化道和部分腺体分泌物，加工食品时必须将其彻底除去，方能安全食用。

（3）黄粉虫食品的研究开发现状　黄粉虫作为一种高蛋白昆虫目前在饲料、饲养方面的应用较多，在食品加工领域还处于初始阶段。目前开发出的产品主要有：油炸黄粉虫、速冻黄粉虫、黄粉虫罐头、"汉虾粉"系列产品、黄粉虫虫浆、黄粉虫酱油、黄粉虫保健酒、黄粉虫冲剂、黄粉虫蛋白粉、黄粉虫氨基酸口服液、黄粉虫经酶解制成的胶囊、黄粉虫功能饮料、甲壳素和壳聚糖等。

黄粉虫因易于人工繁殖，且营养价值高，成为一种极具开发潜力的蛋白质资源。黄粉虫的组织 90% 以上可作为饲料或食品，可利用率高，废弃物少。因此，通过进一步深入地对黄粉虫营养成分分析，明确其保健功能的作用机理，将会开发出更多具有影响力的黄粉虫保健功能食品。

三、微生物资源

微生物是除动物、植物以外的微小生物的总称。微生物菌种资源是指可培养的有一定科学意义或实用价值的细菌、真菌、病毒、细胞株及其相关信息。它是国家战略性生物资源之一，是农业、林业、工业、医学、医药和兽医微生物学研究、生物技术研究及微生物产业持续发展的重要物质基础，是支撑微生物科技进步与创新的重要科技基础条件，与国民食品、健康、生存环境及国家安全密切相关。目前利用微生物制取的健康新食源（因子）主要包括：真菌多糖、微生物油脂、微生态制剂、功能性低聚糖、L-肉碱、活性多肽、红曲等。

（一）单细胞蛋白

细菌、酵母之类的微生物通过培养可制成含蛋白质高达70％以上的单细胞蛋白（SCP）。SCP 氨基酸种类齐全、生物效价高，含有丰富的维生素。SCP 生长、繁殖速度快，且不受地区、气候条件影响，不占用耕地，可以利用多种资源特别是非食用和废弃资源（如石油化工产品、工业废水与废渣、农林副产品等再生资源）作为培养基。我国的单细胞蛋白的开发，虽然现阶段仍存在不少技术、经济上的障碍，但其利用价值高，仍然具有开发应用的前景。

（二）微生物油脂

微生物油脂是一种食用脂类新资源，又称单细胞油脂（SCO），即微生物以糖类、碳氢化合物和普通油脂为碳、氮源，辅以无机盐生产的油脂和一些有商品价值的脂类。例如，用一种深黄被孢霉突变株生产的含多不饱和脂肪酸（PUFA）的油脂安全无毒，具有调节小鼠免疫力功能，有望成为一种新资源食品。

目前利用微生物生产油脂的技术可行性已不存在太大问题，主要问题在于经济可行性。对微生物油脂的研究主要集中在利用微生物生产经济价值高的功能性油脂，如富含 γ-亚麻酸（GLA）、二高-γ-亚麻酸（DHLA）、花生四烯酸（AA）、二十碳五烯酸（EPA）等多不饱和脂肪酸的油脂，由于这类油脂具有较大的生理功能和特殊用途，因而统称为微生物功能性油脂。GLA 是人体必需脂肪酸，具有明显的降血脂和降低血清胆固醇的作用，已被广泛应用于功能性食品中。在肌肉暂时缺血性萎缩动物模型中，GLA 能阻止神经死亡。AA 的代谢产物具有调节脉管阻塞、伤口愈合、炎症及过敏等生理功能，具有促进生物体内脂肪代谢，降低血脂、血糖、胆固醇等作用，对心脑血管疾病的预防具有重要的作用。

（三）益生菌

益生菌对人类健康起着重要作用，在人们越来越关注身体健康的今天，有关益生菌及益生菌保健品的研究开发正成为研究的热点。目前已批准的新资源食品益生菌主要包括双歧杆菌和鼠李糖乳杆菌。

1. 双歧杆菌

双歧杆菌是一种能代谢产生多种生物活性物质并具有一系列特殊保健功能的人体肠道内优势益生菌，具有免疫调节、抗肿瘤、抗菌消炎、抗衰老、降血脂等一系列保健功能。双歧杆菌因其广泛的生理活性、独特的保健功能和潜在的医药、保健食品开发利用前景而受到人们的普遍关注。

2. 鼠李糖乳杆菌

鼠李糖乳杆菌在 20 世纪 80 年代初由两位美国科学家从健康人体肠道内分离而得，也是目前全球研究最多的益生菌之一。目前已经有大量的含鼠李糖乳杆菌的益生菌制剂和食品进入各国市场。近年来，国外的科学家通过大量实验证明鼠李糖乳杆菌能够耐受动物消化道环境，并能够在人和动物肠道内定植，起到调节肠道菌群、预防和治疗腹泻、提高机体免疫力、排除毒素、预防龋齿和预防过敏等作用。

四、海洋生物资源

海洋面积为 3.6 亿 km^2，占地球表面积的 71%，它不仅拥有总体积为 13.7 亿 km^3 的水量，还拥有浩大的生物资源。据测算，全球海洋每年的初级生产力约为 1350 亿 t 有机碳，占整个地球生物生产力的 88%。

海洋生物资源非常丰富，大约有 20 多万种，其中海洋动物约 18 万种，包括各种鱼类、虾类、蟹类、贝类、蛇类、蛙类和兽类；海洋植物约 2.5 万多种，绝大多数为藻类，如海带、紫菜、石花菜等。这些海洋生物作为人类食品来源，不仅资源浩大、品种繁多，而且具有营养丰富、保健养生的特点。开发海洋资源对人类生存具有重大意义。

海洋生物具有多种营养成分及保健功能。科学家预言，人类将来蛋白质的来源，80% 以上有赖于海洋资源，而目前每年全球海产品的开发量仅 1 亿多吨，海洋捕捞 6000 多万吨，不及世界海域可捕捞范围的 1/10，可见海洋资源开发的潜力还相当广阔。

（一）海洋植物的营养与保健作用

海洋植物中藻类可供食用和利用的有 50 多种，海藻类植物具有丰富的营养，含有大量的蛋白质、无机盐类和多糖类物质，是膳食纤维的丰富资源。如紫菜干品中含蛋白质 20% 以上，海带干品含丰富的碘。

海洋植物不仅均有丰富的营养成分，还含有陆生蔬菜中没有或缺乏的无机盐、植物化学物，如碘、卤化物、阳碱、酚类化合物、花烯类化合物、多烯有机酸等，使其具有多种保健功能。

1.预防和治疗心血管病

海带等褐藻中含有褐藻氨酸，具有良好的降压效果；海带及紫菜等含有大量的海藻多糖，为陆生蔬菜所没有，这些多糖具有肝素的活性，能阻止动物活细胞的凝集反应，因而可防治因血液黏性增大而导致的血压上升；海藻含有亚油酸和亚麻酸等人体必需的不饱和脂肪酸，其中不少是二十碳五烯酸，因此有防止血栓形成的作用；同时，海藻还富含硒元素，而人体缺硒是患心血管疾病的原因之一。

2.抗肿瘤、抗辐射、抗炎症

海藻中的酸性多糖和凝集素有明显的抗肿瘤作用，日本用海藻酸钠治疗白血病取得一定成效。螺旋藻所含的多糖及藻蛋白有抗辐射作用。海藻中的硫、氮酚类化合物抑菌效果较好，所以海藻类还具有抗炎症作用。

（二）海洋动物的营养与保健作用

海洋动物是指鱼类、虾类、蟹类、贝类、蛇类、蛙类和兽类，其中鱼类是最重要的海洋食品资源。海洋鱼类可制成食用鲜鱼浆，再被精制加工成风味独特的鱼丸等水产方便食品和海鲜即食方便食品。还可将鱼的内脏、水产品加工剩下的下脚料进行特殊加工，制成各种保健食品或保健水产品。

海洋动物中含有人类所必需的多种营养成分，如氨基酸、不饱和脂肪酸、维生素和矿物质等。海洋动物体内一般含有多种维生素，尤其是维生素 A、B 族维生素、维生素 C、维生素 D 和维生素 E；鱼肉中还含多种矿物质，如钙、磷、铁、锌、硒、锰、镁等。

对海洋动物的保健作用，近年谈论最多的是 DHA 和 EPA，即商业名"脑黄金"。一是它对心血管系统具有保健作用。DHA 和 EPA 在人体内有促进脂类代谢的作用，能降低总胆固醇和低密度脂蛋白的含量，具有保护心脏和血管的功能；它们还能降低血液凝结性和血小板凝结性，对防止血块形成具有重要作用。二是它对智力会产生影响。DHA 和 EPA 能使脑细胞正常发育，提高儿童智力。但 DHA 和 EPA 在体内积累易与体内代谢产生的活性氧自由基作用，产生过氧化脂类、褐脂类等有害物质，影响细胞功能，促进细胞衰老，所以服用 DHA 和 EPA 一定要遵正常用量，避免出现副反应。

参考文献

[1] 郭顺堂. 现代营养学[M]. 北京：中国轻工业出版社，2020.

[2] 林晓明. 高级营养学[M]. 北京：北京大学医学出版社，2017.

[3] 雒晓芳. 现代食品营养与安全[M]. 北京：化学工业出版社，2020.

[4] 李敏. 现代营养与食品安全学[M]. 上海：第二军医大学出版社，2013.

[5] 浮吟梅. 食品营养与健康[M]. 北京：中国轻工业出版社，2021.

[6] 李洁，等. 食品营养与卫生[M]. 北京：国防工业出版社，2014

[7] 王会，等. 食品营养与健康[M]. 北京：中国农业大学出版社，2022.

[8] 张忠. 食品营养学[M]. 北京：中国纺织出版社，2017.

[9] 刘剑英，等. 中西医结合营养学[M]. 北京：科学技术文献出版社，2013.

[10] 李凤林，等. 食品营养与卫生学[M]. 北京：化学工业出版社，2014.

[11] 王东方，等. 膳食营养保健与卫生[M]. 北京：化学工业出版社，2015.

[12] 中国营养学会. 中国居民膳食指南(2022)[M]. 北京：人民卫生出版社，2022.

[13] 袁媛，等. 营养与膳食[M]. 郑州：郑州大学出版社，2012.

[14] 田淑梅，方晓璞，樊艳妮，等. 油脂加工过程中重金属污染情况的研究[J]. 粮油加工，2015，(8)：23-25.

[15] 肖新生，周旭，蒋黎艳. 植物油加工工艺对风味物质影响的研究进展[J]. 中国油脂，2021，46(9)：51-56.

[16] 牛红红，孟繁磊，张国辉，等. 大豆脂肪酸含量的快速测定[J]. 食品工业，2017，38(6)：282-285.

[17] 蒋雪松，莫欣欣，孙通，等. 食用植物油中反式脂肪酸含量的激光拉曼光谱检测[J]. 光谱学和光谱分析，2019，39(12)：3821-3825.

[18] 于平，汪晓辉. 植物乳杆菌对大鼠体内血清胆固醇含量的影响[J]. 中国食品学报，2016，16(8)：45-52.

[19] 罗霞，伍剑，陈杰，等. 德阳市市售植物油中反式脂肪酸含量调查[J]. 现代预防医学，2021，48(6)：1003-1006.

[20] 程义勇. 《中国居民膳食营养素参考摄入量》的历史与发展[J]. 营养学报，2021，43(2)：105-110.

[21] 国家药典委员会编. 中华人民共和国药典：2020年版　二部[M]. 北京：中国医药科技出版社，2020.

[22] 魏甜甜，胡红芳，曾浩，等. 维生素 B_6 防治偏二甲肼急性暴露损伤效果研究的系统综述[J]. 营养学报，2022，44(4)：357-361.

[23] 侯威. 补充维生素 B_6 可以减少焦虑和抑郁[J]. 中国食品学报，2022，22(7)：455-456.

[24] 郭法利，施杨. 食品中生物素测定方法的研究进展[J]. 食品工业，2019，40(3)：219-222.

[25] 戴卫健，赵洪灿，项国谦. 血清活性维生素 B_{12} 在评估孕妇维生素 B_{12} 营养状况中的价值[J]. 中国卫生检验杂志，2022，32(10)：1245-1253.

[26] 晏涛，刘萍，郦娟. 微生物法测定功能性饮料中维生素 B_{12} 含量研究[J]. 华中师范大学学报(自然科学版)，2022，56(3)：476-480.

[27] 宁伟剑，刘建宇. 液相色谱法测定营养强化剂中维生素 B_{12} 的方法研究[J]. 中国食品工业，2021，(12)：81-84.

[28] 马颖清，王霞，张小刚，等. 超高效液相色谱-串联质谱测定营养强化食品中维生素 B_{12} 的含量[J]. 上海大学学报(自然科学版)，2014，20(1)：1-6.

[29] 顾娅楠，战虎. 液相色谱法测定固体饮料中维生素 B_{12} 的含量[J]. 食品研究与开发，2018，39(16)：149-152.

[30] 陈羽中，谭锦萍，戚平，等. 婴幼儿配方食品中肌醇含量的检测方法研究[J]. 食品安全导刊，2022(31)：60-63.

[31] 张翔宇. 微生物法测定腐乳中维生素 B_{12} 含量的研究[J]. 食品研究与开发，2020，41(16)：184-187.

[32] 陈双，朱晨华，谭亚军，等. 有机溶剂溶解法结合电感耦合等离子体发射光谱法直接测定软胶囊剂型保健食品中的钙和铁[J]. 食品安全质量检测学报，2022，13(5)：1560-1566.

[33] 孙长颢. 营养与食品卫生学[M]. 北京：人民卫生出版社，2007.

[34] 陈达，刘俊鑫，张翠，等. 基于激光诱导击穿光谱法的婴幼儿配方奶粉中钙元素快速检测[J]. 南开大学学报(自然科学版)，2021，54(02)：80-84.

[35] 许培群，曹怡，周莲. 妊娠期维生素D、维生素E、钙元素及锌元素水平与早产的相关性分析[J]. 中国妇幼保健，2020，35(20)：3758-3760.

[36] 林宇华. 妊娠期妇女缺铁性贫血膳食干预效果研究[J]. 中国食品工业，2021(08)：104-105.

[37] 耿庆光，郭建博，宋莉，等. 保健食品中钙含量的测定及风险分析[J]. 食品安全质量检测学报，2016，7(06)：

2442-2446.

[38] 崔榕. 基于铁离子与光谱技术在动物肌肉食品中磷酸化蛋白的分析[D]. 上海：上海海洋大学，2022.

[39] 张坤，杨长晓. 食品中磷测定前处理方法的比较[J]. 预防医学情报杂志，2022，38(03)：431-434.

[40] 朱盼盼，马彦平，周忠雄，等. 微量元素锌与植物营养和人体健康[J]. 肥料与健康，2021，48(05)：16-18.

[41] 李晓颖，王静，谷巍. 微量元素锌在动物体内的吸收代谢及其影响因素[J]. 饲料广角，2012(4)：22-23.

[42] 冯佳楠. 微量元素锌、镁与 2 型糖尿病肾病进展的相关性分析[D]. 长春：吉林大学，2020.

[43] Morschbacher A P, Dullius A, Dullius C H, et al. Assessment of selenium bioaccumulation in lactic acid bacteria[J]. Journal of Dairy Science, 2018, 101(12): 10626-10635.

[44] 李万栋，张晓卫，冯宇哲，等. 微量元素硒在反刍动物中的应用研究进展[J]. 动物营养学报，2020，32(04)：1499-1507.

[45] Speckmann B, Grune T. Epigenetic effects of selenium and their implications for health[J]. Epigenetics: official journal of the DNA Methylation Society, 2015, 10(3): 179-190

[46] 郭玉熹，黄文丽. 微量元素碘与人体健康的关系[J]. 国外医学(医学地理分册)，2014，35(01)：64-68.

[47] 刘成模，杨曦，莫彩娜，等. 高效液相色谱法检测饲料中 6 种游离氨基酸[J]. 中国饲料，2022(03)：99-102.

[48] 彭影琦. L-茶氨酸对肠道吸收与转运氨基酸的调节作用及机制[D]. 长沙：湖南农业大学，2019.

[49] 吴晨晨，徐静. 微量元素锌、硒、铜、铁及抗氧化维生素在宫颈病变及宫颈癌中的作用[J]. 中国医药科学，2022，12(05)：64-67.

[50] 钱洲，毕秋左. ICP-MS 法测定防风通圣丸中 5 种重金属元素[J]. 中成药，2022，44(10)：3296-3298.

[51] 肖蓓，王正海，申晋利，等. 内蒙古钱家店铀矿区土壤-植物中重金属元素迁移富集特征[J]. 浙江大学学报(农业与生命科学版)，2022，48(05)：625-634.

[52] 安利峰，慈彩虹，尚立娜，等. 微量元素检测在免疫性不孕症诊断中的意义[J]. 西北民族大学学报(自然科学版)，2021，42(04)：37-40.

[53] 李燕. 原子吸收光谱法在新资源食品微量元素检测中的应用[J]. 食品安全导刊，2018(33)：137.

[54] 何玲，何卫保，麦曦，等. 半边莲中重金属及有害元素测定与污染评价[J]. 南昌大学学报(理科版)，2021，45(06)：560-564.

[55] 魏军晓. 北京市售食品重金属含量特征与健康风险评估[D]. 北京：中国地质大学，2019.

[56] 克里斯托弗. 天然产物生物合成：化学原理与酶学机制[M]. 胡友财译. 北京：化学工业出版社，2020.

[57] Santos R, Oliva-Teles A, Saavedra M, et al. Bacillus spp. as source of Natural Antimicrobial Compounds to control aquaculture bacterial fish pathogens[J]. Frontiers in Marine Science, 2018, 5.

[58] 林真亭，叶子坚，庄玲萍，等. 一株海洋放线菌抗菌活性物质的分离与结构解析[J]. 江西农业大学学报，2017，39(03)：559-566.

[59] 程敬东，王合珍，王京，等. 具有抗 MRSA 活性的天然产物研究进展[J]. 国外医药(抗生素分册)，2022，43(04)：233-240.

[60] 岳进，杨贵芸，邓云，等. 植物提取物抗菌作用及其在食品中的应用[J]. 上海交通大学学报(农业科学版)，2013，31(05)：36-42.

[61] 刘宇，于航，谢云飞，等. 与己醛具有群体感应协同抑制效应的精油成分组合筛选研究[J]. 食品科学技术学报，2022，40(02)：72-81.

[62] 张文武，张宽朝，徐晓宇，等. 青藏高原薰衣草不同花期及不同组织部位精油的代谢组学分析[J]. 植物生理学报，2021，57(12)：2310-2322.

[63] 艾铁民. 中国药用植物志：第 1 卷[M]. 北京：北京大学医学出版社，2021.

[64] 石长波，孙昕萌，赵钜阳，等. 添加儿茶素对喷雾干燥后的大豆分离蛋白结构、功能性和消化特性的影响[J]. 食品工业科技，2023，44(4)：22-31.

[65] 谭金龙. 大豆异黄酮对食源性肥胖大鼠内脏脂肪组织脂肪酸代谢的影响[D]. 成都：四川农业大学，2020.

[66] 李敏，魏颖杰，刘宗亮，等. 新型喜树碱衍生物 PCC0208021 的合成及其体外抗人结直肠癌细胞增殖作用[J]. 烟台大学学报(自然科学与工程版)，2021，34(04)：436-441.

[67] 岳珊珊，苏颖. 麦冬抗肿瘤作用的进展[J]. 海峡药学，2014，26(1)：11-13.

[68] 袁春里，孙立，袁胜涛，等. 麦冬有效成分的药理活性及作用机制研究进展[J]. 中国新药杂志，2013，22(21)：

2496-2501.

[69] 赵彦超，顾耘. 细胞凋亡通路研究进展[J]. 现代医学，2013，41(4)：285-288.

[70] 石逸冰，白岩，潘华奇，等. 植物内生真菌 F4a 次级代谢产物的分离鉴定以及降血糖、抗氧化活性的研究[J]. 微生物学杂志，2022，42(2)：26-31.

[71] 陈必婷，吴炜城，周董董，等. 两株海南红树植物内生真菌的生物活性成分[J]. 深圳大学学报(理工版)，2022，39(03)：245-252.

[72] 王占斌，周暄，马鑫博，等. 药用植物内生真菌的分离及拮抗菌的筛选与鉴定[J]. 中国农学通报，2022，38(01)：75-81.

[73] 陈若兰，黎子洋，巫惠珍，等. 一株红树植物内生真菌 *Pseudallescheria boydii* L32 的代谢产物[J]. 中山大学学报(自然科学版)，2022，61(4)：60-64.

[74] 彭小刚. 麻核桃及两种植物内生真菌化学成分及生物活性研究[D]. 武汉：华中科技大学，2020.

[75] 刘保山，梁思琪，肖强. 刺桐叶多糖的酶解提取工艺及生物活性研究[J]. 湖北民族大学学报(自然科学版)，2022，40(03)：274-281.

[76] 李文哲，张彦龙. 糖基化修饰与糖复合物功能[M]. 北京：科学出版社，2013.

[77] 安香霖，鲁金月，董辉，等. 中药多糖调控肿瘤微环境的研究进展[J]. 现代药物与临床，2022，37(9)：2142-2147.

[78] 殷红，赵时荆，韩姗姗，等. 木耳多糖提取分离纯化、结构表征及生物活性研究进展[J]. 食品工业，2022，43(08)：269-273.

[79] 罗香怡，高浩淏，姜丰，等. 水液相下羟基自由基(水分子簇)诱导脯氨酸分子损伤的机理[J]. 复旦学报(自然科学版)，2022，61(01)：104-114.

[80] Chen X, Sun-Waterhouse D, Yao W, et al. Free radical-mediated degradation of polysaccharides：Mechanism of free radical formation and degradation, influence factors and product properties[J]. Food Chemistry, 2021, 365(15)：130524.

[81] 迈克尔·布鲁克斯. 自由基[M]. 贾乙，王亚菲，译. 重庆：重庆出版社，2020.

[82] 石宝明，迟子涵. 自由基对动物的危害及消除技术研究进展[J]. 饲料工业，2021，42(09)：1-6.

[83] 王蒙蒙，寇宇星，周笙，等. 不饱和脂肪酸室温氧化过程中自由基的变化[J]. 食品科学，2021，42(11)：56-62.

[84] 马莹，郭娟，毛亚平，等. 药用植物有效成分生物合成途径解析及其应用[J]. 中华中医药杂志，2017，32(05)：2079-2083.

[85] 李雁群，吴鸿. 药用植物生长发育与有效成分积累关系研究进展[J]. 植物学报，2018，53(03)：293-304.

[86] 廖望仪，沈芳杰，周洋丽，等. 石蒜属种质资源花色多样性与花色苷相关性分析[J]. 植物生理学报，2021，57(10)：2024-2032.

[87] 李颖畅. 植物花色苷[M]. 北京：化学工业出版社，2013.

[88] 王自超. 黑果枸杞产地溯源及其花色苷降血糖机理[D]. 西安：陕西师范大学，2020.

[89] 任顺成，曹悦，李林政，等. 天然食用色素藻蓝蛋白研究进展[J]. 食品研究与开发，2021，42(07)：203-208.

[90] 张金秀，胡新中，马蓁. 不同类型抗性淀粉的多尺度结构特征与肠道菌群调节功能研究进展[J]. 食品科学，2022，43(17)：24-35.

[91] 王赛男，于寒松，谷春梅，等. 大豆不溶性膳食纤维对高脂饮食诱导小鼠肥胖的预防作用[J]. 食品工业科技，2020，41(23)：295-301，314.

[92] 范美球，徐谷根. 膳食纤维对肥胖型 2 型糖尿病患者的获益机制[J]. 中华肥胖与代谢病电子杂志，2018，4(01)：52-55.

[93] 方允中. 自由基营养学[M]. 北京：科学出版社，2015.

[94] 李飞. 豆渣及其蛋白、膳食纤维对 2 型糖尿病的干预作用及其机制研究[D]. 武汉：华中农业大学，2015.

[95] 任祎，马挺军，牛西午，等. 燕麦生物碱提取物的抗氧化与降血脂作用研究[J]. 中国粮油学报，2008，23(6)：103-106.

[96] 金春花，赫慧. 海藻多糖胶囊对高脂血症大鼠血脂的影响[J]. 特产研究，2014(2)：51-53，74.

[97] 张艳，王爽，李永哲，等. 基于代谢组学方法研究银耳多糖对非酒精性脂肪肝大鼠的干预作用[J]. 食品工业科技，2020，41(11)：310-315，293.

[98] 唐孝礼，颜光美，许实波，等. 鲤鱼精集 DNA 对自然衰老小鼠体内抗氧化酶活性的影响[J]. 中草药，1999，8：

592-594.

[99] 姜桂荣,秦褰勋. 核酸膳食治疗高血脂症的探讨[J]. 营养学报,1999,1：60-63.

[100] Frank, B. Nucleic acid and anti oxidant therapy of aging and degeneration[M]. Long Island：Royal Health Books, Ltd., NY, 1977.

[101] Brunzell J D, Davidson M, Furberg C D, et al. Lipoprotein management in patients with cardiometabolic risk[J]. Diabetes care, 2008, 31(4)：811-822.

[102] Bang H O, Dyerberg J. Plasma lipid and lipoprotein patterneskimos[J]. Nutrition Reviews, 1986, 44(4)：143-146.

[103] 谢志鹏,蔡定建,汪敬武. Na_2SO_3 的歧化反应研究及在维生素 B_2 分析测定中的应用[J]. 分析试验室, 2006, 25 (10)：95-98.

[104] 张琰图,章竹君,杨维平,等. 反相高效液相色谱-化学发光法测定复合维生素片剂中的维生素 B_1 和 B_2[J]. 色谱, 2003, 21(4)：391-393.

[105] Caudill M, Da Costa K A, Zeisel S, et al. Elevating awareness and intake of choline：An essential nutrient for public health[J]. Nutrition Today, 2011, 46(5)：235-241.

[106] Wiseman G. Nutrition and Health[D]. Sheffield：The University of Sheffield, 2002.

[107] 杨光圻,荫士安. 硒的人体最大安全摄入量研究：六. 硒的最高界[J]. 卫生研究, 1990(5)：25-29.

[108] 雷红灵. 植物硒及其含硒蛋白的研究[J]. 生命科学, 2012, 24(2)：7.

[109] Nikaido T, Ohmoto T, Nomura T, et al. Inhibition of adenosine $3',5'$-cyclic monophosphate phosphodiesterase by phenolic constituents of mulberry tree[J]. Chemical & Pharmaceutical Bulletin, 1984, 32(12)：4929-4934.

[110] 陈铁山,罗忠萍,崔宏安,等. 香椿化学成分的初步研究[J]. 陕西林业科技, 2000(02)：1-2.

[111] 戚向阳,陈维军. 银杏叶系列保健食品的开发[J]. 农牧产品开发, 1997(7)：2.

[112] 车轶群,王迪,沈迪,等. 肝癌患者血清中黄曲霉毒素白蛋白加合物与肝肾功能的关系[J]. 中国肿瘤, 2017, 26(06)： 490-493.

[113] 友田正司,邹建华. 生药中的生物活性多糖[J]. 国外医学:中医中药分册, 1991, 13(3)：18-20.

[114] 陈彤,王克. 黄粉虫等昆虫的营养价值与食用性研究[J]. 西北农业大学学报, 1997(04)：85-89.

附录

附录一 中国居民膳食能量需要量

年龄（岁）/生理阶段	能量/（MJ/d）						能量/（kcal/d）					
	轻体力活动水平		中体力活动水平		重体力活动水平		轻体力活动水平		中体力活动水平		重体力活动水平	
	男	女	男	女	男	女	男	女	男	女	男	女
0～	—	—	0.38MJ/(kg·d)	0.38MJ/(kg·d)	—	—	—	—	90cal/(kg·d)	90cal/(kg·d)	—	—
0.5～	—	—	0.33MJ/(kg·d)	0.33MJ/(kg·d)	—	—	—	—	90cal/(kg·d)	90cal/(kg·d)	—	—
1～	—	—	3.77	3.35	—	—	—	—	900	800	—	—
2～	—	—	4.60	4.18	—	—	—	—	1100	1000	—	—
3～	—	—	5.23	5.02	—	—	—	—	1250	1200	—	—
4～	—	—	5.44	5.23	—	—	—	—	1300	1250	—	—
5～	—	—	5.86	5.44	—	—	—	—	1400	1300	—	—
6～	5.86	5.23	6.69	6.07	7.53	6.90	1400	1250	1600	1450	1800	1650
7～	6.28	5.65	7.11	6.49	7.95	7.32	1500	1350	1700	1550	1900	1750
8～	6.9	6.07	7.74	7.11	8.79	7.95	1650	1450	1850	1700	2100	1900
9～	7.32	6.49	8.37	7.53	9.41	8.37	1750	1550	2000	1800	2250	2000
10～	7.53	6.90	8.58	7.95	9.62	9.00	1800	1650	2050	1900	2300	2150
11～	8.58	7.53	9.83	8.58	10.88	9.62	2050	1800	2350	2050	2600	2300
14～	10.46	8.37	11.92	9.62	13.39	10.67	2500	2000	2850	2300	3200	2550
18～	9.41	7.53	10.88	8.79	12.55	10.04	2250	1800	2600	2100	3000	2400
50～	8.79	7.32	10.25	8.58	11.72	9.83	2100	1750	2450	2050	2800	2350
65～	8.58	7.11	9.83	8.16	—	—	2050	1700	2350	1950	—	—
80～	7.95	6.28	9.20	7.32	—	—	1900	1500	2200	1750	—	—

续表

年龄(岁)/生理阶段	能量/(MJ/d)						能量/(kcal/d)					
	轻体力活动水平		中体力活动水平		重体力活动水平		轻体力活动水平		中体力活动水平		重体力活动水平	
	男	女	男	女	男	女	男	女	男	女	男	女
孕妇(早)	—	+0	—	+0	—	+0	—	+0	—	+0	—	+0
孕妇(中)	—	+1.25	—	+1.25	—	+1.25	—	+300	—	+300	—	+300
孕妇(晚)	—	+1.90	—	+1.90	—	+1.90	—	+450	—	+450	—	+450
乳母	—	+2.10	—	+2.10	—	+2.10	—	+500	—	+500	—	+500

注:凡表中未制定参考值者用"—"表示;1kcal=4.184kJ。

附录二　中国居民膳食蛋白质、糖类、脂肪和脂肪酸的参考摄入量

年龄(岁)/生理阶段	蛋白质				总糖类 EAR/(g/d)	亚油酸 AI/%E	α-亚麻酸 AI/%E	EPA+DHA AI/mg
	EAR/(g/d)		RNI					
	男	女	男	女				
0~	—	—	9(AI)	9(AI)	—	7.3(150mg①)	0.87	100②
0.5~	15	15	20	20	—	6.0	0.66	100②
1~	20	20	25	25	120	4.0	0.60	100②
4~	25	25	30	30	120	4.0	0.60	—
7~	30	30	40	40	120	4.0	0.60	—
11~	50	45	60	55	150	4.0	0.60	—
14~	60	50	75	60	150	4.0	0.60	—
18~	60	50	65	55	120	4.0	0.60	—

续表

年龄（岁）/生理阶段	蛋白质 EAR/(g/d)		蛋白质 RNI		总糖类 EAR/(g/d)	亚油酸 AI/%E	α-亚麻酸 AI/%E	EPA+DHA AI/mg
50~	60	50	65	55	120	4.0	0.60	—
65~	60	50	65	55	120	4.0	0.60	—
80~	60	50	65	55	120	4.0	0.60	—
孕妇（早）	—	+0	—	+0	130	4.0	0.60	250(200[2])
孕妇（中）	—	+10	—	+10	130	4.0	0.60	250(200[2])
孕妇（晚）	—	25	—	25	130	4.0	0.60	250(200[2])
乳母	—	+20	—	+20	160	4.0	0.60	250(200[2])

[1]为花生四烯酸。
[2]DHA。

附录三　中国居民膳食宏量营养素的可接受范围（U-AMDR）

年龄（岁）/生理阶段	总糖类/%E	糖/%E	总脂肪/%E	饱和脂肪酸/%E	n-6多不饱和脂肪酸/%E	n-3多不饱和脂肪酸/%E	EPA+DHA/(g/d)
0~	60(AI)	—	48(AI)	—	—	—	—
0.5~	85(AI)	—	40(AI)	—	—	—	—
1~	50~65	—	35(AI)	—	—	—	—
4~	50~65	≤10	20~30	<8	—	—	—
7~	50~65	≤10	20~30	<8	—	—	—
11~	50~65	≤10	20~30	<8	—	—	—

续表

年龄（岁）/生理阶段	总糖类/%E	糖/%E	总脂肪/%E	饱和脂肪酸/%E	n-6多不饱和脂肪酸/%E	n-3多不饱和脂肪酸/%E	EPA+DHA/(g/d)
14~	50~65	≤10	20~30	<8	—	—	—
18~	50~65	≤10	20~30	<10	2.5~9	0.5~2.0	0.5~2.0
50~	50~65	≤10	20~30	<10	2.5~9	0.5~2.0	0.5~2.0
65~	50~65	≤10	20~30	<10	2.5~9	0.5~2.0	—
80~	50~65	≤10	20~30	<10	2.5~9	0.5~2.0	—
孕妇（早）	50~65	≤10	20~30	<10	2.5~9	0.5~2.0	—
孕妇（中）	50~65	≤10	20~30	<10	2.5~9	0.5~2.0	—
孕妇（晚）	50~65	≤10	20~30	<10	2.5~9	0.5~2.0	—
乳母	50~65	≤10	20~30	<10	2.5~9	0.5~2.0	—

附录四　中国居民膳食维生素的推荐摄入量或适宜摄入量（RNI 或 AI）

年龄/岁（生理阶段）	维生素A μgRE①/d 男	女	维生素D μg/d	维生素E(AI) mgα-TE②/d	维生素K(AI) μg/d	维生素B₁ mg/d 男	女	维生素B₂ mg/d 男	女	维生素B₆ mg/d	维生素B₁₂ mg/d	泛酸(AI) mg/d	叶酸 μgDFE③/d	烟酸 mg④NE/d 男	女	胆碱(AI) mg/d 男	女	生物素(AI) mg/d	维生素C mg/d
0~	300(AI)		10(AI)	3	2	0.1(AI)		0.4(AI)		0.2(AI)	0.3(AI)	1.7	65(AI)	2(AI)		100		5	40(AI)
0.5~	350(AI)		10(AI)	4	10	0.3(AI)		0.5(AI)		0.4(AI)	0.6(AI)	1.9	100(AI)	3(AI)		150		9	40(AI)

续表

年龄/岁(生理阶段)	维生素A μgRE①/d 男	女	维生素D μg/d	维生素E(AI) mgα-TE②/d	维生素K(AI) μg/d	维生素B₁ mg/d 男	女	维生素B₂ mg/d 男	女	维生素B₆ mg/d	维生素B₁₂ mg/d	泛酸(AI) mg/d	叶酸 μgDFE③/d	烟酸 mg④NE/d 男	女	胆碱(AI) mg/d 男	女	生物素(AI) mg/d	维生素C mg/d
1~		310	10	6	30		0.6		0.6	0.6	1.0	2.1	160		6		200	17	40
4~		360	10	7	40		0.8		0.7	0.7	1.2	2.5	190		8		250	20	50
7~		500	10	9	50		1.0		1.0	1.0	1.6	3.5	250	11	10		300	25	65
11~	670	630	10	13	70	1.3	1.1	1.3	1.1	1.3	2.1	4.5	350	14	12		350	35	90
14~	820	620	10	14	75	1.6	1.3	1.5	1.2	1.4	2.4	5.0	400	16	13	500	400	40	100
18~	800	700	10	14	80	1.4	1.2	1.4	1.2	1.4	2.4	5.0	400	15	12	500	400	40	100
50~	800	700	10	14	80	1.4	1.2	1.4	1.2	1.6	2.4	5.0	400	14	12	500	400	40	100
65~	800	700	15	14	80	1.4	1.2	1.4	1.2	1.6	2.4	5.0	400	14	11	500	400	40	100
80~	800	700	15	14	80	1.4	1.2	1.4	1.2	1.6	2.4	5.0	400	13	10	500	400	40	100
孕妇(早)	—⑤	+0	+0	+0	+0	—	+0	—	+0	1.9	+0.5	+1.0	+200	—	+0	—	+20	+0	+0
孕妇(中)	—	+70	+0	+0	+0	—	+0.2	—	+0.2	1.9	+0.5	+1.0	+200	—	+0	—	+20	+0	+15
孕妇(晚)	—	+70	+0	+0	+0	—	+0.3	—	+0.3	1.9	+0.5	+1.0	+200	—	+0	—	+20	+0	+15
乳母	—	+600	+0	+3	+5	—	+0.3	—	+0.3	1.9	+0.8	+2.0	+150	—	+3	—	+120	+10	+50

① RE 为视黄醇当量;
② α-TE 为 α-生育酚当量;
③ DFE 为膳食叶酸当量;
④ NE 为烟酸当量;
⑤ 凡表中未制定参考值者用"—"表示。

附录五　中国居民膳食矿物质的推荐摄入量或适宜摄入量（RNI 或 AI）

年龄/岁（生理阶段）	钙 Ca mg/d	磷 P mg/d	钾 K(AI) mg/d	镁 Mg mg/d	钠 Na(AI) mg/d	氯(AI) mg/d	铁 Fe mg/d 男	铁 Fe mg/d 女	锌 Zn mg/d 男	锌 Zn mg/d 女	碘 I μg/d	硒 Se μg/d	铜 Cu mg/d	钼 Mo μg/d	氟 F(AI) mg/d	锰 Mn mg/d	铬 Cr μg/d
0~	200(AI)	100(AI)	350	20(AI)	170	260	0.3(AI)	0.3(AI)	2.0(AI)	2.0(AI)	85(AI)	15(AI)	0.3(AI)	2(AI)	0.01	0.01	0.2
0.5~	250(AI)	180(AI)	550	65(AI)	350	550	10	10	3.5	3.5	115(AI)	20(AI)	0.3(AI)	3(AI)	0.23	0.7	4.0
1~	600	300	900	140	700	1100	9	9	4.0	4.0	90	25	0.3	40	0.6	1.5	15
4~	800	350	1200	160	900	1400	10	10	5.5	5.5	90	30	0.4	50	0.7	2.0	20
7~	1000	470	1500	220	1200	1900	13	13	7.0	7.0	90	40	0.5	65	1.0	3.0	25
11~	1200	640	1900	300	1400	2200	15	18	10	9.0	110	55	0.7	90	1.3	4.0	30
14~	1000	710	2200	320	1600	2500	16	18	12	8.5	120	60	0.8	100	1.5	4.5	35
18~	800	720	2000	330	1500	2300	12	20	12.5	7.5	120	60	0.8	100	1.5	4.5	30
50~	1000	720	2000	330	1400	2200	12	12	12.5	7.5	120	60	0.8	100	1.5	4.5	30
65~	1000	700	2000	320	1400	2200	12	12	12.5	7.5	120	60	0.8	100	1.5	4.5	30
80~	1000	670	2000	310	1300	2000	12	12	12.5	7.5	120	60	0.8	100	1.5	4.5	30
孕妇（早）	+0	+0	+0	+0	+0	+0	—	+0	—	+0	+110	+5	+0.1	+10	+0	+0.4	+1.0
孕妇（中）	+200	+0	+0	+0	+0	+0	—	+0	—	+0	+110	+5	+0.1	+10	+0	+0.4	+4.0
孕妇（晚）	+200	+0	+0	+0	+0	+0	—	+0	—	+0	+110	+5	+0.1	+10	+0	+0.4	+6.0
乳母	1200	+0	+400	+0	+0	+0	—	+0	—	+0	+120	+18	+0.6	+3	+0	+0.3	+7.0

附录六　某些微量营养素的可耐受最高摄入量（UL）

年龄（岁）/生理阶段	维生素A[①] μgRE/d	维生素D μg/d	维生素E[②] mgα-TE/d	维生素B6 mg/d	叶酸[③] μgDFE/d	烟酸 mg[④]NE/d	烟酰胺	胆碱 mg/d	维生素C mg/d	钙Ca mg/d	磷P mg/d	铁Fe mg/d	锌Zn mg/d	碘I μg/d	硒Se μg/d	铜Cu mg/d	钼Mo μg/d	氟F mg/d	锰Mn mg/d
0~	600	20	—	—	—	—	—	—	—	1000	—	—	—	—	55	—	—	—	—
0.5~	600	20	—	—	—	—	—	—	—	1500	—	—	—	—	80	—	—	—	—
1~	700	20	150	20	300	10	100	1000	400	1500	—	20	8	—	100	2	200	0.8	—
4~	900	30	200	25	400	15	130	1000	600	2000	—	30	12	200	150	3	300	1.1	3.5
7~	1500	45	350	35	600	20	180	1500	1000	2000	—	35	19	300	200	4	450	2.7	5.0
11~	2100	50	500	45	800	25	240	2000	1400	2000	—	40	28	400	300	6	650	2.5	8
14~	2700	50	600	55	900	30	280	2500	1800	2000	3500	40	35	500	350	7	800	3.1	10
18~	3000	50	700	60	1000	35	310	3000	2000	2000	3500	40	40	600	400	8	900	3.5	11
50~	3000	50	700	60	1000	35	310	3000	2000	2000	3000	40	40	600	400	8	900	3.5	11
65~	3000	50	700	60	1000	35	300	3000	2000	2000	3000	40	40	600	400	8	900	3.5	11
80~	3000	50	700	60	1000	30	280	3000	2000	2000	3000	40	40	600	400	8	900	3.5	11
孕妇	3000	50	700	60	1000	35	310	3000	2000	2000	3500	40	40	600	400	8	900	3.5	11
乳母	3000	50	700	60	1000	35	310	3000	2000	2000	3500	40	40	600	400	8	900	3.5	11

注：1. 60 岁以上磷的 UL 为 3000mg。

2. 凡表中未制定参考值者用"—"表示。

3. 有些营养素未制定可耐受最高摄入量，主要是因为研究资料不足，并不代表过量摄入没有健康风险。

①RE 为视黄醇当量。

②α-TE 为 α-生育酚当量。

③DFE 为膳食叶酸当量。

④NE 为烟酸当量。

附录七　某些微量营养素的平均需要量（EAR）

年龄/岁（生理阶段）	维生素A μgRE/d 男	维生素A μgRE/d 女	维生素D μg/d	维生素B₁ mg/d 男	维生素B₁ mg/d 女	维生素B₂ mg/d 男	维生素B₂ mg/d 女	维生素B₆ mg/d	维生素B₁₂ μg/d	叶酸 μgDFE/d	烟酸 mgNE/d 男	烟酸 mgNE/d 女	维生素C mg/d	Ca mg/d	P mg/d	Mg mg/d	Fe mg/d 男	Fe mg/d 女	Zn mg/d 男	Zn mg/d 女	I μg/d	Se μg/d	Cu mg/d	Mo μg/d
0~	—	—	—	—	—	—	—	—	—	—	—	—	—	—	—	—	—	—	—	—	—	—	—	—
0.5~	—	—	—	—	—	—	—	—	—	—	—	—	—	—	—	—	7	7	3.0	3.0	—	—	—	—
1~	220	220	8	0.5	0.5	0.5	0.5	0.5	0.8	130	5	5	35	500	250	110	6	6	3.0	3.0	65	20	0.25	35
4~	260	260	8	0.6	0.6	0.6	0.6	0.6	1.0	150	7	6	40	650	290	130	7	7	4.5	4.5	65	25	0.3	40
7~	360	360	8	0.8	0.8	0.8	0.8	0.8	1.3	210	9	8	55	800	400	180	10	10	6.0	6.0	65	35	0.4	55
11~	480	450	8	1.1	1.0	1.1	0.9	1.1	1.8	290	11	10	75	1000	540	250	11	14	8.0	7.5	75	45	0.55	75
14~	590	440	8	1.3	1.1	1.3	1.0	1.2	2.0	320	14	11	85	800	590	270	12	14	9.5	7.0	85	50	0.6	85
18~	560	480	8	1.2	1.0	1.2	1.0	1.2	2.0	320	12	10	85	650	600	280	9	15	10.5	6.0	85	50	0.6	85
50~	560	480	8	1.2	1.0	1.2	1.0	1.3	2.0	320	12	10	85	800	600	280	9	9	10.5	6.0	85	50	0.6	85
65~	560	480	8	1.2	1.0	1.2	1.0	1.3	2.0	320	11	9	85	800	590	270	9	9	10.5	6.0	85	50	0.6	85
80~	560	480	8	1.2	1.0	1.2	1.0	1.3	2.0	320	11	8	85	800	560	260	9	9	10.5	6.0	85	50	0.6	85
孕妇（早）	—	+0	+0	—	+0	—	+0	+0.7	+0.4	+200	—	+0	+0	+0	+0	+30	—	+0	—	+1.7	+75	+4	+0.1	+7
孕妇（中）	—	+50	+0	—	+0.1	—	+0.1	+0.7	+0.4	+200	—	+0	+10	+160	+0	+30	—	+4	—	+1.7	+75	+4	+0.1	+7
孕妇（晚）	—	+50	+0	—	+0.2	—	+0.2	+0.7	+0.4	+200	—	+0	+10	+160	+0	+30	—	+7	—	+1.7	+75	+4	+0.1	+7
乳母	—	+50	+0	—	+0.2	—	+0.2	+0.2	+0.6	+130	—	+2	+40	+160	+0	+0	—	+3	—	+3.8	+85	+15	+0.5	+3

注：凡表中数字缺少之处表示未制定该参考值。